통합 심신의학

제2판

박샛별 • 변광호 옮김

圖書出版 하나醫學社

心身医学標準テキスト
第2版

STANDARD TEXTBOOK OF PSYCHOSOMATIC MEDICINE

編集 久保千春

역자 서문

10년 전 WHO에서 건강의 정의를 신체적인 건강이외에 마음과 영적 및 사회적인 well-being까지를 포함하는 것으로 새롭게 정의하였다. 즉 건강의 개념이 이제는 심신의 조화를 추구하고 있는 것이다. 이를 계기로 의료계에서는 통합의학이라는 새로운 Discipline이 등장하여 몸과 마음의 통합, 즉 전인의학의 중요성을 인식하면서 또한 서양의학의 한계를 극복하기 위하여 한의학과 보완대체의학 중에서 증거가 확보된 의술들을 서양의학에 통합하여 활용하자는 분위기가 세계적으로 확산되고 있는 것이다. 통합의학에서는 심신, 영양, 운동 등 건강의 모든 요소들을 다루지만 이중에서도 중심 요소는 심신의학이라고 할 수 있다.

역자들도 일찍이 심신의학의 중요성을 인식하고 이에 대한 연구에 관심을 갖고 같이 연구를 수행해 오던 중 국제심신의학 학술 대회에서 이 교과서의 편집인인 큐슈대학 의학부의 구보치하루 교수를 만날 기회가 있었다. 일본에서는 1963년 큐슈대학 의학부에 정신신체의학의 임상교실로 심료내과를 최초로 설립하였고 이를 공부하는 학생, 수련의 및 임상 의사들을 교육하기 위하여 “심신의학표준 텍스트” 초판을 1996년에 출판하였고 2002년에 제2판을 출판하였다.

역자들은 국내에 심신의학의 활성화를 도모하기 위하여 구보교수의 허가를 받은 후 번역을 시작하였다. 처음에 제1판으로 번역을 시작하였는데 제2판이 나와서 다시 하느라 시간이 많이 지체된 것이 아쉽다. 실제 번역에는 박샛별 교수의 선친이신 고 박준황님께서 많은 수고를 해 주셨었고 변광호 교수의 부인인 김미지자 원장께서도 많은 도움을 주셨기에 이 자리를 빌어 특별히 감사를 드린다. 또 꼼꼼히 원고정리를 도와주신 김정림 님, 송주희 님, 번역을 도와주신 민은숙 님, 교정을 도와주신 최승화 님께도 고마운 마음을 전한다. 번역 중에 생소한 용어들이 많아서 어려움이 많았고 아직도 미흡한 점이 눈에 띄여서 책 읽는데 불편함이 있지 않을까 염려된다.

이 책을 번역하면서 다시 한 번 환자를 대하는 마음가짐에 대해 돌아보는 계기가 되었으며 앞으로 통합의학, 심신의학 분야의 발전에 기틀이 되기를 기대한다. 아무쪼록 심신의학에 관심이 있는 학생, 수련의, 심리사, 간호사, 이외 건강에 관심 있는 모든 분들의 교육, 임상진료 및 연구 등에 도움이 되기를 바라는 바이다.

마지막으로 이 책이 출판될 수 있도록 도와주신 하나의학사의 편집부 여러분과 특히 오무근 사장님의 적극적인 격려에 깊은 감사를 드린다.

2008년 7월

박샛별·변광호

제2판 서문

의학의 진보와 변화는 급속하게 진행되고 있고 그에 따라 개정할 필요성이 있어 '통합 심신의학 텍스트' 를 6년 만에 개정하게 되었다. 본서는 심신의학개론, 기초, 검사, 심신증각론, 심신의학적 치료법에 관하여 폭넓게 다루고 있다.

이번 개정에서는 최근의 심신의학적 진보를 반영하여 상당히 충실한 내용을 담고 있다. 집필자들은 이번 판에서도 구주대학 심료내과의 스탭과 교실 출신들을 중심으로 하였다. 21세기에 들어 증가하고 있는 병으로는 생활습관병, 노인병, 스트레스질환 등이 있다. 이런 질환의 진료에는 생리, 심리, 사회적 측면에서 통합적으로 접근하여 치료하는 심신의학이 필요하다고 생각한다. 본서는 그러한 일상진료에 도움이 되는 내용을 다루었다. 심신의학을 전문으로 하는 사람만이 아니고, 일차 진료, 재활, 완화의료, 노인의학 등의 일상진료, 나아가서 학생의 교육, 향후의 연구 등에 사용된다면 하는 바램이다.

1961년에 일본에서 최초로 정신신체의학교실이 구주대학에 창설되어 올해로 40주년 기념을 맞이하게 되었다. 그 창립 40주년에 맞추어 개정되어 출판되었다는 것은 기쁜 일이다. 초대교수인 이케미 니시지로 선생님은 3년 전에 돌아가셨지만, 초판 1장, 3항의 선생님의 원고를 이번 판에서는 1장, 2항에 그대로 남겨두었다.

본서의 출판에 있어 집필자, 의학서원의 여러분들께 많은 도움을 받아 감사드린다.

2002년 7월

구보 치하루

초판 서문

1960년에 일본정신신체의학회가 발족하여 다음 해인 1961년에 일본에서 처음으로 정신신체의학 연구시설이 구주대학의학부에 설립되었다. 1963년에는 임상강좌로서 진료과명으로 심료내과가 탄생되었다. 그리고 심신의학을 공부하기 위하여 전국에서 많은 사람들이 모였다. 그래서 구주대학 심료내과에서의 교육연수를 위하여 심신의학 심료내과 교실에 소속된 연수의사, 임상심리사, 나아가 간호사 등을 대상으로 한 심신의학의 개요와 심신의학적인 진료의 기본을 이해시키기 위하여 쓴 입문서이다. 또 구주대학 의학부에 있어서의 학생교육에도 활용되었고, 일반 임상의사에게도 널리 이용되어졌다. 계정을 거듭해 제5판까지 출판되었다. 그러나 자비 출판의 형식으로 출판되어 일반서점에서는 구할 수가 없었다. 전보다 각 방면에서 일반서점에서도 구할 수 있게 해달라는 요청이 있어 이번에 의학서원의 협조를 받아 내용도 전면적으로 개정하여 책명을 '통합 심신의학 텍스트' 로 출판하게 되었다.

본서의 집필자는 현재의 구주대학 심료내과 교실의 스탭과 교실출신의 동문들을 중심으로 하였고 이들은 심신의학의 진료와 연구를 오랫동안 꾸준히 해 오신 전문가들이다. 본서는 최신의 지견을 도입하였고, 아주 충실한 내용으로 이루어져 있다. 심신의학의 교육과 일상진료, 나아가서 이후의 필요한 연구에 도움이 될 것으로 생각한다. 많은 사람들이 활용하기를 바란다. 마지막으로 본서의 출판에 많은 도움을 주신 단원 집필자와 의학서원에 각별한 감사를 드리는 바이다.

1996년 3월

구보 치하루

차 례

제3장 심신의학적 검사

제4장 심신증 각론

제5장 심신의학적 치료법

제1장 심신의학 총론

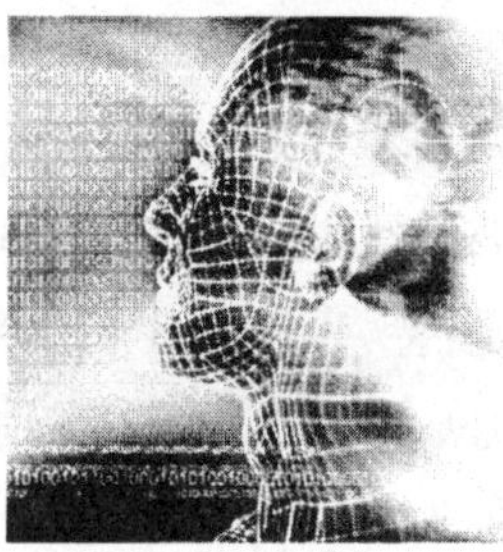

1 심신의학의 역사와 현상

심신의학(Psychosomatic medicine)이라는 말과 관련해 psychosomatisch(psychosomatic)라는 표현을 최초로 쓴 사람은 독일의 정신과의사 Heinroth J로 1818년 수면장애에 관한 논문에 있다고 알려져 있다.

그러나 심신의학의 기본적 테마인 심신상관의 현상이나 환자에 대한 전체적인 파악방법의 필요성은 이미 고대 그리스의 의학, 철학의 선배들이 지적하고 있다. 즉, 소크라테스, 플라톤, 아리스토텔레스는 몸과 마음의 복합통일체로서 인간 존재의 중요성을 말했으며, 의학의 창시자라고 알려진 히포크라테스는 의사로서의 마음가짐이나 의사·환자관계, 양생법(생활지도) 등에 대한 주의를 강조하고 있다. 또한 동양 의학은 본래 몸과 마음이 하나(心身一如)라는 관점에서 전체적·통합적으로 질병을 보려는 경향이 강했었다.

그 후, 서양의학이 중세의 암흑시대라고 말하는 오랜 세월동안 종교적·신비주의적인 경향에서 벗어나 근대의학으로서의 형태를 갖춘 것은 르네상스 이후의 자연과학의 성립과 의학으로의 도입에 따른 것으로 특히 Virchow R이 주장한 세포병리학이나 Pasteur L, Koch R 등에 의한 세균학의 발전에 힘입은 바가 크다.

이와 같이 의학의 흐름을 따라 올라가 보면, 한 때는 모든 질병은 기질적인 신체의 병원이 원인이 되어 발생하는 것이라고 보았었다. 그런 가운데 현대의 심신의학이 탄생되었고, 과학적으로도 그 정당성을 인정받게 되어 학문적인 기반이 형성된 것은 20세기에 이르는 전후였으며, 그 중에서도 정신분석의 창시자 Freud S(1856-1939), 긴급반응으로 알려진 Cannon WB(1871-1945) 및 조건반사로 유명해진 Pavlov IP(1849-1936) 세 사람의 위대한 선구자들의 연구의 성과[9]에 힘입은 바가 크다.

그 후로 심신의학은 많은 연구자들의 노력과 임상경험을 바탕으로 오늘의 발전에 이르렀다. 더욱 더 복잡한 현대사회에서 기인하는 스트레스 장애의 증가로 심신의학에 대한 관심이 점점 높아져 가고 있다.

A 현대 심신의학의 성립배경

이 장에서는 현대 심신의학의 성립배경을 이룬 여러 요인들을 살펴보고 고찰하고자 한다. 첫째로, 복잡하고 미묘한 인간의 심리나 행동을 이해하는 실마리가 마련되었다는 데에 있다. 예를 들면, 프로이드에 의한 정신분석 이론이나 역동정신의학, 혹은 학습이론, 행동심리학 등을 증거로 들 수 있겠다.

둘째로, 뇌 생리학, 정신 생리학 등의 발전에 따른 심신상관의 실증적, 과학적인 연구 성과에 힘입은 바가 크다. 구체적으로는 Cannon의 긴급반응이나 항상성(Homeostasis)의 개념, Selye H의 스트레스 학설, Pavlov의 조건반사 학설, Skinner BF의 자발적(operant) 조건에 관한 이론 등을 들 수 있겠다. 그 외 뇌 생리학, 생화학, 약리학과 자율신경계, 내분비계, 면역계에 대한 다양한 이론, 특히 최근에는 뇌를 중심으로 하는 정신신경내분비학(Psychoneuroendocrinology), 정신신경면역학(Psychoneuroimmunology) 분야에서의 연구 발전은 심신상관에 대한 새로운 지식이나 견해를 나타내 보여주고 있으며 앞으로의 발전이 기대되고 있다.

셋째로, 지금까지 전문적으로 세분화된 신체의학은 그 나름대로 오늘날의 의학 발전과 환자에 대한 치료를 해 온 반면, 한편으로는 신체 편중, 장기 중심으로 기울어져 인간 부재의 경향을 나타내기에 이르렀다.

심신의학은 이처럼 종래의 의학, 의료의 자세에 대한 비판이나 반성을 바탕으로 임상의학의 원점으로 돌아가서 심신양면으로부터의 통합적인 질병증상에 대한 이해와 질환보다는 환자를 중심으로 전인적 의료 본연의 모습을 지향하기에 이르렀다.

넷째로, 시대의 변천에 따라서 질병구조도 크게 변해 가고 있다. 곧 병원체의 발견, 항생물질의 출현, 생활환경의 개선 등에 의해서 전염병이나 감염증에 의한 발병에 따른 사망률이 감소되었는데, 그 대신 성인병, 노인병, 만성병 등이 증가하고 있다. 이와 같은 성인병은 오랜 세월에 걸친 생활습관이나 생활습관의 변화가 많이 관여되고(생활습관병), 만성병의 진료에는 심리사회적인 배려가 필요하다. 또한 평균 수명의 연장은 고령화 사회를 가져오고 노인병이나 악성종양의 빈도가 증가하고 있는데 이 영역에 대해서도 심신의학으로서의 과제가 많아지고 있다. 더 나아가서는 현대사회에서 스트레스에 의한 스트레스 관련 질환이 증가하고 있어서 이 점에 있어서도 심신의학적 대응이 기대가 된다.

B 심신의학의 역사와 발전

심신의학의 역사와 발전의 자취[3~5,8]를 돌이켜보면 대략 3 가지의 시기로 나눌 수 있다.

첫째 시기는 불안신경증이나 전환 히스테리 등 신경증에 대한 심신상관의 연구와 그에 근거한 진료가 이루어져왔던 시기다. 둘째 시기는 소화성궤양, 기관지천식, 근수축성 두통 등 그 발병이나 경과에 심리사회적 인자가 밀접하게 관련되어 있는 신체질환, 이른바 심신증이 연구나 진료의 대상이 되어왔던 시기다. 그러나 심신의학이 본래의 목표로 하였던 이념에서 심신의학의 대상은 신경증이나 심신증이라고 하는 특정한 질환에 한정되어서는 안 된다고 하는 주장이 현재는 제3의 시기라고 말할 수 있고, 임상 각과의 질환 전반에 대해 심신양면에서 종합적, 통합적 질환으로 받아들이며 환자에 대해 전인적 의료를 행하는 방향으로 전개되어 가고 있다.

곧 심신의학은 신경의학에서 출발하였으며 심신증 의학을 거쳐서 종합의학, 전인적 의료로 발전되어 왔다고 말할 수 있다. 「임상의학의 기본으로서의 심신의학」, 「종합 의료체계로서의 심신의학」이라고 하는 표현도 이러한 동향을 반영하고 있다고 말할 수 있겠다.

이와 같이 심신의학의 개념이나 구조가 발전하며 의학·의료모델에 대한 사고방식도 변해가고 있다. 곧 종래의 의학·의료가 어느 편이냐 하면 질환 중심의 생물의학적 모델(biomedical model)에 뿌리를 두고 있는데 반해, 이제부터의 의학·의료는 환자중심의 인간을 신체적, 심리적, 사회적 존재로 이해하려고 하는 biopsychosocial medical model(몸과 마음과 사회환경의 상호작용) (Engel GL 1977)로 전환해야 한다고 주장되고 있다.

더 나아가 최근에는 CT, MRI, 장기이식, 체외수정, 유전자조작 등 고도의 의료기술이 발전되면서 의료에 있어서 생명윤리나 환자의 삶의 질(quality of life, QOL)을 중시한 biopsychosocioethical 접근, 인간으로서 살아가는 의미나 가치 등 실존적인 시점에도 배려하는 biopsychosocioexistential 접근, 또는 인간의 건강과 관계가 깊은 생태계의 보전까지 고려된 biopsychosocieechological 접근이 심신의학, 전인적 의료에 마땅히 있어야 할 모습이라고 할 수 있다.

또, 이제까지 심신의학은 자칫하면 심인론적, 인과론적인 임상 견해가 강했으나 오늘날의 심신의학은 오히려 신체적, 심리적, 사회적인 면의 다인자적, 서로 상호작용으로 관계하는 면에서 병의 상태를 이해하여 말하는 경향이 일반적인 추세이다.

C 심신의학계의 최근 동향

다음으로 심신의학의 분야에서 최근 화제가 되고 있는 것들을 다루고자 한다.

1. 심신증의 개념과 질병 상태에 대하여

심신증의 개념에 대해서는 다양하게 파악하는 방법이 있는데 일본 심신의학회에서는 「몸의 증상을 주로 문제 삼으면서 그 진단이나 치료에 심리적 인자에 대한 고려가 특히 중요한 의미를 내포하는 질병 상태」(1970)라고 규정하고 있다. 그러나 이 규정은 신체증상을 주로 하는 신경증이나 우울증도 포함되는 가능성이 있어 문제가 있기 때문에 미국정신의학회에 의한 정신장애의 분류 DSM-Ⅲ(1980)등을 참고하여, 심신증이란 「신체 질환 중에서 그 발병이나 경과에 심리사회적 인자가 밀접히 관여하고, 기질적 내지 기능적 장애가 인정되는 질병상태를 말한다. 다만, 신경증이나 우울증 등 다른 정신장애를 수반하는 신체증상은 제외한다」(1991)라고 개정[6]하였다.

일반적으로 심신증은 신체의 증상을 나타내는 각 기관계통별 내지 각 전문 진료과별로 분류되고 있다. 그 대표적인 것을 표 I-1로 나타냈다. 다만, 여기에 언급한 질환 모두가 심신증이라고 보기는 어렵고, 가끔은 심신증이라고 다룰 필요가 있다는 의미가 되겠다. 예를 들면, 심신증으로서의 위궤양, 기관지천식은 위궤양(심신증), 기관지 천식(심신증) 등으로 표현되고 있다.

그런데 심신증이든 신경증이든 모두가 심리적 인자가 밀접하게 병의 증상과 관련되고 있는 점은 공통이지만 지금까지 양자의 차이에 대해서는 표 I-2a의 정리처럼 구분되어 왔었다. 곧, 신경증이 심인성(psychogenic)으로 생긴 심리 장애 내지 기능적 장애로 정신증상의 비중이 크다고 보아왔으며, 또 증상이 자주 다발성, 일과성, 이동성인데 대하여 심신증에서는 심리적 인자(psychological factor)는 신체적인 여러 인자들과 함께 증상형성의 한 요인에 불과하며 그 병상은 신체증상 비중이 크고, 그것도 특정의 기관에 고정화되어 나타나며, 기능적 장애뿐만 아니라 기질적 장애를 가져오게 하는 일도 있었다. 따라서 치료에 있어서 신경증의 경우는 심인에 대한 처치로써 심리요법이 중심이 되고, 보조적으로 항정신제를 사용하는 것에 비해 심신증의 경우에는 그 증상에 따라 심신양면에서 종합적인 치료가 필요하다고 여겨져 왔다.

그리고 지금까지는 신경증이론으로 심신증의 질병상태를 이해하고자 하는 경향이 강했었다. 다시 말하면 얼마만큼 신경증적이냐 하는 것에 의해 심신증의 정도를 파악하려 했었다. 그러나 이러한 방법론으로서는 실제의 임상에 적합하지 않은 점이 많아 심신증 환자의 심리구조나 질병상태의 이해에는 독자적 이론의 전개가 필요하다고 생각되었다.

이와 같은 배경을 가지고서 최근 심신증의 질병상태를 설명하는 한 가지의 새로운 사고방식의 하나로 「alexithymia」라고 불리는 개념이 등장하여 주목을 받고 있다. alexithymia라고 하는 것은 미국의 Sifneos PE(1973) 등에 의해 제창된 개념으로서 a=lack, lexis=word, thymos=mood or emotion 이라고 하는 그리스말에서 유래한 언어이다. 실감정증 내지는 실감정언어화증 등으로 번역되고 있다. 결국 자신의 내적인 감정에서 깨달아 그 언어표현이 제약당하고 있는 상태를 나타내는 말이다. 시피네스 등은 alexithymia의 특징으로 표I-3에서 보인 점 등을 들어 심신증 환자는 거의가 alexithymia의 경향이 강하다는 점을 지적하고 있다. 한편 신경증 환자는 반대로 감정에서 깨달아 그 언어적 표현은 풍부한 경우가 많다.

이와 관련해서 Ikemi[1,2]는 심신증 환자는 실감정증의 경향뿐만 아니라 항상성

(homeostasis)의 유지에 필요한 신체감각(공복감, 만복감, 피로감 등)들을 깨닫는 데에 무딘 경향이 있다고 해서, 이를 실체감증(alexisomia)이라 부르고 있다. 또한 사회적응 면에서 보면 신경증 환자는 사소한 일에도 감정적으로 되기 때문에 대인관계에서 부적응(maladaptation)을 일으키기 쉬운 데에 반하여, 심신증 환자는 오히려 진지한 사람, 일 중독증, 모범적, 노력하는 사람, 싫다고 못하는 사람, 남의 사정 봐주기, 자기희생적, 우량아 등으로 표현되어 과잉적응(overadaptation)의 경향이 강하다. 다시 말하면 심신증환자는 내적인 감정을 억누르고 주변사람의 기대에 부응하려 무리한 적응노력을 기울인 결과로 스트레스가 쌓이기 쉬운 경향이 보인다. 이처럼 심신증 환자는 표면적으로는 뚜렷한 적응상의 문제점은 드러나지 않는 경우가 보통이다.

위에서 서술한 것을 기초로 하여 심신증과 신경증과의 차이점을 정리해 보면 표 I -2a와 같다. 물론 심신증의 환자가 모두 실감정증, 실체감증, 과잉적응의 경향이 있다고는 말하기가 어렵지만, 전형적인 심신증의 경우에는 가끔씩 이와 같은 경향이 인정되고 있다. 어찌되었든 실감정증, 실체감증, 과잉적응이라고 하는 개념을 도입한 것으로 해서 지금까지의 신경증 이론으로는 설명하기 어려웠던 심신증의 병세를 좀 더 쉽게 설명하게 되었다고 말할 수 있다.

더욱 심신증은 현실생활에서 스트레스로 인한 「현실심신증」과 스스로 스트레스를 느끼기 쉬운 성격자체가 문제가 되는 「성격심신증」으로 크게 구별된다. 위에서 말한 alexithymia의 개념은 「성격심신증」 중의 하나로 중요한 구성인자를 형성하는 것이라고 할 수 있겠다.

표 I -1 내과 영역에서의 대표적인 심신증

호흡기계	기관지 천식(cough variant asthma 포함), 과환기 증후군, 신경성 해소, 인두경련, 만성 폐색성 폐질환 등
순환기계	본태성 고혈압, 본태성 저혈압, 기립성 저혈압, 관동맥질환(협심증, 심근경색), 일부 부정맥, 신경순환무력증, 레이노 (Raynaud)병 등
소화기계	위·십이지장궤양, 급성 위점막병변(AGML), 만성 위염, 비궤양성 소화불량, 과민성 대장증후군, 궤양성 대장염, 담도 운동이상증(dyskinesia), 만성간염, 만성 췌장염, 심인성 구토, 비만성 식도경련, 식도 무이완증(achalasia), 탄기증(공기연하증) 및 가스저류증후군 등
내분비대사계	신경성 식욕부진증, 신경성 과식증, Pseudo-Bartter증후군, 애정차단성 소인증, 갑상선 기능항진증, 심인성 다식증, 단순성 비만증, 당뇨병, 신성 당뇨, 반응성 저혈당 등
신경 근육계	근수축성 두통, 편두통, 그 외의 만성동통장애, 경성사경, 서경, 눈꺼풀경련, 자율신경실조증 등
비뇨 생식기계 그 밖의 증상	야뇨증, 신경성 빈뇨(과민성 방광), 심인성 뇨폐, 유주신(遊走腎), 심인성 발기부전, 복부 수술 후유증(이른바 장관유착증 등), 빈회수술증(polysurgery), 만성관절 류마티즘, 전신성 근통증, 요통증, 외상성 경부증후군(이른바 편타증을 포함), 갱년기장애, 중년자율신경실조증, 만성담마진, 아토피성 피부염, 원형탈모증, Meniere증후군, 악관절증 등

표 Ⅰ-2 심신증과 신경증의 차이

a. 종래의 사고방식

	심 신 증	신 경 증
증상의 종류	신체증상의 비중이 크다.	정신증상의 비중이 크다.
증상의 성질	특정의 기관에 고정되어 지속적으로 증상이 나타남.	증상이 다발적이고 일과성으로 이동하기 쉽다.
장애의 정도	기능적 장애에 머무르지 않고 가끔 기질적 장애를 수반한다.	기능적 장애
원인, 병상 형성 메카니즘	체질적, 신체적인 기반에다 여기에 심리적 인자 (psychological factor), 정동적 인자 (emotional factor)가 더하여져 발생한다.	심인성(psychogenic)으로 나타난다.
치료	심신양면에서의 종합적인 치료가 필요하다.	심리요법이 중심 보조적으로 향정신제 사용

b. 새로운 사고방식

	심 신 증	신 경 증
실감정증 실체감증 사회적응	(++) ~ (±) (++) ~ (±) 과잉적응(overadaptation)이 많다.	(±) ~ (−) (±) ~ (−) 부적응(maladaptation)이 많다.

표 Ⅰ-3 alexithymia 실감정(언어화)증(Sifneos PE;1973)

a=lack lexis=word thymos=mood or emotion

① 공상생활이 빈약 impoverished fantasy life
갈등의 언어화가 되지 않음 inability to verbalize conflicts
② 정동(情動)의 체험과 표출이 제한되게 됨 constriction in experiencing & expressing emotion
③ 면접자와 커뮤니케이션이 곤란 difficulty in communicating with interviewer

Does the patient :	Please check :	Yes	No
① Describe endless details rather than feeling?		○	
② Use appropriate words to describe emotion?			○
③ Have a rich fantasy life?			○
④ Use action to express emotion?		○	
⑤ Use action to avoid conflicts?		○	
⑥ Tend to describe circumstances surrounding an event rather than feeling?		○	
⑦ Have difficulty to communicate?		○	
⑧ Is the thought content associated more with external events than with fantasy or emotion?		○	

2. 심신의학과 행동의학

최근 서양에서는 심신의학보다는 오히려 행동의학(behavioral medicine)에 관심이 높아지고 있다. 행동의학이란 「건강과 질환에 대해서 행동의학과 생물의학의 지식이나 기술을 발전 통합시키며, 이 지식이나 기술을 예방, 진단, 치료 및 재활에 응용하는 학술적 분야다」(Academy of Behavioral Medicine Research, 1978)라고 규정되어 있다.

종래의 심신의학은 주로 정신분석, 역동정신의학에 기초를 두고 환자의 인격이나 정신내계의 갈등, 그것의 심인적 역할 등 병태심리를 중시하고 정신분석에 의한 내적 갈등에 대한 통찰과 인격의 성숙을 치료목표로 삼아 왔었다. 이와는 반대로 행동의학에서는 학습이론, 행동심리학에 기초를 두고 내적인 심리상태보다도 외적으로 표현되는 구체적이고도 관찰 가능한 행동에 초점을 맞추고 행동요법을 활용하며 병태생리의 개선과 적절한 행동양식에 대한 수정을 꾀하려 하는 것이다.

예를 들면, 허혈성심질환의 위험인자 중 하나인 미국의 Friedman R과 Rosenman R(1959)이 제창한 야심적, 경쟁적, 공격적 속도와 성급함, 일을 열심히 하는 것 등이라고 하는 특징을 지닌 A형 행동양식(type A behavior pattern), 또는 만성동통 환자가 주위에 동통의 존재를 나타내는 여러 가지 동통행동(pain behavior) 등의 예를 들 수 있겠다.

그 밖에도 종래는 심신증의 증상이라고 한다면, 심리적 인자가 급성으로 직접적으로 작용해서 신체화 된 경우가 흔히 화제가 되어 왔지만, 근년에는 성격적 인자나 심리·사회적 스트레스 상황에서 유래된다. 만성적인 자기 파괴적 생활습관의 일그러짐이 신체장애를 일으키는 「생활습관병으로서의 심신증」의 존재로 주목받기에 이르렀다. 예를 들면, 오랜 세월동안의 과도한 음주습관에 의한 만성 알코올성 췌장염의 발병, 포식, 운동부족, 비만에 의한 당뇨병의 발병, 혹은 부적절한 식습관, 지나친 흡연, 불규칙한 생활, 일 중독증, 심신의 과로에 의한 소화성 궤양, 허혈성 심질환 등의 발병이 그러하다. 다만, 정신분석학, 역동정신의학과 행동의학과의 관계는 서로 대립하는 학문이라고 하기보다는 오히려 서로 상호적으로 이해해야 된다고 생각한다.

3. Consultation · Liaison 정신의학과 심신의학

최근에 들어와서 서양의 종합병원 일반 진료과에서는 Consultation·liaison 정신의학(consultation-liaison psychiatry)이라고 하는 형태로 정신과 의사에 의해 심신의학적 원조활동들이 전개되어 오고 있다. 곧 consultation-liaison 정신의학은 종합병원의 정신과 의료(general hospital psychiatry)로 원내에서 중요한 한 부분을 차지하기에 이르렀다.

Consultation이란, 상담, 조언을 나타내는 말로서 일반 진료과의 요청에 의해 그 담당환자의 심리적인 문제에 대하여 정신과의사가 상담에 나서고, 적절한 조언을 제시하는 의료행위가 된다. Liaison이라는 말은 연락, 연계, 관계를 나타내는 말로 환자와 의료스탭 관계, 환자와 가족 관계, 또는 의료스탭 상호간의 관계에서 발생한 진료상의 문제점에 대해 정신과 의사가 관여해서 조정 처리하는 일을 의미하고 있다.

Consultation·Liaison 정신의학의 구체적 내용으로는 심신 양면으로부터의 종합적인 처지에서 정신의학적인 여러 문제에 관한 진단상의 평가, 환자의 관리에 대한 조언, 치료, 거기에다 환자와 의료진 사이의 갈등의 해결, 일반 진료과 담당인 의사나 간호사들에 대한 정신의학의 영역에 대한 교육 등이 해당된다. 곧 consultation·liaison 정신의학의 역할은 patient-problem management approach(Mckegney FP)에 있다고 하겠다. 그리고 지금까지의 정신역동적 심신의학은 이제야말로 이 consultation·liaison 정신의학 속으로 흡수되어 실천되어 오고 있다고 할 수 있겠다.

4. 여러 나라에 있어서 질병분류와의 관계

1) DSM-Ⅲ[10], DSM-Ⅳ[11]

DSM-Ⅲ(Diagnostic and Statistical Manual of Mental Disorders, 1980)는 미국정신의학회가 정신장애 분류와 진단에 관해서, 1980년에 3번째로 크게 개정을 하였다. 이 DSM-Ⅲ는 1987년에 약간의 수정이 되어(DSM-Ⅲ-R), 1994년에는 DSM-Ⅳ라고 개정되었다. 이 DSM-Ⅲ 내지 DSM-Ⅳ에서는 종래의 학설이나 원인론을 배제하고 현상학적인 증상을 기술하고, 진단의 타당성, 신뢰성이나 유용성에 중점을 두고 구체적인 진단 기준 등도 나타내고 있다.

또한 증상에 대한 파악 방법도 「다축(多軸)평정」이라고 하는 종합적이고도 획기적인 방법을 이용하고 있는 것도 특징적이다. 곧, DSM-Ⅲ에 의해서 제1축(軸)에는 임상증상 다시 말하면 정신증상, 제2축에서는 인격장애 내지 발달 장애, 제3축에는 신체질환 또는 신체 상태, 제4축에는 심리사회적 스트레스 정도, 제5축에는 과거 1년 동안에 가장 높았던 사회적인 적응수준을 나타내고 있다.

이 DSM-Ⅲ, Ⅳ 안에서 주목해야 할 일은 신경증이나 심신증이라는 말이 사라져 버렸다는 사실이다. DSM-Ⅲ 분류에 따르면, 종래의 심신증은 제1축에 신체적 상태에 영향을 미치는 심리적 인자(psychological factors affecting physical condition)라 말하는 표현을, 제3축에는 신체질환이나 신체증상을 기록하도록 되어 있다. DSM-Ⅳ가 되면 「신체 질환에 관여하는 심리적요인」의 관여보다 광범위하고, 섬세하게 빈틈없이 규정되어 있다(표I -4).

이와 같이 DSM-Ⅲ, Ⅳ은 객관적이고, 타당성, 신뢰성이 높으며 증상을 다면적, 종합적으로 파악하고자 하는 점이나 심리사회적 스트레스, 적응기능 수준까지 고려해 넣은 것 등 심신의학적 접근의 방침과도 일치된다고 말할 수 있다. 그러나 반면 신경증이나 심신증이라고 하는 질병개념이 해체되어 있다는 상태에 불만이나 비판도 있을 수 있으나 일본의 정신의학과 심신의학의 전문가들 사이에서도 임상적으로 유용한 이들의 개념을 남겨 두어야 하겠다고 하는 의견도 많다.

표 Ⅰ-4 DSM-Ⅳ(1994)중 심신증에 상당하는 것을 기술

일반 신체질환의 영향을 받고 있는 심리적요인(psychological factors affecting medical condition)

316 [일반 신체질환을 나타내는 일]에 영향을 주고 있음
[특정의 심리적 요인]
[Specified Psychological Factor] Affecting
[Indicate the General Medical Condition]

A. 일반 신체질환(제3축에 코드번호를 붙여서 기록하였음)이 존재하고 있다.

B. 심리적 요인이 아래 중 하나의 형태로 일반 신체질환에 좋지 않은 영향을 주고 있다.

(1) 그 요인이 일반 신체질환의 경과에 영향을 주고 있고 그 심리적 요인과 일반신체질환의 발견, 악화, 또는 회복이 늦어지는 사이에 밀접한 시간적 관련이 있다는 것이 나타나 있다.
(2) 그 요인이 일반 신체질환 치료를 방해하고 있다.
(3) 그 요인이 환자 건강에 더욱 더 위험을 발생시킨다.
(4) 스트레스 관련성의 생리학적 반응이 일반 신체질환 상태를 발견하도록 하고, 또는 그것을 악화시키기도 한다.

▶ **심리적 요인의 내용에 기초를 두어 명칭을 선택하는 일 :**
(2가지 이상의 요인이 존재하는 경우에는 가장 현저한 것을 나타내는 일)

… [일반 신체질환을 나타내는 일]에 영향을 주고 있는 신체질환
(예: 심근경색에서 회복을 늦어지게 하는 심한 우울증 장애와 같은 제1축 장애)

… [일반 신체질환을 나타내는 일]에 영향을 주고 있는 심리적 증상
(예: 수술에서 회복을 더디게 하고 억제시키는 우울증 증상 ; 천식을 악화시키고 있는 불안)

… [일반 신체질환을 나타내는 일]에 영향을 주고 있는 인격경향 또는 대처양식
(예: 수술 필요성에 대한 암환자의 병적부인 ; 심혈관계 질환에 관여하여 적대적, 심박적 행동)

… [일반 신체질환을 나타내는 일]에 영향을 주고 있는 부적절한 보건행동
(예 : 과식; 운동부족; 위험한 성행위)

… [일반 신체질환을 나타내는 일]에 영향을 주고 있는 스트레스 관련 생리학적 반응
(예 : 궤양, 고혈압, 부정맥 또는 긴장성 두통의 스트레스에 의한 악화)

… [일반 신체질환을 나타내는 일]에 영향을 주고 있는 기타 또는 특정 불능의 심리적 요인
(예 : 대인관계적, 문화적 또는 종교적 요인)

2) ICD-10[12)]

세계보건기구(WHO)의 국제질병분류 ICD-10(1992)에 의하면 이전부터 지금까지 심신증에 해당되는 것은 생리적 장애 또는 신체적 요인에 관련된 행동증후군(behavioral syndromes associated with physiological disturbances and physical factors)이라고 불리는 항목(F5) 중에 섭식장애(F50), 성기능부전(F52), 다른 분류된 장애 또는 질환에 관련된 심리적 혹은 행동적요인(F54) 등이 있고, 후자의 예로 천식, 피부염과 습진, 위궤양, 점액성대장염, 궤양성 대장염, 담마진 등을 들 수 있다. 그 예로, 신체적 장애는 그 종류에 맞게 각각 구분하여 해당 코드와 함께 기록하는 일이다(예: 천식에는 F54-J45, 위궤양에는 F54-K25, 담마진에는 F54-L50등). 그 외에 neurotic, stress-related and somatoform disorders(신경성 장애, 스트레스 관련 장애 및 신체표현성 장애)의 항목(F4)중에 이전부터 지금까지 일본에서 말하여진 소위 "자율신경실조증"에 해당하는 「신체표현성 자율신경기능부전」(F45.3)이라고 하는 표현도 보인다. 그 결과 소위 심신증에 해당하는 것은 ICD-10 중에 F50, F52, F54, 및 F45의 일부라는 것이다.

D 여러 외국 및 일본의 심신의학 현상

1. 미국

미국의 초기 심신의학은 기본적으로는 Freud 후계자들에 의한 정신분석이론 적용과 Cannon을 필두로 여기는 정신생리학적 연구를 중심으로 하고 있다. 먼저 꼭 언급해야 할 일로 1935년에 Dunbar F는 그때까지의 심신상관에 관한 방대한 문헌을 정리하고 『Emotions and Bodily Changes』라고 하는 한 권의 책으로 정리하여 이 방면의 연구자들에게 큰 공헌을 했다. 그리고 1939년에는 그녀가 편집자가 되어 『Psychosomatic Medicine』라고 하는 잡지가 발간되었다. 1944년에는 정신분석 의사나 정신생리 등 기초계 연구자가 중심이 되어 American Psychosomatic Society라고 하는 학회가 결성되었다. 또한 1943년에는 내과의인 Weiss E와 정신과의 English OS의 공동 집필로 『Psychosomatic Medicine』이라고 하는 교과서, 또 1950년에는 정신분석학자 Alexander F에 의해서 같은 이름의 저서가 출판되어 심신의학의 보급에 기여하게 되었다.

한편, 정신생리학적인 입장에서 Cannon은 동물들이 외적의 습격을 받고서 싸우거나 도망가야 할 긴급사태에 빠지게 되었을 때 교감신경계의 흥분과 부신수질에서 생기는 아드레날린 분비를 중심으로 전신반응이 나타나는 사실을 밝히고서 이것을 긴급반응(emergency reaction, 1929)이라고 명명하였다. 또한 Wolf HG 등은 톰이라는 위루(Gastric fistula)를 앓고 있는 남자 환자에 대해 그의 일상생활 중에서 경험하는 각양각색의 감정이 위의 분비, 운동, 혈액에 큰 영향을 끼치고 있는 사실을 밝히고 이것을 『Human Gastric Function』(1943)이라는 책으로 정리하여 출판하였다.

그런데, 1930~1940년대에 있어서 주로 특정한 심신증을 대상으로 한 정신분석 이론에 근거한 임상적 연구는 차차 그 한계가 뚜렷하게 되었으며, 그 결과로서 초기의 임상적 관찰에서 기초적 연구로 즉, 다시 정신분석학에서 실험심리학으로 학문적 관심이 차차 옮겨지기에 이르렀다.

이와 같은 학회 주류의 움직임에 대한 비판으로 심신의학은 좀 더 임상적 접근과 그 실천을 중시하여야 한다는 취지에서 Dorfman W 등이 중심이 되어 임상학파의 Academy of Psychosomatic Medicine이라고 하는 학회를 탄생시켜 1960년에는 그 기관지 『Psychosomatics』를 간행하기에 이르렀다.

그 뒤로 Schmale AH와 Engel GL은 대상상실에 의한 억울 반응이라고 해서 무력감(helplessness)과 절망감(hopelessness)을 나타내는 giving-up-given-upcomplex(상실되어가고 있는, 잊어버려진 감정체험)가 신체질환 발현에 결부된다는 것을 1986년에 주장했다. 또한 Holms TH와 Rahe RH는 생활상의 일들이 여러 가지 질병의 발병과 밀접히 관련되어 있다는 것을 보여 주었고, 심리사회적 스트레스의 지표로써 Social Readjustment Rating Scale(사회 재적응 평가척도)을 작성하였다(1968). 이에 대해 Lazarus RS 등은 커다란 일보다는 오히려 일상생활 중에서 경험하는 만성적 고민이나 근심(daily hassles)과 그 대처방법, 스트레스가 병의 발병과 증상에 관여한다고 주장하고 있다. 더 나아가 Kubler-Ross(1969)는 암 등의 말기환자 다수의 사례를 면접하고 환자의 심리반응을 분석하여 부정, 분노, 거래, 우울, 타협 및 수용이라는 5단계를 거친다는 것을 보여주었다.

1970년대에 들어와서 정신역동적 접근에 만족하지 못하는 사람들에 의해 학습심리학 조건부여이론을 기반으로 해서 행동의학에 대한 관심들이 높아지게 되었다. 이와 같은 행동의학적 접근으로서 Benson H의 이완반응, Jacobson E의 점진적 근이완법, Wolpe J의 계통적 감작요법, Skinner BF의 자발적 조건부여 기법, 더 나아가 Miller NE나 Shapiro D, 그 밖의 학자들에 의한 바이오피드백(biofeedback) 등이 있다. 특히 최근에는 인지요법까지도 채택한 인지·행동요법도 성행하고 있다.

그 밖에, Berne E에 의한 교류분석, Perls FS에 의한 게슈탈트요법, 혹은 Minuchin S, 그 외에 시스템론적 가족요법 등 여러 가지 치료법이 개발되어 시험해 보고 있다. 특히 Wiener N은 정보와 제어에 관한 Cybernetics 정보공학이론을 주장하였고, von Bertalanffy L은 원자, 분자, 세포, 조직, 기관, 인간, 사회, 우주 등 모든 시스템에 공통하는 일반시스템이론

(1948)을 주장하여 사회과학, 생물과학, 자연과학을 통합시키는 이론적 틀을 제공해 주었다. 이처럼 인간을 환경과 상호작용 하는 유기적인 생체시스템이라고 받아들이는 입장은 시스템론적 가족요법 형성과 발전에 커다란 시사와 영향을 끼쳤다.

일반적으로 미국의 심신의학은 그 발생과 발전의 자취를 보아도 알 수 있듯이 임상적으로는 정신과 의사가 리더십을 잡고 있는 것이 특징적이나 최근에는 Consultation·Liaison 정신의학 활동이 활발하게 이루어지고 있다. 다른 한편에서는 최근에 행동의학이나 이와 관련된 건강심리학(health psychology)의 활동도 눈에 띄고 있다. 또한 1971년에 미국, 캐나다, 중남미가 중심이 되어 제1회 국제 심신의학회 (International College of Psychosomatic Medicine, ICPM)가 멕시코에서 개최되었고 그 뒤로 2년마다 세계 각지에서 계속해 개최되어 오고 있다.

2. 캐나다

캐나다에서도 심신의학의 연구나 진료가 한창이지만 그 중에서도 정신생리의 입장에서 Selye H는 스트레스 학설로 전신적응증후군(general adaptation syndrome)을 주장했다.

그 가운데 물리적, 화학적, 생물학적 스트레스와 병행해서 정동(情動, 감정의 급변상황)적 스트레스도 하수체-부신피질계를 매개로 전신반응을 일으키는 사실을 밝혀서, 심신의학의 기초 분야 진전에 크게 공헌하였다.

또한 Luthe W는 Schultz JH가 개발한 자율훈련법을 더욱 더 발전시켜서 자율법으로 체계화시켰다.

3. 독일, 오스트리아

정신분석은 오스트리아 Freud에 의해서 창시된 사실로 인해 독일[7]과 오스트리아에서는 정신분석적 심리요법이 성행되었는데, 오늘의 심신의학의 기본이 되었다고 할 수 있다. 실제로 독일에서는 자주 Psychosomatics/Psychotherapy가 함께 표현되고 있기도 해서 심신의학과 심리요법은 상호간 밀접한 관계가 있는 것이라고 이해되고 있다.

독일에서 고전적 정신의학과 전통적 신체의학의 흐름을 바꾼 사람은 von Bergman A, Yores T, von Uexkull, von Weizsacker 등 여러 명의 내과 의사의 활약에 있다.

즉, 1920년에 최초로 정신분석적 외래치료를 하는 진료소가 베를린에 설립된 이래, 정신분석적인 심리요법과 그에 수반하는 졸업 후의 연수가 활발해졌으며 1945년 이후에는 급속히 발전해서 30개소 이상이 공인된 정신분석적인 방향성을 가지고 졸업 후 연수강좌가 탄생하였다. 그리고 대학에서의 분쟁을 계기로 해서 1970년에 새로운 의학교육 과정이 도입되어서 의료심리학(medical psychology), 의료사회학(medical sociology)이 필수과목으로 등장하게 되었다. 또한 임상연수 단계에서 심신의학과 심리요법의 교육도 필수로 되었고, 그 강의나 실습은 내과나 정신과 등을 구별하여 독립시켜 심신의학 부문에서 다루게 하였다. 그 결과로 (서)독일의 25개 의과대학 모두가 심신의학, 심리요법 강좌와 그 외래부문 또는 거의 모든 대학에 입원환자의 전문 진료시설이 설치되기에 이르렀다.

이와 같이 독일에서 중요한 심리요법은 정신분석적, 정신역동적인 방향을 내포하는 것인데 그 일을 위해 전문적인 졸업 후의 연수는 5~10년이 소요된다. 이 외에 외래에서 간단한 정신역동적 심리요법을 감당할 수 있는 자격을 희망하는 모든 의사에 대해서 내과나 외과라고 하는 전문영역과 함께 호칭할 수 있는 심신의료인정의(medical specialist of psychotherapeutic medicine)가 되기 위해서는 3년 동안의 부가적인 연수 코스까지 준비되어 있다. 더 나아가 심신의학, 심리요법의 전문의로서의 자격을 얻기 위해서는 내과학 1년, 정신의학 1년, 입원환자를 위한 심리요법, 심신의학적 접근 3년, 총 5년이 소요되며 이 기간은 졸업 후 연수에서 완수하게 되어 있다.

이 일과 관련해서 건강보험제도면에서도 신경증, 인격장애, 기능적인 심신증 등에 심리요법을 실행하는 일이 승인되고 있으며, 이에 소요되는 비용은 보험에서 지불하도록 되어 있다.

현재 독일에는 하이델베르그 대학의 Schepank H, 마아르부르크 대학의 Schuffel W, 하노버 대학의 Freyberger H, 함부르크 대학의 Meyer A 교수 등이 활약하고 있다.

이들 말고도 정신분석 이외의 심리요법으로 Schultz는 자율훈련법 창시자로서 알려져 있고, 또한 오스트리아의 Frankl VE는 실존분석, 언어치료(logotherapy)를 주장한 사람으로 잘 알려져 있다. 역시 독일에서도 최근에는 행동요법이 성행되고 있는 중인데 이 경향은 주로 임상심리사들의 활동에 의한 것이 크다고 하겠다.

4. 영국

영국에서도 심신의학의 발전은 주로 정신과 의사의 활동에 의한 것이 많다. 런던 대학의 정신분석의 Balint M(1896-1970)은 의사들을 대상으로 작은 그룹을 만들어서 증상의 예를 중심으로 간이 심리요법의 슈퍼비전을 실행하여 「경청」을 주로 하는 전인적인 환자 이해의 개발에 힘썼다. 그 경험을 토대로 해서 정리한 그의 저서 『The Doctor, his Patient and the Illness』는 환자심리를 이해하기 위한 훌륭한 책이어서 일본에서도 번역되어 나왔다. Balint 방식이라 불리는 이와 같은 의료면접 방식은 지금도 유럽각국에서 의학교육의 방법론이라 해서 받아들여져 실시되고 있다.

또한 영국에서는 Leigh D를 중심으로 1975년에 『Journal of Psychosomatic Research』가 간행되어 심신의학의 발전에 큰 역할을 했다. 이 밖에도 심리학자인 Eysenck HJ는 정신분석을 비판하며 행동요법의 유용성을 주장하면서 행동요법의 보급에 공헌하였다.

역시, 유럽에서도 심신의학의 국제회의로서 European Conference on Psychosomatic Medicine이 1956년에 설립되어 2년마다 유럽 각지에서 개최되고 있다.

5. 러시아

러시아에서의 심신의학은 조건반사학설에 근거한 것이 많다. 다 아는 바와 같이 Pavlov는 동물실험 결과를 기초로 하여 고전적인 조건반사학설을 주장하였다. 또한 Bykov KM은 대뇌피질과 내장기능과의 관계에 대해 조건반사의 입장에서 연구하여 대뇌피질의 흥분과 제지과정의 혼란상이 뇌간을 매개로 하여 내장기능의 장애를 일으킨다고 말하는 피질 내장증(corticovisceral disorder)이라는 개념을 주장하였다. 이 피질 내장증은 이른바 심신증 대부분에 상당하는 것이라고 생각하게 되었고, 그 대표 사례로서 위궤양과 고혈압증이 있다. 또한 최근에는 중추신경계와 암의 발육과의 관련성 등에 대해서도 연구가 진행되고 있다.

6. 일본

일본에서의 심신의학의 역사를 돌이켜 보면 전쟁 전에는 겨우 신경증에 대한 심리요법으로 Morita Shoma(森田正馬)의 독창적인 모리타 요법이나 Freud의 유파로 보이는 Marui Kiyohiro(丸井清泰), Furusawa Kesaku(古澤平作) 등에 의한 정신분석요법이 산발적으로 시행되고 있는데 지나지 않았다.

그러나 전쟁 후, 미국 의학이 급속하게 일본에 도입되면서 큰 영향을 미치는 가운데 Okinaka Shigeo(冲中重雄), Hinohara Shigeaki(日野原重明), Horimi Taro(掘見太郎) 등에 의해 정신신체의학이라는 개념이 소개되었으며 차차 그 관심이 높아져 갔다. 이와 같은 상황이 전개되는 가운데 때마침 미국에서 심신의학의 실제를 보고 듣는 기회의 혜택을 입은 큐슈 대학 내과의 Ikemi Torisiro(池見酉次郎)는 귀국한 뒤에 게이요 대학 정신과의 Miura Senei(三浦岱榮) 등과 협력해서 1959년에 일본정신신체의학회를 설립했고 다음해에 제1회 대회가 동경에서 개최되었다. 1961년에는 같은 학회의 기관지 『정신신체의학』이 발간되었다. 1975년에 일본정신신체의학회는 일본심신의학회로, 1976년에는 기관지 『정신신체의학』은 『심신의학』 등으로 바꿔 부르게 되었다. 일본 심신의학회는 발족 이래 순조로운 발전을 계속하여 현재 회원 수가 3,000명이 넘었으며 그 구성원은 내과 의사가 가장 많고 이어서 정신과의 순이지만 그 밖의 임상각과의 의사, 기초의학자 및 co-medical 분야의 사람들도 참가하고 있다.

일본심신의학회의 활동으로는 심신의학의 임상적 및 기초적 연구의 발표가 주된 것이지만 동시에 심신의학의 실천과 계몽에도 힘을 쏟아 심신증의 개념규정과 심신의학적인 진료지침의 작성 등도 해왔다. 즉 1970년에 심신증의 치료지침, 1991년에는 그것을 개정한 심신의학의 새로운 진료지침이 발표되었고, 1985년에는 학회로서의 인정제도가 발족되었다. 1977년에는 교토에서 제4회 국제심신의학회(주제목은 Psychosomatic Medicine; A Core Approach to Clinical Medicine-Education, Practice, Research and Theory)가 개최되어 미국, 독일 등과 나란히 일본이 심신의학 분야에서 커다란 세력으로 성장했다는 것을 각인시켜 주었다. 또한 1979년 일본심신의학회는 일본의학회의 한 분과회로서 가입이 인정되기에 이르렀다. 현재 이 학회에는 홋가이도, 도우호쿠, 간토·쿄오신에츠, 주후, 킨키, 츄우고쿠, 시코쿠 및 큐슈의 각 지방에 지부가 설치되어 있으며 지방회의 활동도 왕성하다. 또 1996년에는 심료내과라는 과명이 정식으로 인가 되었다. 일본에서의 심신의학의 특색으로서는 심신상관의 기초적, 임상적 연구를 근거로 하여 임상의학 내지 전인적 의료의 중심으로 위치하도록 연구면과 진료면의 균형이 유지되도록 되어 있다. 정신과, 심료내과, 임상 각과와의 협력관계가 중시되고 있는 일, 심신의학적인 치료법으로서는 상담, 정신분석요법, 자율훈련법(자기조정법), 최면법, 근이완법, 교류분석, 게슈탈트요법, 행동요법, 인지요법, 바이오피드백, 가족요법, 작업요법, 상정요법 등의 서양적인 psychosomatic 접근과 모리타요법, 절식요법, 내관요법, 기공법, 요가 등 동양적인 somatopsychic 접근이 질병상태에 따르거나 또는 치료자의 기호와 선택에 따라 폭넓게 쓰여 지고 있다.

한편 심신의학의 연구, 교육, 진료시설로서 대학에서는 1963년 일본에서 처음으로 정신신체의학 강좌가 큐슈 대학에 설치되었고 진료과명으로 심료내과가 탄생하였다. 그 뒤, 도쿄대학 분원(1972), 토호쿠 대학(1974), 닛본 대학(1979), 토호우 대학(1980), 칸사이의과 대학(1993)에 연이어 심료내과, 카고시마 대학에는 심신의료과(1994)가 설립되었고, 또 아키다대학에는 심료센터(1976)가 설치되었다. 이 밖에도 전국 대학과 일반병원에서도 내과, 정신과를 시작으로 임상 각과 안에 심신의학의 연구 내지 진료부문이 있고 각자의 특색을 살린 활동이 진행되고 있다.

또한 일본 심신의학회의 관련 학회 내지 연구회로서는 먼저, 내과계 심신의료의 임상에 중점을 두고 결성된 일본심료내과학회(1996)가 있다. 그밖에 일본소아심신의학회, 일본여성심신의학회, 일본치과심신의학회, 일본정신분석학회, 일본교류분석학회, 일본자율훈련학회, 일본행동요법학회, 일본바이오피드백학회, 일본스트레스학회, 일본만성동통학회, 일본절식요법학회, 모리타요법학회, 일본일차진료학회, 일본보건의료행동과학회, 일본 정신종양학회, 순환기심신의학연구회, 소화기심신의학연구회, 호흡기심신증연구회 등이 있다. 더 나아가 전인적인 의료실천과 건강증진의 달성 및 학회 상호간의 교류와 연수를 목적으로 해서 심신의학의 관련학회와 심리관계의 여러 학회와의 학제적 협력체제에 의해 일본심리의료제학회 연합이 1988년에 결성되어 매년 대회를 열고 있다.

한편 일본을 중심으로 해서 아시아 여러 나라들에 의한 심신의학의 연구 발표 및 상호교류의 자리로서 국제심신의학회 아시아부회가 결성되었고, 1984년에 그 제1회 대회가 동경에서 개최되었다. 이후 2년마다 아시아 각지에서 개최되고 있다. 이 학회는 2000년 아시아심신의학회라고 이름을 바꾸었다.

문헌

1) 池見酉次郎：わが国における心身医学の歴史と展望．心身医学 25：486 - 490，1985
2) 池見酉次郎：全人的医療の核としての心身医学-心身医学の現状と将来．心身医学 30：251 - 260，1990
3) 筒井末春：心身医学の歴史．石川　中，末松弘行(編)：心身医学－基礎と臨床，pp12 - 21，朝倉書店，1979
4) 中川哲也：心身医学の歴史．末松弘行(編)：心身医学(新版)，pp10 - 23，朝倉書店，1994
5) 中川哲也：心身症の過去・現在・未来．吉松和哉，上島国利(編)：臨床精神医学講座　第6巻，pp265 - 285，中山書店，1999
6) 日本心身医学会教育研修委員会：心身医学の新しい診療指針．心身医学 31：537 - 576，1991
7) ハインツ・シエパンク：ドイツにおける心理療法的健康管理．安田弘之，楊　思根(訳)：心身医学 32：517 - 525，1992
8) Kaplan HI. Sadock BJ : Synopsis of Psychiatry, 8th ed. pp797 - 828, Williams & Wilkins, Baltimore, 1998
9) Wittkower ED : Historical perspective of contemporary psychosomatic medicine. Lipowski IJ et al : Psychosomatic medicine, pp3 - 13, Baywood Co. Inc., New York, 1975
10) American Psychiatric Association : Quick reference to the diagnostic criteria from DSM - III. APA, Washington DC, 1980 (髙橋三郎，花田耕一，藤縄　昭(訳)：DSM - III 精神障害の分類と診断の手引．pp3 - 17, 161, 医学書院，1982)
11) American Psychiatric Association : Quick reference to the diagnostic criteria from DSM - IV. APA, Washington DC, 1994 (髙橋三郎，大野　裕，染矢俊之(訳)：DSM - IV 精神疾患の分類と診断の手引．pp235 - 236, 医学書院，1995)
12) World Health Organization : The ICD - 10 classification of mental and behavioural disorders. Clinical descriptions and diagnostic guidelines. WHO, Geneva, 1992〔融　道男，中根允文，小宮山実(監訳)：ICD - 10精神および行動の障害-臨床の記述と診断ガイドライン．pp142 - 204，医学書院，1993〕

② 동서 심신의학의 통합

동서 심신의학(이하 PSM)의 통합에 대한 요점은 다음과 같다.

A 그림 Ⅰ-1에서와 같이 예전부터 질병의 원인으로는 외부로부터 들어오는 세균이나 바이러스 감염, 영양실조, 외상 등이 주체이나 그런 것에 대해 그림에 보이는 사람의 오른쪽에 있는 신체의학적인 요법으로 처리할 수가 있게 되었다.

하지만 현대질환의 원인으로는 개인의 생활방식, 생활환경에서 오는 스트레스 등이 주체가 되고 있으며 표면화된 몸의 증상을 대증요법에 의해 제거하는 것으로 확실한 치료라고는 하기 어렵다. 그래서 왼쪽에 있는 건강한 생활을 위한 건강교육, 가정이나 직장에서의 스트레스에 대한 상담을 통해서 스트레스의 해소를 돕는 일, 불건강한 생활습관(life · style)을 고치도록 하는 행동요법, 어려서부터 성격형성이 비뚤어진 것에 대한 분석, 그것으로부터의 해방을 가져오는 정신분석, 인간으로서의 삶의 가치나 의미에 대한 각성을 촉구하게 될 인간학적 요법 등을 신체적 요법에다 병용하게 되는 PSM이 1930년대에 미국에서 일어났다.

그림 Ⅰ-1은 1986년에 워싱턴에서 열렸던 「과학 통일에 관한 국제회의」 중에서 기획되었던 3일 동안에 걸친 「기(氣)」의 위원회에서 저자가 그 위원회의 결산으로 만든 그림이다. 이제까지 PSM적 요법에서도 또한 못 보았던 것은 개인의 몸 안에 잠재된 심신 양면의 자연치유력의 문제였다. 동양의학에서는 훨씬 이전부터 개인이 지니고 있는 생명 에너지(氣)를 활성화하고, 동시에 내재하는 기(氣)를 유지하고, 바깥에 존재하는 자연의 생명 에너지와의 교류를 촉진하는 일에 중점을 두기에 이르고 있다. 최근에 와서 서양 여러 나라에서도 면역 능력 등을 포함해서 「내면에서 우러나오는 치유력」이 점점 주목받기 시작하였다. 일본에서 흔히 「병은 마음으로부터」라는 표현이 있는 것처럼 안 밖의 「氣」의 Self Control이 건강증진의 요점이 되고 있다.

▶ 세네카 : 인간은 죽음을 벗어나려고 하면 자살하는 존재가 된다.

그림 Ⅰ-1. 동양의학 건강 · 예술

B 다음으로, 1989년에 국제심신의학회의 전임 Weiner 회장이 '지난 30년 동안에 개인적, 심적 요인보다도 생활환경에서 유래하는 충격이 더 중요한 문제로 되고 있다' 라고 주장하기에 이르렀으며, 1977년에는 Engel이 biopsychosocial medical model을 제창하기에 이르렀다.

일본에서도 현대인의 죽음의 원인이 되고 있는 질병의 70%는 생활습관병이라고 알려져 있다. 그림 Ⅰ-2에 나타나 있는 바와 같이 우리의 살아나가는 태도를 조절하는 뇌의 작용은 크게 나누어서 지성, 정동(情動, 감정의 급변상황), 생명활동의 세 갈래로 나누어져 있으며, 그 건강한 균형을 유지하는 일이 건강하게 살아가는 비결이 된다고 보고 있다. 1973년에는 하버드대학의 Sifneos가 「지성과 정동과의 괴리가 현대 심신증의 기본 병리가 된다」고 하였다. 과연, 현대인의 허무함, 3무(無)주의에 기초를 둔 정동의 억압이 몸의 질병이나 폭력 발생의 원인이 되는 경우가 많은 것 같다. 하지만 그것들보다도 1단계 더 깊은 것은 생명 뇌로부터 소리가 들리지 않게 되는 「실(失)체감증」이나 이것을 기초로 폭음, 포식, 거식증, 돌연사

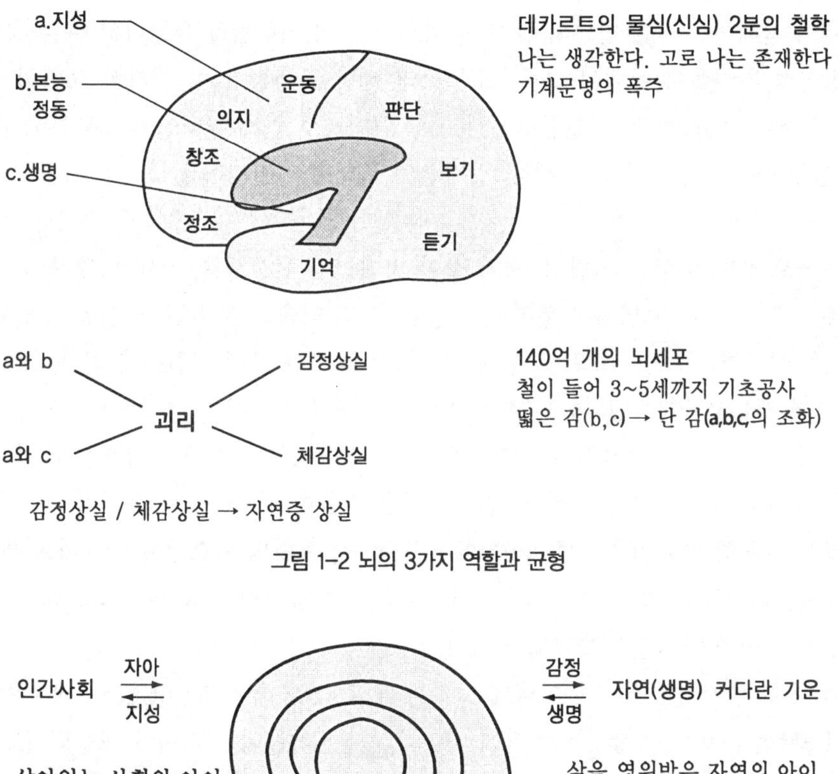

그림 1-2 뇌의 3가지 역할과 균형

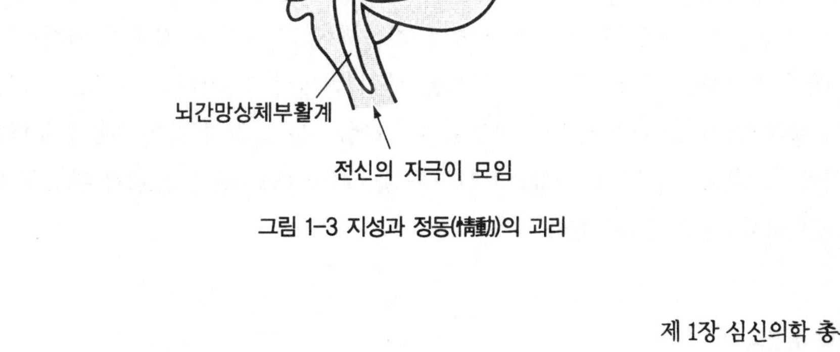

그림 1-3 지성과 정동(情動)의 괴리

등이 현대인들을 해치고 있다.

더 나아가서는 그림 I-3에서와 같이 자기중심의 자아와 지성이 주체가 되어서 현대 사회 속에 푹 빠져 있는 인간들은 실감정, 실체감 뿐 아니라 자연의 커다란 생명에 의해서 살아가면서 살고 있는 자기 마음의 상태, 생각이 무디어진 것이 현대인의 질병일 뿐만 아니라 21세기로 가는 현대 위기의 뿌리가 되고 있음은 많은 사람이 알고 있는 바와 같다. 앞의 Weiner 회장의 말에 나타나 있듯이 오늘날에 이들 3개의 뇌의 활동 사이의 비뚤어짐은 첨단기술 사회 속에서의 임팩트에 근거하는 것이 클 것이다.

1930년대 PSM이 발족할 당시에는 뇌 활동의 기초가 진행되는 인생 초기의 양육자와의 교류의 뒤틀림(말 못하는 유아의 울음소리만으로 뇌의 어느 레벨의 어떠한 욕구인가를 예민하게 알아내어 이해하는 좋은 만남의 결여)이 뇌의 기초에 뒤틀림을 부른다고 하는 정신분석적인, 즉 정신적 원인을 찾아내어 그것으로부터의 해방을 돕는 일이 심리적 요법의 핵심이었다. 그러던 것이 오늘날에는 생활환경에서 오는 임팩트로 인해 현대인의 대부분에게 많던 적던 간에 형성되어 있는 실감정, 실체감, 실자연의 상태로 진전되어 왔다.

「C」 다음으로 중요한 일은 그림 I-4와 같이 현대인의 정신생활, 삶의 뒤틀린 모습을 고치려고 여러 가지의 심리 요법을 시행하려는 경우, 우리 마음의 자리인 뇌 활동의 뒤틀림(실감정, 실체감, 실자연 등)을 그대로 둔 상태로는 치료 효과가 극히 제한될 것이다. 그래서 저자는 1977년에 제4회 국제심신의학회(교토)에서의 기조 강연에서 그림 I-4와 같은 동심원을 처음으로 공표하였다. 일찍이 본 학회의 제35회 대회에서 특별강연을 발표한 독일의 마르부르코 대학의 Schuffel 교수는 이것에 깊은 관심을 기울여서 본국으로 돌아가서 이 동심원을 독일 신문에 발표하였다. 또한 그는 PSM에서의 동·서 통합의 필요성을 강하게 느껴 「일본에서의 생활을 체험하고 싶다」고 하여 이 국제학회의 사무국장인 도쿄 대학 심료내과 이시카와나카 교수의 자택에 2~3일 머물기도 하였다.

또한 이 대회에 참가하였던 하이델베르크 대학의 PSM과의 Brautigam 교수와 저자 사이에서 「PSM적 치료의 종착점은 어디에 있는가」하는 점에 대한 의견이 대립되기도 하였다. 그는 「사회적인 적응이 치료의 종착점이다」라고 여긴데 반하여 나는 「"자연의 자식"으로서 살아가며 "사회의 자식"으로서 살게 되는 삶의 형태가 치료의 종착점이다」라고 주장하였다. 두 사람의 논쟁은 4일 동안의 회의 기간 중에 계속 되었고, 4일 후 오후가 되어서야 그 교수는 겨우 내가 주장하는 「"자연의 자식"이라는 사실 위에서 "사회의 자식"으로 살아가는 것」이 치료의 종착점이라고 동의하기에 이르렀다. 그리고 본 학회의 폐회식에서 유럽을 대표하는 인사말을 할 때에 「이제부터 PSM의 진전은 동·서의 대화(dialogue)가 부족하지 않게 하는 것이 필요하다」라고 강조하였다.

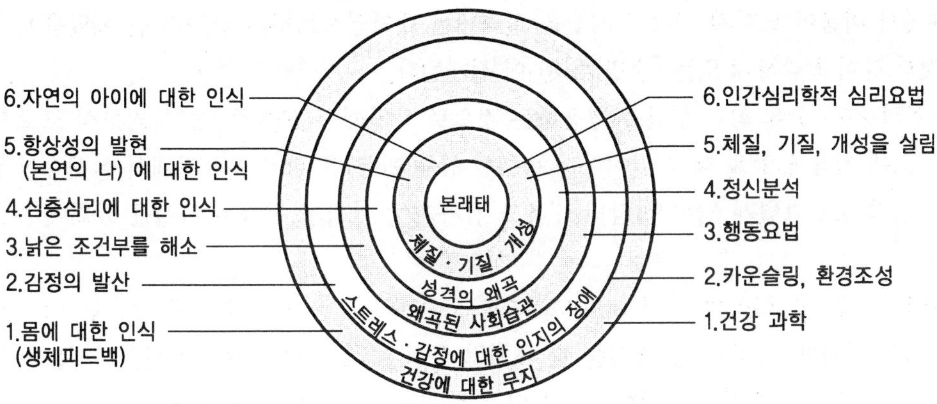

그림 1-4 심신적 접근과 신심적 접근의 통합

본론으로 돌아가서 그림 I-4의 동심원에서와 같이 환자의 뇌를 가지런히 하고 심리적으로 접근한다고 하는 연구는 이미 Freud에 의해 시작되었다. 그는 최면에 의해서 환자의 지적인 자아의 움직임을 조절하고서 뇌 심층부에 숨은 무의식의 본능을 해방시키는 것을 통해 그의 심층심리학의 길을 열었다. 그러나 이와 같은 접근방법으로는 그런 본능을 직시하지 못하고 마음 속 깊은 곳에 억제하고 있던 자아가 나중에까지 견디다가 큰 충격을 받게 되는 일이 일어나게 된다. 우리가 PSM에 몰두하기 시작했던 당시에 무심코 정신분석을 받아들인 환자들 중에서 때로 자살을 시도하는 사람이 나오기도 했다.

Schultz가 고안한 자율훈련법에 의한 자율상태에서도 자아의 이완작용이 일어나게 되고, 지성인 새로운 피질과 정동, 생명활동을 담당하는 피질하와의 기능의 재조정이 촉구된다. 그래서 Luthe는 자율상태를 활용하여 본인의 뇌(자아속도)에 따라서 자율성 해방을 뜻하는 자율성 중화법을 개발했다.

D 1976년에는 독일의 뒤셀돌프에서의 제8회 국제 정신분석 아카데미의 국제 심포지움에서 「ASC(변성의식상태)의 장점과 단점」이 주제였고 저자는 이에 대한 초대 강연을 부탁받았다. 자율훈련법, 초월명상법(transcendental meditation, TM), 여러 가지 명상 등 Self-induced ASC를 사용하면 환자의 심층심리가 표면화되기 쉽다. 시카고대학의 젠드린 교수는 「환자의 체험 레벨을 깊게 하는 것이 심리요법의 토대가 된다. 이와 같은 체험 레벨의 심화는 몸에 작용시키는 것에 의해 얻어진다」고 해서 focusing 「초점 맞추기」라고 하는 기법을 고안하여 유명하게 되었다. 그런데 이와 같은 심층심리에 접근하는 것도 신중히 하지 않으면 이른바 "Makyo"(魔境)를 불러일으키기 쉽다. 여기에는 두 가지가 있는데, 하나는 지금까지 무의식이었던 충동이 분출해서 화물(化物)적 상태에 빠지는 것과 다른 하나는 정상적인 의식

상태에서 마음이 느끼지 못하고 자신을 살려내는 대자연으로부터 갑자기 큰 깨달음에 도달한 것과 같이 착각하게 되는 「승경(勝境)」이 전개된다.

본인의 친구 중에 침과 상담을 병용하는 것으로 유명해진 高橋孝二郎(다카하시 코오지로)는 급소에 침을 놓았을 때에 일어나는 특이한 통증(반응)을 감지하는 것에서 실체감이 완화되면 실감정도 가볍게 되어 상담의 내용도 갑자기 깊어지게 된다는 사실을 학회에 보고하였다.

메이지침구(明治鍼灸)대학의 森和(모리가즈)교수는 중요한 급소에 침을 놓으면 뇌파의 폴리그람은 알파파, 세타파 등 좌선을 할 때처럼 물결무늬로 나타나며, 더 나아가서는 양전자 CT로 대뇌 혈류를 측정하면 현대인에게 많은 좌반구에 치우쳐 있던 피의 흐름이 좌우양반구로 균형이 잡히는 혈류가 된다는 사실이 실험적으로 증명하여 국제적으로 유명하게 되었다. 교토의 국제학회에 참가한 미국의 PSM아카데미의 Silverman 회장은 「심신증은 대뇌의 편재화에 의해서 일어난다」라고 말하였다.

하지만 「이와 같은 self-induced의 ASC 장점과 단점에 대해서 동양 PSM 의사들에 의해 정리된 해설을 말해주면 좋겠다」라는 것이 내가 초대받은 이유였다. 일본 좌선의 경우 스승의 역할은 좌선에 들어간 젊은 스님들이 빠지기 쉬운 Makyo(魔境)의 조절을 지도하려는 데 있다. 좌선 본래의 목적은 ASC에 있는 것이 아니라 각 개인의 뇌가 가지고 있는 본래의 조화(NSC, 정상의식)로 돌아가도록 하려는 데 있다. 이와 같은 내용을 요약해서 이야기했더니 강연을 마친 후 참가자 전원이 일어나서 박수를 쳐주었다.

수십 년 전에 결성된 International Academy of Eclectic Psychotherapists에 본인도 참가하고 있는데, 그 멤버인 뉴욕의 Rubin이라는 정신 분석가는 환자에게 좌선을 하고 정신분석에 들어가도록 하여 좋은 성적을 올리고 있다.

이와 같이 서양의 psychosomatic한 의학에 동양의 somatopsychic한 접근을 통합하는 방식에 의해 진정한 Holistic 의학으로의 길이 열릴 것으로 생각한다. 그런데 Rubin은 「서양 심리요법의 역사는 아직 100년이 채 안되지만 동양의 불교(자연철학) 등은 2000년 이상의 역사를 가지고 있다」고 말하고 있다.

E 1994년 8월에는 한국 서울에서 제16회 국제 정신치료학회가 「동서 정신요법의 통합」을 중심주제로 개최되어 본인도 「PSM에서의 동서의 통합」에 대한 강연을 부탁받았다. 회장인 서울대 정신과 이교수는 예전부터 의학·철학의 제1인자였던 츄리히 대학의 Boss교수의 지도를 받은 사람인데, 「서양식의 정신요법만으로는 ultimate solution에 도달할 수가 없게 된다. 그것을 보완하여 채우는 것으로 나는 Boss교수와 함께 Taoism의 연구에 몰두하였다」고 말하였다. 그는 3~4년 전에 세상을 떠난 Boss교수로부터 내 이야기를 자주 들어서 이번 강

연 의뢰를 하게 된 것이다.

「PSM적 치료법의 목표는 실존적인 자각에 있다」라고 저자가 1977년 국제 심신의학회 때부터 제창하여 온 biopsychosocio-ecological(existential)한 모델은 국내에서는 좀처럼 이해를 받지 못했다.

그러던 것이 1993년의 심신의학회 총회에서 빈의 Frankl교수에 의해 실존분석(logotheraphy)의 초청강연이 열렸고, 그 기회에 그와 간담을 갖게 되었다. 그는 유대인계였기에 제2차 세계대전 중에 나치의 강제수용소에 들어가 삶과 죽음의 기로에서 헤매는 경험을 하고 부모와 처자 등이 가스실에서 살해되어, 사람의 삶을 지탱하는 것은「의미에 대한 의지」(logos의 자각)로부터의 실존분석(logotheraphy)을 개척하였다. 나는 그와의 대화를 통하여 그가 말하는 서양적, 철학적 실존은 동양의「죽음에서 삶을 보는 유유자적한 문화」(다도에서 말하는 1기1회 등)이라고 하는 일상적인 생활문화와 깊이 상통하는 것이라고 깨닫게 되었다.

또한, 그가 말하는「의미에서의 의지」는 삶과 죽음의 한계상황이라고 하는 어려운 조건하에서만이 아니라 우리들의 일상생활 속에서 언제나 문제가 되고 있다는 것도 깨닫게 되었다. 우리들은 20여 년 전에서부터 암의 자연퇴축(자연적으로 없어짐)의 연구에 몰두하여 말기 암으로 죽음의 선고를 받는 일로 인한 실존적 전환(한정된 목숨이 주변의 지지에 의해 살려져서 살고 있다는 사실을 깨달음)이 종종 암으로부터 벗어나 다시 돌아오는 것을 촉진하는데, 여기에는 정신신경 면역학이 관계되어 있는 듯하다는 사실에 주목하기 시작하였다. 이처럼 암의 자연퇴축이 일어난 예로 전국에서 74건을 모으게 되었고 이 같은 현상 발생에 관계되는 생리적 및 심리적 인자의 분석도 하였다. 암의 자연퇴축을 체험한 사람들의 심리는 Frankl의 아우슈비츠에서의 실존적 체험과 서로 통하는 것이라고 말할 수 있다.

한편, 우리들의 일상진료에서 보면 흡연이나 과도한 음주, 과식이 질병의 원인과 관련되어 있는 환자들에게 금연이나 절주, 절식의 필요를 권유해 담배를 끊게 하고 절주, 절식을 하게 하는 것은 살아가는 일에 대한 가치를 인정하지 않는 사람들에게 이와 같은 의사들의 충고를 따르게 하기는 아주 쉽지 않다. 또한 편차가 심한 교육 여건 속에서 공부하기를 강요당하고 있는 학생들에게「공부를 하는 것의 뜻」에 관여하는 적절한 지도가 더해지지 않는 이상 등교거부나 심신증의 발생을 미리 막을 길은 없기 마련이다. 더 나아가서 정년퇴직 후 제2의 인생에 대한 의미를 발견하지 못하는 사람들은 일찌감치 쉽게 노망이 되어버리고 만다.

이와 같은 상황에서 Frankl 박사의 일본 방문이 계기가 되어 우리 학회에서도 마침내 1977년 이래 저자가 제안하여 온 biopsychosocio-ecological(existential)한 모델이 인정받게 되어「PSM적 요법의 목표로서의 실존」이라는 용어가 통용되었다.

F 그런데, 실존의 깨달음은 우리들의 인생에 있어서 중요한 일이고 생애에 걸쳐진 주제이기도 하다. Frankl은 「logos의 깨달음에는 자아를 뛰어넘어 정신(spirit)에 대한 초월이 필요하고, 과학으로서의 실존분석은 초월점의 입구까지만 우리를 이끌어 들이는 것이다」라고 여기고 있다.

그림 Ⅰ-5는 저자의 친구인 세이센 여자단기대학의 本多(혼다) 학장(의학 철학자)이 만들어낸 모델이다. 자아를 넘어 우리를 살려주는 위대한 생명에 대한 깨달음을 위해서는 Frankl이 주장하듯이 하늘의 아버지인 신을 지향해서 자아를 뛰어넘는 「상승적 초월」이 서양에서는 일반적 경향이다. 한편, 동양에서는 자신의 몸에 대한 깨달음을 깊이하고 몸의 지혜를 통해서 자연의 소리를 듣고 자연 질서의 깨달음을 촉진하는 「하강적 초월」이 기본으로 되어있다. 本多(혼다) 학장은 이 모델을 기본으로 삼은 논문에 의해 미국의 클레아몬트대학에서 신학 박사 학위를 받았다.

최근에 이르러 아사지오리의 초개(超個)심리학에서도 「우상으로서 신은 죽어가고 있고, 우주적 의지와 개인적 의지와의 만남이 현대인의 목표이다」라고 알려주고 있다.

이것에 대해서는 최근에 우주비행사들의 체험이 하강적 초월의 좋은 사례가 되고 있다. 일본의 毛利衛(모오리)씨는 우주에서 귀환할 때 「저 초록의 아름다운 지구에는 맑은 물과 공기가 있다」고 말하고 있으며 그와 같은 체험을 통해서 「생명」이라고 제목이 붙은 NHK의 스페셜 프로그램의 기획에 참여하고 있다. 나는 3년 전에 아폴로 14호의 우주비행사였던 에드가 미첼씨한테 갑작스런 팩스를 받았다. 그는 지구에 귀환하고 나서 얼마 안 되어 세례를 받았으며 마음과 몸의 자연치유력을 연구하는 Noetic Institute를 창설하고 우리에게 암의 자연퇴축에 관한 자료를 요청하여 왔다.

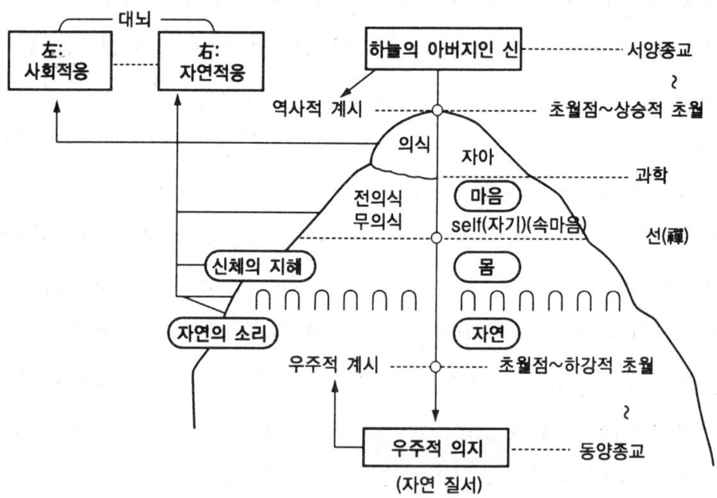

그림 Ⅰ-5 상승적 초월과 하강적 초월

이때쯤 일본의 PSM의 멤버들에게 자주 이용하고 있는 절식요법에 대해서도 나는 일종의 하강적 초월이 일어나고 있지 않았나 하는 생각을 하고 있다. 10일 동안의 절식이 끝나는 때쯤 뇌파에 알파파가 증가하게 되어서 심신양면에서의 pro-homeostatic(본래의 자기에게로 회복을 촉진한다)한 힘이 활성화되는 듯한데, 여기에 吉本(요시모토)식의 내관법을 함께하게 되면 부모님께 대한 감사를 초월해서 생명의 근원에 대한 깨달음이 촉진되는 일이 자주 일어나는 듯싶다. 나의 정신분석의 은사이신 古澤平作(후루자와헤이사쿠)는 Freud의 오이디푸스 콤플렉스를 뛰어넘는 상황에서 아자세 콤플렉스를 주장하면서 나중에는 매일 아침부터 좌선을 하셨다.

本多(혼다)학장은 「상승적 초월을 겨냥해서 자아를 성장시키고 나서 하강적 초월이 바람직하다」고 말하고 있는데 일본인의 경우 이것은 필요한 일이라고 말할 수 있다.

G 그런데, 동양의 「속마음」문화에서는 몸의 지혜(腹腦)를 통해서 자연의 소리를 듣는다는 논법이 소개되고 있는데 최근 유럽에서도 일본 좌선(調身·調息·調心)이나 이것을 기능적으로 다루는 기공법, 요가 등이 붐을 일으키고 있다. 이 같은 추세 속에서 나는 「속마음」의 문화를 과학화하는 일에 여러 해 심혈을 기울여 온 셈이다. 마침내 최근에서야 그 실마리가 보였는데 이것을 끝으로 소개하고자 한다.

일본에서는 예전부터 「제하단전(배꼽아래 5㎝부위를 말함)에 (생명 에너지)를 모으다」라고 알려져 왔으며, 중국에서는 단전은 불로장수의 묘약을 간직하고 있는 밭이라는 뜻이라고 불려지고 있다. 사실은 몇 년 전부터 쯔쿠바대학의 운동과학계의 淺見高明(아사미타카아키 교수)가 「기(氣)를 간직하는 제하단전과 인간공학적 중심과의 관계」에 대해서 연구를 시작하여 柳田(야나기다)식의 그림에 의해 단전과 중심의 위치가 거의 일치하고 있다는 사실을 발견하였다. 「柳田(야나기다)식의 단전은 심식법(깊이 숨 쉴 때)을 하였을 때에 힘을 느끼는 곳을 힘을 느끼는 방향으로 선을 그어 연결 지은 것에 의해 만들어진 것」이라고 말한다. 「이것은 물체적 인간의 힘과 집약점(동적중심)을 근거로 하여 「속마음」의 문화를 과학화하는 과정의 실마리가 된다」라고 설명하고 있다. 小笠原(오가사하라)식의 종가가 내세우는 예법에서도 『검과 선』으로 유명한 大森(오오모리) 노스승의 검법에서도 이와 같은 동적중심의 역할이 핵심이다. 나는 동양의 제하단전(중심)을 근거로 하여 정상자세를 취하는 일이 첫 번째로 뇌가 신체 여러 기관의 self-control의 중심점이 된다라고 생각하고 있다. 또한, 皇學館(코오가쿠간)대학의 돌아가신 佐藤通次(사사토오 쯔우지)학장의 단전호흡(단전을 꽉 잡고서 낼 숨을 먼저하고 들숨을 따르게 하는 호흡)은 복강 내의 혈액순환 개선, 복강내 장기의 활성화를 촉진하며, 앞에서 말한 Luthe가 지적한 뇌의 새로운 피질(지성)·피질하(정동, 생명력)의 재조정을 촉진하는 것으로 생각한다. 더 나아가 이 단전호흡 요령을 터득하면 단전 위치를 몸으로 익히기 쉽게 되고 호흡을 통해서 self-control이 촉진된다. 여기서 그림 Ⅰ-6~8을 참고하면서 호흡의 자기훈련을 실시하면 좋겠다. 그림 Ⅰ-7의 왼쪽에 있는 바와 같이 정상자세에서는 허리를 펴고 하복근이 팽팽해져 있다. 이때는 그림 Ⅰ-8에 있는 것과 같이 중심의 위치가 안정되어 있다. 그림 1-7의 오른쪽은 고양이등으로 등 가운데가 튀어나온 자세다. 그림 Ⅰ-8처럼 고양이등이 되면 중심이 전방으로 이동되고 몸이 뒤로 젖혀지면 후방 이동된다. 우리들의 60~70%는 횡격막 호흡을 하지만 그림 1-8처럼 단전을 근거로 한 자세인 때는 자연스레 횡격막의 작용을 촉진하는 흉복식 호흡(단전호흡)을 하기 쉽게 된다.

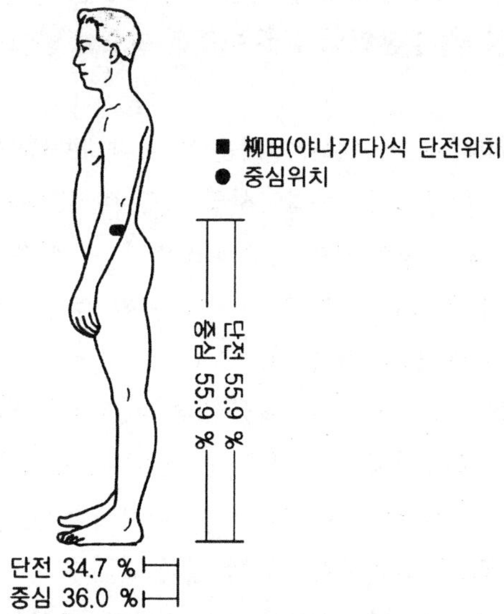

그림 Ⅰ-6 柳田(야나기다)식 단전위치와 중심위치의 일치

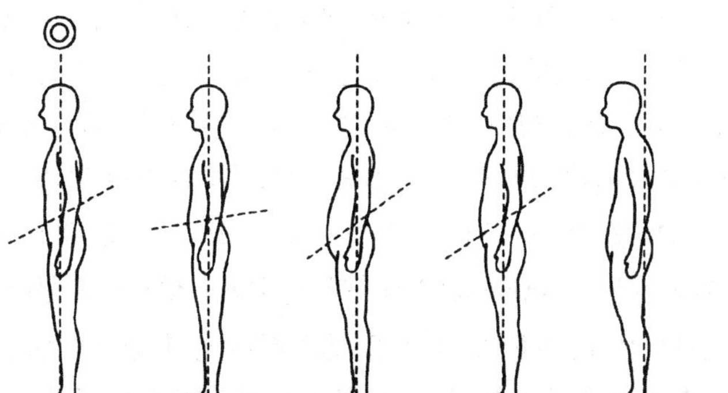

그림 Ⅰ-7 정상자세

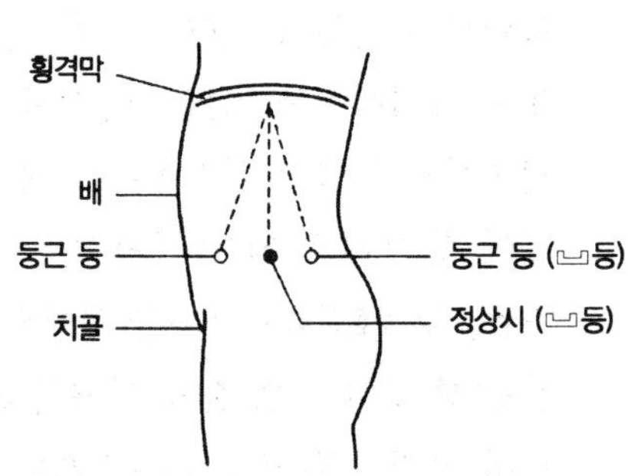

그림 Ⅰ-8 각 자세의 중심위치

다음으로 기공법이나 요가에서는 선의 3가지뿐 아니라 운동에 의한 급소 자극을 통해서 「정신을 다스림」의 효과가 더해지게 된다(「동중(動中)의 연구는 정중(靜中)의 연구보다 낫다」. 백은白隱). 나는 최근에 이와 같은 동적 self-control에 아트(댄스, 일본 춤)를 가미한 건강·예술 시스템을 만들었으며, 1988년에는 파리 대학의 체육부 주최의 「Sports, Arts, Religions」의 국제회의(키프로스)에서 초청 강연도 하였다.

「H」 다음으로, 1990년에는 제1회 국제행동의학회(ISBM)가 개최되어 건강의학이 오늘의 생활습관병을 조기에 예방하고 조절 함으로써 참다운 건강증진이 되고 의료비가 크게 줄어드는 것이 증명되자 최근 주목을 받게 되었고, 1995년 9월에는 ISBM 일본 지부의 제1회 대회가 토쿄의대에서 개최 되었다(회장;이케미). 1995년 스위스에서 개최되었던 제12회 국제심신의학회의 대회에서도 salutogenesis(건강학), health promotion(건강증진)에 관한 총회강연이 4일 동안 매일 진행되었다. Schuffel 교수가 행동의학과 PSM의 통합은 동양과 서양의 만남이 통하고 있다고 말하는 바와 같이, 동양의학에서는 일찍부터 미병(앞으로 생길 질병의 병이 되기 전)을 고치려는 양생학이 중시되었다 하겠다.

1996년 6월의 5, 6 양일에는 큐슈 대학 의학부에서 동서 통합의 PSM 심포지움(회장:구보교수)이 진행되었는데, 중국, 한국에서 20여명의 교수 멤버가 참가했었다. 이 심포지움은 WHO의 방문교수제, 국제심신의학회의 아시아부회의 협찬으로 진행되었다. 캐나다의 해밀튼 정신병원의 관리자이면서 맥마스터대학의 교수이기도 한 Dr. Singh은 인도 출신인데도 일찍이 「동·서를 어울은 PSM을 아시아 각국에 넓히는」 일에 깊은 관심을 보였으며 그의 협력에 의해서 WHO의 방문교수제가 실현되었다.

이상으로 앞으로 PSM이 인간의학의 핵심이 되어 성장하기 위해서는 동·서의 통합이 불가결한 일임이 대략 이해되었다고 생각한다.

③ 큐슈 대학 심료내과에서의 심신의학의 교육과 연수

일본에서 심신의학의 강좌를 열고 있는 대학은 현재로는 4개 대학이며 진료과는 따로 4개가 있다.

일본에서는 제일 먼저 1961년에 九州(큐슈) 대학 의학부에 정신신체의학 연구시설이 발족되었다. 1963년에는 임상강좌(진료과명 : 심료내과)가 생겨났다. 시행착오를 되풀이하면서 교육·연수 체계를 쌓아 올려왔다.

그래서, 큐슈 대학 심료내과에서 심신의학의 학생교육 및 졸업 후의 연수에 대하여 아래에 기술하였다[1].

A 학생교육

1. 의학 교육 분야의 심신의학

bio-psycho-socio-existential approach는 심신의학의 기본이념이면서 의학교육에 꼭 필요한 요건이다. 이 사실을 의학교육에서 어떻게 조합시켜 나가느냐가 중요하다. 그 방법의 하나로서 행동과학적 교육이 필요하다. 하버드 대학에서는 의학교육의 모든 분야에 행동과학적인 시야가 도입되고 졸업 후 교육에 이르기까지 일관된 교육시스템을 가지고 있다. 일본의 경우에도 나카이(中井)등이 간사이(關西)의과 대학에서의 심신의학의 교육에 관해서 의료 행동과학적 교육을 받아들이는 것에 대해 언급하고 있다[2]. 의료행동과학의 교육으로서 ① 행동과학, 행동의학, 행동요법의 개념 및 구체적인 방법론 ②행동과학적 학습의 체득 ③행동과학~행동의학적 기법의 실제 ④환자 심리의 체험적 이해 등을 말하고 있다. 소그룹에 의한 그룹 작업, 역할극, 자율훈련법, 이완요법의 체험, 녹음테이프를 이용한 면접, 교류분석을 이용한

표 Ⅰ-5 제 4학년 임상개설 강의

		시간(hr)
(1)	심신학적-개념과 진단-	2
(2)	심신상관의 기전 (심리면)	1.5
(3)	심신상관의 기전 (신체면)	1.5
(4)	면접법	1
(5)	교류분석 · 심리검사	1
(6)	작업요법	1
(7)	행동 요법	1
(8)	자율훈련	1
(9)	호흡기 · 알러지계 심신증	1
(10)	신경근육계 심신증	1
(11)	내분비계 심신증	1
(12)	대사계 심신증	1
(13)	순환기계 심신증	1
(14)	소화기계 심신증	1
(15)	심신의학-치료와 요약-	2

표 Ⅰ-6 심료내과 제5학년 임상실습 시간표

	8:30	9:00	9:45		11:30	12:30 13:15	17:00
월	오리엔테이션	지도의 (임상지도)			작업요법	*	병동실습
화		9:00 면접법의 실제	10:00 바이오 피드백 (bio feedback) 실습		11:00 병동실습	*	병동실습
수	리서치 컨퍼런스	9:00 회진		10:30 챠트 회진		*	병동실습
목	심리테스트 실제	9:30 교류분석 실제		10:30 외래실습		*	증례 토론 (discussion) 지도의 14:15 / 14:30 사례상담 (case-conference) 16:30
금		9:00 자율 훈련법	10:00 병동실습			*	병동실습 14:00 요약 교수

자기이해, 타자이해의 방법 등을 실시하고 있다.

2. 큐슈 대학에서의 심신의학의 교육[3,4]

큐슈 대학에서는 제4학년 학생에게 임상개설(표Ⅰ-5)과 임상강의, 제5학년에는 외래와 병동 임상실습을 3~4명이 5일 동안 실행하고 있다. 특히 학생들에게는 병동실습이 교육적으로 아주 효과가 있다. 실제의 시행방법은 표Ⅰ-6과 같은 스케줄로 하고 있다.

또한 심신의학을 희망하는 다른 대학의 학생들에 대해 여름 특강의 형식으로 8월 중 5일 동안 강의와 실습을 실행하고 있다. 매년 80명 전후가 참가를 하고 있으며 심신의학에 대한 열의가 느껴진다. 현재 일본의 대학에는 심신의학의 강의는 얼마 되지 않은 상태이나 앞으로는 많은 대학에서 심신의학 강좌가 개설되기를 희망한다.

B 큐슈 대학 심료내과에서 연구진료체제 및 연수제도

다음으로 큐슈 대학 심료내과 연구진료체제 및 졸업 후 연수제도의 개략에 대해 소개하고자 한다. 아래에서 언급하는 내용은 어디까지나 현재의 상황에 있어서 실시 가능하거나 바람직한 체제 내지 제도라고 하는 사실이다. 2004년도부터 2년간의 졸업 후 연수가 의무화될 예정이다. 내과, 외과, 응급실, 소아과 등을 차례로 도는 순환방식이 된다.

1. 교관, 의원, 연구생 및 Co-medical staff의 역할

1) 교관

연구, 진료, 학생교육, 졸업 후 연수 지도를 한다.

2) 의원

진료가 주체이나 연구, 학생교육도 한다.

3) 연구생

연구를 주로 한다. 원칙적으로 bed free이다. 다만 연구에 필요하다면 환자를 맡을 수도 있다. 외래진료는 주1회 참가한다.

4) Co-medical staff

심리학자, 작업요법사, 간호사 등 의사들을 도와줄 수 있는 사람이다. 각기 전문적인 입장에서 의사와 협력하여 진료 및 연구, 졸업 후 연수나 학생교육 등을 맡는다.

2. 연구 코스 · 임상연수 코스의 상호관계

교실에서의 연구과정과 임상연수 과정의 상호관계는 다음과 같다.

한편 임상연수(의원 또는 연수의)를 마친 다음에 본인 희망에 따라서 연구과정(대학원 또는 연구생)에 진학할 수 있다. 다만 이 과는 환자 진료를 본분으로 하는 임상의 자리이기 때문에 비록 연구과정을 선택한 사람이라도 연구기간 중 또는 연구과정을 마친 다음에 최소 1년 동안은 환자를 실제로 담당하는 임상연수를 하도록 하는 것이 바람직하다.

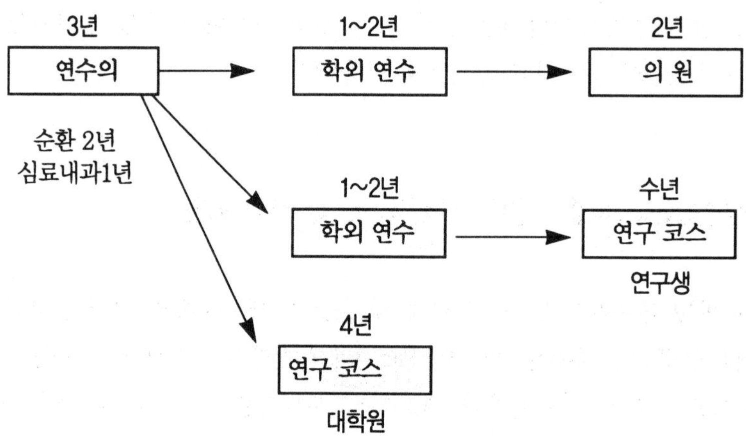

3. 졸업 후 임상연수에 대해서

의학부를 졸업한 사람에 대해 교실에서는 다음과 같은 연수의(3년간), 학외 연수(1~2년간), 의원(2년간)이라는 제도에 따라서 임상연수를 실시한다. 따라서 실질적으로는 졸업 후 6~7년 걸려서 해당과에 전문 연수를 마친다.

이 밖에도 외부에서 단기간 해당 과목 연수에 참가하는 사람들을 위해 단기 연수코스도 마련되어 있다.

1) 연수의 코스

일반내과의의 처지에서 기본적인 종합 의학적 접근이 가능한 정도의 연수를 목표로 한다.

a. 연수내용

(1) 원칙적인 면에서 최초 2년간은 순환 연수를 받는다. 내과, 외과, 응급 의학과, 소아과, 산부인과 등을 대상으로 연수지정병원에서 연수를 이행한다.

(2) 남은 1년 동안은 해당 과에서 다음과 같은 항목에 대한 연수를 이행한다(연수내용).

(a) 환자심리, 의사·환자관계에 대한 기본적인 이해
(b) 심신상관의 심리과정이나 질병상태에 대한 기본적인 이해
(c) 간단한 심리 테스트에 대한 평가
(d) 인테이크 면접
(e) 정신 생리학적 진단법의 개략
(f) 이상과 같은 시각에 근거한 종합의학적 입장에서 진단과 치료목표, 치료방침의 설정
(g) 면접에 의거한 간이정신요법
(h) 항정신제 사용방법의 기본
(i) 자율훈련법의 자습과 환자에 대한 지도
(j) 교류분석, 상담, 행동요법, 바이오피드백법, 최면요법, 집단요법, 작업요법, 모형요법 등에 대한 초보적인 학습
(k) 입원환자 진료
(l) 외래환자 예진

b. 연수방법

(1) 입원환자를 3~4명이 담당하고 담당교관의 지도 아래 진료를 한다. 그 경우 순환기, 소화기, 알레르기, 교원(膠原)병, 내분비대사, 신경계 등 각 기관계 심신상관이 분명한 사례 또는 불안장애, 우울증 등의 질환에 대해 되도록 치우치지 않고 담당하도록 배속시

킨다.

(2) CMI, YG, PF, SCT 등 비교적 간단한 심리 테스트에 대해서 검사결과를 정리하고 심리학자의 지도를 받는다.

(3) 담당한 환자에 대해 면접을 실시하고 그것에 대해 지도의, 심리학자 등의 지도를 받는다.

(4) 뇌파, 근전도 등 정신생리학적인 검사에 대해서 견학, 실습을 받는다.

(5) 담당하는 병의 증상을 정리하고 나서 orientation conference(진단과 치료의 방침을 세우기 위한 것)라든가 case conference(사례를 깊이 검토하기 위한 것) 등에 제출한다.

(6) 외래환자에 대해서는 주 1회 정도 예진, 검사 및 진단에 대해서 연수를 시행한다.

(7) 재진환자에 대해서는 본인의 희망이 있으면 진료에 참가할 수 있다.

(8) (2)의 연수항목과 관련해서 적당한 참고서를 「필독서」로 지정하고 그 내용에 대해서 각 분야의 담당자와 토론한다.

(9) 해당 과목에 대한 연수 중에 다음과 같은 요령으로 내과적 수련을 쌓아가도록 배려한다.

(a) 순환기, 소화기, 알레르기, 내분비대사, 정신생리, 임상심리 등 각 연구반 스태프에 의한 전문회진 실시 때에 검사나 치료에 대한 지도를 받는다.

(b) 중간검사 또는 해당과 검사실에서 소화관 X-선 검사(투시), 심전도, 폐기능 검사, 내분비기능검사 등에 대해서 일정한 기간 검사에 대한 실습을 시행한다.

(c) 각 연구반의 소견회(뇌파, 심전도, 소화관의 X-선 검사, 내시경 등)나 각 연구반의 초독회, 연구회 등에 되도록 참가한다.

(d) 임상강의 기록계

(e) case conference인 경우 그 사례에 관련된 문헌을 초독읽기 한다.

c. 종합 의학적 요법을 시행하는 의사로서 치료적 자아(therapeutic self)의 양성

(1) 수련의의 초기에 자율훈련법(또는 자기 통제법)을 자습한다(2개월간).

(2) 이어서 환자에 대한 자율훈련법의 지도실습을 행한다(주1회, 1~2개월간).

(3) 최면기법의 기본적인 훈련을 받는다.

(4) 비지시적인 면접기법(상담) listening(경청)의 훈련을 받는다.

자율훈련법, 최면법은 치료하는 경우의 이완, 주의집중, 마음의 평정 등 치료자로서의 기본적인 태도양성에 도움이 되며 최면법, 비지시적인 면접은 환자의 심리상태에 대한 감성 내지 공감능력을 높이는데 유용하다.

특히 처음 배우는 수련의는 우선 상담기법에 대한 습득에 중점을 두고 연수하는 일이 중요하다. 그 연수를 마치고 나서 정신분석요법, 행동요법 등 전문적인 심리요법으로 진행하는 것이 중요하다.

d. 연수 인정

(1) 연수 실적(연수노트 작성)

(2) 증례 보고(학회 발표, 잡지에 게재)

이상과 같은 점에서 연수의 인정을 시행한다.

2) 학외 연수(수련의 코스 종료 후, 1~2년간)

이 기간 중에는 다른 대학병원 또는 일정 수준에 이른 종합병원에서 일반내과, 전문내과 혹은 심료내과의 연수를 시행한다.

3) 의원 코스(학외연수를 마친 뒤, 2년간) 전문 연수

본격적인 종합의학적 접근을 실천할 수 있는 내과의 또는 내과계의 심신증 담당의의 양성을 목표로 하는 전문의 코스다.

a. 연수 내용

(1) 당 교실의 각 전문과(소화기, 순환기, 알레르기, 내분비대사, 신경생리, 임상심리 등)에 소속해서 그 영역에서의 심신의학 일반에 대해서 전문적인 연수를 이행한다.

(2) 위에 적은 각 전문그룹에 소속해서 임상적 내지는 실험적 연구에 종사하면서 심신상관 일반에 대한 기초적 내지 임상적 지식을 깊이 있게 공부한다.

(3) 각각의 심신의학적 치료 기법에 대해서 전문적인 수련을 쌓는다.

b. 연수 방법

의원의 1, 2년차라 할지라도 각 전문그룹에 소속되어 연수를 하지만 원칙적으로 의원 1년차는 지도의의 감독에 따라서 진료를 하는 것으로 하며, 의원 2년차는 독립해서 진료를 하는 것으로 한다.

구체적인 연수방법에 대해서는 수련의의 코스에 따르지만 다음과 같은 점이 다르다.

(1) 전문영역의 질환환자를 중심으로 담당하게 되지만 다른 영역의 일반질환 환자까지도 담당하게 된다.

(2) 검사에 대해서는 일정기간 소화관 X-선 검사, 뇌파검사에 대해서 연수한다.

(3) 외래진료에 대해서는 본격적인 진료(다만 의뢰환자는 제외한다)에 종사하는 것 외에,

학생 외래실습의 임상실습 담당자가 되어서 교수의 지도를 받는다.

(4) 재진료에 대해서는 전공에 따라 재진 진료를 담당한다.

c. 연수 인정

아래에 적은 점들에 주의하면서 연수의 인정을 시행한다.

(1) 연수 실적(연수노트 작성)

(2) 전문영역에서의 심신의학적인 접근과정 속에서 일정한 주제에 대한 논문을 제출하며 또한 학회에서 발표한다. 논문에 관해서는 종설 1편, 원저 1편 이상이 바람직하다.

※ 수련의 또는 의원에 대한 연수 지도체제에 대하여

(1) 수련의 또는 의원(심신내과 1년차)에 대해서는 지도의가 man-to-man의 형태로 연수 지도에 임한다.

(2) 지도의는 각 수련의, 의원이 맡고 있는 환자(3~4명) 전원에 대해서 협진진료에 응하도록 해서 지도를 한다. 다만 질병에 따라서는 각 연구관에 의한 전문적인 입장에서 지도를 받는다. 그 중에서도 특히 한 사례에 대해서는 면접 등을 거치면서 실제 지도를 하도록 한다.

(3) 수련의, 의원이 case conference에 병의 증례를 제출하는 경우에는 지도의도 미리 그 병의 증례에 대해 검토하여 두었다가 conference자리에서 진단이나 치료방침에 대해 적절한 조언을 한다.

(4) 교수 회진, case conference에서 토의된 사항은 2~3개월 뒤의 case conference가 있을 때에 체크한다.

(5) 수련의 연수기간 중에는 co-medical staff도 man-to-man의 형태로 의원의 지도를 담당한다.

4. 연수를 위한 Conference

교실 안에서는 매주 진행하고 있는 case conference 외에도 정기적으로 아래와 같은 여러 가지 병의 증상 사례, 세미나, 연구회, 집단요법 등의 모임이 개최되고 있으므로 수련의, 의원은 노력하여 이들 모임을 이용하도록 한다.

〈연수를 위한 증례 검토회, 연구회〉

월요일 5:00pm~ 소화기 증례 검토회

화요일 5:00pm ~ 알레르기 증례 검토회

수요일 3:00pm ~ 임상심리 증례 검토회

목요일 6:00pm ~ 신경생리 증례 검토회

5. 심료내과 의사로서의 마음가짐

위에서 말한 심료내과에서의 연수인 경우에는 특히 아래와 같은 점에 주의하는 것이 바람직하다.

(1) 내과의로서의 기본적인 소양을 지니도록 해야 한다.

(2) 환자의 육체적인면 뿐 아니라 심리사회면까지도 포함해서 전인적인 의료를 실천할 수 있는 의사를 목표로 한다.

(3) 치료적 자아(therapeutic self)의 양성에 힘써야 한다.

(4) team work 의료를 실천할 수 있도록 해야 한다.

(5) 풍부한 상식, 뛰어난 통찰력, 폭넓은 인간성을 지닐 수 있도록 항상 주의한다.

6. 일본 심신의학회에서 정한 인정의 제도의 요강과 연수과정의 기준[5)]

일본 심신의학회 인정의 제도 안내서(발췌)

(1) 심신의학과 인정의(이하-인정의)의 인정을 받을 수 있는 사람은 의사면허증을 가지고 본 학회에서 인정하는 연수 진료시설에서 일정기간 심신의학을 연수하고, 소정의 수속을 거쳐서 학회가 정한 면접심사에 합격한 뒤 인정의 제도 위원회의 심사를 거쳐서 이사회에서 인정받은 사람에 한정한다.

(2) 연수 진료 시설

아래에 적은 조건 모두를 갖춘 곳이어야 한다.

(a) 학회가 인정하는 지도의가 1명 이상이 있는 대학, 또는 병원 등에서 그 지도의가 소속하는 진료과

(b) 위의 시설 중에서 본 학회 인정의 제도 위원회의 심사를 거쳐 이사회에서 인정을 받은 곳

(3) 연수 지도의

지도의는 대학 의학부 부속병원에서 심신의학을 다루는 진료과의 강사이상인 교원, 본 학회 평의원, 또는 이에 준하는 자격을 갖춘 의사 중에서 다음 조건의 모두를 갖춘 사람이어야 한다.

(a) 본 학회에서 인정한 의사여야 한다.

(b) 본 학회 회원경력 5년 이상

(c) 심신의학에 관한 학회 발표 5회 이상(단순한 공동저자가 아니어야 한다.)

(d) 위의 조건 모두를 갖추고 본인이 작성한 학회 소정의 서류에 의한 위원회의 심사를 거쳐야 이사회에서 지도의로서 인정받는다.

(4) 연수방법

(a) 연수기한 제한

연수의는 연수의료시설에서 상근의의 경우는 3년, 비상근의의 경우는 5년으로 한다.

(b) 연수 수료조건

(ㄱ) 의사경력 5년 이상, 본 학회 경력 3년 이상이어야 한다.

(ㄴ) 심신의학에 관한 학회 발표 3회 이상

(ㄷ) 심신의학에 관한 학술 논문 3편 이상

(ㄹ) 학회(지부 포함)에서 주최한 심신의학회 강습을 받은 것(세부사항은 따로 정함).

(ㅁ) 원칙으로서 학회에서 정한 지도기준에 따라서 연수할 것.

(부대 사항) 심신의학과 인정의사가 되기 위한 연수에 들어가기 전에 일반내과를 1~2년 이수하는 것이 바람직하다. 또한 정신과를 6개월~1년 동안 이수하는 것이 바람직하다.

(5) 연수 과정의 기준

A. 기초 이론

(a) 총론

(ㄱ) 심신의학과 인정의로서의 마음가짐

치료적 자아 양성

(ㄴ) 환자에 대한 이해

환자의 심리, 심신의 발달, 의사·환자 관계 등

(ㄷ) 심신의학, 심신증의 개념 및 정의

(b) 심신의학의 역사

(ㄱ) 여러 외국에서의 심신의학의 흐름

(ㄴ) 일본에서의 심신의학의 흐름

(ㄷ) 동양적 접근

(c) 심신 상관의 질병상태

(ㄱ) 정동(情動)의 신체반응

정동(情動)의 뇌기구-대뇌피질, 변연계, 시상하부, 뇌간의 반응, 자율신경계, 내분비계,

면역계의 반응

스트레스와 신체반응

질환 모델※

기관 선택

(ㄴ) 의료심리학의 기본

정신역동론(정신분석의 개요)

조건 부여의 이론

학습 이론

인간학적 심리학

그 밖의 심인론

(d) 행동 과학

(ㄱ) 인간의 성격, 행동 질환

(ㄴ) 사회, 문화적 인간론(환경 스트레스와 질환)

(ㄷ) 동물 모델※

(e) 정신 약리학의 기초

B. 임상 응용

(a) 심신의학적 진단(심신증의 진단)

(ㄱ) 병력 기술

(ㄴ) 제외 진단

필요 최소한의 임상 검사기술

실험실, 데이터 평가

(ㄷ) 적극적 진단-심신상관의 파악

면접기법

심리테스트

정신생리학적 검사법

스트레스 부하진단법

(ㄹ) 감별 진단

정신병, 신경증, 인격장애 등의 감별

(b) 심신의학적 치료(심신증의 치료)

(ㄱ) 치료 목표

(ㄴ) 약물 요법(항정신제 기타)

(ㄷ) 간이 정신요법

(ㄹ) 상담

(ㅁ) 환경 조정(social case work)

(ㅂ) 특수 심리요법

자율 훈련법

근 이완법(Jacobson 근 이완법)

암시요법(최면 요법을 포함)

교류분석요법

정신분석요법※

가족 요법※

행동 요법(인지적 행동요법을 포함)

Bio-feedback 요법

절식 요법※

요가 요법※

생체 에너지 요법※

선(禪)적 요법※

모리타 요법

내관 요법※

(ㅅ) 생활습관의 수정

(ㅇ) 다른 의료 전문직(co-medical staff)과의 협력

팀 의료 실천

(c) 임상 각 영역에 의한 심신의학(심신증의 치료)

(ㄱ) 일차진료와 심신의학

(ㄴ) 내과 영역

순환기, 호흡기, 소화기, 신경, 내분비, 대사계, 운동기관(뼈, 관절, 근육), 알레르기

(ㄷ) 정신과 영역

우울증, 신경증 등

liaison 정신의학

(ㄹ) 소아과 영역

(ㅁ) 외과, 정형외과 영역※

(ㅂ) 산부인과 영역※

(ㅅ) 피부과 영역※

(ㅇ) 비뇨기과 영역※

(ㅈ) 안과 영역※

(ㅊ) 이비인후과 영역※

(ㅋ) 재활 영역※

(ㅌ) 생애 각 시기 심신의학(심신증)

소아기

사춘기

성인기

노년기

(ㅍ) 죽음의 임상

(ㅎ) 기타

(d) 심신의학적 치료와 보험청구

※표는 선택항목으로 한다. 다만 이들 항목에 대해서도 심신의학에 대한 최소한의 필요사항은 일단 이해하는 것이 바람직하다.

문헌

1) 中川哲也監修：心身医学・心療内科オリエンテーション・レクチュア，第5版．九州大学医学部心療内科，大和印刷，1988
2) 中井吉英，福永幹彦，中川　晶ほか：医学教育における心身医学．心身医療 6 : 61 - 65, 1994
3) 久保千春：医学教育における心身医学の役割．心身医療 7 : 51 - 54, 1995
4) 稲光哲明，久保千春：医学教育と心身医療，卒前教育．心身医療 8 : 9 - 13, 1996
5) 日本心身医学会教育研修委員会編：心身医学の新しい診療指針．心身医学 31 : 537 - 576, 1996

④ 산업심신의학

최근 산업·경제의 세계화나 정보기술(IT)은 기업 경쟁의 격화와 경제 효율의 제고에 박차를 가하여 그것으로부터 오는 리스트럭처링, 인원감량, 연봉제와 재량 노동제를 도입, 그 외에 노동인구의 고령화, 여성 취업의 증가, 장기화 되는 경제침체, 사회에의 개인주의 경향의 진전 등은 그것들이 서로 영향을 미쳐서 노동환경에도 큰 변화를 가져오고 있다.

각종 조사에서도 자기의 일에 관하여 스트레스를 느끼고 있는 노동자나 직업성 스트레스에 의한 건강장애가 있는 노동자, 경제적 이유로 인한 자살사례의 증가가 보고되고 있다. 후생노동청도 1996년 1월에 과로사, 1999년 9월에 업무기인성 정신장애의 새로운 인정 기준을 공표하고, 2000년 8월에는 「사업장에 있어서의 노동자의 마음에 건강 만들기를 위한 지침」을 공표하고 있다.

이러한 상황에서 직장 스트레스에 의한 심신의 건강장애를 가져와 근긴장성 두통, 과민성 대장증후군, 고혈압, 당뇨병, 허혈성 심질환 등의 심신증 외에 불면증, 우울증 등의 스트레스 관련 질환을 보이고 심신의학 관련의 의료시설을 찾는 환자도 늘어나고 있다.

여기서는 직업(산업) 스트레스 증가를 가져오는 직장인의 정신건강 현상, 직업성 스트레스 모델, 직업스트레스에 의한 건강장애에 관한 연구보고, 직장 스트레스 관리, 심신의학과 산업의학의 비교, 산업의학 영역에 있어서의 심신의학의 전망에 대하여 서술한다.

A 산업 스트레스의 증가와 노동자의 정신건강 현상

최근 급속한 산업·경제 시스템의 변화에 따라서 노동환경도 크게 변화하고 있다. 이러한 상황에서 직업에 대한 「심한 불안, 괴로움, 스트레스를 느끼는 노동자」의 비율은 후생노동청의 매 5년의 조사(12,000 사업장의 16,000인을 대상)를 할 때마다 증가하여 1997년도 이후에는 60%를 초과하였다(그림 1-9).

스트레스의 내용은 직장에서의 인간관계 문제(35.1%)가 제일 많고, 다음은 작업량의 문제(32.3%), 일의 질 문제(30.4%)가 많았다. 이 조사에서 사회의 장래성 문제는 29.1%였다. 질문의 형식은 다르지만 1999년도의 별도 조사에서는 실업에 대해 불안을 느끼는 것이 67%에 달하고 있다. 일의 불안정은 우울증, 직무 만족감 외에 질병 휴업 등과도 관련이 있다는 보고도 있다. 또한 기업의 건강관리 부분의 조사에서는 정리해고에 대한 불안, 부적응 사례의 증가, 복직곤란 사례의 증가, 정신건강 상담수의 증가 등이 보고되고 있다.

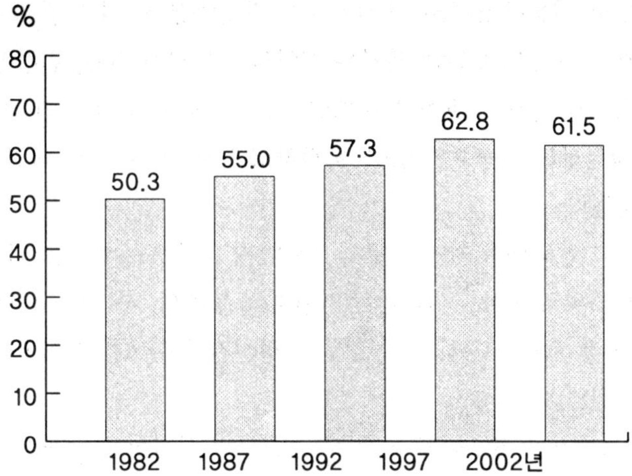

그림 Ⅰ-9 심한 불안, 고민, 스트레스를 느끼는 노동자의 비율(후생노동청 조사)

경찰청의 보고에서 1998~2002년은 자살수가 급증하였고 경제·생활문제에 의한 자살수도 6,000명을 초과하였다. 약 3,000명은 파산에 의한 것이지만 약 1,800명은 업무 문제로 인한 자살이었다. 특히 중·장년층 남성의 자살 증가가 현저하다. 자살자 수와 경기변동, 실업률과도 상관이 있는 것으로 알려지고 있지만 1980년대 전반의 엔고 불황, 1990년대 후반부터의 거품 경제 붕괴 후의 평성(平成, 1990년부터 시작함) 불경기에 자살수가 증가되었다.

B 직업성 스트레스 모델

직업 스트레스의 건강영향에 관한 스트레스 모델로 일의 양이나 작업강도 등의 일에 대한 중요도 요구(demand)가 높고 일의 양과 처리 등에 대해 자유 재량권(decision latitude) 제한이 낮을수록 건강장애가 많다는 조사결과가 언급되었다. Karasek의 사업 요구도 관리(demand-control model)나 동료와 상사로부터의 지원이 스트레스 반응이나 허혈성 심질환 등의 건강장애를 경감한다는 Johnson등의 조사 결과를 근거로 일의 요구도 관리를 사회적 지원모델(demand-control-support model)로 제창하고 있다. 이러한 모델에 관하여는 그 뒤에도 많은 조사가 있었고 작업현장에서의 적용성이 높다고 알려지고 있으나 다른 시각에서는 개인적 요인의 평가가 불충분하다는 비판도 있다.

한편 Hurrel 등은 지금까지 보고된 직업 스트레스에 관한 많은 연구보고를 분석하였는데 national institute for occupational safety and health(NIOSH) 직업성 스트레스 모델(그림 I -10)도 이 모델에 대응한 22항목의 설문지를 작성하였다. 이 모델은 직장에서 일어나는 여러 가지 스트레스와 그것으로 인해 생기는 개인의 스트레스 반응, 건강장애 중심의 스트레스 반응이나 건강장애의 강도에 관여하는 개인적 요인, 일 이외의 요인, 사회적 지원과 같이 스트레스 반응을 경감하는 완충요인 등을 포괄하고 있어 여러 가지 직업에 대응할 수 있는 포괄적 모델로 생각된다.

우리는 이 조사표를 이용하여 지방 공무원 300명을 대상으로 연구를 시행하였는데 다중회기분석에서 일의 요구량의 변동, 그룹 내 인간관계의 부조화, 자기평가(자존심)의 저하, 직무만족감의 저하, 사회적 지원의 저하 등이 직원의 정신건강 정도를 떨어뜨리고 있음을 시사하는 결과를 얻을 수 있었다.

일본에서는 후생노동청의 연구팀에 의해 NIOSH판의 직업성 스트레스 조사표, 그 외의 질문지를 기준으로 대규모 조사의 근거 하에 단축하여 전부 57개 질문의 직업성 스트레스 간이 조사표가 작성되어 일반에 쓰여 지게 되었다.

C 산업 스트레스와 심신의 건강장애

산업 스트레스에 의한 심신의 건강장애에 관련된 보고는 많으나 대표적인 것만을 소개한다.

demand-control model을 창안한 Karasek은 산업 스트레스가 일의 책임과 요구도가 높고 또 일의 처리 등에 대한 자유재량권이 적을 때 높아지는데 이것은 허혈성 심질환이나 우울증 등의 정신적 건강장애의 증상과 관련이 있는 것으로 보고하고 있다. Johnson & Hall 등은 허혈성 심질환의 증상 출현이나 유병률은 사회적 지원(social support)이 적고 또 먼저 서술한 demand-control model에 의하여 고위험군에서 높은 것을 보고하였고, 종단적 연구에서도 관상동맥질환의 발병률이나 사망률이 높다고 보고하여 demand-control-support model의 타당성을 입증하였다.

작업부담에서는 양적부담과 작업의 복잡성, 곤란성 등의 질적 부담이 있으나 장시간의 노동은 심리적 부조와 심질환의 위험인자가 되고 양적, 질적 부담의 어떤 것도 직무 불만족, 자기평가의 저하와 혈압·혈청, 콜레스테롤 상승, 위궤양, 당뇨병, 문제 음주행동에 관계됨이 보고되고 있다.

교대 근무와 야근은 소화성 궤양, 심혈관계 장애, 사망률과 관련되어 있음을 보고하고 있다.

역할 갈등도 일의 긴장감, 직무불만족, 고혈압이나 관상동맥 질환의 발생에 관계되고 직장의 인간관계에서의 갈등도 심질환의 발병이나 고콜레스테롤 혈증의 발생과도 관련되는 것으로 보고되고 있다.

A유형 행동양식이 허혈성 질환의 중요한 위험인자임을 Friedman & Rosenman 등의

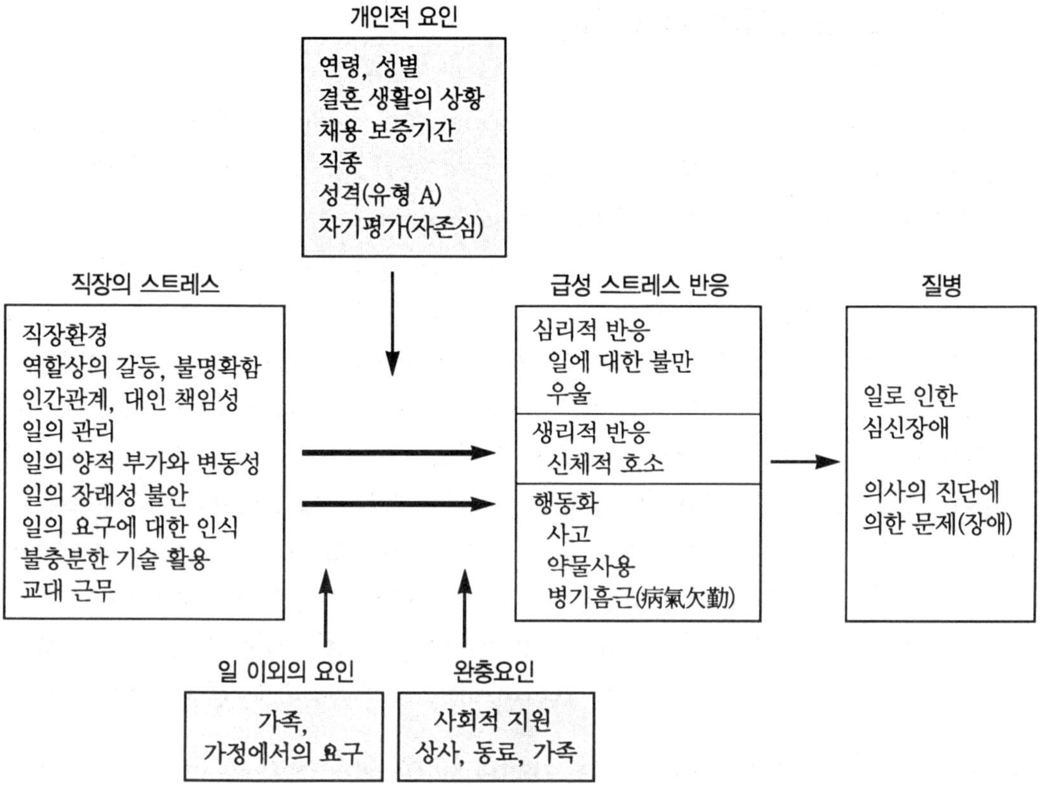

그림 Ⅰ-10 NIOSH의 직업성 스트레스 모델(Hurrel JJ et al.)

western collaborative group study 이후 많은 연구보고가 되고 있으나, 유형A와 유형B의 대상자는 카테콜라민산 생산능력, 프로스타글란딘 대사 등의 생리적 반응 외에 스트레스 대처 행동, 직무 만족감 등에도 차이가 있음을 시사하는 보고가 있다.

또 스트레스에 의한 면역기능의 저하나 감염저하성에 관한 보고가 다수 있으며, 산업의학의 분야에서도 스트레스 반응의 객관적 지표로써 면역 글로불린, 임파구 반응성, 임파구 부차집단, NK활성 등을 조사한 보고가 있다. Kawakami 등은 Karasek의 Job content questionnaire(JCQ) 일본판을 사용한 연구에서 일의 관리 척도가 Helper inducer(CD4+, CD29+) T세포수와 관련되어 일의 책임 척도(Job strain index)와는 역상관하는 것을 보고하고 있다. 임파구 반응성은 직업 스트레스에서 저하하는 것 같지만 NK활성에 대해서는 꼭 일정한 경향은 나타나지 않았다.

그 외에 일본에서 여러 가지 연구가 보고되고 있지만 자세한 것은 문헌 5장을 참조하기 바란다.

D 직장 스트레스 관리와 심신의학

2000년 8월에 후생노동청으로부터 「사업장에 있어서 노동자의 마음에 건강 만들기 위한 지침」이 공표되었다. 이 지침에서는 직장의 정신건강 대책을 사업자의 책임 하에 행할 것과 구체적인 방법 4가지 관리를 (표 Ⅰ-7)에서 설명하고 있다.

사업장에 따라서 생산성 향상과 스트레스 관리를 총괄하고 여러 가지 교육·연수가 이루어지고 있으며 인사·노동담당자와 산업의를 포함한 산업보건관리자가 기획, 실행한다. 관리직도 직원과의 관계를 개선하고 직원들의 사회적 지원을 촉진하기 위해 적극적 경청법으로 Rogers의 상담기법을 응용한다. 이는 여러 기업에서 실천하여 효과를 올리고 있다. 일에 대한 지식이나 경험이 풍부한 상사나 선배 또는 업무 능력이 풍부하지 못한 직원이나 후배에 대하여 지식과 기술의 지도를 하여야 하며, 심리사회적 측면으로도 지원하고 육성해 주는 기법인 멘토링이나 리더십 연수는 산업조직 심리학을 현장에서 응용하는 것이다. 그 외에 완화기법으로서 자율 훈련법이나 그것을 응용하는 기법도 모니터 작업이 많은 생산 현장이나 장거리 운송을 하는 운송업 등에서 사고의 실수를 줄이거나 새로운 수단으로서 사용되고 있다. 교류분석은 노동자의 자기이해를 높이고 좋은 인간관계를 만드는 방법으로 쓰여지고 있다.

표 Ⅰ-7 사업장에 있어서 노동자의 마음에 건강 만들기를 위한 지침(2000년 8월 9일 후생노동청 발표)

1) 사업자는 구체적 방법에 관하여 「마음의 건강 만들기 계획」을 책정할 것

2) 계획에 기준하여 다음 4가지 관리를 추진할 것
- 노동자 자신에 의한 「자기관리」
- 관리 감독자에 의한 「라인에 의한 관리」
- 건강관리 담당자에 의한 「사업장내 산업보건 관리자에 의한 관리」
- 사업장 외의 전문가에 의한 「사업장 외 자원에 의한 관리」

3) 원활한 추진을 위하여 다음과 같이 구성하여 행할 것
- 관리 감독자나 노동자에 대한 교육연수를 행할 것
- 직장 환경 등의 개선을 시도할 것
- 노동자가 자주적인 상담을 하기 쉽게 할 수 있는 체제를 정립할 것

이러한 많은 기법은 심신의학 영역에서 많이 사용되고 있으나 산업의학 분야에서도 넓게 응용되고 있어 심신의학 연구자들에게는 익숙하다(표 Ⅰ-8).

또한 생활습관의 개선이나 운동을 주입시킨 건강증진 프로그램 등도 신체기능의 개선만이 아니라 스트레스의 내성을 높일 수 있음이 기대되고 있다.

정신건강 서비스의 충실도 중요한 시책의 하나이지만 대규모 사업장에서는 심리 상담원,

위탁산업 상담원, 정신과 의사, 심료내과 의사를 두는 곳이 많다. 중소 사업장에서는 독자적인 정신건강 서비스를 위하여 조직을 가지는 것은 불가능하기 때문에 이러한 사업장을 대상으로 하는 산업보건 추진센터, 지역 산업보건센터가 일본사회의 협력 하에서 각 지역에 설치되고 있다. 또 전국 노재병원에 정신건강센터가 설치되었으나 미국의 employee assistance programs(EAP)에 상당하는 민간 조직도 있다.

표 Ⅰ-8 산업보건의 분야에서 응용되고 있는 심리측정 치료기법

목 적	심리테스트, 치료기법
• 스트레스 반응의 평가	SDS, CES-D, STAI, CMI, GHQ, POMS 등
• 스트레스·관리	
관리직 대상	적극적 경험법(상담의 응용) 멘토링, 리드 연수
관리직·일반직	이완(자율훈련법과 그 변법) 교류분석(자아, 교류패턴의 분포)
• 직장부적응 등의 건강장애를 가진 노동자(질병관리)	지지면접, 상담, 환경조정, 단기 정신치료, 인지행동요법 등

SDS: self-rating depression scale
CES-D: the center for epidemiologic studies depression scale
STAI: state-trait anxiety inventory
GHQ: general health questionnaire
POMS: profile of mood state

E 산업의학과 심신의학

산업 스트레스에 의한 건강장애는 최근 증가하고 있으나 모 종합병원 심료내과를 수진한 건강장애 사례 60명에서 볼 수 있었던 직장 적응상의 문제점을 살펴보았더니 연령에 따라 그 내용이 다르게 나타났다(그림 Ⅰ-11). 20세대에서는 신입사원의 직장 부적응, 20·30세대에서는 과로에 의한 건강장애, 40·50세대에서는 배치전환, 승진, 퇴직 등의 직장환경 변화에 적응할 수 없는 것으로 인한 심신 건강장애가 많았다. 이 조사결과 건강장애의 발생에는 개인적 요인 외에 외적환경 요인도 강하게 관여하고 있음을 시사하고 있다. 심신의학적으로 환자를 진료할 경우 신체적인 병태를 파악함과 동시에 직장이나 가정에서의 적응 등의 외적환경 요인, 본인의 성격, 행동양식, 지적능력 등의 개인적 요인을 평가하여 약물요법, 환경조정을 포함한 심리요법을 해왔다. 이러한 심신의학적 진료 방법은 산업의학에도 필요하다는 생각이다. 한 사람의 환자(산업의학에서는 건강장애를 가진 근로자로서 취급함)를 통하여 그

직장이 가지고 있는 여러 가지 문제점이 밝혀지는 일이 적지 않다.

종래의 산업의학과 심신의학의 다른 점은 몇 가지가 있다(표 Ⅰ-9). 큰 차이로 심신의학은 환자의 치료 또는 환자 자신에 의한 병의 자기관리를 목표로 하는 것에 비하여 산업의학은 건강장애를 일으킨 노동자의 치료나 관리(질병관리)외에 대다수의 건강한 노동자를 대상으로 하여 건강장애의 예방과 건강증진을 목표로 한다고 할 수 있다. 또 산업의학에서는 건강장애를 일으킨 근로자를 볼 때 환자로서의 치료나 관리를 하지만 사업소 전체의 근로자 중의 한 사례를 통하여 얻어진 직장 정보에 관한 건강관리상의 전체적 의미의 검토를 한다(그림 Ⅰ-12). 예로서 장시간 노동으로 인하여 건강장애에 의심이 생기면 그 사례가 발생한 직장의 노동실태를 파악하고 현장의 관리자나 인사·노동 담당자와 이야기하여 적정한 인원배치와 과잉 업무를 개선한다. 이러한 경우 직장의 상황을 잘 알고 유효한 대책을 세우기 위해서는 평상시에 직장을 잘 파악하고 현장의 근로자로부터 정확한 정보를 얻는 것과 인사·노무 담당자와 교류를 가지고 있는 것이 중요하다. 직장의 문제점을 확실하게 하는 방법으로서 각종 조사나 측정을 하지만 그럴 경우 화학물질 취급이나 위험 작업, 업무량 등에 대한 지식과 동시에 데이터 해석을 통한 통계학적 방법도 필요하다.

관리직 연수에서는 임상에서 사용하고 있는 것과 같이 교류분석이나 자율훈련법, 상담기법 등이 사용되고 있으나 임상에서 하는 것과 같은 방법을 그대로 연수에 사용하는 것은 곤란한 경우가 많다. 건강한 집단을 대상으로 하기 때문에 반드시 처음부터 연수에 대하여 동기부여가 높은 것은 아니지만 이러한 점을 감안하여 편안하고 즐겁게 할 필요가 있기 때문에 목적과 상황에 대응하는 것이 필요하다. 또한 대책을 실시하면 반드시 그 평가를 필요로 한다.

의사의 역할을 보면 심신의학에서는 의사와 치료의 주체로서 자기 자신의 치료기술이나 치료적 자아를 높여 줄 필요가 있지만 산업의학에서는 노동안전 위생법에 의한 5가지(건강관리, 작업관리, 작업환경관리, 노동위생교육, 총합관리)를 하는 것이 필요하다. 또 산업보건 스탭의 리더로서의 역할이나 사업소 조직의 일원으로서 사회기술도, 기능적인 건강관리 체

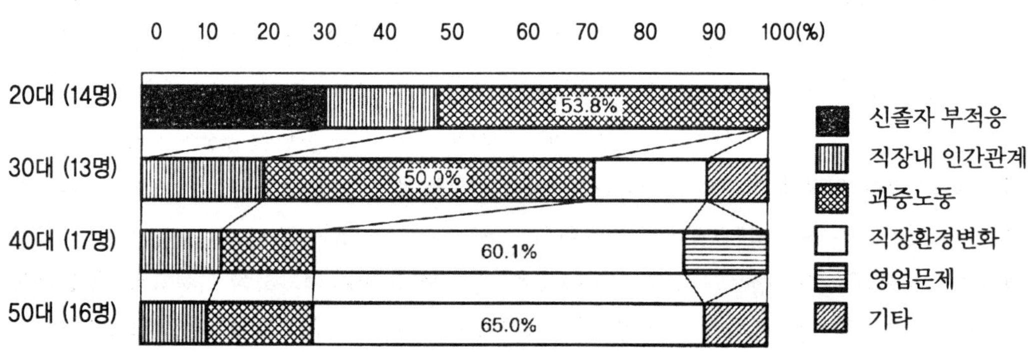

그림 Ⅰ-11 직업 스트레스에 의한 건강장애로 심료내과를 수진한 환자의 연령대별 비율

제를 만드는 것도 필요하다.

표 Ⅰ-9 심신의학과 산업의학의 대비

	심신의학	산업의학(보건)
대 상	환자(수진자)	종업원 전체(건강인, 건강장애자) 건강장애 예비군
목적(목표)	환자의 치료 자기관리	건강관리(질병관리) 질병의 예방과 건강증진, 안전대책
접 근	약물요법, 생활지도, 심리요법	건진, 조사(역학적 방법) 직장파악과 대책 생활지도, 보건지도 관리직 연수(심리요법의 응용) 등
의사의 역할	개인적 요인>직장요인 치료 치료적 자아의 향상	개인적 요인<직장요인 안전 위생법에 의한 5가지 관리 팀 리드

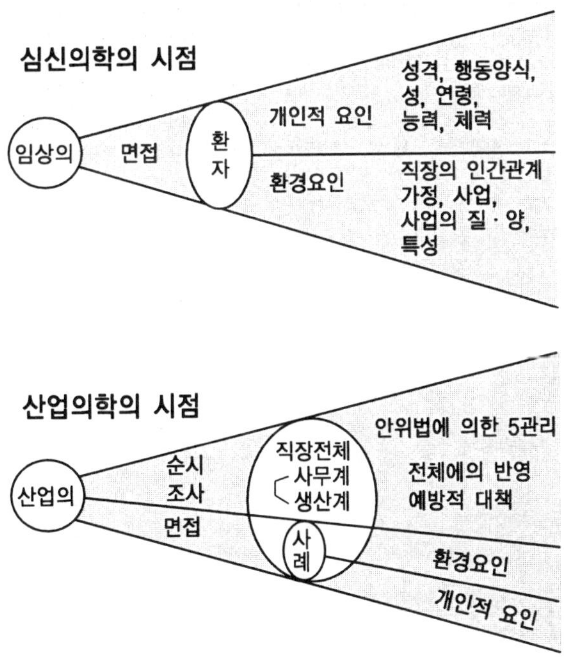

그림 Ⅰ-12 심신의학과 산업의학 시점의 차이

- 끝으로 -

최근 산업의학의 분야에서는 작업관련 질환이나 스트레스관련 질환의 대책이 중요한 과제에 있다. 이러한 대책이 필요하게 된 산업 스트레스 증가의 배경, 산업 스트레스에 의한 건강장애의 보고, 대책을 세우기 위한 참고가 될 직업성 스트레스 모델, 현재 진행되고 있는 스트레스·관리 방법, 산업의학과 심신의학의 공통점과 차이점 등에 대한 해설을 하였다. 균형 잡힌 산업의학의 실천을 위해서는 안전위생관리 외에 통계학적 방법을 더하여 산업의학의 분야에 심신의학적인 생각의 접근 도입이 필요할 것이다. 심신의학 관계자가 더욱 산업의학 분야에 적극적으로 참가하여야 할 것이며 또 산업의학 관계자들이 심신의학의 영역에 관심을 가질 것을 기대한다.

문헌

1) 永田頌史：わが国におけるストレス·マネージメントの実態と課題. 産業ストレス研究 7：1, 1999
2) 永田頌史：労働衛生管理体制とメンタルヘルスの現状. 産業精神保健 6：209, 1998
3) 労働省(編)：平成11年度労働白書. 日本労働研究機構, 1999
4) 永田頌史：産業・経済変革期のストレスと対策—現状と課題(会). 産衛誌 42：110, 2000
5) 永田頌史：産業心身医学. 心身医 38：485, 1998
6) 和田攻(編)：作業関連疾患の予防管理と臨床. 産業医学振興財団, 1997
7) Hurrel JJ, Mclaney MA : Exposure to job stress – a new psychometric instrument. Scand J Work Environ Health 14(Suppl 1): 27, 1988
8) Johnson JV, Hall EM, Theorell T : Combined effects of job strain and social isolation on cardiovascular disease morbidity and mortality in an random sample of the Swedish male working population. Scand J Work Environmental Health 15 : 271, 1989
9) 永田頌史, 石橋慎一郎：標榜科心療内科を考える—産業場面における心療内科. 心療内科 1：47, 1997

제2장 심신의학의 기초

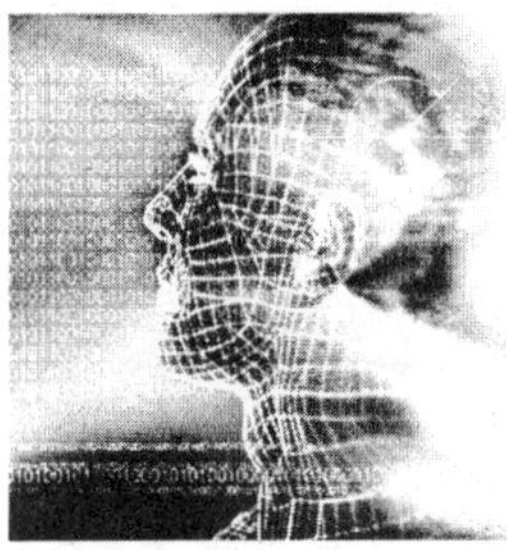

1 정동(情動)과 생리

정동이란, 일반적으로는 노여움, 두려움, 기쁨, 슬픔 등처럼 갑자기 일어나는 일시적이고 급격한 감정의 급변상황을 일컫는 말이다.

생리학적으로 말하면 개체 및 종족유지를 위한 타고난 욕구가 위협 받는다든가, 채워지지 않는 또는 채워졌을 때의 감정체험과 그에 따르는 신체 반응을 가리켜 하는 말이다.

개체 유지나 종족보존에 필요한 생리적 욕구(굶주림, 목마름, 성욕, 수면욕 등)를 1차성 정동이라고 부르며, 이러한 욕구들과 대비해서 어떠한 행동을 취해서 멋지게 그 목적을 달성했을 경우(쾌감, 기쁨)나 그렇지 못한 경우(불쾌감, 노여움이나 슬픔)에 발생하는 감정을 2차성 정동이라고 한다. 2차성 정동을 협의의 정동으로 다루는 경우가 많은데, 이 항목에서도 주로 이 협의의 정동의 뇌 내 기구를 개략적으로 서술하고 심신증과의 관련을 고찰하기로 한다.

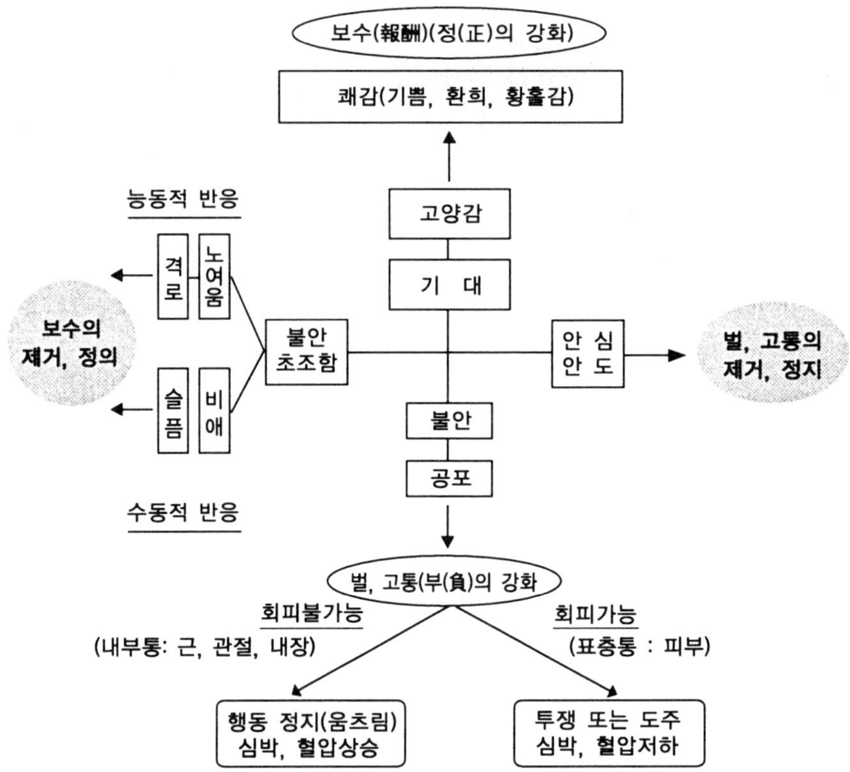

그림 II-1 정동의 카테고리

A 정동(情動)의 카테고리

정동반응을 일으키는 자극은 두 종류로 크게 나눈다(그림 Ⅱ-1). 곧 쾌감을 불러일으키는 보수(報酬)자극과 고통을 일으키는 벌(罰)자극이다. 보수자극은 정(正)의 강화인자로서 작용하며 생물은 이에 접근해 오며 획득하려고 한다. 벌자극은 부(負)의 강화인자가 되어서 생물은 이에 대해서 접근을 회피하거나 멀어지려고 한다. 어느 정도의 보수자극이 예상되는 경우 먼저 기대감이 생긴다. 보수획득이 분명하면 고양감을 느끼며 차지한 시점에서 보수의 가치라든가 쾌감의 정도에 따라서 기쁨, 환희, 황홀감 등과 표현할 수 있는 여러 가지 레벨의 쾌감을 느낀다.

한편, 고통이나 벌에 관한 자극에 대해서 대상이 막연하게 파악되는 경우에는 불안을 느끼며 대상이 뚜렷하게 되고 그 자극정도가 증가하면 두려움을 느낀다.

정동자극은 발생했을 때 뿐만 아니라 소실되었을 경우에도 정동반응을 유발한다. 고통·벌자극 등이 제거된다거나 정지되면 안심감, 안도감이 나타난다. 반대로 보수자극이 제거되거나 정지하게 되면 초조감이 생긴다거나 욕구불만이 발동한다. 좀 더 반응이 강하게 나타나면 그 개체가 능동적으로 반응하는 타입인지, 수동적으로 반응하는 타입인지에 따라 발생하는 정동이 다르게 나타난다. 곧 능동적으로 반응하는 타입은 노여움, 더 나아가서는 격노하는 반응행동으로 나온다. 수동적으로 반응하는 타입은 슬픔, 비애감을 느끼게 되며 더 깊이 느끼게 되려고 한다. 정동자극의 종류라든가 출현 양식에 따라서는 반응양식도 다르게 나타나므로 각기에 대응해서 다르게 나타나는 조절 기능이 작동하고 있다는 사실을 예상할 수 있다.

B 정동(情動)자극의 입력과정

생리적 욕구, 곧 1차성 정동은 내계 감각자극으로 유발된다. 내부감각은 내장의 기계 수용기나 화학 수용기에서 전기신호로 변환되고 내장감각이 되어서 미주신경을 매개로 연수의 고속핵(孤束核)에 먼저 전달된다. 다음에 고속핵에서 직접 또는 각방핵(脚傍核)등을 중계로 해서 시상하부라든가 편도체로 전달된다(그림 Ⅱ-2). 내장통각은 주로 교감신경을 매개로 중추에 전달된다. 이들 신경성 정보와는 다르게 혈액 중의 호르몬이나 대사물질, 더 나아가서는 임파구나 대식세포 등의 면역 담당세포에서 방출되는 사이토카인도 액성 정보가 되어서 뇌혈액 관문이 없는 최후영역이나 뇌실주위기관 등에서 뇌간이나 시상하부로 전달된다. 말초 장기 및 중추신경계의 각 계층에는 포도당 감수성 뉴론, 침투압 감수성 뉴론, 성호르몬 수용 뉴론 및 온도 감수성 뉴론 등이 존재한다. 이러한 뉴론 군은 말초 및 중추의 각 계층간에서 동종의 감수성 뉴론끼리의 신경회로망을 형성하고 있다. 이런 신경기구를 매개로해서 신경성 및 액성 정보가 통합되어서 굶주린 감각이나, 목마른 감각, 혹은 배부른 감각, 더 나아가서는 성욕 혹은 수면욕 등의 복합 생리감각(1차성 정동)이 발생한다고 알려져 있다.

희노애락 등으로 대표되는 협의의 정동(2차성 정동)은 1차성 정동에 기인한 행동의 결과로 나타나는 반응이나 기본적으로는 내계자극과 외계자극이 복합되는 결과로 유발된다.

외계정보는 시각, 청각, 미각, 후각, 평형감각 등의 특수감각 및 피부, 근육, 관절로부터의 체성 감각으로 분류하게 된다. 이들 외계 감각 정보는 각각의 감각 수용기에서 전기신호로 변환되고 구심성 신경선유를 통해 위로 올라가고 시상 특수핵군을 거쳐서 대뇌피질 감각영역으로 보내지고 각각 감각의 물리적 성질로 묶이게 된다. 그 전달이 다시 각기의 감각연합영역에 전달되고 통합되어 특정의 감각정보로서 인식되게 된다(그림 Ⅱ-2). 감각연합영역에서 인식된 외계감각 정보는 전두연합영역으로 보내어지고 많은 종류의 복합감각의 통합에 의한 외부세계에 대한 인지, 평가, 통찰이 이루어진다.

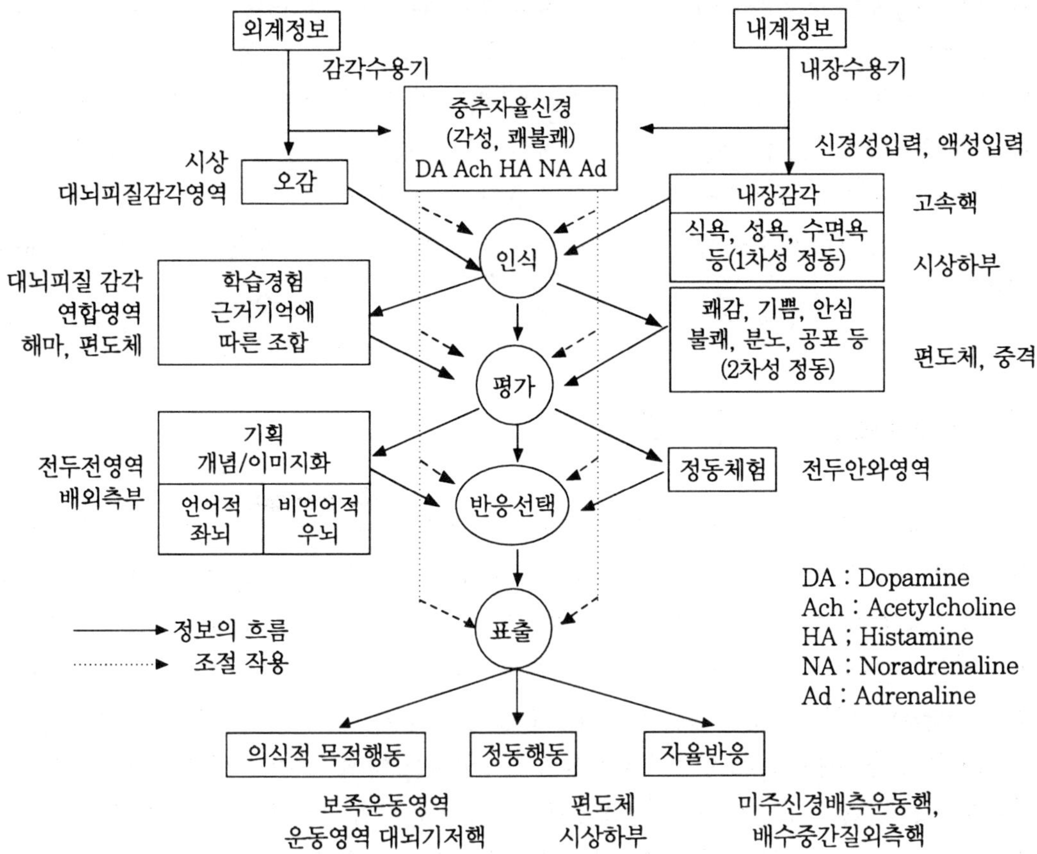

그림 Ⅱ-2 중추신경계에서의 정보 처리 과정

한편, 감각연합영역에서 해마, 편도체에도 정보가 전달되고 각기의 과정에서 경험이라든가 연합학습에 근거한 기억으로 반영되어서 정동(쾌감·불쾌감)이나 신기성(神奇性)의 관점에서 평가받게 된다. 정동을 유발하는 자극으로서 생득적(生得的)이라고 규정되어 있는 감각정보도 존재하고 있지만 어떠한 감각정보도 정동체험의 기억과 연합하는 것으로 보아 습득적(習得的)인 정동 자극이 될 수 있다.

감각수용에서 인식에 이르는 감각의 코드화(식별)의 과정과 병행해서 감각신호는 뇌간망양체에서 시상의 비특수핵군으로 전달되어 감각신호로서 처리된다. 또한 청반핵 노르 아드레날린 세포, 봉선핵 세로토닌 세포, 흑질이나 복측피개야의 도파민 세포, Meynert 기저핵의 아세틸콜린 세포도 감정정보를 받아들이고 각성이나 주의, 혹은 쾌감·불쾌감의 레벨에 대응하여 중추 자율계로서 시상이나 대뇌피질의 전반적인 활동성의 조절을 수행하고 있다.

C 정동(情動)의 표출기구

1. 공포의 신경기구

공포감은 고통을 유발하는 자신에 대한 자극반응이라고 하기보다는 고통을 「예측하는」 일로 해서 일어나는 감정이다. 고통이나 벌의 대상과 직면해서 긴급하게 행동을 취하는 경우에는 도주 또는 투쟁반응을 보이게 되기 마련인데 직면한 위험을 경고하는 자극에 대해서는 행동 정지 상태(움츠림 반응, 종류에 따라서는 가사(假死)반응을 일으킴)로서 위험(자연계에서는 포식동물) 상태를 벗어나려고 한다.

공포반응을 일으키는 기관은 시각, 청각, 후각 등의 몸에서 멀리 떨어진 곳에서 보내지는 감각자극이다. 이 외계 공포자극은 시상감각 중계핵으로부터 직접 혹은 더 나아가서는 감각영역이나 감각연합영역 및 섬피질을 매개로 해서 편도체 외측핵에 입력한다(그림 Ⅱ-3). 이 부위에서 외계감각 정보(조건자극)가 고통이나 벌자극(무조건 자극)과 연합하여 공포 반응의 조건부여가 형성된다. 따라서 이 부위를 망가뜨려 놓으면 공포조건 부여가 형성되지 않는다. 이 외측핵에서 공포조건 형성에는 흥분성 아미노산인 구르타민산의 N-methyl-D-aspartate(NMDA) 수용체가 중요한 역할을 수행하고 있다.[8] 외측핵으로부터의 신호는 기저 외측핵을 거쳐서 편도체 중심핵으로 보내지고 공포 반응으로 되어 아래에서 말하는 영역을 거쳐서 행동, 자율신경, 신경 내분비 반응을 일으킨다.[1]

먼저 반응행동으로서 중뇌 중심회백질을 매개체로 하여 움츠림 반응이 형성된다. 또한 자율반응으로서는 시상하부외측영역에서 교감신경계를 매개로 심박수의 증가나 혈압상승 등이 일어나고 각방핵을 매개로 해서는 과호흡 등의 호흡변화가 유발된다. 더 나아가 신경 내분비 반응으로서 실방핵을 매개로 CHR-ACTH-부신피질호르몬의 분비계가 부활화 된다. 이 외로는 복측피개영역의 도파민 뉴론, 청반핵 노르아드레날린 뉴론이나 배외측피개영역의 아세틸콜린 뉴론의 활동에도 영향을 끼쳐서 이들 신경전달물질의 방출을 촉진시키고 각성 레벨을 상승시키고 있다.

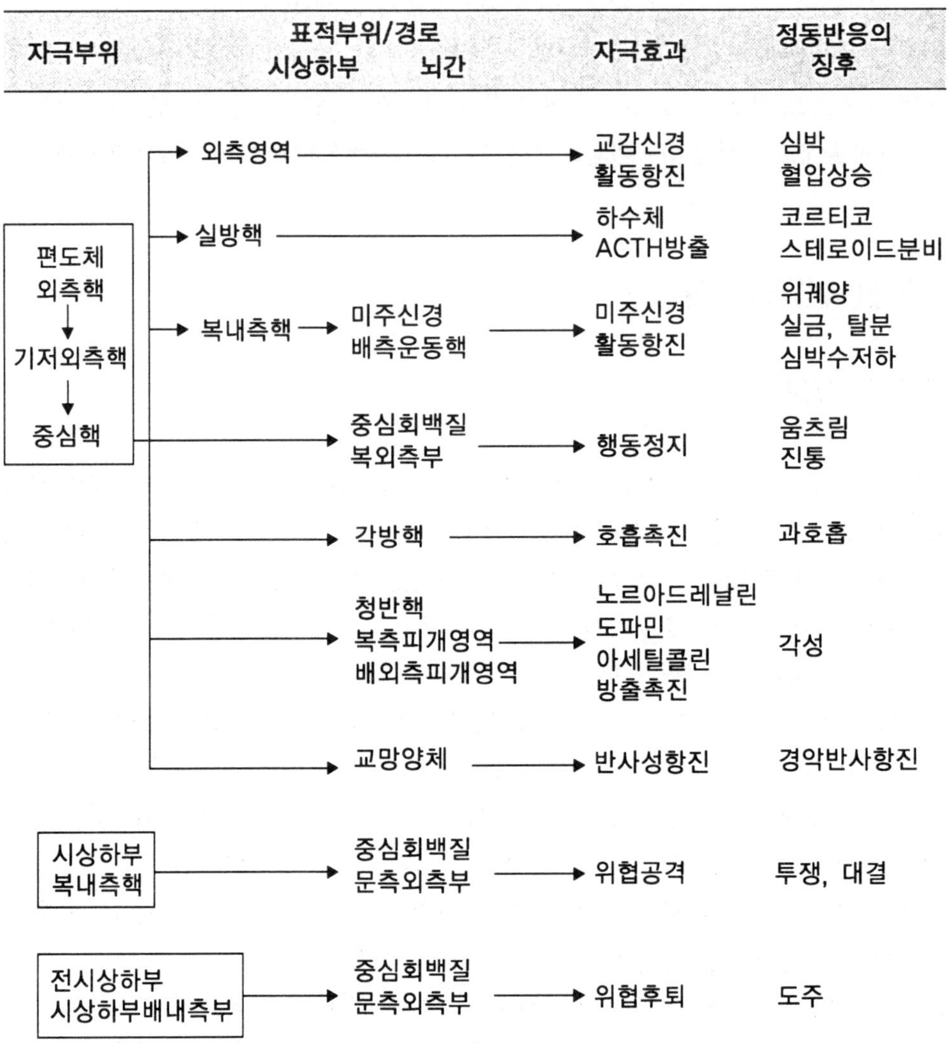

그림 II-3 두려움, 분노의 출력 경로

2. 불안의 신경기구 : 해마–중격계

공포와 불안을 명확히 구분하는 일은 실제로는 어렵다. 그러나 불안을 「대상이 분명하지 않은 상황」에서 고통이나 벌자극이 예상되는 때에 나타나는 감정이라고 규정하고 보면 두려움의 뇌내기구와 다른 메카니즘을 고려할 필요가 있다. 불안의 중추기구에 대해서는 아직 분명하지 않은 점이 많지만 항불안제인 벤조디아제핀에 대한 뇌내 수용체 및 내인성 불안물질로서 벤조디아제핀 수용체에 대한 내재성 역길항근 물질, β–Carboline의 발견이 크나큰 해결책으로 등장하였다. 벤조디아제핀 수용체는 억제성 전달물질인 GABA의 수용체와 함께 작용하고 있어서 염소이온채널을 열고 세포막 전위를 과분극해서 뉴론 활동을 억제한다. 이 수용체는 대뇌피질에 가장 많으며 이어서 소뇌, 편도체, 해마, 시상하부의 순으로 조성되어 있다. 벤조디아제핀계 항 불안제제는 여러 가지의 중추작용을 보여주지만 해마나 해마와 밀접한 선유(線維) 연락이 있는 중격을 파괴했을 때의 효과와 매우 흡사하다. 이 작용으로 해서 항불안작용은 해마나 중격의 기능억제에 작용하는 것으로 이들 부위가 불안발생에 중요한 구실을 담당하고 있다고 하는 가설마저 제기되고 있다.[5)]

사람을 포함해서 생물은 낯선 장소나 상황에 부딪히게 되면 강한 불안을 느낀다. 해마는 감각의 식별에는 관여하지 않고 여러 갈래의 감각정보를 모으면서 장소나 상황에 대한 인식과 그 기억 확보에 중요한 역할을 담당하고 있다. 공포조건을 맞게 되는 경우 동물은 소리나 빛 등의 조건감각 자극뿐 아니라 그 때의 주위 상황(실험 환경에 관한 배경자극)에도 조건이 부여되고 해마의 파괴에 따라 조건자극에 대한 반응형성은 유지되지만 실험환경에 대한 조건반응은 형성되지 않게 된다. 이 현상도 해마의 대상이 명확하지 않은 상황에 처했을 때의 불안반응에 말려드는 사실을 엿보게 한다.

3. 노여움의 중추기구 : 시상하부 내측부

시상하부복내측핵은 전기자극에서 위협 공격행동을 유발하는 가장 효과적인 부위이다. 한편 시상하부배내측부의 전기 자극은 위협 도주행동을 유발한다. 이러한 행동들은 목표에 정확히 겨냥된 지향적인 공격행동인 동시에 행동뿐만 아니라 자율신경 반응도 자연스럽게 일어나는 경우와 같다. 더 나아가 자극을 도피학습이나 회피학습의 동인(강화인자)으로도 쓸 수가 있게 된다. 따라서 이 시상하부복내측핵 자극에 의해서 야기되는 행동은 자연스러운 정동(노여움) 반응과 거의 같은 것이라고 생각해 오고 있다. 이 반응은 중뇌 중심회백질의 파괴로 소실하게 되며, 중뇌 중간부의 중심회백질외측부 자극으로도 같은 정도의 반응을 일으키는 사실로 보아 복내측핵자극의 효과는 중심회백질을 매개로해서 발생된다고 생각하고 있다.

시상하부복내측핵의 전기자극은 노여움 반응을 유발하는데 흥분성 아미노산으로 신경세포만을 선택적으로 흥분시키는 경우에는 효과가 없다. 이러한 전기자극의 효과가 통과선유의 자극에 의한 것으로 보아 복내측핵의 신경세포는 노여움 반응에 관여하지 않는다고 보는 견해도 있다. 다만 글루타민산은 투여영역의 억제성 개재뉴론도 흥분시켜 자극효과가 나타나기 어렵게 된다거나 지나친 흥분 때문에 뉴론 활동이 오히려 정지되는 경우도 있다. 시상하부복내측핵 뉴론의 흥분이 암쥐의 성행동(로르도시스반사)을 촉진시키는 일은 많은 실험을 통해 증명되고 있지만, 이 부위를 흥분성 아미노산으로 화학자극을 하게 되면 전기자극과는 반대의 역 로르도시스 억제효과를 나타낸다. 시상하부복내측핵은 파괴에 의해서도 동물이 화내기 쉽게 된다는 사실이 알려지고 있으며, 로르도시스의 경우와 마찬가지로 노여움 반응에서도 촉진기구와 억제기구가 혼재해서 입력정보에 따라 반응을 스위치 시키고 있을 가능성이 있다. 이 문제에 대해서는 앞으로 더 검토해볼 필요가 있겠다.

4. 정동(情動)반응에 나타난 중뇌중심회백질의 기능분석

중뇌중심회백질로는 시상하부와 달라서 흥분성 아미노산이 주입되기 때문에 부위 특이적인 정동반응이 유발된다.[3] 중심회백질은 전액단면에서 배내측, 배외측, 외측, 복외측, 복측부들로 분류할 수 있으며, 신경펩티드 선유의 입력양식이나 시상하부 여러 핵과의 선유 연락이 다르게 나타나고 있다. 장축방향으로 보아 중간부의 중심회백질 외측부를 흥분성 아미노산으로 자극하면 심박수 및 혈압의 상승과 함께 위협 공격행동이나 대결행동이 유발된다. 국소혈액량을 조사하면 사지나 내장혈류는 저하되고 위협에 알맞은 반응이라고 보이는 안면에 대한 혈류가 증가한다.

한편 외측부라도 꼬리측 영역에서라면 심박수 및 혈압의 상승은 마찬가지로 유발되지만 행동으로서는 도피행동이 유발된다. 심장혈류는 마찬가지로 저하하지만 국소혈류는 안면으로의 혈류가 저하되고 역으로 도주에 도움이 되라는 듯 사지의 혈류가 증가한다.

외측부의 자극이 투쟁-도주계로서 행동을 일으키는데 반해 복외측부의 자극은 행동을 억제한다.[3] 곧 이 부위에다 흥분성 아미노산을 투여하면 자발행동이 정지되고 정지상태(움츠림반응)가 된다. 또한 외계 환경자극에 대한 반응성도 저하된다. 순환기계의 변화도 외측부자극의 경우와는 정반대로 심박수 및 혈압의 저하를 유발한다.

위에 적은 정동행동과 자율반응의 발현기구는 또 다른 침해 수용기구와도 밀접한 관련이 있다. 중뇌중심회백질 외측부 자극에 의한 행동유발-순환계 촉진타입의 정동반응은 피부표면으로 아픈 자극이 더해졌을 때의 생체반응이고, 복외측부 자극으로 유발되는 반응(행동정지, 심박·혈압저하)은 관절이나 근육 혹은 내장에 통증이 있을 경우의 생체반응이다. 한편 전자의 자극은 오피오이드를 끌어들이지 않는 진통작용이 있고 후자는 오피오이드가 끼어들어서 진통작용이 나타나게 된다.

생물이 회피할 수 있는 고통-스트레스로서 대처하는 경우는 전자의 시스템이 작동하고 회피할 수 없는 고통-스트레스로서 받아들이게 되는 경우는 후자의 시스템이 작동한다. 이러한 현상들의 결과는 고통에 대한 반응행동, 자율반응 더 나아가서는 방어기구가 특정한 중추경로를 거쳐 협동해서 작동하고 있음을 나타내고 있는 것이다.

5. 쾌감의 신경기구

쾌감의 신경기구에 대한 연구는 뇌내 자기자극의 발견으로 크게 진전하였다. 뇌내 자기 자극이란 레버를 눌러서 뇌국소를 자극하도록 조작해 두면 자극을 찾고 있던 동물이 레버를 자발적으로 누르는 식의 현상이다. 사람의 경우도 같은 현상이 일어나는 것으로 여겨지고 있으며, 뇌의 국소 자극에 의해 그 어떤 쾌감에 관련되는 감각이 발생하는 것이라고 생각된다. 뇌내 자기자극의 유효부위(보수(報酬)계)는 중뇌피개의 복외측부에서 시상하부외측영역를 세로로 꿰뚫는 내측전뇌속을 중심으로 하는 영역에 존재한다. 또한 이상엽(梨狀葉), 편도체, 해마, 중격영역, 전두전영역의 자극도 보수효과가 있다.

뇌내 자기자극을 유발하는 신경경로에는 섭식행동, 성행동, 음수(飮水)행동, 모성행동 등의 본능행동을 관장하는 중심적 역할을 수행하고 있는 신경회로가 포함되어 있다. 실제로 뇌내 자기자극의 효과는 부위에 따라 차이가 있는데 공복상태나 만복상태, 혹은 성행위의 전후에 따라서 다르게 나타나며 자연의 보수계와 밀접한 관련이 있다는 사실이 밝혀지고 있다. 도파민이나 오피오이드, 펩타이드가 보수계에 관여하는 전달물질로 거론되고 있다.

D 정동(情動)반응의 선택과 장기(臟器)선택

정동반응은 정동자극의 종류에 따라 그 반응도 다를 뿐 아니라 개체의 대처법에 따라서도 크게 다르게 나타난다. 예를 들면, 위에서 언급한 바 있는 것처럼 보수의 제거에 대해서 능동적으로 반응하는 개체는 노여움을 나타내며 수동적으로 반응하는 타입은 비애나 우울을 느낀다. 능동적·공격적인 타입은 스트레스에 대해서 어떻게든 대처하려고 한다. 이런 경우 교감신경계의 흥분이 끼어들어 활동성을 높이게 되는데 고혈압 등의 순환기계 장애를 일으키기가 쉽다.

한편 수동적 타입은 단념하고 우울상태를 나타내는 경우가 많은데 부교감 신경계인 미주신경을 매개로 위궤양 등 소화기계의 장애를 일으키기가 쉽다. 이 사실은 임상에서 뿐만 아니라 동물실험에서도 보여 주고 있다.

이 정동행동 및 자율반응의 선택성은 적어도 그 일부가 시상하부에서 조절되고 있다는 사실이 밝혀지고 있다. 시상하부 복내측핵 및 실방핵이 함께 스트레스 반응에 깊이 관여하고 있다는 사실이 잘 알려져 있다. 복내측핵을 파괴하게 되면 그 동물은 스트레스 환경에서 어떻게든 도망치려 하는 행동이 촉진되어 우울반응이 약해지는 동시에 스트레스 궤양이 경증화 한다(그림 Ⅱ-4).

한편 실방핵을 파괴하면 반대로 우울반응 및 스트레스 궤양이 중증화 한다.[2] 이 사실은 우울반응과 스트레스 궤양 발생에 시상하부 복내측핵이 중요한 역할을 수행하고 실방핵은 이에 대해서 억제적으로 작용하고 있음을 시사한다. 한편 고혈압 자연발증 쥐는 위궤양이 되기는 어렵지만 분명히 실방핵에 이상이 있음이 밝혀졌다. 더 나아가 고혈압증 자연발증 쥐의 유전적 대조 동물인 Wistar Kyoto 쥐는 고혈압증이 되지 않는 대신에 위궤양에 걸리기 쉽고 우울 반응을 흔히 나타낸다.[9] 앞으로의 연구에 따라서 정동 반응성과 심신증에서 장기 선택의 뇌내 기전이 차차로 밝혀지게 될 가능성이 있다.

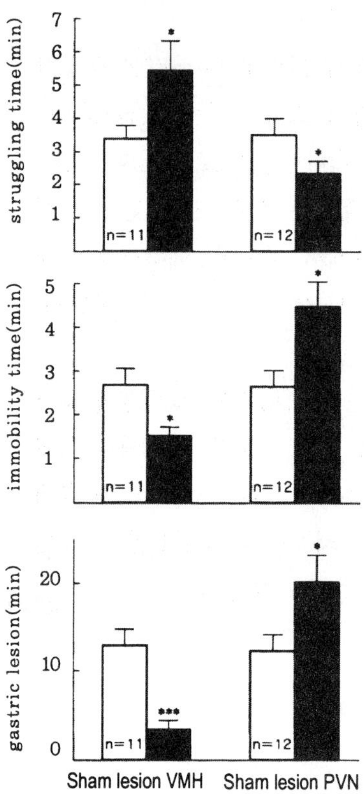

그림 II-4 정동반응 및 스트레스성 궤양에 미치는 시상하부 파괴의 효과

시상하부 복내측핵(VMH) 파괴 쥐는 강제 수영시험에서 struggling 시간이 연장되고 수침 구속 스트레스에 의한 위궤양이 경감하게 된다. 한편, 실방핵(PVN) 파괴 쥐는 우울반응의 지표인 immobility 시간이 연장되어 스트레스성 궤양이 중증화 한다.
*=p<0.05 ***=p<0.001

E 고차기능과 정동(情動)의 인지, 평가

전두연합영역은 최고차 중추로서 감각연합영역으로부터 외계 정보를 받아들이는 동시에 변연계의 해마나 편도체로부터 정동이나 기억에 관한 정보를 얻고 있다. 또한, 시상하부나 하위 뇌간으로부터 내계 정보도 얻고 있다. 이 부위는 크게 배외측 영역과 복측의 안와영역으로 나누게 되며, 외계 정보는 주로 배외측 영역에서, 내계 정보는 주로 안와영역에서 처리되고 있다(그림 Ⅱ-2). 각기의 정보가 통합되는 과정을 거쳐 전두연합영역에서는 내·외계 환경에 알맞은 행동선택을 하게 된다. 그리고 그 결과를 명령 신호로 운동영역이나 대뇌 기저핵에 보내고 수의 운동 및 불수의 운동을 발현시키고 있다. 또한 기획, 창조성, 자아의식 등의 최고차 기능도 나타내고 있다.

원숭이의 전두전영역 배외측부를 파괴하면 파괴 직후부터 활동성이 항진되어 우두머리 원숭이를 기피하는 행동이 감소한다. 그 때문에 우두머리 원숭이에 의한 공격이 쉽게 유발되고 그것에 대응하는 격렬한 반격을 시도하기 때문에 투쟁의 빈도가 늘어나서 사회구조의 안전성이 나쁘게 된다. 파괴 후 1~2년 이상이 지나고 나면 공격행동이 줄어들고 주로 틀어박혀 있기 쉽고 겁내기 쉬우며 자상행위가 증가한다.

한편 원숭이의 전두 안와영역을 파괴하면 처음 2~3주간은 활동성이나 각성 레벨이 저하하지만 그 뒤 반응이 항진해서 언젠가 같은 식의 배회운동이나 무엇이든지 입속으로 넣는 구순경향이 나타나게 된다. 또한 혐오·도피행동이 촉진되고 공격행동이 저하한다. 몇 주에서 몇 개월 사이에 사회적 지위도 떨어진다. 사람의 경우라면 전두 안와영역의 손상에 의해서 다행성, 불안정·동요성, 현실유리의 아희성(남을 낮잡아 이르는) 등 인격변화로 이어지는 증상이 일어난다. 또한 감정 접촉이 소원하게 되어 자기중심적 배덕성(背德性)이나 반사회적 행위로 나타나는 경우도 있다.

전두전영역은 신경계 안에서도 가장 고차원적 기능을 발휘하는 영역으로 파괴나 자극으로 정동행동이나 내장기능에 변화가 생긴다. 나아가 사회 안에서의 자기입장에 대한 자각과 그에 대응하는 행동제어가 이 영역에서 운영되고 있다는 사실을 파괴 실험에 의해 추측할 수 있어 심신증의 병태기전을 고려하는 관점에서 전두전영역 특히 안와영역은 중요하다.

F 실감정증 및 실체감증

심신증 병태기구의 기반이라고 하여 실감정증이나 실체감증이 중시되고 있다. 그 신경 생리학적 메카니즘은 충분히 해명되어 있지는 않지만 양전자단층촬영(PET)이나 핵자기공명영상장치(MRI), 혹은 뇌자도 등 비침습적인 뇌기능 및 구조의 해석기술이 발전하고 있으므로 앞으로의 진전이 기대된다.

1. 실감정증

심신증 환자에게는 감정의 언어화나 표정에 의한 표출이 어려운 사례가 많아 실감정증이 심신증을 이해하는 방도의 열쇠라는 개념으로 제기되어 왔다. 정동체험의 언어표현이 안 되는 경우 언어화의 과정에 직접적으로 문제가 제기되고 있는가, 아니면 정동체험 자체가 장애에 부딪히게 되었는가 각각의 사례에 대한 다른 현상들이 추측되고 있다. 앞에서 언급했듯이 정동의 발현은 대뇌 변연계가 중요한 역할을 담당하며 정동의 인지나 그 언어화는 대뇌피질에서 수행되는 것으로 생각된다(그림 Ⅱ-2). 따라서 실감정증에 대해서는 변연계와 대뇌피질 사이를 연락 및 우반구와 좌반구(언어 중추가 존재하는 우위 반구) 사이를 연락하는 두 갈래 기구를 고려할 필요가 있다. 정동체험과 그 인식은 변연계에서 대뇌피질로 정동신호가 발신되고 처리되는 작업으로 달성된다. 따라서 변연계-피질 연락에 장애가 일어나면 감정의 인지에 지장이 일어나게 된다. 한편 정동체험의 언어화는 언어기능을 맡고 있는 우위 반구인 좌반구에서 행해지고 있다. 치료를 위해 뇌량을 절단한 환자는 정상인에 비해서 유의한 실감정 상태를 나타내 보인다. 또한 우반구에 우위뇌가 존재하는 경우가 많은 왼손잡이에게도 실감정증이 많다.[10] 이러한 사실들은 좌우 반구간의 연락 장애가 실감정증의 일부에 관여하고 있음을 보여주고 있다. 좌우의 대뇌 반구는 서로 정동과정에 관여하고 있으며 그 역할이나 성질에 차이가 있음을 알게 해준다. 곧 오른쪽 뇌는 비관적, 우울감 혹은 불유쾌한 정동 체험을 겪는 일에 작용하며, 왼쪽 뇌는 좀 더 낙관적인 정동체험과 관련되어 있음을 시사해주는 여러 가지 보고가 있다. 그러나 부정적인 보고도 있어 앞으로 더 검토해 볼 필요가 있는 문제로 남는다.[7]

2. 실체감증

실체감증을 생체 경고신호에 대한 반응성의 저하라고 하는 관점에서 생각해 보면 스트레스 진통의 발생기구가 관여하고 있을 가능성이 보인다. 동물을 피할 수 없는 스트레스 환경에 두면 얼마 안가서 스트레스로부터 도망치려 하지 않는 동시에, 환경자극에 대한 반응성이 저하되어서 아픔에 대한 감수성이 줄어 든다.[11] 이 진통효과는 오피오이드 수용기 차단제로 소실할 수 있어서 오피오이드계의 활동에 의한 것으로 보이며, 앞에서 서술한 바와 같이 중심회백질의 복외측부가 중요한 역할을 감당하고 있다. 회피할 수 없는 스트레스 환경에서는 실체감증의 발생기구의 일부로서 이 오피오이드 작동기구가 관여하고 있을 가능성이 있다.

한편 극심한 긴장이 강요당하는 상태(예를 들면, 전쟁터)에서 외상을 입게 된 경우 아픔을 그다지 느끼지 않는 경우도 예전부터 알려져 있는 사실이기도 하다. 동물의 경우도 위협 공격 또는 위협 도주 행동이 유발되는 상황에서 이 시스템이 가능하게 된다. 이 진통기구에는 모노아민 등의 비오피오이드계가 작동하고 있음은 이미 잘 알려진 사실이다.

3. 실감정증 및 실체감증의 생리학적 의미

실감정증이나 실체감증 성립의 계통 발생적인 측면을 살펴보면 ①과혹한 외부 환경에 대해서 과잉반응을 억제하고 에너지 소비를 억제하여 생존확률을 높인다거나 혹은 ②긴급한 활동(투쟁 혹은 도주)을 필요로 할 때 활동의 장애가 될 만한 고통을 억제하여 활동하기 쉽게 하려는 생물학적 의의가 있다고 생각한다. 예를 들면, 외상을 포함한 전신적인 질환이나 감염증인 경우에 인터루킨이나 인터페론 등의 사이토카인이 작용해서 발열, 식욕저하, 경면 상태를 일으킨다. 이 일련의 반응은 일반적으로는 병적 반응이라고 받아들여지고 있지만, 사실은 생존률을 높이는 효과도 나타내고 있다. 즉, 감염 시 어느 정도의 고체온이나 식욕저하는 생체로 보아서 유용한 반응인 동시에 해열시킨다거나 정상적인 때와 같은 섭취량을 유지시키게 되면 오히려 생존률이 저하되는 사실이 동물 실험에서 관찰되고 있다.[7)]

뇌는 환경변화에 대한 개체보존 및 종족보존을 위한 전략으로써 각양각색의 메커니즘을 가지고 있다. 통증, 피로감, 탈력감 등은 뇌의 생체 경고계가 발동하는 신호이다. 일과성의 실감정 또는 실체감은 각기의 상실감에 견디고서 외부의 도전과 싸울 수 있는 체제를 마련한다. 그러나 만성적으로 그 현상이 계속되면 생체는 소모되고 항상성 유지에 파탄을 초래하는 결과가 된다.

G 정동(情動)의 발달적 측면

1. 유전 • 체질적인 소인

정동장애는 유전과 경험 모두가 원인이 된다. 전쟁이나 약탈, 무서운 공포영화 등의 정신적 충격을 주는 경험에 대한 반응은 사람에 따라 큰 차이가 있지만 유전자가 개입되어 있는 분명한 징후가 있다. 예를 들어 심적 외상 후 스트레스 장애가 쌍둥이 배테랑 병사 중 양쪽에서 발생하는 비율은 이란성 쌍둥이 보다 일란성 쌍둥이 쪽이 높다. 또 신경성 식욕부진증에서는 일란성 쌍둥이에 있어서 일치율은 50%인데, 이란성 쌍둥이의 일치율은 10%로 유전적·체질적인 요소가 관여함을 알 수 있다. 또, 이 환자의 가족 내에서 우울증이나 알코올 의존증의 발생률이 높은 것과 이러한 질환으로 D_2수용체 유전자의 다형성과의 관련도 인정되므로 유전적·체질적 요인이 관여하고 있음을 시사한다.

2. 생육력(生育歷)

생육력(生育歷)의 문제(모자·가족관계, 학대 등)가 심신증의 발병에 있어서 큰 요인이 되는 것은 잘 알려진 사실이다. 모자 분리를 시작으로 하여 성장 시의 여러 가지 스트레스가 중추신경계나 내분비계 특히 시상하부-하수체-부신/성선계 등 행동양식에 큰 영향을 끼친다는 것도 동물 또는 사람에게 확실시 되었다.

적절한 정동 반응의 형성에 있어서 발달기에 적절한 환경이 필요하다고 생각한다. 예를 들어 어린 원숭이를 1년 정도 어미에게서 분리하면 성장 후에도 지속되는 뇌내 변화가 생긴다. 흑질과 복측피각영역의 도파민 생성이 저하하고 전두전영역, 후내피질, 미상핵의 도파민 선유가 발달하지 않는다. 도파민 수용체의 감수성 항진, 미상핵과 피곡의 Substance P 뉴론과 엔케파린 뉴론의 감소, 뇌 척수액 중의 노르아드레날린 농도의 상승(쥐에서는 또한 세로토닌과 아세틸콜린의 이상도 보고됨) 등도 볼 수 있다.

행동이상도 성장기 후까지 볼 수 있고 상동행동(방안을 빙빙 도는 등 의미 없는 행동) 그 외에 대화장애(수줍음, 두려움) 외부 세상에 대한 무관심, 무감동 등의 감동장애가 일어난다. 자해행위, 이성과의 성적관계 장애, 모성 행동이상(아이들에 대한 무관심, 학대) 등도 보인다. 모자 분리라고 하는 발달기의 심한 정동 스트레스가 뇌에 영구적으로 작용하여 성장 후에도 계속 정동 장애를 일으키는 뚜렷한 예이다.

어머니의 양육에 영향을 받는 정동 반응성도 쥐의 실험에서 뚜렷하게 나타났다.[4] BALB/c 쥐는 무서움이 많고 시상하부-하수체-부신 스트레스 반응이 크며 새끼를 잘 돌보지 않는다. 한편 C57쥐는 두려움도 없고 시상하부-하수체-부신 스트레스 반응도 적으며 새끼도 잘 돌본다. BALB/c 쥐의 새끼들을 잘 돌보는 C57쥐의 어미 쥐에게 양육시켰더니 BALB/c 새끼 쥐의 공포반응, 스트레스가 저하하고 이때 청반핵의 부신피질자극호르몬분비촉진호르몬(CRH) 수용체나 NAα2수용체가 감소하였다. 또한 편두체나 청반핵의 벤조디아제핀 수용체가 증가되어 위에 언급한 공포·스트레스 반응의 억제를 잘 설명하는 변화로 볼 수 있다.

H 정동(情動)과 환경

최근에 심신의학과 신경과학의 진보로 심신상관의 기초적 이해가 깊어졌으며, 심신증의 병태 메커니즘과 그 뇌내 과정도 많이 해명되고 진단법과 치료법도 크게 발전되었다. 하지만 환자수가 상당히 증가하고 있어 지금까지의 진보가 근본적인 문제 해결과 연관되어 있지는 않다. 또 체내 또는 뇌내의 메커니즘만으로는 설명할 수 없는 현상도 관찰되고 있다.

생체내의 메커니즘으로서 설명이 되지 않을 때에는 생체외 인자 즉 환경인자를 고려하여야 할 필요가 있다.

1. 영양

현대사회에서는 풍부한 영양체의 식환경에 처해 있는 것 같이 보이나, 편식으로 인해 비타민, 미네랄, 미량원소가 결핍하여 결과적으로는 정동 장애를 일으키는 수도 있다(표 Ⅱ-1).

표 Ⅱ-1 비타민과 미량 원소의 결핍에 의한 정동장애

뇌가 필요로 하는 중요 영양소	작용	결핍증세
비타민 A	단백, DNA합성	우울증세, 무감동, 뇌성장의 지연과 마비
비타민 C	단백의 이용↑, 철분흡수↑	우울증세, 피로, 감수성↑
티아민(B_1)	포도당과 단백의 분해에 의한 에너지 생성의 보조	피로, 정신적 혼란, 역흥분성, 충동성, 불면, 기억장애, 행동장애
리보플라빈	에너지(ATP)생성, 미엘린유지	유아의 뇌 성장, 행동문제
나이아신(B_3)	포도당, 지방, 단백에서의 에너지 생성, 미엘린형성	우울증세, 신경과민, 장기 기억장애
피리독신	뇌화학물질 생성, 단백생성	역흥분성, 피로, 기분동요, 집중력↓, 불면
엽산	RNA, DNA	우울증세, 무감동, 소극적 행동, 발달지체, 역흥분성, 지각장애, 기억장애, 뇌 성장지연과 마비
철분	영양소의 처리, 신경전달물질과 DNA처리	행동장애, 부주의, 다동(多動), 집중력↓
마그네슘	영양소의 처리, 신경전달물질과 DNA처리	역흥분성, 신경과민, 숙면, 우울증세, 혼란
칼륨	신경전달물질의 정상수준 유지	허약, 식욕↓, 구토, 비합리성, 혼란
아연	효소반응, RNA/DNA/단백합성, 포도당, 단백에서 에너지 생성	숙면, 역흥분성, 식습관 불량, 식욕↓, 피로, 혼란
크롬	포도당 대사	숙면, 기분동요, 집중력↓, 단기 기억장애

2. 환경화학인자

최근 식물, 주택, 자연의 환경오염에 대한 심각성이 전반적으로 사회문제화 되고 있다. 미량의 화학물질 존재, 또는 결핍이 정동행동에 큰 영향을 미치고 있음이 분명해 졌다.

유기인계 농약은 콜린에스트라제 저해제로 작용한다. 흰개미 구제제, 건축자재·합판, 마루

바닥·다다미 등과 카펫 방충처리제, 염화비닐 건제의 난연제나 가소제(可塑劑), 살충제, 방벼룩 시트, 이불, 모포, 청소기 종이백 등에 사용되고 있고, 우울, 공포, 슬픔, 정서불안정, 과잉반응, 기억감퇴, 의욕저하, 집중력 저하, 시력장애, 자율신경장애, 화학물질 과민증을 유발하는 위험성이 있다고 되어있다.

내분비 교란물질의 목록에 있는 합성 여성 호르몬제제의 DES가 태아에게 폭로되면 심신증이나 정신질환에 관련이 있다고 보고되고 있다. 즉, DES를 복용한 산모에게서 태어난 아기는 성장하면서 신경성 식욕부진, 불안, 우울, 강박 신경증, 자기면역질환, 천식의 발생률이 증가한다.[6] 그러나 이 결과는 치료로서 투여된 약제에 의한 설명이고, 늘 존재하고 있는 저농도의 외인성 환경 화학인자가 심신기능에 영향을 미치는가에 대해서는 불분명한 점이 많아 더 검토할 필요가 있다.

– 끝으로 –

여기서는 정동의 뇌내 기전과 생리학적 의의를 설명하였다. 사람 외 동물에서의 일반적인 성격은 외부환경의 변화에 의하여 유발되는 반응이다. 그러나 사람은 고도의 개념 형성 능력과 기억능력이 있어 뇌 자신이 현실에 없는 상상이나 과거의 기억에 의한 내인성 정동 반응과 그에 따르는 자율반응을 발생할 수 있게 되어있다. 이러한 외부에 의존하지 않는 정동과정이나 「심리적 요인」에서 발생하는 생체조절기전의 파괴에 대한 생물학적인 생체방어기전은 생물의 진화과정에서 얻어지지 않았다.

한편 생체 외 환경에서도 지금까지 인류 또는 지구가 경험하지 못한 변화, 즉 말하자면 화학 환경오염이 일어나고 있지만 이러한 환경 스트레스에 대한 방어기전을 가지고 있지는 않다. 하지만 사람은 그 대처법을 반드시 알아내야 한다. 심신상관의 과정 설명이 많이 진보되고 있는 현재, 그 대처법을 찾는 것이 심신의학의 큰 사명일 것이다.

문헌

1) Aggleton JP : The Amygdala : Functional Analysis. Oxford Univ Press. 2000

2) Aou S et al : Hypothalamic linkage in stress-induced hypocalcemia, gastric damage, and emotional behavior in rats. Am J Physiol 267 : R38 - R43, 1994

3) Bandler R, Shipley MT : Columnar organization in the midbrain periaqueductal gray : Modules for emotional expression? Trends Neurosci 17 : 379 - 389, 1994

4) Caldji C et al : Maternal care during infancy regulates the development of neural systems mediating the expression of fearfulness in the rat. Proc Natl Acad Sci USA 95 : 5335 - 5340, 1998

5) Gray JA : The psychology of fear and stress. 2nd ed., Cambridge Univ Press. 1987. 〔八木欽治(訳)：ストレスと脳．朝倉書店，1991〕

6) Giusti RM, Iwamoto K, Hatch EE : Diethylstilbestrol revisited : a review of the long - term health effects. Ann Intern Med 122 : 778 - 788, 1995

7) 堀　哲郎：脳と情動—感情のメカニズム．共立出版，1991

8) Pitkanen A, Savander V, LeDoux JE : Organization of intra - amygdaloid circuitries in the rat: an emerging framework for understanding functions of the amygdala. Trends in Neurosciences 20 : 517 - 523, 1997

9) Ma J et al : Linkage of stress-induced hypocalcemia, gastric lesions, and emotional behavior in Wistar - Kyoto rats. Am J Physiol 266 : R960 - R965, 1994

10) Redenhauser P, Khamis HJ, Faryna A : Alexithymia and handedness. A pilot study. Psychother Psychosom 45 : 169 - 173, 1986

11) Zieglgansberger W : Central control of nociception. Mountcastle VB, Bloom FE, Geiger SR : Handbook of Physiology, section 1, The nervous system, vol.1 Intrinsic regulatory systems of the brain. Am Physiol Soc, Bethesda 581 - 645, 1986

② 정동(情動)과 내분비

현대사회는 빠르게 발전하고 있어 시대의 가치관도 크게 변화하고 있다. 이와 같이 크나큰 흐름 속에서 현대사회는 필연적으로 여러 가지 스트레스에 가득 차 있는 상황이 되고 있다. 심리·사회적 스트레스는 그것이 인지되면 물리·화학적 스트레스와 마찬가지로 불쾌한 정동을 불러일으킨다. 심신증의 발전에 큰 영향을 미치고 있는 것은 이 불쾌한 정동이다. 스트레스나 정동과 신체반응과의 관계를 이해하는 일은 심신증 질병형태의 이해, 치료에는 없어서는 안 되는 과정이라고 생각한다.

정동이란 본능과 결부된 감정체험으로 갑작스럽게 나타나서 잠깐 사이에 끝나는 강한 감정이다. 정동에는 쾌감, 불쾌, 노여움, 두려움(불안) 등이 있는데, 정동에 근거한 행동이 정동행동이고, 각기의 접근행동, 공격행동, 도피(회피)행동의 기본형이 존재한다. 정동에 관여하는 뇌내 중추의 부위는 시상, 시상하부, 중뇌 등의 상위뇌간과 편도핵, 중격 등의 대뇌 변연계이다. 정동을 불러일으키는 자극(정동 스트레스)은 대뇌피질에서 대뇌변연계를 매개로 하여 시상하부로 전달된다. 시상하부는 자율신경계와 내분비계의 통합중추로서 몸 안의 여러 장기의 활동을 통제하고 있는 관계로 시상하부는 곧 몸과 마음의 접점으로서 정동과 내분비 반응이 일어나는 자리로 여겨지고 있다.

역사적으로 보더라도 정동 스트레스와 내분비 반응에 대해서는 Cannon의 긴급반응과 Selye의 스트레스 학설(전신적응증후군)이 첫출발점 된다. Cannon은 개가 짖을 때 고양이 몸의 변화를 관찰하여 공포나 고통을 수반하는 비상사태에서 일어나는 일련의 신체반응은 교감신경이 흥분해서 부신수질에서 아드레날린이 분비되어서 일어나는 현상이라고 생각하였다. 또한 Selye는 생체에 스트레스가 더해지면 하수체에서 ACTH가 분비되고 더 나아가 부신피질 호르몬의 분비가 증가되어 신체반응에 결부된다는 사실을 지적하였다. 이러한 변화에 대한 지적들은 스트레스 때의 내분비 반응을 분명히 했다는 점에서 기록할 만하다. 그 후로 각 호르몬의 정량이 가능하게 되어 피드백 기구나 생체리듬의 존재, 호르몬 분비가 밝혀짐에 따라 많은 지식과 견해가 활용되기에 이르렀다. 또한 최근에는 중추 신경계에서 내분비계, 자율신경계에 더하여 면역계가 상호 작용하여 복잡한 네트워크를 형성하고 있다는 사실도 확실해지고 있다.

지금까지의 연구는 단기의 정동 스트레스시의 내분비 반응이 중심을 이루었지만 각종 정신질환이나 신경성 식욕부진증 등을 모델로 한 만성적인 정동스트레스에 대한 반응도 새롭게 보고되고 있다. 따라서 여기에서는 정동 스트레스에 따른 각종 호르몬의 반응에 대한 서술과 각 질환에 나타난 정동 스트레스의 내분비 반응에 대해서도 언급해 두려고 한다.

A 시상하부-하수체-표적장기체

1. CRH, ACTH와 코르티졸

유해한 자극이 사람 신체에 가해지게 되면 ACTH 분비가 증가한다. 그 결과 혈액 속의 코르티졸 농도가 상승한다. 이 상승반응은 생명유지에 없어서는 안 되는 반응이다. 하수체 또는 부신을 적출한 동물에게 정상 혈중 농도를 유지하기에 충족한 코르티졸을 투여해 주더라도 해로운 자극을 더해주면 죽어버리고 만다. 여러 스트레스가 가해질 때 부신피질 호르몬이 증가한다고 하는 사실은 코르티졸 측정법이 발견되기 전부터 뇨중 17KS나 17OHCS 등을 사용하면서 연구되고 있었다. 비행훈련시의 뇨중 17KS가 지상훈련시보다 현저히 증가하고 있었다고 하는 Pincus와 Hoagland 등의 보고나 의학부 학생의 시험 때에 17OHCS가 상승했다고 하는 Bliss의 보고에 정동 스트레스와 부신피질 호르몬의 관계를 보여 주고 있다.

긴급 사태에 대처하는 경우의 ACTH분비의 증가는 거의 모든 시상하부의 CRH 방출을 매개로 해서 나타난다. CRH는 정중융기로 분비되며 하수체 문맥을 거쳐서 하수체 전엽으로 운반되어 ACTH 분비를 자극한다. 정중융기에는 뇌의 각 부분으로부터 구심성 신경섬유가 모여지고 있다. 편도핵에서의 신경섬유는 정동스트레스에 대한 반응을 불러일으킨다. 따라서 공포, 불안에 의해 ACTH 분비가 두드러지게 증가한다.

CRH는 하수체-부신계를 활성화하는 것 외에 직접적으로 스트레스 상황에서의 적응 행동이나 생리학적 반응도 조절할 가능성을 시사하고 있다. 또한, 말초 면역계에서 생산되어 나타나는 사이토카인이 시상하부, 특히 실방핵에 존재하는 CRH 뉴론에 작용해서 CRH가 방출되고 부신에서 코르티졸이 방출된다는 사실이 밝혀지게 되었다.[1] 더 나아가 이 코르티졸은 사이토카인의 생산을 조절한다고 생각되고 있다. 최근 CRH의 mRNA가 림파구에서도 발견되어 면역담당세포가 내분비 기관에서 생산되는 호르몬을 산출한다는 사실도 차차 분명하게 되었다. 이 현상에서 내분비계와 면역계가 밀접한 관계가 있는 것으로 알려져 lymphoid adrenal axis(LAA)의 개념도 제창되고 있다.

만성 정동 스트레스에 영향이 있다고 생각되는 신경성 식욕부진증 환자의 경우 아침 공복시 코르티졸의 높은 수치로 생체리듬이 흐트러진다는 사례를 보여 준다. 우울증에서도 높은 코르티졸 혈증이나 덱사메타존 억제시험에서도 억제되지 않는 사례가 많이 나타나기도 하며, 또한 수액 중의 CRH 농도가 높은 수치를 나타낸다고 되어 있다.[2] 많은 우울증 환자들의 경우 CRH에 대한 ACTH 반응이 저하되어 있는 사실과 비추어보면 우울증은 CRH의 과분비 현상이 나타나서 CRH 수용체의 down regulation이 일어나고, ACTH 분비세포의 감수성이 저하되어 있는 것이라고 생각된다. 자살자의 전두피질의 CRH 수용체가 감소되어 있었다고 한 Bissete 등의 보고[3]가 그 사실을 시사하고 있다.

이렇게 되어서 정동 스트레스에 대한 생체 방어반응으로서의 의의를 지니는 코르티졸의 분비는 스트레스의 정도를 인식시켜주는 표지자로서 널리 쓰이고 있다. 그러나 그 분비도 정도가 지나치면 임상적으로는 고혈압, 당뇨병, 소화성 궤양 등의 질병원인과 관련되어 있다.

CRH-ACTH의 합성·분비조절에는 다수의 신경전달 물질이 관여한다. 이러한 물질은 직접적으로 정동반응에 영향을 미치는 것만이 아니라 CRH를 통해서도 정동에 관여한다고 생각된다. CRH를 뇌실내에 투여하면 ACTH-Cortisol계를 부활하는 것만이 아니고 교감 신경계도 활성화하여 스트레스 시에 볼 수 있는 것과 같은 효과를 일으킨다. 수면 시간의 단축, 섭식과 수분의 억제, 자발운동의 항진, gonadotropin의 분비 저하, 발기부전과 월경이상을 가져온다. 신경성 식욕부진증에는 ACTH-Cortisol계가 항진하여 섭식량 감소, 과활동, 수면 시간 단축, 무월경을 보였다. 혈중 내 CRH 농도의 증가를 보이는 것으로 중추성 CRH의 과다가 암시되지만 그 인과관계에 대해서는 검토할 과제다. 우울증 환자에서 코르티졸의 분비 과다가 있는데도 쿠싱증후군에서 보이는 특징적인 증상이 보이지 않는 이유는 무엇일까. 이에 대해서는 우울증환자에서는 하수체 레벨에서 마이너스 피드백 기구가 유지되고 있어 CRH 과다에 의한 ACTH의 분비 과다가 지속적으로 일어나지 않는다고 추측된다. 1991년에 Potter[4]등이 CRH 결합단백질의 cDNA의 클로닝에 성공하였다. 그 후 나아가서 Vaughan 등에 의해 CRH 수용체에 결합하는 새로운 뇌내 펩타이드로서 유로코르틴(Urocortin)이 발견되었다.[5] 유로코르틴은 CRH와 흡사한 펩타이드이로 CRH와 비슷한 ACTH 분비 자극능을 가지고 있다. 식욕억제 효과는 CRH보다 강하기 때문에 스트레스로 인한 식욕저하를 가져오는 물질은 유로코르틴이 아닌가 하는 추정을 한다. 앞으로 CRH 결합 단백질의 길항제와 작용제의 개발로 CRH가 과잉상태에 있는 신경성 식욕부진, 우울증, 외상 후 스트레스 등의 치료에 응용할 수 있는 가능성이 있다.

2. 성장호르몬(GH)

성장호르몬의 분비는 시상하부에서의 방출촉진 호르몬인 GHRH와 방출억제 호르몬인 somatostain의 이중 지배를 받고 있다. GH도 각종 스트레스 때문에 상승된다는 사실이 알려져 있다. 쿠로가와 등은 최면에서의 정동적 혐오자극에 의해서 GH 분비가 촉진 되었다는 사실을 보고하였다. Greenwood는 인슐린 주사로 저혈당이 된 피험자에게 인슐린 위약(placebo)으로 생리 식염수를 주사하였더니 GH의 상승이 있었다고 하였다. 또한 Greene 등은 심장병 환자에게 심장조영술 검사를 시행한 경우 불안으로 검사자나 간호사에게 말을 자주 한다거나 음식물이나 체위변환을 요구하는 사람보다는 불안을 억제하는 사람에서 GH의 상승이 있었다라고 말하고 있다. 이와 같이 GH의 상승에 개체차가 나타난 일은 자못 흥미롭다.

신경성 식욕부진증이나 우울증의 경우에 가끔씩 GH의 상승을 보인다. 또한 이들 질환에서는 당부하나 TRH 부하로 GH의 특이한 상승을 보이고 있다. 건강한 사람에 대해서 경상묘사법 또는 TRH 부하를 단독으로 시행한 경우에는 GH의 유의한 변동은 나타나지 않았지만 두 가지를 동시에 부하하면 GH의 상승이 나타났다.[6] 이 결과는 앞에서 서술한 질환의 경우 TRH에 대한 GH의 특이한 반응을 생각해 보는 과정에서 흥미롭다. 또한 애정차단성 소인증(小人症)은 정동 스트레스에 의한 GH의 분비는 가끔씩 억제되지만 환경 상황이 개선되면 GH의 분비기능이 회복된다고 보고 있다. 성장하지 않는 것은 섭식량의 문제가 아니라 애정부족이라는 정신적 스트레스 때문에 GH분비가 억제된 결과라고 생각된다. 보호받으며 애정적인 환경에 처하면 발육이 전진된다. 기전에 관해서는 확실하지 않지만 스트레스에 의하여 분비된 CRH가 somatostain 신경을 자극하여 하수체 전엽에서 somatostain이 증가하여 GH가 감소하는 것 또는 지속적인 스트레스로 시상하부-하수체-부신계가 항진하여 글루코콜티코이드가 하수체에 작용하여 GH분비를 억제하는 것 외에 인슐린양성장인자 - I (IGF-I)가 골단 연골에서의 작용을 억제하는 것 등으로 생각된다.

최근 GRH의 RIA계도 확립되었기 때문에 앞으로는 정동 스트레스와의 관계도 더욱 분명해 지리라 본다.

3. TSH와 갑상선 호르몬

「깜짝 바세도」라는 표현이 있는 것처럼 예전부터 정동 스트레스와 갑상선 기능부전은 주목받아 왔었다. 바세도병 발증 전에 배우자나 근친의 사망, 이혼 등의 이별을 경험하는 사례가 많이 나타나고 있다. 또한 바세도병과 공황 장애는 수십%의 비율로 관련된다고 보고되고 있지만 그 인과관계는 분명하지 않다.

정동 스트레스를 받을 때 토끼, 생쥐, 쥐 등과 같이 작은 동물에서는 갑상선 기능은 억제되고, 원숭이와 같이 비교적 큰 동물에서는 항진하는 현상으로 보아 동물의 종류에 따라 반응성에 차이가 있다고 생각되고 있다. 사람의 경우에는 외과수술, 시험, 스포츠 시합 등의 스트레스 상황에서는 정상 범위 내로 보는 구분과 경도 항진이라는 구분이 있다. Alexander 등[7]은 정동 스트레스 장면의 영상을 보여줌으로써 PBI가 상승하지만 아직 치료하지 않은 바세도병 환자에서 좀 더 현저하게 상승했다고 보고했으며, 사람의 경우에는 스트레스에 대한 반응성에 개인차가 크게 관여하고 있다는 가능성을 시사하고 있다.

스트레스는 시상하부-하수체-갑상선계의 기능을 억제한다. 그 기전으로서는 스트레스에 의하여 분비된 CRH의 자극으로 somatostain신경이 하수체 전엽에서의 somatostain을 증가시켜 TRH를 억제하는 경우와 glucocorticoid가 하수체에 작용하여 TRH 분비를 억제하는 기구 등으로 생각된다. 또 glucocorticoid는 말초조직에서의 T4→T3로의 변환도 억제한다.

사람의 TSH는 동물과 달라서 신생아기에 한냉 스트레스로 상승하는 것 이외에 급성의 신체, 정동 스트레스에서는 전체적으로 안정적인 것으로 생각되었다. 그러나 우울증의 정신질환에서는 TRH에 대하여 TSH의 저반응 또는 지연반응이 보고되고 있다.[8] 우울증 환자에서 볼 수 있는 TSH의 저반응이 우울 상태가 개선되어도 지속되는 경우에는 재발의 가능성이 높다고 알려지고 있다. 신경성 식욕부진증에서는 저T_3 증후군이 현저한데 이는 5′ monodeiodination의 억제가 생체에너지 소모의 방지를 위한다고 하는 합목적 방어기구에서 나타나는 현상으로 여기고 있다. 또한 신경성 식욕부진증에서는 TRH에 대한 TSH의 저반응이나 지연반응 등의 이상반응을 확인하는 일도 많고[9], 특히 체중 회복 후에도 식행동의 이상을 보이는 사례에서는 TSH의 이상반응이 지속되는 경우가 많다. 이 TSH 분비 이상에 관해서는 시상하부에 원인이 있다고도 보지만 자세한 것은 불분명하다. 이와 같이 갑상선 기능과 정동 스트레스는 깊이 연결되어 있음에도 불구하고 일정한 견해가 아직 확립되어 있지 않다.

4. 프로락틴(PRL)과 옥시토신

프로락틴은 하수체 전엽 호르몬의 하나이고 유선에 작용하여 유즙을 분비한다. 옥시토신은 하수체 후엽 호르몬으로 유즙의 방출과 자궁근 수축을 일으킨다. 이 두 가지는 모두 스트레스에 의하여 분비가 자극된다. 수유 중에 있는 여성에게 스트레스가 더해지면 모유가 나오지 않게 된다거나, 반대로 갓난아기의 울음소리를 들으면서도 젖을 물리지 않는 경우가 있다는 사실은 잘 알려진 사례이다. PRL은 수술, 마취, 운동, 인슐린 때문에 일어나는 저혈당 자극으로 상승한다. 불안 등의 정동 스트레스 때문에 PRL이 상승한다고 하는 보고가, 또는 불변이라고 하는 보고도 있다. 이 사실은 스트레스의 종류나 강도의 정도에 따라 반응성이 다르게 나타나는 사실을 말해주고 있다.

스트레스의 PRL 반응의 변화가 불분명하기는 하지만 PRL이 현저히 높을 때에는 GH의 작용이 약해진다고 알려져 있다. 또한 PRL이 계통 발생적으로 GH와 관련이 깊어 PRL의 반응은 GH의 반응에 관련된 외견상의 현상일 가능성도 지적되고 있다. 이 두 가지 호르몬의 스트레스에 의한 분비반응은 수유기에 극단적으로 저하되는 것이다. 흥미로운 것은 수유기에는 시상하부-하수체-부신피질계, 부신수질호르몬의 스트레스에 대한 반응도 저하된다. 프로락틴의 분비는 프로락틴 억제인자(PIF)와 프로락틴 방출인자(RIF)의 양자에 의해 조절되고 있다. PIF가 시상하부의 도파민 작용신경에서 방출되는 도파민이다. RIF가 중추 세로토닌계 조절을 받고 있어 프로락틴은 중추에서의 세라토닌의 반응을 반영하고 있다고 생각된다. 신경성 과식증 환자에서는 세라토닌 작동물질인 fenfluramine 부가에 의한 프로락틴 반응이 건강 대조군에 비하여 저하되어 있고 중추성 세라토닌 반응이 저하되어 있다.[10)]

옥시토신은 모성행동, 성행동이나 습식행동에도 관계되어 있다. 옥시토신은 여러 가지 자극에 의한 ACTH분비를 감소시킨다. 여성은 수유 중에 혈중 코티졸 수치가 저하하는 것으로 알려져 있고, 수유에 의해 시상하부-하수체-부신계 나아가서 교감신경-부신수질계의 활동이 억제된다고 생각된다. 수유여성은 운동 후 ACTH, 코티졸 증가반응의 저하가 보이며 옥시토신의 항 스트레스 작용이 시사되고 있다.

5. 성선자극호르몬(LHRH)과 성호르몬

정동 스트레스는 성선 기능을 저하시킨다. 환경의 변화에 따라 월경이 늦어진다거나 정지되는 경험은 일상생활에서 가끔 겪는 일이다. 심하게 연습을 하는 여성 운동선수에게 무월경이 많이 보이는 것이 그 예다. 또한, 후쿠시마에 의하면 체포된 여성범죄자의 70%에서 월경이상이 나타나며, 살인 등 중범죄자의 경우는 장기간의 무월경이 50%에 이른다고 보고하고 있다(구금성 무월경). 더 나아가 초범 구속자인 경우에는 불안이 심해서 그 반수가 무월경을 겪게 되는데, 재범자인 경우에는 구치소 경험에 닳고 닳아서 월경 이상의 빈도가 감소하였다고 보고하고 있다. 남성인 경우에도 성기능 부전에 정동 스트레스가 관여하며, 미국에서도 사관후보생의 군사 훈련에 따른 만성 스트레스가 혈청 테스토스테론을 저하시켰다는 보고가 있다.[11)] Ito와 Yoshimura는 정신질환 환자의 소변 속의 고나도트로핀, 에스트로겐 및 프로게스테론의 대사산물을 측정하였는데 정동이 안정되어 있는 환자는 각 호르몬이 정상범위였지만 불안, 우울, 흥분 등의 정동 이상을 보이는 환자에서는 각 호르몬의 분비가 저하되는 분비이상을 나타냈다고 하였다. 신경성 식욕부진증 사례에서는 만성의 정동 스트레스도 한 원인이 되어 무월경이 나타난다고 여겨지기도 한다. 정상체중의 신경성 과식증이라도 40% 전후의 무월경을 보이는 것은 무월경은 체중 감소 외에 정동 스트레스가 관여하는 것을 시사한다. 이 경우 외인성의 LHRH에 대한 하수체에서의 LH, FSH의 반응도 대부분의 예에서 저하되어 있다.

스트레스에 의한 성선기능억제의 기전으로서 스트레스에 의하여 시상하부-하수체-부신피질계가 항진할 경우에는 CRH 신경이 성선자극호르몬 방출호르몬(GnLH)의 분비를 억제하고 그 결과 LH의 펄스장 분비가 억제되기 때문이라고 생각한다. 나아가서 내인성 오피오

이드 또한 GnLH 분비를 억제하는 것이 확실시 되고 있다.[12)]

6. 항이뇨호르몬(ADH)

정동 스트레스의 영향으로 소변량이 줄어든다는 보고가 있다. Dobreff는 개에게 방광루(瘻)를 발생하게 하고서 다른 개를 시켜 짖게 하면 일과성으로 거의 오줌이 나오지 않게 됨을 알아내었다. 또 Rydin 등은 개를 경적으로 놀라게 하면 오줌의 양이 감소한다는 사실을 관찰한 다음 미량의 ADH를 주입하면 같은 현상의 뇨량 감소가 일어나는 사실에서 이 현상이 ADH에 의해서 생긴다고 생각하게 되었다.

국제시합에 출전한 유도선수에게 시합이 끝난 후 검뇨를 위해서 많은 물을 마시게 해도 몇 분 동안의 정신적 긴장 때문에 좀처럼 배뇨하지 못하게 되는 경우가 있다고 한다.

현재로서는 동통, 한냉, 수술, 저혈당, 산소분압 등이 있으면 ADH 분비에 영향을 끼치어 대부분의 경우 분비가 항진한다고 알려져 있다. 정동 스트레스에 대해서도 Mirsky는 수술 전에 불안이나 통증이 심한 환자의 혈중 ADH가 상승한다고 보고하고 있다. 또한 Yamashita는 전신성 종창이나 수분이뇨의 억제가 심적 요인과 관련해서 나타난 것으로 보이는 증상 사례가 있으며 나아가 불안, 흥분의 강한 정신질환 환자인 경우 소변이 잘 나오지 않아서 순환 혈장량, 세포외액량이 모두 증가하는 사례가 있기 때문에 일반임상에서도 ADH와 관련된 현상이 예상 이상으로 나타나 보이는 것은 아닌가하고 서술하고 있다. 더욱 ADH가 이전보다 기억 증강작용이 있다고 말하지만 최근에는 ADH가 정동과 동기부여, 주의력에 작용하여 간접적인 학습과 기억을 증강시킨다고 말하고 있다.[13)]

B 송과체호르몬(멜라토닌)

송과체호르몬인 멜라토닌이 체내 생체리듬의 조절 또는 계절적인 변화에 대한 체내 반응의 조절에 중요한 역할을 하고 있다는 것은 이미 알려져 있다. 사람을 포함한 각종 동물에서 페달 밟기나 수침 스트레스라고 하는 물리적 스트레스로 멜라토닌의 분비가 증가한다. 또 양치류에서는 공격받은 개체에서 멜라토닌의 분비가 증가하는 것도 알려져 있다. 쥐 실험에서 강한 청각자극에 대한 탈분(脫糞)행동은 정동반응으로 보고 있지만 이는 멜라토닌에 의해 억제되었다. 또한 멜라토닌에는 온화한 진정·진통작용이 있다. 최근에는 시차 적응에 이용되고 있다. 멜라토닌이 Naloxone hydrochloride(오피오이드 수용체 길항제)에 의해 저지되는 것으로 인해 멜라토닌과 오피오이드계와의 관련성이 명확하게 되었다. 멜라토닌의 전구물질은 세로토닌이지만 자살자에게는 멜라토닌 레벨이 낮고 야간에는 그 차이가 더욱 현저해 진다고 한다.[14] 자살의 위험이 큰 우울증 환자에서는 세로토닌 대사가 저하되어 있다 라고 하지만 여기에는 멜라토닌이 관여할 가능성이 있다. 공황장애에 대하여 세로토닌재흡수억제제인 fluvoxamine을 투여 하였더니 혈장 멜라토닌 수치가 유의하게 증가하였다고 한다.[15] 이러한 멜라토닌은 여러 가지 관점에서 정동과의 관련이 시사되고 있고 앞으로도 계속 밝혀져야 할 영역이라고 생각된다.

C 카테콜라민

Cannon은 노여움이나 두려움의 정동을 일으키는 긴급사태에는 교감신경이 항진되어 아드레날린의 분비가 일어난다고 생각했다(긴급반응). 그 뒤로 노르아드레날린도 그 반응에 함께 관여하고 있는 사실이 밝혀지게 되었다. 정동 스트레스에 의한 카테콜라민의 반응은 몇 분 이내에 시작되고 빠르게 사라져 버리는 경우가 있는가 하면, 오랜 시간 지속되는 경우도 있다. 아드레날린은 직접적인 스트레스 반응 호르몬이라고 생각되어 중추신경의 각성레벨을 상승시켜서 유리 지방산이나 당과 같은 대사기질을 동원해서 혈액학적 인자에도 영향을 미치는 생리작용을 한다. 이런 현상들은 정동스트레스에 대한 투쟁 또는 도주에 대비한다고 하는 의미에서 합목적인 반응이라고 생각한다.

이들 카테콜라민은 신경전달물질이기도 하고 뇌내에서도 널리 분포되어 있다. Tanaka 등은 쥐에 심리적 스트레스를 주게 되면 정동이 관여하는 시상하부와 편도핵에서 노르아드레날린의 방출이 항진되어 어려운 과제에 직면한 쥐의 경우는 더 한층 항진했다고 하며 심리적 차원의 요인 때문에 뇌내 노르아드레날린이 변화한다고 서술하고 있다.

또한 우울증에서는 그 병상기에 말초 아드레날린 기능의 항진이 확인되었다. 중추의 노르아드레날린 기능은 명확하지 않은 채로 중추성 노르아드레날린의 저하 때문에 시상하부-하수체-부신피질 기능의 항진을 보게 된다는 보고가 있으며 우울상태에서는 중추성 노르아드레날린의 저하가 측정되고 있다.

최근의 연구로는 카테콜라민은 면역과도 상관이 있다고 보고되고 있다. 급성 스트레스를 부하하면 말초 NK 활성이 증강되고 CD8, CD58 세포가 증가하며 이 반응기전에 카테콜라민이 관여하고 있다고 추측되고 있다. 실제 임파구, 호중구, 대식세포에 아드레날린 수용체가 존재한다.[16] 특히 임파구 유약화 반응에 관해서 α수용체는 촉진적으로, β수용체는 억제적으로 작용하지만 카테콜라민의 작용하는 시기나 면역반응의 종류에 따라 반응이 다르다고 보고 있다.

D 당대사계

정동 스트레스가 당대사에 미치는 영향에 대해서는 Cannon 등이 고양이의 동물 실험에서 흥분, 공포나 노여움이 나타나는 경우 요당이 나타나는 것을 발견하였다. 또한 Hinkel 등은 스트레스 면접 시에 혈당, 케톤체가 변동되었다고 서술하고 있다.

급성 정동 스트레스의 인슐린분비에 대한 영향에 대해서는 Mason 등이 원숭이에게 불안 자극을 끼쳤을 경우 혈중 인슐린 농도가 저하되었던 사례를 보고하고 있다. 사람의 경우에도 암산이나 대중 앞에서의 스피치가 진행되면 카테콜라민과 인슐린 분비를 억제한다고 하는 보고가 있는 한편, Kemmer 등[17]이 IDDM 환자를 대상으로 시행한 정동 스트레스의 부하에서는 카테콜라민, 코르티졸의 상승은 인정했지만 혈당을 상승시킬 정도는 아니었고 급성 정동 스트레스는 당뇨병 환자의 혈당에는 뚜렷한 영향을 미치지 않고 있다는 의견이 있다.

이에 대해서 Peyrot 등[18]은 만성 스트레스를 잘 처리하지 못하는 실험군에서는 HbA1이 높았다고 보고하고 있다. 이어서 이 군의 심리특성에 대해서 인내심이 낮고 불안이나 노여움의 감정이 높아서 감정의 컨트롤이 서툴다는 사실을 들고 있다. Cox나 Hanson 등도 만성적인 심리·사회적 스트레스가 혈당 조절 악화에 영향을 끼쳤다라고 하였다.

만성적인 정동 스트레스가 혈당 조절에 미치는 기전으로서는 급성 스트레스의 경우에서와 같이 카테콜라민, 글루카곤, GH, 코티졸 등의 길항 호르몬이 관여하는 경우와 스트레스가 당뇨병 관리에 필요한 일상적 식생활을 어렵게 하고 그 결과 조절 불량으로 되는 경우를 생각할 수 있다.

우울증 환자의 경우 혈당조절이 원활하지 않은 경우를 일상적으로 흔히 보게 된다. 지속되는 고혈당이 혈장 코티졸을 증가시킨다는 보고도 있고 중증 우울증에서는 인슐린 길항 호르몬이 증가해서 인슐린 저항성이 나타난다고도 알려져 있다. 이와 같이 우울상태가 혈당조절을 악화시키게 되는지 고혈당 상태가 우울상태를 유도하게 되는가의 여부는 명백하지 않지만 정동과 당대사가 밀접한 관련이 있음은 뚜렷하다. 또한 신경성 식욕부진증 환자인 경우 이환기간이 길어지면 당부하에 따른 인슐린 반응은 지연경향을 나타내게 되고 내당능 이상을 야기하는 사례가 나타나며 만성 스트레스가 췌장의 β기능에 영향을 미친다는 사실이 이를 시사한다.

글루카곤에 대해 언급하자면 화상, 외상, 케토시스, 과격한 운동 등에서 분비증가가 나타나며 스트레스 호르몬이라는 인식이 인정되는 추세이다. 실제로 사람인 경우 굶주림 및 외상 후의 스트레스 시에 에너지원으로서 포도당이 필요하기 때문에 카테콜라민이나 부신피질 호르몬과 함께 글루카곤의 분비가 요구된다.

- 끝으로 -

정동 스트레스가 각종 호르몬의 분비에 영향을 미치는 사실은 명백하며 그것은 정동 스트레스 지표의 하나로서 유용한 것만은 의심할 여지가 없다. 하지만 최근의 분자생물학이나 생화학의 발전은 심신증과 정신질환을 신경·내분비·면역학 등의 상호 관계 내에서 파악하는 일을 가능하게 하고 있다. 그러한 연구들은 아직 초보 단계이지만 앞으로의 전개가 심신증의 병인해명에 크게 기여하게 되리라 기대된다.

문헌

1) Imaki T et al : Differential regulation of corticotropin-releasing factor mRNA in rat brain regions by glucocorticoids and stress. Neuroscience 11 : 585, 1991
2) Nemeroff CB et al : Elevated concentrations of CSF corticotropin - releasing factor - like immunoreactivity in depressed patients. Science 226 : 1342, 1984
3) Bissete et al : Clinical study of corticotropin - releasing factor (CRF) in major depression and suicide. Proceed-ing of the Satellite Symposium of the 17th Collegium International. Neuro - Psychophamarco-logicum, p77, 1990
4) Potter EDP et al : Cloning and characterization of the cDNAs for human and rat CRF-binding proteins. Nature 349 : 426 - 432, 1991
5) Vaughan J et al : Urocortin, a mammalian neuropeptide related to fish urotensin I and to corticotropin-releasing factor. Nature 378 : 287 - 292, 1995
6) Tamai H et al : Effect of psychological stress on human growth hormone response to thyrotropin releasing hormone in normal controls. Psychother Psychosom 46 : 122, 1986
7) Alexander F et al : Experimental studies of emotional stress. Psychosom Med 23 : 104, 1961
8) Loosen PT, Prange AJ Jr : Serum thyrotropin response to thyrotropin - releasing hormone in psychiatric patients : A review. Am J Psychiatr 139 : 405, 1982
9) Miyai et al : Serum thyroid hormones and thyrotropin in anorexia nervosa. J Clin Endocrinol Metab 40 : 334, 1975
10) Jimerson DC et al : Decreased serotonin function in bulimia nervosa. Arch Gen Psychiatr 54 : 529, 1997
11) Kruez LE et al : Suppression of plasma testosterone levels and psychological stress. Arch Gen Psychiatry 26 : 479, 1972
12) Grossman A et al : The opioid control of LH and FSH release : effects of met - enkephalin analogue and naloxone. Clin Endocrinol 14 : 41 - 47, 1981
13) Le Moal M et al : The behavioral neuroendocrinology of the arginine vasopressin, adrenocorticotropic hormone, and opioids. In : Neuroendocrinology (ed by Neneroff CB), pp365 - 396, CRC Press, Boca ration, Florida, 1992
14) Stanley M, Brown GM : Melatonin levels are reduced in the pineal glands of suicide victims. Psychopharmac Bull 24 : 484 - 488, 1988
15) McIntyre IM et al : Plasma concentrations of melatonin in panic disorder. Am J Psychiatr 147 : 462 - 464, 1990
16) Madden KS, Livnat S : Catecolamine action and immunologic reactivity. In Psychoneuroimmunology (ed by Ader R et al), pp283 - 310, Academic Press, New York, 1991

③ 정동(情動)과 알레르기

정동이 알레르기 반응에 여러 영향을 미치는 것은 임상적으로도 잘 알려져 있다. 특히, 대표적 알레르기 질환인 기관지 천식에 있어서는 암시, 최면에 의해 천식발작이 재현될 수 있는 것과 또 심리·사회적 스트레스가 천연화(遷延化), 난치화(難治化)의 요인으로서 밀접하게 관련되어 있는 것 등은 임상적으로도 가끔 보는 경우가 있다. 이러한 임상적 관찰에도 불구하고 이 메커니즘에 대해서는 불명확한 점이 많았다. 하지만 최근 신경과학, 스트레스과학의 진보로 인해 점막 비만세포와 지각신경말단에 밀접한 연결이 있는 것과 고전적 조건을 붙인 기제에 의하여 실험쥐의 혈중 히스타민 상승과 비만세포 특이효소(rat mast cell protease)의 상승을 유도할 수 있는 것이 보고되어[1,2], 정신, 신경, 면역계에 밀접한 상호작용이 존재한다는 것이 확실시 되고 있다.

여기서는 정동과 알레르기의 관계에 대하여 대표적 알레르기 질환인 기관지 천식에 있어서의 임상적 보고를 살펴보고 그 메커니즘에 대해 기초의학적 관점에서 설명하고자 한다.

A 임상적 관점 – 기관지 천식

정동 스트레스와 천식 발작과의 관계는 오래되었다. 1886년에 Mackenzie가 장미로 인한 호흡곤란을 일으킨 여성 환자에 대한 자세한 사례를 보고하였다[3]. 이 보고 중에 Mackenzie는 더 자세한 병인의 규명을 필요로 하면서도 때로는 심리적 인자가 천식 발작에 중요한 인자가 될 수도 있다고 지적하였다. Luparello, McFadden 등[4,5]은 천식, 폐기종, 폐쇄성 폐질환 환자에 대하여 암시에 의한 호흡저항 변화를 검토하였다. 처음부터 환자에게 생리식염수를 기도 자극제인 것처럼 설명하고 그 후 생리식염수를 흡입시켜 기도 저항을 측정하였더니 폐기종, 폐쇄성 폐질환 환자에서는 변화를 볼 수 없었지만 천식환자에서는 40사례 중 19사례가 유의한 기도 저항의 상승을 보였고 그 중 12사례는 실제의 천식 발작이 약해졌다고 보고하고 있다. 또 발작을 일으킨 12사례에 대하여 생리식염수를 기관지 확장제인 것처럼 설명하고 흡입시켰더니 전체에서 발작이 호전되었다고 한다. 그들은 이러한 암시에 의한 기도 과민성 항진은 아트로핀의 투여에 의하여 억제되는 것과 정동 자극에 의한 기도 과민성 항진이 원인으로 콜린 작동성 신경의 중요성을 시사하고 있다.

한편 Lewis 등[6]은 암시에 의한 기도 과민성 항진은 기도의 차가운 자극에 의한 직접작용이 아닌가라고 반론하고 있으나, Nield 등[7]은 Luparello 등의 암시효과를 주시하여 온도를 조절한 생리식염수 증기에 "기관지 수축제"라고 암시하였더니 1초량은 저하하고 한편 "기관지 확장제"라고 한 암시는 회복한다는 것, 또 취화(臭化) ipratropium의 흡입에 의하여 1초량 저하가 길항됨으로써 Luparello 등의 보고를 재확인하였다. Luparello, Nield 등이 암시에 의한 기도 과민성 항진에의 항콜린제의 유효성을 보고하고 있으나 이러한 항콜린제의 효과가 항콜린제의 특이적 효과인지, 기관지 확장제에 공통하는 비특이적 효과인지는 확실하지 않고 앞으로 더 검토할 필요가 있다.

B 기초의학적 관점

1. 알레르기 반응의 고전적 조건

앞에서 말한 Mackenzie, Luparello, Nield 등의 보고와 같이 알레르기 질환에 있어 암시, 조건부의 관계가 의심되는 증례는 적지 않다. MacQueen 등[2)]은 계란 흰자, ovalbumin(OVA)에 능동 작용한 쥐 실험에서 OVA를 피하주사하여 알레르기 반응을 유발(무조건자극)시켰을 때 동시에 소리와 빛의 자극(조건자극)을 주는 조작을 반복한 뒤, 조건 자극만을 주었더니 장이나 폐의 점막 비만세포에 특이적인 효소인 rat mast cell protease Ⅱ (RMCP-Ⅱ)가 혈중에 증가하는 것을 알 수 있었다. 또 Okata[8)], Nagata 등[9,10)]은 OVA로 흡입 감작(感作)시킨 실험쥐에 OVA를 흡입시켜 기도 알레르기 반응을 유발(무조건자극) 시켰을 때 유황냄새가 나는 dimethylsulfide(DMSO)를 동시에 흡입(조건자극)시킨 조건군도 OVA 흡입시는 DMSO 대신 생리식염수를 흡입하고 DMSO 흡입시는 OVA 흡입을 하지 않은 대조군의 두 군에 대하여 이러한 조작을 1회/주, 7주간 반복한 후에 DMSO 흡입을 했더니 조건군에서만 혈장 히스타민 값이 항원 흡입 시와 동일한 정도까지 상승하여 대조군과의 사이에 유의한 차이가 있었다고 하였다(그림 Ⅱ-5). 또 이러한 조건에 의한 히스타민 수치의 상승이 substance P(SP)의 길항제에 의해 아주 완전히 억제된 것으로 보아

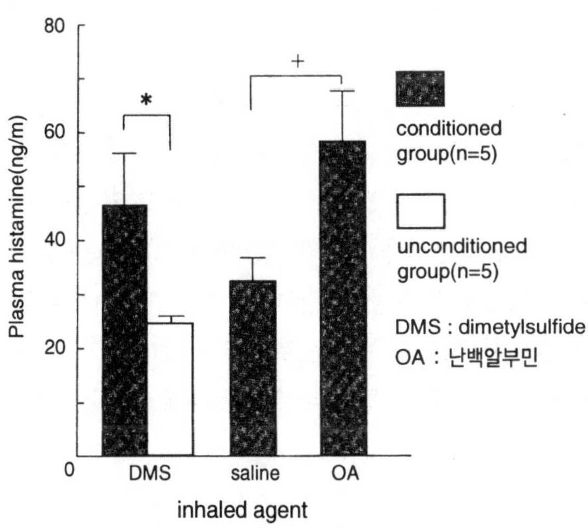

그림Ⅱ-5 아나필락시스 반응의 고전적 조건부(문헌 10에서)

실험계의 조건부 반응에서 신경 펩타이드가 관여하고 있음을 시사하고 있다. 흥미로운 것은 Castagliuolo 등[11]에 의하면 단시간의 구속 스트레스에 의한 장관국소에서의 RMCP-Ⅱ의 상승은 neurotensin 길항제인 SR48692에 의해 유의하게 억제되었다고 한다. 이러한 보고는 알레르기 반응의 조건부 반응에 있어서 신경 펩타이드와 비만 세포 사이에서의 연관이 매우 중요한 역할을 하고 있음을 시사한다.

2. 알레르기 반응에 있어서의 신경 펩타이드의 역할

이상 말한 바와 같이 암시 조건부에 의한 화학전달물질 유리반응은 아트로핀으로 차단할 수 없고 SP의 길항제로 차단할 수 있다는 것은 부교감 신경계가 개입한 반응이 아니고, 지각신경말단의 SP, neurokinin A(NKA)가 관계하고 있음을 시사한다. Barns[12]는 1986년에 이 지각신경말단의 SP와 천식의 기도 염증에 관하여 axon reflex theory를 제창하였다. 즉, 국소 알레르기 반응에 의해 기관지 점막상피가 손상되고 지각신경 말단이 노출된 상태가 되어 알레르기 반응에서 생기는 히스타민 등의 화학전달물질이 신경 말단을 자극하여 이 자극이 중추 측에 전달될 때 axon을 통하여 역행성으로 말단측에 전달되고 그 신경 말단의 SP 등의 신경 펩타이드는 점막 비만세포내의 히스타민 등을 유리시켜서 알레르기성의 염증이 신경성에 증폭되는 것이다.

현재는 지각신경말단에 대하여 직접 기계적인 자극만이 아니고 비만세포 등에서 유리되는 류코트리엔에 의하여 신경인성 염증을 야기, 증폭하는 것이 증명되었다. 그림 Ⅱ-6과 같이 C-fiber상에 류코트리엔 C4, D4, E4등의 cysteinyl 류코트리엔 수용체가 존재하고 수용체의 활성화와 동반하여 NKA, SP가 유리되어 기도 평활근상의 NK1, NK2 수용체에 결합하여 천식반응의 지연에 관여한다고 생각되고 있다.[13]

이와 같이 신경 펩타이드와 비만세포 유래의 화학전달물질은 밀접하게 cross-talk하면서 알레르기성 염증의 형성에 관여한다고 생각하고 있다. 더구나 최근에 이러한 신경인성 염증에는 교감신경절후선유에서 분비되는 neruopeptide Y, CRH가 깊이 관여하고 있음이 분명해졌다. 특히 neuropeptide Y1 수용체의 존재가 신경인성 염증의 형성에 관여한다는 것이 neuropeptide Y1 수용체를 결손(欠損)한 쥐 실험에 의하여 증명되었다.[14] 이상 말한 바와 같이 알레르기 반응에 있어서 신경 펩타이드가 중요한 역할을 한다는 것은 의심할 여지가 없지만 중추신경계에서 생긴 정동자극이 지각신경말단에서의 신경 펩타이드 유리에 미치는 과정에 대하여는 확실하지 않고 추후에 검토할 필요가 있다.

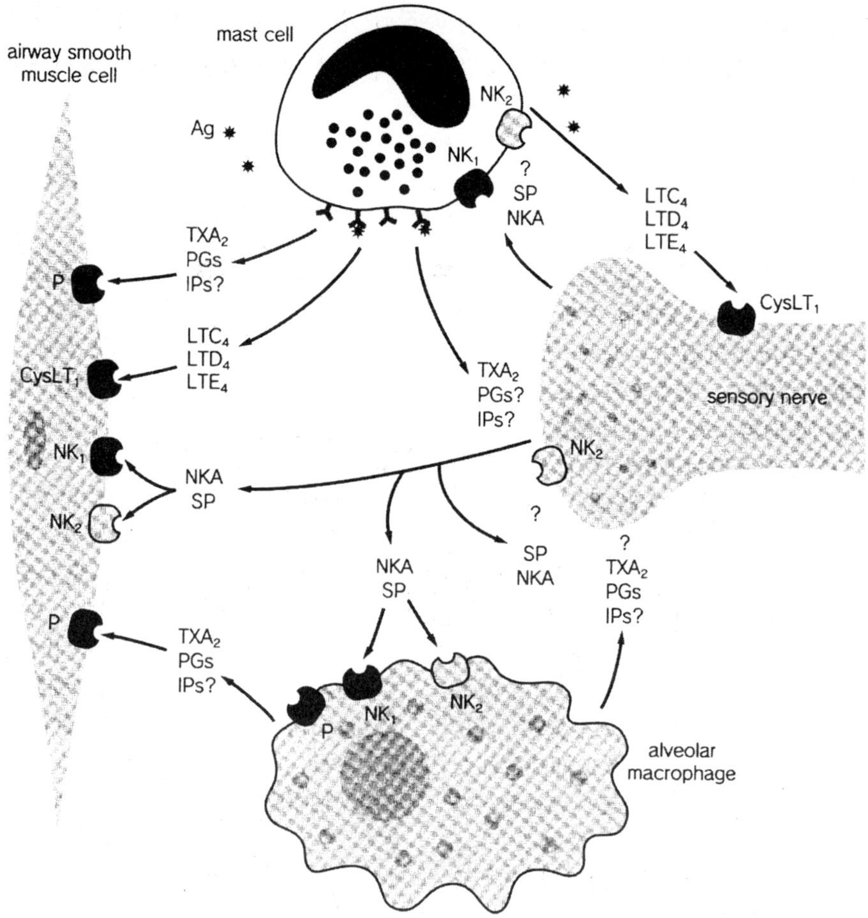

그림Ⅱ-6 기도에서의 신경 펩타이드 염증세포의 상호작용(문헌 13에서)

3. Glucocorticoid, Catecholamine에 의한 Th1/Th2 균형 제어

이전의 스트레스 자극은 알레르기 반응을 포함한 면역반응 전반에 대하여 억제적으로 작용한다고 되어 있지만, 최근 연구결과에 의하면 일부의 면역반응은 스트레스에 의하여 촉진되는 경우가 있다는 것이 확실해 지고 있다. 특히, 스트레스 폭로 시에 상승하는 glucocorticoid, catecholamine은 항원 제시세포에서 IL-12의 생성을 억제하지만, 한편 IL-10의 생성은 증강하는 것으로 나타나고 있다(그림 Ⅱ-7).[15] 즉 스트레스 자극은 세포성 면역을 조절하는 Th1 반응을 강하게 억제하는 것으로 알레르기 반응을 촉진하는 Th2 반응으로 기울이는 면역상태를 끌어내는 것이라고 할 수 있다. 이때 비만세포에서 유리된 히스타민에도 Th2 반응을 촉진하는 작용이 있어, 알레르기 반응의 증폭장치로서 작용할 가능성을 시사하고 있다.[16]

이러한 견해는 스트레스가 비만세포만이 아니고 직접, 간접으로 항원 제시세포, T세포의 레벨로서 작용하고 면역반응을 알레르기 반응 우위의 상태로 끌고 가는 가능성을 시사하는 것이며 앞으로의 연구 발전이 기대된다.

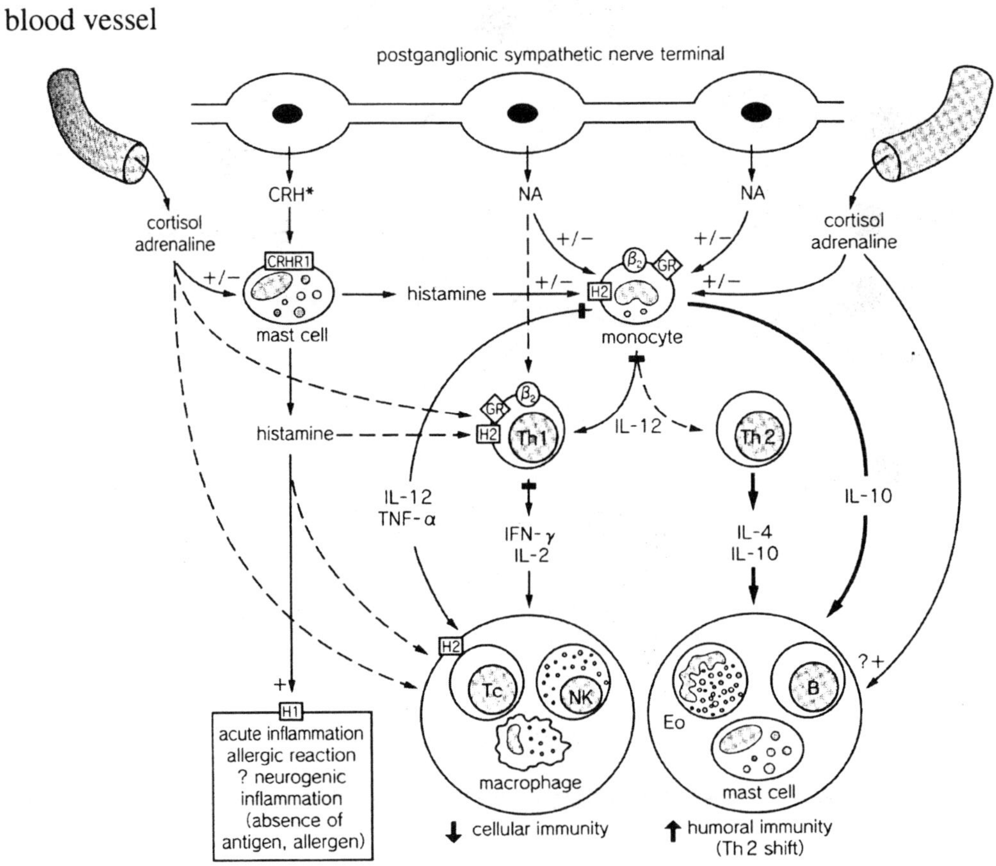

그림 II-7 Glucocorticoid, Catecholamine에 의한 Th1/Th2 균형 제어(문헌15에서)

4. nerve growth factor(신경 성장인자)에 의한 알레르기 반응의 수식

마지막으로 정동 스트레스와 알레르기 반응과의 관련을 볼 때 또 하나의 열쇠를 가지고 있는 인자로서 주목되고 있는 nerve growth factor(NGF)에 대하여 언급하겠다. NGF는 1950년대에 분리, 동정하여 오랫동안 신경세포의 분화, 성장을 맡은 인자로서 왕성하게 연구되어 왔으나 최근 연구에 의해서 알레르기 질환과의 관련이 주목되었다. Bonini 등[17]에 의하면 알레르기 질환, 특히 알레르기성 각결막염, 천식환자에서는 혈중 NGF 수치가 상승하였고 그 상승정도는 결막에서의 비만세포, 호산구, 임파구의 침윤정도와도 매우 상관있었다고 한다. 이와 같이 NGF의 상승을 스트레스 폭로 시에도 볼 수 있다는 점은 스트레스에 의한 알레르기 반응의 악화에 관여하고 있을 가능성이 시사된다. 나아가서 NGF는 비만세포에서의 화학전달물질 유리작용에 더하여 신경말단에서 SP를 유리하는 것으로 알려졌고 위에서 말한 바와 같이 신경인성 염증에 개입된 알레르기 반응과도 관련이 있다. 스트레스 폭로 시에 NGF 생성부위의 동정과 정동자극에 의한 방출 기구를 밝히는 것이 앞으로의 과제이다.

-끝으로-

정동이 여러 가지 알레르기 질환의 발병이나 경과에 관여하는 것은 임상적으로 관찰되었으나 그 메커니즘에 대해서는 오랫동안 불명확한 상태였다. 그러나 최근 신경과학, 스트레스 과학의 급속한 진보에 의하여 분자레벨에서 그 상세한 메커니즘이 밝혀지고 있다. 또 한편으로는 만성 스트레스가 어떠한 기전으로 알레르기 반응에 관여하고 있는지에 대해서는 여전히 많은 의문이 남아있고 이 영역이 크게 발전하기를 기대하고 있다.

문헌

1) Russell M : Learned histamine release. Science 225 : 733-734, 1984
2) MacQueen G et al : Pavlovian conditioning of rat mucosal mast cells to secrete rat mast cell protease II. Science 243 : 83-85, 1989
3) Mackenzie JN : The production of the so-called "rose cold" by means of an artificial rose. Am J Med Sci 91 : 45-57, 1886
4) Luparello T : Influence of suggestion on airway reactivity in asthmatic subjects. Psychosom Med 30 : 819-825, 1968
5) McFadden ER : The mechanism of action of suggestion in the induction of acute asthma attacks. Psychosom Med 31 : 134-143, 1969
6) Lewis RA : Asthma induced by suggestion. Is it due to airway cooling? Am Rev Respir Dis 129 : 691-695, 1984
7) Nield JE, Cameron IR : Bronchoconstriction in response to suggestion ; its prevention by an inhaled anticholinergic agent. Brit Med J 290 : 674, 1985
8) 岡田宏基, 永田頌史, 石川俊男, 他 : 感作モルモットにおける条件づけによるアナフィラキシー反応. アレルギー 41 : 1614-1617, 1992
9) Nagata S : Stress, neuropeptides, autonomic nervous system and immediate hypersensitivity. Yoshikawa M : New trends in autonomic nervous system research, pp59-63, Amsterdam, 1991
10) 永田頌史 : 情動とアレルギー. 久保千春(編) : 心身医学標準テキスト, pp42-48, 医学書院, 1996
11) Castagliuolo I : A neurotensin antagonist, SR 48692, inhibits colonic responses to immobilization stress in rats. Proc Natl Acad Sci USA 93 : 12611-12615, 1996
12) Barns PJ : Asthma as an axon reflex. Lancet 1 : 242-245, 1986
13) Montuschi P : Tachykinin-eicosanoid crosstalk in airway inflammation. Trends Pharmacolo Sci 21 : 336-340, 2000
14) Naveilhan P : Reduced antinociception and plasma extravasation in mice lacking a neuropeptide Y receptor. Nature 409 : 513-517, 2001
15) Chrousos GP : Stress, chronic inflammation, and emotional and physical well-being : Concurrent effects and chronic sequelae. J Allergy Clin Immunol 106 : S275-S291, 2000
16) Elenkov IJ : Histamine potently suppresses human IL-12 and stimulates IL-10 production via H2 receptors. J Immunol 161 : 2586-2593, 1998
17) Bonini S : Circulating nerve growth factor levels are increased in humans with allergic diseases and asthma. Proc Natl Acad Sci USA 93 : 10955-10960, 1996

④ 정동(情動)과 소화기

정동과 소화기계가 깊은 관련이 있다는 사실은 많은 기초적 연구나 임상적 연구를 통해 잘 알려져 있다. 또한 이 두 가지의 관점을 보면 비로소 소화기계 심신증의 병태가 이해된다고 하겠다. 이 항목에서는 정동과 소화기계와의 관련에 대해 먼저 기초적인 관점에서 서술하고 다음으로 임상적 관점에서 서술하려고 한다.

A 실험병태 모델에 있어서의 소화성 궤양

무엇보다도 우선 스트레스, 특히 심리적 스트레스가 생체에 기능적 이상, 기질적 이상을 야기시킬 수 있는 증거로서 소화기계 심신증의 실험 병태 모델이 중요한 의의가 있다. 임상적 사실의 관찰에 근거해서 시작된 심신의학과 관련된 병태 모델의 연구 발전은 많은 심신의학의 임상가에게 그 실천적 확증을 가져다 주었고 처음부터 받아들이고 있던 정신병리학의 개념과는 다른 독자적인 심신의학 이론도 발전시켜 나갔다.

먼저 소화기계 심신증의 병태 모델로서 가장 연구가 되고 있는 스트레스 궤양에 대한 많은 연구 방법을 소개하고, 대표적인 심신증인 소화성 궤양의 병태와 관련해서 어떠한 의미가 존재하며 어떠한 문제점이 있는가에 대해서 언급하고자 한다. 또한 최근 한 세대에 자리하고 있던 궤양의 헬리코박터 파이로리 병인설에 대해서도 그 현황을 설명하겠다.

1. 스트레스 궤양

1) 물리적 스트레스

가장 대표적인 모델은 구속 스트레스 때문에 발생하는 급성 위궤양이다.[1] 구속하는 방법으로는 여러 가지가 있다. 쇠 그물이나 원통 안에 가두어 넣고 움직이지 못하게 하는 방법, 팔다리를 고정판에 묶어놓는 등의 방식 등이 있다. 구체적인 방법으로는 연구하는 사람에 따라 다르겠지만 실험 전날부터의 절식이 필요하며 6시간에서 12시간 정도의 섭취 의욕을 구속하면 주로 대만(大彎)측으로 줄모양의 출혈성 병변이 생긴다.

이 방법은 물리적 스트레스를 가하는 방법인데 당연히 심리적 고통이 따르며, 심리적 요소도 많거니와 그 정확한 평가가 매우 어렵다. 더 나아가 구속 상태인 채로 하반신을 물에 잠기게 하는(수침구속), 낮은 온도 상태에 두거나 전기 충격을 가하는 등 다른 물리적인 스트레스를 가하면 몇 시간 지나지 않아 급성 위궤양이 발생하게 된다.

이 방법은 심리 스트레스의 평가에 대해서는 많은 문제점이 있지만 간편성, 재현성에는 뛰어나기 때문에 이 모델을 사용하여 궤양의 발병기전에 대해 많은 사례가 증명되었다.

2) 심리적 스트레스

a. 갈등 모델(conflict model)

비교적 유명한 모델로서 접근-회피의 갈등 상황을 사용해서 위장에 병변을 일으키는 방법이 있다.[2] 쥐를 굶기고 나서 실험장치 안에 넣으면 당연히 물이나 먹이를 찾아 그런 것들이 준비 되어있을 자리로 가고자 한다. 그렇지만 물이나 먹이를 얻으려는 순간 마루에서 전기충격을 받게 되어 있다. Sawrey 등은 이러한 갈등 상황에서 장기간 쥐를 노출시키면 위장에 짓무름이 생겨 그 병변의 중증도는 전기 충격이나 절식만을 부가한 대조군보다도 크게 나타나서 심리적 갈등이 급성 궤양의 발병에 중요한 역할을 했을 가능성을 시사해주고 있다. 이 방법을 사용하여 Conger 등은 이와 같은 스트레스를 단독으로 받은 쥐 쪽이 그룹으로 스트레스를 받은 쥐들에 비해서 위병변의 중증도는 더 크게 나타났고 위병변의 발증 인자로서 사회적 상황도 중요하다는 것을 지적해 주고 있다.[3] Ader 등은 이 방법을 사용하여 스트레스를 부가해서 생기는 위병변의 빈도는 조기에 젖을 떼게 한 쥐가 보통으로 젖을 떼게 한 쥐에 비해서 유의하게 높다는 것을 보여주었다.[4] 이 현상에서는 어미젖이라고 하는 영양상의 요소도 당연히 관여하고 있겠지만 흥미있는 실험이다. 이와 같이 갈등 상황을 스트레스로 사용하는 궤양 모델은 많은 시사적인 결과를 가져오지만 절식, 전기 충격이라고 하는 것만으로도 위병변을 일으키는 수법을 병용하고 있기 때문에 위병변 출현 때의 심리적 스트레스가 수행하는 역할 평가에 대해서는 역시 어려운 점이 있다.

b. 관리직 원숭이(executive monkey)

유명한 모델로서 관리직 원숭이 실험이 있다.[5] 붉은 털 원숭이 한 쌍을 실험 장치에 앉힌다. 두 마리에게 서로 사이를 두고 전기 충격을 받도록 한다. 한쪽 원숭이가 지렛대를 눌러 전기 충격을 회피할 수 있게 되어 있는데 이 원숭이를 관리직 원숭이라고 부른다. 네 쌍에 대해서 이 실험을 시행하면 이 관리직 원숭이에서는 급성 위궤양이 생기고 상대편 원숭이는 전기 충격만을 받아 대조군과 위병변의 정도는 변하지 않는다는 보고로 보아 회피행동의 역할을 맡은 쪽, 즉 「관리직」으로서의 심리적 스트레스가 위병변의 발생에 중요한 역할을 하고 있음을 시사하고 있다.

c. 공포 조건화(fear conditioning)

쥐에게 빛과 소리 자극을 준 뒤 전기 충격을 가하는 일을 23시간 되풀이해서 공포 조건 부여를 한다. 며칠 뒤에 이들 쥐들에게 구속 스트레스를 부가하고 그 사이에 전기 충격이 따르지 않는 빛에 의한 자극만을 주게 되면 그 쥐들은 구속 스트레스만이 부가되었던 대조군에 비해서 유의한 급성 위궤양의 발생빈도가 높았다고 보고되고 있다.[1)]

d. 공격 스트레스(attack stress)

순수한 심리 스트레스라고 생각되는 방법을 사용한 모델은 아직 그 수가 적다. 그 중 하나는 저자 등이 보고한 모델이다.[6)]

여러 가지 조작에 의해 실험적으로 쥐를 사납게 다루는 일이 가능하지만 그러한 조작과정을 거쳐 정상 쥐를 격렬하게 지속적으로 공격적인 쥐(aggressive rat)로 비교적 용이하게 만드는 방법을 고안하였다. 구체적으로는 뇌실 안에 6-hydroxy-dopamine을 주입하여 피자극성이 높아진 쥐에게 단독 격리사육 및 금속성 클립을 사용해서 tail pinching을 가하는 방법이다. 이 공격적 쥐와 지금까지 아무런 처치도 받고 있지 않은 정상 쥐 두 마리를 동일한 우리 안에 넣으면 정상 쥐는 거센 공격을 받지만 방어자세를 취하기 때문에 외상을 전혀 받지 않는데 혹 받더라도 아주 가볍다. 그리고 1시간 후에는 이 공격을 받은 정상 쥐의 80% 이상이 많은 점막 출혈을 수반하는 급성 위궤양이 발견되었다. 이 급성 위궤양의 발생에는 지금까지 실험 스트레스 궤양 모델에 비해서 정동 스트레스가 좀 더 크게 관여하고 있는 것으로 생각된다.

e. 대화 상자(communication box)

이 밖에도 주로 심리적 요인이 관여하고 있는 것으로 생각되는 실험 모델의 사례도 보고되고 있다. 그 하나는 대화 상자를 사용하는 것이다.[7)] 이 방법은 마루 전기 자극을 직접 받은 쥐(sender)보다도 전기력 자극은 전혀 받지 않고 그 상황을 투명한 유리를 통해서 보았다거나 들었던 쥐(responder)에서 유의하게 높게 위장의 병변이 발생한다는 사실이다.

3) 활동성 스트레스(activity stress)

먹이와 물의 섭취가 가능한 방과 자유로이 오고 갈 수 있는 회전 우리 안에 쥐를 넣는다. 섭식은 1일에 1시간만으로 제한한다. 이와 같은 조건에 놓여진 쥐는 운동량(회전 우리의 회전수)이 점차적으로 두드러지게 증가하고 체중은 감소한다. 그 운동량이 최고점에 도달했을 때쯤(1주일 이상 지나서) 쥐의 위점막근판에 이르는 궤양이 생긴다는 사실을 Pare가 보고했다.[8)] 이것을 activity-stress ulcer라고 한다.

이 방법은 과잉활동의 상황과 섭식제한 조건에서 궤양이 생긴다고 하는 모델이기 때문에 심리적 스트레스로서의 평가는 아주 어렵다. 이 모델의 중요성은 무엇보다도 발생하는 위궤양이 점막근판을 뚫고 나간 점막괴사에 있고 만성 궤양의 질병 양태 모델이 될 수 있다는 사실에 있다.

2. 중추신경계에 대한 생리학적, 약리학적 조작에 의한 위궤양성 병변의 출현

1) 중추신경계의 조절인자

정동의 발현·제어나 자율신경계의 조절에 시상하부와 대뇌 변연계, 그 중에서도 큰 구성부분인 편도체가 중요한 역할을 수행하고 있다는 사실이 분명하게 밝혀지고 있다. 쥐나 원숭이 등에 대해서 시상하부 어느 부분의 전기 자극이나 전류 또는 초음파에 의한 파괴는 위궤양을 유발한다는 많은 보고가 있다.[9] 그 자극이나 파괴되는 곳에 대해서는 여러 연구자의 보고에 따라 차이가 있어 결론은 내려지지 않고 있다. 미세한 생리·생화학적 반응을 기반으로 하여 행해지고 있는 뇌의 활동에 대해서 파괴나 전기자극은 너무도 큰 침습이 되며 그 실험조작의 영향은 목적하는 해부학적 부위에 머물지 않고 다른 뇌부위의 기능에도 커다란 변화를 일으킬 가능성이 있다. 방법론의 한계로서 파괴, 자극실험만으로 이에 대한 결론을 내는 일은 어렵다고 하겠다.

지금까지의 각 보고에 근거해서 말할 수 있는 것은 부교감신경계의 중추로서 전부 시상하부가 기능하고 교감신경계의 중추로서 후부 시상하부가 기능하고 있어서 시상하부의 부분적인 파괴나 자극에 의해 교감신경계, 부교감신경계의 균형이 무너지게 되어 위궤양성 병변이 생기게 된다고 추정할 수 있다. 시상하부의 상위중추라고 생각되는 편도체는 몇 개의 아핵(亞核)으로 구성되어 있다. Henke는 편도체 중심핵의 파괴는 여러 가지 스트레스에 의한 급성 위궤양의 발현을 억제한다는 사실을 보고하고 있다.[10] 이 현상은 스트레스 자극은 편도체 중심핵을 거쳐 시상하부, 자율신경계에 영향을 끼치고 있기 때문이라고 생각되고 있다.

처음 말초 조절인자로 발견된 각종의 펩타이드가 중추신경계 내에도 존재한다는 사실이 분명하게 나타나고 있어 신경 전달기구에 관여해서 중추 신경기능으로서의 말초 장기기능 조절, 제어에도 중요한 역할을 수행하고 있다는 사실이 시사되고 있다.

그 하나인 thyrotropin-releasing hormone(TRH)은 시상하부, 편도체, 뇌간 미주신경핵군에 고농도로 존재하는 사실이 밝혀지고 있는데, 이 뇌내의 TRH가 스트레스 궤양의 발현에 중요한 역할을 수행하고 있음이 알려지고 있다.[11]

뇌척수액 강내에 투여한 TRH는 한냉 구속 스트레스에 의해 쥐에 나타나는 급성 위궤양의 중증도를 악화시킨다는 사실이 보고되었고, 또 생리적 농도의 TRH의 뇌척수액 강내 투여만으로도 쥐의 위체부, 유문부에 급성 궤양이 나타나고, 같은 분량의 TRH의 말초 투여로는 위에 아무런 변화도 나타나지 않았다는 사실도 보고되고 있다.

이 TRH 유발 궤양은 주로 위분비 항진, 위 운동 항진이라고 하는 기전을 매개로 해서 나타난다는 사실이 시사되고 있다. 반대로 한냉 구속 스트레스에 의해서 쥐에 나타나는 급성 위궤양은 bombesin, β-endorphin, 부신피질 자극호르몬 방출인자 등 펩타이드의 뇌척수액 강내 투여로 해서 그 출현이 억제되고 이들 펩타이드는 위병변 발현에 방어적으로 작용하는 사실이 분명해졌다. 그 기전은 주로 위액 분비를 억제하는 작용에 의한 것이라고 추정되고 있다.

또한 편도체 중심핵에 대한 dopamine 주입은 스트레스 궤양의 발현을 억제하고 그 부위에 대한 TRH 주입은 스트레스 궤양의 발현을 악화시킨다는 사실이 시사되고 있다. 이 밖에 정동과 관련이 있다고 생각되는 중요한 뇌내 신경전달 물질인 노르아드레날린은 위의 기능과 깊은 관련이 있다는 사실이 보고되고 있다.[12)]

중추 신경계에서의 신경전달물질과 그 수용체(receptor)에 대한 연구가 진행됨에 따라 위병변과의 관련도 앞으로 더 밝혀지게 될 것이다.

이상에서 서술한 바와 같이 생리학적, 약리학적 중추신경계에 대한 조작에 의해서 위병변이 발생한다. 혹은 스트레스 궤양의 발현이 영향을 받는다는 사실은 위병변의 발현에는 중추신경계의 기능적 관여가 크다는 사실을 보여주고 있다.

이와 같은 사실은 어떠한 의미가 있는 것일까. 첫째는 정동과 관여도가 깊은 장소의 조작으로 급성궤양이 생긴다는 사실에서 정동과 위 기능, 위병변 발현과의 깊은 관여가 추정된다.

자율신경계의 중추가 정동의 중추도 된다는 사실은 정동 반응은 그 자체가 발생되려는 긴급한 상황에 대응할 수 있는 자율신경 반응을 야기시켜 그 사태에 대한 생체의 방어 반응, 적응 상태를 조성한다고 하는 합목적인 의의에 근거하는 것이라고 추정된다. 하지만 이 정동 반응이 지나치게 강해지는 경우 등, 그에 따르는 자율신경계의 반응, 혹은 그 반응 뒤의 반동으로서의 자율신경계 전체의 균형이 크게 무너져 급성 위궤양이 나타난다고 생각되고 있다.[13)]

임상적으로 급성궤양과 만성궤양은 다른 병태라고 생각되고 있고 소화성 궤양의 실험모델로서는 큰 문제가 있다. 그러나 스트레스 궤양의 실험모델을 통하여 위궤양성 병변의 발생기전에 관해서 많은 것이 밝혀지고 있으며 소화성 궤양 즉, 만성궤양 병태의 이해에 크게 공헌하고 있다. 또 구속 스트레스의 발생을 억제하는 많은 약물이 소화성 궤양에 대한 치료효과가 있음이 드러나고 있어 궤양치료제의 개발에도 큰 역할을 하고 있다.

2) 헬리코박터 파이로리 병인설의 위치

H_2저해제에 의해 신속하고 효과 높은 궤양 치료가 가능하게 되어 소화성궤양이 극복되고 이 세상에서 사라지는 것이 아닌가 싶다. 그리고 당연하게 심신증으로서의 궤양학설은 대부분이 고려할 수 없는 시기가 되어 버렸다고 생각했다. 그러나 시간이 지날수록 소화성 궤양은 H_2저해제와 PPI에 의하여 빠르게 치료되지만 복약을 중지하면 그 후 재발률에는 거의 영향을 주지 않고 높은 재발률을 나타내어 많은 치료자가 어려움을 느끼며 역시 「궤양증」 환자는 궤양에서 간단하게 빠져 나올 수 없다는 사실을 다시금 깨닫게 된다.

그런 중에 알려진 것이 헬리코박터 파이로리 감염설이다. 이 학설은 현재 한 세대를 풍미하고 이미 소화성 궤양은 감염증과 같이 취급하게 되었다. 그리고 마치 감염증을 치료하는 것 같이 제균요법이 일반적으로 행해지고 있으며 헬리코박터 파이로리를 퇴치함으로써 궤양의 재발은 완전히 억제되어 질환으로서의 소화성 궤양은 이 세상에서 소멸될 것이라고 전망하고 있다. 그리고 생활습관병, 스트레스 질환으로서의 소화성궤양에 대한 생각은 다시 방치되어 가고 있다.

1998년 Laine 등은 엄격한 프로토콜로 이루어진 질 높은 임상실험의 6가지 보고를 검토하여 십이지장궤양 환자의 헬리코박터 파이로리균 제균 후의 재발률을 분석하여 제균에 성공하였지만 6개월 후의 재발률은 20%에 달한다는 결론을 논문을 통해 발표하고 있다.[14)]

또한 헬리코박터 파이로리균은 일반인의 50%, 지구의 30억 명이라는 높은 감염률을 나타내고 있다.

제균요법은 보험적용으로서는 인가되었지만 많은 문제점을 안고 있다. 먼저 투여량이 많은 것으로 오는 부작용의 문제이다. 그리고 항생물질 치료의 숙명이라 할 수 있는 내균성의 출현이다. 클라리쓰로마이신의 내성균 출현은 벌써 일반적인 것으로 되고 있고 아목사실린에서도 내성균의 출현이 보고되고 있다. 또한 헬리코박터 파이로리 음성의 궤양발병 문제는 뒤로 미루어 놓은 점이 있고 제균 성공에 있어서 6개월 후의 재발률은 수년 후에 당연히 더 높아질 것으로 추정되고 있다.

한편 제균 성공의 사례에서도 역류성 식도염의 발병률이 유의하게 높아지는 것도 확실시 되고 있다. 이런 점들로 보아 제균요법으로 소화성궤양을 전멸시킨다라고 쉽게 생각할 수 있다.

우리는 지금까지 소화성궤양의 병인으로 많은 인자에 대한 학설을 강하게 주장하였지만[7)] 헬리코박터 파이로리도 역시 이 인자들 중의 하나에 포함시키는 것이 옳다고 생각된다. 지금까지 오랜 궤양 연구의 역사에 있어서 중추신경계(특히 대뇌 변연계, 시상하부), 유전적·체질적 소인, 생활습관으로서의 수면리듬, 습관성 흡연 등이 소화성궤양의 발병과 깊은 관련이 있다는 것이 확실시 되었다. 헬리코박터 파이로리는 소화성궤양의 발병을 쉽게 일으키는 위의 위축성 변화와 확실히 관련되어 있고, 이 점에 있어서는 소화성궤양의 병인으로서 하나의 큰 비중을 차지하는 것이 확실해 졌음으로 받아들이는 것이 타당하고 중요한 각 병인설에 새로운 사항이 추가 되었다고 보는 것이 타당하지 않을까 한다. Walker 등의 다변량 분석을 통한 연구에서는 소화성궤양 발병요인으로서 우울증이 아주 중요한 요인이고 여기에 negative impact of life events, 가족력, 고혈청 펩시노겐 I 혈증의 순위로 발병에 미치는 인자의 중요함을 보고하였다.[15] 앞으로 여기에 헬리코박터 파이로리의 비중이 적정하게 평가된 연구가 이루어질 것이다.

B 실험병태 모델에 있어서의 소화기 기능이상

1. 과민성대장증후군

실험쥐에 구속 스트레스를 부하하여 장관기능의 변화를 관찰해 본 저자 등의 실험을 소개한다.[16] 수술로 소장 기시부에 삽입한 튜브를 통해서 수술 후 7일째에 표식색소를 주입해서 구속 스트레스를 부하한다. 에테르 마취 직후에 장관을 꺼내서 조사해 보면 대조군(비스트레스군)에 비해서 스트레스군은 표식색소의 수송이 뚜렷하게 억제당하고, 또한 분절운동의 저하와 이상이 관찰되었다. 또한 대장에서는 소장에서와는 다르게 표식색소의 수송이 스트레스 부하로 말미암아 두드러지게 촉진되었다.

이 모델의 의의는 물론 스트레스가 장관기능 이상을 야기시킨다는 증거이지만 임상적으로는 아주 파악하기 어려운 스트레스에 뒤따르는 소장의 운동기능 이상을 분명히 한 점에 있으며, 과민성 대장증후군에는 소장의 기능 이상도 존재한다고 하는 사실이 입증되었다.

2. 만성 췌장염

만성 췌장염은 임상적 관찰로 보아 심신증의 하나로 간주되고 있지만 그 기초적 연구는 위궤양에 비하면 아주 적은 편이다. 그러나 최근 정동 스트레스가 췌장기능에 뚜렷한 영향을 미칠 만한 것을 보여주는 연구가 보고되고 있다.

Yamaguchi 등은 cholecystokinin(CCK)과 같은 췌장외분비 자극작용이 있는 caerulein을 쥐에다 1시간 마다 두 차례 복강 내에 주사해서 최초의 주사와 같은 시간에 수침 구속 스트레스 부하를 시작하게 되면 5시간 후에는 급성 출혈성 췌장염이 나타나고 같은 분량의 CCK를 복강 내 주사한 데 지나지 않는 비스트레스 부하군의 췌장에는 아무런 변화도 발생하지 않았다라고 보고하고 있다.[17] 이 사실은 스트레스가 췌장 기능에 영향을 끼쳐서 어떤 조건하에서는 췌장염을 일으킬 수 있다는 것을 시사하고 있다.

한편, 저자 등은 쥐를 사용하여 정동행동의 발현이나 제어에 중요한 역할을 수행하고 있다고 생각되는 대뇌 변연계의 편도체를 뇌정위 고정장치를 사용해서 전기 파괴하고 췌장의 분비기능을 넘겨주는 영향을 조사했다.[18] 편도체는 각기의 기능이 다르다고 생각되는 중심핵, 외측기저핵, 내측핵의 아핵으로 나누어서 양측 파괴를 시켰다. 수술 후 8일째 날에 아밀라아제 배출량을 지표로 삼아 췌장외분비 기능을 조사했다. 그 결과 기초분비에서는 대조군에 비해 외측 기저핵 파괴군, 중심핵 파괴군이 현저하게 높은 수치를 보였고 내측핵 파괴군은 유의하게 낮은 수치를 나타냈다. pancreozymin-secretin에 의한 자극 분비면에서는 대조군에 비해서 외측 기저핵 파괴군이 두드러지게 높은 수치를 나타냈고 내측기저 파괴군은 유의하게 낮은 수치를 나타내었다. 이와 같이 정동의 중추 파괴에 따라서 췌장외분비가 분명한 영향을 받는다는 사실은 정동 스트레스가 췌장외분비에 영향을 끼치고 있음을 시사하고 있으며 만성 췌장염을 심신증으로 보는 근거를 제공하고 있다고 생각한다.

C 임상적 관점

과민성대장증후군(IBS) 및 비궤양성 소화불량(NUD)은 소화기 기능이상증의 대표적인 증상이다.

IBS에 대한 저자 등의 진단기준을 간단히 설명한다.[19]

(1) 설사, 변비, 복통, 배변곤란증, 잔변감 등 장관 기능이상에 기초한다고 생각되는 증상으로 일상생활에 지장을 초래하고 있으면서 습관성, 이완성 변비라고 분명하게 단정할 수 있는 증상은 제외한다. 그 밖에 복부 팽만감, 방귀 뀌는 일을 주로 호소하는 경우도 있다. 이 경우에는 기질적 이상을 생각하게 하는 이상을 인정하지 않는다.

(2) 변통 이상, 복통 등의 증상은 정동 스트레스에 의해서 두드러지게 증강하는 경우가 있다.

(3) 어지러움, 두통, 구토, 빈뇨, 월경곤란 등의 장관 이외에서 유래하는 신체 증상을 가끔 합병으로 나타낸다. IBS가 소장 및 대장의 하부소화관 운동기능이상이라고 하는 개념은 많은 연구에 의해서 확립되어 있다. 예전부터 IBS와 우울증 사이에 강한 관련이 있다고 하는 보고가 상당히 인정되어 왔다.[20~22]

IBS에 있어서 심리적 인자의 중요함을 많은 연구자가 인정하고 있다. 저자 등의 연구에 따르면 특히 IBS 중증 예에 있어 역시 우울증이 관여하는 경우가 많았고 불안성 장애도 여기에 관여한다.[23]

NUD는 원래 위신경증, 신경성 위염, 심인성 구토 또는 외국에 있어 nervous dyspepsia로 불리고 있는 것으로 대부분 포괄적인 개념이다. 이렇게 불러진 이유는 소화기 기능이상의 개념이 충분히 정립되지 않았기 때문에 신체적(기질적) 이상이 없으면서 호소하는 것만 강한 것은 즉 심리적, 정신적인 문제라고 보는 경향이 강했으며 다른 요인으로는 상부소화기 기능이상은 정동 스트레스나 심리적 문제에 의하여 유발되는 일이 많았기 때문이다. 이 정동과 상부소화기 기능이상의 관계는 일본어로 잘 표현되고 있다. 혐오의 표현으로서는 「메스껍다」, 「메스껍게 만든다」, 비관의 표현으로서 「가슴이 아프다」, 강한 스트레스 상태에 있을 때 「위가 아프다」 등으로 말하는 것이 대표적이다. 상부소화기 기능이상이란 상부소화관, 나아가서는 담낭·담도 기능이상이라고 할 수 있다. 저자 등은 NUD의 치료에 있어서 심신의학적 접근이 중요한 의의를 지니고 있음을 최근 『Digestive Disease and Sciences』지에 보고하였다.[24)]

이 논문은 이렇게 서술되어 있다. 대상은 큐슈대학병원 심료내과에서 치료를 받은 NUD 환자들이다.

사회적 활동에 큰 지장이 있지만 일상생활에는 지장이 없을 정도의 경증 NUD군(외래 통원치료가 가능했던 군)의 66사례 중 46사례(70%)는 정신의학적 이상은 없었지만 그 중 16사례가 심한 심리적 스트레스가 있었고 17사례는 우울증 장애, 2사례는 전환성 장애, 1사례는 전반성 불안장애로 진단되었다. 이 경증군에 있어서 상복부통(심와부통, 우계늑부통)을 주로 호소하는 경우가 50사례로 가장 많았다. 그리고 소화기 기능이상에 대한 적절한 내과적 치료를 하면서 스트레스가 있거나 정신의학적 이상이 있는 사례에 대해서 적절한 정신의학적 치료를 하면 그 89%는 2개월 이내에 대부분의 증상이 소실되었다.

한편 사회적 활동은 일상생활에도 큰 지장을 주기 때문에 입원치료를 한 128사례의 중증군에 대하여도 심신의학적 치료의 의의를 검토하여 이중 86사례에 심신의학적 치료를 하였다. 이 86사례에 정신의학적 평가를 하였더니 전체적으로 어떤 경우에도 정신의학적 이상을 나타내었다. 가장 많은 이상은 우울증성 장애(47사례)로 반 수 이상에서 볼 수 있었고 다음은 공황장애(18사례)와 전환성장애(18사례)였다. 이 중증군에 있어서 메스꺼림, 구토를 주로 호소하는 경우가 약 절반(41사례)으로 제일 많았고, 다음은 상복부통(심와부통, 우계늑부통)을 호소하는 사람이 31사례였다. 이러한 각 증례에서 소화기 기능이상에 대하여 내과적 치료를 하고 각각 적절한 정신의학적 치료를 하였더니 그 74%가 확실하게 개선되어 사회적 복귀가 가능하였다.

여기에 역시 중증례로 입원한 42사례를 대조군으로 하였다. 이 군에 대하여는 소화기 기능이상에 대한 내과적 치료만을 하였다. 그 치료결과는 사회복귀를 할 수 있었던 사례가 2사례(5%)만이고 29사례(69%)는 변화가 없었으며 3사례는 악화되었다. 즉 NUD의 중증례를 심신의학적 치료를 받은 군과 내과적 치료만을 받은 군을 비교하면 심신양면의 치료가 높은 유의

성을 나타냈다(p〈0.0001).

또 본 연구 결과 말할 수 있는 것은 NUD의 경증례와 중증례를 비교하면 중증이 될수록 정신의학적 이상을 가져오는 증례가 많고 필연적으로 강력한 심신의학적 치료가 필요하다는 것이다.

이 보고에서는 NUD 주증상에 근거하여 ①메스꺼움, 구토를 주로 호소하는 군 ②흉골후부통, 가슴앓이를 주로 호소하는 군 ③상복부통(심와부통, 우계늑부통)을 주로 호소하는 군 ④메스꺼움, 구토와 상복부통을 합병하는 군으로 나누었다.

② 군은 지금까지 noncardiac chest pain(NCCP)으로 불리는 것과 거의 비슷하고 주로 식도운동 기능이상에 근거한 병태로 생각된다. 비만성 식도경련이 그 대표적인 병태이지만 최근 비만성 식도경련에 대하여 clomipramine 정주나 trazodone의 투여가 유효하다는 것을 저자들은 보고하였다.[25)]

③의 상복부통을 주로 호소하는 병태에 있어서는 임상경험과 몇 가지의 중요한 문헌의 고찰에 근거하여 담도운동 기능이상이 중요한 역할을 한다고 추정하고 있다.

①의 메스꺼움, 구토의 병태에 관해서는 위식도 역류증을 비롯하여 여러 가지 소화기 기능이상이 복합된 경우가 많다고 본다.

최초에 제창된 NUD의 정의에 있어서 「위염(gastritis)을 포함한다」라고 하는 것 같이 위염에 대한 매우 애매한 설명이 하나의 원인이라고 생각된다. NUD의 병인으로 "헬리코박터 파이로리 감염에 근거한 위염"을 강하게 주장하는 연구자들도 많다. 앞에서 말한 저자 등의 연구에 있어서는 내시경을 전 사례에 있어 실행하고 표재성 위염, 미란성 위염 등 위축성 위염을 제외한 만성위염을 대상에서 모두 제외시켰다. 그리고 심신의학적 치료가 가져오는 우수한 치료성과로 보면 NUD에서 헬리코박터 파이로리 감염이 의의를 가진다는 것은 생각할 수 없다. 최근 Nandurkar 등은 592사례를 대상으로 한 연구에서 헬리코박터 파이로리 감염과 NUD 증상과의 사이에는 아무런 관련을 볼 수 없었고 오히려 흡연과 아스피린 복용이 NUD 증상과 유의한 관련이 있었다고 보고하고 있다.[26)]

문헌

1) Sawrey WL, Sawrey JM : Conditioned fear and restraint in ulceration. J Comp Physiol Psychol 57 : 150-151, 1964
2) Sawrey WL, Weisz JD : An experimental method of producing gastric ulcers. J Com Physiol Psychol 49 : 269-270, 1956
3) Conger JJ, Sawrey WL, Turrell ES : The role of social experience in the production of gastric ulcers in hooded rats placed in a conflict situation. J Abnormal Soc Psychol 57 : 214-220, 1958
4) Ader R, Tatum R, Beels C : Social factors affecting emotionality and resistance to disease in animals. I age of separation from the mother and susceptibility to gastric ulcers in the rat. J Comp Physiol Psychol 53 : 446-454, 1960
5) Brady JF, Porter RW, Conrad DG et al : Avoidance behavior and the development of gastroduodenal ulcers. J Exp Anal Behav 1 : 69-72, 1963
6) Mine K, Nakagewa T, Fujiwara M et al : A new experimental model of stress ulcers employing

aggressive behavior in 6-OHDA-treated rats. Physiol Behav 27 : 715-721, 1981

7) Fukushima M, Sakata T, Tsutsui K et al : Circadian pattern of stress response to affective cues of foot shock. Physiol Behav 27 : 915-920, 1981

8) Pare W : Activity-stress ulcer in the rat : Frequency and chronicity. Physiol Behav 16 : 699-704, 1976

9) Grijalva CV, Lindholm E, Novin D : Physiological and morphological changes in the gastrointestinal tract induced by hypothalamic intervention : An overview. Brain Res Bull 5 (Suppl 1) : 13-31, 1980

10) Henke PG : Recent studies of the central nucleus of the amygdala and stress ulcers. Neurosci Biobehav Rev 12 : 143-150, 1988

11) Tache Y : The peptidergic brain-gut axis: Influence on gastric ulcer formation. Chronobiol Int 4 : 11-17, 1987

12) Osumi Y, Muramatsu I, Fujiwara M : The effect of destruction of noradrenergic ascending ventral bundles and tetrabenazine on formation of stress induced gastric ulcer. Eur J Pharmacol 41 : 47-51, 1977

13) Mine K, Noda T, Tsuruta N et al : Autonomic drug effects and gastric secretion in a new experimental model of stress ulcers in rats. Pharmacol Biochem Behav 19 : 359-364, 1983

14) Laine L, Hopkins R, Luigi S : Has the impact of *Helicobacter pylori* therapy on ulcer recurrence in the United States been overstated? Am J Gastroenterol 93 : 1409-1415, 1998

15) Walker P, Luther J, Samloff, M et al : Life events stress and psychosocial factors in men with peptic ulcer disease. Gastroenterology 94 : 323-330, 1988

16) Muraoka M, Mine K, Kubo C : A study of intestinal dysfunction induced by restraint stress in rats. Scand J Gastroenterol 33 : 806-810, 1998

17) Yamaguchi H, Kimura T, Nawata H : Does stress play a role in the development of severe pancreatitis in rats? Gastroenterology 98 : 1682-1688, 1990

18) Mine K, Tsuruta N, Nakai Y et al : Effects of small amygdaloid lesions on pancreatic secretion. Brain Res 340 : 9-18, 1985

19) 美根和典, 中川哲也：過敏性腸症候群「診断」. 井村, 他(編)：最新内科学大系 45, pp315-323, 中山書店, 1992

20) Young SJ et al : Psychiatric illness and the irritable bowel syndrome : Practical implications for the primary physician. Gastroenterology 70 : 162-166, 1976

21) Hislop IG : Psychological significance of the irritable colon syndrome. Gut 12 : 452-457, 1971

22) Greenbaum DS et al : Effects of desipramine on irritable bowel syndrome compared with atropine and placebo. Dig Dis Sci 32 : 257-266, 1987

23) 美根和典, 松本浩二朗, 金沢文高, 他：過敏性腸症候群の治療について ―重症例からみた考察―. 心身医学 33 : 185-191, 1993

24) Mine K, Kanazawa F, Hosoi M et al : Treating nonulcer dyspepsia considering both functional disorders of the digestive system and psychiatric conditions. Dig Dis Sci 41 : 1241-1247, 1998

25) Handa M, Mine K, Yamamoto H et al : Antidepressant treatment of patients with diffuse esophageal spasm : A psychosomatic approach. J Clin Gastroenterol 28 : 228-232, 1999

26) Nandurkar S, Talley NJ, Xia H et al : Dyspepsia in the community is linked to smoking and aspirin use but not to *Helicobacter pylori* infection. Arch Intern Med 158 : 1427-1433, 1998

⑤ 스트레스의 개념과 역사

심신증의 병태를 고찰해 보면 심신상관과 관련된 심리·사회적 요인과 신체기능과의 상관에 대해 생물학적으로도 이해하고, 또 그 병태 생리에 대한 해명이 이행되지 않으면 안 된다. 모름지기 심신의학에서의 병태 해명은 역사적으로 보아 두 갈래 방향에서의 접근이 이루어져 왔다. 하나는 Alexander 등으로 대표되는 Freud의 신경증 이론에 입각한 심리학적 방법론과 다른 하나는 Cannon과 Selye, Wolff 등에 의한 정동에 대한 생물학적 접근이라고 말할 수 있다. 정신분석적인 질병이라 해도 그 나름대로는 납득이 가는 경우도 있지만 심리학적 관점에서는 신체 질환의 병리를 설명하는 것에 한계가 있는 것도 사실이기에 심신증이 신체질환이라는 점에서 생각해 보면 생물학적 관점에서의 심신상관에 대한 해명은 아주 중요한 연구 과제라고 할 수 있다. 그 의미에서는 Selye 등의 스트레스 이론은 심신증의 병태생리를 생물학적으로 고찰해 보는 과정에서 기초적인 사고방법의 한 부분을 담당하고 있다고 말할 수 있다. 현재의 스트레스와 여러 가지 신체기능과의 관련성에 대한 상세한 설명은 다른 항목에서 자세하게 다루므로 여기서는 스트레스의 개념을 형성하는 연구에 대한 역사와 최근의 심리학적 접근에 대해 말하고자 한다.

A 스트레스란

현대 사회는「스트레스 시대」라고 일컬어진다. 이 말로도 알 수 있는 바와 같이 스트레스는 이미 일상어로 정착되어 있다고 볼 수 있다.

실제로 1988년 후생성의 조사에 의하면「스트레스라는 말을 알고 있는가」라는 질문에 대해서「알고 있다」라고 대답한 사람이 무려 89%에 이르고 있었다. 거의 모든 사회인이 스트레스라는 말을 이해하고 있음이 분명해졌다. 그러나 스트레스의 개념이나 사용법을 정확히 알고 있는 사람은 그리 많지 않은 듯 싶다.

스트레스라고 하는 말은 본래 물리학이나 공학의 분야에서 쓰였는데 외부에서 힘이 가해졌을 때 물체에 생기는 불균형을 의미하는 말이었다(그림Ⅱ-8). 이 말을 의학이나 생리학의 영역에 도입한 사람은 캐나다의 Selye로서 1935년에 발표하였다. 그때 Selye 자신은 스트레스를 외부에서의 자극(이른바 스트레서)이라는 뜻으로 표현하였는데, 오해를 초래할 수도 있기 때문에 뒤에 스트레서라는 말을 사용해서 스트레스(자극에 의해 생기는 생체의 반응)와 구별하였다. 곧 생물학적인 스트레스란 여러 가지 외적 자극(스트레서)이 가해졌을 때 나타나는 생체내의 불균형의 상태를 가리킨다고 정리하고 있다. 현대 사회에서는 스트레서와 스트레스를 구별하지 않고 쓰는 경우가 많은데 엄밀하게는 구별해서 쓰지 않으면 안 된다.

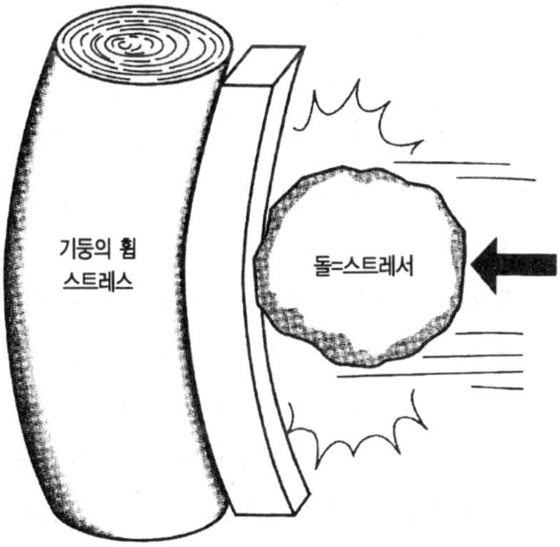

그림 Ⅱ-8 스트레스 반응

B 스트레스 연구의 역사

스트레스라는 말을 처음 사용한 사람은 Selye이지만 사실은 스트레스를 이해하는 과정에서의 중요한 연구는 그 이전부터 행해지고 있었다. 또한 그 연구는 심신상관을 이해하기 위해서는 매우 중요한 발견이었다. 그것은 Cannon에 의해서 공표된 투쟁-도주 반응(fight or flight reaction)과 항상성(homeostasis)이라는 사고방식의 발견이다.

그림 II-9 투쟁-도주반응

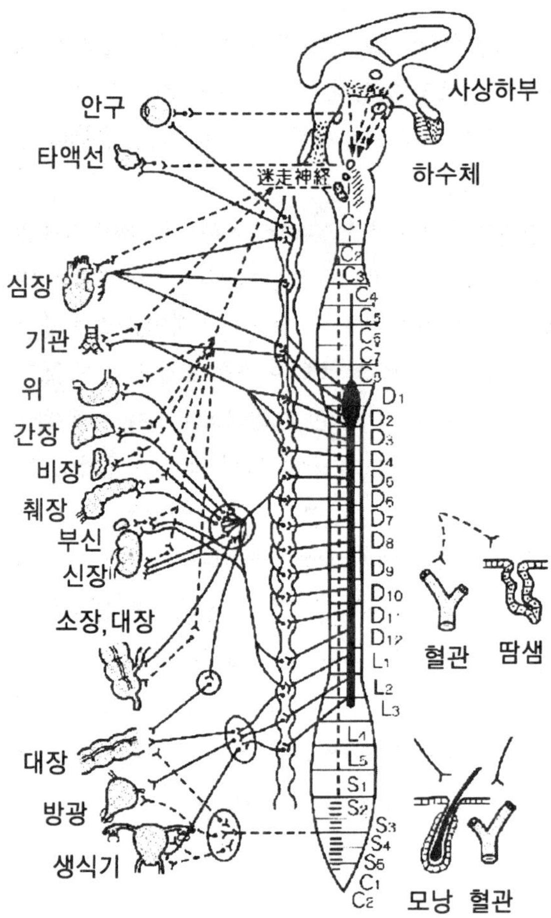

그림 II-10 자율신경계

1. 투쟁-도주반응(긴급반응)

하버드 대학의 생리학 교수였던 Cannon은 짖고 있는 개를 보며 겁먹고 흥분하는 고양이(그림 II-9)의 부신수질에서 아드레날린이 분비되어 이른바 교감신경-부신수질계의 자율기능 흥분이 나타나는 사실을 발견하였다. 개가 짖어서 흥분 상태가 된 고양이의 혈액작용이 아드레날린을 투여했을 때의 신체기능 변화와 거의 같은 양상인 점에 착안해서 정동 흥분이 아드레날린을 분비해서 교감신경계를 흥분시키는 것을 발견한 것이다. 곧 흥분한 고양이는 싸우느냐, 도망가느냐의 선택에 몰리는 상태가 되어 정동변화는 신체기능에 그 준비를 시킨다. 동공확대, 타액이나 위액 분비 억제, 소화관 운동기능 저하, 심장기능의 증강, 혈압의 상승, 골격근에 대한 혈류의 증가, 혈당치의 상승, 적혈구, 혈소판의 증가 등이 일어나게 되는 것이다. 그림Ⅱ-10은 자율신경계의 해부를 그려서 나타낸 것이다. 그야말로 스트레스 반응이다. 후의 연구에서는 교감 신경 말단에서 분비되는 것은 주로 노르아드레날린이라는 사실과 부교감 신경계도 정동의 시간 경과에 따라서는 흥분하는 경우나 양 자율신경계가 억제 당하는 정동 자극도 있는 일 등 정동 자극에 따른 자율신경 반응은 일률적이지 않다는 사실이 알려져 오고 있는데 정동과 생리기능을 종합적으로 관련지은 최초의 연구라고 할 수 있다.

2. Homeostasis(항상성)

Homeostasis의 발견을 설명해 가려면 프랑스의 실험 생물학자의 원조라고 일컬어지는 Bernard가 19세기에 발표한 내부 환경설이 중요한 의미를 지니고 있다. 그는 혈액에 관한 고찰속에서 다음과 같은 내부 환경설을 개념화하고 있다.

혈액은 완전한 개체가 생존하고 있는 외부 환경과 직접 안전하게 접촉할 수 없는 생명분자의 사이에 개재하는 실제의 유기적 환경(내부 환경)이다. 따라서 혈액은 생명에 필요한 온갖 요소들을 포함하고 있으며 일정한 생명의 짜임새에 따라서 필요한 요소들을 외부로부터 얻어내고 있다. 나아가 혈액은 외부에서 흡수되어 조직의 성질에 작용하는 모든 영향인자, 산소, 영양물질, 온도 등의 매개체로서 작용한다.

혈액은 그 장벽을 거쳐서 존재하는 세포의 생명을 유지하기 때문에 혈액의 외부환경 변화로부터 세포를 지키기 위해 일정한 정상 상태를 유지하는 작용을 한다는 것이다. 최종적으로 혈액 구조는 혈액 자체뿐만 아니라 모든 생명기구는 그것들이 어떻게 변화하든지 간에 언제나 유일한 목적을 지닌다. 그 목적이란 내부 환경 안에서 생명의 상태를 언제나 일정한 상태로 유지한다고 하는 이치다.

이 생각은 Cannon의 항상성 이론으로 발전한다. 한 마디로 생체는 일정한 상태, 안전한 상태를 유지하려고 한다. 모든 외부 환경 변화에도 움직임이 없는 시스템을 만들고 있다는 것이다. 일정한 상태란 어느 정도의 폭을 지니는 동적 상태를 말한다. 예를 들면 긴급 반응에서는 교감신경계의 흥분에 에너지 발산 작용, 안정 시에는 부교감 신경계의 흥분에 의한 에너지 축적 작용의 항진 등, 자율신경계의 미묘한 작용의 변화로 생체로 하여금 일정한 상태를 유지하고자 하는 작용이다. 또한 외부로부터 유해물질 침입에서의 생체 방어 작용, 예를 들면 세균에 감염되면 그 감염부위는 모세혈관의 투과성이 항진되어 림프액이 스며들어 다른 부위로의 침입을 막아내는 동시에 림파구는 세균을 죽이려고 한다. 출혈이 되더라도 응고인자의 작용으로 피가 멎는다. 혈당, 혈중의 산소나 탄산가스 농도 조절, 각종 호르몬 농도 등 생체의 모든 기구가 일정한 범위를 지키면서 생체의 생명유지에 기여하고 있는 것이다. 이렇게 언제나 일정한 안정성을 유지하고 있는 상태를 항상성의 유지라고 규정한 것이다.

3. Seley의 스트레스 학설

Cannon 등의 연구 성과가 달성되었던 시대는 세계에서도 새로운 호르몬의 발견으로 환호하고 있던 시대였다. 그 무렵에 새로운 성 호르몬의 발견을 조사하여 Selye는 1936년「여러 가지 유해물질로 생기는 한 증후군」이라고 하는 논문을 발표하였다. 그 논문은 사실상 새로운 성 호르몬의 발견이라는 보고는 아니었고 그 실패 과정에서 알 수 있었던 새 발견이었다. Selye는 태반의 추출물이나 난소의 추출물을 쥐에 주입해서 새로운 신체기능 변화를 찾아낼 수 있는지, 혹시 새로운 변화가 있다는 사실이 나타나게 되면 이는 추출물에 포함된 아직 알지 못했던 성호르몬에 의한 작용임이 틀림없다고 했다. Selye는 추출물의 주입에서 얻어낸 신체의 변화현상으로 부신피질의 비대, 흉선의 위축, 위·십이지장 궤양을 특징으로 발견하였다. 그런데 그와 같은 신체변화는 추출물에 의해서 뿐만 아니라 결과적으로는 어떤 물질이나 외적 자극에 의해서도 같은 변화로 나타난다는 사실이 밝혀지게 되었다. Selye는 낙담하였지만 어떤 생각을 떠올리고 있었다. 그 생각은 학생이었을 무렵 임상강의에 대한 회상이었다. 전시 장소에 나타난 환자들은 어느 사람이든 그가 앓고 있는 질환의 특징에 의해서이기보다는 모두 같은 질병의 이환자처럼만 보였다. 얼굴빛이 창백하고 피부도 거칠었으며 메말라 있었다. 또한 발열이나 단백뇨 등은 어느 환자에게나 공통적으로 나타나고 있었다. 그야말로 질병이었던 것이다. 어떠한 질환인 경우에도 그 질환 특유의 병태(특이적 징후)이외는 어떠한 병이라도 공통의 병태(비특이적 징후)가 나타나는 것은 아니겠는가하고 생각하게 되었다. 그리고 그 비특이성 반응의 특징으로 위에서 적은 세 징후를 지적하고 한 징후군이라고 발표한 것이었다. 그 뒤로 그는 여러 실험을 거쳐서 심리적 스트레스마저도 같은 반응을 나타낸다는 사실을 밝혀 주었다. 그리고 이들 비특이적 반응군을 일반적응증후군(general adaptation syndrome)이라고 발표하였다. 한편에서는 국소인 경우에도 비특이적 반응은 존재한다고 하여 국소적응증후군(local adaptation syndrome)이라고 정의하였다.

1) 일반적응증후군

이들 일련의 생체반응은 생체 방어반응이라고 생각할 수 있는 것이지만 Selye는 적응의 유지획득이라고 생각해서「일반적응증후군」이라고 이름 붙여서 연구를 진행하였다. 이 증후군은 다음의 3단계로 나누어서 고려되었다(그림 Ⅱ-11).

a. 경고 반응기

이 시기는 외적 자극에 노출되어 생체 충격을 받은 충격상과 그에 대응해서 생체가 방어기구를 작동하기 시작하는 반 충격상으로 나눈다. 충격상에서는 체온의 저하, 혈압·혈당의 저하, 신경계의 활동 억제, 근 긴장저하, 혈액의 농축, 백혈구의 감소에 이어지는 증가, 위 병변 등 생체가 자극에 노출되어 손상을 입은 상태가 된다. 반 충격상에서는 부신피질 호르몬이 분비되어 충격상과는 정반대의 반응이 일어난다. 곧 부신은 경도 비대해지고 체온·혈압·혈당의 상승, 신경계의 활동은 활발해지고 근긴장도 높아진다. 백혈구는 증가를 계속하고 있으나 림파구는 국소에 집중하여 전체적으로는 감소된다. 흉선은 위축된다. 이 시기는 Cannon이 말하는 아드레날린의 분비에 따르는 긴급반응과 아주 비슷해서 실제 아드레날린, 노르아드레날린도 분비되고 있다. 또한 이 시기에 생체에 또 다른 새 스트레스가 가해지더라도 이내 방어기능이 작동하고 있어 저항이 강해지게 된다. 이 상태를 교락저항(交絡抵抗)이라고 한다.

b. 저항기

계속해서 같은 스트레스에 노출이 되면 그 스트레스에 대한 적응력도 증대해져서 적응상태에 들어가게 된다. 이 시기에 부신피질은 비대해진다. 다시 이 시기에 새로운 다른 스트레스에 노출되면 이번에는 경고반응기와는 달리 저항력은 약해지게 된다. 이 현상은 저항력이 특정한 스트레스에 대한 저항력 강화에 쓰이고 있기 때문이라고 여기고 있다. 이와 같은 상태를 교락감작(交絡感作)이라고 한다. 이와 동시에 저항력(적응 에너지)에는 한계가 있다는 것을 나타내기도 한다.

c. 피로기

다시 스트레스가 지속하게 되면 저항력에도 한계가 있기 때문에 생체는 피로하게 된다. 신체적으로는 충격상의 상태와 같은 변화를 보이나 마지막에는 생물의 죽음을 부른다. Selye는 이러한 신체기능 변화를 부신피질의 변화를 중심으로 생각해 왔다. 이른바 시상하부–하수체–부

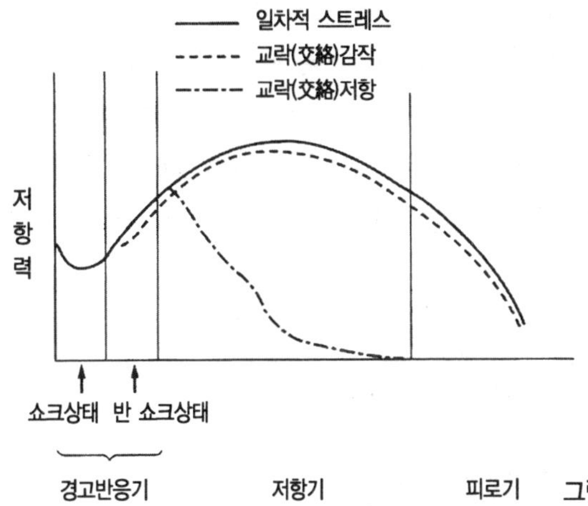

그림 II-11 일반적응증후군

신계의 반응이라는 생각이었다. Cannon의 긴급반응에서의 교감신경 흥분설과의 차이가 있다. 또한 이들 스트레스 반응의 세 가지 모습은 스트레스의 크기에 따라 시간 경과는 다르게 나타난다. 예를 들면, 자동차 사고 등의 급격하고 강렬한 스트레스인 경우 금방 피로기로 들게 되기도 한다. 심리·사회적 스트레스인 경우에도 시험을 치르는 과정 등의 저항기는 장기간이 되기도 한다.

2) 국소적응증후군

한편, 신체의 국소가 스트레스에 노출된 경우에도 국소적으로 비특이적 반응이 일어난다는 사실을 Selye는 증명하였다. 변성, 위축, 괴사, 염증, 비대, 증식 등이 이 반응에 해당된다고 보았다. 이 경우 국소이므로 피로기는 반드시 유해하다고만은 볼 수 없기에 생물의 죽음으로 이어진다고는 보지 않는다.

3) 스트레스

스트레스 반응을 일으키는 외적 자극은 전부다 스트레스가 되는 것으로 보아 생물의 환경 모두가 이에 포함된다. 그 자극들은 물리적 인자, 화학적 인자, 생물학적 인자, 심리적 인자로 크게 분리할 수 있다. 표 Ⅱ-2는 그 인자들의 내용에 대해 분류해서 나타내었다. 심신증과 관련해서는 심리적 인자가 중요한데 여러 가지 사회·심리적 요인이 스트레스 반응을 일으킨다는 사실이 알려져 있다.

이상에서 서술한 내용은 스트레스의 개념을 이해하는 과정에 대한 중요한 연구의 역사라고 할 수 있다. 이와 같은 연구를 중심으로 그 이후로도 많은 연구가 축적되어 오고 있다. 새롭게 알려지게 된 여러 가지 호르몬이나 펩타이드류, 신경전달 물질의 작용(Selye는 후에 엔돌핀 작용의 발견을 높이 평가하고 있다), 더 나아가서는 스트레스 반응의 뇌내기전 해명의 전진, 면역과 스트레스와의 관계, 최근에 와서는 스트레스와 유전자에 관한 기초의학적 연구의 발전 등 점차적으로 발전하는 추세이다. 그림 Ⅱ-12는 Selye에 의한 스트레스 반응기전이 되는데 이는 Selye, Cannon, Bernard 등의 연구를 기초로 해서 고안해 낸 도표이다. 현대에는 더 상세한 것으로 발전해 왔는데, 이에 대해서는 다른 항목을 참조하기 바란다. 또한 이들 대부분의 연구는 스트레스 연구로서 진행되어 왔다고 하기보다는 대뇌 생리학적, 신경 약리

표 II-2 스트레스의 분류

(1) 물리적 스트레스 : 한냉, 고온, 열상, 방사선, 소음 등
(2) 화학적 스트레스 : 산소, 굶주림, 약물, 과식 등
(3) 생물적 스트레스 : 세균, 꽃가루 등
(4) 심리적 스트레스 : 배우자의 죽음, 이혼, 시험 등

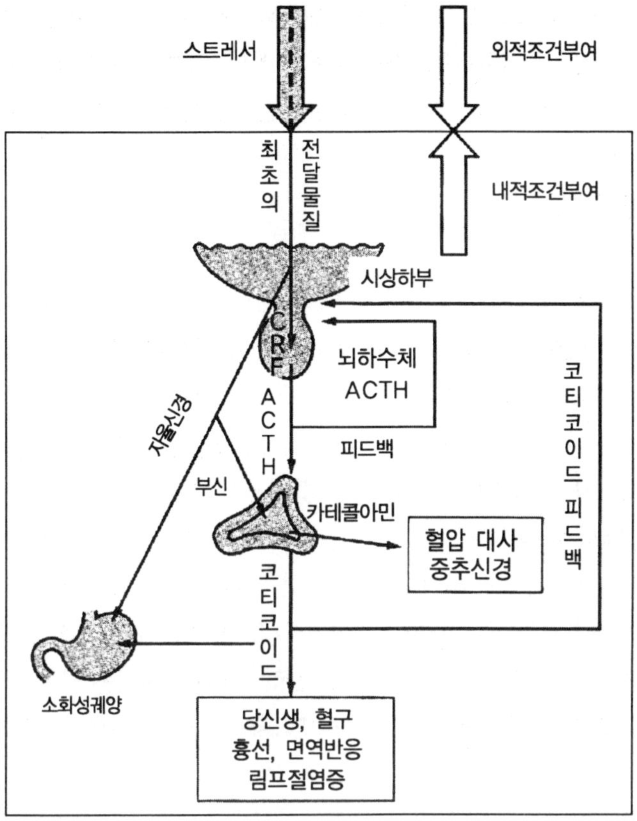

그림 II-12 스트레스 반응기전(Selye)

학적, 신경 해부학적, 정신신경면역학적 연구 등의 기초의학 연구로서의 성과가 거의 다였으며, 이미 스트레스라고 하는 말로는 나타낼 수 없게 되었다라고 하는 지적도 있다는 사실을 알아둘 필요가 있겠다.

C 심리 • 사회적 스트레스

심신증의 병태에 관련되는 심리·사회적 요인에 대한 연구 방법은 위에서도 말했지만 Alexander 등에 의한 신경증 이론을 응용한 심신증 환자의 성격 특성이라고 해서 포함되어 왔다. 그러나 신경증과 심신증의 차이와 질환 중심의 접근(심신증으로 간주되어 오는 질환 그 각각에 대한 접근)에 무리한 점이 있기 때문에 그 발병요인이나 악화인자로서의 특이한 성격 경향이나 관심은 주목받지 못한 채 오늘에 이르고 있다. 그 분류는 심신증 전반에 대해 특징적인 성격경향으로 여기는 사고방식(실감정증, 타입A 등)이나 여러 가지 심리·사회적 인자를 사람에게 주는 스트레스로서 그 강도를 객관적으로 평가해서 건강장애와 관련지으려는 견해가 주를 이루고 있다. 이른바 스트레스로서의 심리·사회적 요인의 견해로서는 후자의 연구가 알기 쉽다. 이 견해의 기본이 된 연구는 Holmes & Rahe 등의 연구이다.

1. 사회재적응평가척도

Holmes 등은 1967년에 사회재적응평가척도(life change unit)를 발표하였다. 인생 과정에서 일어나는 큰 사건을 스트레스로 나타내어 그것을 체험한 사람이 그 체험 이전의 일상생활에 복귀하기까지 어느 정도의 시간이나 노력이 필요한가의 질문을 제기하고 점수로 대답하게 하였다. 이 경우의 기준을 배우자의 사망에 100점, 결혼에 50점을 주었다. 표 Ⅱ-3은 그 결과를 나타내고 있다. 그리고 그 후 그들의 연구에 의하면 표에 나타나 있는 일어난 일(지난 1년 동안)을 체험한 점수가 300점 이상으로 나타나면 머지않은 앞날에 몸이 병들게 될 가능성이 80%, 150~299점이면 50%, 150점 이하로 나타나면 30%가 된다고 하는 결론을 산출하였다. 이 점수 매기기는 순수하게 객관적이라고 하기는 어렵겠지만 지금까지 자칫하면 개별적이어서 객관적 평가에 익숙하지 못했던 심리·사회적 요인이 보란 듯이 숫자로 나타나게까지 되었다. 이 숫자가 강한 충격이 되어서 그 후로 이들에 관한 연구가 세계에서 잇달아 진행되기에 이르렀다.

또한 이들 연구의 흐름은 거꾸로 지금까지의 신경증 이론에 근거한 심신증 병태의 이해에도 크나큰 영향을 미치게 되었으므로 중요한 연구대상이라는 의미를 부여할 수 있다.

그러나 이 연구 방법에도 문제는 있다. 첫째로 이 일람표에 나타나는 사건들은 너무도 드물게 일어나는 일들이 많아서 일상적으로는 그리 체험하기 어려운 사건들까지 포함되어 있는

표 Ⅱ-3 사회재적응평가척도(Holmes 등)

일어난 일(사건)	스트레스 정도	일어난 일(사건)	스트레스 정도
배우자의 죽음	100	자녀들의 가출	29
이혼	73	친척과의 감정대립	29
배우자와의 이별	65	자신의 특별한 성공	28
구금, 투옥	63	아내의 취업, 이직	26
가족의 죽음	63	입학, 졸업	26
자신의 부상, 질병	53	생활조건변화	25
결혼	50	습관의 변경	24
실업	47	윗사람과의 감정대립	23
혼인상의 화해	45	노동조건의 변화	20
퇴직	45	주거의 변화	20
가족의 건강변화	44	학교의 변화	20

임신	40	기분전환 변화	19
성(性)적 장애	39	종교활동의 변화	19
새로운 가족 탄생	39	사회활동의 변화	19
사업의 재조정	39	1000만원 이하의 빚	17
경제상태 변화	38	수면습관의 변화	16
친구의 죽음	37	동거가족수의 변화	15
사업 변경	36	식습관의 변화	15
배우자와 싸운 횟수	35	휴가	13
1000만원 이상의 빚	31	크리스마스	12
빚의 저당 소실	30	가벼운 법률 위반	11
직장내 책임 변화	29		

점, 둘째는 이 일람표는 스트레스의 강도만을 나타내고 있어서 저항력의 정도 등 받아들이는 쪽의 개개의 힘과 파악하는 방법, 대처능력 등은 전혀 반영되어 있지 않은 점, 셋째로는 일어난 사건을 체험했을 때의 환경 요인(사회지원 등)에 대해서도 포함되어 있지 않다. 특히 체험하는 개인의 요인을 전혀 무시하고 있다는 것 등의 문제가 있다.

2. 일상생활사건

한편, Lazarus 등은 일상적으로 체험하기 어려운 사건보다는 일상생활에서 일어나는 여러 가지 애 타는 일이 건강 장애와 관계가 깊다고 하는 연구보고를 하였다. 그들은 일상생활 속에서 일어나는 여러 가지 사건들의 애타는 정도를 정신혼란(애타는 일)과 정신고양(기분 좋은 일)으로 나누어서 조사를 하여 각각 건강상태와 아주 높은 상관성을 보여주었다라고 하였다. 지금의 상황으로는 건강장애와의 뚜렷한 관련은 보고되어 있지 않지만 심리연구자들 사이에서는 주목받고 있는 스트레스 연구이다.

이와 같이 심리·사회적 스트레스의 평가에 관한 연구도 Holmes의 연구를 그 출발점으로 하여 세계적으로 진행되었다. 특히 최근에 와서는 스트레스에 대한 개인의 인지나 그 대처행동과 건강장애 관련의 중요성이 지적되고 있다. 또한 사회지원이나 생활의 질, 더 나아가서는 이들 요인과 짝짓기 형태로 본 성격 경향과의 관련성에 대해서도 새로운 각도로 연구가 진행되고 있다.

– 끝으로 –

스트레스 연구의 흐름은 위에서 서술한 바와 같이 크게 두 갈래 방향에서 연구가 진행되어 왔다. 정동의 생물학적 메카니즘의 해명이기도 하고 조사를 주체로 삼은 사회과학적 연구이기도 하였다. 사실은 이들 연구가 앞으로 통합되어 나가야 하리라는 것은 두말할 필요도 없지만 실제로는 각각 구분된 연구 방법을 사용하고 있어 용어마저도 공통적으로 사용하는 일이 그리 많지 않은 실정이다. 또한 뇌에 관한 연구는 생물학적으로는 동물을 이용한 연구가 주체라는 사실과 생물학적 연구는 급성의 정동반응을 찾아보는 경우 등이 많은데 그 연구는 곧 생리학적 반응에 지나지 않는다라고 하는 결점이 있다는 사실도 부정하기 어렵다. 한편으로는 사회과학적 연구는 아무래도 질병과 결부되어 있는 생물학적 메커니즘을 증명하는 일이 어렵다. 이들 문제를 해결해 나가기 위해서는 스트레스 연구를 진행시키고 있는 기초·임상·심리학 연구자들이 공통의 언어로 토론, 연구할 수 있는 자리를 마련하는 의식적인 설정이 필요하다. 지금이 바로 그 설정이 요구되고 있는 때이다.

문헌

1) 田多井吉之助：新版 ストレス―その学説と健康設計への応用．創元医学新書，1980
2) Olmsted J MD. Olmsted EH : Claude bernard and the experimental method in medicine in Henry Schuman, New York. 1952(黒嶋晨汎訳：クロード・ベルナール―現在医学の先駆者．文光堂，1987)
3) 林峻一郎：ストレスの肖像―環境と生命の対話．中公新書，1993
4) 山下　格：精神生理学的基盤．諏訪　望，西園昌久編：現代精神医学大系7A，中山書店，1979
5) Selye H : History of the stress concept. Goldberger L, Breznitz S : Handbook of stress. pp7-21. Free Press. New York. 1993
6) Claude Bernard : Lecon sur les phenomenes de la vie communs aux animaux. Bailliere. Paris. 1878(三浦岱栄訳：実験医学序説．岩波書店，1947)
7) Cannon WB : Bodily changes in pain. hunger. fear and rage. Harper & Row Publishers. New York. 1929
8) Holmes TH. Rahe RH : The social readjustment rating scale. J Psychosom Res 11 : 213-218. 1967

⑥ 스트레스와 뇌

고도 정보화 사회, 기술혁신의 물결, 산업의 자동화, 사회구조나 문화, 가치관의 가속도적 변화, 가족제도의 붕괴 등 많은 스트레스가 현대 생활에 있어 우리들을 에워싸고 있다. 현대는 그만큼 스트레스의 시기이며 이제 스트레스라는 말은 국제적인 공통어로 쓰이고 있다.

그 때문에 스트레스의 문제는 단순히 의학 영역의 문제로 그치지 않고 심리학, 사회학, 인간공학, 산업계를 포함한 학제적 과제로 등장하고 있다. 따라서 스트레스 문제를 해결하고자 할 때 이와 같은 학제적 도전이 매우 중요하다고 할 수 있다.

그러나 한편, 최종적으로 스트레스의 문제는 개인의 문제로 환원되게 마련이라는 단면을 내포하고 있다는 것도 틀림없는 사실이다. 비록 효과적인 스트레스 관리가 고안되었다고 하더라도 스트레스 상태에서의 생체 반응이 분명히 밝혀지고 있는 상황에서 새로운 대책이 수립되는 편이 좀 더 효율적이라는 얘기는 더 말할 필요도 없다. 그 때문에 스트레스 상태에서는 어떠한 생체반응을 보이는지 아니면 그 상황을 그대로 방치해 두면 어떻게 되는지, 또는 그것을 어떻게 하면 예방할 수 있게 되는지 등을 의학적으로 밝혀나가는 일이 심신증 이해를 위해 기본적으로 중요하다.

A 스트레스란 무엇인가?

스트레스란 도대체 무엇이란 말인가? 이 만큼 스트레스의 문제가 학제적이 되어 왔기 때문에 반대로 정의도 복잡하게 되었다. 우리는 아주 단순하게 외부로부터의 힘과 상대해 생기는 몸 안의 변화를 스트레스라고 부르며 이 때 스트레스(생체반응)를 발생시키는 원인을 스트레서(외적자극)이라고 부른다. 그러나 최근에는 스트레스를 인지하는 방법이 크게 영향을 미치게 된다라는 개념이 등장하였다. 분명히 개체 측의 인지에 따라서 스트레스 반응은 크게 다르게 나타날 가능성이 있으며 특히 사람의 경우에는 그와 같은 요소의 관여 폭이 크게 나타난다. 한편, 대장균 등에 열을 가했을 때에 반응하는 특수한 단백질을 스트레스 단백이라고 부르는 등의 독특한 등장 때문에 총괄적인 스트레스의 정의는 매우 어렵다. 이 장에서는 개체가 외부의 자극에 노출되었을 때 일으키게 되는 생체의 반응을 스트레스라고 부르기로 하고 그 때의 인지과정도 중요한 역할을 수행하고 있다고 간주한다.

B 스트레스 반응

급성 스트레스에 노출된 동물에 공통적으로 나타나는 반응은 위·십이지장 궤양, 흉선·림프절의 위축, 부신피질의 비대 등이다(그림 II-13). 그 밖에도 혈압이 오른다거나 가슴이 두근거리는 등의 자율신경계의 반응이나 시상하부, 뇌하수체로부터 호르몬 분비가 일어난다고 하는 내분비계의 변화, 거기에다 최근에는 면역계의 변화 등도 일어난다. 또한 공포나 불안, 노여움 등의 정동 반응이나 스트레스에 대한 대처 행동 등의 폭넓은 스트레스 반응도 일어난다.

이들 스트레스의 반응을 조절하고 있는 것은 말할 것도 없이 중추신경계, 특히 뇌나 그 안의 인지과정도 포함되어 있다. 따라서 스트레스 상황에서의 뇌의 변화에 대해 밝혀내는 일은 스트레스의 올바른 이해를 위해서도 아주 중요한 작업이라 하겠다.

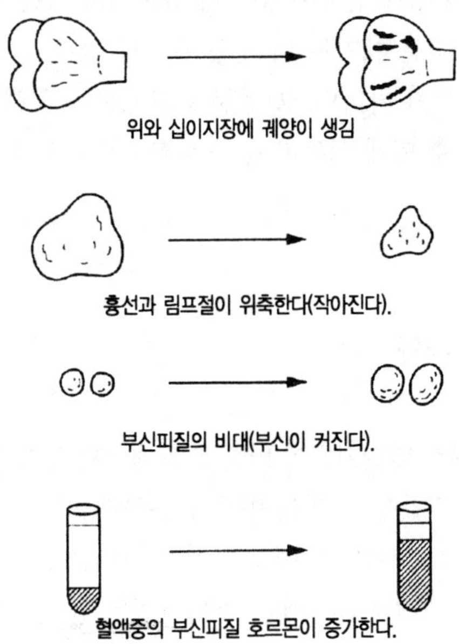

그림 II-13 급성 스트레스 반응에서 나타나는 말초장기 변화와 혈장부신피질 호르몬 함량 변화

C 뇌의 기본구조와 작용

뇌에는 140억 개의 신경세포가 있다고 전해오고 있어서 이들 신경세포가 기능하는 세계야말로 사람을 사람답게 하는 존재기능이 된다. 그렇다면 이들의 변화를 어떻게 살펴나가는 것이 좋겠는가?

뇌를 해부학적, 생리학적으로 가장 단순한 형태로 파악하려 한다면 그림 Ⅱ-14에서 나타내고 있는 것처럼 기본적으로 두 개의 신경세포로 형성되어 있다고 생각할 수 있다. 그 때, 신경세포의 가장 기본적인 작용은 신경세포 내 및 신경세포 사이에 자극(신호, 정보)을 전달하는 구실에 있다. 그림의 신경세포에서 나와 있는 돌기 속으로 자극을 전달하는 방식은 전도(傳導)라고 하는 것으로 세포막을 매개로 이온의 출입에 의한 전기적 변화에 따르는 결과로 나타난다.

위의 작용과 대조적으로 1개의 신경세포에서 다음의 신경세포로 자극을 전달하는 방식은 1개의 신경 종말에서 화학물질이 신경세포와 신경세포의 간극인 시냅스에서 방출되어 그것이 다음의 신경세포막 위에 있는 수용체로 결합하는 전달이라고 하는 형식에 따라 작용하고 있다. 방출된 신경전달 물질은 도입하는 메커니즘을 통해 다시 한 번 신경말초로 들어간다든지 대사효소의 작용으로 대사되어서 대사산물이 된다.

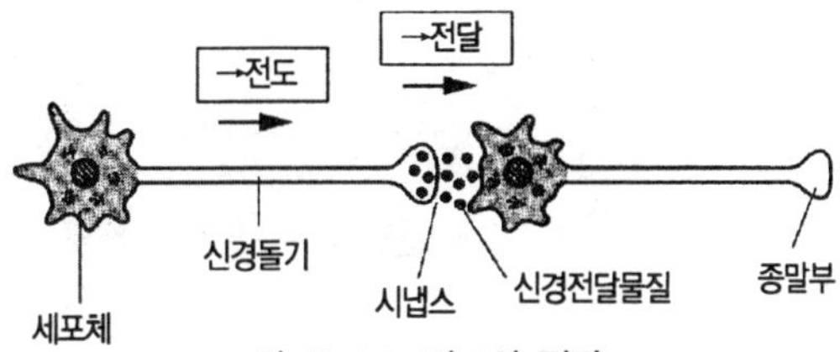

그림 Ⅱ-14 전도와 전달

한마디로 뇌에서는 다수의 신경세포 사이에서 이와 같은 신호의 전도와 전달이 왕성하게 진행되어서 다시 높은 수준의 정보를 만들어 내고 있는데 그것을 뇌의 작용이라고 할 수 있다. 신경 종말에서 방출되는 화학물질은 신경전달물질이라고 불리는데 많은 물질이 신경전달물질로써 전달에 참여하고 있다. 만일 어느 부위의 신경 활동이 상승하게 되면 신경 종말에서 신경전달물질이 왕성하게 방출하게 된다.

좀 더 전달의 메커니즘에 대해 살펴보기로 한다. 그림Ⅱ-15는 자세한 시냅스의 모식 그림을 나타낸 것이다. 신경전달물질의 전구물질은 혈관에서 신경세포에 에워 쌓여서 신경 종말부에 존재하는 합성 효소의 작용으로 합성되어 신경전달물질로 되고 시냅스 소포 안에 저장된다. 신경의 자극(전기적 변화)이 신경 종말부에 이르면 시냅스 소포는 일제히 시냅스 전막 쪽으로 이동하여 시냅스 소포와 시냅스 전막이 융합되고 이어서 그 일부가 잘려서 그 안의 전달물질이 시냅스 사이로 방출되기에 이른다. 방출된 신경전달물질은 시냅스 뒤 막상에 있는 특수한 단백인 수용체에 결합하고 그 결과 수용체의 구조에 변화가 발생해서 생리작용이 나타난다. 그 경우의 변화로서는 아데닐레이트 사이클라제 활성을 촉진시키기도 하고 억제시키기도 해서 cAMP량을 증가시키기도 하고 감소시키기도 하며, 혹은 포스포리파제C를 활성화하여 포스파티딜이노시톨 4, 5-2인산의 분해를 촉진, 이노시톨 1, 4, 5-3인산과 트리아실 글리세롤의 생성을 촉진해서 그 결과 전자는 세포의 소포체로부터 칼슘이온의 방출을 일으키며 후자는 프로테인키나제 C의 활성화를 일으킨다. 이런 일들의 변화는 최종적으로는 각기의 특이적 프로테인키나제를 활성화해서 작용을 발휘한다. 또한 수용체 단백 그 자체가 이온 채널을 형성해서 나트륨 이온이나 칼륨 이온, 클로라이드이온의 출입에 영향을 미쳐서 세포기능을 변화시킨다. 이렇게 해서 신경전달물질이 수용체에 결합 후 세포내 정보전달 기구에 따라서 최종적으로는 신호가 전달된 효과를 나타내는 것이지만 그 효과가 어떤 형태를 취하게 되느냐는 수용체의 타입에 따라 다르게 나타난다.

그런데 방출된 전달물질은 그대로 대사 산소에 의해서 대사된다든가 시냅스 틈새에서 다시 신경 종말부에 끼어들어서 저장되기도 하고 대사되기도 한다.

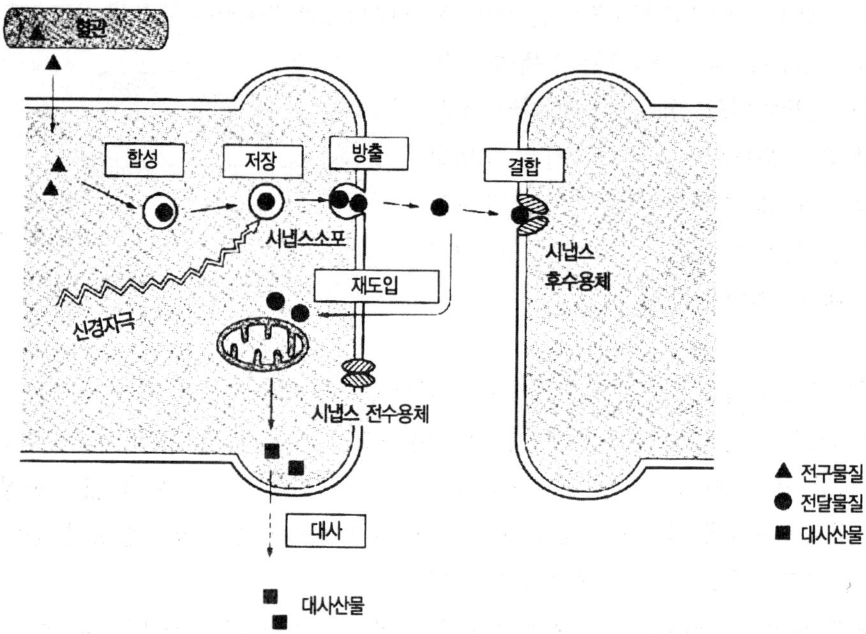

그림 II-15 시냅스에 있어서의 전달

D 뇌의 변화를 어떻게 파악하는가?

그렇다면 이와 같은 뇌의 운영을 어떻게 해서 파악하는 것이 좋겠는가.

뇌의 변화를 파악하는 방법으로는 생리학적 방법, 생화학적 방법 외에 해부학적 방법, 면역학적 방법, 병리학적 방법 등 여러 가지가 있다. 그 중 최근에 이르러 눈부시게 발전한 분야는 생화학적 방법이 되겠는데 이 방법은 신경화학적 방법이라고도 한다.

우리가 이용하여 온 방법은 크게 나누어 두 가지가 있다. 그 하나는 뇌를 몇 부위로 작게 분할해서 그 안에 포함되어 있는 신경전달물질의 함량과 그 대사산물 함량을 정량화하는 작업에 의해서 뇌의 변화를 알아내는 방법이다. 예를 들면 방출이 보통 상태보다 두드러지게 항진하면 대사산물 함량이 두드러지게 증가한다. 신경전달물질 그 자체의 함량 변화는 그 종류에 따라 다르게 나타나는데 합성 속도가 그다지 빠르지 않은 신경전달물질인 경우 그 전달물질의 방출 항진에 합성이 뒤따르지 못하게 되기 때문에 신경전달물질 함량은 감소하는 경우가 많다. 이 방법으로는 신경전달물질 함량과 그 대사산물 함량을 동시에 측정하는 방법으로 동적인 변화를 알 수가 있게 되며 동시에 많은 뇌 부위에 대한 변화를 알 수가 있게 되는데 한편으로는 어느 일정시기의 변화 외에는 파악하지 못하는 신경전달물질 방출의 간접적 증명이라고 하는 결함도 있다.

뇌내 마이크로 투석법은 선단부가 반투막(半透膜)으로 된 가는 관을 일정한 뇌 부위에 심고서 그 뇌 부위를 미소 관류하게 해서 관류액 중의 신경전달물질 함량이나 대사산물 함량을 정량하는 방법이다. 이 방법은 동일개체에 대해서 경시적 변화를 알 수가 있게 되는 신경전달물질 방출에 대한 상당한 직접적인 증명이 되는 등의 커다란 이점이 있기도 하지만 뇌의 부위가 국한된다는 등의 결점도 있다. 이러한 내용을 일람표로 해서 표 Ⅱ-4로 나타내었다.

표 Ⅱ-4 스트레스 연구의 신경화학적 연구방법

방 법	뇌 각 부위의 신경전달물질과 대사산물 함량의 정량	뇌내 미소 투석 관류법
시행법	뇌의 각 부위나 혹은 핵 레벨에서 신경전달물질과 그 대사산물의 함량을 정량한다.	뇌의 일정한 부위에 프로브를 심어 그곳의 미소국소관류를 시행하고 관류액 중의 신경전달물질과 대사산물 함량을 정량한다.
정량 당하는 물질	뇌 각 부위의 신경전달물질 및 그 대사산물	국소의 신경전달물질 및 그 대사산물
장 점	동시의 몇 갈래 뇌부위의 변화 파악 대사산물 함량을 정량화하여 좀 더 동적인 변화를 알 수 있게 된다. 방사성 동위원소 등을 사용하면 상당한 미소 부위에서의 측정이 가능	동일 개체에 대해서 경시적 변화를 알 수 있게 된다. 행동 기타의 지표와 동시 측정이 가능. 신경전달물질 방출의 직접적 증명이 된다.
단 점	어느 한 시기의 변화 외에는 파악하지 못함. 죽은 뒤 변화가 측정에 영향을 미칠 가능성 신경전달물질 방출의 간접적 증명	뇌의 부위가 국한됨. 관류액이 미량이어서 물질의 측정 감도에 한계가 있다. 샘플링 시간이 길어진다.

E 스트레스 상황을 어떻게 설정하는가?

다음으로 문제가 되는 것은 스트레스를 어떻게 설정하는가, 특히 될 수 있으면 사람의 스트레스 상황에 가까운 상황을 어떻게 설정하느냐 하는 것이 문제가 된다. 그림 Ⅱ-16에 동물실험에서의 여러 가지 스트레스 부하법을 제시하였다. 몇 가지 방법에 대해서는 각각 관련되는 항목에서 논술하겠다.

그림 II-16 동물의 스트레스 부하법

(Nakata Masashige : stress 그때의 뇌는? 講談社. 1987에서 인용)

F 스트레스로 뇌는 어떻게 변화하는가?

우리는 주로 신경전달물질인 노르아드레날린 및 그 주요 대사물질인 3-methoxy-4-hydroxyphenylethyleneglycol sulfate(MHPG-SO_4)의 여러 갈래 스트레스 상황의 변화에 대해서 상세히 검토하여 왔기 때문에 여기서부터는 이것을 중심으로 해서 서술하겠다.

1. 신체적 스트레스와 심리적 스트레스

먼저 구속 스트레스, 전격 스트레스, 심리적 스트레스, 공포조건부여 스트레스라고 하는 4

종류의 서로 다른 스트레스를 1시간 부하한다고 하면 어떻게 되겠는가.

구속 스트레스는 쇠 그물 안에 쥐를 넣고 둘레를 쇠줄로 고정시키는 방법이고, 전격 스트레스는 스테인레스 스틸 바닥으로 된 상자에 쥐를 넣고 바닥에 전기 자극을 가하는 방법이다.

이들 두 가지 방법에 대해서 심리적 스트레스와 공포조건 부여는 상당히 순수한 정동 스트레스라고 구분할 수 있겠다. 심리적 스트레스에서는 오가와(小川)등의 전달상자(오가와 등: 정신의 6:356, 1966)가 사용된다. 그림Ⅱ-17에서 보는 바와 같이 쥐를 투명한 벽으로 칸막이 된 18×19㎝의 25의 상자에 각 1마리씩 들어가게 한 뒤 바닥에서부터 전기 충격을 가하여 준다. 그러나 한쪽 상자 바닥에는 플라스틱 판자가 깔려 있어서 그 상자의 쥐는 직접적으로는 전기 충격을 받지 않는다. 그러나 자기 주위의 쥐가 전기 충격을 받고 나타내는 똥 누기, 오줌 싸기, 우짖는 소리, 몸부림 등의 정동 반응에 노출되기에 이른다. 이 상황을 우리는 심리적 스트레스라고 부르고 있다.

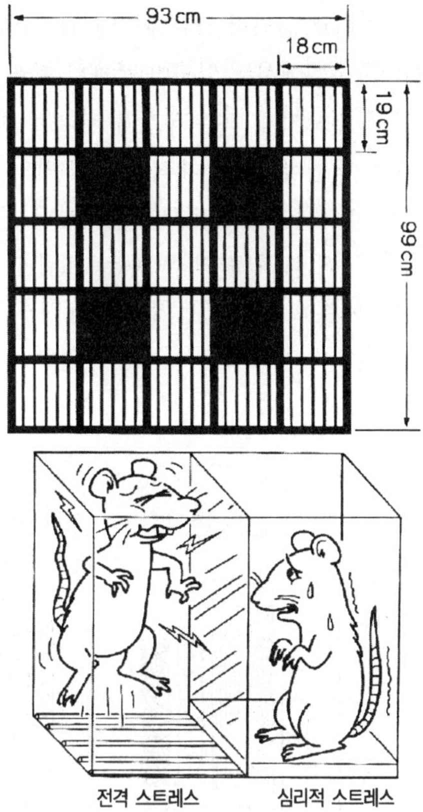

그림 Ⅱ-17 전달상자와 심리적 스트레스

공포 조건 부여에서의 쥐는 일정한 상자에 넣어져서 바닥으로부터 전기 충격을 1시간 받게 된다. 그 후에 24시간이 지나서 자신이 충격을 받았던 상자에 다시 1시간 들어가게 되는데 이때는 전기 충격은 가해지지 않는다(그림Ⅱ-18).

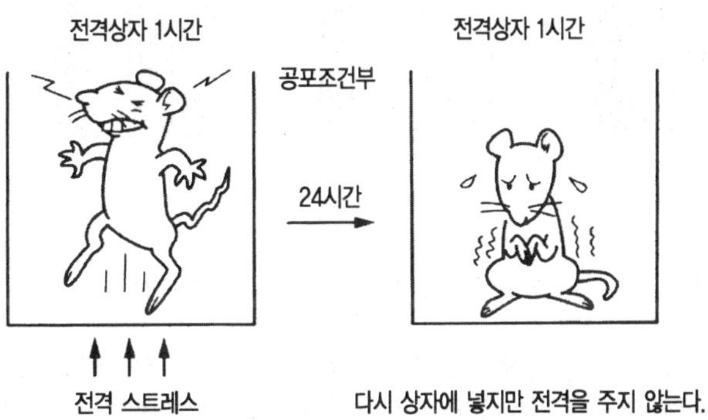

그림 Ⅱ-18 공포조건 부여의 패러다임

한 마디로 심리적 스트레스에서는 주위의 전기 충격을 받은 쥐가 나타내는 정동 반응이, 공포조건 부여에서는 일찍이 불쾌한 경험을 겪은 상자에 다시 들어가게 되었다는 사실이 스트레스를 일으키게 되는 계기가 된다고 해석할 수 있다. 그런 의미에서 이 두 종류의 스트레스 상황은 직접적으로 신체적 요인이 거의 관여되지 않는 스트레스 상황이라고 생각된다.

이상의 4종류의 스트레스를 가했을 때 뇌의 각 부위의 노르아드레날린의 주요 대사산물인 MHPG-SO4 함량의 변화는 그림Ⅱ-19에 나타난 바와 같다. 위에서 말한 바와 같이 MHPG-SO4 함량이 증가하는 때에는 일반적으로 노르아드레날린의 방출이 항진되어 있다고 생각된다.

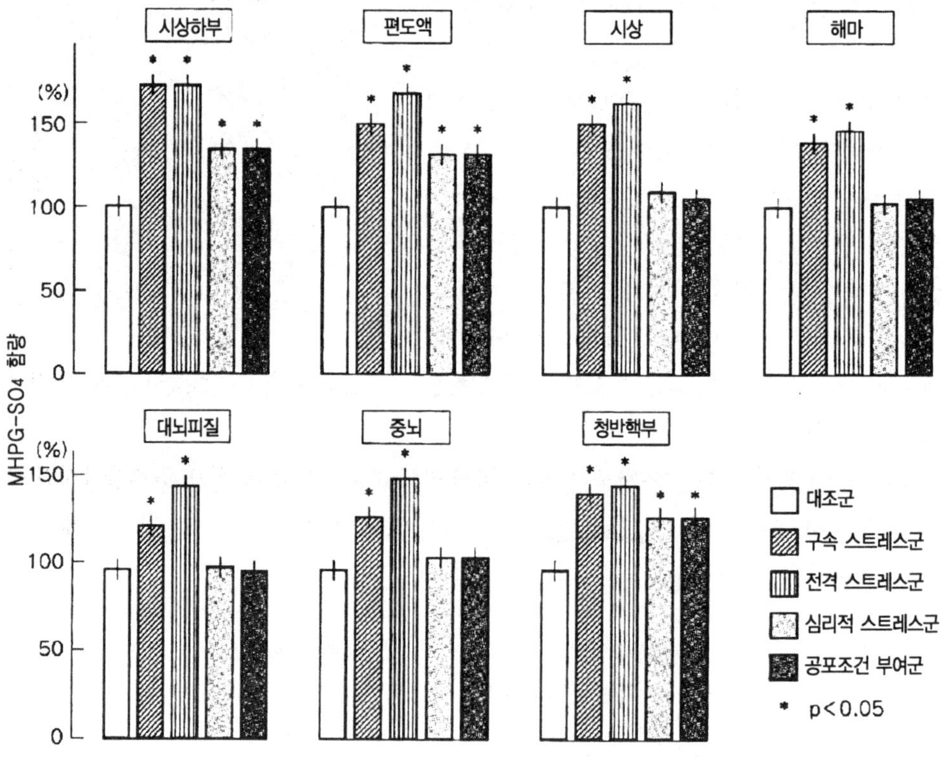

그림 II-19 4종류의 다른 스트레스에 따른 뇌의 각 부위의 MHPG-SO4 함량의 변화

구속 스트레스, 전격 스트레스, 심리적 스트레스, 공포조건 부여 스트레스의 4종류의 다른 스트레스를 1시간 부하 하였을 때 실험쥐 뇌의 각 부위의 노르아드레날린의 주요대사 산물인 MHPG-SO4함량의 변화를 나타냄

구속 스트레스나 전기 충격이라고 하는 신체적 요인이 크게 관여하는 스트레스에서는 검사한 뇌의 모든 부위에서 두드러지게 노르아드레날린 방출의 항진이 나타난다. 그 현상에 대해서 심리적 스트레스와 공포조건 부여에서는 시상하부, 편도핵, 청반핵부의 세 부위에서 노르아드레날린 방출의 항진이 나타나지만 그 정도는 신체적 스트레스에 비하면 적게 나타난다. 다만 이들 부위는 정동과 밀접히 관련되어 있는 부위라는 점이 흥미롭다.

이와 같이 신체적 스트레스의 경우에는 광범위의 뇌 부위에서 두드러진 노르아드레날린 방출 항진이 나타나는 데 비해서 상당히 순수한 정동 스트레스에서는 주로 정동이 관여하는 뇌 부위에서 노르아드레날린의 방출 항진이 나타나고 그 정도는 신체적 스트레스의 경우보다는 가볍다.

실제로 노르아드레날린 방출이 항진되고 있는지 어떤지를 마이크로 투석법에서 검사해 본 것이 그림Ⅱ-20이다. 구속 스트레스에 의해서 시상하부의 노르아드레날린 방출이 항진되고 있는 현상이다.

이와 같이 뇌의 각 부위에서의 스트레스 때와 비스트레스 때와의 노르아드레날린 방출 양식을 모형적으로 나타내면 그림 Ⅱ-21처럼 된다.

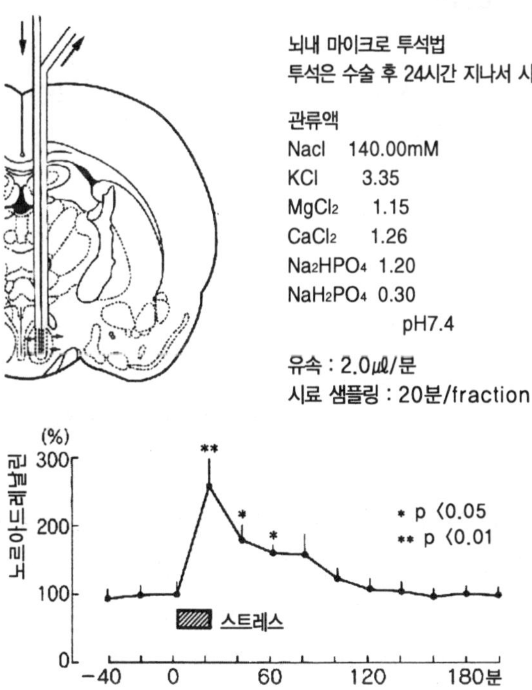

그림 Ⅱ-20 쥐의 전부 시상하부에 프로브를 심고 투석관류를 행한 때의 관류액 중의 구속 스트레스에 의한 노르아드레날린 함량의 변화
스트레스는 20분간 부하(빗금부분)

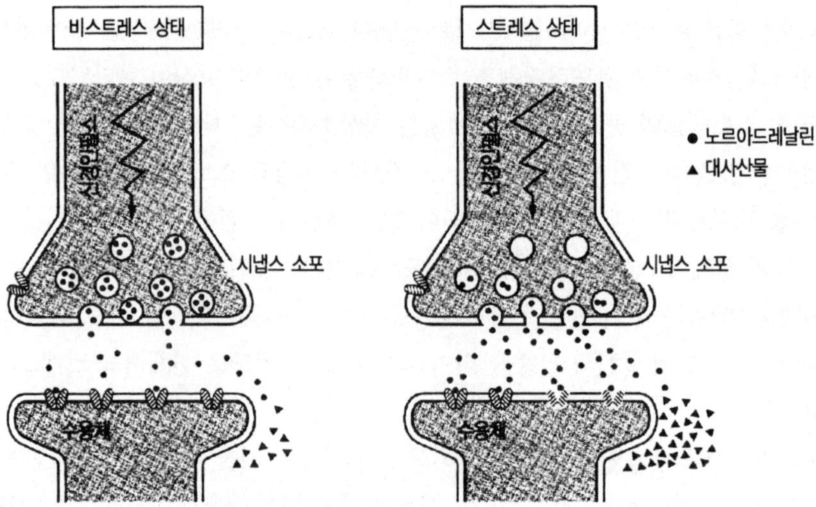

그림 Ⅱ-21 비스트레스(왼쪽)와 스트레스(오른쪽)의 노르아드레날린 방출의 변화

G 몇 가지의 스트레스 요인과 뇌의 반응

몇 가지 스트레스와 관련되는 요인의 차이에 따라서 뇌의 변화는 어떻게 달라지겠는가. 여기서는 다음과 같은 요인에 근거해서 검토한 결과를 설명하고자 한다.

1. 스트레스의 조절 가능성

같은 스트레스라 하더라도 그 스트레스에 대해서 스스로 조절이 가능한 경우와 전혀 조절할 수단이 없는 경우의 뇌의 변화는 다르게 나타나는 것일까?

이 현상은 스트레스의 조절 가능성 문제가 되겠는데 이에 대한 검토를 위해서는 트리아딕·디자인이 쓰이게 된다. 이 조사법은 그림Ⅱ-22에 보이는 것처럼 3마리의 쥐가 1조가 된다. 어느 쥐든 그림에서처럼 상자에 넣게 되고 꼬리에 전기 충격용의 전극이 장착된다. 그때 A쥐의 전극과 B의 전극과는 직렬로 배선되어 있다. 그 때문에 A도 B도 같은 강도의 전기 충격을 같은 횟수만큼 받게 된다. 다만 A와 B의 차이는 A가 눈앞에서 원반을 밀어서 스스로 전기 충격을 멈출 수 있는데 비해 B의 원반은 가짜이기 때문에 이 원반을 밀더라도 전기 충격을 멈추지는 못한다. 결국 전기충격에 대해서 A는 조절이 가능하지만 B는 조절이 불가능하다. C의 쥐는 그저 상자에 같은 시간 동안 들어가 있게 될 뿐 전기 충격은 전혀 받지 않는 대조군을 나타내고 있다.

이와 같은 상태에 놓아두면 처음 3시간 정도 지나서 B의 쥐는 원반을 밀더라도 헛된 것이라는 점을 터득하여 결국에는 거의 원반을 밀지 않게 된다. 이와는 대조적으로 A의 쥐는 처음의 6시간쯤은 시행착오적으로 원반을 미는 횟수가 많아지게 되는데 그 후로는 거의 일정한 비율로 원반을 밀다보면 전기 충격을 멈추게 되는 일을 알아차리고 원반을 미는 횟수가 일정해지고 안정된 밀기 방법을 연출하게 된다.

21시간 뒤에 위를 조사해 보면 그림 Ⅱ-23에 나타내는 바와 같이 스트레스를 조절할 수 없었던 B의 쥐는 심한 위궤양을 앓게 되지만 조절이 가능했던 쥐A의 위궤양은 훨씬 경미하다. 처음에 언급한 대로 A, B 두쪽 쥐 모두가 받은 전력양은 같기 때문에 이 위궤양의 환부의 차이는 스트레스를 스스로 조절할 수 있었느냐? 없었느냐의 차이에 유래한다고 하겠다. 이 사실로 보아 기본적으로 스트레스는 일방적으로 받아들이기 보다는 스스로 조절할 수 있는 쪽이 유리하다고 추측된다.

그러나 처음 시기의 뇌의 변화는 이 현상과는 전혀 다르게 나타나고 있었다. 한마디로 스트레스 부하의 초기이던 3시간 후나 6시간 후에는 시상하부나 편도핵이라고 하는 정동과 관계가 깊은 뇌 부위의 노르아드레날린 방출의 항진은 스트레스를 조절할 수 있는 A의 쥐가 B의 쥐보다 현저하게 나타났다고 하는 결과이다.

노르아드레날린 방출의 항진은 어느 정도 스트레스의 강도 척도로도 되는 것이므로 이 결과는 A쪽이 위궤양의 정도가 훨씬 경미하다고 하는 결과와 모순된다. 이 모순은 위궤양 발생에 대해서 검토한 것과 같은 21시간 후의 변화를 검토한 결과로 해결되었다.

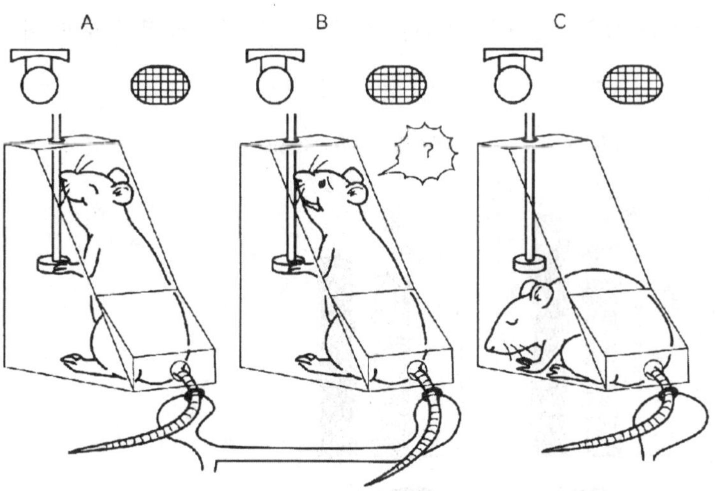

그림 Ⅱ-22 스트레스의 조절 가능성을 테스트하기 위한 트리아딕 • 디자인

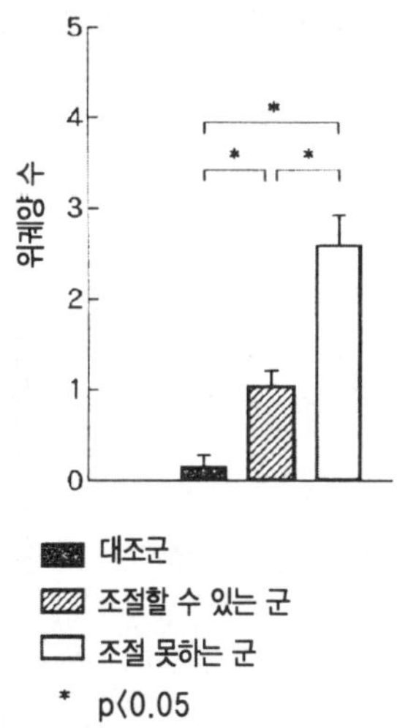

그림 Ⅱ-23 스트레스에 대해서 조절 가능했던 쥐와 불가능 했던 쥐의 위점막 손상 정도의 차이

한마디로 A의 쥐가 원반을 충분히 밀어내어 전기 충격을 멈추게 하는 방법을 익히고 난 21시간 후에는 B의 노르아드레날린 방출 항진은 6시간 후와 거의 다르지 않은 데 비해 A의 노르아드레날린 항진은 6시간 후에 비하면 두드러지게 감소되어 있었다.

정리하자면 3~6시간 후라고 하는 스트레스 초기에 A는 원반을 밀어서 전기 충격을 멈추는 일을 익히려 하는 시기였으며 아주 시행착오적이다. 그 때문에 그저 피동적으로 전기충격을 받았을 뿐인 B에 비하면 A쪽이 스트레스를 심하게 받은 것으로 추정되었다. 그러나 한 번 원반 밀어내기를 익히고 난 21시간 후에 보면 이와 같은 상황은 A로 보아서는 이미 큰 스트레스는 아니었으리라 추정되었다.

이와 같이 스트레스의 조절 가능성이라는 관점에서 보면 스트레스는 역시 스스로 조절하는 편이 좋겠지만 조절하는 수단을 익히기까지에는 큰 변화가 있다라고 생각된다.

2. 스트레스의 예측성

다음은 같은 스트레스인 경우에 그 스트레스가 닥쳐오는 것을 예측할 수 있는 경우와 그렇지 않은 경우가 우리의 일상생활 속에도 있다. 이와 같은 스트레스를 예측할 수 있게 되는 경우와 예측하지 못하게 되는 경우에 뇌의 변화도 다르게 나타나는 것일까?

이 문제는 스트레스의 예측성에 관한 문제이지만 이 경우도 트리아딕·디자인이 사용된다. 그림 Ⅱ-22처럼 역시 A와 B의 전극은 직렬로 이어져 있다. 이 때 원반은 없어도 무방하지만 A의 쥐로 보아서는 벨소리와 빛의 신호 후에 반드시 전기충격의 전달이 가해지도록 해서 그 충격의 도달 여부를 알 수 있도록 하였지만 B의 경우는 부저소리나 전기 충격에 대한 예

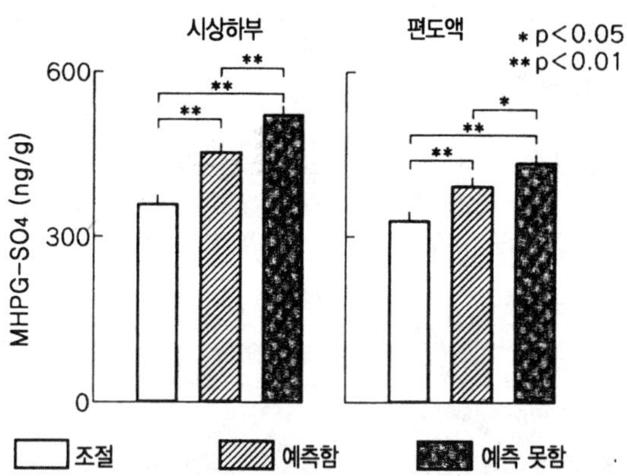

그림 II-24 스트레스에 대한 예측 가능성 여부가 시상하부와 편도핵의 노르아드레날린 방출에 미치는 영향

측이 불가능한 상태에 놓여 있다. C의 경우는 그저 상자 속에 넣어져 있는 채로 대조군이 되는 쥐이다.

이와 같은 상태로 19시간 놓아두게 되면 예측이 가능했던 A에 비해서 예측이 불가능했던 B쪽에 훨씬 더 심한 위궤양 증세가 일어났고 더욱이 시상하부나 편도핵의 노르아드레날린 방출항진의 정도는 A에 비해 B쪽이 훨씬 더 현저했다(그림 Ⅱ-24). 이런 결과로 볼때 스트레스는 미리 예측할 수 있는 편이 예측 못하는 편보다 훨씬 유리하게 된다.

3. 스트레스의 발산

같은 스트레스에 노출되어 있었다 하더라도 그 때의 스트레스에 대해서 발산이 가능한 경우와 불가능한 경우의 두 가지 반응이 있다. 발산 하였는지, 하지 않았는지에 따라 뇌의 변화가 달라지게 되는 것일까?

쥐를 반듯하게 눕혀 판자 위에 네발을 테이프로 묶는다. 이와 같은 스트레스를 동시에 2마리 쥐에게 부하하게 되는데, 그 때 한쪽 쥐는 단지 이와 같은 구속 스트레스를 줄 뿐이지만 다른 한쪽 쥐에는 눈앞에 젓가락을 내밀게 해 그 젓가락을 깨무는 동작으로 스트레스를 발산할 수 있게 해준다. 10분 동안 이와 같은 스트레스 상태에 두었다가 그 후에 스트레스에서 해방시키고 나서 50분 뒤에 상태를 살폈다.

혈액 속의 부신피질 호르몬은 10분 동안의 스트레스 직후에는 두 그룹이 모두 함께 상승하였지만 스트레스를 발산시키고 난 쥐의 경우는 해방 50분 후에는 분리의 수치로까지 되돌려지는 데 반하여, 스트레스를 발산시키지 못했던 쥐의 경우는 스트레스에서 해방되어 있는 상

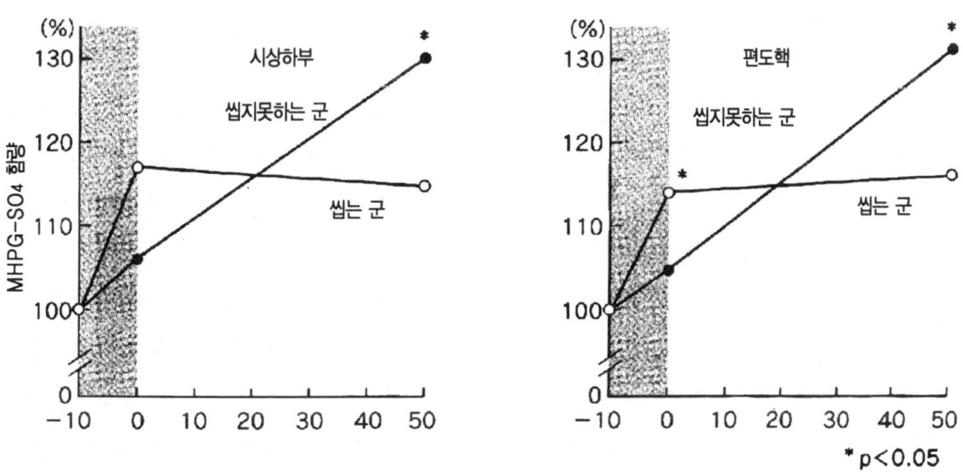

그림 Ⅱ-25 스트레스 폭로 중의 노여움을 발산했는지 못했는지가 쥐의 시상하부와 편도핵의 노르아드레날린 방출에 미치는 영향(그림의 음영부분에서 스트레스 부하)

태임에도 불구하고 부신피질 호르몬은 상승된 상태 그대로였다.

뇌의 변화도 비슷한 상태로 나타나 시상하부나 편도핵 등에서 발산을 한 쪽에서는 스트레스에 의한 노르아드레날린 방출의 항진이 스트레스 해방 직후와 해방 50분 후가 거의 변하지 않게 나타났지만, 발산하지 못한 쪽에서는 스트레스 상태에서 해방된 후에도 노르아드레날린 방출의 항진이 두드러지게 증강된다는 사실이 분명하게 나타났다(그림 Ⅱ-25). 이 사실은 스트레스 폭로 중의 공격성 발산이라고 하는 과정이 뇌의 물질 레벨에까지 영향을 미치고 있음을 보여주는 것으로 확실히 스트레스의 발산이 중요하다는 사실을 엿보여주고 있다 하겠다.

4. 연령의 차이

스트레스와 연령의 문제도 이 분야에서 커다란 과제가 되고 있다. 2개월 된 젊은 쥐, 12개월 자란 고령 쥐를 구분해서 같은 쇠 그물에 의한 구속 스트레스를 가했을 때의 변화와 그 상태에서의 회복에 대해 검토하였다.

그 결과로 혈액 속의 부신피질 호르몬의 상승도 시상하부나 편도핵 등의 노르아드레날린 방출 항진도 나이와는 관계없이 같은 상태로 나타났다. 그러나 크게 다르게 나타난 현상은 스트레스로부터의 회복하는 모습이었다.

어린 쥐의 경우는 부신피질 호르몬의 상승은 스트레스에서 해방된 후에는 6시간 만에 빠르게 원상태로 되돌아가는 데 비해, 고령 쥐의 경우는 6시간 후가 아니라 24시간이 지나서도 계속 상승상태로 있게 되는 것으로 보아 스트레스에서 해방된 후에도 스트레스 상태와 비슷한 상태가 계속 된다는 사실이 드러나게 되었다.

이 사실은 시상하부나 편도핵을 중심으로 한 뇌의 노르아드레날린 방출항진도 비슷하여서 젊은 쥐의 경우는 노르아드레날린 방출항진으로부터의 회복이 스트레스 해제 뒤 6시간 만에 현저하게 볼 수 있는데, 고령 쥐의 경우에는 6시간 후에는 말할 것도 없고 24시간이 지난 후에도 완전히는 회복되어 있지 않아 회복이 기대 이상으로 늦어진다는 사실에 차이가 있음이 분명하게 밝혀졌다(그림 Ⅱ-26).

틀림없이 나이가 들면 회복이 늦어진다는 사실은 일상에서 늘 경험하는 바이지만 흔히 근육피로 회복 등의 말초적 변화에 나타나는 현상이다. 그런데 우리의 실험은 말초에 대해서뿐만 아니라 뇌 변화의 회복도 늦어진다는 사실을 나타내 보여주고 있다. 뇌의 회복이 늦어지고 있다는 사실은 실제로는 좀처럼 알기 어려운(감지 못하는) 현상인 만큼 중요한 결과라고 생각된다.

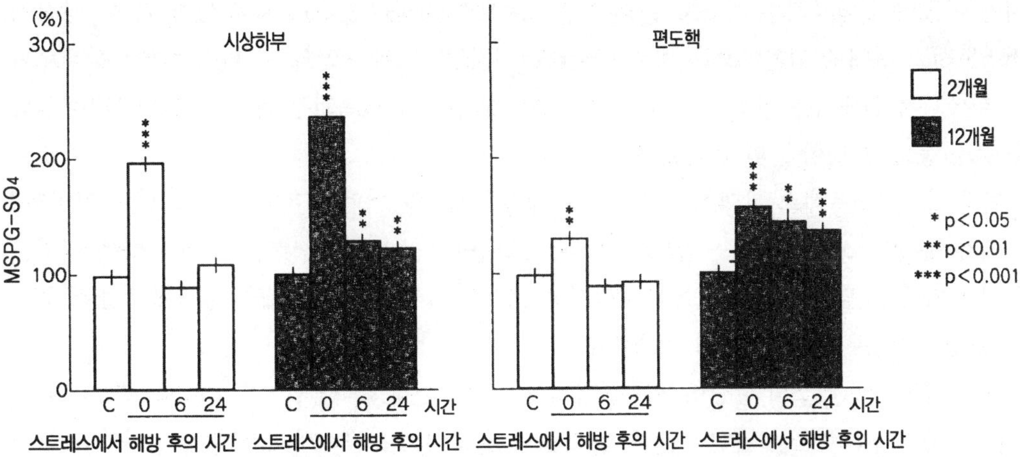

그림 II-26 어린 쥐(2개월)와 어른 쥐(12개월)에 스트레스를 부하하였을 때의 시상하부와 편도핵의 노르아드레날린 방출의 변화와 스트레스에서의 회복 차이

H 스트레스에 의한 뇌의 변화를 억제하는 것

스트레스에 의한 뇌의 노르아드레날린의 방출 항진은 여러 가지의 약물로써 억제될 수 있다. 예를 들면 임상에서 널리 사용하고 있는 벤조디아제핀계의 항불안제인 디아제팜은 시상하부나 편도핵이며 청반액 등의 정동과 관련된 뇌 부위에서 스트레스에 의한 노르아드레날린 방출을 감소시킨다. 그 밖의 많은 실험결과로 우리는 시상하부나 편도핵과 청반핵의 노르아드레날린 방출이 불안의 야기로 증가하는 현상과 관련되어 항불안제는 이들 항진된 노르아드레날린의 방출을 이들 부위에서 억제시키므로 항불안 효과를 나타낸다는 불안의 노르아드레날린 가설을 제창하기에 이르렀다(자세한 것은 참고문헌 참조).

I 스트레스와 비스트레스

우리가 실행해 온 여러 가지 스트레스는 그 조건의 차이에 따라서 뇌의 스트레스 반응이 어떻게 달라지게 되는가에 대해서 몇 가지 논하여 왔다.

하나 더 주목해 주기 바라는 사례는 그림 Ⅱ-27에 보여주는 바와 같이 스트레스의 ON, OFF와 생체반응(스트레스)의 ON, OFF는 시간적으로 보아서 매우 다르다는 사실이다. 이 사실은 그림 Ⅱ-20에서의 결과로 보아서도 분명하다고 생각한다.

사람을 대상으로 하는 시험을 통해서는 이와 같은 사실을 알기 어렵겠다고 생각할 수 있겠지만 이들의 실험사례는 적어도 눈앞에서 스트레스가 사라졌다고 해서 생체기능이 당장에 비스트레스 상태로 되돌아오는 것은 아니라는 사실을 보여주고 있다. 비스트레스 상태로까지 회복되기 위해서는 일정한 시간이 필요하며 게다가 그 회복과정에는 나이를 더해야 한다는 요소 등도 큰 영향을 미치고 있다.

이와 같이 "스트레스 상태에서 회복되지 않은" 상태란 어떤 의미를 가지고 있는 것일까? 생체가 눈앞의 스트레스에 노출되어 있다는 그때만이 스트레스 상태라고 하기에는 어려운 문제가 있다. 눈앞에서 스트레스가 사라지고 난 뒤에도 생체가 스트레스 상태에 머물러 있다고 말할 수 있는 경우가 많다고 생각한다.

이 사실은 스트레스의 발산이라는 실험에서도 분명하게 나타난다. 한 마디로 젓가락을 잘 깨물지 못해서 노여움을 발산시킬 수 없었던 쥐를 보면 스트레스에서 해방되어 이미 50분이 지났으면서도 두드러진 노르아드레날린 방출 항진이 계속되는 뇌의 변화로 보아 뇌는 완전히 스트레스 상태에 있다고 생각할 수밖에 없다.

이와 같이 비록 스트레스와 접하더라도 그 스트레스가 지나가 버린 때에는 되도록 빨리 비스트레스 상태의 생체로 되돌아와야 한다는 이치가 심신증의 발증과 관련하여 중요한 현상이 아닐까 한다.

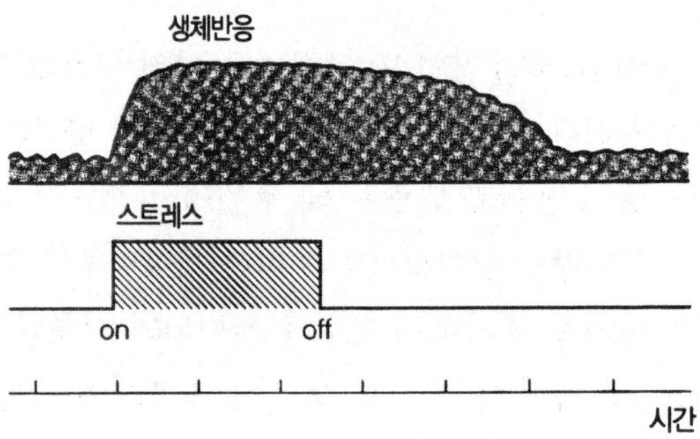

그림 II-27 스트레스의 ON, OFF와 그 때의 생체반응과의 관계

J 급성 반응에서 만성 반응으로

심신증의 발증을 생각하면 만성 스트레스의 비중이 크다고 생각한다. 그림Ⅱ-28에 급성 스트레스 반응 상태가 만성 변화를 일으키게 되기까지를 모식적으로 제시하였다.

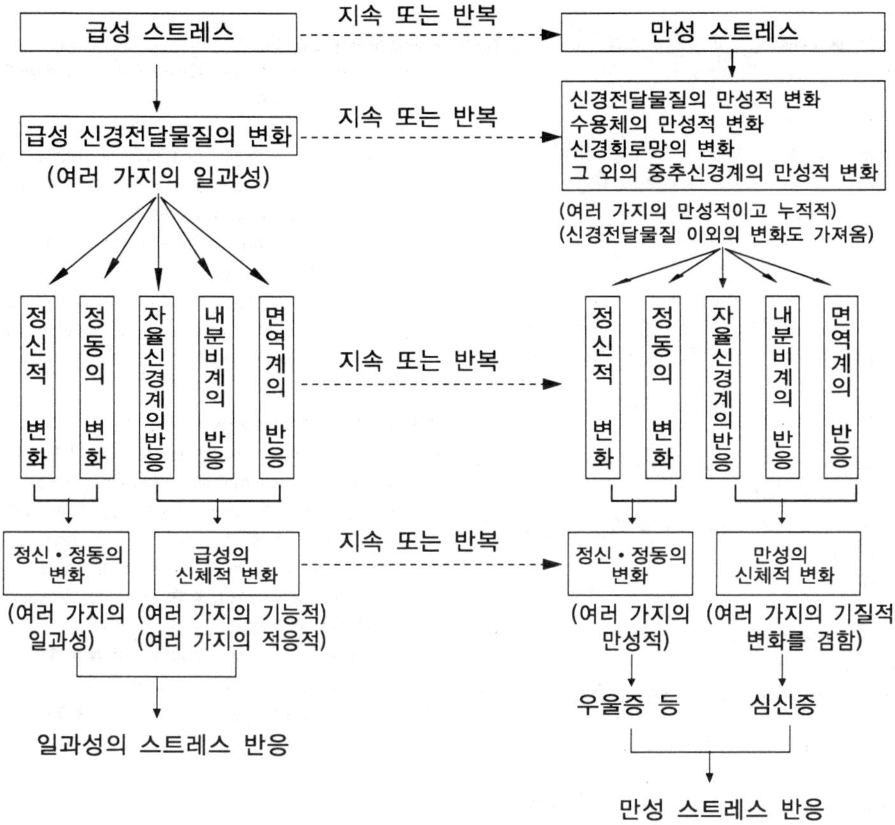

그림 II-28 급성 스트레스 반응과 만성 스트레스 반응으로 본 심신증의 발증 과정

- 끝으로 -

위에서 서술한 것과 같이 동물들은 우리 인류에게 소중하고 많은 것을 가르쳐 주었다.

일반적으로 동물 실험의 결과를 사람에 적용해서 생각하는 것은 신중하지 않으면 안 된다. 그러나 여기서 언급한 결과는 우리의 일상생활과 관련해서 매우 시사적이다.

원고에서는 내용상 생략된 부분이 많다. 각각의 저자 등의 문헌을 참조해주기 바란다. 한편 이 원고는 참고 문헌 7과 8을 근거로 하여 수정된 것이므로 일부분은 이들 총설과 겹치는 내용이 있을 수도 있으니 양해 바란다.

문헌

主な参考文献をあげる。オリジナル論文はそれぞれの論文の文献欄をさらに参照されたい。

ストレスと脳について

1) 田中正敏：ストレス-そのとき脳は？ 講談社，1987
2) 田中正敏，他：ストレスの作用機序．臨床と研究 65：1380-1390, 1988
3) 田中正敏：ストレス．代謝(臨時増刊号，脳代謝とその異常) 26：122-131, 1989
4) 田中正敏：ストレスと脳の仕組み—ストレスによる脳内物質の変化．化学と工業 42：1526-1530, 1989
5) 田中正敏，他：ストレス潰瘍．心身医療 1：623-631, 1989
6) 田中正敏：ストレスと神経伝達物質．治療学 25：765-772, 1991
7) 田中正敏：ストレスと脳—実験的アプローチ．作業療法 10：110-118, 1991
8) 田中正敏：ストレス—そのとき脳は？ 心身医療 5：778-786, 1993
9) 田中正敏：脳とストレス．からだの科学 168：77-83, 1993
10) 田中正敏：動物実験におけるストレス負荷法．日薬理誌 102：69-76, 1993
11) 田中正敏：現代のストレス．臨床と研究 70：1013-1020, 1993
12) 田中正敏：心身症発症の神経化学的メカニズム．心身医 34：265-272, 1994
13) 田中正敏：ストレス反応におけるひきがね機構について．心身医学 39：193-202, 1999
14) Tanaka M : Emotional stress and characteristics of brain noradrenaline release in the rat. Industrial Health 37 : 143-156, 1999

不安の神経化学について

15) 田中正敏，他：不安と脳内モノアミン．神経精神薬理 10：645-666, 1988
16) 田中正敏：ストレスと不安の神経化学—特に脳内noradrenalineの動態．自律神経 29：199-216, 1992
17) 田中正敏，他：不安と脳内ノルアドレナリン神経系．臨床精神医 21：585-603, 1992
18) 田中正敏：不安と脳内ノルアドレナリン神経系．心身医学 37：231-239, 1997
19) Tanaka M et al : Noradrenaline systems in the hypothalamus, amygdala and locus coeruleus are involved in the provocation of anxiety : basic studies. Europ J Pharmacol 405 : 397-406, 2000

抗不安薬の生化学的作用機序について

20) Tanaka M et al : Involvement of the brain noradrenaline system in emotional changes caused by stress in rats. Ann N Y Acad Sci 597 : 159-174, 1990
21) 田中正敏：不安とノルアドレナリン．Upjohn Symposium vol 1, 不安の基礎と臨床I, pp27-54, 1990
22) 田中正敏：不安の神経機構．Upjohn Symposium vol 2, 不安の基礎と臨床II, pp3-27, 1993
23) 田中正敏：ストレスの仕組み．精神薬理の立場より．Clin Neurosci 12：506-510, 1994
24) 田中正敏：超図解 薬はなぜ効くか．講談社，1998

7 스트레스와 면역

한번 걸린 적이 있는 감염증은 두 번 걸리지 않는다는 것을 면역(immunity)이라 하며 Jenner의 종두법은 이 개념을 응용한 것이다. 그러나 면역은 현재 더 넓은 개념으로 자기(自己)와 비자기(非自己)를 구별하는 생명의 항상성을 지킴으로써 중요한 기능을 한다. 체내에서 자기의 존재에 있어 불이익한 병원체 같은 것이 침입하거나 암과 같은 것이 발생할 경우 이것을 선택적으로 배제하려고 하는 생명보존을 위하여 동물이 가지고 있는 기본적 기능으로 선택적·특이적 기억을 가지고 있는 것이 특징이다.

면역기관으로서 비장, 림프절, 흉선, 골수 등이 있고 임파구, 대식세포 등이 서로 조절하면서 면역이 성립한다. 임파구는 다수의 subset를 포함한 B세포와 T세포로 되어있다. 면역은 면역글로불린이 관여하는 체액성 면역과 감작(感作) 임파구가 관여하는 세포성 면역의 둘로 나누어진다. 태어나면서부터 가지고 있는 선천성 면역, 생후 여러 가지의 병원체, 동식물 유래물질이 체내에 침입하여 면역을 일으켜 생기는 후천성 면역이 있다. 이 면역기능은 여러 가지 스트레스에 영향을 받는다는 것이 알려져 있다.

여기서 생체는 내적·외적 스트레스에 대하여 신경·내분비·면역계의 조절에 의하여 내부환경의 항상성이 유지되고 있다. 이 3가지 계통은 정보전달의 형성을 공유하여 종합적으로 생체조절계로서의 역할을 하고 있다. 정보전달인자로서 호르몬, 사이토카인, 신경전달물질 등이 있다. 스트레스의 면역계에 미치는 영향에 대해서는 시상하부, 하수체, 부신계 또는 자율신경계가 개입한 2개의 계열이 있다. 스트레스 종류, 양, 시간 나아가서 스트레스를 받았을 때의 생체측의 조건에 의하여 면역계의 영향은 다르다. 또 스트레스가 면역기능에 미치는 영향은 측정하는 면역계에 따라 내분비계, 신경계의 관여 정도가 다르다.

A 스트레스와 신경 • 내분비 • 면역계의 상관

심리적 스트레스는 시각, 청각 등의 감각계를 통하여 중추신경계에 영향을 미친다. 그리고 시상하부-하수체-부신계 또는 자율신경계를 통하여 면역계에 영향을 미친다.

1. 스트레스와 내분비 • 면역계

정동 스트레스는 대뇌 변연계, 특히 편도핵을 자극하고 시상하부의 실방핵에 있는

CRH(corticotropin-releasing hormone) 뉴론을 활성화시켜 하수체에서 부신피질자극호르몬(ACTH)를 분비시키고 이어서 부신피질에서 glucocorticoid를 분비시킨다.

한편 해마는 CRH 뉴론에 대해 억제성으로 작용한다. 이 CRH 뉴론은 궁상핵의 proopiomelanocortin(POMC)뉴론에 선유(線維)를 보내고 있고 거기서 부터 β-endorphin, α-melanocyte stimulating hormone(이하 α-MSH로 함) 나아가서 ACTH를 분비시켜 여러 가지의 면역기능을 수식한다. β-endorphin과 ACTH는 실방핵에서의 CRH 분비에 부(負)의 피드백을 건다. 일반적으로 급성 스트레스의 경우 증가한 glucocorticoid는 해마의 수용체에 결합하여 실방핵을 통하여 CRH 분비를 억제하지만 만성 스트레스에서는 고글루코코르티코이드 혈증에 의하여 해마의 수용체는 약하게 조절되어 부(負)의 피드백 기능은 저하하고 고글루코코르티코이드 혈증은 지속한다. 스트레스 시에는 혈중의 임파구나 호산구의 감소, 뇨중 17KS, 17OHCS의 배설량 증가를 볼 수 있다. 부신피질호르몬 중에 glucocorticoid는 항염증작용, 면역억제작용, 항종양작용을 가지고 있다. glucocorticoid에 대한 수용체는 적혈구를 제외한 대부분의 모든 조직세포에서 볼 수 있다. glucocorticoid의 면역계에 대한 억제작용은 직접작용 또는 매개체의 억제에 의한 2차적인 간접작용으로 관여한다. 그 외 성장호르몬, 성선자극호르몬, 유즙분비호르몬도 스트레스의 영향을 받기 쉽다. 이러한 호르몬은 면역계에 영향을 미치는 것으로 알려져 있다.

2. 스트레스와 신경 • 면역계

신경계가 외부의 자극을 수용기에서 받아 신경선유를 매개하여 중추에 전달한다. 그리고 외부의 변화에 대하여 효과기를 통하여 반응한다. 또 일부는 자율신경계로서 내부 환경의 항상성을 유지한다. 신체의 모든 장기는 교감신경과 부교감신경의 움직임에 의하여 조정되고 있다. 면역계의 각 조직에도 자율신경계가 많이 존재하고 있다. 자율신경의 중추는 시상하부에 있고 정동의 중추도 시상하부와 대뇌변연계에 있음이 확실하게 되었다. 정동은 자율신경을 매개하여 면역기능에 영향을 미치고 있다. 흉선, 골수, 비장, 림프절 등의 면역계 조직은 교감신경 또는 부교감 신경의 지배를 받고 있다. 자율신경은 혈관을 매개하여 림프조직의 미소순환을 조절하는 것만이 아니고 신경선유의 일부는 임파구의 많은 실질에 연결되어 있고 임파구에 직접 작용하고 있다. 그리고 T 또는 B 임파구는 α, β-아드레날린 수용체를 가지고 있다. 이것들을 매개로 자율신경이 면역을 조절하고 있다. α수용체가 자극되면 세포내 cAMP저하를 매개하여 면역반응은 촉진되고 β수용체가 자극되면 세포내 cAMP의 상승을 매개하여 임파구 기능은 억제된다.

스트레스에 의해 하수체 전부에서는 β-엔돌핀이, 또한 부신수질에서는 엔케팔린이 분비된다. Weigent 등(1987)은 많은 신경 펩타이드에 대하여 특이적 수용체가 면역담당 세포상에서 볼 수 있음을 보고하고 있다. 이 속에는 혈관 활동성 장관 폴리펩타이드(VIP), Substance P, 카테콜라민, 아세틸콜린 등이 포함된다. 이러한 신경전달물질은 특이적 수용체를 매개하여, cAMP이나 cGMP라고 하는 2차 전달물질을 활성화함으로써 세포기능을 담당하고 있다. 또 이러한 신경전달물질은 사이토카인의 생성과 생리활성에 영향을 미침으로써 간접적으로 면역반응을 담당한다.

여기서 뇌간부의 교감신경 핵인 고속핵은 실방핵 내부의 CRH세포의 풍부한 부위에 노르아드레날린계의 선유를 보내고 있다. 또한 청반핵은 갑상선호르몬 방출 자극인자나 소마토스타틴, 도파민 함유세포에 풍부한 실주이핵과 대뇌피질에 똑같이 선유를 보내고 있다. 양신경핵과 같이 출혈 등의 내장신경자극과 통증 등의 체성감각자극과 정보망을 형성하면서 실방핵에서의 CRH 분비를 자극한다. 이와 같이 시상하부에 있어서 CRH분비와 교감신경계는 상호 영향을 끼치고 있다.

B 스트레스와 면역에 관한 임상연구

여러 가지 근심이나 비애, 우울상태에서는 감염증, 알레르기 질환, 자기면역 질환 또는 암의 발생률이 증가한다고 보고되고 있다. Bartrop은 배우자의 사후에 남겨진 배우자 임파구의 반응성이 2~8주간 후에 저하한다고 보고하고 있다.[1] 또 Schleifer등은 유방암에 걸린 부인의 남편을 조사하였더니 사별 후의 임파구 유약화능(幼若化能)이 현저하게 저하한다고 주장하고 있다.[2] 또한 시험 스트레스에서 동반하는 말초혈액 임파구의 PHA 반응의 억제나 인터페론 생성능과 NK 활성의 저하[3,4]가 보고되고 있다. 스트레스와 감염과의 관계에 있어서는 Cohen 등은 심리사회적인자가 감기 발병에 미치는 영향에 대하여 정상인을 이용한 임상연구를 발표하였다. 즉, 처음부터 피실험자에 대하여 면접, 질문지법에 의한 개개인의 심리특성, life event의 유무에 대하여 평가한 후 감기의 원인 바이러스인 rhinovirus를 점비하고 발병의 빈도, 바이러스 분리, 항체의 상승 등의 면역학적 연구를 시행하였다. 그 결과 발병과 매우 관련 있는 것은 자각적 스트레스의 정도에 있었다.[5] 또 1개월 미만의 비교적 단기간의 스트레스 상황에 처해있는 사례에서는 감기의 이환율은 낮았고, 반대로 지속적인 스트레스 상황에 노출되어 있는 경우에서는 감기의 이환율이 유의하게 높았다고 한다.

일반적으로 스트레스는 숙주의 면역기능에 대하여 억제적인 작용을 하지만 단기간의 급성 스트레스는 만성 스트레스와는 달라서 생체의 면역기능을 활성화하여 감염 방어능력을 높이는 가능성을 시사한다.

Glaser 등은 EB 바이러스 항체 양성의 대학생을 대상으로 정기시험 전후의 심리상태가 시험기간 중 포진항체 수치에 어떠한 영향을 미치는가에 대하여 조사하였는데 그 결과 시험기간 중에 심한 고독감을 느끼는 학생에서는 여름방학 직후의 완화시기와 비교하여 시험기간 중에 항체가 확실하게 증가하였다고 한다. 또 Schmidt 등은 가족과의 사별 등 life event가 포진의 재발에 끼치는 영향에 관하여 조사하였는데 상실체험, 대인관계의 스트레스를 강하게 느끼는 피험자에서 대조군과 비교하여 포진(herpes)의 재발이 증가하였고 다시 재발초기에 말초혈액의 CD_4양성 T세포 수가 확실히 감소하였다는 것을 보고하고 있다.

NK세포 활성과 스트레스 대처 행동에 관한 보고도 있다. NK세포는 여러 가지 암세포를 파괴하는 작용을 가지고 있다. 건강한 성인남성의 NK세포 활성을 측정하여 높은 군, 중간군, 낮은 군으로 나누었을 때 높은 군은 적극적, 외향적으로 직장에서의 인간관계에 대한 스트레스가 적었다. 또 자기 일에 대한 만족도도 높았다. 낮은 군은 소극적이고 내향적인 사람이 많았고 스트레스를 많이 받으며 삶의 의욕도도 낮았다.

대규모의 자연 재해 후의 피해자의 면역기능 변화에 관한 보고가 있다. 1992년 남쪽 플로리다 중심에 막대한 피해를 가져다 준 대형 허리케인(Andrew)에 대해서 피해지역 주민의 외상 후 스트레스 상해 정도와 면역기능의 변화에 대하여 보고되었다. 그 결과 NK세포 활성은 실제 피해정도, 심리적 손상의 강도와 손해가 관련이 있는 것으로 나타났다. 또 CD4+, CD8+세포 수는 피해를 받지 않은 정상인에 비하여 피해지 주민에서 확실히 저하되었다.

또 1994년 남가주의 페르난도를 덮친 Northridge 지진 후 피해주민에서의 심리학적 변화와 면역기능의 추이에 관한 보고가 있다. 피해 직후의 비참한 상황에서 시간이 경과하면서 CD3+, CD8+, CD16+, CD56+ 각 세포 수 또는 T세포의 유약화 반응, NK세포의 활성이 모두 저하하였다고 한다. 또 사별 등의 심각한 상실체험을 입은 사람들 중에 고통을 심하게 느끼는 사람들은 마음을 억압하여 고통을 그다지 느끼지 않는 사람들과 비교하여 CD3+, CD8+의 세포 수와 PHA에 대한 유약화능이 높게 유지되고 있었다.

또한 최근에는 우울증, 우울상태가 암의 발생과 관련하여 그 배경에 면역기능이 저하한다는 보고가 있다.[6] 우울증에 있어서는 말초혈액 임파구의 mitogen에 대하여 유약화 반응이 저하하였고 우울증의 정도가 높을수록 유약화 반응이 저하하였다. 또 우울증에 있어서 NK세포는 세포수의 감소와 함께 활성도 저하하였다는 것이 보고되었다. 그 원인으로는 시상하부-하수체-부신피질계 항진때문이라고 생각된다. 이렇게 정신상태가 면역기능에 큰 영향을 미치지만 사람에 따라 스트레스를 받아들이는 개인의 성격과 신체적 요인에 의한 반응은 다르다.

C 기초연구

동물을 모델로 사용하여 많은 기초연구를 하고 있다. 쥐에 있어서 저온 또는 고온 스트레스에 의한 NK 활성이 저하하는 것이 보고되고 있다.

또한 쥐를 소음에 단기 노출시키면 미토젠에 대한 임파구 유약화 반응이 억제된다. 그러나 단기의 절식과 동통자극에 의한 면역기능이 증강하는 경우도 있다.[7] 또 스트레스를 개체가 제어, 처리할 수 있는가 없는가가 면역반응에 영향을 미친다.[8] 쥐를 사용하여 자신이 제어할 수 없는 전기충격을 받을 경우 PHA와 Con A 임파구 유약화 반응과 NK세포 활성은 저하한다. 그러나 자신이 그 전기충격을 견딜 수 있는 경우에는 동일한 전기충격을 받는다 하여도 이러한 면역반응은 억제되지 않는다.

또한 Stefanski 등[9]은 쥐를 다른 우리(cage)로 옮겼더니 주종관계를 둘러싼 심한 싸움(fighting)이 일어나는 점에 착안하여 싸움하는 사이 집단의 리더에 대하여 어떠한 대처를 하는가에따라 면역기능에 다른 점이 생기는가에 관하여 조사하였다. 그 결과 싸움을 피하여 리더에게 도피하는 쥐는 Con A에 대한 임파구 유약반응의 저하, T세포의 증가 및 B세포의 감소를 볼 수 있었으나, 한편 리더에 복종하지 않고 저항하는 쥐에서는 T세포 수, B세포 수 모두 감소하였다고 한다. 이 결과로 쥐들에게 동일한 스트레스를 주었다고 하여도 어떻게 적응하느냐에 따라 면역반응은 다르다는 것을 시사하고 있다.

이렇게 스트레스의 종류, 양, 시간 또는 스트레스를 받을 때의 생체조건에 의해 면역계의 영향은 다르다.

1. 쥐를 사용한 구속 스트레스와 면역기능과의 관련에 대한 연구[10,11]

구속 스트레스에 의해 내분비계 호르몬인 ACTH가 단기간에 급격히 상승하고 그 후에 구속이 계속되면 구속 전의 수치보다 조금 높은 수준을 유지하면서 저하한다. 한편 코르티코스테론은 높은 수준을 유지하고 있다. 또한 혈중의 IL-6은 구속 직후부터는 급상승하고 구속 해제 후는 저하하여 구속 전 수치보다 높은 수준을 3~4시간 유지하였다. 말초혈액 내 백혈구 수는 구속 24시간에 약 50% 감소한다. 말초혈액의 호중구 빈식능은 1시간에 경도저하 하지만 그 후 회복하여 60시간 이상에서 유의하게 저하하였다. 각 장기세포의 구속 스트레스에 의한 세포수와 subset에 관하여 조사하였더니 비장과 장간막 림프절에서는 CD4, CD8, B세포의 구속 비율에는 아무런 변화가 없지만 세포 수는 유의하게 감소하였다. 이러한 감소는 24시간 후의 원래의 수준으로 회복하였다. 흉선, 간장 등의 임파구도 구속 스트레스에 의하여 감소하였으나, 한편 골수에서는 반대로 CD4, CD8, B세포와 그 외의 임파구 subset의 비율과 세포 수는 증가하였다(표 Ⅱ-5).

다음은 항체생성에 미치는 영향을 조사하였다. 쥐를 사용하여 12시간 구속 스트레스를 시행하고 그 후 난백 알부민(OVA)으로 면역하여 경시적으로 채혈하였더니 1회 스트레스로 OVA에 대하여 IgE, IgG1, IgG2a 항체 모두 저하하였다(그림 Ⅱ-29).

표 Ⅱ-5 12시간 구속 스트레스의 각 조직의 임파구에 미치는 영향

	세포 수 (×10⁶)	
	대조군	구속 스트레스군
말초혈액	5.5±1.2	3.2±0.78**
흉선	107.3±13.1	63.4±8.4**
비장	91.2±9.0	42.8±10.7**
간장	0.67±0.13	0.44±0.07**
바이엘판	4.67±0.77	2.47±0.51**
상피간 임파구	12.9±2.4	5.6±3.2**
골수(대퇴골)	0.37±0.15	1.49±0.32**

** : p<0.01

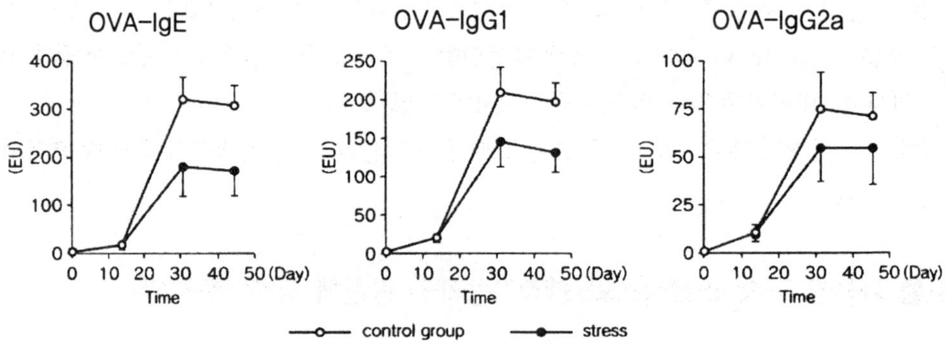

그림 Ⅱ-29 구속 스트레스가 항체 생성에 미치는 영향

2. 고양이의 정동 스트레스 영향[12)]

고양이의 시상하부 전내측핵을 전기 자극하였더니 불온(不穩, 편하지 못함)이라 불리는 정동행동 검토가 유발되었다. 이 행동은 단순한 경련과 같은 반응이 아니라 동물에 있어 불쾌한 정동 체험을 가져오는 것이 증명되었고 정신적 스트레스의 모델로서 이용된다. 불온행동이 나타나는 고양이와 전기 자극을 하여도 반응이 나타나지 않은 대조군을 사용하여 5분 간격으로 10초간의 전기 자극을 1시간 시행하여 그 전 후의 혈중 코티졸, 말초혈액 백혈구 수, 분화와 T 세포 subset, Concanavalin A(Con A)에 대한 임파구 유약화능의 변화를 조사하였다.

혈중 코티졸은 시상하부 전내측핵의 자극에 의한 불온군에서 대조군에 비하여 급격하게 상승하였다. 또한 불온군에서는 자극 시작 후 30분(30min)에서 자극 종료(1hour)까지 백혈구 수가 현저하게 상승하였다(그림 Ⅱ-30). 백혈구의 증가는 대부분이 호중구의 증가가 주였고 호중구는 자극 종료 직후에서 자극 후 3시간까지 전 수치 내지 각각 시점의 대상군 수치에 대하여 유의하게 증가하였다. 이에 대해서 임파구는 불온군에서 자극 후 감소하였고 자극 후 1시간, 2시간에 대조군에 비하여 유의한 감소를 볼 수 있었다. $CD4^{+}$ 세포는 임파구 전체와 매우 같은 양상의 경과를 보이며 자극 후 1시간, 2시간에 대조군과 비교하여 유의하게 감소하였다. $CD8^{+}$ 세포도 같은 자극에 의하여 감소하는 경향이 보이나 통계적으로 유의한 차이는 없었다. 이러한 현상에 세포막상의 L-셀렉틴의 세포접착인자가 관여한다고 본다. 즉 불온반응에 의한 L-셀렉틴의 발견은 호중구에서는 감소하고 임파구에서는 증가하였다.

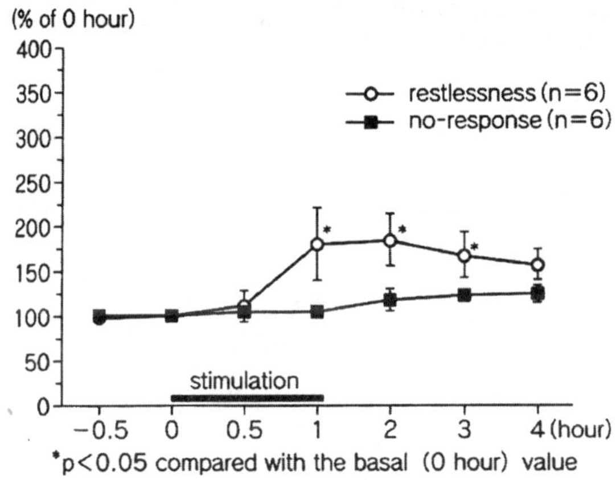

그림 Ⅱ-30 불온반응이 말초혈액 백혈구 수에 미치는 영향

Con A에 대한 임파구 유약화능은 자극에 의한 반응이 저하하는 경향을 보였다.

순수한 정신적 스트레스에 의한 구속 스트레스와 같이 매우 단시간에 세포성 면역의 변화가 일어나고 이것은 주로 임파구의 양적 변화에 의한 것으로 생각된다.

- 끝으로 -

스트레스가 면역기능에 미치는 영향에 대한 임상적, 기초적 연구에 대하여 언급하였다. 그러나 분자·세포레벨에서의 해석은 충분하다고 말하기 어려운 상황이다. 뇌에 있어서 각종 사이토카인 및 그 수용체의 분포와 발현제어나 신호 전달기구, 말초장기에서의 유전자 발현, 각종 스트레스 단백의 역할 등에 관하여 추후 해명해 갈 필요가 있다.

문헌

1) Bartrop RW et al : Depressed lymphocyte function after bereavement. Lancet 1 : 834 - 836. 1977

2) Schleifer SJ et al : Suppression of lymphocyte stimulation following bereavement. JAMA 250 : 374 - 377. 1983

3) Dorian BJ et al : Stress immunity and illness. Psychosoma Med 48 : 304. 1986

4) Kiecolt-Glaser JK et al : Marital quality. marital disruption. and immune function. Psychosoma Med 49 : 13 - 34. 1987

5) Cohen S. Tyrrell DAJ. Smith AP et al : Psychological stress and susceptibility to the common cold. NEJM 325 : 606 - 612. 1991

6) Shekelle RB et al : Psychological depression and 17-year risk of death from cancer.Psychosom Med 43 : 117 - 125. 1981

7) Fujiwara R. Orita K et al : The enhancement of immune response by pain stimulation in mice. J Immunol 138 : 3699 - 3703. 1987

8) Laudeuslager ML. Ryan SM et al : Coping and immunosuppression : inescapable but not escapable shock suppresses lymphocyte proliferation. Science 221 : 568 - 570. 1983

9) Stefanski V et al : Social stress in loser rats : opposite immunological effects in submissive and subdominant males. Physiology & Behavior 63 : 605. 1998

10) Fukui Y et al : The restraint stress-induced reduction in lymphocyte cell number in lymphoid organs correlates with the suppression of in vivo antibody production. J Neuroimmunol 79 : 211 - 217. 1997

11) Sudo N et al : Restraint stress causes tissue-specific changes in the immune cell distribution. Neuroimmunomodulation 4 : 113 - 119. 1997

12) Mori Y et al : Changes in leukocyte distribution and surface expression of adhesion molecules accompanied with hypothalamically induced restlessness in the cay. Neuroimmunomodulation 7 : 135 - 146. 2000

⑧ 학습이론 – 행동의 원리

심신의료분야의 대표적인 치료기법의 하나에 행동요법이 있고 그 기초이론이 학습이론 혹은 행동이론이라고 말하고 있다. 물론 그와 같은 이론에 익숙하지 않더라도 숙달된 임상교육을 받고 있으면 행동요법을 실시하는 일은 누구에게나 가능하다. 그러나 어떠한 일도 그렇듯이 기초가 몸에 배어 있으면 응용이 편리하다. 그런 의미에서 학습 이론을 공부하는 일은 행동요법을 늘 임상에 적극적으로 도입하고자 하는 치료자의 입장에서는 빼놓을 수 없는 습득과정이라고 하겠다. 그래서 이 항목에서는 행동요법을 시행하는 과정에서 꼭 알아두어야 할 학습이론의 기초 지식에 대해서 말해두고자 한다.

A 의식이냐 행동이냐

현대 심리학은 행동(운동, 언동, 근육의 수축, 기타 신체에서 생기는 모든 일들)을 연구 대상으로 해서 그 목적을 행동의 기술·설명·통제에 두는 행동과학의 한 분야라고들 알고 있다. 그러나 19세기 말에서부터 금세기 첫 무렵에 이르기까지 심리학은 의식을 연구하는 학문이라고 생각되고 있었다. 의식내용의 요소를 식별해서 그들 결합의 방법을 연구하는 학문이 심리학이라고 규정하는 구성주의와 의식은 우리를 환경에 적응시키기 위한 작용이라고 보는 각도에서 그 작용을 연구하는 일이 심리학이라고 보는 기능주의가 서로 대립적으로 존재해 왔다고 하겠다. 그런데 어느 편에서 보든지 의식은 외부에서 관찰할 수 없는 작용으로 보면 자기 성찰에 의한 언어로서의 보고가 틀림없이 의식을 반영하여 말한다고는 보증하기가 어렵다. 이 때문에 심리학이 의식을 연구하고 있는 한 과학일 수 없다는 반성에서 의식이라고 하는 주관적으로 밖에는 다룰 수 없는 것은 연구대상에서 제외하고 직접적으로 관찰이 가능한 행동을 심리학의 연구대상으로 삼아야겠다는 운동이 1920년 무렵 J.B.Watson 등에 의해서 전개되었다. 이를 행동주의라고 한다. 그는 「의식을 주관적으로 자기 성찰만하는 종래의 방법은 잘못으로, 환경 자극과 생활체가 보이는 반응의 관계를 분명히 함으로써 행동을 미리 알고 통제할 수 있는 법칙·원리를 발견해야 할 필요가 있다」, 「행동의 단위는 자극과 반응의 결합이지만 그 가장 단순한 자극과 반응은 반사이며 복잡한 행동은 그러한 결합의 복합체이다. 이렇게 되어 정서적 습관, 동작적 습관, 언어적 습관이 형성되고 그들의 복잡한 습관이 집성화된 시스템이 인격이다」 등으로 저술하였다. 이 저술은 당시 전통적인 심리학에 대해 불만을 품었던 사람들에게 매우 환영받았다. 그러나 한편에서는 그 반동으로서 주체성을 무시한 기계론적 생각이라고 하는 비판을 받기도 하였다.

그 영향으로 1930년부터 신행동주의가 고개를 들기 시작했다. 이 주의는 직접 연구대상은 어디까지나 행동이기는 하지만 자극과 반응의 관계를 설명하는 가설적 구성 개념에 대해서도 그 개념이 객관적으로 정의되어 있으면 받아들여도 좋다고 하는 생각이었다. 이렇게 되어 심리학자는 단순한 자극-반응의 관계가 아니라, 자극-주체-반응이라고 하는 관계의 연관성을 내세워 그 이론을 형성화하기 시작했었다. 예를 들면 Tolman과 Hull은 자극과 반응 사이에 개재하는 동인, 요구, 기대 등의 매개변수의 필요성을 주장하였다. 또한 Skinner는 주체가 능동적으로 스스로 격발하는 반응(operant)을 연구하였다. 이렇게 해서 현재의 심리학은 행동을 객관적 수속에 의한 선행조건의 함수 관계로 파악해 거기서부터 행동의 법칙을 쌓아 올려 사람의 행동 예측과 제어에 기여하는 과학의 한 분야로 자리잡아 가고 있다.

B 학습

우리들의 행동은 실제로 많은 변수에 의해서 결정된다. 이미 경험적으로 관찰되고 있는 「특정한 행동과 그것이 생기게 되는 조건」은 막대한 수효에 이르고 있다. 그리고 그것들의 「관계」를 과학적으로 조사 연구하는 일은 사람의 행동 예측과 제어의 가능성을 크게 높이는 일에 공헌하고 있다.

「학습」이라는 용어는 우리들의 행동과 환경자극과의 사이에 법칙적 관계를 나타내는 심리학적 개념이다. 그 정의는 일반적으로 「경험 혹은 훈련에 근거하는 생활체의 비교적 영속적인 행동의 변용과정」이라고 여기고 있다. 곧 성숙이나 노쇠에 따른 변화는 경험 훈련을 필요로 하지 않기에 학습된 것이라고 하기는 어렵고, 약물이나 피로에 따른 행동 억제는 일시적인 변화이므로 학습된 성과라고는 생각하지 않는다. 더 나아가 학습 그 자체는 직접 관찰할 수가 없기에 생체가 학습하고 있는가 아닌가는 「관찰 가능한 행동」을 통해서만 비로소 알게 된다.

아래에서 대표적인 학습의 양식이라는 respondent 조건과 operant 조건에 관한 기초이론을 논술하겠다.

1. respondent 조건부여(고전적 조건부여)

이는 Pavlov의 조건 반사학을 기초로 한 학습이론이다. 개의 입 속에 먹이를 넣어주면 침이 고인다. 이는 타고난 반사 현상이다. 한편 예를 들면 메트로놈의 소리처럼, 원래 침 분비와는 무관한 자극을 개에게 주는 동시에 먹이를 입 속으로 넣어주는 일을 되풀이 하면 이윽고 개는 메트로놈의 소리를 듣기만 해도 침을 분비하게 된다. 이 현상이 Pavlov가 발견한 조건반사이다. 이 반사 현상은 그 후로 침 분비에서 뿐 아니라 여러 가지 반사에 대해서도 확인되어 전기 충격에 대한 피부 전기저항의 변화, 조명도의 변화에 대한 동공반사, 공기의 접촉에 따르는 안검반사 등 여러 양상에서 볼 수 있었다. 이와 같은 반사 현상의 반응, 곧 타고난·본능적인 반응을 respondent 행동이라고 하며 이 조건 반응형성의 과정 전체를 respondent 조건부여라고 한다.

1) 자극과 반응

respondent 행동에는 태어나면서부터 그 행동을 유발하는 자극이 틀림없이 존재한다. 그와 같은 자극은 그 respondent 행동의 무조건 자극(unconditioned stimulus, US)라고 한다. 또한 본래 그 respondent 행동과는 관계없는 자극을 중성 자극(neutral stimulus, NS)라고 말하는데, 그 자극을 무조건 자극과 마주 제시하게 되면 그 중성 자극은 그 respondent 행동을 유발하는 자극이 된다. 이를 조건 자극(conditioned stimulus, CS)이라고 한다. 그리고 무조건 자극에 의해서 유발되는 respondent 행동을 무조건 반응(unconditioned response, UR)이라고 하며, 조건 자극에 의해서 유발되는 respondent 행동을 조건 반응(conditioned response, CR)이라고 한다. 예를 들면 Pavlov의 실험에서 먹이는 US이고, 메트로놈의 소리는 조건부여 이전이 NS, 조건부여 성립 이후는 CS, 먹이에 의해서 침 분비가 UR, 메트로놈의 소리에 따른 침 분비가 CR이 된다. 이와 같이 respondent 행동은 US 또는 CS에 의해서 유발되는 것이나 이들의 자극을 유발하는 eliciting stimulus라고 한다.

2) respondent 강화와 소거(消去)

respondent 조건부여의 기본적 수속은 조건을 부여하고자 하는 CS(원래는 NS)와 US를 되풀이해서 제시하는 일이다. 그 결과 이전에는 US만이 유발하고 있던 respondent(UR)가 CS만으로도 유발당하는 상태가 된다(CR). 이와 같은 CS와 US의 마주 제시하는 조작을 respondent 강화라고 부르며 거기에서 생기는 현상을 강화(reinforcement)라고 한다. 이때에 CR의 강도는 강화된 시행횟수가 많을수록 커진다. 또한 CS와 US가 제시되는 시간간격이 중요한데 대략 0.5초 또는 그보다 조금 짧은 정도의 시간간격으로 CS가 US에 선행하는 것이 가장 효율적이라고 여기게 되었다. 그리고 이와 같이 CR이 확립되고서 CS와 유사한 자극을 제시하게 되면 그 유사도에 따른 CR이 생기는 현상이 나타나는데 이를 자극 일반화(stimulus generalization)이라고 한다. 예를 들면 Pavlov의 실험에서 120박절의 메트로놈이 CS일 때에 100, 80, 60박절의 메트로놈 자극에도 그 유사도에 응한 CR로서의 타액분비

현상을 보게 된다.

그런데 respondent 강화 후에 CS만을 제시해서 US를 제시하지 않은 조작을 되풀이 하게 되면 CR이 차차로 생성되지 않는 과정이 나타나게 되는데 이 현상을 소거(extinction)라고 부른다. 다만 일단 소거가 성립된 뒤 훗날에 다시 CS를 제시하게 되면 약하게 되었던 CR이 일시적으로 회복하는 현상이 나타나게 된다. 이를 자발적 회복(spontaneous recovery)이라고 한다.

3) 앨버트 어린이의 실험

현실적으로 상당수의 생리적 반응이나 정동적 반응이 이와 같은 타입의 조건부여 결과로 출현하여 그 몇인가는 증상이라고 불리면서 임상가에서 제시될 것이다.

위에서 말한 행동주의의 제창자였던 Watson JB 등에 의한 고전적 논문, conditioned emotional reactions에서는 생후 9개월인 앨버트 어린이를 피실험자로 공포 조건부여의 실험이 행해졌다. 먼저 두 차례의 예비실험에서는 이 어린이가 흰쥐, 토끼, 털이 있는 부분, 솜 등을 두려워하지 않는 것을 확인시키고 나서(한마디로 이들 자극은 NS이었다), 더 나아가서는 큰 소리가 어린이에게 공포반응을 일으키게 한다는 사실이 확인되었다(결국 이 자극은 US이었다). 그 뒤에 어린이에게 흰 쥐를 제시함과 동시에 구리철봉을 쇠망치로 때려서 큰 소리를 내었다. 이 결과 어린이는 흰 쥐를 보면 공포 반응을 나타내게 되었다(결국 흰 쥐는 CS가 되었다). 여기서 공포의 조건부여가 성립되었고 더 나아가서는 흰 쥐의 경우만큼은 아니지만 토끼나 털이 있는 부분, 솜 등에 대해서도 앨버트 어린이는 두려움을 나타내었던 것이다(이 현상은 자극 일반화가 된다).

다행히 이 어린이의 경우는 쥐 공포증에 이르지 않았다. 그러나 이와 같은 respondent 조건부여의 결과로서 증상이 나타날 수 있음이 이 실험으로도 충분히 추측할 수 있게 되었다.

2. operant 조건(도구적 조건)

유기체의 행동은 respondent 행동과 operant 행동으로 나뉜다. respondent 행동은 그 환경 안에서 무조건 자극이나 조건 자극과 같이 그 반응을 이끌어내는 유발자극이 반드시 존재한다. 한편 operant 행동은 환경 안에 그와 같은 유발자극은 존재하지 않는다. operant는 개체에 의해서 환경에 작용해 능동적으로 스스로 일어나는 행동인 것이다. 그러나 그 생기(生起)빈도는 그것이 발생한 직후의 환경변화(결과)에 의해서 결정된다. 그리고 직후의 환경변화에 의해서 operant반응의 생기(生起)빈도가 증감하는 사실을 operant 조건부여라고 부른다.

1) operant 강화와 강화자

행동의 결과에서 볼 때 그 어떤 자극이 나타나게 되는 일이 그 행동의 생기확률을 높이는 경우 이를 정(正)의 강화라고 하며 그 자극은 정의 강화자극 또는 정의 강화자(positive reinforcer)라고 부른다(예를 들면, 실험실에서 공복 시에 가로막대를 누르면 먹이가 주어졌던 쥐의 공복 시 가로막대 누르기 행동의 생기확률이 높아졌다라고 하자. 이 경우 먹이가 가로막대 누르기 행동의 정의 강화자라고 규정하게 된다.) 또한 어느 자극이 행동의 결과로서 소실되는 일이 그 행동 이후의 생기 확률을 높이는 경우 이를 부(負)의 강화라고 하며 그 자극은 부의 강화자극, 또는 부의 강화자(negative reinforcer)라고 부른다(예를 들면, 실험실에서 전기 충격을 받았을 때 가로막대를 밀면 그 사태에서 도망갈 수 있었던 쥐에 전기 충격이 왔을 때 가로막대 밀기 행동의 생기확률이 높아졌다고 하자. 이 경우 전기 충격은 가로막대 밀기 행동의 부의 강화자라고 말할 수 있다.) 그리고 이들 인자들을 총칭해서 operant 강화라고 말하는 것이다. 강화 스케줄의 대표적인 것으로는 operant의 출현을 매회에 강화하는 연속 강화와 몇 번인가에 한 번 강화하는 간헐 강화가 있는데 간헐 강화된 operant쪽이 뒤에서 언급할 소거가 나타나기 어려운 게 특징이다.

그런데 강화자에는 무조건성 강화자(1차성 강화자)와 조건성 강화자(2차성 강화자)라고 하는 분류가 가능하다. 무조건성 강화자란 개체로 보아서는 타고나면서 강화자로서의 기능을 갖추고 있는 자극이다. 예를 들면, 거의 동물의 경우 식물은 정의 무조건성 강화자이고 전기 충격은 부의 무조건성 강화자일 것이다. 한편 조건성 강화자란 경험을 통해서 정, 혹은 부의 강화자로서의 기능을 얻어낸 자극이다. 그것은 respondent 조건부여의 경우처럼 무조건성 강화자와 마주 제시하는 것으로부터 형성되는 것으로 정의 무조건성 강화자와 대조 제시된 자극은 조건성 강화자가 되고 부의 무조건성 강화자와 마주 제시된 자극은 부의 조건성 강화자가 된다. 예를 들면, 개가 「짖는다」는 operant 행동을 스스로 발동한 경우 무조건성 강화자로서의 먹이를 제시하지 않더라도 그 개에다 respondent 조건부여의 메트로놈 소리를 들려주는 것만으로 그 operant 행동은 강화된다. 이 경우 개로 보아서는 메트로놈의 소리가 조건성 강화자가 되는 셈이다.

2) 변별자극

많은 operant는 어느 특정한 조건 아래에서 자주 일어난다. 이런 때에 그 operant 행동은 변별자극(discriminative stimulus)에 의해서 통제 받는다고 한다. 그러나 그 현상은 개체의 유전 특성에 의한 것이 아니라 그 변별 자극에서 그 operant가 강화되었기 때문이다. 예를 들면 개는 본디부터 「앉아!」라고 명령 받았다고 해서 당장 앉거나 하지 않는다. 그러나 개에게 「앉아」하고 변별자극을 준 뒤 실제로 개가 「앉는다」고 하는 operant 행동을 보이게 되면 반드시 먹이(정의 강화자)를 주고 「앉아!」하고 명령하지 않을 때에는 개가 앉더라고 결코 먹이를 주지 않도록 하게 되면 차차 개는 「앉아!」라고 명령 되었을 때에 앉도록 된다. 이 현상은 개의 「앉는다」라고 하는 operant 행동이 「앉아!」라고 하는 변별자극에 의해서 통제 받게 된 사례가 된다. 예를 들면 횡단보도의 신호 「청색신호」는 본래 「보행」을 유발하지 않는다. 그러나 「청색신호」의 변별자극에서 횡단보도를 걷는다고 하는 operant 행동을 스스로 유발하게 되면 위험한 자동차(부의 강화자)를 피해 가면서 맞은 쪽(정의 강화자)에 도달하게 되는 것이다. 이 현상은 신호의 빛깔이라고 하는 변별자극으로 사람의 행동이 통제를 받게 되는 사례가 된다. 이와 같이 거의 operant는 변별자극의 둘레에서 스스로 피어나게 되는 것이다.

그러나 한편 그와 같은 통제는 완전한 것이 못된다. 어느 자극에서 어떤 operant를 강화하는 일은 그 자극 영향에서의 생기빈도를 증대시킬 뿐 아니라 다른 자극 환경에서의 생기빈도도 증대시키게 된다. 예를 들면 「앉아!」가 아니고, 「앉거라!」고 해도 개는 앉게 될지도 모른다. 이 현상을 반화라고 하며 물리적 속성이 같고 양적으로 다른 자극에 대해서는 반화(般化)되기 쉬운 법이다.

3) operant 소거(消去)

어느 때까지 강화되고 있던 operant가 더 이상 강화당하지 않게 되는 경우를 operant 소거라고 부른다. 정의 강화에 의해서 조건 부여된 operant 행동의 소거는 그 operant 행동이 스스로 발동되더라도 정의 강화자를 주지 않게 되면 부의 강화에 의해서 조건부여 되어있던 operant 행동의 소거가 그 operant 행동이 스스로 발동되더라도 부의 강화자를 소거하지 않게 되어 달성되는 것이다(이 경우에도 자발적 회복이라고 하는 현상을 보게 된다). 더 나아가 어느 operant 행동이 스스로 발동된 직후에 그때까지 제시되고 있던 정의 강화자를 소거하는 조작 및 부의 강화자를 제시하는 조작을 벌(punishment)이라고 하며 적어도 일시적으로는 그 변화에 선행하는 operant 행동의 자발 빈도를 감소시키는 기능을 가지게 된다.

– 끝으로 –

학습이론의 기초지식이라는 점에서 그 지식이 태어나게 된 역사적 배경과 대표적인 학습의 형태인 respondent 조건부여와 operant 조건부여에 대해서 간단히 서술하였다. 당연한 일이지만 실험연구는 나날이 발전하고 있으며 근래에 와서는 좀 더 세밀화된 연구(인지에 관해서)도 발전하고 있다. 위의 이론을 좀 더 깊이 공부하고자 하는 사람은 참고문헌을 참고하기 바란다. 그러나 학습이론의 엄밀성에 비해서 그 임상적 응용인 행동요법의 의미는 대략적이다. 그러므로 엄밀한 학습이론을 애써 공부하더라도 틀림없이 임상현장에서는 그다지 기회가 적을 수도 있다. 임상담당자가 지나치게 이론에 매이는 것은 지나친 연구방법인가도 싶다. 하지만 거꾸로 말하면 여기서 서술한 정도의 기초이론조차 이해하지 못하면서 행동요법을 행한다는 것도 임상담당자로서는 자못 커다란 속도위반이라고 저자는 생각한다. 누구에게나 실천 가능한 행동요법이어야 하기에 더욱 절실히 생각된다.

문헌

1) 今田寛, 他(編) : 心理学の基礎. 培風館, 1986
2) Watson JB, Rayner R : Conditioned emotional reactions. J Exp Psychol 3 : 1-14, 1920
3) レイノルズ, GS著, 浅野俊夫(訳) : オペラント心理学入門 : 行動分析への道. サイエンス社, 1978
4) 岩本隆茂, 高橋雅治 : オペラント心理学, その基礎と応用. 草書房, 1988
5) 佐藤方哉 : 行動理論への招待. 大修館書店, 1976
6) 佐藤方哉 : 現代基礎心理学, 学習Ⅱその展開. 東京大学出版会, 1983
7) 山内光哉, 春木豊(編) : 学習心理学, 行動と認知. サイエンス社, 1985
8) 久野能弘 : 行動療法〔医行動学講義ノート〕. ミネルヴァ書房, 1993

⑨ 정신 역동론

정신의학에는 두 가지의 큰 흐름이 있다. 정신현상을 객관적으로 관찰·기술하여 분류하는 것을 중요시하고 병상이 가지고 있는 의미와 원인에 대하여 추측과 해석을 더하지 않는다는 기술정신의학은 독일을 중심으로 발전하였다. 한편 정신현상을 기초로 한 활동에 미치는 여러 가지 역할의 인과관계와 의미를 이해하고 해명해 간다는 역동정신의학은 미국을 중심으로 발전해 왔다. 역동(力動)이라는 말은 19세기말에 Freud가 창시한 정신분석 중 기본적인 관점의 하나로서 역동적 관점(dynamic aspect)에서 유래하였다. Freud는 물리학에 있어서 역학의 생각을 응용하여 정신현상에서의 여러 가지 갈등 방식과 그것으로 인한 증상 형성의 메커니즘을 역학적인 인과관계의 관점에서 이해하려고 하였다. 이러한 견해에 따른 연구는 후에 여러 가지 학파로 이어져 갔고 역동정신의학·정신역동론이라는 정신분석 그 자체의 의미를 지니게 되었다.

정신분석은 19세기 말에 Freud가 창시한 후 여러 발전을 해왔다. 예를 들면, Freud의 시대는 치료대상이 성인 중심의 정신증이었으나 Freud 이후에 발전한 「대상관계학파」에서는 개인장애, 정신병으로 퍼지고 또한 연령도 아동·사춘기에서 노인까지 모두가 대상이 되었다. 그로써 치료구조도 여러 가지 수정과 확대되어져 갔다. 예를 들면, 누운 의자에서의 자유연상법에서 대면법·유희요법으로, 개인 정신요법에서 집단요법·가족요법으로, 외래 정신요법에서 입원 정신요법으로 확대되어갔다.

여기서 Freud의 이론을 처음 대하는 사람에게 위화감을 느끼게 하는 것은 성욕과 성애를 고집함에 있을 것이다. 초기의 Freud의 논문에서는 성적 욕망의 억압에 관심을 가지고 그 후에도 독특한 리비도 이론을 전개하고 있다. 즉 아동 발육의 각 단계에 관여하는 신체 부분과의 관계에서 구애기·항문기·남근기·성기기라는 발달 단계를 설정하고, 유아기에 있어 어떤 단계에서 욕구가 충분히 채워지지 않는 상태를 통과하였다면 그 욕구에 고착이 생겨서 어른이 되어도 무의식적으로 고착 단계에서의 유아적인 만족을 추구하려고 한다. 그리고 성인이 되어서 불만과 갈등에 의하여 극도의 불안정 상태가 지속되고 고착이 있었던 단계로 후퇴하기 때문에 정신증 증상이 생긴다는 병인론을 전개하고 있다. 그러나 이러한 리비도 이론은 현재에는 상징적인 의미로 이해하고 있고 실제의 분석치료에서는 오히려 현실의 체험을 중요시하게 되었다.

앞으로 Freud 이론의 발전 역사를 간략히 따라가면서 Freud가 어떠한 방법으로 무의미를 파악할 수 있었는가, 그것이 현재의 분석치료에 어떻게 사용되어져 왔는지 알아보고자 한다.

A Freud에 의한 정신 분석의 발전

1. 무의식의 세계에 이르는 2가지 관점-발생론적 관점과 국소론적 관점

Freud는 처음에 히스테리 환자의 생활사 중에 유아기 때 어른으로부터 받은 성적유혹, 거세의 협박, 근원적 광경[주1]등의 성적으로 생긴 일들에 의해 상처받은 체험이 기억 속에 숨어 있는 것을 알아냈다(심적외상설). 이것으로부터 어떤 시점에 생긴 정신적, 신체적인 증상을 이해하기 위하여 그 사람이 어떠한 환경에서 생활하고 어떠한 체험을 하였는지 생육력·생활사를 세밀하게 살피는 것으로 증상의 원인을 알아내는 것을 중시하는 견해가 생겼다. 이것을 발생론적 관점이라 하고, 현재에도 신체증상과 정신증상이 언제부터 시작되었는가, 그리고 그 시기는 어떠한 생활의 변화와 스트레스가 있었는가를 들어준다는 형식으로 사용되고 있다.

히스테리의 연구에서 Freud는 외상체험에서 오는 감정과 원망을 의식화 하는 것에 「엄한 규제」를 행하기 때문에 외상체험은 억압되고 무의식의 영역에 남아있어 그 결과 신경증 증상이 일어난다고 생각하였다. 그리고 억압된 내용이 의식의 영역에서 해방되면 그것을 동반하여 내용과 관련된 불안과 갈등을 자각할 수 있게 되어 증상이 개선된다는 기본적인 가설(억압모델)이 세워졌다. 이와 같이 인간의 정신생활에는 의식하고 있는 영역 이외에도 무의식의 영역, 더 나아가서는 그들 중간에 있는 잠재의식(통상적으로는 의식하지 않지만, 알고자 하면 의식할 수 있다)의 영역이 있다고 생각하였다. 이러한 의식·잠재의식·무의식으로 나누어서 생각하는 것을 국소론적 관점이라고 하고 무의식에 도달하려면 더 자각하기 쉬운 의식과 잠재의식이 어떻게 행하는가가 과제가 되었다.

2. 정신분석 치료기법의 시작-자유연상법

억압에 대응하는 치료기법으로 원래는 최면정화법(催眠精華法)[주2] ·전액법(全額法)[주3] 을 사용하였다. 그리고 최면에 들어가는 것은 중요하지 않고 과거를 회상하는 것이 중요하다는 것을 알았으며 자유연상을 사용하기도 하였다. 자유연상은 처음에는 연상을 시키기 위해 자

주1) 아이가 실제로 목격하든지, 무엇인가로 추정하든지 상상하든지 한 양친의 성행위 장면을 말한다. Freud는 유아기의 성적체험이 근원의 하나라고 생각하고 있었다.

주2) 환자가 잊어버리고 있던 상처 입은 체험을 최면술에 의하여 생각나게 하며, 이야기하게 하여 재현시켜 그 체험에 의하여 일으키는 정동을 상기하게 함으로써 증상을 개선하는 방법.

주3) 눈을 감기고 옆으로 눕힌 환자에게 Freud는 하나의 특정 증상에 의식을 집중시켜 증상에 관하여 생각나는 것을 무엇이든지 말하게 한다. 아무것도 생각나지 않을 때는 자기의 손으로 환자의 이마를 누르고 「이렇게 하면 꼭 무엇인가 생각이 떠오를 것이다」라고 단언하여 연상을 하게 한다.

극어를 치료자측이 능동적으로 주었으나 자극어를 주지 않는 편이 환자가 의미 있는 연상을 하기 쉬운 것을 알게되어 자극어 그 자체는 환자가 자유롭게 선택하도록 하고 치료자는 그 연상과정을 지켜보는 수신적인 기법으로 발전시켰다.

그리고 일정의 치료강조, 예로서 어떠한 장소에서 어떠한 배치로 앉을까, 일회 몇 분으로 일주일에 몇 회로 할 것인가, 비용은 어떻게 할 것인가 등의 치료를 규정하는 조건을 동반하여 행하는 자유연상법이 생겼다. 오늘날에도 이전의 전통적인 방법인 침상(couch) 또는 안락의자를 사용하는 치료자도 있으나 많은 사람이 보통의자를 사용하고 있다. 환자는 연상의 연쇄에 의하여 발생론적인 시간 축을 왔다 갔다 하고, 국소론적인 공간축을 갔다 왔다 한다. 치료자도 동시에 직감의 도움을 빌려서 이 환자의 연상 연쇄를 추상하여 환자의 과거 생활사와 그것에서의 갈등 역사를 따라 과거의 체험을 재구성하게 되었다.

3. 심적현실의 발견

히스테리 증상 환자의 성(性)적인 외상체험이 일부는 환자 공상의 산물인 것을 알아 환자의 말을 모두 진실이라고 생각하여 심적외상설을 주장하던 것이 뒤바뀌는 사태가 일어났다. 그러나 환자가 진술한 과거의 외상체험이 환자의 공상이었다 하더라도 그것은 환자에게 현실을 체험한 것과 똑같은 것이라고 Freud는 생각하여 그것을 심적현실이라고 표현하였다.

그리고 그 체험이 외상체험에 의한 것인지 아닌지는 환자의 욕망과 관계가 있고 문제의 소재는 외상체험을 준 가해자 측이 아니고 환자 측의 욕망에 있다고 본다. 바꾸어 말하면 환자에게 중요한 것은 어떤 중요한 에피소드의 사실이 어떻게 되었다라고 하는 것이 아니라 어떻게 그것을 체험하였는가에 있다.

이렇게 하여 그때까지 신경증의 원인을 외부의 문제(마음의 상처가 되었던 일들)에서 구하였으나 원인을 내부의 문제로 생각하는 입장으로 변화하였다. 이 변화는 면접 그 자체에 일대 혁명을 일으켰다. 외적 사실과 사건을 아주 세밀하게 찾아내는 면접에서 내면의 체험이 변화하는 방향을 중요시하고 연상에 의하여 그것을 따라 가는 변화를 가져 왔다.

4. Fries 체험

심적현실의 발견과 같은 시기에 Freud는 친구이자 이비인후과 의사인 Fries에게 자기 자신의 꿈에 관한 분석을 편지로 써서 붙이기를 계속하였다. Fries와 284회에 걸쳐 편지를 교환함으로써 자기 탐구의 방법인 정신분석은 타인을 통하여 처음으로 자기를 알 수 있다는 「관계성」을 축으로 하여 무의식을 해명하는 수법의 시작이었다. 우리들이 자기의 무의식을 알기에는 자기 자신만이 무의식의 연결고리를 찾아내는 것은 어려우면 타인의 직감을 통하여 넓혀갈 수가 있다. 정신분석 체험을 하면 자기의 생각과 매우 다른 연상이 치료자로 부터 온다는 의외성을 만난다. 이것이 의식의 심층만남이 된다.

5. Oedipus complex의 발견

Freud는 자기분석을 진행하는 시기에 부친이 돌아가셨고 부친에 관한 여러 가지 꿈의 분석을 통하여 모친에 대한 애착과 어렸을 때 본 나체모습의 모친에 대한 성적인 원망, 모친을 독점하는 부친에 대한 질투와 적대감, 벌에 대한 불안 등을 자신이 경험하였다. 그리스 비극에 부친을 부친인줄 모르고 살해하고 모친인줄 모르고 모친과 결혼한 에디푸스왕의 이야기가 있는데, Freud는 스스로의 체험을 그 일화에 상징시켜 Oedipus complex라고 이름 붙였다. 그 뒤 이 삼자관계에 대한 갈등을 겪은 것이 정신적 성장의 도달점이라는 모델을 세워서 정신증의 중추적인 갈등을 이해하는 개념으로 삼았다.

그러나 현대 정신분석에서는 현실의 체험 중에서 일어난 중심적 갈등을 드러내고 있고 Oedipus complex의 문제에 모든 것을 집약시키는 방법을 사용하고 있는 것은 아니다. 그러나 대인관계에 있어서 삼자관계가 어떻게 되어있는가 살펴보는 것에서 그 사람의 대인 관계가 어느 정도 성숙한지를 판단한다.

6. 관계성으로서의 전이(轉移) • 역전이(逆轉移)의 관점

1920년대에 Freud는 13개의 기법 논문집을 썼다. 그 중에서도 「상기·반복·철저조작」에서는 그 때까지의 언어적인 회상을 재구성해 간다는 기법에서 치료 관계 안에서 반복하는 패턴으로 나타나는 전이·저항을 다루는 기법이 치료 시 크게 변화하였다. 이 전이를 사용함으로써 정신분석은 관계성이라는 관점에서 비약적인 전개를 이루었다. 이 변화는 자주 뉴톤 역학에서 양자역학으로 변화한 것과 비교된다. 즉 치료자는 환자로부터 아무런 영향을 받지 않고 환자를 객관적으로 관찰한다는 것은 불가능하며, 치료자는 환자를 관찰함과 동시에 관계를 가지고 어떤 때는 기분이 혼란스러운 것도 치료가 전개되는 것을 위하여 당연한 과정이라고 생각하게 되었다.

전이(轉移)란 치료 장면에서 환자가 과거의 특정한 사람들과의 특별한 관계를 치료자와의 관계 중에 주입시키는 것이다.

예를 들어 어린 시절부터 생각이나 행동이 다른 아이들과 비교해 독특하여 부모가 그 아이의 독특함을 받아들이지 않고 자주 부정하여 본인은 그것에 반발하여 왔다는 사례의 경우,

면접 장면에서도 똑같은 현상을 일으켜 부정당하는 것이 두렵고, 틈을 주지 않는 말로 긴장된 면접을 계속한다던가, 치료자의 말을 자신에 대한 비난으로 받아들여 왔는데 돌연 화를 내곤 한다. 치료자는 그 환자의 반응을 이치에 안 맞는다고 느끼던지, 납득이 되지 않는데 지금까지 환자의 부모자식 관계를 생각하면 자신이 부모와 동일하게 보였다는 것을 느끼게 된다.

이것이 전이 관계이지만 이 환자에게 일어나는 것과 같은 반응이 치료자에게도 일어난다는 것을 알았다. 이것을 역전이(逆轉移)라고 하는데 Freud 자신은 이것이 치료를 방해하는 것으로 일어나지 않게 해야 한다고 생각하였다. 그러나 Freud 이후의 임상가들은 그것의 중요성을 알기 시작하여 오히려 역전이에 대하여 적극적인 역할을 생각하였다. 그들은 역전이를 환자 자신이 가지고 있는 갈등에서 오는 것과 치료자 자신이 가지고 있는 갈등에서 유래하는 것의 두 가지로 나눈다. 그리고 실제의 면접 장면에서는 후자의 악영향을 고려하면서 전자의 부분에 초점을 맞추어 가는 순서를 직감에 의존하면서 진행하게 되었다. 예를 들어, 전자의 사례에서는 면접하면서 치료자측이 환자의 기분을 상하게 하지 않을까 긴장하던지, 환자 말의 이면에서 치료자를 비꼬는 것에 마음이 상하여 안절부절 하거나 하여 치료자와 환자의 관계가 미묘하게 변화됨을 느낀다. 이와 같이 치료자의 감정에서 일어나는 변화에 근거하여 환자의 전이를 알 수 있다.

이렇게 하여 알게 된 판단을 근거로 몇 번이고 대화하면서 환자는 치료자에 대하여 이전보다 더욱 솔직하고 자유롭게 자기의 마음을 표현하게 된다. 따라서 환자는 전이·역전이의 관계성을 통하여 자기의 무의식을 알고 지금까지 짊어지고 왔던 전이에 의한 저주의 사슬에서 해방되는 것이다.

B Freud의 3가지 공헌

Freud가 그 이후 정신요법에 공헌한 것 중 제1의 공헌은 무의식을 소극적이지 않은 여러 가지 가능성을 끌어낼 수 있는 자원(resource)으로 보았다는 것이라고 할 수 있다.

제2의 공헌은 무의식을 끌어내는 수단으로써 전이관계를 다루었다는 것이다. 환자가 연상에 의해 과거와 현재의 여러 가지 체험을 말하는 것인데 거기에서는 두 가지의 상황이 동시에 진행한다. 한 쪽은 여러 가지 연상을 치료자에게 말해주는 상황이고, 또 다른 쪽은 치료자에게 연상을 말하는 관계에서 과거의 체험과 흡사한 관계(전이관계)를 이용하여 행하는 상황이 있다. 면접은 이 두 가지의 상황이 쌍을 이루어 진행한다. 불합리한 관계를 가진 것(전이관계)이 두 가지 상황 속에서 반복하여 일어남으로써 어떠한 패턴으로 인식하게 된다.

그 때에 전이관계가 심각하면 심각할수록 환자도, 치료자도 전이관계 속에서 당사자가 되어 함께 고민하는 체험이 계속 되지만 그러는 동안에 전이관계에서 조금씩 떨어져서 서로의 관계를 함께 말할 수 있게 된다. 그렇게 함으로써 차츰 환자 자신이 대인 관계에서의 받아들임과 행동이 변화되어 주위의 사람들과도 관계가 변화한다. 그것이 정신 분석의 치료이고 치유인 것이다.

제3의 공헌은 전이관계에 있어서 치료자의 공감자로서의 역할이다. 사람이 성장하려면 어떠한 말이라도 대화할 수 있고, 어떠한 자신이라도 충분히 긍적적으로 대해주는 상대가 필요하다는 것을 Freud는 가르쳐 주었다.

문헌

1) 小此木啓吾：フロイト. 講談社学術文庫, 1989
2) 小此木啓吾：対象喪失. 中公新書, 1979
3) フロイト著作集, 1～11巻. 人文書院, 1968～83
4) 精神分析セミナー, 1～5巻. 岩崎学術出版社, 1981～87

제3장 심신의학적 검사

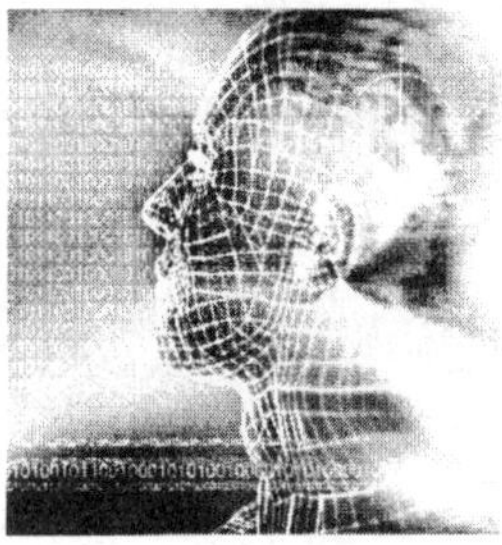

① 인테이크 면접

인테이크 면접이란 의료, 교육, 심리, 복지, 산업 등의 상담 또는 지원기관에 있어서 내담자 또는 환자에 대하여 최초로 시행하는 심리·사회적 관점에서의 면접이다. 일반적으로 의료현장에서는 신체적인 진찰과 검사의 전후로 심리학적 입장에서의 면접이 필요하므로 실시한다. Kojima[1]는 심료내과에 있어서 인테이크 면접이 지니는 중요한 측면으로서 ①주치의가 치료를 할 때 필요한 자료로서의 심리·사회적인 문제에 관한 정보 수집 및 평가의 측면 ②처음 면접이라는 의미로서의 측면, 이 두 가지 측면을 들고 있고 특히 후자에 대하여는 그 후의 치료를 좌우할 가능성이 있는 중요한 기능이라고 강조하고 있다. 큐슈 대학 심료내과에서는 초진 시에 외래 예진담당 의사의 판단에 의해 특히 심리·사회적인 문제가 신체증상의 형성과 유지에 크게 관여하고 있을 가능성이 의심되는 환자에 대해서 임상심리사에 의한 인테이크 면접을 실시한다.

여기서는 심료내과에서의 인테이크 면접의 특징, 기능 및 구체적인 인테이크 면접의 진행에 관하여 언급하겠다.

A 심료내과에서의 인테이크 면접의 특징

최근, 특히 1996년에 심료내과가 대표적인 과로서 인정받은 이래 심료내과의 존재와 심신증의 개념에 대해 일반적으로도 대단히 넓게 인식되고 있다. 실제 큐슈 대학 심료내과도 환자 자신들이 책과 신문 등에서 읽거나 텔레비젼에서 보고 또는 가족·친구들의 권유 등으로 주체적인 진료동기를 갖고 찾아오는 환자나 가족이 증가하고 있다. 그럼에도 불구하고 환자가 심료내과의 진료에 대하여 다른 신체 각과의 진료와는 달리 부담스럽게 느끼는 것 같지는 않다. 그 이유를 설명하자면 다음의 Narita(1986)[2]의 말을 인용하면 알기 쉽다.

「(심신증 환자는)」 신체의학의 왕국에 받아들여지는 존재로 방랑하는 나그네처럼 각 과를 돌아다닌 후에 「원래 병은 아니다」라는 짐스러운 기호를 붙여가지고 온다. 질병에서 심리적 인자의 관여가 크면 신체의는 이것을 환자의 인격에서 무엇인가 열등성 때문이라고 생각하게 되고 그로 인해 환자에 대한 가치를 떨어뜨리고 도덕적 비난을 불러일으키게 된다. 환자는 이제 신체의학의 대상이 아니며 과학의 대상이 되지 못한다. 인격적으로 뒤떨어지고 도덕적으로 교정되지 않으면 안 되는 존재라고 보이는 것이다. 환자측도 이에 대하여 침묵의 이해가 있기 때문에 「증상을 설명하는 기질적 소견이 부족하면 타과의 의사는 『병이 아닙니다』

라고 환자에게 안심시키지만 대부분 의사의 기대와는 반하여 신경증 환자도, 심신증 환자도 이 보증을 좋아하지 않는다. 환자는 자기의 고통이 정당하게 평가되지 않는 것을 체험하여 다시 호소를 증강하게 된다. 이렇게 하여 환자측 고통의 호소, 의사측에서의 의학적 근거의 부정이라는 악순환이 반복되어 많은 심신증 환자가 의사에게 「귀찮은」, 「곤란한」 환자로 보이게 된다. 신체 각 과에서 심신증이라는 진단이 내려질 때에는 현대의학에 있어서 정당하게 인정하기 어렵고 어딘가 진짜가 아닌 병이란 미묘한 차이가 따라 다닌다.

사실 스스로 자진하여 심료내과의 진료를 받았다고 신고하는 환자에 있어서도 많던 적던 간에 이 Narita의 지적처럼 신체 각 과에서 상대하지 않는 위병인(僞病人)이라는 이름이 붙여진 의심과 의분, 열등감으로 복잡하게 휩싸인다. 또 환자 자신 또는 가족이나 가까운 사람의 입에서 「이러한 병에 걸리는 것은 마음이 약하기 때문에」, 「정신적으로 강하지 못함으로」, 「자기 자신에게 졌기 때문에」 등과 환자의 전 인격을 부정적으로 생각하는 근거이며, 질병·증상 그 자체를 받아들이기 어렵게 하는 인상을 받는 일도 있다. 그러므로 우리 인테이크 면접자의 임무는 「신체질환 속에서 그 발병과 경과에 심리·사회적 인자가 밀접하게 관여하고 기질적 내지 기능적 장애를 볼 수 있는 병태」를 가진 환자의 심리·사회적 인자를 객관적으로 파악하는 일이지만, 심신증이라는 질병 자체가 사회·문화적으로 부담스러운 의미를 담당하고 있는 이상 환자의 심료내과 진료에 있어 부정적인 반응과 양면적인 태도에 신중한 배려가 특별히 필요하다.

반대로 환자 자신이나 또는 가족이 인테이크 면접 때 물어보지도 않는 말을 하며 어릴 때의 문제와 자신의 성격, 심리·사회적 스트레스와 관련된 것을 자세하게 설명하기 시작하고 더 나아가서 각종 심리치료에 조예가 깊고 구체적인 특정의 심리요법을 자기 스스로 희망하는 등, 매우 「심리적 인자」를 "자각"하고 있는 것 같이 말하고 행동하는 것을 볼 수 있을 때가 있다. 그러나 이 경우에는 「심신상관에 느낌이 있다」라고 지레짐작하지 않게 조심할 필요가 있다. 왜냐하면 앞에서 미리 말한 것과 같이 이러한 「심리적 인자의 자각」은 당사자에게 합리적으로 인지되는 경우는 드물며 강한 자책감(타책감)을 가져오므로 지나친 심리적 의미 부여가 되는 일이 많기 때문이다. 그리고 그것 자체가 오히려 증상의 지속인자가 되어 버리는 것으로 추측되는 증례가 결코 적지 않다. 그렇기 때문에 환자나 가족이 심료내과 진료에 수신적(受身的), 회의적으로 생각할 경우에도, 또 반대로 생각해보면 능동적, 적극적인 것 같이 보일 때에도 어느 쪽이던 심리적인 관점에서의 면접이라고 하여 「신체」에서 「심리·사회」적 측면을 끊어뜨리고 그것만을 화제로 삼으면 안 된다. 어디까지나 「환자 신체의 문제에 맞추어서 행하는 심리적 입장에서의 면접」이라는 심료내과에 있어서의 인테이크 면접이 지니는 독자성을 가지지 않으면 안 된다. 또한 「신체의 문제에 따라야 한다」고 하지만 신체 증상에 대해 초점을 맞추는 것은 신체의학적인 문진 등과도 성질이 다른 것이다(「B-2항」참조).

Kasahara(1980)[3]는 신경학적으로 규정된 객관적인 관찰에 의한 신체와 그것에 대하여 환자자신이 체험한 정신의학적인 신체의 두 가지 신체를 볼 수 있는 눈을 가짐으로써 마음의 질환을 앓고 있는 환자에 대한 이해가 깊어진다고 말하고 있다. 이 말은 우리들이 일상적으로 사용하고 있는 신체 언어, 신체가 가지는 상징적 측면(예를 들어 무엇인가 마음에 고민을 느낄 때 "가슴이 아프다", "머리가 아프다"라고 표현하는 것 같이)과도 관련되어 있다. 즉 환자가 호소하는 신체증상은 어떤 질환의 신호로서의 측면과 상징 또는 타인과의 전달 수단으로서의 측면의 두 가지를 받아들이고, 다른 측면에서 흔히 말하는 심신증은 특히 후자가 기초가 되어 나타나는 것으로 생각된다.[4] 그렇기 때문에 심료내과의 인테이크 면접에 있어서는 두 가지의 신체 중에 특히 환자가 말하는 「체험하고 살아가는 신체」로 향하는 것이 중요하다.

B 심료내과에 있어서의 인테이크 면접의 기능

여기서는 심리·사회적 인자 중에서 그 환자에게 치료 시 특히 필요로 하는 정보는 무엇인가라는 것을 이해하는 것이 최대의 중점이 된다. 심신의학이 전인적 의료를 그 기본 이념으로 하고 있다고 하지만 환자의 과거에서 현재에 걸친 심리·사회적인 전모를 파악하고 질병의 원인, 문제점을 전부 이해하지 않으면 치료를 시작할 수 없다고 생각하는 것은 큰 오해이다. 또 인테이크 면접이라 하지만 면접자 개개인 모두가 다 심리학적 이론이나 관심, 더더욱 무의식이나 개인적 가치관에 차이가 있으므로 어디에다 환자의 진술의 초점을 맞추어야 하는지, 이 과정에서 생기는 차이를 부정하지 않을 수 없다. 이 항목에서 서술할 필요가 있는 정보는 그러한 인테이크 면접자 개개의 시점의 상위(相違)를 넘어서 더욱 일반적으로 환자의 치료에 구체적인 도움이 되는 것을 원칙으로 하고 있다.

심료내과의 인테이크 면접에서 수집이 필요한 정보에 관하여 중복되는 부분도 있으나 아래에 정리한 유의점에 대해 서술하고자 한다.

1. 환자의 진료행동에 관한 정보

최근에는 자신이 적극적으로 심료내과의 진료를 원하는 환자가 적지 않지만 역시 많은 사람들은 그때까지 내과를 중심으로 신체 각과에서 치료를 받고 있다. 거기에서의 경험의 질, 그 중에서도 전 의사와의 치료관계(심료내과를 소개받았던지, 권유받았던지 하는 것도 포함하여)에 의하여 환자의 의료 그 자체에 대한 태도가 형성된다. 물론 내과 의사 중에는 열심히 환자의 치료에 대처하며 경우에 따라서는 제법 개인적 사정까지 배려하는 사람도 많다. 또 가정의로서 환자의 가족과 세대를 넘어 오랜 세월에 거쳐 신뢰 관계를 쌓아 온 경우도 있고 한편으로 말할 수는 없으나 결과적으로 심료내과를 소개한다는 명목으로 환자에게 "버려진 체험"을 하게 하는 일들도 있다. 그 중에서도 오랜 병력을 안고 있는 환자에서는 지금까지의 치료력이 왜 지금의 진료과를 방문하게 되었는지와 크게 관련되어 있는 수도 있다. 이러한 점에 충분한 배려가 필요하며 전 의사와의 치료관계에 관한 정보는 이후의 치료를 순조롭게 진행하는데 아주 중요한 열쇠가 된다.

다음은 복약력에 대하여 환자가 이미 항불안제나 수면제를 복용하고 있는 경우, 그런 약물에 대한 생각, 또 복약행동에 관한 정보도 빠뜨릴 수 없다. 왜냐하면 많은 환자는 약물 중에서도 말하자면, 항정신성 약물에 대하여는 다른 약제와 비교하여 매우 양면적인 감정(「약은 빨리 끊어야 하는데(자립) 약이 없으면 불안(의존)」하고, 그 결과 복약 습관이 정확하게 지켜지지 않고 오히려 증상을 오래 끌어 악순환에 빠지는 경우가 적지 않기 때문이다.

또 환자 중에는 심료내과를 소개받은 것을 「배수(背水)의 진(陣)」, 「마지막 요새」로 표현하고 스스로를 추입(追込)시키고 각오를 정하여 진료받는 예도 있다. 심료내과에 관한 적절한 설명, 즉 「무엇이 되었든지 신체증상을 먼저 보는 진료과인 것과, 또 현대 스트레스 사회에 있어서는 절대로 보기 드문 특수한 질환이 아닌 것들」을 인테이크 면접 시에 동의를 얻어 불안과 긴장을 줄여주는 것이 필요한 경우도 있다.

2. 신체·정신 증상에 관한 정보

심료내과라고 하지만 또한 심리·사회적 인자에 관한 정보를 얻는 것이 인테이크 면접의 목적이라 하여 환자가 신체증상을 호소하는 것을 없는 것처럼 여겨서는 안 된다. 의학적 견해에서의 진찰과는 다르며 여기에서는 증상 체험의 방법에 주목하여야 한다. 예를 들어 두통을 호소할 때는 어느 쪽인지, 어떻게 아픈지 물어보고, 그 부위를 만져서 확인해도 된다. 명확한 통증은 별도로 하여도 부정수소(不定愁訴, 자율신경 실조증)라고 불리는 신체감각은 더욱 언어화하기 어렵다. 그 경우에는 글자 그대로 「무엇이라 표현하기 힘듭니다」라고 전하여도 된다. 증상을 설명할 때에는 환자의 표정이나 행동을 관찰하여 중요한 정보를 얻을 수 있다. 일반적으로 말하자면 병력의 청취와 함께 처음부터 발생한 그 경과, 특히 증상의 변화를 구체적 상황과 관련하여 듣는다. 실제 「심료내과에 방문하여 처음 확실하게 신체에 대하여 들어주었다」라고 말하는 환자가 적지 않았다.

또한 병상의 특징 또는 지금까지의 경과 등에서 "심인성"을 강하게 의심하는 경우에도 병력과 체질적 측면에 관한 정보를 자세하게 청취하면 "심인성"은 오히려 이차적인 것인 경우도 흔하다. 예를 들어 학교 결석, 불안장애, 전환성 장애, 소위 자율신경 실조증이란 진단 아래 주로 심리적 인자에 초점이 맞추어진 증례에 체질적 인자에서 오는 기립성 조절장애 등이 숨어있는 경우가 있다. 또 근·신경계의 기능장애에 의하여 생기는 여러 가지 신경증상을 안외견락(案外見落)이라고 하는데, 이는 치과 영역에서 씹는 작용에 이상을 일으키는 원인이 된다. 이것은 특히 청년기 여성에게서 나타난다. 치과 교정 치료 중 여성 환자의 경우 주의할 필요가 있다.

정신증상에 있어서의 불안과 긴장에 대해서는 단적으로 그 전반적 강도뿐만이 아니고 대상과 상황 변화에 대한 정보를 자세하게 청취할 필요가 있다. 특히 불안에 대해서는 확실하게 신체증상을 동반하는 경우(근긴장 등)와 그렇지 않은 경우로 구별할 수 있으므로 전자를 심신증·신경증 범위, 후자를 정신병 범위로 일단 감별 진단에 있어서 지표가 된다.[5)]

더 나아가서 우울증이 현저하게 관찰되는 경우 자살 생각의 유무에 관하여 물어볼 필요가 있다. 그때의 대응으로서 Kandabashi[5)]는 다음과 같이 말하고 있다.

「그럴 땐 『죽고 싶다고 생각할 때가 있습니까』라고 물어보는 사람이 많지만, 나의 경험에서는 『죽고 싶다고 생각한 때도 있지요』라고 물어보는 것이 좋다. 그렇게 하는 것이 정확한 답을 얻을 수 있다. 그리고 『예』라고 하는 답을 얻어내면 꼭 『그때 자살을 자제하는데 무엇이 도움되었습니까』라고 물어만 본다. 이 질문으로 그 사람을 내부에서 버티고 있는 심리 구조가 확실히 알게 되어 치료계획을 세우는데 도움이 된다.」.

성격에 관한 정보는 예를 들어 「당신은 어떤 성격이라고 생각하십니까」라고 질문하여 명확한 대답을 얻을 수 있기는 쉽지 않다. 구체적인 대인관계 예를 들어 가족 내, 직장 내에서 환자의 태도, 생각에 관하여 물어보고 성격 특징을 묘사하여 참고로 한다. 또 「가족이나 친구들은 평소에 당신을 어떠한 사람이라고 말합니까」라고 질문을 고쳐서 그 응답에 대하여 환자의 감상을 들어 보는 것으로 저항 없이 정보를 얻을 수 있다. 나아가서 증상 출현 전 "건강하였을 때"는 어떻게 하였는지 증상 출현 후 "변하였다"고 생각하고 있는 점을 물어 보는 것도 중요하다. 이에 관해서는 가족 등 가까운 사람으로부터 객관적인 정보를 얻는 것이 필요할 때도 있다.

3. 증상을 포착하는 방법과 대처 양식에 관한 정보

질병만이 아니고 무엇인가 문제를 안고 있으면 누구든지 무엇인가 문제를 해결하려고 시도하는 것이 당연한 일이지만, 그 문제를 본인이 어떻게 포착하고 있는가에 따라서, 문제에 어떻게 대처하느냐에 따라 해결하는 방법이 다르다. 심신증 환자에서는 구체적인 해결에 대한 대처 방법이나 해결양식이 이런 증상을 오래 지속하게 하지는 않는가 하는 생각이 들 때가 많다. 심신증 환자의 치료를 생각할 때 그러한 내용의 가치에 대해서 옳고 그름은 물어보지 않는다 하더라도 증상에 대한 지금까지의 인지와 대처 행동과는 다른 방법을 환자가 최종적으로 받아들이게 하는 것이 목표이다. 그러기 위해선 환자가 체험하여 온 주체가 되는 삶과 현재의 진료에 연결되는 증상을 어떤 의미로 받아들일 것인가, 어떠한 대처를 해왔는가에 대해 알 필요가 있다.

또한 환자 자신만이 아니고 환자의 생활을 에워싸고 있는 환경 예를 들어, 가족과 학교, 직장 등의 사회적 정보망이 환자의 증상과 문제를 어떻게 받아들이고 있는지, 어떻게 대응하고 있는지를 아는 것도 유익하다. 예를 들어 우울증 상태에 있는 환자의 경우 주위에서 격려해주고 환자도 그것에 보답하려고 노력하지만 그것이 오히려 병세를 점점 악화시킬 때도 있다. 이러한 악순환을 파악함으로써 주치의는 당연한 일이지만 질병에 대해 설명하고 휴식 또는 약물요법의 필요성을 말해주고 주위에서는 격려하지 않도록 확실한 지시를 할 수 있다.

4. 심리·사회적 배경에 관한 정보

가족구성에 관한 정보는 될 수 있으면 3세대에 걸쳐서 청취하는 것이 바람직하다. 그 중에서 동거하고 있는 사람, 별거하고 있는 사람에 대하여 확인한다. 환자에게 제일 큰 영향을 미치고 있는 가족구성원에 관한 정보는 그 이후의 치료에 도움이 된다. 사망한 사람에 대해서는 사망원인과 사망 시의 환자 연령을 알아둔다. 가족을 잃어버린 체험은 삶에 있어 가장 큰 스트레스의 하나이기 때문이다. 더구나 가족구성원 개개인의 신체적 건강상태에 대해서도 청취해 두는 것이 좋다. 환자와 가족과의 상호작용을 포함해 실제의 인테이크 면접에서 가족과 만날 때의 주의점은 후에 서술하겠다.

사회적응 상황에 대해서는 학습, 일, 가사 등 발병 전 후에서의 변화를 유의함과 함께 증상의 영향에 있어서도 "만들어진 것"에 주목하는 것도 잊어서는 안 된다. 그것은 자신의 내면에서 작은 것이라도 숨어있는 "건강함"을 환자 자신이 평가하고 확인한다는 치료적 역할을 할 수 있기 때문이다.

생육력에 대해서는 인테이크 면접에서 세부에 걸친 정보는 필요하지 않고 최소한으로 알아두면 된다. 필요한 생육력에 관한 정보는 특별히 기록해야 할 사항, 즉 현재까지의 체험한 중대한(환자가 인식하고 있는 것) 삶의 내용이다. 또 체험한 삶에 관하여 사실로 기록하는 설명부분과 현시점에서 환자가 어떠한 의미를 부여하고 있는가라는 정보를 일단 분리해 두는 것이 중요할 것이다.

5. 면접 장면에서의 환자의 반응 양식에 관한 정보

여기서의 정보는 넓은 의미의 정신의학적 진단에 관한 정보와 관련이 있고, 일부에 대해서는 [2. 신체·정신증상에 관한 정보]의 항에서 저술한 정보와도 밀접하게 관련되어 있다. 특히 여기서 얻는 정보는 면접자의 질문에 대한 환자의 반응양식에 의하여 판단되는 here and now의 성격의 것이다. 최소한의 필요 정보는 환자의 증상 호소 방법, 면접자의 질문에 대한 응답의 맥락 일치상태와 질문에 의한 변화 유무, 증상에 대한 환자 자신의 견해의 견고함, 정서적인 반응 등이다. 또 비언어적 반응, 예를 들어 면접자와 말하고 있을 때의 환자의 표정, 자세, 시선, 버릇(발 떨기 등)에 대하여 주의깊게 관찰함으로써 귀중한 정보를 얻는다.

C 심료내과에 있어서의 인테이크 면접의 실제 진행방법

인테이크 면접은 환자가 면접실에 들어서는 그 순간부터 시작된다. 환자가 이 순간에 얼마나 긴장된 상황에 휩싸여 있는가는 상상할 수 있는 일이다. 그리고 환자 또는 가족과 대등하게 대화를 진행하고 최종적으로는 대화가 한 주제로 정리되고 단락을 지어 환자를 면접실에서 내보냄으로써 인테이크 면접은 종료된다. 그러는 동안 환자에게 알맞은 말과 태도에 따라 대화하기 쉬운 분위기를 이끌며 이야기의 흐름이나 리듬에 따르면서 동시에 음의 높고 낮음을 붙여서 말한다. 그리고 일련의 과정을 면접자는 언제나 최고의 경영자답게 상대하지 않으면 안 된다. 그 추구하는 목표는 환자 및 가족이 심신의료에 대해 알맞은 기대와 이해를 가져주십시오 라고 하는 것이 된다.

다음에서는 아주 기본적이라고 생각되는 사항에 대해 설명하겠다.

1. 면접실로의 입실

인테이크 면접의 경우 일반 진찰의 경우처럼 치료자가 앉아 있고 환자가 진찰실로 들어오는 걸 기다리는 것이 아니다. 환자의 이름을 부르면 면접자는 진찰실 앞에서 기다리다가 「○○님이시네요」하면서 환자를 확인한 다음 진찰실 안으로 안내한다. 앞서 들어가면서 들어오기를 권하며 계절에 대한 간단한 인사말도 좋을 듯하며 그런 1분도 채 안될 시간에 면접자는 환자의 반응이나 태도 특히 긴장하는 정도를 관찰한다. 환자의 사회적 배경이나 문화·교육의 정도도 어느 정도 판단하게 되고 스스로도 면접자측의 이후의 말솜씨에 대응하여 말할 내용을 준비하게 된다. 의자에 앉아서 면접자는 자기소개를 하고 인테이크 면접의 목적과 진행에 있어서 알아듣기 쉽고 간결하게 설명한다.

2. 인테이크 면접의 목적 설명

심료내과에서 진찰을 받은 환자는 적극적이든 소극적이든 자신의 신체증상이 이른바 「마음」의 문제와 관련되어 있다라는 감각은 가지고 있다. 그러나 그 심경은 이미 말한 바와 같이 무척이나 복잡한 것이기에 인테이크 면접의 목적을 설명하는 데도 신중하게 생각해서 임할 필요가 있다. 참고 될 만한 예를 설명하고자 한다.

「여기서는 ㅇㅇ씨가 곤란한 일에 처한 것에 대하여 조금 자세하게 들려 주셔야 합니다. 때로는 ㅇㅇ씨의 일상생활에 대한 것이나 가족에 관한 것, 개인적인 것까지도 물어볼지 모르겠습니다. 어떻게 해서 그런 일이 질병과 관계가 있는지 모르겠습니다만 대답하기 싫을 경우에는 주저 없이 말씀해 주십시오. 알겠습니까?」

어쨌든 간에 「심리적 요인」, 「마음의 문제」라는 등의 경직된 용어는 피하는 게 좋겠다. 그리고 심료내과 진찰을 받는 일에 대한 환자의 심리적 저항에 대해서 그 일을 아주 당연한 일로 여기도록 이끄는 것은 심리요법적인 배려로서 중요하지 않을까 생각한다.

3. 가족이나 간병인이 있는 경우

가족 등의 간병인이 함께인 경우 다른 신체의 각과라 할지라도 환자 중심이라고 하는 의료의 기본원칙에 따라서 진행시키면 되는데, 가령 가족과 만나는 경우라도 그 일은 보완적인 정보를 얻거나 아니면 객관적인 증상의 설명을 듣는 것으로 충분하게 된다.

그러나 심료내과에서는 환자의 수진 이유와 가족의 수진 이유가 일치하지 않는 경우도 결코 드문 일이 아니다. 처음 면접에서 환자하고만 만날 것인지 아니면 가족하고도 만날 것인지, 또 그때에 따로 따로 만날지 아니면 함께 만날지, 또한 어떻게 말을 건넬지, 이러한 일의 판단에는 아주 중요한 문제가 내재해 있다. 심신증의 환자를 돌봐야 하는 가족 중에는 가족의 언동이 증상 지속의 크나큰 요인인 경우가 적지 않아서 「가족은 자칫 심인론자 이다[3]」라든가 아니면 반대로 철저한 심인부정론자이기도 하다. 면접자는 때로는 그러한 가족의 태도 그 자체에 문제점을 느끼게 되는 경우도 있을 수 있다. 그러나 가족도 가족으로서 할 말이 있다. 따라서 어떠한 면접의 형태를 택하든 간에 환자와 마찬가지로 가족에 대해서도 같은 정도의 배려를 하는 것이 첫 면접의 철칙이다.

「어떻게 하시겠습니까? 당신과 먼저 1:1로 만나기로 하고 나중에 가족들과도 얘기하기로 할까요? 아니면 처음부터 함께 얘기를 나누기로 할까요. 아무래도 상관없습니다만」. 우선은 이런 식으로 의향을 알아보면서 환자와 가족의 판단에 맡기는 것이 정상적인 방법이다. 대부분은 환자와의 면접에서 시작하여 그 면접이 일단 끝난 뒤에 가족과의 면접으로 이어진다. 이때에도 가족만 만나기보다는 환자도 동석하도록 하는 게 좋을 듯싶다. 특히 환자와 가족 사이에 그 무슨 사연이 있는 경우 가족은 본인이 무어라고 말하고 있었는지 라는 문제에 높은 관심을 나타내 보이고, 환자도 가족이 무언가 자신에게 불리한 내용을 말하지 않겠는가하고 그 모든 일에 의심을 품게 되기 때문이다. 그래서 환자와의 면접이 끝나는 때에는 다음과 같이 환자에게 전한다.

「이제부터 가족 분들과 만나게 됩니다만, 당신도 함께 계셔주셨으면 합니다. 지금 당신한테서 들은 얘기 중에서 가족한테 얘기하지 말았으면 하는 내용이 있거든 미리 알려주셨으면 합니다」.

실제는 환자 쪽에서 「이 얘기만은 절대로 말하지 말아주세요」라는 반응은 의외로 적다. 가족과의 동석 면접에서는 먼저 면접자가 환자한테서 들은 얘기의 개략을 가족에게 전한 후에 환자에 대해서 면접자의 얘기 중에서 정정한다든가 덧붙일 내용은 없는가 묻고 이렇게 한 다음에 가족의 얘기를 듣는다. 그 얘기가 일단락된 때에 이번에는 환자에 대해서 「…라고 가족 분은 말씀하고 계신데, 당신께서 말씀하실 게 있으신지요?」라고 다짐 말을 하여둔다. 왜 이런 매듭을 다짐해 두는가 하면 심신증 환자에 있어서 가족 간의 그 상호관계에서 적절한 심리적 거리를 잘 모르기 때문에 말려드는 상황을 보는 수가 많이 있기 때문이다.

이런 일들과도 관련되지만 흔히 보게 되는 일이 진찰받을 때에 가족이 적극적인데 반해 환자는 마지못해 따라왔다는 경우가 있다. 그 전형적 증세가 신경성 식욕부진증의 예이다. 이 경우 처음에 환자하고만 면접을 하여도 여간하여 본인으로부터 특별한 언어적 정보는 얻기 힘들다. 이런 환자의 경우 증상을 알아차리기가 쉽지 않고 치료의욕을 인정하려고 하지 않는 바가 적지 않기 때문에 실제는 식사의 방식은 물론이고 체형·체중에 대한 관련 정보를 본인 자신으로부터 얻기도 어렵다. 또 환자가 호소하는 문제는 오히려 먹는 것에 관해 주위 사람들과 주고받는 것으로 인해 문제 되는 경우가 많아서 가족과의 면접을 통해 환자의 일상생활과 환자 또는 나아가 질병에 대한 적응 방법에 대하여 질문할 필요가 있다. 나아가서 본 증상에 있어서 처음 가족 동석의 면접을 시행하여 가족의 걱정과 말하고자 하는 바를 들은 후 환자 혼자만의 면접을 하는 것이 효과적인 경우가 있다. 이때에 미리 가족으로부터 말한 것들 하나하나에 관하여 환자의 감상, 특히 「어떻게 느꼈는가」를 간단하게 물어보면 환자의 본심과 가족 내의 상황을 알게 되기도 한다.

4. 듣기, 진행법

「어떠한 상황이십니까?」, 「무슨 어려움이 있습니까?」

우선은 이런 물음에서부터 구체적인 면접이 시작된다. 어디까지나 "신체 증상에 접근하면서"라는 원칙에 따라서 환자의 진술에 귀를 기울인다. 그 구체적인 내용에 대해서는 앞 장에서 언급하였으므로 여기서는 생략한다.

심료내과에서 진찰을 받는 환자는 자신의 증상이나 고통을 호소하는 경우 크게 나누어 두 가지 타입이 있다. 첫째는 「항상 나쁘다」, 「전혀 좋아지지 않는다」, 「가족은 아무도 전혀 이해해 주지 않는다」라고 하는 식의 전 부정의 표현이 말머리에 나오고 구체적 내용에 관하여는 면접하지 않는 타입이다. 일반적으로 사람은 무언가 고뇌가 생기면 인지 작용이 협소해지는 경향이 있으며, 증상이 있으면서도 일상생활에서 일어나고 있는 일이 인지의 시야에서 멀어지는 법이다. 그러한 경향은 가족 사이에서도 같은 양상으로 나타난다. 이러한 타입에서는 실제의 일상생활에서 작은 증상의 변화라도 좋으니 만약에 있다면 가르쳐 주길 바란다고 환자에게 설명하고 할 수 있는 한 구체적으로 들어 본다. 나아가 일상생활 속에서 보통으로 주고받는 정도에서는 특히 문제가 안 될 듯한 표어적 표현, 예를 들면 노력, 본심, 성심성의 등, 또는 환자가 자신에 대해서 평가하는 신경질, 줏대가 약하다, 타고나기를 이라고 하는 식의 표현에 대해서는 면접자 측도 그냥 그렇게 알았다는 식으로 되기가 쉽다. 그러나 이러한 것들에 대해서도 구체적으로 묘사해 주도록 하는 것이 필요하다.

또 환자의 말을 들어줄 때 목전에 있는 환자가 예를 들면 가족들 중에서, 회사에서, 학교에서 지금 현재 어떻게 행동하고 있겠는가를 환자의 말 중에서 머리로 상상해 보도록 하는 것이 좋겠다.

또 하나는 이쪽에서 묻지 않더라도 자세하게 증상이나 병력, 생활사 등에 관하여 말하지만 말이 맞지 않고 옆으로 새는 타입이다. 그 때에는 항상 현재의 증상을 중심으로 한 문제에 초점을 맞추도록 해서 최소한의 정보라도 파악하게 되면 「한 번에 모든 것을 들을 수 없을 정도로 여러 가지로 말하고 싶은 것이 많은 것 같습니다. 그런 내용에 대해서는 어차피 치료 진행 중에 천천히 듣게 되겠지요」라고 전한다.

그 밖에 특히 질문의 형식과 관련해서 말해두고 싶은 것은 「왜(Why)」라고 하는 질문 형식은 되도록 피하고 「언제(When)」, 「어디에서(Where)」, 「누가(Who)」, 「무엇을(What)」, 「어떻게(How)」라고 하는 질문을 중심으로 하도록 하며, 더 나아가 「그 결과 어떻게 되었는가(And then)」이라고 하는 질문을 사용하는 것이 좋다. 그 최대의 이유는 증상을 중심으로 한 구체적인 정보를 얻게 된다는 점에 있다. 그러나 하나 더 중요한 것은 Kandabashi[5]도 지적하고 있는 점인데, 「왜(Why)」라는 질문은 기본적으로 사태의 원인과 설명을 필요로 하는 기능을 가지고 있지만 이것이 환자의 감정과 행동의 이유를 묻는 것으로 사용하게 되면 질문을 받는 쪽에서 받아들이는 방법으로 "강요한다" 또는 "질책 당한다"는 여운을 받을 수도 있다. 예를 들어「왜 학교에 안 가느냐, 왜 먹지 않게 되었느냐」등.

대략 이상과 같이 신체증상과 그 경과를 중심으로 청취한다. 면접자는 환자에 맞추어서 말할 것과 태도에 있어 그때의 긴장감을 풀어 주도록 신경쓰지만 어느 정도 정보를 얻고 나서 보완하여 사실관계에 대한 필요한 정보를 듣고자 할 때는 조금은 사무적인 태도를 취한다든지 전체적으로 조정하는 기술을 지니는 것이 좋을 것이다.

5. 면접을 끝마침

예정시간이 경과하고 필요한 정보를 알아내었다고 판단이 되면「○○씨가 가지고 있는 문제에 대한 이야기를 들을 수 있었습니다. 지금부터 들었던 것을 정리하여 주치의에게 전하겠습니다. 주치의의 진찰이 있을 때까지 기다려 주셔야 합니다.」라고 면접의 종료를 전하고 치료의 흐름을 다시 설명한다. 그리고「끝으로 무언가 덧붙여 두고 싶은 점이 있는지요, 또는 더 물어보고 싶으신 것이 없으신지요, 어떠한 것이든지 좋습니다.」라고 환자에게 다시 물어보고 환자와 가족에 대해서 수고하였다고 말한 후 방에서 나가도록 한다.

– 끝으로 –

인테이크 면접을 하는 중요한 기능으로서 정보수집 기능과 처음 면접으로서의 기능이 있는데 이러한 두 가지에 초점을 맞추어 심료내과에서의 구체적인 진행방법을 소개하고 설명하였다. 전자의 정보수집 기능은 그 자체가 최종 목적이 아니라 치료를 진행하기 위한 수단을 얻는 중요한 방법이며 또 그것은 후자의 처음 면접으로서의 기능을 활용하는 것이다. 즉 여기서 두 가지의 기능을 편의상 구별하여 설명하였지만 실제로는 중복하여 연속되는 것임을 특히 강조하고 싶다. 그러므로 정보수집에 마음을 빼앗겨 무엇보다도 우선해야 할 환자와 그 가족을 보호하고 치료 시 신뢰관계의 기초를 쌓아야 하는 측면을 소홀히 다루게 되는 것을 조심하여야 한다. 우리들이 인테이크 면접을 할 때 가장 필요로 하는 것은 개개의 환자와 가족의 요구에 맞추어 면접을 하는 부드럽고 열린 자세이다.

문헌

1) 児島達美：インテーク面接．久保千春(編)：心身医学標準テキスト．pp96-103, 医学書院，1997
2) 成田善弘：心身症と心身医学．岩波書店，1986
3) 笠原　嘉：予診・初診・初期治療．診療新社，1980
4) 児島達美：臨床心理士によるリエゾン機能について．心身医学 33：251-257, 1993
5) 神田橋篠治：精神科診断面接のコツ．岩崎学術出版社，1984

② 심리 테스트

A 심신의학의 임상에서의 심리 테스트

심신의학의 임상분야에서 주로 그 치료의 대상이 되는 심신증이란 「신체 질환 중 그 발병과 경과에 있어서 심리·사회적 인자가 밀접하게 관여하여 기질적 또는 기능적 장애가 있는 병태」이다. 따라서 심신증의 진단에 있어서는 신체면에 대한 검사와 함께 심리학적인 평가가 아주 중요한 과정이다. 심리학적 진단의 중심이 되는 것은 환자와의 면접이지만 그 과정에서는 일반적으로 신체증상의 발생이라든가 지속여부와 관련되는 문제, 그 내용 또한 그와 같은 문제를 야기하고 있는 환자의 성격이나 환경측의 요인, 더 나가서는 환자의 생활력 등을 파악하게 된다. 그러나 면접에 있어서는 면접자의 경험의 정도나 이론적 입장 등에 의해서 얻어지는 정보가 좌우된다든가 그 정보의 평가에 면접자의 주관적 판단이 작용하기 쉽다는 등의 가능성이 존재한다. 그래서 이러한 면접에 의한 정보를 보충하는 의미에서 각종 심리테스트가 환자의 인격과 관련하여 객관적인 데이터를 얻기 위해 활용되고 있다.

심리 테스트는 이상과 같이 진단에서 치료방침의 결정에 이르는 접근뿐만 아니라 치료 과정 속에서도 활용되고 있다. 예를 들면 심신상관의 이해를 촉진하기 위한 보조 자료로서 혹은 치료효과의 판정이나 예후예측을 위한 자료로서도 이용되고 있다. 때로는 묘화(描畵)법 등과 같이 테스트 자체가 지니고 있는 표현 촉진효과나 치료효과를 목적으로 사용되는 경우도 있다. 더 나아가 연구면에서는 심신증 환자의 특징적인 성격 경향이라든가 특정한 질환에 걸리기 쉬운 환자의 성격 특징이나 정신 역동을 해명하기 위해서도 이용되고 있다.

이와 같이 심신의학의 영역에서 심리 테스트는 다양한 목적을 위해서 이용되고 있다. 하지만 그 이용에 있어서는 환자의 실제 진단이나 치료, 연구와 관련되는 것이어서 검사자의 모델이 문제되기도 하며 테스트 실시에 대해서는 세밀한 배려가 필요하다. 여기서는 심료내과에서 주로 사용되고 있는 심리 테스트를 대략적으로 설명하고 나아가 테스트를 실시, 이용하기 위한 유의사항을 서술하겠다.

B 각종 심리 테스트의 개요와 테스트 • 배터리

심리 테스트는 크게 나누면 지능 테스트와 인격 테스트로 구성되어 있다(이 밖에도 발달 테스트도 있지만 여기서는 생략한다). 전자는 주로 인격의 지적·능력적 측면을, 후자는 인격의 정서적·성격적 측면을 파악하기 위한 목적으로 실시한다. 후자는 다시 검사의 형식에 따라 검사지법, 투영법 등으로 구분한다. 표 Ⅲ-1에는 현재 심신의학의 영역에서 널리 사용되고 있는 심리 테스트를 정리하여 보았다. 이 표는 모든 테스트를 망라한 것은 아니지만 여기서의 분류는 뒤에 나오는 테스트·배터리를 고려해 넣은 분류이다. 다음에서 주요한 사항을 언급하기로 한다.

1. 지능 테스트

심신의학의 분야에서는 교육이나 복지 등의 분야와 교정을 위해 사용하는 것과 비교하면 일반적으로 지능 테스트의 사용빈도는 적다. 그러나 환자의 지적 능력이 낮은 경우 자신의 질병의 증상이나 그 증상과 관련이 있는 심리·사회적인 인자에 대해서 적절한 설명이나 이해가 안 되었다든지, 의사의 지시나 설명을 잘 이해하지 못하는 등의 어려움이 생겨서 진단이나 치료를 시행할 때에 장애를 일으키는 수가 있다. 따라서 환자의 지적 능력에 문제가 있다고 느껴지는 경우에는 그 조사결정이 필요하게 된다. 다음에서 비교적 자주 쓰이는 검사에 대해 설명하였다.

(1) 타나카·비네식 지능검사 : 일반 지능을 측정하는 것으로 지능지수가 산출되어 있다. 2세~성인까지 적용이 가능하고 소요시간은 약 40분이다.

(2) WAIS-R 성인 지능검사 : 언어성 지능과 동작성 지능과의 양방을 검사해서 종합적 지능을 측정한다. 또한 각 하위 검사의 성적을 프로필로 그려내 임상진단을 유용하게 한다. 적용 대상은 16세~성인, 소요시간은 약 60분이다. 아동용(5세~15세)이라고 해서 WISC-Ⅲ가 있다.

(3) 신제 타나카 A식 지능검사 : 주로 언어, 문장을 사용한 검사문제로 구성되어 있으며 추상적, 개념적인 것에 대한 반응을 통해서 지능 정도를 측정한다. 적용 대상은 9~18세(성인), 소요시간은 약40분이다.

(4) 신제 타나카 B식 지능검사, 코스입방체 테스트 : 어느 것이나 비문자식, 비언어식의 지능검사다. 작업 중심의 검사이기 때문에 비교적 저항이 적다. 타나카 B식은 8~18세(성인)이 적용대상으로 소요시간은 약40분이다. 코스 입방체 테스트는 소요시간은 20~50분 정도로 특히 연령에 관계없이 실시가 가능하다.

지능 테스트에 대해서는 일반적으로 저항이 강한 편으로 실시하는 것 자체가 환자에게 큰 부담으로 나타나며, 때로는 열등감마저 품게 되는 경우가 있으므로 신중한 배려가 필요하다. 검사의 목적을 명확히 하고 검사하는 시기나 상황 등의 조건을 살펴서 결과를 해석해 가는 것이 필요하다.

표 Ⅲ-1 심리테스트의 종류

Ⅰ. 지능 테스트
- a. 개별식 지능 테스트
  1. 스즈키 · 비네식 지능검사
  2. 타나카 · 비네식 지능검사
  3. WAIS-R 성인 지능검사
  4. 코스 입방체 짝 맞추기 테스트
- b. 집단식 지능 테스트
  1. 타나카 A식 지능검사
  2. 타나카 B식 지능검사

Ⅱ. 인격 테스트

1) 질문지법 테스트
- a. 심신 양면의 증상 검사를 목적으로 한 것
  1. 건강조사표(CMI)
  2. 큐우대식 건강조사표(KMI)
- b. 어느 특정한 정신상태 또는 증상의 측정을 목적으로 한 것
  1. 테일러 현재성 불안척도(MAS)
  2. 상태불안 · 특성불안척도(STAI)
  3. 자기 평정식 항우울척도(SDS)
  4. 우울증(항우울 상태) 자기평가척도(CES-D)
  5. 해밀턴 우울평가척도(HRSD)
  6. 기관지천식 판정 테스트(CAI)
  7. 섭식태도 검사(EAT, EDQ)
  8. A형 행동패턴조사표(A형 경향 판별표, JAS)
  9. Alexithymia 평가척도(BIQ, TAS 등)
- c. 성격 · 인격 테스트
  1. 야다베 · 길버드 성격 검사(Y-G 성격검사)
  2. 미네소타 다면적 인격 검사(MMPI)
  3. 모즈레이 성격 검사(MPI)
  4. 토오대식 인격목록(TPI)
  5. 에고그람(Egogram) - 토오대식(TEG), 큐우대식(ECL), 류큐대식(ECL-R) 등

2) 투영법 테스트
- a. 언어표현에의 한 방법
  1. 문장 완성법 테스트(SCT, KSCT)
  2. 회화 욕구불만 테스트(PF 스터디)
  3. 로르샤하 · 테스트
  4. 회화 통각 검사(TAT) · 아동회화각 검사(CAT)
- b. 묘화에 의한 방법
  1. 바움 · 테스트
  2. 인물 묘화법(DAP) 등

2. 인격 테스트

1) 질문지법 테스트

질문지법 테스트는 통계적인 경과를 거쳐서 작성된 몇 가지의 질문 항목으로 되어 있으며 피검자에게 「예」, 「아니오」, 「어느 쪽도 아님」 등의 응답을 요구하고, 그 결과로 그 사람의 심리상태나 성격 특성을 수량적으로 나타내기도 하고 성격을 유형화하는 내용으로 되어 있다. 피검자의 반성이나 자기 평가에 근거해서 작성된다. 질문지법의 특징으로서 다음과 같은 점들을 들 수 있겠다.

(1) 검사 시간이 비교적 짧아 집단으로 실시하는 것이 가능하다.

(2) 결과의 정리에 대해서는 채점이 비교적 간단하고 양적 처리가 알맞게 되어 있다. 또한 객관적으로 처리가 가능해서 검사자의 주관이나 기울임이 반영될 여지가 적다.

(3) 피검자에 따라서 의식적, 무의식적 반응의 기울임이 나타나기 쉬우며 「사회적으로 바람직하게」 보이고자 하는 방향으로 반응이 기울어지기 쉽다.

(4) 피검자의 검사에 대한 응답 태도나 응답 능력에 영향 받기가 쉽다. 예를 들면 검사에 대해서 협력적이냐, 방어적이냐 또는 질문 항목의 의미 내용을 이해하고 있는지 그렇지 않은지, 어느 정도 자기 관찰력이나 성찰력이 있는지 등에 의해서 영향을 받기 쉽다.

a. CMI 건강 조사표(Cornell Medical Index, CMI - Health Questionnaire)

CMI는 1949년 코넬 대학의 Brodman K 등에 의해 작성된 것으로 짧은 시간에 환자의 심신 양면에 걸친 자각증상을 파악하는 것이 가능하다. 일본판 CMI는 신체적 자각증과 정신적 자각증에 관한 항목으로 이루어져 있다(표Ⅲ-2 참조). 검사 소요시간은 약20분. CMI는 초진 시에 선별 검사로서 흔히 사용되고 있다.

검사 결과는 각 항목의 「예」의 합계수로 각 자각증의 양적인 평가를 행하고 「예」라고 하는 응답수가 많은 경우일수록 그 항목에 표시된 징후가 강하다고 판단하게 된다. 또한 후카마치에 의해서 작성된 신경증 판별도를 사용해서 신경증 경향의 평가(영역Ⅰ~Ⅳ)도 가능하다. 영역Ⅰ은 5% 수준의 위험률로 심리적으로 정상이라고 판단할 수 있는 영역. Ⅱ는 일단 정상이라고 판단해도 무방한 영역. Ⅲ은 신경증적이라고 판단해서 무방한 영역. Ⅳ는 5% 수준의 위험률로 신경증이라고 판단할 수 있는 영역. 다만 이 분류에 관해서는 테스트에 대해서 방어적인 경우나 증상에 대한 자각이 모자라는 경우에는 Ⅰ, Ⅱ 영역에 있어서도 심리적인 문제가 배후에 숨겨져 있다거나 반대로 Ⅲ, Ⅳ 영역에 있어서도 기질적인 질환을 부정하지 못하는 경우도 있으므로 주의할 필요가 있다. 더 나아가 Ⅰ, Ⅱ 영역이라고 하는 결과를 얻더라도 자살 경향 등의 항목에 「예」라고 대답하고 있다면 면접 때에 확인하도록 하는 것이 필요하다.

표 Ⅲ-2 일본판 CMI의 자극증상 질문 항목의 분류

신체적 자각증상			정신 자각증상		
구분	항목분류	질문수	구분	항목분류	질문수
A	눈과 귀	10	M	부적응	12
B	호흡기계	21	N	항우울	6
C	심장혈관계	14	O	불안	9
D	소화기계	28	P	과민	6
E	근육골격계	10	Q	노여움	9
F	피부	9	R	긴장	9
G	신경계	19			
H	비뇨생식기계	11	합계	(남성용)	211
	(여성용)	13	질문수	(여성용)	213
I	피로도	7			
J	질병빈도	9			
K	기왕력	15			
L	습관	7			

b. KMI 건강조사표(Kyudai Medical Index, KMI – Health Questionnaire)

KMI는 CMI의 간이화를 겨냥해서 큐슈 대학 심료내과에서 만든 것으로 주로 외래 초진 때의 선별 검사로 실시되고 있다(항목의 분류에 관해서는 표 Ⅲ-3 참조).

「예」의 합계가 35~40을 넘는 경우에는 신체증상이 우위라 할지라도 그 배후에 심리·사회적 인자(신경증적 경향)가 관여되어 있는 것으로 고려해야 한다.

표 Ⅲ-3 KMI의 자각증상 질문항목 분류

구 분	질 문 수
A구분 기왕력, 가족력	5
B구분 정신적 자각증상	50
B1 일반적 부적응 상태	8
B2 미숙 성격 경향	8
B3 불안 긴장 경향	8
B4 신경질 경향	4
B5 심기(心氣) 경향	4
B6 공포증 경향	4
B7 강박 경향	4
B8 항우울 경향	6
B9 현실감 상실	4
C구분 신체적 자각증상	44(남성42)
합계 질문수	99(남성97)

c. YG 성격 검사(Yatabe-Guilford Personality Test)

YG 검사는 Guilford JP등의 인격목록을 근거로 해서 야타베가 일본인을 대상으로 표준화한 것으로 항우울성, 협조성, 일반 활동성 등의 12가지 성격특성에 관한 질문으로 형성된 검사다. 질문은 120항목이고 검사 소요시간은 약 20분이다. 결과는 12가지의 각 성격 특성마다 평가하기도 하고 12가지의 특성을 정서 안정성, 사회 적응성, 향(向)성의 3가지 그룹으로 나누어 그것을 근거로 해서 A에서 E에 이르는 5가지 유형으로 분류해서 일반적인 성격경향을 파악한다(표 Ⅲ-4 참조).

A형은 평균적인 타입. 그러나 △의 응답이 많은 편이 되면 A형이 되기 쉬우며, 불안정성이 강해서 결단을 내기 어려운 사람이나 자기 방어가 강한 사람에게 △가 증가하는 경향이 있다.

B형은 정서적 불안정성이 밖으로 나타나기 쉬우며 행동상으로 문제를 일으키기 쉬운 사람에게 많다.

C형은 온순한 타입이지만 임상적으로는 방어적, 억압적인 사람들에게서 만나게 된다.

D형은 검사상 좋은 타입. 그러나 사회적으로 바람직하다고 하는 방향에서의 반응의 비뚤림이 섞이면 이 형이 되기 쉬우며, 자기 현시적인 사람이나 성찰력이 모자라는 사람들에게서 보게 된다.

E형은 신경증적 경향을 나타내는 사람에게서 많다. 이 타입은 자기의 불안정성에 대한 자각은 있기 때문에 심리요법 등에 대한 동기부여는 높은 경우가 많다.

이상의 전형 외에 준(準)형(A' ~E' 형)과 아(亞)형(A", AB, AC, AD, AE형)이 있다.

표 Ⅲ-4 Y-G성격검사의 프로필 5전형(츠치오카에서)

타 입	영어명	형태에 따른 명칭	인 자		
			정서 안정성 DCIN	사회 적응성 C Co Ag	향성 GRATS
A	average Type	평균형	평 균	평 균	평균
B	blast Type	오른쪽 기울기형	불안정	부적응	외향
C	calm Type	왼 쪽 기울기형	안 정	적 응	내향
D	director Type	오른쪽 처지기형	안 정	적응 또는 평균	외향
E	eccentric Type	왼 쪽 처지기형	불안정	부적응 또는 평균	내향

d. MMPI(Minnesota Multiphasic Personality Inventory)

MMPI는 미네소타 대학의 Hathaway SR과 Mckinley JC에 의해서 1940년 작성된 것이다.

MMPI는 인격의 여러 특성을 다면적으로 파악하는 일이 가능한 테스트다. 정신의학적 진단의 보조도구로 널리 쓰이고 있다. 각 척도는 표 Ⅲ-5와 같은 구성으로 되어 있다. 각 임상척도에서 T스코어가 70점 이상으로 높은 경우에는 정신 장애의 유무나 그 정도가 문제가 되는데, T스코어가 조금 높은 정도의 득점으로는 인격이나 행동의 특징으로서 문제가 된다. 질문은 550항목(단축판은 383항목). 소요시간은 약60분(단축판 약40분).

결과는 프로필이라고 하여 제시되지만 전형적인 것으로는 ①스파이크형이라고 부르는 하나 또는 둘의 척도만이 극단적으로 높은 패턴 ②신경증 3척도(neurotic triad)라고 불리는 Hs, D, Hy의 척도가 높은 패턴. 「전환V」라고 하는 전환 히스테리에 특징적인 패턴이 잘 알려져 있다. ③정신병 4척도(psychotic tetrad)라고 불리는 Pa, Pt, Sc, Ma 중 몇 개의 척도가 높은 패턴 등이 있다.

신체 증상을 주로 호소하고 있는 환자라도 인격 장애나 정신증상의 장애가 의심되는 경우에는 MMPI를 실시하여 정신의학적인 문제의 검토를 하는 일이 필요하다.

표 Ⅲ-5 MMPI의 각 척도표

타당성 척도 the validity scale
? : 의문점 (the question score)
L : 허구점 (the lie score)
F : 타당성 득점 (the validity score)
K : K(수정)점 (the K score)
임상척도 the clinical scale
Hs : 심기증 척도 (the hypochondriasis scale)
D : 항우울성 척도 (the depression scale)
Hy : 히스테리성 척도 (the hysteria scale)
Pd : 정신병질적 편의성 척도 (the psychopathic deviate scale)
Mf : 성도 척도 (the masculinity feminity scale)
Pa : 편집성 척도 (the paranoia scale)
Pt : 정신 쇠약성 척도 (the psychasthenia scale)
Sc : 정신 분열성 척도 (the schizophrenia scale)
Ma : 경조성 척도 (the hypomania scale)
추가척도
Si : 사회적 향성 척도 (the social introversion extroversion scale)

e. MAS(Manifest Anxiety Scale)

MAS는 1953년에 Taylor JA에 의해서 발표된 질문지이다. 현재 일본에서 사용되고 있는 것은 MMPI의 항목 중 불안감이나 그것과 관계되는 신체감각을 나타내고 있는 50항목을 불안척도로 하고 다시 허구점에 관한 15항목을 추가한 합계 65개 항목으로 구성되어 있다. 적용은 약 16세 이상~성인까지로 소요시간은 약 20분이다. 어느 쪽도 아니라는 응답이나 허구점이 높은 경우에는 심리성이나 타당성이 모자란다고 생각된다. 불안 득점은 5단계로 나누어서 판정되며 일반 남성이 23점, 여성이 26점 이상 나오면 불안이 높다고 할 수 있다. 불안이 인정되는 증례는 초진 시 테스트·배터리(후에 서술) 안에 짝 맞춰 넣어진다든지, 치료하는 과정에서 불안 상태의 추이를 평가할 때 실시된다.

f. STAI(State Trait Anxiety Inventory)

STAI는 Spielberger CD등에 의해서 1970년에 발표된 불안을 측정하기 위한 질문지다. STAI는 MAS와는 달라서 불안을 상태불안과 특성불안으로 나누어서 파악하도록 되어 있다. 상태불안은 지금 이 순간에 자신에게 합당한 것을 고른다고 하는 식의 순간순간 변화하는 불안을, 특성불안이란 일상에서 언제나 자신에게 알맞은 것이라고 하는 불안에 빠지기 쉬운 성격을 파악하려고 한다. 상태불안 20항목, 특성불안 20항목의 합계 40항목으로 구성되어 있다. 중학생 이상이면 적용이 가능하며(초등학생용도 개발되어 있다), 소요시간은 약5분 정도다. 득점의 범위는 20~80점이고 각기 높은 점수일수록 불안이 높음을 나타내고 있다. MAS와 마찬가지로 초진 시나 치료 경과 중에 실시된다.

g. SDS(Self-rating Depression Scale)

SDS는 Zung WWK가 작성한 자기평정식의 항우울 척도다. 우울감, 입면장애, 피로 등의 항우울상태를 나타내는 20항목의 간단한 질문으로 되어 있다. 득점의 범위는 20~80점이다. 소요시간은 약2분 정도로 판정도 쉽다. 합계점수가 50~60이상인 때는 우울 상태가 두드러졌다고 판단한다.

SDS는 현시점에서의 우울상태의 평가나 치료경과 중에 실시하는 것으로 우울 상태의 개선 등을 객관적으로 평가할 수 있다. 자기평가가 어려운, 혹은 신뢰할 수 없는 환자에게는 Hamilton M의 타인 평정식의 항우울 척도(HRSD)가 쓰이게 된다.

h. 에고그램(Egogram)

에고그램은 1970년대 초에 Dusay J가 교류분석의 이론에 근거해서 고안한 것으로 자아상태를 분명히 하기 위해서 개발된 테스트다. 교류분석에서는 자아의 구조를 비판적인 부모(critical parent: CP), 보호적인 부모(nurturing parent: NP), 성인(adult: A), 자유로운 아이(free child: FC), 순응한 아이(adapted child: AC)로 나누고 있다. 에고그램은 이 5가지의 자아상태를 평가하는 것이다. 일본판으로서는 도쿄대식(TEG), 큐슈대식(ECL), 류큐대식(ECL-R) 등이 개발되어 있다. 응답의 결과는 5가지 자아상태의 득점을 굴곡선 내지는 막대그래프에 나타내며 그 패턴을 분석한다.

심신증 환자의 에고그램은 건강한 성인과 비교하면 FC가 낮으며, AC가 높다는 사실이 밝혀져 있다. 이 사실은 심신증 환자의 성격 특징의 하나라고 지적되어 오던 과잉적응적 경향을 나타내는 것으로 해석되고 있다. 에고그램은 치료경과 중에 환자의 자아상태의 변화를 간편한 형태로 보이고 그 개선을 검토하는 것도 가능하다.

2) 투영법 테스트

투영법 테스트는 쓰기 시작한 문장이나 불만 장면의 그림, 잉크의 번짐 등의 모호한 자극을 제시하고 피검자에게 될 수 있는 대로 자유로운 반응을 구한다든가, 인물이나 나무 등의 그림을 그리도록 하여 그 반응의 내용이나 양식에서 인격의 여러 특징을 파악하려는 검사이다. 질문지법 테스트와 비교하면 다음과 같은 특징들을 지니고 있다.

(1) 검사의 실시는 개인적 시행이 중심이고 오랜 시간을 필요로 한다.
(2) 검사 결과의 처리와 해석은 복잡해서 그 과정에서 검사자의 주관이 혼합되어 객관성이 낮아질 가능성이 있다. 신뢰성이 가는 데이터를 얻기 위해서는 숙달이 필요하다.
(3) 피검자에게는 응답이 어떻게 평가되는지 예측이 어렵기 때문에 의식적인 자세로 인해서 반응이 왜곡될 가능성이 적어진다. 피검자가 취하는 자세 자체에 의해 인격의 비교적 깊은 층을 파악할 수 있게 된다.
(4) 피검자의 자세나 응답능력에 따라 영향을 받는 일이 적게 된다. 오히려 검사 때의 피검자의 상태를 반영하기가 쉽게 된다. 따라서 피검자의 상태나 치료의 시기 여하에 따라서는 상당한 부담이 되거나 피동적으로 되는 경우가 있으므로 배려가 필요하다.

a. SCT(Sentence Completion Test)

SCT는 문장의 첫 부분을 보여주고 남은 문장을 피검자가 완성하게 만드는 식의 테스트이다. 지금까지 많은 문장이 지어져 왔지만 일본에서는 정연(精研)식 SCT나 구성적 문장 완성법(K-SCT)이 대표적인 것으로 널리 이용되고 있다. 심신의학의 영역에서는 항목수가 비교적 적은 K-SCT가 널리 사용되고 있다. K-SCT는 「아버지에 대한 첫 추억은」, 「어머니와 함께 있을 때의 느낌은」 등의 합계 36가지의 자극어로 구성된 것으로서 대인태도(부모, 동성, 이성, 일반인, 권위), 반응양식(타인으로부터의 공격·거부, 욕구좌절, 성, 애정, 결혼), 문제의 원인(실패·불만, 불안, 항우울·열등감, 죄의식), 소망(공상적·현실적 소망)의 4가지 영역으로 구성되어 있다. K-SCT는 성인용이므로 중학생 이하에서는 실시하기 어렵다. 검사 소요시간은 30~60분이다. 결과는 수량화해서 사용할 수도 있지만 임상적으로는 문장 그 자체를 조심스럽게 검토하여 각 증례의 특징을 파악하는 일이 중요하다.

b. PF 스터디(Picture Frustration Study)

PF 스터디는 1944년에 발표된 Rozenzweig S의 인격이론에 근거하여 작성된 심리테스트로 일상생활에서 자주 접하게 되는 욕구불만 장면에 어떤 반응을 보이는가를 통해 개인의 역동적인 인격을 이해하게 되는 검사이다. 테스트의 구성은 24가지의 욕구불만 장면으로 되어 있으며, 그 불만 장면은 자아저해 장면과 초자아 저해장면으로 나누어져 있다. 각 장면에 대한 반응 내용은 표 Ⅲ-6과 같은 3가지의 공격 방향과 3가지의 반응 형태를 짝 맞춘 9가지의 틀로 분류해서 평가한다. 또한 욕구불만 장면에서 상식적인 반응이 가능한가를 GCR(Group Conformity Rating) %의 가치에 의해 평가하도록 되어 있다. 더 나아가 반응의 프로필이나 반응전이 등에서도 공격의 처리나 방위의 수법을 판독하도록 되어 있다. 아동용(4~14세), 성인용(15세 이상)에 더해서 청년용(중학1년~대학2년)이 새로이 만들어져 있다. 검사 소요시간은 약 30분이다.

심신증환자, 그 중에서도 과잉 적응경향이 강한 경우에는 일반적으로 GCR이 높고 공격성의 방향은 자책적이다. 한편, 미숙한 성격의 소유자에서는 공격성 방향은 타책적이고 유구고집형이 많은 경향이 있다. 이와 같이 심신증 환자에서는 공격적 감정의 처리 방법을 둘러싸고 문제 있는 사람을 찾아 볼 수 있다. 테스트에서는 치우침을 어떻게 수정해갈지 그 실마리를 잡을 수 있다.

표 Ⅲ-6 PF 스터디 평점인자 요약일람

	장해우위형	자아방위형	요구고집형
타책적	(E') 장해강조	(E) 공격 (<u>E</u>) 책임부정	(e) 해결의존
자책적	(I') 장해합리화	(I) 자책 (<u>I</u>) 책임회피	(i) 노력
무책적	(M') 장해무시	(M) 용인(容認)	(m) 관습복종

c. Rorschach Test

Rorschach Test는 스위스의 정신과 의사 Rorschach H가 1921년에 작성한 대표적인 투영법 검사다. 이 검사는 「잉크의 얼룩」 때문에 우연히 생긴 모호하고도 다의적인 모양으로 그려진 10장의 카드로 구성되어 있다. 피검자에게 카드를 보여 그 그림이 무엇으로 보이는가 묻고 얻어진 반응을 분석하여 인격 특징을 파악하는 검사법이다. 검사는 자유반응 단계와 질문 단계로 나누는데 다시금 필요에 따라서는 한계 음미단계가 추가되어 있다. 소요시간은 약 60~90분이다. 해석에 임해서는 먼저 형식 분석이라고 하는 반응을 표 Ⅲ-7에서 보여주는 바와 같이 영역, 결정인, 내용, 평범·독창반응, 형태 수준 등의 구분에서부터 기호화하고 다시 각종의 비율 계산을 진행시킨다. 형식 분석에 더하여 검사 상황에서의 피검자의 행동특징, 구체적인 반응어의 뉘앙스나 내용의 상징적 의미(내용 분석), 더 나아가 반응의 계기(계열분석) 등도 해석 시 고려되어야 한다. 해석에 의해서 밝혀지게 되는 인격의 측면을 정리한 것이 표 Ⅲ-8이다. 한편 이 검사의 실시나 처리에는 숙달을 필요로 하며 또한 판정이나 평가에는 임상심리학적, 정신의학적인 지식이 요구된다.

Rorschach Test에서 본 심신증 환자의 특징으로는 그 많은 사람들이 내향형에 속한다고 보는 성격·적응양식이 인정되며 한편으로는 안정된 정서의 통합성이 좋다고 생각되지만 내면적인 지나친 통제나 외계와의 관련성 회피, 감정 폐쇄의 경향을 나타내는 일(토오야마, 1977) 등이 지적되고 있다.

표 Ⅲ-7 Rorschach Test의 반응분류와 기호

항 목	의 미	기 호
영 역	반응으로서 의미부여 된 잉크 블롯의 자리 (전체·보통부분·이상부분·공백부분)	W, D, Dd, S 등
결정인	반응의 성립에 이용된 잉크 블롯의 성질 (모양·운동·색채·음영)	F, M, FM, FC, FC' 등
내 용	잉크 블롯에서 무엇을 보았는가 하는 반응 내용의 종류 (인간·동물·식물·건조물)	H, A, PI, Arch 등
형태수준	반응의 내용과 잉크 블롯의 일치도, 명세화된 적절성, 결합성 등에 근거한 평가	+, ±, ∓, −
평범 · 독창반응	일반적인 반응의 출현빈도에 근거한 평가	P. O

표 Ⅲ-8 Rorschach Test에서 얻게 되는 인격측면

	내 용
지적 측면	• 지적수준과 그 작용 • 사고 양식 • 외계에 대한 지적 접근방법 • 흥미나 관심의 범위 • 관찰력 등
정서적 측면	• 정서의 일반적 경향 • 충동과 그것에 대한 통제력 • 외계에 대한 정서적 교류방법 등
자아기능 측면	• 자아의 강도 • 방위 기제 • 갈등 영역 등

d. TAT(Thematic Apperception Test), CAT(Children' s Apperception Test)

TAT는 주로 인물을 배치한 어느 장면을 그린 그림을 몇 장 정도 피검자에게 보이고 그 그림으로 엮어내는 이야기에서 피검자의 의식적·무의식적인 소망이나 욕구와 그것에 대한 (환경의)압력, 갈등상황 등 정신의 역동적 측면을 파악하고자 하는 것으로 Murray HA등에 의해서 1935년에 발표된 검사다. 검사에 소요되는 시간은 약 60~90분 정도이다. 적용연령은 8~9세 이상으로 그 이하인 경우에는 유아·아동용의 CAT를 사용하게 된다. 결과는 욕구의 종류와 행동, 압력, 해결 행동양식, 행동의 결말, 나아가서 이야기의 언어특징과 서술의 특징, 말하는 쪽과 이야기와 그림과의 관계, 이야기의 특징, 반응태도 등을 분석하게 된다. 이 테스트는 질문지법으로 파악하기 어려운 대인관계에서 나타나는 구체적인 불만이나 갈등상황, 그 해결 방법 등을 파악하는 데 유효한 방법이 된다.

3) 테스트 • 배터리 조성법

지금까지 서술해온 바와 같이, 각종 심리테스트에는 각각의 장점과 단점이 있어서 단일한 심리테스트로 환자의 인격이나 임상양상의 전체를 파악하는 일은 불가능하다. 따라서 테스트의 실제 활용에서는 그 목적에 따라서 각양각색의 심리테스트를 선택한다든지 맞춰간다든지 하는 것이 필요하다. 이와 같이 성질이나 측정하는 내용을 달리하는 몇 가지 심리테스트의 짜맞추기를 테스트·배터리라고 한다. 일반적으로는 질문지법 테스트와 투영법 테스트를 짜맞춰가며 몇 종류를 택하고 서로의 결점을 보완하도록 연구한다. 그러나 테스트의 종류가 많아지게 되면 환자로서는 부담이 되는데 테스트에 대해서 부정적으로 된다거나 건성건성 응답하기도 해서 경우에 따라서는 증상의 악화를 불러오는 경우도 있기 때문에 주의할 필요가 있다. 심신증의 임상에는 다음과 같은 것들이 고려되어야 하겠다(큐슈 대학 심료내과에서의 입원 시 기본 배터리를 실례로서 들어 설명하고자 한다).

(1) 환자의 심신전반에 걸치는 자각적인 호소나 성격 경향을 파악하기 위해 CMI, KMI, YG 성격 검사 등을 사용하고, 더 나아가 욕구불만 장면에서의 공격 처리방법을 PF스터디로 파악해서 대인태도나 구체적인 갈등, 문제를 SCT로 잡아나간다고 하는 짜맞춤이 비교적 잘 조합된 방법이다. 이 짜맞춤을 기본으로 필요에 따라서 다음과 같은 테스트를 덧붙이게 된다.

(2) 불안이나 항우울감이 심한 경우에는 MAS, STAI, SDS, CES-D 등을 추가한다.

(3) 심신증에 대해 특징적이라고 생각되는 인격·행동 경향(예를 들면 Alexithymia)이나 각 질환에 특유한 경향을 포착하는 경우에는 TAS, EAT, CAI, JAS 등의 척도를 추가한다.

(4) 나아가서 정신의학적, 정신역동적, 지적 측면에 관한 정보가 필요한 경우에는 MMPI,

Rorschach테스트, TAT, 지능테스트 등을 추가한다.

C 테스트의 실시 • 이용상의 주의점

심리 테스트는 환자의 지적 측면이나 정서적·성격적 측면에 대한 진단, 이해 등에 유용한 도구가 된다. 그러나 유용한 만큼 그 실시, 이용에 있어서 적절한 배려가 없으면 때로는 오용을 초래할 우려가 있다. 테스트의 오용을 피하기 위해서라도 실시하는 과정을 신중하게 진행하는 일이 중요하다. 그래서 테스트를 실시, 이용하는 경우에 주의해야 할 점을 말하고자 한다.

1. 테스트 실시 전에 주의할 점

(1) 테스트 실시의 목적을 명확히 해서 그 목적에 알맞은 테스트를 선택한다. 먼저 각각 환자의 진단, 치료에 도움이 되기 위해서 무슨 일을 알아야 하는가를 검토한다. 예를 들면, 불안 등 정신상태의 유무나 그 정도를 알고자 하는가, 성격 특징이나 성격의 타입, 더 나아가서는 인격의 심층이나 역동적인 구조를 알고자 하는가, 혹은 치료효과의 판정이나 예후 예측을 위해서인가 등. 그리고 그 일을 위해서는 어떤 테스트가 알맞겠는가, 또한 그 테스트는 어느 정도 검사의 목적에 부합되는 것인가, 테스트의 타당성·신뢰성에 대한 검토나 표준화에 대한 연구가 시행되고 있는지, 나아가서는 선택된 테스트의 실시가 환자의 상태나 지적 능력으로 견디어 내겠는지, 실시하는 시기가 적절한지, 아닌지 등을 검토하고 나서 실시할 테스트를 결정하는 일이 중요하다.

(2) 테스트·배터리를 짜맞춘다. 진단, 치료에 있어 환자에 대한 이해를 충분히 하기 위해 필요하다는 생각으로 다량의 테스트를 실시하는 일은 불가능하다. 오히려 다량으로 테스트를 실시하는 것은 환자의 부담을 늘려서 결과적으로는 테스트에 대한 부정적인 감정을 야기시키는 계기가 된다. 따라서 테스트·배터리 항목에서 서술한 것처럼 적은 테스트 자료로 될 수 있는 한 환자의 전체상을 파악할 수 있도록 고려하는 것이 필요하다.

2. 테스트 실시 때 주의할 일

(1) 실시 장면의 여러 조건을 고려한다. 테스트를 실시하는 경우에는 환자에게 필요 없는 긴장을 하지 않게 하기 위해서라도 검사를 실시하는 경우 여러 조건을 정리하지 않으면

안 된다. 검사 시간은 심신이 모두 피로가 적은 시간대를 골라 실시하는 것이 바람직하다. 특히 개별검사를 실시하는 경우에 주의할 필요가 있다. 예를 들면 지능 검사는 주의 집중력이나 지속력이 요구되므로 피로가 쌓이기 쉬운 오후에 실시하는 것은 피하는 배려가 필요하다. 또한 검사실은 되도록 조용한 장소가 바람직하며 적당한 크기의 방을 확보하고 검사용도 이외의 나머지 집기는 두지 않도록 하는 등의 고려도 필요하다.

(2) 환자와 검사자와의 관계에 대해 배려한다. 검사자는 환자가 테스트와 검사자에 대해서 우호적인 관계를 도출해 나가도록 배려한다. 그러기 위해서는 먼저 환자에게 테스트의 목적과 실시방법에 대해 잘 알 수 있도록 설명하여 이해를 얻어내고 테스트에 대한 불안이나 경계심을 될 수 있는 한 해소시켜 주는 일이 중요하다. 일반적으로 환자는 심리테스트라고 하면 일방적으로 심리를 조사당한다는 불안을 느끼게 되는데 검사자는 이 점을 충분히 고려해야 한다. 또한 외래의 초진이나 입원 초기 단계에서는 환자와의 관계가 충분히 확립되어 있다고 하기 어렵다. 그러므로 환자에 대해서 신체뿐만 아니라 심리면까지도 아울러서 임상양상을 잘 이해하여 치료해 나가는 것이 중요하다는 점을 설명하고 심리테스트에 대한 동기부여를 높이도록 하는 배려가 아주 중요하다. 그러나 이와 같은 설명을 충분히 받고나서도 계속 테스트를 받느냐 안 받느냐 하는 결정권은 환자에게 있다. 테스트에 대한 동의를 얻지 못하는 경우에는 실시를 중지함과 동시에 그때의 환자가 어떠한 상태에 있는가에 대한 배려와 적절한 대응이 필요하다 하겠다.

(3) 조사된 테스트 결과의 처리, 정리, 해석 단계에서는 환자의 테스트 때의 모든 행동을 참조하도록 한다. 예를 들면, 테스트를 받아들일 때의 태도나 테스트의 기입방법, 결과에 대한 마음 등도 귀중한 데이터로 여겨서 활용한다. 또한 기본적인 작업이기는 한데, 테스트의 결과를 산출해내는 작업을 정확하게 한다. 해석하는 경우에는 단지 최종적인 결과에 대해서만이 아니라 테스트의 처리나 정리 작업 내에서 알아낸 점이나 하위 척도의 프로필, 더 나가서는 삶의 데이터 그 자체를 충분히 고려하도록 한다.

3. 테스트 결과를 이용할 때의 주의점

(1) 테스트 결과는 환자에게 피드백할 필요가 있다. 환자는 실시한 테스트의 결과에 대해 알 권리가 있다. 그때에는 환자가 테스트의 결과에 대해서 어떤 기분인지, 또한 환자에게 결과를 피드백 하는 일의 의미나 그 영향을 충분히 고려하도록 하며 때로는 피드백하는 내용이나 그 전달방법에 대한 검토도 필요하다. 치료에 도움되는 모든 배려를 하는 일이 중요하다.

(2) 테스트는 어디까지나 진단이나 치료의 보조가 되는 것이지만 면접이나 행동관찰 등에

서 얻은 결과인 임상상의 비교 검토가 필요하다. 테스트의 결과와 면접이나 행동관찰에서 얻어낸 소견이 일치되는 경우에는 쌍방이 같은 특징이나 경향을 파악하고 있는 것으로 테스트의 결과는 타당한 것이라고 생각하게 된다. 그러나 테스트의 결과와 면접이나 행동관찰에 대한 소견 사이에 엇갈림이 나타나는 경우도 있다. 그런 경우에는 테스트 실시의 시기나 실시상황, 검사자와 환자와의 관계 등 그 엇갈림이 생기게 된 원인을 검토하면 환자에 대한 이해가 더 한층 깊어지게 되리라 생각한다. 그런 과정을 거치면 테스트 결과를 보는 안목도 더 열리게 되리라 생각한다.

(3) 각 테스트는 여러 가지의 검토를 거치면서 작성된 것이지만 해석도 일정한 이론적 근거에 의해서 이루어지게 된다. 그러나 테스트 결과에 대한 소견은 그것을 마무리하는 측면의 조건, 예를 들면 테스트에 대한 숙련도나 심리학적 지식의 폭 등에 의해서도 좌우되기도 한다. 그 가능성은 Rorschach Test 등의 투영법 검사에서 크게 나타나게 된다. 따라서 진단이나 치료 시에 테스트를 활용하는 사람은 각 테스트에 대해 숙련이 되는 동시에 인격이론이나 정신병리학 등의 지식을 쌓는 일도 필요하다.

마지막으로 지금까지 서술한 내용과 겹치게 될는지도 모르겠지만 신체의학적 검사와 비교하는 경우의 심리테스트의 기본적 성격을 강조해 두고 싶다. 의료기관에서 진찰을 받는 환자는 신체에 대한 진단을 위해 여러 물리적, 화학적 검사를 시행해 왔다. 이와 같은 검사의 시행에 대해서는 치료를 겨냥해서 합의가 성립되어 있으면 환자 측의 저항은 적게 나타나 문제가 커지지 않는 것으로 생각된다. 그것은 검사의 방법이나 결과가 상당한 객관성을 지니고 있다는 사실로도 인정된다. 그러나 심리 테스트의 경우에는 사정이 다르다. 테스트의 객관성이라는 점에서 신체의학적 검사에 미치지 못하며 무엇보다도 각각의 환자로 보아서는 테스트에서 측정되는 내용이 다름아닌 「나의」 능력이나 성격이기 때문에 각양각색의 걱정이나 불안, 그리고 저항을 불러일으키기가 쉽다.

테스트를 사이에 두고서 검사자와 피검자 사이에는 능력이나 성격을 문제삼아 평가하는 사람과 평가받는 사람이라는 관계가 잠재하고 있다. 때로는 검사자는 권위자로 파악되는 동시에 테스트와 관련해서 따르든지 아니면 반발하든지라는 상황이 전개되기 쉽다. 따라서 테스트에서 얻어낼 수 있는 정보가 신뢰성을 지니기 위해서는 테스트 자체의 신뢰성이나 타당성 등에 더해서 검사자와 피검자의 관계가 좋은 사이가 되어야 하겠고 그와 같은 관계를 기반으로 테스트가 시행되어야 하겠다. 한 마디로 피검자가 될 수 있는 한 자유롭게 자신을 표현할 수 있는 테스트 상황이나 관계를 쌓는 일이 심리 테스트를 실시할 때의 기본이다라고 말할 수 있겠다. 심신의학의 임상을 맡고 심리 테스트를 활용하는 경우 이상에서 말한 바와 같은 심리테스트의 기본적 특성을 고려하면서 실시, 이용하는 것이 바람직하다고 하겠다.

문헌

1) 阿部満州，高石　昇：顕在性不安検査使用手引き．京房，1985
2) 岡　秀樹：心理テスト．九州大学医学部心療内科(編)：オリエンテーション・レクチュア要約，第4版，pp51 - 55, 1983
3) 片口安史：改訂新・心理診断法，金子書房，1987
4) 金久卓也，深町　健：日本版コーネル・メディカル・インデックス―その解説と資料．三京房，1983
5) 河野友信，末松弘行，新里里春(編)：心身医学のための心理テスト．朝倉書店，1990
6) 辻岡美延：新性格検査法．日本・心理テスト研究所，大阪，1979
7) 日本MMPI研究会(編)：日本版MMPIハンドブック．三京房，1973
8) 林　勝造(代表)：P-Fスタディ解説―1987年版．三京房，1987
9) 福田一彦，小林重雄：日本版SDS自己評価式抑うつ性尺度使用手引き．三京房，1983
10) 松岡洋一：心理テスト、九州大学医学部心療内科(編)：心身医学・心療内科オリエンテーション・レクチュア，第5版，pp68 - 76, 1988

③ 정신생리학적 검사법

심신의학 영역에서의 정신생리학적 검사에는 중추신경의 활동을 조사하는 검사법, 즉 뇌파와 SPECT 등을 포함하여 장기 특유의 자율신경 기능을 조사하는 검사법이 포함된다. 이는 기립시험, 위전도와 수면다원검사 등이 있으며 사용하는 영역의 범위를 반영한다고 할 수 있다. 심료내과에서는 질환의 배경에 심리·사회적 인자를 상정(想定)한다. 또한 중추신경 기능과 자율신경 기능의 생물학적인 평가는 치료의 관점에서도 중요하다. 왜냐하면 증거를 기반으로 하는 의료를 염두에 두었을 때 질병의 일반 의학적인 평가와 그에 따른 의학적인 치료가 심리요법의 전제가 되기 때문이다. 최근 중추신경 검사에서는 뇌기능영상 등이 임상 응용되며 또한 말초레벨에서는 자율신경 활동을 직접 기록할 수 있는 미소신경전도법(microneurography)이 개발되어 있다. 이 항목에서는 뇌파와 기립시험이라고 하는 고전적인 방법에서부터 최근 개발된 것까지 심신의학 영역에서 유용하다고 생각되는 검사법을 설명하고자 한다.

A 뇌파

1. 개요

사람 뇌의 전기 활동을 최초로 기록하여 계속적으로 성과를 발표한 사람은 Jena 대학의 정신과 교수였던 Hans Berger로 1929년에 시작하여 「사람의 뇌파에 관하여(Uber das Elektrenkehalogramm des Menschen)」이라는 획기적인 연구업적을 발표하였다. 그 이후 1938년까지 같은 주제로 논문을 계속 발표하였으며 간질, 뇌종양, 신경질환 등 오늘날 임상뇌파학에서 취급하는 주제의 대부분에 관하여 기록하였다.

2. 방법

뇌파 즉, 뇌의 전기활동은 두피상에 장착된 전극과 그 도출선(유도선, 라드선)을 통하여 전극상자와 뇌파계에 도입된다. 뇌파계는 증폭 부분과 기록기로 되어 있으며, 뇌에서 발생한 마이크로 볼트(μV)단위의 미약한 전위변동을 100~200만 배로 증폭하여 기록기의 기록용 펜을 흔들어서 일정속도로 흘러가는 종이위에 뇌파를 기록한다. 뇌파는 1~100Hz이상의 범위에 걸쳐 있으나 주파수가 느린 부분의 기록은 뇌파계의 시정수(time constant)에 의해 결정되며 시정수가 클수록 느린 부분의 기록이 가능하게 된다. 보통 뇌파 기록에는 시정수 0.3을 사용하며 필요에 따라 0.1을 쓰기도 한다. 전극의 배치는 국제 전극배치법(10~20시스템)이 넓게 사용되고 있으며 두피상의 전극 수는 이타(耳朶)의 기준전극을 포함하여 21개이고 전극 간격은 성인이 약 6cm이다. 충분한 공간적 정보를 얻기 위하여 124개의 전극을 장착하고 보통 64채널 부분을 128채널로 하여 기록하는 방법도 개발되고 있다.

뇌파의 기록은 피험자가 안정된 상태에서 기록하는 것을 원칙으로 하지만 질병 중에는 안정 시에 이상이 없고 부활(賦活)에 의해 처음으로 이상을 보이는 경우가 있다. 예로 간질 환자에서는 발작 간결기의 안정 시 뇌파에는 전혀 이상이 없으면서도 과호흡에 의해서 이상파가 출현하는 경우가 많다. 부활 방법은 ①개폐안(開閉眼) 부활 ②과호흡 부활 ③빛의 부활 ④수면 부활 등이 사용되고 있다. 더 나아가 뇌파를 판독할 때 매우 주의를 요하는 것은 뇌파기록에 섞인 artifact와 뇌파의 식별이다. 이에는 ①전극의 불량 ②피험자의 움직임에 의한 절전위의 혼합 ③피험자의 눈의 깜빡임과 안구운동 ④피부 전기활동과 심전도의 혼합 등이 있다.

3. 판정

정상인의 경우에도 모든 요인에 의해 뇌파는 변동을 나타낸다. 이들은 ①연령 ②의식상태 ③개안, 폐안 ④정신상태 ⑤외부 또는 내부 환경의 변화(저산소 상태, 저혈당 등) ⑥개인 신체 차이 ⑦약물 등이다. 한편, 인종, 민족, 성 등에 의하여 나타나는 차이를 말하는 것이 아니며 동일한 개인의 신체에 있어서의 시간적 차이도 적다.

4. 정상인의 뇌파

정상인의 뇌파는 육안적으로 여파를 아주 포함하지 않고 주로 α파와 속파로 되어 있다.

(1) α파 : 주파수는 8~13Hz로 규정되어 있으며 성인의 경우는 보통 10Hz 전후로, 8Hz 전후는 slow alpha activity로 불리고 어떤 뇌기능 장애의 존재를 예측한다.

(2) 속파 : 속파는 13Hz이상의 파로 β파로도 부른다. 속파는 각성 시 만이 아니라 수면 시에도 출현한다. 또 벤조디아제핀계의 약 등을 사용하면 확실하게 출현한다.

5. 이상 뇌파

1) 비돌발성 이상

서파 : 1/2~3Hz의 δ파와 4~7Hz의 θ파 등이 있다. 이러한 서파는 지속적으로 기초율동 그 자체를 형성하는 경우와 α파 등의 정상 기초율동에 불규칙하게 혼재하는 경우도 있다. 성인에서는 안정 시에 δ파가 출현하면 확실하게 이상이 있고, θ파도 확실하게 눈에 띄는 정도면 경도의 이상이 있다고 하겠다. 기초율동의 서파화는 대부분의 경우 여러 정도의 뇌기능 저하를 나타낸다고 생각된다. 그 외에 α파의 서화, 이상 속파 등도 비돌발성 이상을 포함하고 있다.

2) 돌발성 이상

(1) 극파(spike) : 극파는 돌발성 뇌파이상의 아주 기본적인 형태로 속도가 20~70msec (1/50~1/14초)이고 급격한 파형을 나타내 배경 뇌파와 구별되는 파이다.

(2) 극·서파 복합(spike and slow wave complex) : 극파에 200~500msec의 서파가 계속하여 출현할 경우에 이를 가리켜 부른다.

(3) 예파(sharp wave) : 극파와 닮았지만 속도가 70~200msec(1/14~1/15초)인 것을 말한다. 극파와 예파를 나누는 것은 편의상의 문제로 삼고 있다.

이외에도 예·서파 복합, 14 & 6Hz 양성 극파, 6Hz 극·서파 복합 등의 이상 뇌파가 알려져 있지만 자세한 내용은 생략한다.

B Polysomnography

1. 개요

Polysomnography(PSG)는 수면호흡장애의 진단과 병태파악에 필수적인 검사이다. PSG는 수면 무호흡증후군(sleep apnea syndrome, SAS)등의 수면호흡장애를 포함한 수면장애의 넓은 영역의 질환에 대하여 확정 진단을 하기 위한 검사이기 때문에 수면단계와 호흡장애를 정확하게 파악하기 위하여 여러 가지 생체정보를 얻기 위한 목적으로 뇌파, 수면전도, 턱 근전도, 동맥혈 산소포화도, 심전도, 양하지 근전도 체위검지기 등도 필요로 한다.

2. 방법

많은 채널기록계를 사용하여 뇌파용지에 기록하는 종래의 방법으로 PSG를 시행할 경우 뇌파용지로 보내는 속도는 10mm/sec 또는 15mm/sec로 하고 30초 또는 20초(=뇌파용지 1장에 상당)마다 수면단계를 판정하는 방법을 일반적으로 사용하고 있다. 또 생체정보를 전자기록 매체에서 재생하여 분석하는 방법을 쓰는 경우에도 일반적으로 20초 또는 30초마다 수면단계를 판정하는 방법을 사용한다.

3. 판정기준

호흡신호가 10초 이상 소실되어 있으면 무호흡(apnea), 안정 시의 호흡과 비교하여 50%이상 저하되었으면 저호흡(hypopnea)이라고 판정한다.

4. SAS의 진단과 병태 파악에 필요한 지표

- 무호흡 지수(apnea index, AI) = 시간당 무호흡 횟수
- 저호흡 지수(hypopnea index, HI) = 시간당 저호흡 횟수
- 무호흡/저호흡 지수(apnea hypopnea index, AHI) = 시간당 무호흡 또는 저호흡 횟수
- 각성 지수(arousal index, ArI) = 시간당 각성 횟수

※ 각성파(α파와 β파)의 출현 또는 뇌파상 현저하게 얕은 수면으로의 이행이 3초 이상 지속될 경우를 각성으로 한다.

5. SAS의 치료시작 기준

통일된 방법은 아직까지 없지만 일반적으로는

(1) AI 또는 AHI ≥ 20회/시간

(2) 중추형 SAS의 경우 AI 또는 AHI와는 관계없고 각성 시에 행한 동맥혈 가스 분석상 CO_2 분압이 50~70Torr 이상

(3) (1)과 (2)의 조건을 충족하지 않지만 수면 시 호흡장애에 해당한다고 생각되는 낮시간의 고도의 경면(傾眠), 뇌혈관 장애, 허혈성 심질환, 고혈압 등이 합병된 환자.

C 뇌기능 영상

1. 개요

기능영상 검사에는 single photon emission computed tomography(SPECT), positron emission tomography(PET), functional magnetic resonance imaging(fMRI) 등이 알려져 있으나 여기서는 보다 일반적인 검사인 SPECT에 관하여 설명한다.

SPECT 장치와 체내에 분포하는 방사성동위원소(RI)에서 방사하는 single photon(단광자) γ선의 위치는 에너지 신호로서 검출하는 γ선 검출기와 γ선의 입사방향을 정하는 코리메타로부터 만들어졌다. 이들의 검사기를 피사체의 주위에 배치하여 피검체로부터의 γ선을 검출하여 투영데이터를 측정하여 RI분포의 단층상을 얻는다. 99mTc-ECD를 사용한 채혈 조작을 전혀 하지 않는다. Patlak plot법을 기준으로 하는 비침습적 뇌혈류 측정법은 2분 정도 추적자(tracer)를 정맥내 투여하여 RI 혈관조영술의 데이터 채취를 종례의 SPECT 검사에 추가만 하는 간단한 방법이고 환자에게 부담도 적어 임상에서 일상적인 검사로 시행할 수 있다. 또 SPECT 장치는 일본에서 현재 1500대 이상이 설치되어 있다.

2. 대상이 되는 질환

신경정신질환에 널리 응용할 수 있다. 현재 그 유용성에 관해서는 많은 연구가 이루어지고 있는 단계이다. 혈류저하의 기전은 일반적으로 뇌혈류가 뇌대사를 반영하며 신경세포의 대사산물인 칼륨, 수소, NO, CO, 아데노신 등이 뇌혈관을 확장한다고 생각하고 있다. 동맥압과 동맥혈 가스압의 변화에 따라 수동적으로 혈관이 확장하는 기구도 존재한다. 또 diaschisis(기능해리)라고 불리는 현상으로 병소와 선유연락이 있는 원격 영역에 혈류저하를 볼 수 있는 경우가 있다. 대상이 되는 질환은 만성 뇌순환 부전, 뇌경색, 우울증, 치매, 간질 그 외의 각종 변성 질환 등이 있다. 전형적인 소견과 지금까지의 보고 사례는 다음과 같다.

(1) 우울증 : frontal cortex, prefrontal cortex, temporal cortex 등에서 만성 혈류저하가 나타나며 치료로 회복이 가능하다.

(2) 뇌혈관성 치매 : 다발성의 뇌경색을 반영하여 대뇌 전체에 다발성, 불규칙성의 혈류저하가 나타난다.

(3) 알츠하이머병 : temporal cortex, parietal cortex의 혈류저하가 임상증상에 선행하는 것으로 알려져 있다. 병기가 진행하면 대부분의 경우 frontal lobe에도 확대되며 후두엽과 소뇌는 말기까지 보존되는 경우가 많다.

(4) 편두통 : 복잡형 편두통은 SPECT에서 고혈류영역이 나타난다. 고전적 편두통에서 두통 발작 시에는 뇌동맥의 수축 때문에 국소적인 뇌혈류저하를 볼 수 있고 발작 간결기에는 정상화 한다는 보고가 많다.

(5) 기립성 저혈압 : 양측 전두엽에서 입위부하(立位負荷) 시에 혈류가 저하한다는 보고가 있다.

(6) 고혈압성 어지러움 : 일과성의 혈압저하를 보일 때 전두엽 또는 대뇌피질 전체의 미만성 혈류저하를 보임.

(7) 중추성 어지러움, 흔들림 : 이러한 비특이적인 중추신경의 증상에 있어서 뇌혈류 측정이 임상적으로 유용하다고 생각된다. 만성 뇌순환 부전이라고 생각될 수도 있다.

(8) 환각(환청) : 망상성의 환청일 경우 측두엽 상부와 내측 측두부(편도핵부)에 집적(集積) 증가를 보였다는 보고가 있다.

(9) 파킨슨병 : 시상 또는 선조체의 혈류저하 보고가 있다.

(10) 근긴장이상증 : 기저핵에서의 혈류저하가 보고되고 있다.

또한, 이들 질환의 경과 관찰과 치료 전후에 SPECT 소견과 비교를 함으로써 뇌 내각부위 혈류의 변화에서 그 부위의 신경세포 활동성의 변화를 추정하여 질환의 병태생리를 이해하는 것이 유용하다고 생각한다.

D 기립시험, Head-up tilt test

1. 개요

누운 자세에서 서있는 자세가 되면 하지와 하복부내장에 혈액이 정류하기 때문에 심장으로 들어가는 정맥환류양이 약 30% 감소한다. 이로써 심박출량도 감소하여 압수용기(baroreceptor)가 작동하고 압수용기 반사(baroreflex)에 의해 심혈관계의 교감신경 활동의 항진과 미주신경 활동의 억제가 일어나 그 결과로 심박수와 말초 혈관저항이 증가하여 혈압이 유지된다. 이 baroreflex에 장애가 생기면 심박출량이 금방 회복되지 않아 먼저 증세를 보이는 부분이 뇌이고 전두엽의 혈류감소로 인하여 「어지러움」과 「휘청거림」이 생기고 때에 따라서는 실신한다. 혈압을 유지하는 데에는 이러한 신경성 심혈관 반사 외에 체액성 조절인자 즉, 혈장 레닌활성과 바조프레신의 상승도 관여한다. 이 검사로 확실히 알 수 있는 병태는 다음과 같다.

(1) 기립성 저혈압(orthostatic hypotension, OH) : 압수용기 반사의 장애에 의하여 일어설 때의 어지러움, 휘청거림이 생긴다.

(2) 체립성 빈맥증후군(postural orthostatic tachycardia syndrome, POTS) : 일어설 때 심한 심박증가가 생긴다.

(3) 신경조절성 실신(neurally mediated syncope, NMS) : 혈관 미주신경성 실신으로 알려져 있는 것으로 일어선 후 몇 분이 지나 갑자기 혈압저하, 심박수 감소를 일으켜서 실신한다.

(4) 기립성 고혈압(orthostatic hypertension) : 일어설 때 나타나는 혈압상승을 볼 수 있다.

더불어 교감신경 긴장형 OD, NMS, 기립성 고혈압을 POTS의 특수형으로 보는 견해도 있다.

2. 방법

입위부하(立位負荷)의 전에는 신체적, 신경적인 안정을 취하며 5분 이상 경과한 후에 검사를 시행한다. 식사직후는 식사 후 저혈압(postprandial hypotension)을 일으킬 가능성이 있으니 피한다. 일어설 때는 조용히 빨리하고, head-up tilt 시험에서는 보통 권상 각도를 60~70도 까지 유지한다. 심한 기립성 저혈압 환자에서는 30도 정도에서도 증상이 나타날 수 있으며 임상 증상을 관찰하며 신중하게 시행하는 것이 바람직하다. 시험에 있어서는 두통, 하품, 권태감, 어지러움, 시각장애, 의식장애 등의 증상 출현 유무를 확인하여 심한 증상이 출현할 경우에는 중지한다. 입위부하 시험 중에는 필요 이상의 대화는 하지 않게 주의한다. 서있는 시간은 보통 10분간 하지만 간이법에서는 5분간의 부하로 한다. 입위부하 종료 후에는 누운 자세로 돌아가서 혈압을 확인한다. 혈압과 맥박의 측정은 안정된 누운 자세에서 검사실행 직전의 control 치수를 2, 3회 재고 입위부하 후에는 1분마다, 안정되면 2분 간격으로 연장하여도 된다.

3. 판정

정상범위는 보통 수축기 혈압을 0~10mmHg 저하, 확장기 혈압은 0~10mmHg 상승, 맥박은 10~20/분 증가이다. 그렇지만 20세 미만과 70세 이상에서는 수축기 혈압의 하강이 커진다. 또 심박수는 10대에서 증가도가 크고 평균 30/분을 넘는다고 되어 있다. 타무라는 각 연령층의 일반인 251 사례에 대하여 70도의 head-up tilt 시험을 하여 수축기 혈압 하강의 mean±2SD의 범위(정규분포하고 있다면 95% 범위)는 대부분-30~+20mmHg이고, 그와 같이 맥박수 증가는 0~ +30/분이었다고 보고하였다. 이 성적에 근거하여

• 기립성 저혈압(OH)은 수축기 혈압 하강 ≥30mmHg
• 기립성 고혈압은 수축기 혈압 상승 ≥20mmHg
• 체위성 빈맥증후군(POTS)은 심박수 증가 ≥30/분으로 하는 것이 타당하다. 이 기준은 이전에 복잡했던 것과 비교하여 이해하기 쉽고 또 적용하기도 편리하다.

4. 임상응용

자율신경 기능장애의 유무를 판단하기가 쉬워 임상에 유용한 검사이다. 자율신경계의 변성 질환을 시작으로 당뇨병 등의 신경장애와 우울증에 있어서의 자율신경 기능장애의 진단에 유용하다. 약물의 영향, 특히 α1-차단제와 칼슘 길항제 등 말초혈관을 확장하는 작용을 하는 약물은 검사 결과에 영향을 미칠 가능성이 있다. 이런 경우에는 임상증상과 연계하여 검사 결과를 판정하고 이에 따라 자율신경 기능장애를 추정하는 것이 바람직하다.

E 심전도 R-R 간격

1. 개요

일반적으로 심박은 규칙적인 것이라고 이해하고 있다. 그러나 심박의 pacemaker인 동결절은 연수의 미주신경 배측핵과 의핵에서의 심장 미주신경계에 의해 억제성의 지배를 받고 있으며 한편, 척추 중간질 외측핵에서 시작하여 교감신경절로 절후선유가 되는 심장 교감신경에 의해 항진성의 지배를 받고 있다. 호흡성 동부정맥의 「흔들림」은 부교감 신경의 장애상태에서는 감소한다. 심전도 R-R 간격검사는 이 현상을 이용하여 심박 변동을 계산하여 자율신경 기능을 측정하려는 것이다.

2. 방법

심전도와 퍼스널 컴퓨터를 사용하여 coefficient of variation, interval histogram, interval variation 등의 산출을 한다. 또 기외수축(期外收縮)과 artifact의 혼입을 피하기 위해서는 심전도 등을 동시에 모니터 하는 것도 필요하다.

1) 심전도 R-R 간격 변동계수(coefficient of variation of R-R intervals, CVR-R)

15분 이상 환자를 안정시킨 후에 심전도를 기록한다. 환자의 각성도에 영향이 있을 만한 외적인 자극과 긴장을 주지 않게 하고 쾌적한 상태에서 측정을 하는 것이 필요하다. 신체의 움직임, 기침, 정신적 긴장에 의한 연하횟수의 증가와 졸림 등에도 주의한다.

2) 심전도 R-R 간격 표준편차(SD of R-R intervals, SDR-R)

심박변동 측정에 관하여 CVR-R보다 오래전부터 검토되었다. 측정법과 주의점은 CVR-R과 비슷하다.

3) 심전도 R-R간격(MSSD, mean square successive difference of R-R interval)

연속하는 150 심박의 R-R간격에 대해서는 옆에 마주하는 R-R간격 차의 표준편차를 측정함으로써 얻을 수 있다. 일반적으로 안정 시에 시행하고 이 방법은 표준편차 CVR-R에 비하여 더 상의한 변동의 평가에 적합하다.

4) 심호흡시의 R-R간격 변동

호흡횟수를 적게 할수록 호흡성 동성 부정맥은 명확해지고 특히 1분간에 6회 이하의 심호흡에서는 그것이 현저하게 된다. 1분에 6회의 심호흡을 하는 방법이 현재 사용되고 있고 부교감 신경장애가 있을 경우에 그 수치는 작아진다.

3. 정상치 판정과 의의

1) 심전도 R-R간격과 변동계수

연령이 증가함에 따라 심박수는 증가하고 심전도 R-R간격은 감소한다. 일반인의 CVR-R 표준 예측치는 −0.066×연령+6.840이 된다. 40세 미만의 당뇨병 환자 58명을 대상으로 하였다. 자각증상과 CVR-R의 관련성에서는 기립성 저혈압을 가진 군과 이 질환이 없는 환자군의 CVR-R은 각각 1.0±0.34%와 4.31±2.01%로 기립성 저혈압증이 있는 환자에서 유의하게 저하하였다. 또한 당뇨병성 설사증과 발기부전 환자도 대조군에 비하여 유의하게 저하하였다.

2) 심전도 R-R간격 표준편차

연령이 높아질수록 감소한다. SD의 표준 예측식은 −0.528×연령+57.492로 한다.

3) 심전도 R-R간격

정상인을 대상으로 한 조사에서는 2.16±1.41mm이고 5년 이상의 발병기간, 특히 당뇨병 환자에서는 이 수치가 유의하게 저하한다고 보고되고 있다.

4) 심호흡시의 R-R간격 변동

1분간 6회의 심호흡을 했을 경우 호흡변동을 가져오는 최대 심박수와 최소 심박수의 차이가 15회/분 이상을 정상, 10회/분 이하를 이상으로 한다. 이 수치의 비 E/I율은 아킬레스건 반사가 저하할 경우에 수치가 저하하는 것으로 되어 있다.

또 판정에 있어서 각종 심전도 R-R간격 측정법의 특성을 고려할 필요가 있다. 즉 안정 시의 심전도 R-R간격 표준편차와 CVR-R는 대부분 부교감 신경계의 긴장도(tonus)를 보는 검사법이고, 이에 비하여 입위(立位)에 있어서의 심전도 R-R간격 표준편차와 CVR-R은 교감신경 활동의 영향을 받는다. 또한 연령과 관련되어 있는 기초질환, 교감신경 활동의 영향, 약제의 영향 등의 인자도 고려할 필요가 있다. 연령에 관하여는 특히 40세 이상은 CVR-R이 현저하게 감소하기 때문에 자율신경 장애 환자와 일반인의 감별이 곤란한 경우가 많다. 또 심부전과 두개내질환 등은 R-R간격의 변동을 감소 또는 소실시킨다. 입위와 정신적인 긴장, 또 갑상선기능항진증 등 교감신경이 긴장하는 상태에서는 CVR-R은 저하한다. 나아가서 atropine 등의 부교감신경 차단제의 투여는 R-R간격의 감소를 가져오고 심박변동도 감소 또는 소실한다. 부정맥이 있을 경우에 이 검사는 의미가 없어진다. 그 외 기침, 숨(쉬기 힘듬), 연하횟수의 증가는 R-R간격의 변동을 유의하게 증가시키며 수면에 의하여서도 R-R간격은 영향을 받는다. CVR-R의 측정에 있어서도 이런 경우에는 판정에 주의를 요한다. 실제적으로 재검사를 하는 것이 바람직하다.

F 동공검사(pupilography)

1. 개요

「눈은 뇌의 전좌」라고 예전부터 말하여 왔듯이 눈은 중추신경의 활동을 제일 직접적으로 외계에 전달하고 또 외계의 정보를 가장 예민하게 다량으로 지각할 수 있는 기관이라 할 수 있다. 이 중에서 동공의 크기와 반응은 자율신경의 활동을 예민하게 반영한다. pupillogram은 동공경을 측정하는 것이나 대광반사를 이용한 자율기능검사법으로서 사용되고 있다.

대광반사의 중추는 edinger westphal핵(E-W핵)이라 생각되며 나아가서 중추에서부터 선유가 투사하여 그로 인해 영향을 받고 있다. 핵상성 선유에는 흥분성인 것과 억제성의 것이 있다. 흥분성 선유는 전두엽·후두엽의 축동유발점에서 E-W핵에 이르고 그 흥분은 축동을 가져온다. 후두엽에서의 선유는 특히 축동, 폭주, 초점 조절을 유발하여 조절계에 관여한다고 생각되고 있다. 이에 대하여 억제 선유가 다수 존재하고 대뇌피질, 시상, 시상하부, 중뇌 강양체, 지각 선유에서 선유를 보내고 있으며 억제성 선유의 흥분은 E-W핵의 억제에 의하여 산동을 일으킨다.

임상적으로 정신지각 산동, 청각체성 감각 유발 동공반사로 불리는 산동반응은 교감 신경 자극과 핵상성 억제성 선유의 흥분의 2가지 요소로 되어 있고, 한편 축동에는 부교감 신경자극과 핵상성 억제성 선유의 억제의 2가지 요소가 포함되어 있다.

나아가서 홍채근은 이중의 신경지배를 받고 있으며 상경신경절 유래의 교감신경, 동안신경 중의 부교감신경의 각각이 동공산대근과 동공괄약근의 양방을 이중 지배하고 있다. 산동은 산대근의 수축과 괄약근의 이완에 의하여, 축동은 괄약근의 수축과 산대근의 이완 상호작용에 의하여 일어난다. 또 홍채근은 동안신경 중의 삼차신경의 지배도 받고 있으며 화학적인 자극과 삼차신경 자극에 의한 축동과 안염증 반응이 생기지만 이것은 지각신경말단에서 분비되는 substance P 등의 물질에 의한 것으로 생각된다.

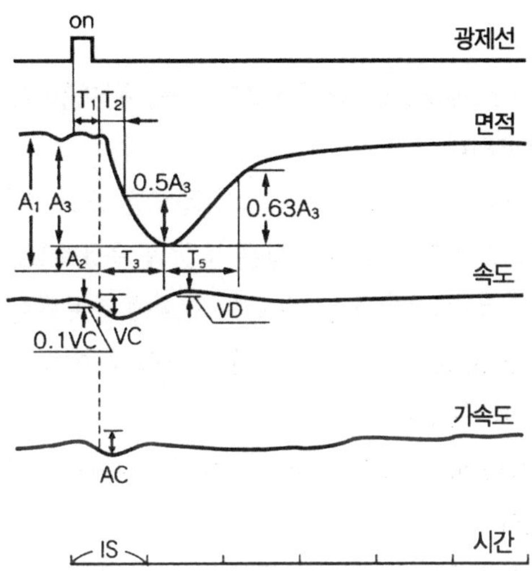

A_1 : 초기상태의 동공 면적치(mm^2)
A_2 : 광자극 후의 최소 축동 면적치(mm^2)
A_3 : 광자극 후의 변화 동공 면적치(mm^2)
CR : 축동율 A_3/A_1
D_1 : 초기상태에서의 동공 직경(mm)
T_1 : 광자극에서 축동 시작까지의 시간(msec)
T_2 : 변화면적의 1/2까지 변화하는데 소요한 시간(msec)
T_3 : 동공이 최소가 될 때까지의 소요시간(msec)
T_5 : 동공이 최소에서 산동하여 최소치의 63%까지 회복하는데 소요한 시간(msec)
VC : 축동 속도의 최고치(mm^2/sec)
VD : 산동 속도의 최고치(mm^2/sec)
AC : 축동의 가속도 최고치(mm^2/sec^2)

그림 Ⅲ-1 대광반응에 있어서의 parameter[2)]

2. 방법

사람의 망막은 적외광에 대하여 감수성이 없기 때문에 적외선을 조사함으로써 대광반사를 일으키는 일이 없어 홍채에 반사하는 반사광 양의 변화로 광전소자를 검출하던가, 텔레비젼 카메라에 의하여 동공면적 변화를 기록하여 그 화상에서 동공면적에 비례된 아날로그 전기신호로서 연속적인 기록을 할 수 있다. 이것이 적외선 pupillogram의 원리이다. 최근에는 운반할 수 있는 간이형 pupillogram이 제작되었으며, 임상응용에 유용하다. 동공을 하나의 자동제어계로 생각하면 이 계통을 평가하는 방법에는 두 가지가 있다. 즉 대광반응으로 대표되는 step 입력에 대한 과도응답법과 정현파 입력에 대한 주파수 응답법이다. 자율신경 기능을 조사하는 것은 보통 transient 자극에 의한 과도응답법, 말하자면 대광반응이 쓰여지고 있다(그림 Ⅲ-1).

3. 판정

(1) cholinergic(부교감우위) : 축동에 이를 때 시간적 인자는 불변하나 모든 속도 인자는 억제된다.

(2) adrenergic(교감우위) : 축동상은 불변, 산동상의 강한 부활화를 알 수 있다.

이상으로 부교감의 활동성은 축동과 축동속도, 가속도의 억제에 관여하고, 교감신경의 활동성은 산동시간의 단축, 속도의 증대에 관여하는 것으로 보인다.

(3) cholinolytic(부교감억제) : 산동에 이를 때 축동상의 억제와 산동상의 현저한 부활화를 볼 수 있다.

(4) adrenolytic(교감억제) : 축동에 이를 때 산동상의 억제와 축동상의 부활화를 볼 수 있다.

이 결과로 코린 작동성 신경은 산동상에, 아드레날린 신경은 축동상에 각각 억제적으로 작용하여 이중지배를 반영한다고 생각된다.

기기의 휴대용화, 데이터 처리의 전산화에 의한 간단한 방법으로서 이 검사가 보급되고 있다. 그러나 이러한 방법의 문제점도 지적되고 있다. 예로 대광반응의 반응양은 반응 전면적에 의존하여 최대 축동속도, 최대 산동속도들의 속도인자는 반응량에 의존한다는 것으로 이 검사법은 특이적으로 자율신경 기능을 나타내는 것은 아니라고 생각하는 면도 있다. 추후 다른 자율기능 검사와 함께 시행하여 이 검사의 타당성, 유용성을 검토해 가는 것이 바람직하다.

G 위전도(electrogastrography, EGG)

1. 개요

위 운동기능의 평가에 사용되고 있다. 위 운동기능은 식후의 위 내용물의 배출에 관여하는 유동운동이 중요하다. 위체부에서 시작하는 이 운동은 위전정부를 거쳐 유문부에 이른다. 위체상부 1/3의 대만측에 위의 전기활동의 발진원(pacemaker)이 있다고 생각되고 있고 1분에 3회(3cpm : cycle per minute)의 비율로 전기활동이 발생하여 유문측으로 전파된다. 이 주기적인 위의 전기활동은 위 평활근에서 유래한다. 공복 시에는 위의 유동운동을 동반하지 않는 slow wave를 많이 볼 수 있으나 절식 후에는 위의 유동운동은 활발해진다. 최근에 ME기술의 진보로 경피적으로 위의 전기활동을 기록하는 것이 가능하게 되었다. 비침습적으로 위운동을 평가할 수 있는 점이 특징이고 장시간 기록할 수 있으므로 소화기 질환과 자율신경장애 환자의 식후 변화와 일내 변동을 임상적으로 평가할 수 있게 되었다. 또한 위 운동 촉진제와 위 운동 억제제 등 약물효과의 판정에도 유용하다.

2. 방법

피부표면 전극과 생체 앰프를 사용하고 파형 해석에는 A/D변환기를 장비한 퍼스널 컴퓨터를 사용한다. 복벽상의 전극위치는 위의 전기활동의 진폭이 매우 커도 심전도와 호흡에 의한 횡격막에서의 근전도의 혼입을 피할 필요가 있다.

3. 판정

보통은 4가지 패턴으로 분류된다.

(1) 정상 : 공복 시, 식후 모두 3cpm을 중심으로 한 규칙적인 파형을 볼 수 있고 3cpm에서 power도 최대가 된다.

(2) tachygastria : 4~5cpm에서 power가 최대인 경우를 말한다.

(3) bradygastria : 1~2cpm에서의 비교적 고전위의 위전기 활동이 주가 된다.

(4) arrhythmia : 3cpm의 규칙적인 활동은 볼 수 없고 불규칙적인 파형을 보인다.

4. 적응 및 금기

비침습적인 검사이며 특별한 금기는 없다. 생리학적인 견해의 소견도 중요하지만 임상적으로는 소화기 질환과 자율신경장애 환자의 위 운동 기능의 평가가 적응증이며 당뇨병성의 위 운동마비와 NUD, 신경 변성질환 등의 보고 사례도 있다.

H 교감신경 피부반응(SSR)

1. 개요

통증 자극 후에 피부저항이 저하하는 것을 1888년에 Fere가 발견한 이래 galvanic skin response(GSR)로서 이 현상은 교감신경계의 생리학적 연구에 널리 쓰여져 왔다. 또 통증을 느끼는 자극만이 아니라 정신적 긴장에 의해서도 이 반응이 영향을 받기 때문에 GSR은 심리학의 영역에서도 응용되어 왔다. 교감신경 피부반응(sympathetic skin response, SSR)은 말초신경에 전기 자극을 준 후에 손바닥-손등 간에 생기는 전위 변화에 대해 이름 붙여진 것이나 교감신경절후무수선유의 평가법으로 임상응용 되어 왔다. SSR과 GSR은 동일 현상으로 보여지지만, SSR은 통상적으로 사용하고 있는 근전계와 뇌파계로 기록되어 일본에서는 비교적 잘 연구되었다. SSR의 발생원은 한선과 표피이며 이 반사는 말초 감각신경의 자극에 의한 많은 시냅스성의 체성 교감신경반사이다. 또한 제일 강력한 억제성 중추는 뇌간강양체 복내측부로 되어 있다. 교감신경 활동을 직접 기록하는 방법으로서는 microneurography가 우수하지만 이 방법은 침습적이고 SSR은 비침습적이라는 점에서 이용 가치가 높다.

2. 방법

피험자를 25~28℃의 따뜻하고 조용한 방에 누운 자세로 하여 안정시킨다. 사지의 피부온도를 측정하고 30℃이하이면 온도를 높인다. 피험자에게는 잠자지 말고 눈을 뜨고 있게 한다. 도출은 원반형 표면혈 전극을 사용하여 붙일 부분의 피부를 알코올 솜 등으로 닦아 저항이 올라가지 않게 하여 침사 전극을 손바닥·발바닥 중앙에, 기준 전극을 손등·발등 중앙 또는 첫째 손등의 손톱·발등의 발톱에 붙인다. 주파수대는 low pass filter는 0.2~2Hz, high pass filter는 1,000~4,000Hz로 한다.

자극에는 전기자극과 심호흡기 자극을 사용한다. 전기자극은 200μsec, 50~150V의 구형파 전기자극을 일측 정중 신경수관절부 또는 전액부 상완와 신경에 10회 이상 준다. 자극과 자극의 간격을 30초 이상 두어 기선이 평탄한 때를 기다렸다가 자극을 준다. 기록된 파형에 관하여 잠시(潛時)는 전기자극부터 반응의 처음까지를, 진폭은 peak-to-peak를 계측한다.

3. 판정

1) 정상반응

전기자극, 심호흡 어느 쪽이던지 사지에서 명료한 반응을 얻을 수 있다. 그러나 자극의 반복으로 익숙함(habituation)이 생겨서 진폭이 저하하고 때로는 완전히 소실한다. 하지만 익숙함에 의한 진폭의 저하는 사지에 동시에 생긴다. SSR파형은 기본적으로 2~3상성이고, 처음에는 음성, 다음은 양성을 나타내지만 변동도 있고 최초에 양성파를 나타낼 때도 있다. 하지의 잠시(潛時)는 상지의 잠시(潛時)보다 보통 0.5초 전후 길다. 진폭의 산란함은 일반적으로 크지만 좌우 진폭의 비율은 비교적 일정하다. 잠시(潛時)는 사지의 길이에 비례하여 길어진다. 심호흡 자극에 의한 반응은 일반적으로 전기자극에 의한 반응으로 점점 작아진다. SSR의 반응에 영향있는 인자로서 의식, 피부의 상태, 자극방법, 기준전극의 위치, 피부온도, 실내온도, 연령 등을 들 수 있다.

2) 이상반응

반응 소실이 60세 이하의 사례에서 나타날 경우 이상으로 판단한다. 또 동시에 사지에서 반응을 기록하고 있으나 일부의 유도로 반응이 소실하고 있을 때는 이상이 있다. 사지에서 무반응의 경우에는 전기자극 강도를 충분히 크게 하든지, 전기자극 이외에도 심호흡 자극과 음자극 등에서도 무반응인 것을 확인하는 등 자극이 충분하여도 익숙하게 반응하지 않는 것도 보여 주어야 한다. 일부의 유도로 때로는 반응이 소실하지만, 다른 부위에서 안정된 반응을 보일 때에는 반응이 불안정한 부위와 척추병변 등으로 신경전도에 장애가 있을 가능성이 높다.

SSR 진폭을 교감신경 기능의 정량적 평가법으로 사용하는 것에는 문제가 많으며, SSR 진폭이 극도로 저하되어 있을 때 그 원인으로 교감신경 활동의 저하를 의심해 볼 수 있을 정도의 해석이 가능하다. 일반적으로 교감신경의 긴장성 활동(tonus)이 항진된 상태에서는 SSR 진폭은 감소한다고 생각하고 있다. SSR의 이상은 반응경로의 어떤 부위의 장애에서도 일어난다. 즉, 이것은 구심로인 체성 감각선유, 반사 중추인 대뇌~뇌간, 교감신경의 원심로이다. 이 중에서 임상적으로 진단가치가 있는 것은 교감신경 원심로이다. 교감신경 원심로는 척추측색, 중간질외측핵, 척추전근, 백교통지(白交通枝), 교감신경절, 절후무측 선유로 되어 있다.

4. 임상응용

당뇨병성 말초신경장애에서 SSR 이상과 다른 자율신경 증상과 관련성이 있다. SSR 이상은 기립성 저혈압, 심전도 R-R 간격변동 등과 유의한 상관성이 있으며 감도도 높고 임상증상이 출현하기 이전의 자율신경장애를 알아낼 수 있다는 보고도 있다. 한편 SSR 이상과 말초신경 전도검사의 전도 속도와의 상관성은 그 유무에 대해 논의가 되고 있다. 장애 부위의 추정에는 microneurography에 의한 피부 교감 신경활동의 기록 등이 유효하다고 생각한다.

I 용적맥파

1. 개요

지첨부(指尖部)에서 측정할 수 있는 동맥관 내압의 변화에 의한 동맥확장, 수축을 그래프화하여 교감신경의 활동을 보려고 하는 것이다. 지첨부를 이용하는 것은 일반 체표면보다 피부혈관의 발달이 좋고 맥파 진폭을 크게 기록할 수 있기 때문이다. 또한 지첨부는 정신적인 부하에 잘 반응하는 것도 특징적이다. 이 방법에 의하여 교감신경의 긴장성 활동(tonus)의 수준을 추정할 수 있다.

2. 방법

광전식 용적맥파의 transducer를 손가락 끝부분에 접착테이프로 고정시킨다. 밝은 방에서 검사하는 경우에는 지선(指先)의 고정부위를 까만 천으로 싼다. 또 맥파는 빛 외에 소리와 실내의 검사자의 행동에도 반응한다. 검사에는 뇌파실 등을 이용함과 동시에 피험자는 편안한 의자에 앉혀서 양손은 무릎 위에 손바닥을 위로 하여 올려놓는다. 검사 시에는 있어서는 몸에 힘을 빼고 가볍게 눈을 감고 의자에 편안한 자세로 앉아 몸을 움직이지 말고 transduer를 고정시킨 손가락을 움직이지 않게 주의시킨다. 안정 시의 용적맥파를 10분간 기록하고 기준선으로 한다. 안정 시에 볼 수 있는 패턴의 특징은 맥파의 파고가 높고 기선의 동요가 적다. 안정 시의 기록을 한 후에는 자극에 의한 변화를 관찰한다. 보통 자극에는 소리를 쓰지만 빛, 언어 등의 각성 수준을 적당하게 높여주는 것이면 어떤 것이든 상관없다. 해석에는 퍼스널 컴퓨터를 사용하고 박동파 성분과 기선 동요 성분을 일괄로 처리하는 경우도 있지만 나누어 살펴보는 것으로도 어느 정도 가능하다.

3. 판정

손가락 끝 용적맥파가 나타내는 박동파의 진폭과 기선 동요의 다과(多寡)는 피험자 교감신경의 긴장성 활동(tonus)과 대응한다고 보고 있다. 자극이 없는 상태에서 맥파 파고가 높은 진폭으로, 또는 기선 동요가 낮은 정도라면 특히 문제가 없지만 맥파 파고가 낮은 진폭에서 기선 동요가 지속하여 격할 경우에는 정신적인 긴장상태가 원인이라고 생각된다. 자극에 대하여 아무런 변화가 생기지 않는 경우에는 확실히 교감신경의 기능저하가 추정된다. 이 검사에는 교감신경의 긴장성 자발 방전(tonus)을 간접적으로 평가할 수 있는 방법이고 간편하며 비침습적이기 때문에 용도가 넓을 것으로 생각한다. 또 연령과 약물의 영향도 고려할 필요가 있다. 구체적으로 연령이 증가할수록 맥파 변동은 작아지고 α_1-차단제와 β_2-차단제에 의하여 맥파의 변동은 억제된다.

J microneurography(미소신경전도법)

1. 개요

사람의 말초신경 선유에서 직접 신경활동을 기록하여 관찰하는 방법으로 운동신경과 감각신경에 사용되어 왔으나 자율신경 활동을 직접 기록할 수 있는 검사방법이며 그 생리적인 의의의 중요성이 주목되고 있다. microneurography(미소신경전도법)는 에폭시수지(樹脂) 등으로 절연, 피복된 축직경 100~200㎛, 선단 1㎛의 텅스텐 미소 전극을 무마취, 경피적으로 말초 신경 속내에 넣어 교감신경절 후 원심성 선유의 신경활동을 기록한다. 이것은 근교감신경 활동과 피부교감신경 활동으로 구별된다. 기록 전극은 사용하고 버린다. 기록한 교감신경 활동은 오실로스코프상에서 관찰하고 소리도 동시에 모니터하여 신경 임펄스를 근전도와 그 외의 잡음과 구별한다. 교감신경 활동의 계측에는 적분파형을 사용하고 있다.

2. 방법

교감신경 활동의 기록을 위하여 텅스텐 미소 전극의 선단을 말초신경 속내에 넣는다. 전극을 넣는 부위는 신경간의 경피적인 전기자극에 의하여 말초의 근수축 반응(M파 또는 H파)이 최저역치에서 유발할 수 있는 부위로 한다. 이때 피부상의 통점(痛點)을 피하여야 한다. 기록 전극의 선단을 신경속 내에 넣으면 가끔 고빈도의 자발성 신경발사가 출현하고 피부 신경속의 경우에 피험자는 신경보행에 일치하는 저림감과 열감을 느끼며 근신경속의 경우에는 지배하의 근육에 둔통을 느낀다거나 연축(攣縮)을 볼 수 있다. 따라서 근교감신경 활동을 기록하기 위해서는 기록 전극의 선단을 근신경 속내에 넣을 필요가 있다. 전극선단이 근신경 속내에 들어간다는 것은 지배하의 근의 신장자극 등으로 구심성 발사가 일어나지만 구심성 활동을 유발하지 않는다는 것으로 확인할 수 있다. 한편 전극선단이 피부신경속에 들어가는 경우 지배하의 피부에서는 가벼운 자극에 의해서도 구심성 발사가 유발된다. 또한 이 방법은 교감신경 원심선유의 신경활동 중에 단일원심성 선유의 활동을 기록하는 것은 드문 일이고 보통 복합 원심선유의 활동을 burst 발사로서 기록하게 된다.

Kanno에 의하면 근교감신경 활동은 주로 골격근내의 혈관 평활근을 지배하는 혈관 운동신경의 활동에서 다음과 같은 특징을 정리하였다.

(1) 근 신경속에서 기록되는 원심성 활동이며 1m/sec 전후의 전도 속도이다.

(2) 맥박과 같이 율동성의 자발성 활동을 나타낸다.

(3) 호흡성 변동을 나타낸다.

(4) 자발성 활동이 혈압변동에 대응하는 변화를 나타내어 혈압의 상승에 의해 억제, 하강에 의해 촉진된다.

(5) 흉강 내압을 높이는 수기(手技), 예를 들면 valsalva 수기에 의하여 혈압의 저하와 함께 현저한 촉진을 나타낸다.

한편, 피부 교감신경 활동은 주로 피부의 혈관 수축과 발한을 일으키며 다음과 같은 특징이 있다.

(1) 피부신경 속에서 기록되는 원심성 활동이며 1m/sec 전후의 전도 속도이다.

(2) 불규칙한 자발성 활동을 나타내고 피부의 혈관수축 또는 발한에 일정시간 선행한다.

(3) 감각자극(소리 등의 특수 감각자극, 체성 감각자극), 정신활동(암산 등), 말초신경간의 전기 자극에 의하여 대개 일정한 잠시(潛時) 발사가 유발된다.

3. 판정

1) 근교감신경 활동

근교감신경은 심박동기성으로 혈압의 변동에 대응한 발사활동을 보이는 것이 최대의 특징으로 이 기전에는 압수용기를 개시한 반사기강이 중요하다고 되어 있다. 이 활동은 적분파형을 함께 한 burst rate(1분간의 burst 수)와 burst incidence(100 심박마다의 burst 수), 총

활동량(적분파형의 평균치×burst rate)으로서 정량적으로 평가된다. 이 중에 burst rate와 burst incidence는 재현성이 높고 개인 간 비교에 유효하다. 한편, 교감신경 총 활동량은 기록조건에 의존하여 변화하기 때문에 동일 기록조건하에서의 개인 내 활동성 변화의 평가에 적합하다. 또 근교감신경 활동은 의식 상태에 따라 변화를 나타낸다.

2) 피부교감신경 활동

피부교감신경의 자발활동 평가는 매 단위 시간의 적분파형 총화(면적)를 총 활동량으로 나타낸다. 이 평가법에 의하여 피부교감신경 활동의 개인 내 변동의 평가는 할 수 있으나 개인 간 비교는 곤란하다. 추후 검사법으로 확립시키기 위해서는 기초적인 연구가 필요하다.

3) 교감신경 전도속도

교감신경 전도속도 측정에는 직접법과 간접법의 두 종류가 있다. 근교감신경의 burst 활동은 심전도의 R파에서 일정한 시간 간격으로 출현시키기 때문에 이 시간이 압수용기 반사의 잠시(潛時)를 나타내는 것이라고 생각되고 있다. R파를 기준으로 근교감신경 활동을 가산 평균함으로써 이 잠시(潛時)를 측정할 수 있다. 한편 동일 신경의 두 곳에서 근교감신경을 도출할 수 있을 경우에는 그 시간차로 기록 전극 간 거리를 제함으로써 전도속도를 직접적으로 측정할 수 있다. 어느 방법에 있어서도 건강한 성인의 평균 전도속도는 정중신경으로 0.74m/sec 전후, 비골신경에서는 1.10m/sec 이라고 보고하고 있다. 피부교감신경 활동은 말초신경간의 전기 자극에 의하여 대부분 일정한 잠시(潛時)가 유발되고 이 잠시(潛時)는 유수의 체성 감각신경이 구심로, 유수의 절전선유와 무수의 절후선유가 원심로가 되는 반사의 잠시(潛時)를 나타낸다고 생각되고 있다. 건강한 성인의 수치는 정중 신경에서 1.69m/sec, 비골신경에서 1.16m/sec로 되어 있다.

발초신경 장애에 있어서 교감신경절후 원심선유의 장애에서는 유수신경선유의 병변 자체에서 볼 수 있는 단계적인 기능변화는 나타나지 않고 정상적인 전도를 보여주거나 또는 축색의 변성에 의하여 전혀 전도하지 않는 상태를 나타낸다.

4) 임상응용

본 검사에 의한 근교감신경 활동의 측정은 혈압의 신경성 조절기구의 해석과 고혈압과 저혈압 등의 혈압이상에 관여하는 교감신경기능의 병태 파악에 유효하다. 또한 피부교감신경 활동의 측정은 발한, 피부혈류 및 이러한 것들과도 관계가 깊은 체온조절의 신경기전과 그 장애의 파악을 위하여 중요하다고 생각된다. 또한 고도의 축색변성이 있는 말초신경 장애에서는 교감신경 활동의 기록이 불가능한 일이 많으므로 이 검사법에는 한계가 있다.

– 끝으로 –

심신의학의 분야에서는 이전의 일반적인 의료에서 치료가 어려운 질환에 대한 심리·사회적인 영향을 고려하여 심리요법을 중심으로 통합적인 접근에 의하여 치료를 하는 것이 가능하다고 생각되는 「심신증」을 다룬다. 또한 그 이론적인 근거가 되는 심신상관에 관한 연구를 한다. 그러므로 대상이 되는 질환 그 자체는 그 시대의 의료에 좌우되지만 심신상관에 관한 연구와 통찰은 이 후에도 이어져 갈 것이다. 그리고 심신상관 연구의 한 분야는 질환에 있어서의 정신생리학적인 변화와 그에 동반한 말초레벨에서의 생리학적인 변화 즉, 병태생리를 파악하는 것이다. 한편 현재까지는 신체화(somatization), 즉 병태심리의 문제일 것이다. 이러한 의미에서 질환의 중추와 함께 말초레벨에서의 생리학적인 변화는 심신상관의 생물학적인 연구의 기본이 된다. 이 항목은 정신생리학적 검사법으로서 분류되어 있으나 말초신경 또는 효과기(장기) 레벨의 생리학적인 검사 즉, 자율기능 검사법도 포함시켰다.

문헌

1) 大熊輝雄：臨床脳波学(第5版). 医学書院, 1999
2) 日本自律神経学会(編)：自律神経機能検査(第2版). 文光堂, 1995
3) 日本自律神経学会(編)：自律神経機能検査(第3版). 文光堂, 2000
4) 後藤文男, 他(編)：神経生理機能検査のnew wave clinical neuroscience. Vol 18(2), 2000
5) 高崎雄司, 金子泰之, 伊藤永喜：ポリソムノグラフィ. 日本臨牀 58：73-78, 2000
6) 上村和夫(編)：脳のSPECT：機能画像のよみ方・使い方. 南江堂 1999
7) 西村恒彦(監修)：治療につながる脳血流SPECT定量. メディカルレビュー社, 1999
8) 松田博史：SPECTの新しい可能性. 臨床精神医学 30(8)：919-926, 2001
9) 中井正継, 緒方　絢, 玉城欣也, 他：脳循環調節中枢. 神経進歩 40(4)：527-539, 1996

제4장 심신증 각론

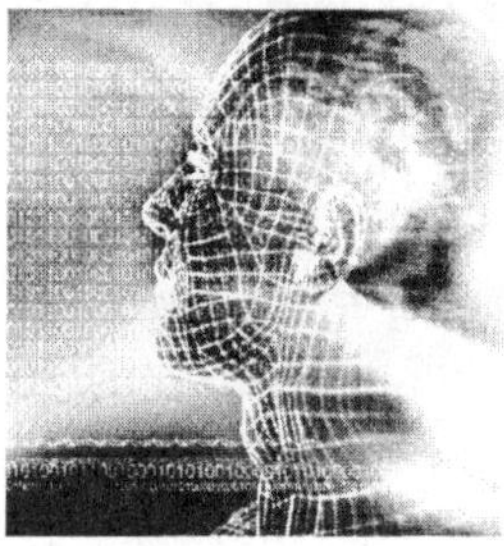

① 순환기계의 심신증

심신상관에 관여하는 자율신경계와 신경 내분기계의 기능을 알 수 있는 수단으로 혈압과 맥박 등의 심혈관 반응을 이용하는 것 같이 순환기계는 이른바 스트레스의 영향을 직접 반영하는 장기이다. 또한 순환기계 질환을 가진 환자에서는 죽음에 대한 불안이 심하기 때문에 병태가 수식(修飾)되는 일이 많다. 그렇기 때문에 순환기계 질환의 진료에 있어서는 병태를 객관적인 검사로 보다 충분히 파악하면서 심리사회적 인자와의 관계에 대해 검토하여야 하고 환자의 불안을 배제하면서 치료에의 동기를 주는 것이 중요하다. 최근 순환기 질환에 있어서 심신의학의 영역은 관상동맥질환과 사회문화적 요인과 심리행동적 요인과의 관계, 고혈압의 관리치료에 있어서 정동 스트레스의 영향, 돌연사와 스트레스, 불안과 우울증에서 일어나는 심혈관계의 증상, 저혈압증의 관리라는 종래의 영역에서 심질환의 재활, CCU·ICU의 정신증상 관리, 개흉심 수술 후, pacemaker와 제세동기 삽입 후의 관리, 나아가서는 관상동맥 질환을 비롯한 생활습관병의 예방영역으로 확대되어 가고 있다.

A 관상동맥질환(coronary heart disease)[1~3]

1) 병태생리

관상동맥질환(CHD)은 심장에 영양을 공급해 주는 혈관인 관상동맥의 혈류가 동맥경화, 혈관수축, 혈전 등으로 인하여 파열되는 일이 일어난다. 일과성으로 심근 괴사를 일으키지 않는 협심증(angina pectoris)과 비가역적인 괴사를 가져오는 심근경색(myocardial infarction)이 있다. CHD의 발병에는 다수의 위험인자(risk factor)가 관여하고 있다. 과거로부터 알려져 있는 연령, 성, 가족력, 당뇨병, 고혈압, 고지혈증, 비만, 고요산혈증, 흡연, 여성호르몬(필사용, 폐경)등이고, 최근에는 사회문화적 요인, 심리행동적 요인이 주목되고 있다(그림 Ⅳ-1).

심근경색의 발병에 관여하는 스트레스에 대해서는 발병 6개월 전의 life event의 강도, 발병 2주 전의 정신적 스트레스, 발병 전 2시간 내의 분노 체험 등의 보고가 있다. 그 외 낮은 사회계층과 경제계층, 낮은 교육력, 일에 있어서의 스트레스, 가족과 사회에서의 낮은 지원, 우울증과 불안 등이 심근경색의 발병과 재발 위험인자로서 알려지고 있다.

CHD와 성격과의 관계에 있어서는 Osler가 협심증 환자에 관하여 강건·야심적·예민한 특징이 있다고 서술하고 있다. Dunbar는 공격적·지배적·야심적·완고함·긴장성 성격을 말하고 있다. 이러한 성격 경향과 행동양식과 CHD의 관계를 역학적으로 증명한 것이 Western Collaborative Group Study(WCGS)와 Framingham Heart Study(FHS)의 2가지 역학 조사이다. WCGS는 일정의 면접법에 의해 개인의 행동양식을 A형과 B형으로 분류하여, 각 군에서의 심근경색과 협심증의 발병수를 8.5년간에 걸쳐 전향적으로 조사하였다. A형 행동양식(type A behavior pattern, TABP)은 다음과 같이 정의하고 있다. ①목표를 향하여 최선을 다한다. ②경쟁심이 강하다. ③야심적이다. ④언제나 시간에 쫓기고 있다. ⑤가속도적인 사고와 행동을 가지고 있다. ⑥심신이 과민하다. ⑦공격적이고 적개심을 가지고 있다. 이것과는 반대로 자신의 속도로 천천히 행동하는 것을 B형 행동양식이라고 한다. 결과는 심근경색 또는 협심증의 발병률에서 A형이 B형에 비해 2배 이상 높았다. 한편 지역주민을 대상으로 한 코호트 연구인 FHS도 대부분 같은 결과를 얻었다.

TABP는 일상 스트레스에 대하여 과민하게 반응을 하고 스스로가 할 수 있는 최대의 능력으로 대항할 수 있는 조건이 붙여진 행동이라고 할 수 있다. 자율신경기능 검사부터는 스트레스에 대한 심혈관 반응이 보다 강하게 일어나며 교감신경계의 항진, 부교감 신경계의 저하가 보인다. 그 결과 그림 Ⅳ-2에서와 같은 발병기전으로 CHD가 발생하는 것이라고 본다.

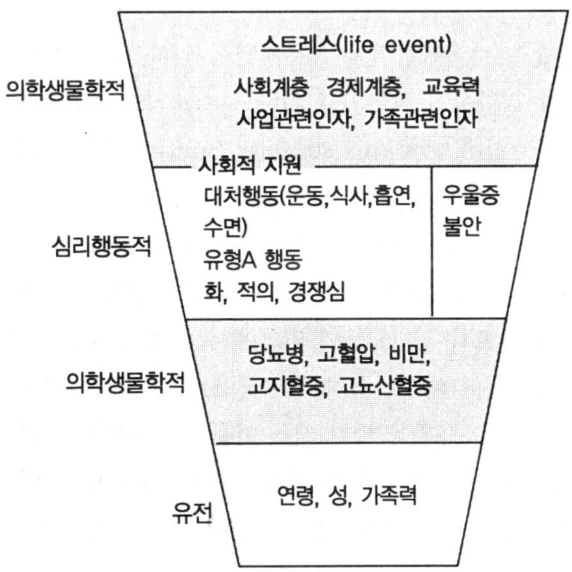

그림 Ⅳ-1 관상동맥질환의 위험인자

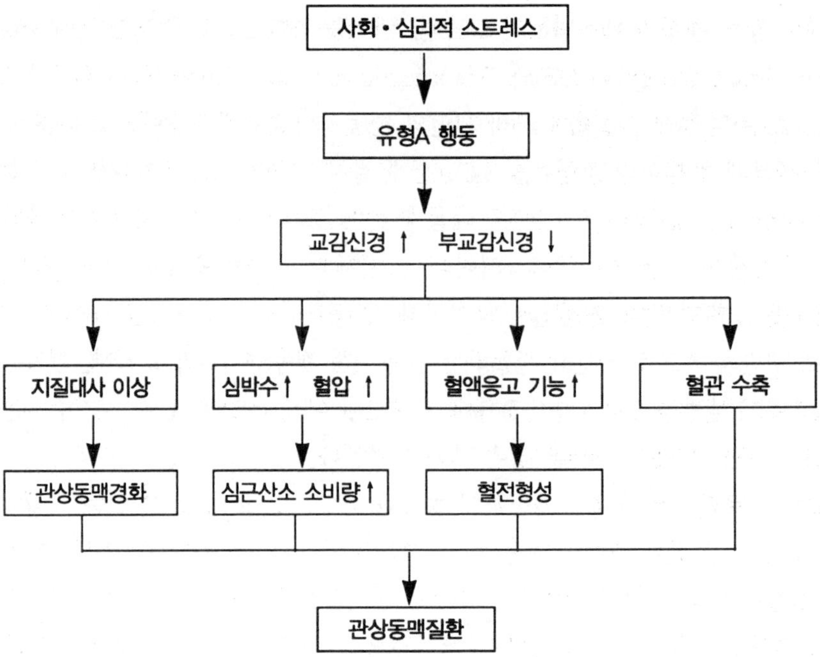

그림 Ⅳ-2 A유형의 관상동맥질환의 발병기전

2) 검사와 진단

행동양식을 평가하는 방법으로는 면접법과 설문지법이 있다. 면접법은 실제 행동으로부터 판정할 수 있는 것이지만 객관성이 결여되고 시간도 소요되는 것으로서 여러 가지 설문지에 의한 판정법이 개발되고 있다. Jenkins Activity Survey(JAS) [총괄적 A형의 강도, 성급함·몰입의 강도, 야심적·일에 열중하는 강도, 경쟁심·강한 감정적 기질의 4가지 척도가 있다], Framingham Type A Scale, Minnesota Multiphasic Personality Inventory(MMPI) [적의(敵意), 비꼬는 말, 소외감의 척도가 있다], Eysenck Personality Index [외향성, 충동성 등의 척도가 있다] 등이 외국에서는 많이 사용되고 있다. 일본에서는 JAS의 번역판, A형 행동판별표(前田), 동해대식(東海大式) 일상생활조사표가 사용되고 있다. 설문지법은 TABP의 많은 인자를 집합한 것을 이용하여, 나아가 CHD의 참된 위험인자가 될 수 있는 요소를 찾아내는 것에 도움이 되었다. 그에 따르면 적의성, 경쟁성, 성급함, 분노, 비꼬는 말, 소외감, 신뢰성의 결여, 낮은 사회적 지원 등이 각각 강한 위험인자임이 판명되었다.

TABP는 행동이론의 입장에서 사업면으로 출세나 승진이란 보수에 의하여 강화된 라이프스타일이라고 이해되고 있다. 실제 쌍둥이를 대상으로 한 연구에서는 A형의 요소는 전혀 유전되지 않는다고 보고되고 있다. 또한 10년간의 추적조사에서는 A형은 변화하기 힘들고 한편 B형의 일부가 A형으로 이행하기 때문에 전체적으로 A형은 연령과 함께 증가하는 경향이 있다고 할 수 있다.

일본에서 TABP와 CHD의 관계는 다른 외국의 보고와 같이 명백하지는 않다. TABP자체가 서양과 다르다는 것을 지적하고 있는데, 일본인은 일에 열심, 일중독의 요소가 높은 것이 특징이며 TABP경향은 원래 낮고 중간관리직에서 심하다고 보고되고 있다. 개인의 권리를 존중하고 자기주장을 잘하는 서양인과 집단의 조화를 존중하고 자기표현을 자제하는 일본인과의 의식차이와 공격성이 강한 서양인과 일을 우선시 하는 일본인과의 문화적 차이를 지적하는 연구자들도 있다. 이러한 행동양식의 다른 배경을 기점으로 하여 일본 특유의 CHD 친화성 행동을 검토하기 위해 많은 시설을 대상으로 설문지법을 개발하여 Japanese Coronary-prone Behavior Scale(JCBS)이 만들어졌다. 그 결과 ①일의 중심 ②현재적 TABP의 억제 ③사회적 지배성의 3가지 인자를 추출하였고 이로써 서양과의 다른 점이 확실해졌다.

3) 치료

TABP의 행동수정에 의하여 발병과 재발이 예방되었다는 보고가 있다. 방법으로서는 이완법과 영상훈련, 운동요법, 행동요법(자기모니터링, 자기평가, 자기강화, 자발적 자기통제법) 등이 쓰이고 있다. WCGS의 그룹은 근이완법, 행동학습, 환경개선, 인지정동학습 그것에 반복학습을 더해 TABP 상담을 실시한 군에서 심근경색의 재발이 약 60%로 감소하였다고 보고하였다. 또 β-차단제와 세로토닌계의 약제(5HT1A 작용제)에 의해 TABP가 줄어든다는 보고가 있으며 TABP를 뇌내의 생물학적 변화로서 다루는 연구가 진행되고 있다.

B 일차성(본태성) 고혈압(Primary essential hypertension)[4~6]

1) 병태생리

고혈압은 뇌심혈관계 질환의 위험인자이며 역학적 조사에 의해 치료관리 일정의 가이드라인이 정해져 있다. WHO의 기준에서는 수축기압 140mmHg 이상 또는 확장기압 90mmHg 이상을 고혈압이라 하고, 정도에 의하여 경증[수축기압 140~159mmHg, 확장기압 90~99mmHg, 이하 같은 상태], 중등증[160~179, 100~109], 중증[≥180, ≥110]으로 분류되고 있다. 정상혈압도 다시 정상 고혈압[130~139, 85~89], 정상혈압[〈130, 〈85], 적정혈압[〈120, 〈80]으로 세밀하게 분류되어 있다. 고혈압증은 신장, 혈관, 내분비계의 이상에 의하여 일어나는 이차성 고혈압을 제외한 것을 일차성 고혈압(PHT)이라고 한다. PHT의 발병기전을 그림 Ⅳ-3에 나타내었다. 최근에는 유전자에서의 이상이 점점 밝혀져 가고 있으며 고혈압 관련 유전자의 발현에 환경인자가 관계있다는 것도 증명되었다.

PHT에 관계있는 심리사회적 스트레스로서는 인구증가, 소음, 경쟁, 격한 업무, 야근 등의 지속적인 외적 스트레스와 억압된 공격심(Weiss), 의지하는 마음과 공격적 충동의 갈등(Alexander), 적의심, TABP 등의 내적 스트레스가 있다. 일에서는 높은 요구도(일의 질과 양)와 낮은 자유재량도(주로 시간의 자유도)의 일(작업)이 스트레스가 심하고 PHT와 CHD와의 관련이 증명되었다. FHS의 보고에서는 PHT와 불안정도 및 내향의 분노와의 상관을 볼 수 있었다. PHT에서는 초기부터 운동, 한냉, 정동 스트레스와 계산 등의 스트레스 자극에 의하여 혈압반응이 있음이 알려졌고, 이것은 스트레스에 의하여 일어나는 교감 신경계의 과잉 활동이 원인이라고 생각하고 있다.

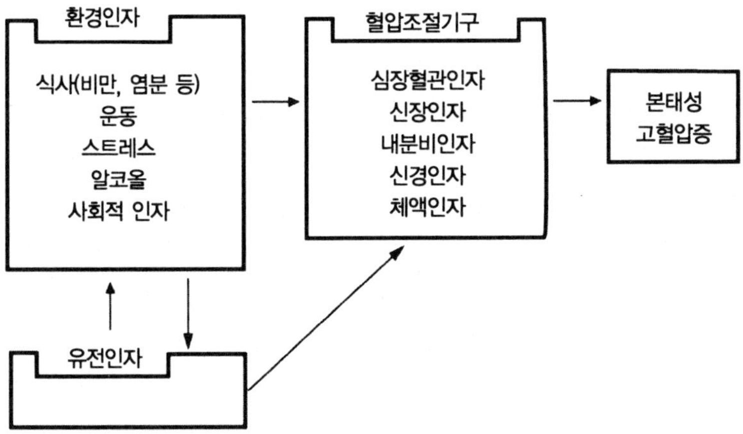

그림 Ⅳ-3 일차성(본태성) 고혈압증의 발병기전

2) 검사와 진단

고혈압증 검사는 이차성 고혈압증의 제외, 고혈압에 의한 장기 합병증의 검사, 다른 심혈관 위험인자의 검색을 목표로 실행한다. 고혈압증이라고 진단하는 경우에 주의해야 할 점 중 하나는 백의 현상(white coat phenomenon) 혹은 백의 고혈압(white coat hypertension)이 있다. 이는 진찰실에서 측정한 혈압은 고혈압 영역을 가리키고 있지만 가정에서 측정한 혈압은 정상인 경우를 가리키는 말이다. 동의어로서 진찰실 고혈압(office hypertension)이 있다. 이 현상은 일상적인 임상에서 가끔씩 보게 되는데 고혈압의 정의에 따라 그 범위의 차이가 나타나기도 하며 13~61%정도 보고되고 있다. 백의 현상의 원인은 단순히 진찰실이라고 하는 측정 환경에 있는 것이 아니라 환자측의 요인, 예를 들면 연령, 성, 인종, 성격, 불안, 생활습관의 영향으로 추측되고 있다. 지금까지 백의 고혈압은 예후가 좋을 거라고 생각되어 왔는데, 가족력이나 그 밖의 위험 인자가 문제되는 일이 많은 점, 후에 심비대를 일으키는 예와 지속성 고혈압으로 이행할 가능성의 사례가 있어 주의하고 경과를 보아가며 관찰할 필요성이 있다.

PHT의 평가에서는 혈압에 대한 하루 동안의 변동을 조사하는 것이 중요시 되어 왔다. 증례에 따라서는 야간에 혈압이 상승한다든가, 반대로 지나치게 내려간다든가, 이른 아침에 두드러진 상승이 있는 경우가 있다. 지금까지의 연구에 의하면 하루 동안 혈압의 변동을 보이는 각 파라미터는 진찰실에서 측정한 혈압보다도 좌심실중량, 뇨중 단백량, 무증후성 뇌경색 등의 장기 합병증과의 상관성이 강하다는 견해가 있다. 이러한 백의 현상이나 하루 동안의 변동을 살피고 PHT를 진단한다든가 치료효과를 평가한다든가 하는 경우에는 휴대용 혈압측정(ambulatory blood pressure monitoring, ABPM)이나 가정내 자가측정(self-monitoring of home blood pressure)이 유용하다.

스트레스에 대한 혈압의 반응을 조사하는 방법에는 표 Ⅳ-1에서 보는 바와 같이 정신적 스트레스 부하시험이나 신체적 스트레스 부하 시험 등이 있다. 측정해야 할 사항들에는 혈압,

표 Ⅳ-1 심혈관 반응을 조사하기 위한 각종스트레스 부하 시험

(1) 정신적 스트레스 부하 시험	(2) 신체적 스트레스 부하시험
a. 해답 형식	트레드밀 운동부하
암산부하	에르고미터 운동부하
숫자의 역창부하(逆唱負荷)	마스터 2단계 시험
b. 정보처리 부하시험	핸드그립 부하
color-word conflict task	(3) 약제 부하시험
c. 정신운동 부하시험	아드레날린
쇼크 회피반응시간	노르아드레날린
컴퓨터 게임	이소프로테레놀
경영 묘사 시험 (mirror drawing test)	필로카핀
d. 정동 조건부여 시험	메사콜린
스트레스 면접	아트로핀
경악(驚愕) 영화	(4) 순환반사 기능검사
스피치 부하	Aschner 시험
e. 감각 자극 부하시험	Valsalva 시험
소음부하	경동맥동 압박 시험
한냉 승압시험 (cold pressor test)	체위 변환시험
diver' s reflex	(5) 기타
	과호흡 부하시험
	심방페이싱

맥박 외에도 혈중·뇨중의 아드레날린과 노르아드레날린·코티졸·테스토스테론·레닌·트롬복산 B_2·혈소판 응집능·헤마토크릿 등이 있다. 또한 스트레스 반응을 규정하는 것은 스트레스의 종류와 스트레스를 받는 개체측의 요인이 있고 이러한 심리·사회적 요인에 관하여 심리테스트와 면접에 의하여 검색하고 여러 가지의 부하에 대한 개체의 반응성을 조사하는 것으로 종합적인 평가를 한다. 일반적으로 불안, 긴장, 우울, 동통이 있는 환자에서는 가끔 높은 혈압과 변동하는 혈압을 볼 수가 있다.

3) 치료

고혈압에 대한 진단과 치료에 대한 미국 합동위원회 제6차 보고에 따르면 PHT 치료의 기본은 생활양식의 개선(life style modification)이며, 그 효과가 불충분한 경우에 한해서 약물요법을 행하도록 권고하고 있다. 생활습관의 개선에는 감량, 저염식, 운동, 절주, 금연이 있다. 심신의학적 치료법으로서 이완(relaxation, 이하 RX)법과 바이오피드백(biofeedback, 이하 BF)법이 있다. RX법에는 명상(meditation), 요가(yoga), 선(zen) 등의 동양적 방법과 자율훈련법(autogenic training), 점진적 이완법(progressive relaxation method, Jacobson) 등의 서양적인 방법 등이 있다. BF법에서는 혈압 그 자체보다도 절전도, 지첨온, 피부전기저항, 뇌파의 α파를 피드백하는 방법을 사용하고 있다. BF법은 RX법과 병용해서 이완상태를 이끌어내기 위한 수단으로 쓰이는 경우가 많다(biofeedback-associated relaxation therapy). 그렇지만 이번의 보고에서는 「정신적 스트레스는 혈압을 상승시키지만 PHT에 대한 RX법과 BF법의 유효성에 관하여는 대조군과 차이가 없다는 결과를 얻었다」는 평가가 있다. 최근 연구에서는 불안을 수반한 환자나 혈압의 하루 사이 변동이 큰 증례에서 유효성이 높다는 사실을 알게 되었다.

PHT의 치료목표가 혈관 합병증을 예방하는 일에 있는 이상, 환자는 치료를 계속해서 받지 않으면 안된다. 그러기 위해서는 환자의 순응도를 높일 필요가 있다. 순응도(compliance)란 환자가 의사의 지시에 따른다는 뜻이고 특히 처방된 용법용량을 지킨다는 뜻이 있다. 반의어는 noncompliance로 그의 원인은 자각증상이 없기 때문, 만성질환이기 때문, 약의 부작용에 시달리기 때문, 치료에 걸리는 시간이 길기 때문, 치료자에게 열성이 적기 때문 등을 들 수가 있겠다. 특히 만성질환이나 개선의 희망이 적은 환자의 치료에 있어서는 환자의 삶의 질(quality of life, QOL)을 손상하지 않는 치료가 중요하다. QOL은 치료의 진행으로 단지 증상이 개선되었다든가 부작용이 적어졌다는 등의 변화가 있다는 뜻이 아니고 활동면, 감정면, 지능면, 경제생활면 등에서 좀 더 좋아진, 좀 더 인간적인 상태가 유지된다라고 평가받게 되어야 함을 뜻한다. QOL을 높이기 위해서는 좀 더 나은 치료자-환자 관계를 이루어나가며 치료에 대한 동기부여를 실행하는 일, 그리고 환자한테서 직장, 가정, 식사, 습관을 포함한 생활환경에 대해서 의견을 들어가며 환자의 성격 경향을 파악하는 것으로 환자의 생활양식의 개선에 개별적 원조의 손길이 필요하다. 또 PHT의 치료에 있어서도 극기(self-control)가 중요하고 그 수단으로서 가정내 자가 혈압측정이 유용하다. 자가 혈압측정의 도입으로 혈압 그 자체가 저하한 것뿐만 아니라 다른 환자에 대해서도 발병률이 저하했다는 보고도 있다.

C 심장 신경증(cardiac neurosis), 신경순환 무력증(neurocirculatory asthenia), 공포성 장애(panic disorder)[7,8]

1) 병태생리

두근거림과 흉통 등의 증상이 있다하더라도 설명할 수 있는 심장질환이 없으며 특히 정신증상을 중심으로 하는 것을 심장 신경증, 자율신경 증상을 중심으로 하는 것을 신경순환 무력증이라고 한다. 1871년에 남북전쟁에 출정하는 군인들 사이에서 발생한 심장의 두근거림, 흉통, 가슴 답답함, 숨 막힘 등을 주소로 하는 질환을 irritable heart라고 보고한 이래, Da Costa 증후군, Soldier's heart 등의 병명이 붙여져 왔다. 병태의 본질은 신경증에 기인한 기능적인 자율신경계를 중심으로 하는 이상을 가리키는데, 병명이 많다는 사실이 말해주듯이 순수하게 심인성에서 출발한 것에서부터 신체적 이상을 수반하는 것까지 체질적 요소가 강하게 부각되는 이상이나 비뚤어진 생활습관에 유래하는 것까지 넓은 영역을 포함하고 있다. 더 나아가서는 과환기 증후군, 자율신경 실조증, 불안 신경증 등과의 이동과 승모판일탈증, 식도기능이상, 과민성대장증후군 등과의 합병증이 논의되었다.

최근 유럽의 내과학서에는 심장 신경증이나 신경순환 무력증의 병명은 찾지 못하게 되었다. 그러나 불안하기 때문에 심혈관계의 증세가 일어나게 되며, 그러한 환자들의 대부분이 일반내과의나 임상의를 방문한다는 사실이 기재되어 있다. 그리고 진단명에 대해서는 DSM-Ⅳ나 ICD-10에서 쓰이는 공포성 장애, 전반성 불안성 장애(generalized anxiety disorder), 신체화 장애(somatoform disorder), 신체화 자율신경 기능부전(somatoform autonomic dysfunction) 등의 진단명이 각기의 진단 기준에 따라서 쓰이게 되었다.

본 질환군의 병태생리는 생물학적으로는 불안중추의 항진상태라고 설명되고 있다. 동물 실험에 의해서 불안공포의 정동 스트레스를 부하하는 경우에 시상하부, 편도체, 청반핵의 카테콜라민이나 세로토닌의 조직내 농도가 상승하는 일, 벤조디아제핀계의 약제가 그러한 상승을 억제한다는 사실이 그 근거가 되고 있다. 한편 조건반사의 입장에서는 조건이 붙여진 혐오반응이라고 생각된다. 곧 어느 조건 자극에 의해서 불안한 반응이 일어나고, 그 후에는 조건자극이 범화되어서 여러 조건 하에서 불안이 일어나게 된다고 하는 방식이다. 공포성 장애에 가끔씩 따르게 되는 광장공포(agoraphobia)는 이러한 기전으로 설명이 된다. 광장공포라는 것은 피하기 어려운 상황, 예를 들면 사람들이 붐비는 곳이나 다리 위, 대중교통기관 안에서 발작이 일어나는 것에 대한 공포심을 말한다.

정신병리학적으로 병태를 고찰해 보면 모리타 학설에서 말하는 「사로잡힘」의 원리로 설명이 된다. 곧 내향성, 치밀, 진지함, 완전욕의 강한 성격, 강한 생에 대한 욕망의 기대, 이른바 건강염려증성 기조의 성향이 우발적으로 발생하는 사건이 계기가 되어 심장에 대한 사로잡힘으로 나타났을 때에 계속해서 불안과 증상의 악순환〔정신(심신) 교화작용〕이 형성되어 가는 것이 병태 형성에 관여하고 있다고 생각한다. 사로잡히는 끈으로서는 직장이나 가정 내에서의 스트레스, 심신의 피로, 가족이나 친지들의 심장사에 의한 불안, 심장병과 진단받은 일 때문에 오는 의원성 인자, 환자측의 미숙한 성격에 의한 환경 부적응 등이 있다.

증상이 지속한다든가 발작이 빈번하게 일어나면 빈맥, 다한, 미열, 휘청거림, 빈뇨, 구토, 설사 등의 자율신경 증상이나 불면, 두통-머리 무거움, 식욕부진, 신경과민, 우울증 등의 정신증상이 나타나게 된다. 차차 사회활동에서도 집에만 있게 되어 경제적으로도 곤란하게 되면 예후가 나빠진다.

2) 치료

충분한 검사를 시행하고는 검사결과와 병태에 대해 환자가 납득할 때까지 설명하고 안심시킨다. 약물 요법에서는 항불안제, 항우울제를 중심으로 처방하게 된다. 두근거림, 빈맥에 대해서는 β-차단제가 유효하다. 심장 신경증에서는 정신상태를 기반으로 분류하고 치료방침을 결정하는 과정에서 참고로 삼고 있다.

(1) 불안 신경증형 : 항불안제, 심리요법, 자율훈련법

(2) 공포증형 : 절식요법

(3) 심기증형 : 모리타 요법, 자율훈련법

(4) 히스테리형 : 환경조절, 절식요법, 내관법(内觀法)

(5) 우울반응형 : 항우울제

공포성 장애의 치료로 벤조디아제핀계 항불안제와 삼환계 항우울제, 선택적 세로토닌 재흡수저해제가 쓰인다. 모노아민 산화효소 저해작용을 가진 항우울제도 유효하며 부작용이 적은 것이 개발되고 있다. 항불안제, 항우울제 모두 적은 용량으로 시작해서 점차 늘려 충분량을 사용하도록 한다. 중지하는 경우에도 천천히 감량하도록 하는 것이 중요하다. 광장 공포감이 심한 증례에 대해서는 폭로요법(exposure therapy) 또는 계통적 탈감작요법(systemic desensitization)이 사용된다. 후자는 불안 계층표를 작성하여 공포심이 일어나기 쉽지 않은

상황부터 차례로 실제 나가서 적응시켜 간다. 이것에 자율 훈련법과 이미지 훈련을 병용하는 경우도 있다.

D 부정맥(arrhythmia), 돌연사(sudden death)[9)]

정동 스트레스는 교감 신경을 매개로 해서 부정맥이 일어나기 쉬운 것으로 알려져 있다. 또한 스트레스에서 벗어났을 때에 부교감신경계의 항진에 의하여 일어나는 부정맥도 있다. 부정맥의 치료법에 RX법이나 BF법을 사용했던 연구가 있는데, 심실성 기외수축, WPW 증후군의 발작성상실성빈박증, 동성빈맥, 심방세동에 효과가 있는 것으로 나타나고 있다.

돌연사의 빈도는 일본에서 연간 약 50,000명이라고 추정되고 있다. 원인으로서는 심혈관계 질환이 대부분을 차지하고 있으며 발병에서 24시간 이내의 예기치 못했던 내인성 사망을 돌연사라고 정의하는 경우에 약 40~70%, 발병 후 1시간 이내라고 하는 경우가 80%를 차지하는 것으로 추측하고 있다. 심장 돌연사의 직접 원인의 대부분이 심방세동 등의 치사적 부정맥 때문이며, 고령자들에서는 관동맥의 다혈관병변, 젊은층에서는 심근증이나 심근염이 기저질환인 경우가 많다. 그렇지만 기저질환에 심근의 전기적 불안정성(electrical instability of myocardium)이 더하면서 일어난다고 알려져 있다. 이 불안정한 상태는 동물실험에서는 시상하부나 변연계로의 전기자극에 의해서 노여움이나 공격 등의 행동과 함께 만들어낸다. 또한 역학적 조사에서는 발병 전 1주간에 작업량이 증가한다거나 사업상이나 가정 내에 고민이 있다든가 하는 스트레스 상태가 있었던 것이 보고되고 있다. CHD의 예후를 개선하는 약물로서 β-차단제의 유용성이 보고되어 있고 교감신경계의 항진이 악영향을 미친다고 생각된다.

E 급성 심근경색 치료기 • 회복기에 있어서의 심리상태[10)]

급성 심근경색 때문에 CCU에 수용된 환자는 흉통과 동시에 엄습해 오는 죽음과의 대결을 피하지 못하게 된다. CCU 내에서는 밤낮 구별 없이 각종 모니터 장치나 치료기계에 구속되어 신체활동의 제약을 받기 때문에 여러 가지 정신적 상황이 나타나게 된다. 치료팀은 병든 심장에 대해서만 관심을 보여 자칫하면 환자의 심리상태에 대해서는 소홀히 대하기 쉽다. 그러한 반성 속에 많은 시설에서 정신과 의사에 의한 consultation liaison psychiatry의 활동으로서 CCU내의 정신적인 측면의 관리와 치료가 이루어지고 있다. CCU에서 보는 정신증상에는 급성기(입원 후 2일경까지)는 모든 환자의 경우 정도의 차이는 있겠지만 불안상태가 파악된다. 자각증상이 적게 나타나는 환자에서는 지시를 안 지키는 경우라든가 치료를 거절하는 문제행동을 보인다. 회복기(일반병동에 옮길 때까지)가 되면 그에 더하여 심인에 의해서 일어나는 우울·조울 상태, 심기상태, 퇴행, 환각, 망상상태나 외인성에서 일어나는 섬망, 치매상태 등을 볼 수 있고 항정신제에 의한 적극적인 치료가 필요한 경우도 많다. 정신 증상의 악화인자에는 심근경색 그 자체의 중증도, 합병증, 연령, 직업의 유무 외에 병에 대한 지식, 자아의 강도, 사회적 관련성, 가족의 지원 등이 영향을 주고 있다. 이러한 증상의 출현을 방지하기 위해서 CCU의 설비에 창문을 설치하거나 음악소리를 흐르게 한다든가, 수면제의 투여, 가족의 면회 늘리기, 초기부터 재활을 시작하는 등의 처치가 취해지고 있다. 환자의 정신적인 면에 대해서도 충분한 배려를 하는 일이 중요하다.

회복기에 있는 급성 심근경색 환자에서는 불안, 부인, 우울증, 회복의 심리변화 과정이 알려져 있다. 또한 불안이나 우울증의 증상은 퇴원 후에도 반년 이상 계속되는 증례가 많고 해서, 퇴원 후에 원래의 생활 레벨로 돌아온 증례는 거의 반 정도라고 한다. 다시 퇴원 후의 우울상태와 불안이 위험인자가 된다는 것이 분석 하에 확인되고 있다. 그 때문에 재활기간 동안 운동뿐만 아니라 심리요법과 RX법을 병용하는 것이 중요하다고 주장되고 있다.

F 본태성 저혈압증(essential hypotension), 기립성 저혈압증(orthostatic hypotension)[11,12]

저혈압증은 일반적으로 본태성 저혈압증, 증후성 저혈압증, 기립성 저혈압증의 3가지로 분류된다. 확실한 원인질환을 알 수 없는 본태성저혈압증은 PHT와 달라서 예후가 좋은 편으로 치료의 대상이 되는 일은 적고 일본에서만 관심을 가졌다. 그러나 자율신경실조증 또는 우울증과 같은 전신증상 때문에 삶의 질(QOL)의 저하를 나타내는 것으로 인해 최근에는 구미에서도 주목받기 시작했다.

진단기준은 수축기압에서 100mmHg 이하를 기준으로 하는 경우가 많은데 연령을 더해서 40세 이상이면 110mmHg, 60세 이상이면 115mmHg을 기준으로 하는 경우도 있다. 증상의 호소가 없는 저혈압증은 치료할 필요가 없지만 증상이 수반되는 경우에는 생명에 영향은 없겠다는 식의 안심만으로는 불충분한 경우가 있기 때문에 환자의 입장에서 자각증상의 개선에 노력할 필요가 있다. 원래 체질적인 요소가 강해서 승압제, 안정제, 자율신경 조정제, 한방제 등을 투여해도 부분적인 경쾌함 정도가 나타나는 경우도 많다. 오히려 생활지도를 포함한 심리적 접근을 심도있게 계속하는 일이 중요하다.

기립성 저혈압증(이하 OH로 함)은 일어설 때 나타나는 급격한 혈압의 저하로 말미암아 현기증, 눈앞의 캄캄함, 때로는 정신을 잃게 되는 혈압조절 장애이다. 사람은 누운 자세로 있다가 서는 자세로 바뀌면 약 500ml의 혈액이 중력에 의해서 하반신의 정맥계로 이동한다. 이 때문에 심환류량이 감소되어 심박출량이나 혈압이 낮아진다. 일반인에서는 동시에 압수용기에 의한 반사가 작동해서 동정맥의 수축, 심수축력의 증강과 맥박 증가가 일어나 순환 혈액량을 유지하는 체제가 이루어진다. OH에서는 이 경로의 어느 쪽인가가 장애가 되어 일어난다. 진단 기준으로는 기립시의 혈압저하가 수축기압에서 20mmHg 이상, 확장기압에서 10mmHg 이상을 기준으로 하는 경우가 많다. 확장기압의 저하가 정상이라도 수축기압과 확장기압의 차인 맥압이 적을 경우에도 이와 같은 증상이 나타난다(기립성 조절장애). 진단은 간이법의 하나로 누운 자세 후 능동적으로 일어서게 해서 10분 동안 혈압과 맥박을 측정하는 방법(Shellong test)이 있다. 정식으로는 경사를 조절하는 침대를 사용한 head-up tilting test를 시행한다. 15~20분의 누운 자세 후 침대를 60도로 세우고 40~60분 동안 혈압과 맥박을 측정한다.

OH의 일으키는 원인으로는 다음과 같은 것들이 있다. ①심박출량의 감소(탈수나 출혈, 대동맥판 협착증, 확장형의 심근증 등) ②신경 혈관 반사의 장애(Shy-Drager 증후군, 올리브뇌교 소뇌위축증, 파킨슨병, 다발성 뇌경색 등의 중추성 질환, 당뇨병, 아밀로이도시스 등의 말초성 질환) ③강압제, 이뇨제, 혈관확장제, 항우울제 등의 약제, ④본태성 기립성 저혈압증(특정의 원인을 볼 수 없는 것으로 조례 때 쓰러지거나 치과 치료 시에 기분이 나빠지는 등)

④에서 볼 수 있는 저혈압 증상이나 실신(흔히 말하는 뇌빈혈)은 신경조절성 실신(neurally mediated syncope), 또는 혈관 미주신경반사(vasovagal syncope)로 불리고 기립 외에 공포, 정동, 스트레스, 통증 등의 감각자극에 의해서도 일어난다. 일단 교감신경이 항진하고 그 반사(좌심실기계 수용체)로 부교감 신경이 항진하여 일어난다. 조치는 발을 높이는 자세를 잡아주면 차츰 회복된다.

OH의 치료는 혈관수축제, 순환혈액량 증가 작용제(광질 스테로이드) 외, 인도메타신, disopyramide, β-차단제 등이 사용된다. 한방약으로는 인삼탕, 보중익기탕, 반하백출천마탕 등이 있다. 정신증상에 대하여서는 항불안제와 항우울제가 유효할 수도 있지만 이들의 부작용에 어지러움과 OH가 있으니 소량부터 사용한다. 생활지도로서는 탄력스타킹 착용과 수면 시 머리를 높여주고 식염섭취, 냉수마찰, 운동 등을 끈기 있게 실천시킨다.

우주비행을 마치고 지구에 내려왔을 때 비행사에게서 OH가 보고되고 있다. 무중력 상태에서의 적응반응으로 체액량이 감소하는 것이 그 주된 이유이다. 이와 같은 상태(모의비소중력)는 - 6도의 head-down tilt에 의해 생길 수 있고 우주에서 생활할 때의 자율신경계의 변화에 관한 연구가 진행되고 있다.

문헌

1) Rosenman RH : Type A behavior pattern and coronary heart disease : the hostility factor?. Stress Med 7 : 245 - 253, 1991
2) Rozanski A, Blumenthal JA, Kaplan J : Impact of psychological factors on the pathogenesis of cardiovascular diseases and implications for therapy. Circulation 99 : 2192 - 2217, 1999
3) 稲光哲明：心身症の治療と展開－虚血性心疾患．現代のエスプリ　361 : 41 - 48, 1997
4) 1999 World Health Organization-International Society of Hypertension Guidelines for the Management of Hypertension. J Hypertension 17, 1999
5) The sixth report of the Joint National Committee on Detection, Evaluation, and Treatment of High Blood Pressure (JNC - VI). Arch Intern Med 157 : 2413 - 2446, 1997
6) 稲光哲明：ライフサイクルと心身症－本態性高血圧症．臨床と研究　74 : 2730 - 2734, 1997
7) Marshall J : Panic disorder : a treatment update. J Clin Psychiatry 58 : 36 - 42, 1997
8) 長田洋文：神経循環無力症と心臓神経症．中川哲也(編)：Common disease series 心身症．pp173 - 180, 南江堂，1992
9) 稲光哲明：不整脈の心身医療－自律訓練法．心身医療 8 : 1584 - 1588, 1996
10) 黒沢　尚：CCU における精神症状．医学のあゆみ 123 : 512 - 517, 1983
11) 稲光哲明：低血圧の心身医学－低血圧症の臨床検査．心身医療　8 : 1005 - 1008, 1996
12) 本多和雄，稲光哲明編著：新・現代の起立性低血圧．新興医学出版社，2001

② 소화기계의 심신증

「위장은 마음의 거울」이라고 할 수 있을 정도로 소화관과 정동의 관계는 밀접하다. 지금까지는 정동이 소화관에 미치는 영향을 연구하여 왔으나 최근의 연구에서는 미주신경계의 90%가 구심신경계의 지각신경 선유임이 알려졌다. 이러한 연구 성과는 임상적 경험을 뒷받침하는 것이며 뇌와 소화관은 일방통행이 아니고 상호관계(뇌-소화관 상관 brain-gut relation)에 있음이 확실해졌다.

특히 소화관 운동기능 이상과 정동의 관계는 최근 화제가 되고 있다. 그림 Ⅳ-4는 저자가 일차진료의 소화기외래에서 수진한 초진환자를 검사하여 추적한 526명의 진단명이다.[1] 이 중에 unknown origin이라고 쓰여진 것은 당시 functional dyspepsia(FD)라는 개념이 아직 없었을 때였는데 지금 생각해 보니 이들의 증례는 FD이 된다.

그림 Ⅳ-4로부터 과민성대장증후군 (irritable bowel syndrome, IBS), FD, 담도 운동이상증의 소화관 운동기능이상을 합하면 40%나 된다. 또 소화성 궤양, 만성 췌장염 등의 소화기 심신증, 소화기 증세를 호소하는 우울증 장애와 신경증을 더하면 74%가 심신의학적 접근이 필요한 증례가 되는 것이다.

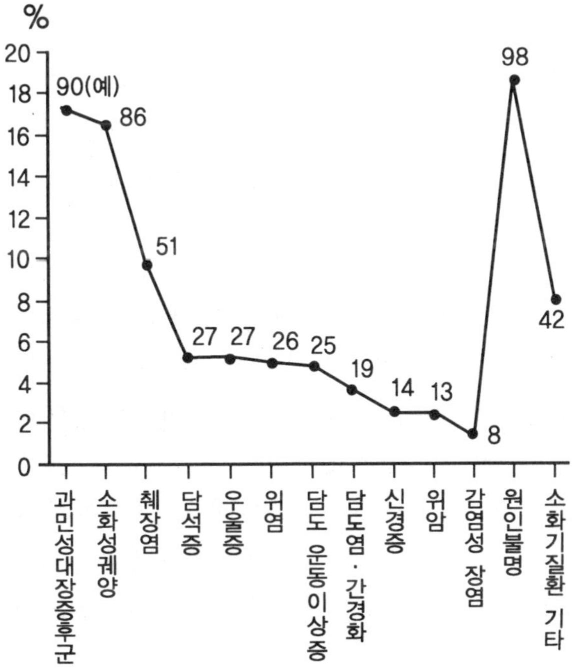

그림 Ⅳ-4 일차진료 소화기외래 초진 진단명(526 사례)[1]

소화기 심신증의 기질적 질환의 대표로는 소화성 궤양, 만성 췌장염, 궤양성 대장염, 식도 무이완증 등을 들 수가 있다. 기능적 질환으로서 소화관 운동기능 이상(functional gastrointestinal disorders)이 있고 이들 중 상부소화관 운동기능 이상의 대표로 식도 경련(esophageal spasm), FD, 하부소화관 운동기능 이상의 대표로 과민성 대장증후군(irritable bowel syndrome, IBS)을 들 수 있다.

이 교재는 새로 심신의학을 배우는 사람을 위한 지도서이기에 다음과 같이 대표적인 소화기 심신증을 중심으로 교과서적으로 서술하였다.

A 공기연하증, 탄기증(aerophagia)[2]

1) 병태생리

장내 가스는 70%가 입으로 삼켜진다고 본다. 공기연하는 무의식적으로 일어나는 일이 많고 급하게 먹거나, 들여 마시거나, 입으로 호흡하는 습관이 있는 사람에게서 자주 볼 수 있다. 또 상복부나 후두의 불쾌감을 배제하기 위해 트림을 하거나 침 연하를 반복하고 공기연하가 습관화되는 경우도 있다.

2) 증상

위 환자는 소화기 증상을 호소하여 심료내과를 방문하는 일이 자주 있고 치료가 어려운 증례도 많다. Bochus의 교재에 의하면 대부분 다음 3가지의 유형으로 나눈다.

(1) esophageal belching : 마신 공기가 위내에 흡입되지 않고 식도 내에 머물러 잦은 트림만 반복한다.

(2) magenblase syndrome(gastrocardiac syndrome) : 공기가 위내에 흡입되어 위포가 확대되기 때문에 식후의 복부 포만감과 상복부 통증, 심장의 압박증상에 의하여 전흉부통(pseudoangina)을 일으키고 트림으로 가벼워진다.

(3) intestinal flatulence : 연하된 공기가 장내로 이행하여 심한 이상을 일으킨다. 이러한 유형은 과민성 대장증후군(irritable bowel syndrome, IBS)을 동반한 것이 많고 대장 특히 간 만곡부나 비장 만곡부에 가스가 저류되면 좌우의 계륵부나 전흉부, 측흉부에 통증과 압박감이 일어나는 일도 있다. 이러한 증상을 일으키는 경우는 간 만곡증후군(hepatic flexure syndrome), 비장 만곡증후군(splenic flexure syndrome)이라고 부른다.

3) 검사

증상이 있을 때와 없을 때 X선 검사로 소화관내에 가스가 다량으로 채워져 있는지 없는지 그 부위를 조사한다. 위장의 가스 증상은 유문 협착 등 기질적 질환을 일으키는 경우도 있으니 감별 진단을 위한 검사를 반드시 하여야 한다.

4) 진단

병력을 자세히 청취하여 진단한다. 빈발하는 트림, 과도한 가스배출과 복부울림, 복부포만, 복통 등의 증세가 트림과 가스배출, 배변으로 편안해지며 불안 긴장, 식사섭취, 복부를 압박하는 증상으로 심해질 수 있으므로 주목한다. 확진은 증상이 있을 때와 없을 때 X선 검사를 실시한다.

5) 치료

공기를 잘 들여 마시는 방법과 먹는 방법, 증상의 호전 인자와 악화 인자를 자기관찰, 자기평가를 환자에게 시켜보는 자기통제에 의한 치료가 중심이 된다.

magenblase syndrome의 치료 핵심은 환자의 트림을 참게 하는 것이다. 그렇게 하면 트림을 함으로써 다량의 공기가 위내에서 빠져나가게 되고 그 결과로 트림을 연달아 하게 되는 악순환을 줄일 수 있어 이에 대해 관찰할 필요가 있다.

esophageal belching은 심리적인 요인이 많으며 심리요법을 통해 감정의 발산과 문제가 되는 대인관계에서의 문제를 수정할 필요가 있다.

B functional dyspepsia(FD)[3)]

1) 병태생리

소화관의 부정수소(不定愁訴)와 기능장애는 포괄적으로 위장신경증이라고 불려왔다. 최근에 이것은 세계적으로 functional gastrointestinal disorder라고 불려지고 있다(표 Ⅳ-2).[4)] 그중에서 위의 기능장애에 의한 것으로 보이는 상복부의 위장장애를 NUD 또는 FD, 장관의 기능장애에 의한 복통과 변통이상을 일으키는 질환을 과민성대장증후군(IBS)이라고 불려왔다. 이러한 병태는 분명해졌다고는 할 수 없지만 각국에서 연구가 진행되고 있다.

2) 증상

상복부통, 오심, 구토, 위장 불쾌감, 가슴앓이, 복부포만감, 식욕부진 등의 상복부의 여러 가지 증상에서 기질적 원인을 확인할 수 없으면서 지속하는 증상들이다. 증상은 표 Ⅳ-3과 같이 4가지 증상으로 나누어져 있다.

표 Ⅳ-2 소화관 기능장애 functional gastrointestinal disorders[4)]

A. 기능성 식도장애(functional esophageal disorders)
- A1. globus
- A2. 반추증후군(rumination syndrome)
- A3. 기능성 식도성 흉통 (functional chest pain of presumed esophageal origin)
- A4. functional heartburn
- A5. 기능성 연하곤란(functional dysphagia)
- A6. 비특이적 식도 기능이상 (unspecified functional esophageal disorder)

B. 기능성 위십이지장 장애 (functional gastroduodenal disorders)
- B1. functional dyspepsia(non-ulcer dyspepsia)
  - B1a. 궤양양 dyspepsia(ulcer-like dyspepsia)
  - B1b. 운동이상양 dyspepsia (dysmotility-like dyspepsia)
  - B1c. 비특이적 dyspepsia(unspecified dyspepsia)
- B2. 공기연하증(aerophagia)

C. 기능성 대장 장애(functional bowel disorders)
- C1. 과민성 대장증후군(irritabie bowel syndrome)
- C2. 기능성 복부 포만증(functional abdominal bloating)
- C3. 기능성 변비(functional constipation)
- C4. 기능성 설사(functional diarrhea)
- C5. 비 특이적 기능성대장장애 (unspecified functional bowel disorder)

D. 기능성 복통(functional abdominal pain)
- D1. 기능성 복통증후군 (functional abdominal pain syndrome)
- D2. 비특이적 기능성 복통 (unspecified functional abdominal pain)

E. 기능성 담도질환(functional biliary disorders)
- E1. 담낭 기능이상(gallbladder dysfunction)
- E2. Oddi 괄약근 기능이상 (sphincter of Oddi dysfunction)

F. 기능성 직장 항문 장애(functional anorectal disorders)
- F1. 기능성 변실금(functional incontinence)
- F2. 기능성 직장 항문 통증 (functional anorectal pain)
  - F2a. 항문저근 증후군(levator ani syndrome)
  - F2b. proctalgia fugax
- F3. 배변곤란(dyschezia)
  - F3a. 골반저근 실조증(pelvic floor dyssynergia)
  - F3b. 내항문 괄약근 실조증 (internal anal sphincter dysfunction)
- F4. 비특이적 기능성 직장항문 장애 (unspecified functional anorectal disorder)

표 Ⅳ-3 FD 증상형과 정의

증상형	위식도 역류형 reflux-like dyspepsia 운동부전형 dysmotility-like dyspepsia 궤양 증상형 ulcer-like dyspepsia 비특이형 non-specific dyspepsia
정의	상복부 통증, 흉부 후부통, 위장 불쾌감, 가슴앓이, 오심, 구토 등의 상부소화관에서 유래되었다고 생각되는 증세가 ①4주간 이상 지속된다 ②운동과는 무관하다 ③원인이 되는 국소병변 또는 전신질환을 볼 수 없다. 이러한 3가지 조건 모두를 충족함.

3) 검사

상부소화관의 기질적 질환은 제외하고 24시간 pH 모니터, 위배출능(acetaminophen법 외), 위전도, 담낭 기능검사(후에 서술함), 식도내압 측정 등, 상부소화관의 운동이상 유무와 그에 따른 심리 상태를 파악한다.

4) 진단

FD의 진단 기준을 표 Ⅳ-3에 정리하였다. 이 증상을 포함한 소화관 운동이상은 우울과 불안 등의 감정 장애를 동반하기 쉽다. 제외 진단, 상부소화관의 운동이상의 진단과 함께 면접과 심리 테스트에 의하여 우울상태 등의 감정 장애 유무에 대하여도 진단한다.

5) 치료

기능 이상의 병태에 맞추어서 소화관 운동개선제와 건위제, 제산제, 항코린제, 소화제를 선택한다. 또 환자의 심리상태에 따라서 항불안제와 항우울제를 병용하여 안심, 설득 등을 중심으로 한 일반 심리요법을 실시한다. 위배출능 지연의 병태를 가진 위 불쾌감, 더부룩함 등의 증상이 있어 오심, 구토가 더한 경우에는 domperidone, 복통과 설사가 있을 경우에는 말레인산이 유효하다. 역류증상이 있으면 PPI제제가 유효하다. 대장 가스 저류에 의한 복부포만감이 있으면 dimethylpolysiloxane을 추가한다. 심리상태에 따라서 벤조디아제핀계의 항불안제와 항우울제를 겸용한다. 특히 상복부의 증상호소를 동반하는 우울상태의 경우에는 위 배출 지연에도 효과가 있는 sulpiride가 유효하다. 환자는 소화관 검사에서도 이상이 없고 증세도 오래 지속되기 때문에 불안하고 신경이 쓰이며 우울함을 동반하는 경우도 많다. 증세의 병태를 잘 설명하고 검사나 진찰의 결과를 feedback한다. 암 같은 악성이 아니라고 안심시킨다. 식사시간이 불규칙하고 식사 내용이 불균형인 경우 이에 대한 생활지도를 해준다.

C 식도 무이완증(esophageal achalasia)[2)]

1) 병태생리

본 임상양상은 병리조직학적으로 아우엘바하신경총 신경절 세포의 변성 또는 소실에 의한 자율신경의 기질적 장애에 의한 질환이라고 한다. 그러나 병인은 더욱 불명확한 점이 많다. 증상는 정동에 영향 받기 쉽고 소화기 심신증의 대표적인 질환의 하나이다.

2) 증상

식사를 만족하게 할 수 없다는 증상이 지속되고 2차적으로 심리적 압박이 더해서 증상이 더 나빠진다. 환자는 신경증적 경향에 빠져 있는 경우가 많다.

3) 검사

식도투시, 식도 내시경 검사를 한다. 식도암, 위부문부암 등 기질적 질환과의 감별이 필요하다. 식도 내시경 검사를 할 때는 반드시 생검에 의한 병리 진단을 한다. 투시의 경우는 비디오를 촬영해 두면 운동이상의 종류, 정도를 확인하는데 도움이 된다.

4) 진단

진단에 있어서 다음과 같은 주의가 필요하다.

(1) 질병 기간이 길고 식사나 물을 마실때 증상이 출현하여 신경증이 된 환자가 많다.

(2) 심기증과 히스테리, 신경성 구토, 신경성 식욕부진증과 오진하기 쉽다.

(3) 진정제를 주사하여 식도·위 X선 검사를 하기 때문에 식도질환 연구 분류의 방추형과 Ⅰ~Ⅱ형의 경증례, diffuse esophageal spasm이나 vigorous achalasia에서는 본 증상의 X선 소견이 소실되거나 경감되어 발견하지 못하기가 쉽다. 본 증상이 의심되면 진정제를 주사하지 않고 식도·위 X선 검사를 한다.

(4) 본 증상의 환자는 증상 전에 직장과 가정 내에서의 스트레스, 식사를 포함한 생활의 불규칙, 급하게 먹는 습관 등이 있다. 또 발병 후의 증상에 대하여 지나치게 확신하거나 병명도 알지 못하여 병원을 전전하거나 의료의 불신에 빠지는 환자도 많다. 이와 같이 이차적인 심리적 인자와 관계가 많은 질환이다.

5) 치료

항콜린제와 니토롤(Nitorol) 등의 약물요법, 강제 분문확장술, 심리요법이 치료의 주체이다. 우리들이 경험한 식도 무이완증 11사례를 치료하여 예후를 조사하였더니 강제 분문확장술 보다 니토롤 설하정의 식전투여가 유효한 것이 의외로 많았다. 유효한 증례에 있어서 투시하에 관찰하였더니 니토롤 투여 약 2분 후에 효과가 나타났고 약 20분간 지속하는 것을 알았다. 그 동안 환자는 고통 없이 식사를 할 수 있다. 이 효과는 니토롤의 식도 하부괄약근에 대한 평활근의 이완작용에 의한다. stage에 따라서 수술이 필요하다. 환자 중에는 안절부절 하거나 긴장할 때에 들여 마시는 것 같이 급하게 식사를 하는 습관을 가진 사람이 있는데 이러한 환자에게는 자율훈련법과 식사습관의 수정이 필요하다.

D 위·십이지장 궤양

1) 병태생리

궤양 발병의 기초적인 병태에 대해서는 별도의 항목에서 서술할 것이라고 생각되므로 여기서는 궤양의 심신의학적인 병태에 대하여 언급하겠다. Mirskey 등은 입대훈련을 하는 일정 집단의 사람들을 대상으로 하는 전향적, 예측연구에서 궤양의 발병과 재발에 심리적 요인, 사회적 요인, 생물학적 요인의 세 가지 요인이 관여하고 있음을 시사하고 있다. 국소적 요인이 이들의 전신적 요인에 복잡하게 얽혀있다고 할 수 있다.

1) 궤양의 유전적 요인의 지표(genetic marker)로서 혈중 pepsinogen I(PGI)의 측정이 유용하다. 임상적으로 가족 집적성이 있는 궤양환자를 가끔 볼 수 있다.

2) 저자들은 이전에 나가사끼현 히기지마에 있었던 위궤양 217사례, 십이지장궤양 105사례, 건강자 174사례를 대상으로 PGI를 측정하여 궤양의 가족력과 심리적인 요인, 사회적 요인에 대하여 조사하고, 궤양의 발병과 재발에 관여하는 각 인자간의 중요성에 대해서 다변량 분석을 통하여 검토하였다. 그 결과 심신의학적 요인도 단일하지 않고 각각의 인자가 중요도에 따라 연관되어 발병과 재발에 있어 그 비중도 달랐다.

3) 무라가미와 저자 등[5]은 내시경 검사를 받은 94사례를 대상으로 초기발견군, 재발군, 비재발군, 비궤양군으로 나누어 다변량 분석을 하여 궤양의 발병과 재발에 관계있는 인자에 대하여 분석하였다. 그 결과 궤양군과 비궤양군을 그림 Ⅳ-5와 같이 ①1일 20개비이상 흡연 ②스트레스 대처능력의 약함 ③헬리코박터 파이로리(이하HP) 항체양성 ④식사속도가 빠름 ⑤궤양 성격의 경향 ⑥불규칙한 식습관의 순서로 구별할 수 있었다.

또 재발군과 비재발군을 구별하는 항목으로는 그림 Ⅳ-6과 같이 ①불규칙한 식습관 ②1일 20개비 이상 흡연을 들 수 있다.

이상의 결과는 궤양의 발병과 재발이 HP의 감염에 의한 것이라는 요소 환원주의적인 생각에서 많은 요인의 관계성을 중요시하는 bio-psycho-social model에 근거를 두는 생각이 필요하다는 것을 시사한다.

4) 심신증으로서의 위·십이지장 궤양의 진단 기준과 그 활용에 대하여 설명하였다.

심료내과 의사가 심신증의 정의를 기준으로 반구조적인 면접을 통하여 현재 궤양이 있는 환자 51사례를 심신증군과 비심신증군으로 구별하였다. 그 결과 심신증군은 34사례(66.7%), 비심신증군은 17사례(33.3%)였으며 두 군을 비교 검토하였다. 각 인자의 항목별 비교를 하였더니 HP항체 양성률, 흡연, 스트레스 대처능력, 성격경향, PGI(혈중 pepsinogen I)에서는 양군간의 차이가 없었으나 심신증군에서 유의하게 식사가 불규칙하였다.

다변량 분석을 이용한 검토에서는 ①일상 스트레스가 있다 ②불규칙한 식습관 ③스트레스 대처능력이 낮은 순으로 심신증의 특징이 있었고 흡연의 유무, 궤양 성격의 차이는 없었다.

이상의 결과와 우리들이 보고한 다변량 분석의 결과를 토대로 하여 작성한 것이 표 Ⅳ-4이다. 작성한 진단을 기준으로 51사례의 궤양군을 조사하였더니 확진이 13사례(25.5%), 의증이 26사례(51.0%), 합계 39사례(76.5%)였다. 심료내과에 의한 판별과의 일치율을 보니 34사례는 모두 확진 사례와 의증의 39사례에 포함되었다. 앞으로 많은 연구에서 진단기준의 타당성에 대하여 검토할 필요가 있다.

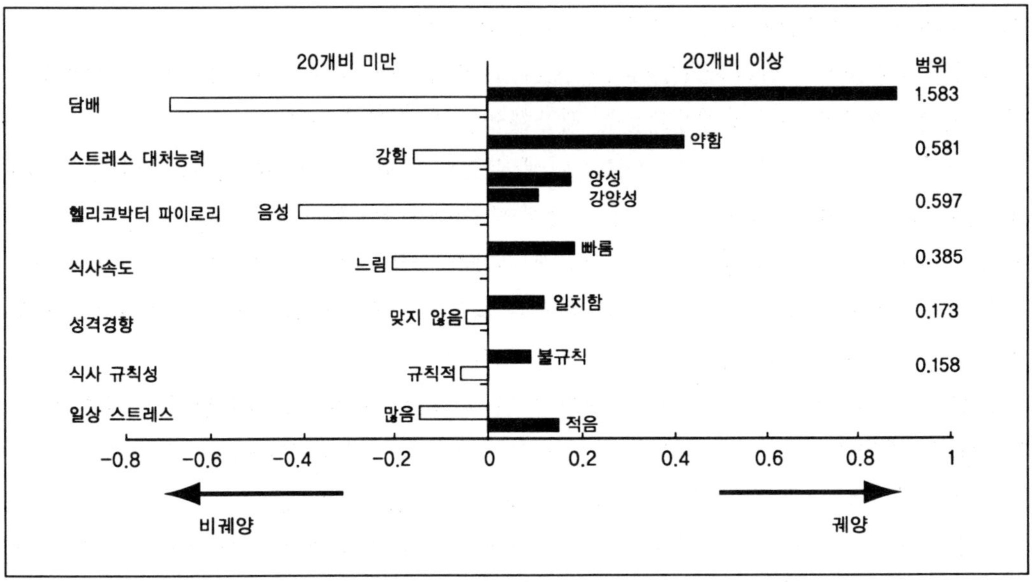

그림 Ⅳ-5. 궤양군과 비궤양군의 비교[5)]

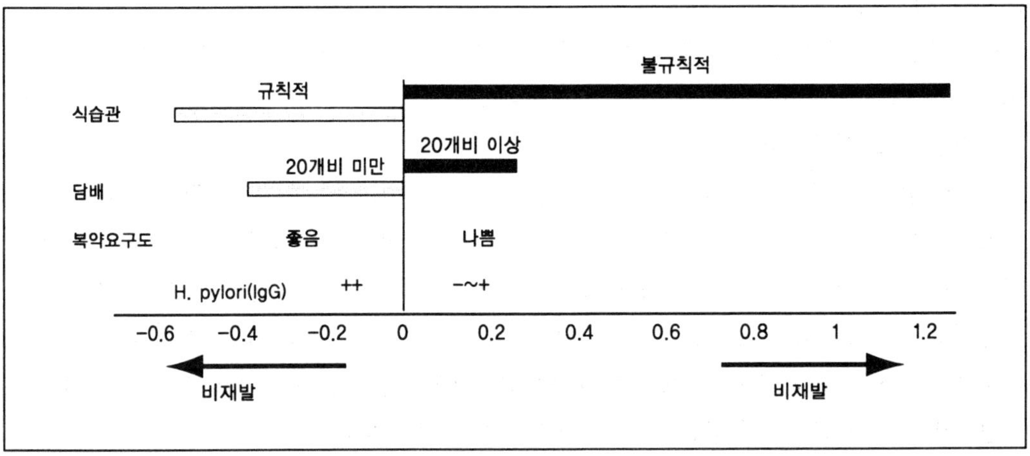

그림 Ⅳ-6. 재발군과 비재발군의 비교[5)]

표 Ⅳ-4 심신증의 소화성 궤양 진단 기준(시안)[6)]

Ⅰ. 심신증(확진)

A, B, C의 3항목이 있음.

A. 궤양발병에 앞서 확실한 생활 사건이 스트레스 상황을 보인다.
B. 생활습관에 있어서 다음과 같은 문제가 2개 이상 있다.
1. 흡연습관(20개비 이상/일)
2. 불규칙한 식생활(아침식사 거르기, 늦은 시각의 저녁식사)
3. 불규칙한 수면시간(일정하지 않은 수면시간, 수면시간 부족)
4. 음주습관(4홉 이상/일)
5. 불충분한 휴식(휴일 근무, 잔업)
C. 심신증의 특수한 성격경향, 행동특성이 다음 중 2개 이상 보임.
1. 과잉적응
2. 부적절한 스트레스 대처 행동을 보임.
3. 적절한 원조시스템을 바라고 있음.
4. 궤양성격*을 보임.
5. 실감정증**
6. 실체감증

Ⅱ. 심신증(의진)

A, B, C의 3항목 중 2항목이 있음.

* : Alexander의 「ulcer personality」
「표면적, 의식적으로는 야심적, 독립적, 활동적이지만 무의식적으로는 의존적이고 사랑받고 도움을 받고 싶다는 욕구가 강함」
** : MMPI, TAS에 의함
주) 이상의 평가는 질문표, 면접표에 의함

2) 증상

흉통, 위 불쾌감, 가슴앓이, 오심, 구토 등의 증상이 있다. 우울증을 겸한 궤양은 무증상인 경우도 많다. 체상부의 궤양은 흉통을 주로 호소한다.

3) 검사

위·십이지장 투시, 내시경검사, 위액검사, acetaminophen법 등에 의한 위 배설검사, HP 항체, HP균 배양검사 등을 한다.

4) 진단

본 증상의 진단에는 상기검사에 의한 국소적 요인의 평가와 함께 심신의학적 요인에 대하여 검토하고 어느 요인이 어떤 관계성을 가지는지 검토한다.

5) 치료[7)]

심신의학적 접근의 목표로는 ①난치성 궤양의 치료 ②재발 방지 ③궤양증에서 벗어나는 것이다. 치료의 요점을 말하자면 다음과 같다.

(1) 증상이 소멸하여도 복약을 장기간 지속함으로써 환자는 질병에 대한 인식을 계속 가지게 되고 더 나은 건강한 생활습관을 유지할 수 있다. 그러기 위해서는 내시경 검사에 대한 설명을 통하여 환자를 교육하고 엽서나 카드를 이용하여 정기적으로 내시경 검사를 하며 치료 관계를 오래 유지시키도록 고려하는 것이 중요하다.

(2) 치료관계를 확립하고 더욱 건강한 생활습관과 생활방식을 수정하고(행동의학적 접근), 증례에 대해서는 더 앞서서 심신상관의 동일한 관찰과 대인관계의 수정(상담, 교류분석 등)을 해 나간다.

E 담도 운동이상증(biliary dyskinesia)

1) 병태생리

염증과 담석 등의 기질적 질환을 겸하지 않고 담낭, 담관, oddi괄약근 등의 담즙 배출기능의 기능적 이상에 의하여 일어나는 질환이다. 본 증상의 원인으로 자율신경계의 관여가 중시되고 있다. 임상적으로도 이 질환은 자율신경 실조증상을 겸하기 쉽고 과민성대장증후군을 동반하는 빈도도 높다. 또한 편두통과 여성의 52%에서 월경이상을 동반하기 쉬운 점으로 볼 때 자율신경계, 내분비계 및 소화관 전체의 기능 이상이 동반되는 질환으로 추측된다. 최근에는 CCK나 Anti-CCK와 같은 소화관 호르몬의 작용에 의한 병태가 규명되고 있다.

2) 증상

심와부, 우계륵부의 둔통, 산통 등의 담석증과 유사한 이상 증상이 출현한다. 오심, 구토, 우배부통을 동반하는 경우도 있다. 빈도는 기질적 질환을 제외하면 대단히 적다고 하기도 하고 전 담도 질환의 10~15%로 비교적 많다는 의견으로 나누어지고 있다. 그 원인으로는 이 질환의 개념과 진단기준이 확립되어 있지 않기 때문이다. 저자의 경험으로는 잦은 빈도로 상복부 부정수소의 증세를 볼 수 있다. 또 본 증상은 경증 우울증과 과민성대장증후군, 경증 췌장염에 합병되기 쉽다. 통증발현에는 지방식, 과로, 심리적 스트레스가 관련된다. 펜타조신 등의 약물의존에 빠지는 증례를 가끔 경험한다.

3) 검사

담석증, 담낭염, 유두염 등 담도계의 기질적 질환과의 감별 진단이 필요하다. 십이지장 내시경 검사로 유두 관찰, ERCP, 초음파 검사, 담즙검사 등을 한다. 기질적 질환을 제외하면 환자에게 고통을 주지 않는 초음파하에서 담낭수축 시험을 하고 담낭기능 검사를 하여 적극적인 진단을 한다.

4) 진단

Schondube의 분류와 진단기준이 유명하다. 상복부통 등 상복부 부정수소 환자의 담도계 및 담도계 이외의 소화기, 소화관의 기질적 질환은 제외되고 우계륵부의 담낭에 일치하여 압통과 고타통(叩打痛)이 있다. 초음파검사에서 담낭, 담도계의 이상이 없는 경우에는 본 증상을 고려한다(표 Ⅳ-5). 적극적으로 본 질환을 진단하려면 초음파하에서 세루레인 또는 난황을 부가하여 담낭 면적을 Planimeter로 측정하여 수축율을 산출한다. 동시에 증상의 재현 유무를 확인한다. 우리들은 과수축형, 정상형, 저수축형의 3형으로 분류하고 있다.[8)]

5) 치료

기능이상의 분류에 따라 식사요법, 진통제, 평활근 이완제, 이담제 등의 약물요법을 하는데 효과는 기대하기 어렵다. 항우울제(삼환계, sulpiride)가 유효한 경우가 많다. 심인성이 심할 때는 전문적인 심리요법이 필요하다.

표 Ⅳ-5. 담도 운동이상증의 진단기준(시마다 등)

A. 담도계 증상(특히 복통)의 조절이 어려우며 반년이상 지속될 것.
B. 담도계의 기질적 질환이 없거나 또는 다른 증상의 원인이 되는 활동적 병변이 없을 것(제외진단).
C. 초음파하 담낭 수축시험(세루레인법 또는 난황법)에 있어서 수축동태이상과 그 기에 상응하는 재현통이 있음.

(참고소견)

- 복통 이외에 배부통, 구역, 구토, 식사부진이 있다.
- 현저한 체중감소와 영양장애는 없다.
- 통증이 있으면서도 염증소견이 없다.
- 과민성대장증후군에 부합하며 변통이상이 있다.
- 우울상태(불면 등)가 동반된다.
- 복통의 경과에서 정동스트레스의 관여가 의심된다.

F 만성 췌장염[9)]

1) 병태생리

의증인 경우와 준확진 예의 일부는 심신증으로서의 요소가 상당히 강하고 만성통증에 빠지기 쉽다. 확진예의 알코올 췌장염에서는 성격장애(강박적 성격)를 가진 사람이 많고 성격이 비뚤어졌고 음주습관, 지방식이 선호, 과잉적응인 생활습관과 행동면의 잘못이 본 질환의 발병과 경과에 상당히 관련되어 있다. 생육사(生育史) 중에 형성된 이러한 췌장염 환자의 성격에 영향을 미치는 스트레스와 알코올이 개입하여 본 질환의 발병에 상당히 관여하고 이차적인 심신상관의 유형을 나타내게 된다. 그런 의미에서는 준확진 예, 의증군 보다도 확진 예가 심신의학적으로 더 심하다. 그림 Ⅳ-7은 본 질환을 심신의학적 측면에서 정리하였다.

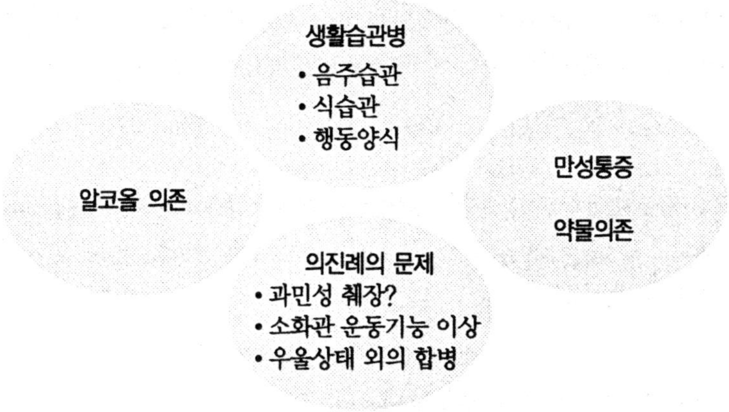

그림 Ⅳ-7 만성 췌장염의 심신의학적 측면

2) 증상

둔한 상복부 통증과 배부통, 변통이상이 주증상이다. 이러한 증상은 지방식이의 섭취와 음주, 심리적 스트레스로 인하여 유발된다.

3) 검사

췌장 결석의 발견에는 복부 단순촬영을 한다. 정면 촬영에서는 췌장 결석이 요추와 겹쳐 놓칠 수 있다. 꼭 측면으로 제일사위(第一斜位)의 촬영을 함께 한다. 혈·뇨중 아밀라아제, 리파아제 등의 생화학적 검사, elastase I, CA19-9 등의 종양표시자, 복부 초음파, 복부 CT, 복부 MRI, MRCP, ERCP, PS테스트, PFD 시험 등을 한다. 특히 췌장암과의 감별이 중요하다.

4) 진단

만성 췌장염의 임상진단 기준이 1995년에 일본 췌장학회에서 제시되었다. 그에 의하면 본 질환은 확진 예와 준확진 예로 나누고 임상적 만성 췌장염과 부정하기 쉬운 증례는 의증 예로서 다루어지고 있다. 본 질환의 원인은 일본의 알코올 소비량의 증대와 더불어 알코올성에 의한 것이 50~60%를 차지한다. 구체적인 진단 기준에 관하여는 교과서를 참조하기 바란다.

5) 치료

심신의학적 치료가 필요한 경우는 다음과 같다. ①만성통증에 빠져 신경증적 경향이 강함 ②심리적 스트레스로 인하여 통증이 유발됨 ③심신증적 경향이 강한 의증군 ④우울상태를 동반하고 있음 ⑤알코올 의존에 빠져 있음 ⑥재발, 더 악화되는 것을 막기 위해 음주습관, 지방식이 선호를 포함한 생활습관과 강박적 행동파탄을 수정할 필요가 있다.

본 질환의 환자는 강박적 성격경향이 강하고 그로 인해 만성적인 심신과로와 스트레스 상태에 빠지기 쉽다. 그래서 치료는 내과적 치료와 함께 스트레스 인지와 완화를 고려한 생활지도가 필요하다. 또한 생활습관과 생활양식을 더욱 건강한 방향으로 수정해 나가기 위해서는 자기관리를 위한 행동의학적 접근이 중요하다.

만성동통에 빠져 있을 경우 치료의 요점은 ①항우울제, 항불안제의 투여 ②자율훈련, biofeedback법에 의한 통증완화 ③둔한 통증에는 절식요법 ④통증점수표(pain score)를 작성하는 자기관리(self care)의 방향으로 ⑤심리적 요인이 강할 경우에는 심리요법(정신분석, 행동요법 등)을 한다. 약물의존과 알코올 의존에 빠졌을 때에도 심리요법이 필요하다.

G 과민성대장증후군(irritable bowel syndrome, IBS)

1) 병태생리

IBS는 장관의 기능이 항진하는 병태로서 복통과 변통 이상을 일으킨다. 설사형, 변비형, 교환형의 세 가지 병형으로 분류된다. 역학적인 연구에서는 일반인의 약 20%가 IBS의 증상을 가지고 있고(이중 의료기관에서 진료를 받는 경우는 20%), 소화기내과를 내원하는 환자의 40~70%가 IBS 환자라고 한다. 자율신경 실조증상과 정신증상을 동반하기 쉽다. IBS의 국제 working panel에 있어서 IBS는 대장에서 기인하는 통증과 변통이상의 증상을 일으키는 장관에 기인하는 functional gastrointestinal disorder라고 되어 있다. IBS는 symptom complex의 질환으로 multifactorial한 병인을 가지고 있는 heterogeneous disorder로서 파악되었다. 대장운동 이상, 평활근의 기능이상, 심리·사회적 요인의 3가지 측면으로 연구가 이루어지고 있다.

본 질환은 소화관 이외의 신체 증상을 동반하는 빈도가 높고 장관 평활근의 기능이상만으로는 설명할 수 없다. IBS에서는 식도운동, 위배출능, 소장운동, CCK투여에 의한 담낭 운동 등의 기능이상과 자율신경 이상을 동반하는 빈도가 높다. IBS는 그림 Ⅳ-8과 같이 단적으로 장관 평활근의 기능만의 이상이 아니라 소화관 전체의 평활근과 전신의 평활근 장기의 기능이상(혈관, 방광, 자궁, 기관지)으로도 파악하게 되어 본 질환에 동반하여 나타나는 장관 이외의 증상의 설명도 가능하다.[10)]

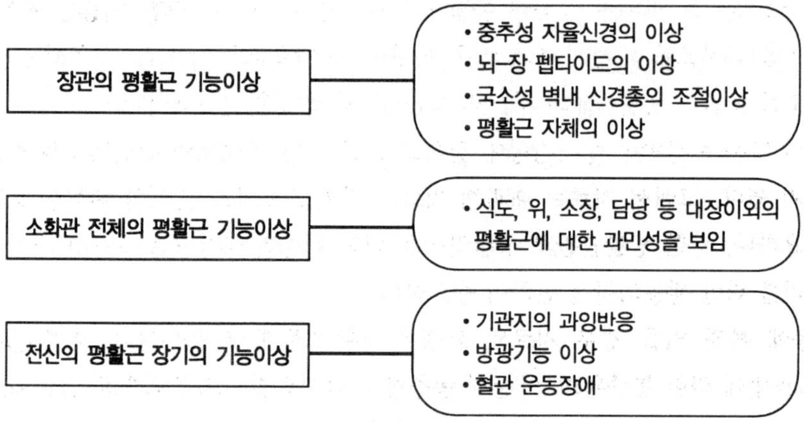

그림 Ⅳ-8 IBS는 전신의 평활근 장애이다

2) 증상

주된 증상은 복통을 동반하는 설사 또는 변비이다. 설사와 변비를 반복하는 수도 있다. 변비의 경우 배변 시에는 토끼똥 모양의 변을 볼 수 있다. 분변 중에 점액이 보일 수 있다. 또한 앞서 기술한 바와 같이 gas pain을 동반하는 수도 있다. IBS의 전형적인 증상은 표 Ⅳ-6을 참조한다.

3) 검사

일반적인 검사와 함께 반드시 대장내시경 검사를 시행한다. 증례에 있어서는 소장 투시까지 시행한다. 궤양성 대장염, 크론병을 가끔 놓칠 때가 있다.

4) 진단

지금까지는 기질적 질환이 부정되었던 장관의 기능적 질환이 IBS로 정의되어 혼란을 초래하였기 때문에 Rome Ⅱ 진단기준(1999)은 복통 또는 복부 불쾌감을 가져오는 변통이상이라는 것 외에 표 Ⅳ-6과 같이 subtype 분류를 위한 증상을 추가하였다.[10] 현재에는 이 진단기준이 많이 사용되고 있다. 그러나 치료에 도움을 주는 IBS의 진단은 장관의 기능이상 진단만이 아니고 자율신경기능과 심리면의 적극적인 진단(심신의학적 진단)이 필요하다.

표 Ⅳ-6 ROME Ⅱ 진단기준[11]

진단기준
과거 12개월간에 적어도 12주간(반드시 연속해서 할 필요는 없다),
이하의 3항목 중 2항목 이상을 일으키는 복부 불쾌감 또는 복통이 있다
1) 배변이 시원하다
2) 배변 횟수에 변화가 있다
3) 변 성상의 변화가 있다

subtype 분류를 위한 증상
1. 배변 횟수<3회/주
2. 배변 횟수>3회/일
3. 경변(硬便) 또는 토끼똥 모양의 변
4. 연변(軟便, 이상변) 또는 묽은 변
5. 배변곤란(배변 시에 힘주기)
6. 변의 절박감(배변하러 뛰어가기)
7. 잔변감
8. 점액의 배출
9. 복부포만감, 고장감(鼓腸感) 또는 복부 팽창

설사우위 : 2, 4, 6중에 1개 이상 있고 1, 3, 5는 없는 것
변비우위 : 1, 3, 5중에 1개 이상 있고 2, 4, 6은 없는 것

5) 치료

증상조절을 위하여 행동이 제한되거나 사회적 부적응에 빠진 환자도 많다. 치료의 목표를 증상의 조절과 사회적응에 둔다. 병의 상태에 따라 약물요법과 양호한 의사 환자관계를 토대로 한 병태의 설명과 안심, 생활지도에 의해 70%는 증상이 조절된다. 나머지 30%는 심료내과의에 의한 전문적인 치료를 필요로 한다.

약물요법의 기준은 증상(병형)에 따라서 항콜린제, 장관운동개선제, 지사제, 수감약(收斂藥)을 잘 배합하여 처방한다. 또 이러한 처방에 항불안제와 항우울제를 겸용하는 것도 가능하다. 위 결장반사의 항진에 의한 증상이 강한 경우에는 oxethazaine(strocaine), 가스증상이 강한 경우에는 dimeticon(gascon), 외출 시의 위급한 증상에 대하여는 codeine phosphate의 돈용(頓用)이 유효하다. 약물요법에 관하여는 표 Ⅳ-7에 정리하였다.

IBS에 대한 placebo효과는 20~80%로 다양하게 보고되고 있다. 이 수치는 IBS 진단과 치료에 의사–환자 관계가 얼마나 깊은 영향이 있는가를 의미한다.

표 IV-7 약물요법이 특히 유효한 IBS의 증상과 약제

증 상	약 제
식후에 일어나는 복통, 설사 (위대장 반사 항진에 근거하는 증상)	oxethazaine의 식전 투여
가스증상을 동반하는 경우	dimethylpolysiloxane의 비교적 대량 투여
외출시 등 급격한 증상	인산코데인의 순용
빈번한 설사	loperamide
자기취증(自己臭症)을 동반하는 경우	bromperidol
자율신경실조증을 동반하는 경우	자율신경조정제
우울상태를 동반하는 경우	항우울제
설사 증상 장 이외의 소화기증상을 동반하는 경우	trimebutine maleate
수면 중에 일어나는 복통	chlorpromazine의 취침 전 투여

H 그 외 소화기계 심신증

그 외 소화기계 심신증으로서 궤양성 대장염, 만성 간염, 개복수술 후의 증상, 발작성 복부포만증, 신경성 복부 긴만증(緊滿症) 등을 들 수 있다. 궤양성 대장염은 병인과 병태가 분명한 질환이지만 임상적으로는 심리적 스트레스가 재발과 악화에 관여하는 증례로 인정된다. 본 질환은 심신증의 병태를 고려할때 중요한 의미가 있고 실감정증(Alexithymia) 라는 개념을 Sifneos 등(1973)이 제창하는 것에서 기인한 질환이다.[12] 앞으로 면역학적인 면에서 심신상관의 연구가 기대된다.

– 끝으로 –

대표적인 소화기 심신증에 관한 심신의학적인 병태와 치료에 대하여 정리하였다. 이외에 경증 우울증과 소화관 운동 기능이상, 만성 복통 등도 소화기의 심신의학을 설명하는 데에 중요한 주제이지만 지면 관계상 생략한다. 소화기질환의 진단, 치료, 병태 해명에는 더더욱 심신상관~신심상관의 입장과 bio-psycho-social model에서의 접근이 필요할 것이다.

참고문헌

1) 中川哲也，他：心身医学的見地からみた胃腸機能異常と疾病．新内科学体系 19（B）消化管疾患 VIb, p83, 中山書店

2) 川上　澄：過敏性腸症候群の疾病概念―その過去と現在．三好秋馬（編）：過敏性腸症候群の診断と治療．p11，医薬ジャーナル社，1989

③ 호흡기 • 알레르기계의 심신증

호흡기 알레르기계의 심신증에는 기관지천식, 아토피성 피부염, cough variant asthma, vocal cord dysfunction, 신경성 기침, 과환기 증후군 등이 있다. 이 장에서는 우리 과에서 실제로 다루는 경우가 많은 기관지천식을 예로 들어 설명하고자 한다.

1980년대 후반부터 세계 각국에서 기관지천식의 치료 가이드라인이 발표되어 왔는데, 일본에 가장 영향을 많이 끼친 것은 1992년 미국에서 출판된 「천식의 진단과 관리를 위한 국제 위원회 보고」(ICR)라고 하는 얇은 소책자인 듯싶다.[1] 이 책의 출판으로 일본에서의 기관지 천식의 치료지침도 크게 변모했다.[주1] 이 가이드라인 책은 최근의 연구결과를 발판으로 하여 기관지천식이란 「기도의 만성적 염증성 장애」라고 규정하고 다음의 6가지 파트가 되는 천식 관리 프로그램을 제안하였다.

(1) 환자를 교육해서 천식관리의 협력체제를 조직해 낸다.

(2) 폐기능의 객관적 측정에 따라 천식의 중증도를 평가하고 모니터한다.

(3) 천식의 trigger(자극)를 회피하면서 조절한다.

(4) 장기적 관리를 위해 약물요법을 계획한다.

(5) 악화에 대한 관리 계획을 세운다.

(6) 정기적으로 경과를 관찰한다.

이 가이드라인은 ①기관지천식을 「만성염증」이라고 정의함으로써 일본에서는 보급이 불충분했던 흡입 스테로이드의 유용성을 밝혀내어 보급시킨 일 ②객관적인 폐기능의 지표(peak flow)를 사용하는 일의 중요성을 강조하고 보급시킨 일 등으로 이 책이 큰 공헌을 하였다. 이후에 몇 가지의 가이드라인이 발표되었으나,[2,3] 주된 치료지침과는 근본적으로 다를 바가 없다고 할 수 있다.

그런데 많은 가이드라인은 환자와 협력하여 치료할 것을 권하고 있다. 예를 들어 ICR의 프로그램 (1)환자를 교육하여 천식 관리의 협력체제를 만든다. 이 항에서는 다음과 같이 단정하고 있다 「정보를 제공한다는 것은 지식이나 만족감을 증대시키기는 하지만 그 자체는 행동양식의 변화나 이환율의 저하로는 이어지지 않는다. … 행동을 도움이 되는 방향으로 변화시켜 계속하기 위해서는 사회적 지원이나 심리적 지원도 필요하게 되어야 한다」.

위 보고서가 말하는 「행동」이란 peak flow를 사용하여 적당히 의사의 지도에 따라 천식 발

주1) 위 가이드라인에 준해서 일본에서도 1993년에 「알레르기 질환 치료 가이드라인」이 일본 알레르기학회에서 발행되어[2] 일본의 실정에 좀 더 부합된 내용으로 되어 있다. 지금까지 일본에서는 기관지 천식의 치료방침은 각 의사에게 맡겨져 있던 경향이 컸었는데, 이 「알레르기 질환 치료 가이드라인」에 의해서 치료방법이 거의 통일되어 있다. 그 후, 후생성 면역 알레르기 연구팀에 의해 그 개정판이라고 할 수 있는 「천식예방 · 관리의 가이드라인」이 1998년에 발행되었다.

작의 관리를 해나간다는 실천이 주된 것으로 생각한다. 그러나 심사숙고 해보면 의사의 지도를 준수하기 위해서는 환자·의사의 안정된 신뢰관계가 없이는 실천하기 어려운 일인 동시에 그 신뢰관계에는 그 환자의 지금까지의 대인관계의 패턴이 필연적으로 나타나기 마련이다. 일반적인 치료에 반응하지 않는 환자군에서는 이 신뢰관계가 구축되어 나가지 않기 때문에 의사의 지도를 잘 지키지 못해서 쉽게 악화되어 버리는 환자가 많을 것이다. 이와 같은 점 하나만 보더라도 위 가이드라인에 따르는 치료를 추진하기 위해서는 심신의학적인 소양이 필요하다는 사실을 알게 된다.[5] 어떠한 치료를 시행하는 경우에도 각 치료 가이드라인을 기계적으로 밀고 나가는 것이 아니고 환자 개개인의 배경을 살피면서 치료를 진행시키는 것이 좋은 방법이 됨은 물론이다. 그러기 위해서 전술의 하나인 심신의학적 접근이 있으며 이 점을 잘 활용해 주었으면 하는 바람이다.

A 심신의학적 치료의 역사

모름지기 기관지천식에 대한 심신의학적 치료는 지금까지의 여러 학자들의 임상보고·연구의 역사적 유산을 계승 발전시켜 온 결산이라는 사실을 확인해 두고 싶다. 자세히 서술하는 일은 이 책의 목적이 아니기에 간단히 말하고자 한다. 오래 전에는 Dekker[6]나 유명한 Alexander F 등의 임상보고[7]에서 실험쥐를 사용한 연구로 알레르기 반응[8]이나 여러 가지 임상치료 예[9]라든가 천식환자의 성격분석[10], 우울과 천식의 관계[11] 등 일일이 셀 수 없을 정도다. 현재도 소수이지만 매년 심신의학에 관계된 논문이 발표되고 있다. 최근 연구흐름은 그림 Ⅳ-9에 나타난 것과 같은 관계로 되어 있다. 이 중에서 대표적인 논문을 보면 자율신경계, psychoneuroimmunology에 관하여는 Miller와 Nakata 등의 실험 보고,[12,13] 가족과의 관계 논문에서는 Gustafsson 등의 연구[14], self management에서 Perrin과 Smyth 등의 치료[15, 16], health-related QOL에서는 Juniper 등의 연구[17] 등을 들 수 있다. 특히 이 중 치료에 관하여서는 Smyth 등이 randomized controlled trial에 근거하여 독자적인 치료를 발표하고 있고 향후 나아갈 방향을 가리킨다. 그 외에 앞으로 천식에 있어서의 심신의학적 연구방향을 가리키는 review로서 Wright 등의 보고[18]가 있다. 한편, 일본에서는 Gokyo(전 국립정신·신경센터 국부대병원장)이 체계적으로 정리한 기관지 천식에 대한 단계적 심신의학적 치료[19]가 있다. 이것에는 심신의학 치료의 기본이 빈틈없이 저술되어 있다. 이에 대하여는 나중에 서술하기로 하고 최초의 심신의학에 관한 기본적인 생각을 서술하였다.

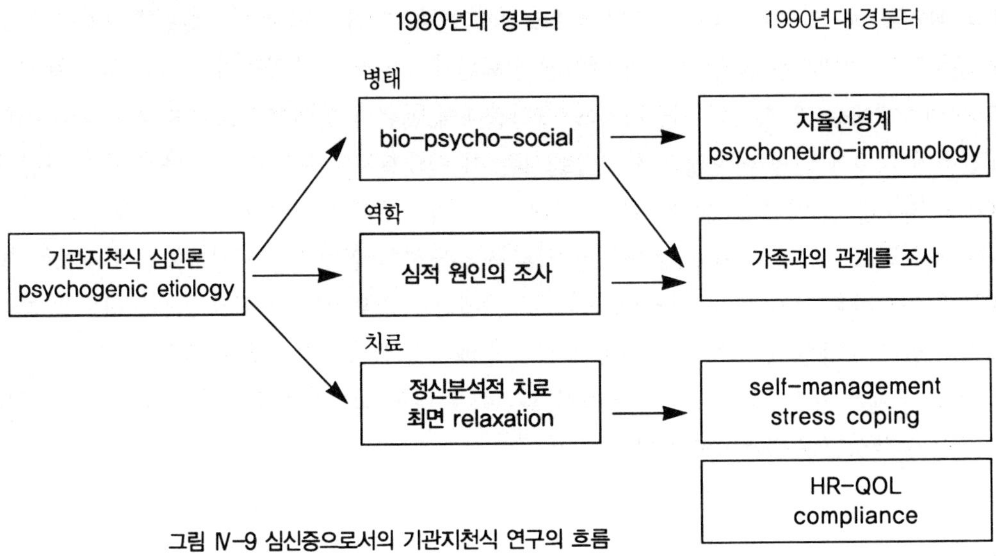

그림 Ⅳ-9 심신증으로서의 기관지천식 연구의 흐름

B 병태생리 – 기관지천식의 발병과 경과에 관한 역치론적 가설

일반적인 기관지천식의 병태생리는 이미 나온 저서들에서 참조해 주기 바란다. 이 항목에서는 심신의학적 관점에서의 기관지천식의 병태생리를 설명하기로 하겠다.

우리 과에서는 지금까지 쌓아올린 임상경험에 근거해서 그림 Ⅳ-10과 같은 가설을 내세우고,[20] 이 관점에서 환자의 치료를 진행시키고 있다. 곧 천식환자는 그 체질에 아토피성 소인 및 기도 과민성(선천적, 때론 후천적)을 지니고 있어서 그것들을 기반으로 삼아 천식이 발병한다고 생각하고 있다. 그러나 일란성 쌍생아의 연구[21]에서 시사하고 있는 바와 같이 천식은 이러한 소인만으로 발병하는 것은 아니고 여러 가지 후천적인 요인이 관여한다. 곧 그림 Ⅳ-10에서 볼 수 있는 바와 같이 오랜 기간에 걸친 심신양면의 스트레스 상태(준비상태)가 지속하게 되면 발병 레벨에 접근한다. 이와 같이 계속되는 「바닥괴기」 상태가 차오르게 되고 감기 등의 유발인자가 추가되고어 결과적으로는 천식이 발병하게 되는 것으로 생각하고 있다. 일단 발병한 천식은 좀처럼 걸리기 전으로 되돌리기 어려운(지속인자, 또는 악화인자 때문)것은 사실이지만, 이 가설은 위에서 말한 스트레스 상태를 해결하게 되면 천식을 관해(寬解)된다(발병 레벨 이하로 된다)는 생각을 내포하고 있다 하겠다. 따라서 심료내과에서의 치료방침은 환자의 「심신상관에 대한 관심」을 촉구하며 그 스트레스 상태를 해결하는 법을 환자와 더불어 찾아가는 것이다.

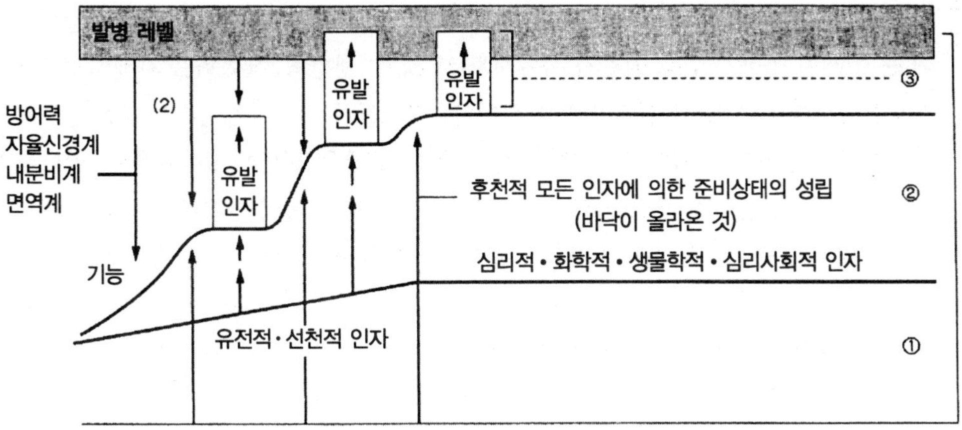

(1) 발병력 ①유전적·선천적 인자(소질) ②후천적 준비인자 ③유발인자
(2) 방어력(저항력), 치료력

그림 Ⅳ-10 알레르기성 질환 발병 과정에 대한 심신의학적 사고 방식(문헌20에서)

C 심신상관에 대하여

한 마디로 심신상관이라 하더라도 실제로 이를 정확히 파악하는 일은 어려운 면이 있다. 결국 「마음」이라고 하는 모호한 실태와 천식 발작이라고 하는 신체증상을 결부시키는 일은 알기 어려운 구조가 되는데 지금까지의 임상 경험에서 다음과 같은 (1), (2)의 도식을 가정하여 쓰고 있다.

(1) 정동 → 발작 a. 직접형 b. 축적형

(2) 정동 → 행동양식 → 발작

(1) a는 예를 들면 외출 중에 휴대용 기관지 확장제인 흡입약을 잊고 온 사실을 알게 되면 불안하게 되어 발작이 유발되고, 혹은 부부싸움을 하고 나서 분노가 가라앉지 않을 때에 발작이 일어나는 경우 등이 있다 하겠다. 한마디로 불안, 노여움 등 그 자리에서 갑작스럽게 끓어오르는 정동이 직접적인 발작으로 이어지는 경우가 있다. (1)b는 불안, 초조감 등의 감정 혹은 우울상태가 상당기간 지속되고 있던 중에 발작이 빈번히 일어나는 경우다. a, b 두 구분이 모두 환자 자신이 정동과 발작의 관계를 의식하기 쉽다. 그러나 이 심신상관을 이해했다고 하더라도 그 때의 대처방법을 자신의 것으로 삼고 있지 않으면 같은 일을 되풀이하는 경향이 있다.[주2)]

(2) 의 경우는 좀 더 이해하기가 어렵다. 예를 들면 표면상으로는 사회적으로 얼핏 보아 적응하고 있는 듯이 보이지만 본인은 환경에 적응하기 위해 과도한 적응 노력을 계속해서 심신 모두가 피로해 있는 경우다. 이 배경에는 버림받는 불안과 모든 사람으로부터

사랑받지 못한다는 정동이 숨어 있을 수도 있다. 이 경우는 환자 본인도 심신상관에 대해 눈치 채지 못하기 쉽고 치료자 측에서도 그 병력, 생활력, 생육력을 자세히 검토하지 않으면 파악하기 어렵다(심리 스트레스에서도 큰 편위는 보이지 않는다. 소위 성격 심신증이라고 말하는 타입이다). 어찌되었든 단지 「언제쯤 발작이 일어나 어떤 치료를 받았는가」 등의 일반적인 병력을 취하는 방법으로는 이러한 심신상관은 보이지 않는다.

한편 발작의 출현으로 해서 2차적으로 일어나는 문제도 중요하다. 발작을 환자 자신의 입장이 되어 생각해 보면 그림 Ⅳ-11과 같이 발작은 일상생활 중에서 일어남으로써 당연히 일상생활의 여러 가지 면에 영향을 미친다고 추정할 수 있다. 다음은 우리 과에서의 임상경험에서 간추려낸 주요 일상생활에 대한 영향을 열거하였다.

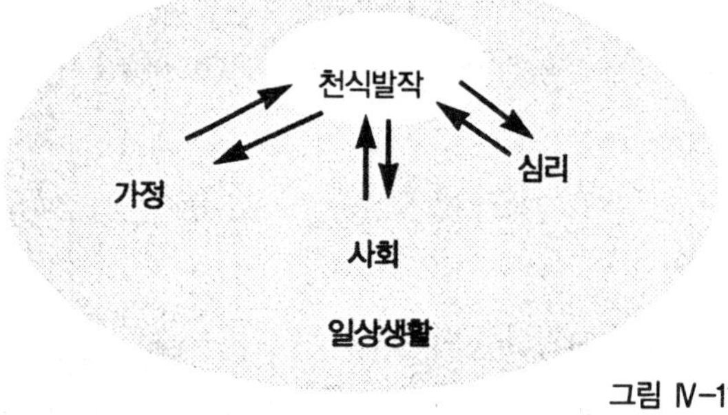

그림 Ⅳ-11 천식발작과 일상생활

(3) 이차적인 영향

a. 심리면

발작 → 넘어야 할 과제 회피 → 의존성을 높인다, 자립을 늦추게 한다.

예를 들어 유아 때부터 발작이 있기 때문에 친구들과 노는 것도 제한 당하거나 운동회 등도 참가할 수 없는 경우도 있다. 동급생과의 접촉도 드물게 되고 심리적으로 독립하는 기회도 잃어버려 언제까지나 부모의 보호하에 있을 수 있다. 이러한 경우 장래 사회생활에서 곤란한 일이 생긴다.[22]

b. 가정생활

발작 → 가정문제를 심각하게 만든다 → 환자가 가족 간 스트레스의 희생이 된다.

주2) 이 (1) a, b의 경우는 「심인성 천식」이라고 부르는 경우가 있다. 심료내과는 이 타입의 천식만을 다루는 것 같이 보이나 전적으로 잘못된 사실이라는 것을 한마디 언급하겠다. 심료내과의 치료는 일반 천식환자에 대한 통상적인 치료 외에 심리사회적 배경을 고려한 치료를 하는 것이 특징이다.

또한 천식 발작의 원인은 여러 요인이 복합된 것이기에 한가지의 원인으로 발작하는 것이 아니라고 생각한다. 예를 들면 건강상태가 안 좋으면 조금만 찬 공기를 마셔도 발작하고 몸 상태가 좋은 경우에는 웬만한 경우에도 발작하지 않는다. 이와 같이 건강이 안 좋을 때는 사소한 심리적 스트레스로도 발작하게 되지만 건강이 좋은 경우에는 동일한 심리적 스트레스로도 발작에는 이르지 않는다. 이와 같은 임상적 사실로 인하여 천식 발작을 살필 때에는 단순히 한 사례로 이것이 천식의 원인이라고 규정하지 말고 다면적으로 고찰할 필요가 있다고 생각한다.

천식 발작은 모두가 잠자는 새벽에 일어나거나 치료비도 지출되기 때문에 가족에게 심리적, 물리적 또는 경제적으로 부담을 준다. 그렇기 때문에 가족이 서로 협력하지 않으면 천식을 대처할 수 없다. 이때 가족이 치료에 무관심하다면 가족 간에 심리적인 골이 깊어지고 실제로 천식발작의 대처가 곤란하게 된다. 심할 경우에는 발작 시 방치해 버리기도 한다.[22)]

c. 사회생활

발작 → 학업, 근무에 지장이 생긴다 → 그 환경에 적응하기 어렵게 된다

→ 비 발작 시 무리한 행동을 유발

심한 발작이 일어나면 할 수 없이 일을 쉴 수밖에 없다. 발작이 어느 정도 호전되어 직장에 복귀하였을 때 지금까지의 밀린 일을 처리하려고 필요이상으로 참는다던지 약간의 발작이 있더라도 체면으로 치료를 하지 않는다던지 하여 대처가 늦어진다. 그 결과 큰 발작을 일으켜서 또 휴직을 할 수밖에 없는 상황에 처하게 된다.

이렇게 이차적으로 불러일으킨 문제가 다시 환자의 스트레스 상태를 유발하여 발작을 일으키는 악순환을 형성하게 된다. 따라서 발작에 의해서 유발되는 문제도 심각하며 환자의 QOL을 향상시키기 위해서는 이 이차적 문제도 다루어서 환자와 더불어 해결해 나가지 않으면 안 된다.[주3)]

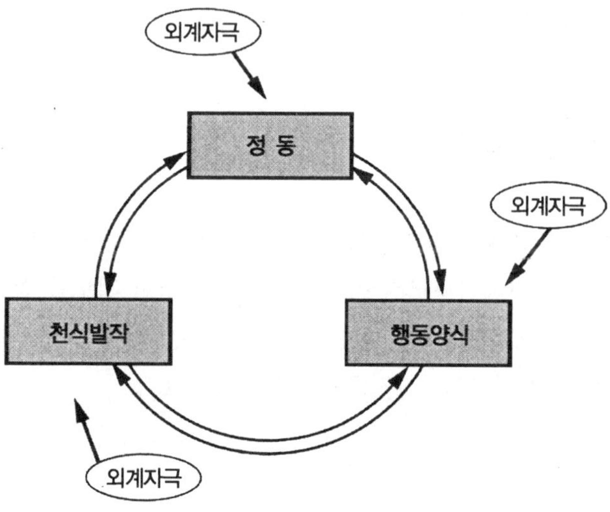

그림 Ⅳ-12 발작과 정동 및 행동양식의 관계

주3) 여기서 말한 심신상관의 설명을 간략히 하기 위해서 간단한 그림으로 표현하였다. 현실적으로는 이와 같은 단순한 인과론으로 설명이 가능한 것은 아닌데 그림 Ⅳ-12와 같이 각 인자가 복잡하게 얽혀서 서로 영향을 미치고 있는 것으로 생각된다.

D 증상 및 검사

기본적인 증상, 검사에 관해서는 이미 나온 저서[20,23]들을 참조해 주기 바란다. 그런데 주지하는 바와 같이 천식의 증상은 전형적으로는 천명을 내는 발작성 호흡곤란이지만 발작이 가벼운 경우에는 야간에서 새벽에 이르는 사이에만 이 증상이 있고 낮 동안의 진찰 시에는 전혀 증상이 나타나지 않는 경우도 있다. 의료 스태프들 중에서조차 「아무런 증상이 나타나지 않으니까 문제가 없다」고 오해하기 쉬우므로 주의할 필요가 있다. 사실 이 오해는 일반 사람의 천식환자에 대한 오해와도 비슷하게 나타나고 있다. 기관지 천식은 발작성의 질환이기 때문에 무증상의 시간대가 있으며 다른 사람들에게는 건강한 몸인데 괜히 앓는 체 한다든가, 질병이 아니다 등의 오해를 받기가 쉽다. 천식환자는 많든 적든 이와 같이 일반 사회로부터 스트레스를 받고 있다고 해도 지나친 말이 아니다. 따라서 진찰 시에 천명이 안들린다고 해서 천식은 아니다, 또는 가벼운 천식이기 때문에 당신의 증상은 대수롭지 않다는 등의 언동은 불신감을 이끌어내는 원인이 되므로 조심할 필요가 있다.

검사에 대해서는 일반적인 호흡기·알레르기에 관한 여러 검사를 시행한다. 특히 폐기능 측정은 필수이다. 여기에 포함하여 심료내과에서는 환자의 심리면접 시의 참고자료로서 각종 심리 테스트를 하고 있다. CMI, MMPI, SDS, STAI 등의 일반적 심리 테스트와 천식 환자용의 CAI,[24] AQLQ[17, 25]등 이다.

E 심신의학적 진단의 실제

기관지천식 환자가 내원하여 진찰받는 경우의 심신의학적 진단은 그림 Ⅳ-13과 같은 흐름에 따라 행해지고 있다.[13] 단지 신체상황이나 약물요법에 관한 정보를 얻으려 하기보다는 처음부터 심리·사회적 배경까지를 참고로 하는 문진을 취하는 것이 특징이다.[주4)]

발작이 있는 경우와 없는 경우의 2가지로 나누어 서술하겠다.

주4) 물론 이와 같이 심리·사회적 배경을 건드리는 일에 저항을 나타내는 환자도 있으므로 상황에 따라서 알맞게 변경하여 대응한다. 조심하지 않으면 안 되는 일은 「일부러 천식을 내뿜고 있다」든가, 「응석을 받아주니까 천식발작이 된다」든가, 「천식 발작은 모두가 정신적인 것의 반영이다」라고 가족으로부터 비난 받아온 환자의 경우에 있다. 가족 구성원은 자기를 방어(자신에게는 책임이 없고 환자에게 책임이 있다고 주장)하기 위해서 이와 같은 「정신론」을 이용하는 경우가 있다. 이와 같은 경우의 환자는 치료자가 심리·사회적 면에 언급하려고 하면 자신이 비난 받고 있는 듯이 느껴져서 입을 다물어 버리는 경우가 있다. 이 때 우리는 기관지천식을 심신양면에서 보고 있으며 가치 판단이 들은 「정신론」으로 천식을 보고 있는 것이 아니라는 사실을 잘 설명하고, 환자의 저항을 제거하도록 조처하고 있다. 심신의학적 치료를 실천하는 경우에 한편에서는 「심리적인 것」을 끄집어내는 일이 얼마나 환자에게 상처 주게 되는지에 대해 충분히 이해하고 있지 않으면 안 된다.

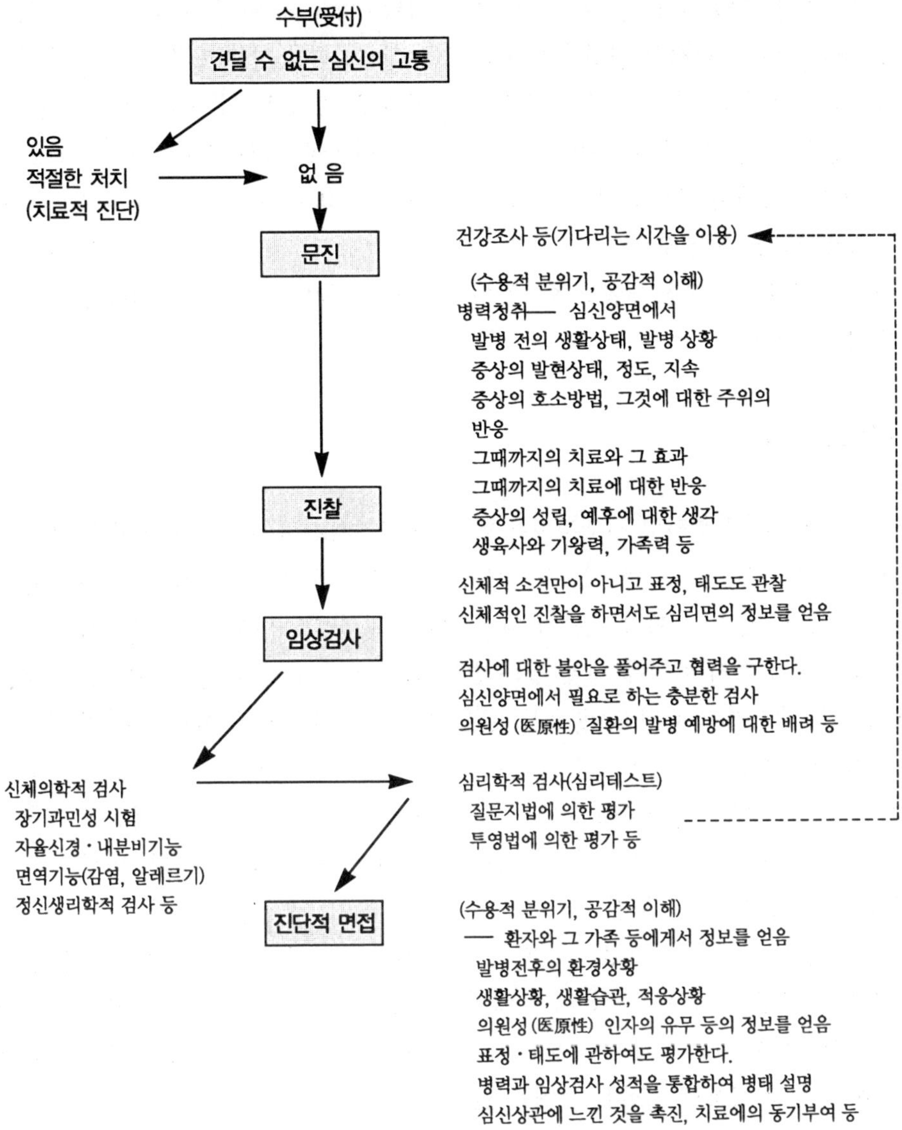

그림 Ⅳ-13 심신의학적인 진단의 진행방법

1. 발작이 있는 경우

발작의 치료를 먼저 하도록 하고 신속히 처치한다. 현재 복용하고 있는 약물의 종류라든가 금기해야 할 약물은 아닌지 등을 재빨리 들어서 청진 소견, 기좌(起座) 호흡의 유무, 피크로 메타 등으로 발작상태를 정확하게 판단하여 β-자극제의 흡입이나 점적치료 등을 시작한다. 필요하다면 말초백혈구수, CRP, 테오필린 혈중농도를 측정하여 참고로 한다. 발작이 위독해서 오래 끌고 있는 경우에는 기도 감염 및 심부전의 합병증에도 주의하도록 한다. 왜 이렇게 다 알고 있는 일을 쓰고 있냐하면 심신증 환자의 경우 신체소견을 상세히 쓰는 일 자체가 지금까지 신체를 자칫 소홀히 해 온, 혹은 소홀히 다루어져 온 염려가 있음직한 심신증 환자에 대한 소중한 접근으로 간주되기 때문이다.[26] 한쪽에서는 신체에서 보내오는 알림(증상)을 꼼꼼히 듣는 자세를 취하면서 다른 쪽에서는 환자의 신체를 중요시한다는 마음을 알리는 자세로 진찰하는 마음가짐을 가질 것.

또 말할 것도 없지만 신체면을 충실히 치료한다는 것이 그 후에 좋은 치료관계를 얻게 되는 기반이 되기 때문이다.

2. 발작이 없는 경우

기본이 되는 현병력을 청취하고 신체진찰을 한 후에 심리사회적 배경의 청취를 고려한다. 통상적 내과 치료에 익숙해 있는 환자는 갑자기 심리·사회적인 배경에 대해 질문 받고 당황해 하는 경우가 많다. 심리·사회적 인자가 막연하게 관여하고 있다고 환자 자신이 느끼고 있더라도 실제로 여러 가지 배경에 대해 질문 받는 일은 결코 유쾌한 일이 못된다. 때로는 오히려 괴로운 일, 생각하고 싶지 않은 것도 있을 것이라고 생각한다. 또한 일본의 가이드라인[4]의 심신의학의 항목에 쓰여져 있는 것과 같이 난치화하기 쉬운 환자와 스트레스를 스트레스로서 인지하지 않고 아무 문제가 없는 것 같이 행동하며 스트레스에 적절한 대처를 하지 않는 사람이 많아서 환자 자신이 심신상관을 자각하지 않는 경우도 있다. 이상으로 심리·사회적 배경에 대해 듣고 문진하는 것이 쉽지 않음이 이해될 것이다. 표 Ⅳ-8에 Gokyo, Nakata 등의 자료를 참고로 심리적 인자를 검토하는 것이 좋은 증례의 특징을 정리했다.[27~29] 이런 특징을 나타내는 증례에 대해서는 심리사회적 인자에 관하여 자세하게 병력을 다루기 원하여도 바쁜 외래에서 모든 것을 물어 보는 것은 불가능하며 앞서 기술한 것과 같이 물어보는 것 자체에 저항을 보이는 환자도 있다. 표 Ⅳ-9에 시간에 제한이 있는 외래에서의 간단한 문진을 나타내었다. 이것은 환자의 구체적인 행동양식과 이차적으로 출현되는 문제에 초점을 맞춘 문진이고 듣는 쪽도 말하는 쪽에도 그렇게 저항이 없는 질문이라 생각한다. 이는 실마리로서 다음 단계에 환자의 대인관계의 양상과 가족관계 등 더 깊은 내용을 더 많이 들어 보면 좋을 것이다.

그리고 입원 시에는 조금 더 시간을 가져서 다음과 같이 차분하게 들어본다.

따라서 위에서 서술한 바와 같은 발병의 가설 모델을 사용해서 천식의 발병 메카니즘을 설명하고 환자가 충분히 납득하고 난 후에 진단적 면접으로 들어가는 게 좋다. 혹은 원만한 치료관계가 성립되고 난 시점에서 차츰차츰 들어간다. 그런데 치료자는 이 진단과정의 대응에서 치료적인 신뢰관계가 발전해 가도록 신경써야만 한다. 그러기 위해서는 면접 과정에서 치료자의 가치판단을 환자에게 밀어붙인다든가, 환자나 가족의 지금까지 삶의 방식을 일방적으로 비판하지 말아야 하며 환자 및 가족의 고통을 귀담아 듣고 함께 심사숙고해 나가는 솔직한 태도가 필요하다. 한편 사춘기 천식에 관해서는 다음에 서술하기로 하고, 우선은 일반적인 성인 발병의 천식 환자의 진단적 면접에 대해 서술하기로 한다.

표 Ⅳ-8 심리적 인자의 검사가 필요한 환자의 특징

1. 발병 전후 :
(1) 발병 전, 가족의 사별을 당하였을 때, 심신의 피로가 축적되었을 경우
(2) 발병이 취직, 결혼, 출산, 전근, 지위의 변화 등 인생 변화의 전후인 경우
(3) 발병이 인간관계 등으로 문제가 있었는지, 생활환경 등의 변화 후인 경우
(4) 발병 후, 천식발작으로 삶의 질이 고도로 장애 받는 경우

2. 천식발작의 유형 :
(1) 특정의 상황(시험과 행사 전, 어느 정해진 요일 등)에서 천식 발작이 출현하는 것 같이 보일 경우(조건부)
(2) 부모, 배우자 등의 대인관계에서 발작을 일으키는 것 같이 보이는 경우(주의 깊게 보지 않으면 모른다.)
(3) 중증발작을 되풀이 하는 경우

3. 어떠한 유형의 사람에게 많은가 :
(1) 타인에게 미안하여 발작이 좀 있더라도 움직여 버린다.
(2) 일단 발작이 경쾌해지면 즉시 돌아다닌다.
(3) 자기주장을 하지 못하고 그냥 참는 경향을 가진다.
(4) 적당한 스트레스 발산을 하기 힘들다. 또는 여유 있는 시간을 가지지 못한다.
(5) 항상 긴장이 높다.

4. 실제의 치료경과 중에서 :
(1) 발병 직후부터 통년성 또는 중증 만성화되어 있다.
(2) 보통의 치료로 어느 정도는 경쾌해지지만 기대만큼의 효과가 오르지 않는 경우
(3) 퇴원하면 즉시 재발하여 입·퇴원을 반복하는 경우
(4) 순응도가 나쁜 경우
(5) 웬만해서는 퇴원하려고 하지 않는 경우. 반대로 빨리 퇴원하려고 하는 경우[2]
(6) 소아기의 천식 발병이 사춘기가 되어 나빠지는 경향을 보이는 경우

표 Ⅳ-9 문진의 요점(주로 외래 진료 시)

(1) 발작 시, 구체적으로 어떻게 행동하고 있는지.
발작을 억제하는 구체적 행동으로 옮기는지. 만약에 옮기지 못한다면 그것은 왜 그런지. 작은 발작이 있다 하여도 다른 사람에게 미안해서인지, 귀찮게 하지 않으려고 발작을 참아버리는 행동은 없는지. 발작이 있으면서도 돌아다니는 경향이 있지는 않은지.

(2) 발작 시, 가족은 어떠한 태도, 행동을 보이는지
가족이 불쾌한 얼굴을 하지는 않는지. 발작을 억제하기 위하여 환자의 행동에 협력해 주고 있는지. 그렇지 않으면 아무것도 하려고 하지는 않는지. 그리고 환자는 어떻게 느끼고 있는지.

(3) 발작이 없을 때의 환자의 행동은
직장에서 못다한 것을 되돌리려고 무리를 하고 있지는 않은지. 가족에게 눈치가 보여서 가사일에 주력하고 있지는 않은지. 발작으로 폐를 끼치는 가족들에게 하고 싶은 말도 다 못하는 상황은 아닌지. 환자 자신이 완벽주의적인 경향이 있어서 그것 때문에 피곤하지는 않은지.

3. 진단적 면접의 실제

1) 발병 전후 무렵

a. 생활환경

구체적인 생활환경을 묻는다. 소음, 배기가스, 대기오염 등은 어떤지 일조량, 통풍, 습도, 곰팡이의 유무, 돗자리나 카페트의 유무, 침구의 종류 등 주거 안의 환경은 어떠한가. 난방·냉방의 사용 상황은 어떠한가. 진드기 예방 대책은 세워졌는가. 침대의 유무(실내에, 실외에). 이사라든가 주거의 건축 등 생활환경에 무슨 변화가 있는가. 그 변화에 엉겨드는 심리상황은 어떠한가(예를 들면 이사할 때의 우울증의 유무 등). 이웃과의 사귐은 자신에 대한 버팀이 되고 있는가, 아니면 오히려 스트레스가 되고 있는가.

이와 같은 환경 인자를 정확히 듣는 일이 자신의 천식을 종합적으로 진단해 준다고 하는 안도감에도 이어지며 치료자 쪽도 환자의 환경을 그려내기가 쉽다.

b. 직장

구체적인 근무시간, 일의 내용, 경제적 여유, 심리적 여유 등은 어떠한가. 작업상의 트러블은 없는가. 전근, 출장 등의 변화는 없는지. 인간관계는 잘되고 있는지. 어떠한 심정으로 일을 맡고 있는가. 일을 거절하지 못하고 계속해서 맡고 있는 것은 아닌지. 스트레스가 쌓였을 때의 대처방법을 마련하고 있는지. 의논 상대는 있는가.

이러한 상황 속에서 특히 과잉적응하는 행동이 발견되지 않았었는지를 묻고 그 때의 심리상태와 스트레스에 대한 대처방법을 들어둔다.

c. 가정

가족 구성원의 변화 유무는 어떠한가. 가족의 질환, 사망은 없었는가. 특히 그런 때 간호하는 사람이나 뒤처리 때문에 몸과 마음이 피로해 있지는 않았는가. 육친의 사망으로 우울상태에 빠져들지는 않았는가 등에 대해 주의깊게 물어 둔다. 결혼문제나 이혼문제 등의 인생의 커다란 변화는 없었는지. 양친이나 배우자 사이에서 오래 끌어오는 불화상태는 없었는가. 부자 사이의 대립 혹은 걱정거리는 없었는가. 이른바 고부간 여러 해 동안의 긴장관계는 없었는가. 또한 남편의 태도는 어떠했는가. 집으로 돌아와서 편안히 쉴 시간은 있었는가 등의 정보를 메모해 둔다. 그 때 어떻게 느꼈으며 어떠한 대처행동으로 삼았는가, 의논할 상대는 있었는가에 주의하면서 들어두도록 한다.

다만 이상의 정보는 중요하기는 하지만 이른바 개인적인 화제이기 때문에 치료관계가 조금은 안정되고 나서 묻는 쪽이 좋겠다. 또한 환자가 대답하고 싶지 않은 문제에 대해서는 대답하지 않아도 된다는 등의 보증을 하는 일도 중요하다. 심료내과적인 접근에서 중요한 점의 하나는 얼마나 많은 심리·사회적 배경의 정보를 찾아내느냐의 과제가 아니고, 어떻게 해서 치료관계를 적절하게 형성해 나가느냐에 달려있기 때문이다.

2) 천식상태의 경과

발병 당시의 발작상황을 묻는 일은 당연한 일이지만 의사로부터 어떠한 설명을 들었으며 어떠한 질환이라고 생각했는가에 대해서도 자신의 생각을 알아둘 필요가 있으므로 질문해 두도록 한다. 그 후의 경과에서 발작을 유발하고 있다고 생각되는 주요 인자는 무엇이라고 생각하는지에 대해 들어둔다(감기, 계절, 날씨, 먼지 등, 피로, 심리적 스트레스, 운동, 식사, 기타). 참고가 되었으면 해서 국립요양소 남후쿠오카 병원 내과에 천식 발작으로 내원한 환자에 유발인자의 앙케이트를 시행한 결과를 그림 Ⅳ-14에 제시한다. 발작의 유발인자로서는 심리적 요인도 크다는 사실을 알 수 있다.

또한 발작이 출현하기 전의 심리상태나 행동은 어떠했는가. 혹은 발작이 일어날 때마다 구체적으로 어떠한 대처행동을 취했는가(발작의 정도에 따라 어떻게 대처하였는가, 흡입기의 사용 상황이나 병원을 찾아 진찰을 받을 때의 방법 등)에 대해서도 들어둔다.

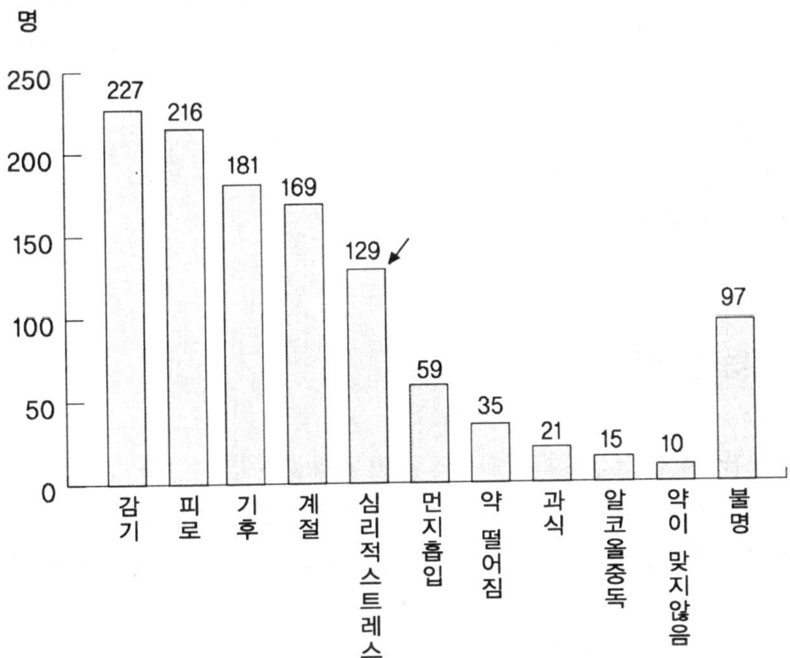

그림 Ⅳ-14 천식발작의 원인(국립남후쿠오카 병원 내과외래)

1993년 6월 1일 ~ 7월 22일의 기간조사, 발작으로 내원한 천식환자의 발작원인을 설문지 조사한 것. 종축은 회답자 수를 나타냄, 복수응답 방식

가족의 대응에 대해 물어보는 것은 아주 중요하다. 발작시 및 비 발작시의 가족 개인의 구체적 행동에 대해서 들어둔다. 먼저 발작시에 가족은 적절하게 신속히 행동하였는지, 그렇지 않고서 마지못해 행동하였는지, 혹은 평상시보다 오히려 부드럽게 응대해 주었는지. 다음으로 발작이 없을 때 가족 개인이 환자 본인에게 대하는 구체적인 태도는 어떠한가, 발작이 없을 때 가족은 환자에 대해서 무관심한가, 그렇지 않으면 오히려 지나치게 간섭조로 나오는가 등이 중요한 포인트가 된다.

직업을 가지고 있는 환자에 대해서는 발작시 직장의 주위 사람들의 반응, 분위기, 환자의 발작시의 대응 등에 대해 알아둘 뿐더러 반드시 발작이 아닌 때 환자의 작업태도(작업으로 되돌아 왔을 때에 뒤쳐진 작업량을 만회하려는 듯 지나치게 열성을 내는 게 아닌가 등)에 대해서도 듣도록 한다. 곧 발작시 뿐 아니라, 비 발작시에도 본인의 기분 및 주위 가족이나 주위 사람들의 대응, 행동도 소중하기 때문에 잊지 않도록 문답을 나눈다.

3) 유소아기의 부모·자녀관계

치료계획을 세우기 위해서 또한 앞으로의 경과를 예측해 보기 위해서이다. 유소아기의 부모·자녀관계에 대해 알아두는 일은 중요하다. 유소아기의 부모·자녀관계에 그다지 문제되는 일이 없고 personality의 발달장애가 분명하지 않은 경우에는 치료도 매끄럽게 진행되는 경우가 많다. 그러나 표면적으로는 적응해 가는 듯 보이면서도 유소아기의 부모·자녀 관계가 불안정해서 정서적 교류가 빈약한 경험이 있는 증례에서는 치료적인 신뢰관계를 쌓기 위해서는 시간이 걸리고 가끔씩 치료가 어려워지는 사태로 발전한다. 구체적으로 유소아기 때에는 ①속 썩이지 않는 말 잘 듣는 좋은 아이였는지 ②응석부리는 일은 적었는지 ③반항기가 있었는가 등에 주의하면서 물어본다.

F 심신의학적 치료의 실제

외래에서의 간이형의 심신의학적 치료와 입원 후의 충분한 시간을 걸쳐서 하는 치료를 나누어서 기술하였다. 더 나아가 약물요법, 폐기능의 객관적 평가(peak flowmeter의 사용) 등은 원칙적으로는 후생성 면역 알레르기 연구회 발행의 「천식예방·관리 가이드라인」에 준하여 행한다.[주5)]

주5) 때에 따라 오해를 받게 되는 경우도 있으나 심료내과에서의 약물요법은 일반내과와 기본적으로 같은 것으로서 가이드라인에 따른 것이라는 점을 미리 양해를 바란다.

(1) 외래치료 : 외래에서는 시간이 많지 않으므로 표 Ⅳ-10에 나타난 것과 같이 주의하면서 환자를 지도한다. 한꺼번에 지도하려고 하지 말고 오랜 경과 중에 적절하게 이야기하며 진행해 나간다.

(2) 입원치료 : 기본적으로 오향(吾鄕)의 단계적 치료에 따라서 진행한다(그림 Ⅳ-15). 왜 이런 단계적인 방법을 선택하지 않으면 안되는가를 간단하게 설명하겠다. 천식환자는 신경증과 우울증 등의 환자와는 다르며 자기 증상에 심리사회적 요인이 관여하고 있다는 것을 평상시 자각하고 있지 않다. 그렇기 때문에 심리사회적인 인자를 취급하면 환

표 Ⅳ-10 천식환자에 대한 심신의학적 지도(주로 외래치료)

(1) 천식 발작이 일어나기 시작하면 참지 말고 빨리 적절한 치료를 할 것. 「천식 발작을 참는 것에 힘쓴다」라고 하지 않는다. 발작 전의 상황을 잘 파악할 것. 그리고 발작이 일어나지 않도록 하는 방법을 찾기 위해 힘쓸 것.
(2) 천식 발작이 시작되어도 즉시 발작에 의한 대처를 하라고 하지 말 것. 발작이 멈춘 후에 대처하려고 애쓰는 사람이 많다. 그러나 한번 발작이 일어나면 기도의 과민성이 높아져 있어서 다시 발작을 일으키기 쉬운 상태에 있다. 이러할 때에 무리하면 또 발작을 일으키게 된다. 이를 주위사람들도 알게 한다.
(3) 일상생활을 돌아보고 무리하지 않게 수정한다. 스트레스가 축적되어 버리는 무리한 생활을 하고 있지는 않은지 점검한다. 자율훈련법, 복식호흡법 등의 습득을 지원한다. 이상, 환자 혼자서 해결이 곤란할 때에는 필요하면 의료측도 가족, 주위 사람을 설득, 지도한다.

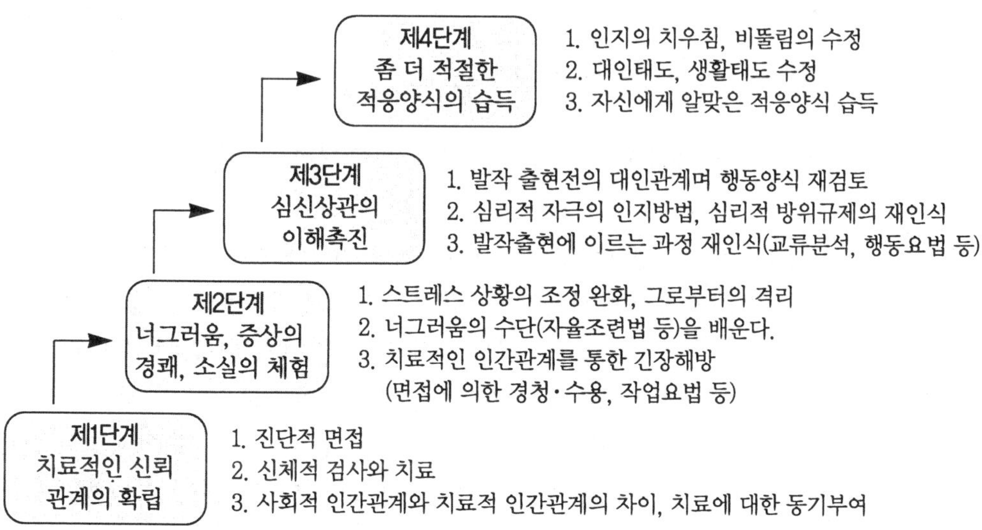

그림 Ⅳ-15 기관지천식에 대한 심신의학적 치료 과정(오향원인(吾鄕原圖) -일부 수정)

자는 당황하거나 또는 반발하여 치료관계를 확립할 수 없게 되어 치료는 실패로 끝난다. 이러한 이유 때문에 환자의 심신상태가 안정되는 것을 기다렸다가 나아가 치료관계를 충분히 확립한 후에 심신상관에 관하여 환자와 함께 생각해가는 단계를 거쳐야 한다. 협의의 심신증 치료의 경우 이러한 단계를 간략히 하면 심리·사회적 배경을 다루는 것이 곤란하게 된다.

1. 제1단계 : 치료적인 신뢰관계의 확립, 치료에 대한 동기부여 단계

먼저 치료적인 신뢰관계를 확립해야 함은 다른 질환의 경우와 마찬가지다. 이때 중요한 것은 심신의학적인 치료관계는 일반사회의 인간관계와는 달라서 환자가 얘기한 내용(예를 들면, 이른바 일반적 상식에서 문제가 된다고 하는 식의 내용)에 따라서 그 환자에 대해 인간적인 가치판단을 한다든가, 치료에 재량을 가한다든가, 치료를 바꾼다든가 하는 게 아니라는 점을 이해하도록 해야 한다. 이러한 관계를 이해한다면 환자도 천식의 치료를 위해서 자기 자신의 견해를 자진해서 얘기해 주게 되리라고 본다. 이와 같이 면접을 통한 주고받는 과정에서 심신양면에서의 치료의 필요성에 착안하도록 해야 한다.

한편 환자가 천식발작을 한 경우 발작을 일으켰을 때의 처치를 통해서 치료관계가 쉽게 성립되는 면이 있다. 따라서 발작시 적절하고 신속, 그리고 친절한 조치는 필수적이다. 그러나 다른 한편으로 환자측 입장에서는 발작 시에 신세를 졌다, 어쩌다가 앞으로라도 발작이 되면 다시 신세져야 한다는 의식이 있어서 주치의에게 무언가 하고 싶은 말이 있더라도 자신을 억제해 자기주장을 참게 되는 경향이 나타나게 된다. 이 점을 고려하지 않으면 치료자가 자기도취에 빠질 위험성이 있으므로 주의하는 게 좋다.

2. 제2단계 : 스트레스 상태에서의 해방, 안정과 증상 소실의 체험

이제까지 관계가 없는 것으로 생각해 오던 심리·사회적 인자에 대해 배려함으로써 천식발작이 경감·소실되는 것을 실감하면 심신의학적 치료의 동기부여를 높인다. 좋은 의사·환자 관계의 형성으로 그때까지 말하고 싶으면서도 말하지 못했던 다른 사람에 대한 나쁜 감정을 발산한다든가 자율훈련법으로 이완을 실제로 체험하는 일이 중요하다. 따라서 이 시기에는 지금까지의 경과를 충분히 수용하고 공감하면서 얘기를 듣는 시기인 동시에 또한 자기훈련법 등도 습득하도록 해야 한다. 이에 더하여 환경조정 등의 준비를 갖추어 나간다.

3. 제3단계 : 심신상관의 이해 촉진

각 환자의 천식 발작이 일어나는 방식을 심신 양면에서 접근해 보기로 한다. 이 중에서 대인관계의 문제나 일상생활의 대처방식 등의 심리·사회적 인자가 기관지 천식 발작의 유발인자나 지속인자가 될 수 있다는 사실에 대해 이해를 구하도록 한다. 구체적으로는 발작 전의 심신 양면에 걸쳐서 일어난 일을 면접에서 상세히 짚어가면서 말해주는 것에서부터 치료에 이르는 실마리를 찾아내도록 한다. 애초에 반신반의하던 환자도 자세하게 발작 전후에 일어난 일들에 대해 낱낱이 말하는 동안에 심신상관에 대해 알아차리게 되곤 한다. 중요한 일은 어느 일이 있었느냐의 문제가 아니라, 그 일어난 일을 어떤 기분에서 받아들였는가, 그리고 어떠한 대처 행동을 했느냐가 문제가 된다. 그리고 그 때에 생기는 감정과 되풀이되는 행동패턴을 자세히 검토하여 그것과 발작과의 관계를 찾아보는 것이다. 그 심신상관에 대해 알아차린 깨달음을 환자와 함께 차곡차곡 쌓아 올리는 일이 바로 치료로 발전하게 된다. 이 제3단계에서 흔히 볼 수 있는 패턴을 몇 가지 서술하고자 한다.

1) 자기주장에 대해

임상적으로는 자기주장을 내세우기 어려운 증례가 많다. 이 사례는 발병 전부터 있어온 것인지, 아니면 발병 후에 나타나는 현상인지가 분명하지 않지만 당연히 자기의 주장을 내세워 스스로를 지켜야 할 처지인데도 자신의 사정, 요구를 내세우는 일이 없이 상대편 주장대로 되어 버리고 만다. 그 경우에 나타나는 스트레스를 능숙하게 처리해내지 못하고 「나는 이렇게 참고 견디며 애쓰고 있는데 어째서 자기의 처지를 못 알아주는 것인가」하는 불만이 쌓여가는 경우가 많다. 곧 표면적으로는 적응해가는 것처럼 행동하면서도 내면적으로는 단면적, 부정적이 되어 스트레스를 쌓아가게 된다. 이와 같이 되풀이되는 행동패턴(과잉 적응적 행동패턴)을 면접할 때에 환자와 함께 생각해 보도록 한다. 지금까지 얼핏 보아 아무 소득이 없을 듯한 행동을 취하고 있는 것도 그 나름의 이유(지속인자)가 있다고 생각하게 된다. 곧 자기의 주장을 내세우게 되면 거세게 내몰리게 되어 불안하게 되고, 그 때문에 자기주장을 내세우지 못한다는 배경이 있는 듯하다. 따라서 이 분리불안을 치료자와의 사이에서 해결해 가지 않으면 아무리 행동을 수정하려 해도 어렵게 되는 경우가 있다.

그리고 그 행동패턴을 행동요법적으로 변화시키면 좋은 일이지만, 행동의 밑바탕에 깔려있는 갖가지 정동이 맴돌고 있는 상황이 예상되면서 그 행동이 좀처럼 변화하지 않는 경우엔 그 정동, 예를 들면 유아기부터 부모 자녀관계에 얽히는 정동체험(흔히는 분리불안)을 고려해보는 것이 필요하다. 그 경우, 유소아기 일들을 무리하게 끄집어내어 듣는 게 아니고, 본인의 양해를 얻어가며 듣도록 한다. 이 경우 조심해야 할 일은 직접적으로 과거의 부자 관계를 다루는 게 아니고, 치료자-환자와의 사이에서 지금 나타나고 있는 행동패턴과 정동과의 관계를 다루는 것이다. 다만 조심하지 않으면 안 되는 것은 치료자 자신이 무의식 중에 환자에 대해서 분리불안을 유도하는 식의 행동이나 언동을 투사하면서 치료하는 때가 있어서는 안 된다는 사실이다. 구체적으로는 면접을 정기적으로 시행하지 않거나, 치료자의 기분 하나로 치료하기도 하고 안 하기도 하거나, 혹은 환자가 자신의 기분에 맞지 않는다고 해서 당장에 퇴원 운운하며 억지로 환자를 지배하에 두려고 하는 등은 치료자 자신의 패턴의 남용이다. 말할 필요도 없지만 자기주장이라고 내세울 만한 것은 치료자와 환자의 관계가 안정되어 있고 환자가 버림받을지 모른다는 불안에서 벗어날 수 있는 때에 비로소 자기주장이 가능하다.

한편 다음에 서술하는 내용은 환자이거나 치료자이거나 자칫 지나쳐 버리기 쉬운 일이므로 특히 조심하여야 한다. 곧 과잉 적응적인 행동이 파탄을 일으켜 부적응적인 행동을 하게 되는 일에 관한 것이다. 환자쪽에서 본다면 정성을 다해 참으면서 하는 일이 예를 들면 남의 처지에서 본다면 '왜 저 사람은 못마땅한 얼굴로 트집인가' 고 의문시하게 되며, 때로는 그 대응이 남의 눈에는 '버릇없는 사람' 으로 보이는 경우가 있게 마련이다. 조금 더 깊이 캐고 들어가 말한다면 열심히 버티고 있는 듯이 보이지만 실제는 발작이라는 형태로 늘 파탄으로 굴러들어가게 되고 이 사태는 교류분석에서 말하는 '게임' 으로 되고 있는 셈이 된다. 이러한 사태는 치료자로 보나, 환자쪽에서 보거나 자칫 지나쳐 버리기가 쉬운 점이므로 주목해야 하겠다. 과잉 적응과 부적응은 표리일체라고 말할 수도 있다.

심신의학적 치료가 진전됨에 따라 차차로 자기주장을 내세우게 되면 오히려 남한테는 '제멋대로' 라고 보이지 않게 된다. 이러한 과정들은 치료자와 환자의 치료관계에서 재현되기 쉽기 때문에 면접에서 다루는 게 좋겠다.

2) 모두냐 제로이냐의 패턴

본인의 사고방식, 사물에 대한 파악방법, 혹은 남과의 사귐이 일방적, 단면적이기 때문에 현실에서 갖가지 트러블을 일으키는 수가 있다. 예를 들면 대인관계면에서 한 번 기분 나쁜 일이 있게 되면 다시는 그 사람과의 대인관계를 유지해 나가기가 어렵게 되는 등의 사태가 전개되기 마련이다. 결과적으로 대인관계의 폭이 줄어들게 되어서 극히 제한된 사람들하고만 상대할 수밖에 없게 되고 갖가지 스트레스 상황에 대처하는 일이 어렵게 된다. 또한 한 차례 불안정하게 된 인간관계(그 불안정은 전적으로 오해에서 생긴 일일지도 모른다)를 재수정해서 자신의 마음편한 환경으로 만들어 나가려는 작업이 여의치가 못하다. 이와 같은 패턴을 되풀이해서 결과적으로 주위의 환경을 자신의 처지에서는 스트레스가 많은 환경으로 만들어 버리고 만다. 그러나 이 일의 틈새를 자각하는 일 없이 '모두, 주위의 사람이 나쁘기 때문' 이라고 타인 책벌적, 자기애적으로 빠지기 쉬운 경향을 지니고 있다. 이러한 경우는 특히 치료자와의 관계에서 흔히 볼 수 있는 경우이지만 그 패턴을 사례로 들어가며 환자와 더불어 지금까지의 대인관계를 고쳐보도록 하는 작업이 필요하다.

3) 노여움에 대하여

면접을 되풀이하며 공손하게 문답하는 일을 계속하게 되면 환자쪽에서도 안심하고 지금까지 말하지 못한 내용 등을 치료자에게 말할 수 있게 된다. 이때에 부정적인 감정도 표현하기 쉽게 되므로 지금까지 사양해서 말하지 않았던 치료자에 대한 부정적인 감정을 표현하게 된다. 치료자로 향한 노여움은 한편으로는 치료자·환자관계에 대한 긴장관계를 가져온다. 그러나 환자가 이 노여움을 어떻게 처리하느냐가 치료의 커다란 포인트가 되기 때문에 이 노여움을 결코 소홀히 대한다든가 치료자 자신이 이 문제에서 도망쳐 버려서는 안 된다. 지금까지는 이 노여움을 능숙하게 처리하지 못했기 때문에 환자는 헛된, 혹은 무리한 행동에 빠져들어 피곤에 지쳐서 발작을 악화시켜 왔다는 것으로 생각하기 때문이다. 노여움을 표현하는 때는 환자가 크게 성장하는 기틀을 조성하는 계기가 된다. 이때에 치료자 자신이 자기를 방위하기 위해서(환자의 노여움을 받고 싶지 않기 때문에) '부드럽게' 대응해 버린다든가, 면접에서 환자의 노여움을 일부러 다루지 않게 되는 일을 계속하게 되면 모처럼의 성장하려던 기회를 잃게 되고 만다. 이제까지 노여움을 표현한 적이 없는 환자로서는 폭발적으로 감정이 표출되어 버려서 환자 자신도 조절하지 못하는 경우가 많다. 이 일을 염두에 두고 치료자 자신이 감정적으로 반응해 버리지 않는 배려가 필요하다. 노여움의 표현을 면접에서 다루도록 하여 함께 생각해 나가는 일은 환자가 자신을 되돌아보는 좋은 방법이 된다. 그렇기는 하지만 인격장애를 수반하는 환자에 대해서 이와 같은 대응이 효과가 있느냐 없느냐 하는 것은 논란의 여지가 있는 듯싶다.[30, 31] 교감적 대응으로 점점 더 혼란할 경우가 있으므로 신중한 대응이 필요할 것이다.

4) 자기 방위에 대해서

환자는 발병초기에는 천식발작 때문에 이렇게 하지도 못하고, 저렇게 하지도 못해 왔다고 불만을 말하는 경우가 있다. 그러나 내성이 깊어지게 되면 천식발작이 있기 때문에 오히려 하지 않아도 되는 일이 있는가하면 생각하지 않아도 되는 좋은 일들이 있다는 사실에 착안하게 된다. 곧 지금까지 직면하지 않으면 안 되던 일이 천식발작 때문에 직면하지 않고서도 해결된 문제가 스스로 보이게 된다. 이상한 느낌일지는 모르겠지만 천식발작이 결과적으로 자기 방위에 쓰이게 되는 일도 있다는 사실을 염두에 두지 않으면 안 된다. 그러나 이런 경우 환자의 입장에서는 미묘한 문제가 되므로 아무런 준비도 없이 이 방위에 대해 느닷없이 지적하는 일은 효과가 없을 뿐더러, 오히려 치료관계를 무너뜨리는 경우도 없지 않으므로 신중하게 다루는 것이 필요하다. 최종적으로는 이 방위과제에 대해 스스로 깨달아서 현실의 문제에 직면하는 경과가 바람직하다 하겠다.

4. 제4단계 : 새로운 적응양식의 습득

기관지 천식의 발병과 경과에 관여하고 있다고 생각되는 사람들의 대인관계 혹은 일상생활의 방법을 실제로 수정하는 것을 목표로 한다. 특히 표면적으로는 적응해 나간다 하더라도 내면적으로는 그 환경에 맞게 하려해서 지나치게 적응노력을 기울이고 그 결과 피로해서 천식발작을 악화시키고 있는 행동패턴을 예로 들어 그에 대한 수정을 유도하려고 한다. 말하자면 제3단계로까지 쌓아올렸던 치료관계의 영향력 아래에서 이번에는 환자에게 현실문제에 직면하게 하여 행동의 수정을 촉구하는 시기라고 말할 수 있겠다. 다만 행동의 수정은 통상적으로 간단하지가 않아 환자에게는 오히려 괴로움으로 느끼게 되리라는 점을 지적해 두고 싶다. 말하자면 행동의 수정은 현실면에서의 여러 가지 어려운 면과 마주치게 되므로 환자 자신도 그 나름대로의 노력이 필요하기 때문이다. 치료자 측에서도 이른바 아버지다운 대응(현실원칙)이 필요한 시기가 된다. 여기서 몇가지 주의해야 할 점을 들겠다.

1) 시험 외박

제3단계에서 말한 몇 가지의 패턴을 치료자와의 사이에서 확인할 수 있게 되면 이번에는 외박하여 가족과의 사이에서는 이 패턴을 되풀이하고 있지 않은가하는 확인 작업을 시행한다. 이 때문에 환자에게도 외박의 뜻을 이해하게 한 다음 가족과의 교류를 외박 후의 면접에서 다루어 환자의 실제 행동을 치료자와 함께 평가한다. 그런 후에, 다시 또 시험 외박을 되풀이해서 실제의 행동 수정을 확인한다. 그러나 다른 가족 구성원과의 사이가 불안정한 때에는 가족조정도 필요하게 되며 경우에 따라서는 가족 내에 존재하는 불안정 요인을 치료자가 다루지 않으면 안 되는 경우도 있을 수 있다.

2) 퇴원

퇴원을 하면서 앞으로 병세가 더 좋아질지 불안해하는 환자가 많다. 또한 일부의 환자들 중에는 퇴원시기에 천식의 발작이 일어나기도 한다. 사춘기 천식 항목에서도 언급하겠지만 퇴원을 알리는 일은 현실로 향하는 장면을 제공한다는 뜻을 지니고 있다. 바꿔 말하면 이 때 환자는 스스로의 의존성과 대결해서 최종적으로 자신의 행동을 수정해나가는 시기라고도 할 수 있다. 특별한 이유가 없는데도 환자가 희망한다고 하여 마냥 퇴원을 늦추던가 하면 입원을 초래하는 결과로 되며 모처럼의 의존성과의 대결의 장을 유야무야로 만들게 되는 위험성이 있다. 「퇴원」을 둘러싼 문제는 면접에서 다루도록 하여 현실의 행동패턴을 치료자와 함께 해결해 나가도록 한다.

3) 생활 지도

치료적 통찰에 근거해서 적응패턴의 수정을 바라기 어려운 환자에게는 심신의학적인 생활지도를 시행한다. 이 경우 중요한 포인트는 환자의 행동패턴보다는 과잉적응하는 사람에게는 적당한 정도의 숨 돌림이나, 자기주장에 불안함이 심해서 무슨 일에서나 뒷걸음질 치는 사람은 불안을 그대로 안고서라도 먼저 할 수 있는 일부터 시작하도록 하는 등의 지도를 한다. 또한 부적응 패턴을 되풀이하는 사람은 결국은 자신이 손해를 보고 있다는 사실을 눈치채도록 지도해서 행동의 수정을 촉구한다. 자발성이나 의욕이 적은 사람에게는 구체적인 생활목표를 가지도록 지도하는 일이 중요하다.

모든 환자가 위에서 서술한 것과 같이 단계적으로 치료가 진행되는 것은 아니고 급격히 제 4단계까지 가는 경우도 있고, 제 3단계에서 몇 년이고 그대로 있는 경우도 있다. 여기서는 지금까지의 임상경험에서 얻은 대중적인 것을 나타내고 있을 뿐이며 그 다음은 개개인의 증례에 맞는 치료를 고려하면 된다. 기관지 천식에 대한 심신의학적 접근에는 여러 가지가 있지만 어떠한 접근이라도 환자와 진지하게 마주 대하는 것이 지금까지의 체험으로 보아 환자의 치료과정을 촉진하는 것이라고 생각한다.

G 사춘기 천식[32)]

사춘기는 많은 소아 천식환자의 증세가 소멸될 수 있는 시기다. 그러나 한편으로 이 시기에 발작이 많이 일어나는 환자는 성인기까지 천식이 지속되는 것으로 드러났다. 따라서 이 사춘기 시기는 소아기 천식환자에게는 중요한 전환점이기에 이 시기의 치료에 관해서는 충분한 배려가 필요하다. 사춘기 천식을 난치화시키는 요인에 대한 지금까지의 연구를 간추려보면 표Ⅳ-11와 같다.[33~39)] 곧 사춘기 천식 환자는 ①환자 자신의 요인 ②가정적·사회적 요인 ③의료측 요인이라고 하는 세 가지의 축으로 규정되어 있는 존재라고 하겠다. 이러한 인자들 중에서 특히 심리적 인자의 특징과 심신의학적 접근에 대해서 서술하겠다.

표 Ⅳ-11 사춘기 천식의 난치화요인

Ⅰ. 환자 자신의 요인
1) 아토피성 소인, 기도과민성 등의 체질
2) 치료관리가 부모에서 환자로 이행되어 일어나는 질환
(정기적 진료의 저하, 약물 사용의 불규칙 등)
3) 심리적 불안정에 기인하는 것(분리불안이 높아져서 과잉적응, 감정억압 등을 초래한다)
4) 여성에게는 월경의 시작(월경 전에 천식의 악화가 일어남)

Ⅱ. 가정적·사회적 요인
1) 가정환경의 불비(不備)에 의한 것
2) 학업부진, 학교 부적응, 취직 곤란 등의 사회적 스트레스 직면

Ⅲ. 의료측 요인
1) 야간 발작 시 진료 미비
2) 소아과와 내과의 의료내용이 불연속적이며 내과로의 전과가 매끄럽지 못하다
3) 사춘기 천식의 치료지침이 명확하지 못하다

1. 사춘기 천식 환자의 심리

큐슈 대학 심료내과 및 일본의 국립 남 후쿠오카 병원에 입원치료를 받은 난치성 사춘기 천식환자 22명을 대상으로 상세한 면접을 시행하여 다음과 같은 심리·사회적 배경의 특징을 찾아내었다.[40)]

①소아기 동안에 부모와의 사이에 정서적 교류가 모자라는 사례가 압도적으로 많았고 정서의 안정성이나 기본적 신뢰감의 형성이 불충분한 경향을 보였다. ②사춘기에 이르자 학업이나 취직 등의 문제도 나타나지만 오히려 부모에 대해서 뿌리 깊은 부정적인 감정(원망, 노여움 등)을 품고 있다는 커다란 특징이 있었다. 그러나 환자는 그 심정을 말로 나타내지 못하고 감정을 억누르며 표면적으로는 부모에게 적응하는 태도로 대하는 패턴을 볼 수가 있었다.

이와 같은 문제에 직면한 환자는 정서불안정이 되기가 쉬우며 사회적 스트레스에 직면한 경우에 그 과제를 슬기롭게 해결하지 못하고 부적응 상태에 빠져들어서 다시 그 부적응 상태가 천식 발작을 빈번이 되풀이하는 요인의 하나가 되고 있음을 엿볼 수 있었다. 실제의 임상 장면에서는 학업부진, 대인관계의 악화, 진학 진로 문제에 직면하는 경우에 천식증상이 악화되는 일이 많다.

이와 같은 상태가 계속되어 가는 배경에는 복잡한 가정환경, 가족병리가 존재하며 환자 및 가족에 대한 심신의학적 접근이 필요하다. 실제로 천식증상에 관여하고 있다고 생각되어 오던 심리·사회적 인자에 배려하는 치료를 시행하면 오랜 기간 지속되었던 질환이 감소하는 증례가 적지 않다.[22,41,42)]

2. 심신의학적 진단의 진행법

중요한 점은 환자의 아토피성 소인이 강하더라도 심리·사회적 인자의 관여를 부정하지 않은 채로 증상의 변화 가정의 대응 등에 대하여 정보를 얻는 일이 중요하다. 또한 사춘기 환자의 경우는 특히 치료관계에 대해 민감하므로 진단과정에서는 단순한 정보 모으기로 끝나는 게 아니라 환자와의 주고받는 과정에서 치료적인 신뢰관계가 발전해 나가도록 마음 쓰지 않으면 안 된다.

3. 심신의학적 치료의 진행법

사춘기 천식환자의 치료에서 실제로 경험하게 되는 몇 가지 주의해야 할 점을 언급하겠다.

1) 부모에 대한 대응

위에서 말한 바와 같이 환자는 부모에 대해서 뿌리 깊은 부정적인 감정을 품고 있는 경향이 강하다. 그 결과 면접을 되풀이해 가는 동안에 치료자와 환자도 일체화되고 말아서 가끔씩 부모와의 면접 시에 부모를 비난하는 대립관계로 되는 경우가 있다. 그러나 이 현상은 환자를 대신해서 치료자가 부모와 대리전쟁을 하고 있는 것으로 생산적이지 못하다. 사실은 많은 가정에서 아버지는 사업 등으로 집안일에는 무관심하거나 혹은 집을 비우는 일이 많아서 어머니를 뒷받침하는 자세가 되어 있지 못하다. 따라서 어머니가 아버지의 역할까지도 짊어지면서 상당한 부담을 강요당하고 있다. 거센 발작이 빈번하여 어려운 상황에 부딪히게 되면 어머니 혼자서는 감당하기 어려운 경우가 많은 법이다. 이와 같은 상황 하에서 어머니를 비난한다면 어머니를 더욱 고립화시킬 뿐 결국은 환자를 한층 더 치료하기 어려운 상황으로 몰고 가는 결과가 되고 만다.

구체적인 치료 계획은 지금까지 어머니의 수고를 위로하고 어머니와 가족의 환자 발작 시, 비발작 시의 대응을 면밀히 듣는 조심성이 필요하다. 이 대응 속에서 부모·자녀 사이의 정서적 교류를 가로막고 있는 인자가 있거든 그것을 끄집어내면서 대화하도록 한다. 또한 가능하다면 아버지도 치료에 참가하도록 한다.

복잡한 가정환경이 존재한다든가 가정병리가 깊을 때에는 좋은 치료자 – 부모 관계를 확보하기 어렵지만 치료자는 각각의 증례에 대해 끈기있게 부모와의 접촉을 계속해야 할 것이다.

2) 의존욕구의 충족

치료적인 신뢰관계가 성립되면 특히 입원 치료의 경우, 환자가 응석부린다든가 얼핏 보아 멋대로 행동을 취하는 경우가 있다. 이때 다른 의료 스태프한테서 좀 더 환자에게 엄하게 대처해야 하지 않느냐는 식의 비판을 듣게 되는 경우가 있다. 그러나 그런 환자는 유아기에 부모에게 응석부린 적이 없는 환자가 많이 있다. 따라서 안심하고 솔직하게 대할 수 있는 치료관계 환경에서는 유아기에 채워지지 않았던 의존 욕구가 여러 가지 형태로 나타난다고 생각한다. 이 의존욕구는 생산적이기 때문에 소중하게 키워 나가야 할 필요가 있다. 구체적으로는 환자와의 면접에 충분한 시간을 내어서 얘기를 듣고, 환자의 기분을 받아들이고, 환자가 직면하고 있는 문제에 대해 함께 생각하며 그 해결을 원조해 나가는 일, 이 일이 욕구불만을 채우게 되고 자립을 촉구하는 최대의 방법이 된다. 이 시기에 자립을 너무 서두르면 결국은 발작이 빈번하게 되어 입퇴원을 되풀이하고 예상했던 대로의 효과를 거두지 못하게 되는 수도 있다. 이런 때에는 다른 의료 스태프와 합동 회의를 해서 환자의 생육력 등에 대한 이해를 얻도록 한다. 또한 환자의 기분을 수용적으로 받아들이는 작업을 거치고 나서야 환자는 비로소 자립 방향으로 나서게 된다는 치료 내용을 납득하도록 할 필요가 있다. 이와 같은 치료방침이 확고할 때에 다른 의료 스태프는 안심하고 치료를 뒷받침하게 되는 것이다. 한편 환자가 눈에 거슬리는 듯한 행동으로 나올 때는 치료자는 머뭇거리지 말고 환자의 행동에 브레이크를 걸고 나서 어떤 기분에 그와 같은 행동을 했는가에 대해 면접시간에 대화를 나눈다. 이 양자의 균형, 곧 모성적(母性的) 대응(의존)과 부성적(父性的) 대응(독립)의 균형이 적절히 시행될 때에 환자는 안정을 찾게 된다.

3) 환자 자신의 의존성과의 대결

치료가 후반에 이르면 환자의 의존성과 대결하지 않으면 안 되는 상황이 반드시 등장한다. 흔히 문제가 되는 일은 퇴원과 관련해서 본인과 얘기할 때인데 심신이 모두 안정되어 있는데도 퇴원을 마다하는 경우가 있다. 지금에 와서 무언가를 완수하고자 해도 천식발작 때문에 그 일을 완수한 적이 없고, 실패해도 좋다는 식의 부모의 back up도 없기 때문에 환자로서는 퇴원하고 나서 실패하게 될 일에 대한 공포심을 가지고 있기 때문이다. 환자 자신이 자신의 의존성과 싸우는 시기다. 이때에 치료자는 환자와 진지하게 대화를 나누어서 환자의 심정에 공감하면서도 환자의 자립을 키우기 위해서는 어떻게 하면 좋겠는가에 대해 생각할 필요가 있다. 결국 이 선택은 환자와 더불어 참되게 「마주 한다」라는 뜻이고 부모가 의식적, 무의식적으로 피해 오던 사태임을 뜻한다.

이 시기에 퇴원을 늦추는 일은 hospitalization을 조장한다든가 남에 대한 의존성이 올라가는 등 자립을 방해할 염려가 있으므로 충분한 대화를 나누어서 퇴원을 받아들이도록 한다.

곧 치료자는 환자의 앞에 막아서서 환자 자신이 자신의 의존성과 싸우는 자리를 제공하는 것이 된다.[43)]

문헌

1) 瀧島 任，井上洋西(訳)：喘息の診断と管理のための国際委員会報告．ライフサイエンス社，1992
2) 中島重徳，可部順三郎，宮本昭正，牧野荘平：アレルギー疾患治療ガイドライン(牧野荘平監修)．ライフサイエンス・メデイカ，1993
3) 喘息管理の国際指針「喘息管理・予防のグローバルストラテジー」NHLDI/WHOワークショップレポート(牧野荘平監修)．国際医学出版，1995
4) 厚生省免疫・アレルギー研究班，牧野荘平ほか(監修)：喘息予防・管理ガイドライン．協和企画通信，1998
5) Kolbe J et al : Differential influences on asthma self-management knowledge and self- management behavior in acute severe asthma. Chest 110 : 1463-1468, 1996
6) Dekker E et al : Reproducible psychogenic attacks of asthma. J Psychosomatic Res 1 : 58-67, 1956
7) Fench T, Alexander F : Psychogenic factors in bronchial asthma. Psychosom Med 1941 : Monograph 4
8) Stein M, Shiavi RC et al : Influence of brain and behavior on the immune system. Science 191 : 435-440, 1976
9) Liebman R et al : The use of structural family therapy in the treatment of intractable asthma. Am J Psychiat 131 : 535-40, 1974
10) Faleide AO et al : Personality structure of asthmatic and normal children assessed by the Rorschach technique. Psychother Psychosom 49 : 41-46, 1988
11) Miller MD : Depression and asthma ; a potentially lethal mixture. J Allergy Clin Immunol 80(3) : 481-486, 1987
12) Miller BD, Wood BL : Psychophysiologic reactivity in asthmatic children : a cholinergically mediated confluence of pathways. J Am Acad Child Adolesc Psychiatry 33(9) : 1236-1245, 1994
13) 永田頌史：ストレスと免疫・アレルギー．自律神経 28 : 338-343, 1991
14) Gustafsson PA : Family dysfunction in asthma : A prospective study of illness development. J Pediatr 125 : 493-498, 1994
15) James M Perrin, Mclean WE Jr, Gortmaker SL et al : Improving the psychological status of children with asthma : A randomized controlled trial. J Dev Behav Pediatr 13 : 241-247, 1992
16) Smyth JM, Stone AA, Hurewitz A et al : Effects of writing about stressful experiences on symptom reduction in patients with asthma or rheumatoid arthritis. A Randomized Trial JAMA 281(14) : 1304-1309, 1999
17) Juniper EF : Health-related quality of life in asthma. Current Opinion in Pulmonary Medicine 5(2) : 105-110, 1999
18) Wright RJ, Rodriguez M, Cohen S : Review of psychosocial stress and asthma : An integrated biopsychosocial approach. Thorax 53 : 1066-1074, 1998
19) 吾郷晋浩：いわゆる難治性喘息に対する心身医学的研究．福岡医誌 70 : 340-359, 1979
20) 宮本昭正(監修)：臨床アレルギー学(改訂第2版)，pp152-159，南江堂，1998
21) Edfors-Lubs ML : Allergy in 7000 twins pairs. Acta Allergologica 26 ; 249-285, 1971
22) 十川 博，入江正洋，松浦達雄，他：小児期喘息より思春期まで移行した気管支喘息一症例の心身医学的検討．呼吸器心身症研究会誌 4(2) : 109-111, 1988
23) Barnes PJ et al : Asthma volume 1, 2. Lippincott-Raven, Philadelphia New York, 1997
24) 十川 博：心因アレルギー，心理的因子が関与していることを把握する問診法，心理テスト．アレルギーの領域 5(1) : 64-70, 1997
25) 有岡宏子：喘息におけるQOLとその評価法．(牧野荘平，他監修)：気道アレルギー(1999-2000)．メデイカルレビュー社，2000
26) 成田善弘：心身症と心身医学．岩波書店，1986
27) 吾郷晋浩，永田頌史：気管支喘息における心理的因子のみつけ方—面接において．心身医療 2 : 1203-1209, 1990
28) 永田頌史：アレルギー疾患の心身医学的アプローチ．成人気管支喘息．アレルギーの臨床 8 : 921-926, 1988
29) 永田頌史：心身症を疑うための問診法—喘息．心身医療 1 : 229-236, 1989
30) マスターソン：青年期境界例の精神療法．星和書店，1982
31) 成田善弘：青年期境界例．金剛出版，1989
32) 十川 博：思春期喘息患者の日常生活指導．桂 戴作，吾郷晋浩(編)：気管支喘息の心身医療．pp327-336, 医薬ジャーナル，1997

33) 松井猛彦, 他：小児気管支喘息発症22～25年後の長期予後. アレルギー 36 : 197, 1987
34) 西間三馨：思春期喘息へのアプローチ. アレルギー 38 : 1295, 1989
35) Price JF : Issues in adolescent asthma : What are the needs? Thorax 51 (Suppl) : S13 - S17, 1996
36) Rich M, Schneider L : Managing asthma with the adolescent. Current Opinion in Pediatrics 8 : 301 - 309, 1996
37) Gibson PG, Henry DA, Francis I et al : Association between availability of non - prescription β 2 agonist inhalers and undertreatment of asthma. BMJ 306 : 1514 - 1518, 1993
38) Gibson PG, Henry RL, Vimpani GV et al : Asthma knowledge, attitudes, and quality of life in adolescents. Arch Dis Child 73 : 321 - 326, 1995
39) LeSon S, Gershwin ME : Risk factors for asthmatic patients requiring intubation, II Observation in teenagers. J Asthma 32 : 379 - 389, 1995
40) 十川 博, 他：心身医学的にみた思春期喘息の問題点と解決法. 心身医 32 : 212, 1992
41) 入江正洋, 他：小児喘息をもちこした気管支喘息(2例)についての心身医学的検討. 呼吸器心身症研究会誌 4 : 105 - 108, 1988
42) 白崎和也, 他：心身医学的アプローチが有効であった思春期喘息の一例. 呼吸器心身症研究会誌 5 : 141 - 144, 1989
43) 河合隼雄：心理療法論考. 新曜社, 1986

④ 신경 • 근육계의 심신증

신경·근육계 심신증(이하 신경계 PSD로 함)이외의 여러 가지 질병에서도 두통과 어지러움증, 저림 등의 증상이 있을 수 있기 때문에 어디까지를 PSD의 질환으로 취할 것인지, 그 경계는 명확하지 않다. 여기서도 실제의 임상에 적용할 수 있는 많은 질환에 관하여 그리고 PSD 특징에 대하여 설명하고자 한다.

A 신경 • 근육계 심신증 전반의 특징

1) 빈도

PSD는 만성 두통의 환자를 제외하면 빈도는 높지 않다. 우리가 큐슈 대학 심료내과 입원환자를 조사한 자료로도 빈도별에서는 상위에 들지 않는다. 하지만 신경계 PSD의 대부분은 신체의학적 치료만으로는 치료가 어려운 증례가 많으며 심신의학의 치료대상이 되는 환자의 빈도는 감소하는 경향이 있다. 더욱이 이들 질환을 적극적으로 다루는 시설이 많아 큐슈 대학 심료내과에서도 많은 환자들이 현 밖에서 진찰을 받고 있다.

빈도가 낮아지는 또 하나의 이유는 진단의 문제이다. 특히 서경(書痙)에 관해서는 여전히 일반 임상의들에게 충분히 알려져 있지 않을 가능성이 있다. preclinical한 레벨을 포함하면 상당수의 증례가 존재할 가능성이 있다. 신경계 PSD에서도 조기 발견, 조기 치료가 원칙이며 이런 의미에서 지식의 보급도 중요한 과제가 된다.

2) 심신증으로서의 측면

다른 계통의 질환과 마찬가지로 신경계 PSD에서도 본래 심신증으로서 취급되어야 하는 증례에 신체적 치료만 하였기 때문에 만성화되고 많은 병원을 거치고 나서야 심료내과로 찾아오는 환자들이 많다. 이와 같은 환자에 대한 임상적 인상은 역시 과잉적응이나 감정표현불능증(Alexithymia)이다. 한편 다른 과에서 직접 소개되는 환자는 신경증이나 신경증 레벨의 문제를 안고 있는 경우가 많다.

심신증의 측면에서 볼 때 특이한 면도 있다. 다른 계통의 심신증에서는 기능적 내지 기질적 이상이 있을 때 계·장기와 중추신경계를 구별해서 생각하는 일이 가능한데, 반면 중추에 기인한다고 생각되는 증상이나 변화가 출현한 경우에는 심리·사회적 문제와 연관이 있을 가능성도 높다. 그러나 신경계의 경우에는 단순히 이 도식에 맞지 않는다.

예를 들면, 불수의 운동 질환에서는 정동의 변화에 따른 불수의 운동의 변화를 가끔씩 볼 수 있다. 그러나 이를 이러한 질환의 단순한 특징으로 보느냐, 심리적 인자의 관여의 실마리로 보느냐, 그 판단은 그리 간단한 것은 아니다. 따라서 다른 계의 심신증보다도 좀 더 신중한 관찰이 필요하다.

3) 치료

치료의 관점에서 보면 치유가 복잡하고 어려운 질환이 많다. 생명 예후의 관점에서는 문제가 적지만 사회적응의 관점에서는 환자에게 지나친 어려움을 강요하는 질환이 많다. 그리고 많은 질환에 있어서 아직 결정적이라고 말할 수 있는 치료법이 없어 앞으로도 계속 새로운 치료법이 시도될 것이라고 여겨진다. 한편, 치료자의 입장에서는 치료법의 선택에 대해서 신중한 판단이 필요하다.

a. 치료경과에 대한 이해의 접근

만성으로 경과된 환자의 치료에서는 증상이 악화·회복을 되풀이 하는게 보통이다. 이 사실은 치료의 조기 종결이라는 관점에서는 문제가 남지만 심신상관을 파악하는 면에서는 중요한 정보를 제공해 준다고 본다. 그런 의미에서 증상의 변화에 일희일비하지 말고 self control을 위한 연습의 기회로 삼아서 적극적으로 대응해야 한다.

b. 재학습

목이 한쪽으로 기운다든가(사경, 斜頸), 글씨 쓰려고 할 때의 경련(서경, 書痙) 등의 불수의 운동을 주체로 하는 질환에서는 환자는 치료 과정을 통해서 운동의 조절을 재학습하게 된다. 그런 의미에서 스포츠에서의 기술 습득과 비슷한 측면이 있다. 처음에 환자는 의식적으로 근이완이나 운동을 통한 학습을 해 나간다. 이 단계에서는 연습에 뒤따르는 운동의 과정을 늘 의식해 둘 필요가 있으며 스포츠로 말하자면 기초연습에 해당된다. 이 단계를 지나면 기초동작에 대해서는 의식하지 않아도 어느 정도의 운동이 가능하지만 연습장면과 상이한 상황에서는 응용이 되지 않는다. 그래서 biofeedback요법(BF) 등에서는 Shaping법을 사용해서 학습이 비슷한 동작으로 퍼져나갈 수 있도록(범화) 단계적으로 부가를 주고 있다. 더 나아가 연습시합에 상응한 외출·외박 등 현실 장면에서의 훈련을 통한 최종적인 self control에 도달한다. 시합과 맞먹는 장면에서는 기본 동작에 관해서 조절을 습관화(무의식화)시켜둬야 할 필요가 있으며 그렇지 않을 경우에는 환자의 부담이 커지게 되고 오랜 시간에 걸친 자기조절은 어렵다.

이상의 생각이 올바르다고 한다면 환자가 필요로 하는 훈련은 다음과 같다고 하겠다. 처음에는 올바른 근이완이나 운동을 통한 학습이 필요하다. 이어서 같은 훈련을 몇 번이고 되풀이함으로써 근이완이나 운동의 습관화(무의식화)를 도모한다. 새로운 과제에 직면했을 때에는 언제나 이 과정을 염두에 두고 대처한다. 그런 의미에서 이들 질환의 치료에서는 환자가 기대하는 신체적 상태(치료결과)에 도달시키는 것만이 치료목표가 아니라 치료 중에 시행되는 학습 과정을 환자 자신이 자신의 것으로 내재화하고 실제의 치료에서는 다루지 않았던 상황이더라도 대처가능하게 되는 것도 목표가 된다.

c. 주의점

이상의 서술 외에 몇 가지 주의해야 할 점은 다음과 같다.

(1) 새로운 치료법이 출현한 경우 그 평가가 아직 확립되지 않은 단계에서 다른 치료법과 병행하여 치료하는 것은 바람직하지 않다. 그 치료법의 단독 효과에 대한 평가가 애매해지기 때문이다. 연구 레벨에서의 심신의학 임상에서도 이에 대한 주의가 필요하다. 다만 이 단서는 치료법의 짝 맞추기를 배제하려는 것은 아니며 복수 치료법의 계획적, 단계적인 짝 맞추기는 유효하다. 문제는 치료효과의 객관적 판단이 가능하냐, 아니냐 하는 점이고 효과 판정의 관점을 기본으로 하는 계획적인 짝 맞추기는 필요하다.

(2) 이 항목의 병태이해의 대부분은 BF에 의한 치료경험을 기초로 하여 성립되어 있다. 따라서 그 외의 방법과는 다른 측면도 있다. 특히 심리·사회적 인자의 평가 방법에 관해서는 차이가 크다고 하겠다. BF에서는 행동요법적 시점에서 심리·사회적 인자도 자세나 운동상황 등의 조건과 마찬가지로 증상에 영향을 미치는 인자의 하나라고 간주하여 가능한 BF의 범위 내에서 그런 인자들을 통제·조작한다. 따라서 그 인자에 관한 해석을 환자에게 직접 전달하는 일은 원칙적으로 하지 않는다. 그러나 우리들의 경험으로는 해석을 내리지 않더라도 중요한 심리·사회적 인자에 관해서는 환자가 스스로 알아차리는 경우가 많다. BF에서의 학습내용을 실제로 응용하고자 했을 경우 심리·사회적 문제에 기인하는 문제 상황을 되풀이 체험함으로써 환자 스스로가 그 관련성에 대한 인식을 시작하기 때문이라고 생각한나. 또한 신체감각에 대한 느낌이 깊어지고 좀 더 미세한 감각의 변화를 환자가 알아차리게 되는 일도 이 변화를 촉진하는 계기가 된다.

(3) 각 질환의 치료에서 일반적으로 사용하는 약물에 대해서는 원칙적으로 생략하고 있으므로 다른 텍스트를 참조하기 바란다. 그러나 이는 약물 사용의 필요성이나 유효성을 부정하려는 것이 아니다. 치료를 촉진할 가능성이 있는 약물은 목적에 따라 적극적으로 사용해야 한다. 다만 그 구체적인 방법론에 대해서는 다른 치료법과의 병용에 대해 기록한 것처럼 치료 전체의 시점과 효과에 대한 평가 시점을 살펴 검토하는 것이 필요하다.

(4) 이 항목에서 설명하는 질환의 약물요법에는 공통적인 특징이 있다. 첫째로 항불안제가 자주 쓰이고 있다. 다만 불안이나 긴장의 경감만이 목적이 아니라 근이완 자체가 목적인 경

우가 많다는 점에서 특징적이다. 같은 목적으로 근이완제도 자주 쓰이고 있다. 그러나 아직 이들 질환에 특이적인 효과를 나타내는 결정적인 약물은 발견되고 있지 않다. 그 때문에 다양한 약물들이 시험되고 있으며 더욱이 그 효과에 대한 연구자들의 인식은 일치하고있지 않다. 문헌적 검토에 있어 이에 대한 주의가 필요하다.

B 두통

예전부터 사용해 오던 ad hoc committee에 의한 두통 분류를 대신하여 새롭게 작성된 분류가 쓰이게 되었다. 여기서는 원칙적으로 새 분류에 근거해서 설명하고자 한다.

1. 긴장성 두통(tension-type headache)

1) 병태생리

이 유형의 두통은 제일 흔하고 주로 스트레스, 긴장과 불안 등의 정신적 긴장으로 인한 경부근육의 수축이 원인이다. 목·어깨 또는 머리의 골격근이 오랜 시간 걸쳐서 수축되고 혈관의 변화와 국소의 화학변화가 생기는 것이 동통의 원인으로 여겨진다. 그 외 안정피로와 교합부전(咬合不全)도 원인이 될 수 있다. 또 하위 분류상 episodic하게 되풀이 되는 타입과 만성적으로 지속되는 타입, 객관적으로 확인할 수 있는 근 긴장을 겸하는 것인지 아닌지에 따라 구분된다.

2) 증상

두통의 특징은 하루 종일 심할 때에는 며칠에서 수 개월간에 걸쳐 지속적으로 누르는 동통이 다. 부위는 경부 양측 측두부, 전두부, 두정부이고 머리의 주위를 띠로 잡아매는 또는 무거운 헬멧을 쓰고 있는 느낌이라고 표현하는 경우가 많다. 또 머리전체가 아픈 일도 적지 않다. 일반적으로 피로에 따라 악화되고 오후나 저녁에 증상이 더 심해지는 경향이 있으며 목욕이나 마사지로 증상이 완화된다. 환자에 따라서는 쿡쿡 쑤시며 아프다고 호소하는 경우도 있으며, 편두통과의 감별 내지는 합병도 생각하지 않으면 안 된다. 근 긴장뿐만 아니라 심리적으로도 긴장하기 쉬운 경향의 환자가 많으며 치료자에게 내향적인 인상을 풍기는 경우가 많다.

3) 검사

근 긴장의 확인이 중요하다. 표면 근전위를 시간 시간으로 되풀이해 측정하고 두통의 정도와 근 긴장 사이의 상관관계를 확인한다. 그러나 실제로는 관련이 없는 증례도 많다. 임상적으로 hand dropping test와 각 부위의 근압통점을 확인하는 경우도 있다. 뇌파에서는 근 긴장을 반영한 절전도의 혼입을 보이는 이외에 다른 이상은 없는 것이 보통이다.

4) 진단

두통의 발병양식, 지속시간, 동통의 성질·빈도, 부위와 유발인자, 동반 증상에 주의하면서 두통을 일으키는 위독한 환자를 감별하는 것이 먼저 필요하다. 신경학적인 이상이 있는지 없는지의 감별도 중요하다. 그리고 다른 질환과의 합병도 있을 수 있기 때문에 의심스러우면 표면 전위를 측정하여야 한다. 또 만성두통을 장기간 호소하는 환자는 우울증 증상을 동반하는 경우도 많다. 이럴 때에는 수용적인 태도의 진찰이 중요하고 증상을 악화시키는 요인을 파악하도록 힘써야 한다.

5) 치료

진통제가 유효한 급성 타입도 보이지만 만성 또는 반복적인 타입의 경우에는 우울과 지속적인 불안을 동반하는 일이 많다. 이 경우 약제로는 항우울제를 많이 사용한다. 그러나 증상에 따른 일상생활에서의 영향이 심할 경우에는 약물요법과 안정만으로는 불충분하여 심리요법이 필요할 때도 있다. 예를 들어 심리적 긴장에 대한 상담 외에 동통일지를 쓰고 동통의 정도와 발병 시에 있었던 일, 그때의 생각과 감정이나 어떠한 행동을 했었는가를 기록하고 그것들을 근거로 동통의 원인과 해결법을 고찰한다는 인지 행동요법을 하는 일도 있다. 또 자율훈련법 또는 전두근과 승모근을 중심으로 BF 등의 긴장 완화법도 겸용한다.

두통 발작시의 치료와 두통 발작을 예방하기 위한 치료를 구별할 필요가 있다. 어느 경우라도 약물을 사용하는 경우가 많겠는데 이 점은 일반 텍스트에 자세히 설명되어 있다.

2. 편두통(migraine)

1) 병태생리

먼저 뇌동맥의 연축이 생겨 상당부분의 섬휘암점(閃輝暗点)과 오심 등의 전구 증상을 일으킨다. 계속하여 두개 내외의 동맥이 확장하여 심한 두통을 일으킨다라고 생각하고 있다. 혈관의 연축을 일으키는 물질로서 히스타민과 세로토닌이 알려져 있다. 또 초콜렛, 중화요리(글루타민산나트륨), 적포도주와 치즈 섭취로 인해 증상이 유발되는 사람도 있다. 심신의학에서는 중요한 심신증의 하나로서 강압적, 완벽주의적인 특유의 편두통 성격이 있다고도 한다.

2) 증상

전형적인 증상은 섬휘암점과 시야결손, 오심, 구토, 운동장애와 이상감각, 발한 등의 전구증상을 겸하며 한쪽으로 치우치는 박동성의 두통이다. 증상은 수 시간에서 하루 정도 지속된다. 또 중요한 특징으로는 발작성으로 증상이 출현하며 발작 간결기에는 전혀 증상이 없다. 보통 증상의 발현부위는 일정하지 않으며 항상 동일측에 증상이 있을 경우에는 뇌종양 등을 고려할 필요가 있다. 여성에게 많고 생리주기가 두통과 연관되어 있는 경우도 있다.

3) 검사

다른 만성 두통과 마찬가지로 다른 질환을 감별진단하는 것이 중요하다. 혈관 수축의 부위에 따라서는 일과성의 운동장애나 지각장애와 언어장애 등의 신경증상을 보이는 수도 있고 신경계의 검사도 필요하다. 뇌파에서 이상을 볼 수 있는 경우도 있다.

4) 진단

발작성이며 박동성의 두통을 보이고 다른 신체적 이상을 보이지 않는 전형적인 증례에서는 진단하기가 어렵지 않다. 그러나 임상의사는 환자가 호소하는 두통이 박동성인가 아닌가를 확인하는 것에 어려움을 느낄 때도 있다. 「지끈지끈」이라고 하는 호소는 꼭 박동성을 나타내는 것이 아니기 때문에 「심장의 박동과 일치하여 지끈지끈하며 아픕니까?」라고 확인하는 것이 중요하다. 만성이 되면 근수축성 두통(muscle contraction headache, MCH)과 합병되어 있을 가능성도 있으므로 주의가 필요하다. 심신의학적으로는 두통과 관련되는 심리사회적 요인과 환자의 생활습관을 확인할 필요가 있다. 가족력에서 볼 수 있는 경우도 있다.

5) 치료

이 두통의 약물요법은 발작 시 치료와 예방으로 구분할 필요가 있다. 경도의 발작 초기에는 진통제가 유효할 때도 있지만 많게는 주석산 ergotamine이 아주 유효하다. 또 발작이 매달 여러 번 있을 경우 예방법으로 β-차단제를 사용하기도 한다. 심신의학적으로는 피부온(皮膚溫) 바이오피드백을 쓴다. 이것은 혈관의 수축확장을 조절하는 자율신경기능을 재조정하는 것으로 생각된다. 이완법도 동등한 치료효과를 볼 수 있다. 또 동통일지를 기재하는 것으로부터 자가 모니터링을 한다. 이를 통해 음주를 포함한 식사나 노동과 일상의 습관 등의 관련에 대해 관심을 가지게 한다든가 문제 해결의 모색을 하는 등 인지행동요법적인 접근을 하는 경우도 있다.

3. 심인성 두통(psychogenic headache)

1) 병태생리

우울증, 몽상, 전환성 장애 또는 심기증(心氣症) 등 심리적 인자가 큰 두통이다. 또 만성두통 환자에도 다소의 심리·사회적 인자가 증상에 영향을 미친다. 심인성 두통의 분류는 예전부터 논란의 여지가 있으나 여기에서는 기질적·기능적 이상이 없음에도 불구하고 두통을 호소하는 환자 중에서 심리적 인자가 중요한 영향을 미치고 있는 경우를 의미한다.

2) 증상

두통의 증상은 전형적이지는 않지만 보통이다. 증례에 따라 여러 가지 유형으로 나타나며 보통은 둔통으로서 느껴지지만 때로는 격통의 증례도 볼 수 있다. 예를 들면 우울증의 두통은 오전 중에 심하고 오후에 호전되는 경향이 있다. 심기증에서는 두통이라는 증상에 심기적으로 집착하는 병태를 보인다. 때로는 정신분열병에서도 몽상으로 두통증상을 보이는 수가 있다. 전체적인 환자의 특징은 자각적 두통의 정도와 그에 따른 일상생활에 대한 영향이 일치하지 않는 경향이 있다.

3) 검사

심인성 두통의 진단에는 먼저 기질적 질환을 제외하고 두통의 원인이 되는 심인의 증명이 중요하다. 다른 두통에서도 동통일지를 기록하는 일이 많지만 이 경우에는 특히 중요하다. 동통점수와 일상생활 정도가 불일치를 보이는 경우가 많다.

4) 진단

정신의학적 관점에서는 전환성 장애나 심기증 등의 진단으로 생각되는 환자가 많다. 임상적 관점에서는 환자의 심신양면의 중증도를 검토한 뒤에 치료대상을 신체증상에 한정하는 편이 좋다고 판단될 때 이 진단을 적용한다. 신경증에 해당하는 진단을 내릴 경우에는 심리요법을 포함한 본격적인 치료를 하는 것이 전제가 된다.

5) 치료

환자가 일단 사회적응 레벨이라고 판단되면 대증요법을 위주로 치료하고 그 경과를 본다. 환자의 증상에는 심리적인 의미가 있으므로 아무렇게나 증상을 취급하지 않는 것이 좋은 경우도 있다. 그러나 완전한 증상의 조절을 겨냥하는 경우라면 사회로의 재적응을 포함한 본격적인 심리요법이 필요하다.

C 근긴장이상증(dystonia)

Dystonia란 Fahn 등의 정의에 의하면 「지속적인 근긴장으로서 염전성 또는 반복성의 운동과 이상한 상태를 가져오는 병태」이다. 그것은 증상의 분포에 따라 몇 가지로 분류되지만 여기서는 국소성 디스토니아를 설명하겠다.

1. 경성 사경(spasmodic torticollis)

1) 병태생리

흉쇄유돌근과 승모근 등의 두경부의 모든 근육이 이상하게 강한 수축을 하는 것으로 두위에 이상을 가져오는 병태이다. 원인은 대뇌의 운동·자세 프로그램의 이상이라고 생각되었으나, 그 중에는 혈관에 의한 부신경의 압박이 원인으로 여겨지는 증례도 있다. 흉쇄유돌근이 장애가 되는 경우가 많고 발병초기에는 한쪽의 근육이 지속적으로 또는 간헐적으로 수축하여 환자는 경부의 위화감과 뭉치거나 뻣뻣한 느낌을 심하게 호소한다. 장애가 장기화되면 시진에서도 알 수 있을 만큼 이환근이 비대하여 좌우차가 확실해진다. 이 상태에서 대부분의 환자는 이환근 이외의 근육군을 지나치게 긴장시켜 자세를 조절하고 있으므로 이로 인해 더욱 불수의 운동의 악화를 일으키는 악순환에 빠진다고 생각한다. 증례에 따라서는 어깨의 거상과 두부진전이 겹쳐 차츰 디스토니아 자세가 고정화 되어간다. 발병 요인으로서의 심리·사회적 인자의 관여 정도는 증례에 따라 다르다.

그러나 발병 시에 성격상의 치우침이 적은 경우에도 자세이상은 일상생활에서 커다란 스트레스가 된다. 일상생활 동작에 영향이 나타나서 직장적응에 지장이 생기던지 남의 시선을 지나치게 의식해서 대인관계를 피하게 되는 경우도 있다. 또한 다른 경우에는 오히려 과잉적응이 되던지 감정표현불능증(Alexithymia)을 보이는 증례도 있을 수 있다.

2) 증상

머리에서 경부의 근긴장 이상에 의한 자세이상이 주증상이지만 일반적으로 와위(臥位)보다는 좌위(座位), 좌위보다는 입위(立位)에서 때로는 정신적인 스트레스와 보행·차 운전 할 때 증상의 악화를 일으키는 경우가 많다. 자세이상은 이환근의 해부학적 소견에 따라 설명된다. 예로써 두뇌의 회전에는 반대측의 흉쇄유돌근과 동측의 판상근이 관여하고 측굴에서는 동측의 흉쇄유돌근과 승모근과 사각근 등이 관여하고 있다. 이것이 일치하지 않을 경우에는 몇 가지의 이유가 있을 수 있다. 하나는 무의식적으로 다른 부위의 자세를 변화(특히 척추의 측만이나 어깨의 들어올림)시켜서 이환근의 긴장을 줄이려 하는 경우이다. 더 나아가서는 목

부분의 여러 근육군이 복잡하게 관여하고 있는 경우도 있다. 또한 심리적 인자가 병태의 중심인 경우에는 자세와 근 긴장의 관계가 명확하지 않을 때도 있다. 불수의 운동의 측면이 강한 경우에는 식사, 침대로의 오르고 내림, 세면, 무거운 물건의 보관, 빠른 걸음 보행 등 일상의 생활 동작에 의한 전신의 긴장 항진에 따라 증상이 악화된다. 그 외의 특징으로서 기상 후 수분에서 수 시간 동안 일시적으로 증상이 호전되는 morning benefit이 보이던가 또 환자 자신이 느낄 때가 많지만 턱과 뺨 등 머리의 일부분을 가볍게 자기의 손으로 만지면 현저하게 자세 이상이 개선되는 sensory trick이 특발성의 경우에서 볼 수도 있다.

혈관에 의한 부신경 압박의 경우는 머리 부분이 phasic한 움직임을 나타내는 게 보통인데 자세에 의한 증상의 변화가 적든가 오히려 앉은 자세보다는 누운 자세에서 강하게 나타난다.

3) 검사

경추증 등의 정형외과적 질환과 간질 등의 신경질환 또는 일부의 대사성 질환과의 감별이 필요하다. 또한, 신경학적인 국소소견, 항신경약의 복약 유무와 발병 연령 등에 의한 특발성, 증후성 또는 약제성을 진단한다. 심신의학적 치료를 전제로 하는 경우에는 근긴장의 정도와 부위, 동작에 따르는 변화를 상세히 검토해 둔다. 그러므로 목 부위에서 어깨, 등부위에 걸쳐 다채널 표면 근전도의 기록이 필요하다. 이 때 1차적 변화와 2차적 노력에 따르는 변화를 가능한 한 구별한다. 또한 심리·사회면에서는 현실 스트레스의 유무, 성격, 사회적응 레벨 등을 치료 전에 평가해 둔다.

4) 진단

신체면의 감별진단에는 일부의 대사질환과의 감별이 문제가 되지만 원칙적으로는 디스토니아에 준해서 시행하면 된다. 심신의학적으로 진단상 문제가 되는 것은 신체면과 심리·사회면의 병태에 대한 관여 정도의 평가다. 우리의 경험으로는 일부의 환자를 제외하면 치료시작 전에 심신상관의 관계를 분명히 하는 것이 어려운 경우가 많다. 치료시작 전에는 심리·사회적으로 문제가 없다고 생각되는 환자에서 신체 증상의 개선과 함께 심리、사회적 문제가 현재화하는 경우가 있다.

이 현상은 다음과 같이 이해될 수 있다. 천식과 같이 사경(斜頸) 증상이 아주 심한 경우에는 모든 스트레스 증상이 악화요인으로 되어서 본질적인 요인과 2차적 요인과의 구별이 되지 않는다. 그러나 치료의 진전에 따라서 2차적 요인이 해결되면 본래의 문제가 뚜렷하게 부각된다. 이런 의미에서 치료시작 초기의 단계에 치료자가 심신상관을 속단해서 그 판단을 근거로 환자에 대한 해석을 내리는 일은 바람직하지 않다. 따라서 치료 경과에 대한 신중한 관찰이 필요하다.

5) 치료

항콜린제와 항경축제 등이 약물요법에 주로 사용되고 있지만 결정적인 약물은 아직 없다. 최근에는 보툴리누스 독소의 국소주사가 시도되고 있다. 이 독소는 신경근접합부의 콜린작동성신경종말의 작용에서 칼슘 의존성 아세틸콜린 방출을 억제함으로써 근이완을 일으킨다. 그러나 안검경련과 비교하면 주사하는 독소량이 많고 연하장애 등의 부작용이 일어나기 쉽다. 독소의 효과가 사라지는 수개월 후에는 증상이 재발하여 재주사가 필요하다. 또한 약물공급 면에서 문제가 있으며 에타놀 국소주사를 같은 목적으로 사용하는 경우도 있다.

심신의학적으로도 모리타 요법 등 여러 가지 치료법이 시행되어 왔다. 현재에는 근전도 BF를 기본으로 하는 치료가 어느 정도 효과를 나타내고 있다. 이 경우의 BF는 직접법에 의한 것으로 문제근군을 이완시키도록 재학습시키는 것이 목적이다. 먼저 등받침이 있는 의자에 느긋하게 앉은 편한 자세로 BF훈련을 시작해서 Shaping법에 준해 차차로 부하를 증가시켜 복귀하려는 생활장면에 근접시켜 나간다. 훈련 이외의 시간대에도 거울로 자세를 보던지, 보행 시 모자달린 상의를 입고 자세에 주의를 준다던지, 자발적으로 연습을 행하도록 지시를 내린다. 치료 초기의 BF 내용은 이환근의 부위와 근전위 레벨을 근거로 목표치를 설정하는 일 이외에 환자에 대한 차이는 적으나 치료가 진행되면 환자의 치료목표에 맞춰가면서 조건을 개별화한다.

처음은 목 부위 근육군의 이완자체가 어려운 과제이기에 반대로 BF훈련이 환자에게는 스트레스가 될 수 있다. 따라서 특히 초기에는 환자가 근육이완을 학습하기 쉬운 조건으로 설정할 수 있도록 배려한다. 증상의 자각적인 개선이 환자의 입장에서는 보상의 역할을 하게 되므로 BF훈련의 진전과 함께 환자는 치료에 적극성을 보이기 때문에 환자의 자발적인 의지를 존중해서 조건을 설정한다. 한편 객관적인 평가의 개선도 같이 보상이 된다. 그 평가법으로서는 두위편기의 크기와 지속, 어깨와 손목, 두부진전의 척도로 한 Tsui의 평가를 사용한다. 그러나 이 평가법에서는 이환부의 통증의 척도가 포함되어 있지 않기 때문에 임상에서 사용할 경우에는 그것을 개별적으로 물어 보는 것이 바람직하다. 반대로 BF의 효과와 치료의욕이 일치하지 않는 경우에는 다른 심리·사회적 인자가 강하게 관여하고 있을 가능성이 있으므로 면접 치료의 필요성을 검토한다. 또한 자율훈련법을 BF와 겸용하는 경우도 있다. 이러한 겸용 예는 BF 훈련만의 증례에 비하여 유의한 치료효과를 볼 수 있다. 또는 BF치료 시 근이완이 잘 이루어지는 경우에는 그것이 실제 생활에서도 잘 결합되는 경우가 많으며, 그 경우 음악을 들으면서 BF훈련을 하고 환자가 실생활에서도 음악을 들으면서 근이완을 촉진시킨다던지 또는 최면요법으로 치료효과를 넓혀가는 것을 시도하여 효과를 보고 있다.

사경(斜頸) 증상을 가리기 위해서 의식적, 무의식적으로 환자는 여러 가지 시도를 하게 된다. 대부분의 경우 이 이차적인 시도를 멈추지 않으면 본질적인 병태를 알아내기 어렵게 된다. 다만 이런 시도를 멈추게 되면 표면적으로는 증상이 악화된 듯이 보이기도 하지만 진짜 악화된 것이 아니므로 이 점을 환자에게 충분히 설명하도록 한다. 또한 불수의 운동의 측면이 강한 환자의 경우에는 상당히 장기간에 걸쳐서 BF를 계속할 필요가 있다. 따라서 장기간의 통원이 필요하게 되는데 환자의 거주 지역이 멀리 떨어진 경우에는 어려울 때도 있다. 그럴 때에는 자택 연습을 하기 위해서 자율 훈련법을 병행하는 일도 검토하여 본다. 한편 혈관에 의한 부신경 압박의 경우에는 외과적인 감압술 적응을 고려한다.

D 서경(writer' s cramp)

1) 병태생리

서경의 경우도 그 병태는 focal dystonia 등의 불수의 운동, 글씨쓰기의 그릇된 학습, 글씨쓰기에 대한 집착 등 여러 가지이다. 사경과 다른 점은 특발성의 서경에서는 증상이 글자쓰기 운동 시에만 나타나는 것이다. 발병 초기부터 그 밖의 운동에서도 불수의 운동이 있는 경우에는 다른 불수의 운동 질환을 고려할 필요가 있다. 또한 어느 직업에 고유한 동작(예 : 바이올린 연주자의 연주)이 안 되는 경우도 포함해서 직업경련이라고 간주하는 수도 있다. 일반적으로 남성에게 많다고 알려져 있는데 글 쓸 기회가 남성에게 많기 때문이라는 의견이 있지만 본질적인 성 차이의 유무는 불명확하다.

증후별로 보면 경직형, 떨림형, 긴장형 그 밖의 분류 등으로 구별된다. 경직형에서는 글씨쓰기 운동에 관련되는 근육군이 전반적으로 지나치게 긴장되어서 손~앞 팔목의 움직임이 굳어진다. 떨림형에서는 글씨를 쓰려할 때 손의 떨림이 나타난다. 이들 두 가지 형태에서는 근육 긴장이 아주 항진된 상태로 글씨 쓰는 것을 생각해 보면 설명이 가능한데 긴장형에서는 글씨 쓰는 이외의 동작도 장애를 받는다. 불수의 운동의 형태가 불분명한 경우에는 그 밖의 형태로 구분하게 되는데, 그 중에는 완벽한 글씨쓰기에 대한 거부감을 나타내는 증례가 많다. 마비형을 분류로 설정하려는 보고도 있지만 우리는 분명하게 마비를 지적한 증례의 경험은 없다. 손끝에 힘이 들어가지 않는다고 호소한 증례는 있지만 그 원인은 마비가 아니라 지나친 근육 긴장에 따라서 부적절한 글쓰기 자세를 취했기 때문에 손끝에 힘이 전달되기 어려운 사례였다.

1차적 요인으로서 심리·사회적 인자의 관여가 크다고 생각되는 경우는 성격적으로 신경질적이어서 대인관계에 문제가 있는 경우가 많다. 또한 완벽주의적 경향이 있어서 적지만 써내는 글씨의 흩어짐에 사로잡혀 그에 대한 언짢음 때문에 좀 더 동작이 부자연스럽게 되는, 글씨쓰기 장애 그 자체보다도 글을 못 쓴다라고 생각함으로써 악순환을 되풀이하는 증례도 있다. 한편 주로 불수의 운동이 문제가 되는 발병에서는 성격상의 치우침이 적었다고 생각되는 증례에서도 장기간의 이환으로 인해 동안 사회적으로 부적응 상태가 되어서 이차적인 심리·사회적 문제를 일으키는 경우도 있다.

2) 증상

증상의 특징은 동작 특이성이다. 일정의 동작, 예로 글씨 쓰는데 따라 손의 굳음과 떨림, 손목~어깨의 긴장이 나타나고 매끄러운 동작이 불가능하게 된다. 극단적인 경우는 필기구를 드는 일조차 못하게 된다. 그러나 글씨 쓰는 동작 이외의 손을 쓰는 동작에는 보통 문제가 없다. 즉 일정한 운동에서만 증상을 보인다. 그러나 이환기간이 길어지면 젓가락 사용과 같은 글씨쓰기에 가까운 동작에까지 영향을 미치는 일도 있다. 또한 글씨쓰기가 어려운 정도는 필기구의 종류에 따라 다른데 연필이나 볼펜의 경우는 심하게, 색연필, 붓이나 분필 등의 경우는 약하게 나타나는 경우가 많다. 남 앞에서 글씨쓰기를 어려워하는 경향은 조금씩 모든 증례에서 인정되지만 떨림형이나 글씨쓰기에 집착이 강한 증례에서 특히 두드러진다. 반대로 불수의 운동에 문제가 있는 경우에는 혼자서 글씨를 쓰게 되어도 증세가 나타난다.

3) 검사

기본적으로 사경(斜頸)에 준하며 감별 진단을 위한 검사가 필요하다. 치료를 전제로 한 경우 심부근의 평가는 곤란한 면이 있지만 다채널 표면근전도 기록이 의미가 있다. 이 경우에 글씨쓰기의 내용, 필기구의 종류들을 바꾸어서 여러 가지 조건에서 기록한다. 또한 동작을비디오로 기록하거나 쓰기 기록 자체도 치료 경과의 파악에 도움이 된다. 심리·사회면에서는 일반적인 검토 외에 현실 장면에서의 스트레스에 대한 평가와 직장에서의 글씨쓰기 동작의 상황, 발병 전의 글씨쓰기 내용 등을 확인한다.

4) 진단

특정의 동작에서 증상이 나타나는 일이 많고 쓰기 동작과 그 외의 다른 동작에 있어서 손~팔의 이상인 근수축의 확인이 필요하다. 조그마한 진전의 경우에는 나선과 원의 도형을 그리게 함으로써 명확해진다. 결국 실제의 동작을 재현시켜 증상을 확인하는 것이 중요하다. 떨림형에서는 본태성 떨림과의 감별이 문제되지만 글씨쓰기 이외의 상태에서도 떨림이 나타나면 후자를 고려한다. 또한 속발성 디스토니아 이외의 경우 이상한 근수축 이외에 다각적인 신경증상을 볼 수 있다. 심리적 인자가 일차적인 경우 치료자 앞에서 증상을 감출 필요가 없게 되면 오히려 서경 증상이 나타나지 않는다.

서경 중에서 형태 분류의 진단은 의외로 어려운 점이 있다. 특히 장기 이환자의 경우에는 글씨쓰기를 위해서 이차적인 여러 가지의 방안을 가지고 있기 때문에 발병 시의 병태에서 크게 변화된 경우가 많다. 다만 이차적인 학습에 의한 지나친 긴장은 치료에 의해서 비교적 조절하기 쉬우므로 치료의 진전에 따라 가장 조절이 어려운 병태가 드러나게 된다.

5) 치료

약물은 항불안제, 근이완제 등이 사용된다. 떨림형의 경우는 β-차단제를 시도한다.

심신의학적으로는 여러 가지의 이완이나 행동 요법에 의한 글씨쓰기 운동의 재학습이 시도되고 있다. 우리는 근전도 BF에 의해 치료효과를 높여왔는데 기본적인 치료계획은 사경에 준한다. 이 경우 초기에는 손~어깨의 근이완이 학습의 주체이고, 그 후는 Shaping법에 근거해서 글씨쓰기 운동의 재학습을 행하도록 한다. Shaping법의 단계는 글씨쓰기 내용(점→선→도형→숫자→일본가나→한자→문장)이나 글씨의 크기, 필기구의 종류, 글씨쓰기 속도 등에 주의하면서 환자의 병태에 대응하는 단계를 설정한다. 글자 동작 자체에 장애가 적을 경우에는 글씨쓰기의 머뭇거림이 치료의 대상이 된다. 이 경우에는 일반적인 의미에서 이완과 면접치료가 중심이 된다.

기본적으로 사경과 서경의 BF 전략에는 큰 차이가 없지만 한 가지 주의해야 할 점이 있다. 사경의 경우는 근육이완을 환자가 학습해서 근이완 여건 하에서 동작이 가능하게 되면 목 부분과 머리 부분의 운동 그 자체는 특별히 학습할 필요가 없다. 서경의 경우는 근육이완의 학습만으로는 불충분하고 근육이완 여건 하에서의 글씨쓰기 운동의 재학습이 필요하게 된다. 글씨쓰기 자세나 필기구 잡는 자세에 따라서 특정한 근육군의 이완이 충분히 나타나지 않는 경우가 있으므로 자세에 대한 확인도 필요하다. 다만 이를 치료 초기 단계에서 행하게 되면 새로운 긴장을 불러일으키는 일이 있으므로 어느 정도 근육이완을 학습하고 나서 이 단계로 진행할 필요가 있다.

E 안검 경련(blepharospasm)

1) 병태생리

안륜근(眼輪筋)의 불수의 수축 때문에 개안(開眼)유지가 불가능하게 되는 병태이다. 경증례에서는 순목(瞬目) 빈도의 증가를 보는 정도이지만 중증례가 된다면 수의적으로 개안이 되지 않고 일상생활에도 지장을 가져오는 증례도 있다. 40세 이후의 중장년층에 많고 성별로는 남녀 차이가 없다고 하는 보고와 여성에게 조금 많다는 보고가 있다. 중증례에 의하면 입술의 움직임이나 혀가 돌출하는 등의 기묘한 동작을 나타내게 되는 oromandibular dystonia를 수반하는 경우도 있다. 특발성의 안검경련을 essential blepharospasm이라고 부르는데 다른 부위의 디스토니아를 합병할 경우에는 Meige's syndrome이라고 한다. 유사한 병태에 개안실행(開眼失行)이 있는데 이 경우에는 상안검거근의 수축 불완전으로 개안이 곤란하게 된다. 이러한 환자들은 특유한 얼굴 모습을 보인다.

2) 증상

초기에는 한쪽 성향인 경우도 있지만 보통은 양쪽 성향이다. 밝은 곳에서 순목의 증가와 눈부심을 호소하고 특유의 찡그리는 얼굴을 한다. 일반적으로 서서히 악화되며 한참 진행하지만 나중에는 고정된다. 중증례에서는 수의적으로 개안되지 않는 수도 있다. 눈썹이 쳐져있는데 대한 소견은 Charcot의 눈썹징후라고 부른다. "TV를 보다", "신문을 읽는다"의 경우처럼 무엇인가를 주시하려고 하면 안륜근(眼輪筋)이 경련을 일으켜서 계속 눈뜨고 있는 것을 유지할 수가 없다. 악화됨에 따라 눈을 뜨고 있지 못하는 시간이 길어지고 강한 햇볕 아래에서는 증상의 증강도 겹치게 되어 외출이 곤란한 예도 많다.

3) 검사

일반적으로는 다른 신경학적 이상을 인정하지 않는다. 감별진단에는 표면 근전도가 유용하다.

4) 진단

증상은 보통 좌우대칭이고 문진·시진이 중요하며 다른 신경계 질환은 제외된다. 또한 안과적 이상의 유무도 확인한다. 심신의학적으로는 복합적인 병태가 포함되어 있을 가능성이 있다. 전환 히스테리와의 감별이 문제가 되었던 증례의 경험이 있는데 문헌적으로도 MMPI에서의 "conversion V"의 보고가 있다. 그러나 꼭 성격적으로 문제가 있는 증례들 뿐만 아니라 사회적 적응이 좋은 증례도 많다.

5) 치료

여러 가지 약물이 사용되어 왔는데 최근에는 보툴리누스 독소의 국부 주사에 의한 치료가 내과영역에서 주목받고 있다. 그 효과의 지속시간은 용량 의존적이고 개인차가 크지만 약 3개월간 유지된다. 수개월 단위로 주사를 반복할 필요가 있다. 부작용으로는 안검하수와 복시 등을 볼 수 있다. 심신의학적으로는 자율훈련법이나 근전도 BF가 쓰이게 된다. 근전도 BF는 앞이마 부위나 안륜근부위에서 시행한다. 심리·사회적 측면에서는 고령자가 많은 관계로 해서 "사는 보람"이나 가족관계에 문제를 안고 있는 사례가 있다. 증례에 따라서는 가정 내의 문제와 증상이 관련되어 있어서 가족과의 접촉이 필요하게 되는 경우도 있다.

F 기타

1. 본태성 떨림(essential tremor)

가족성의 자세떨림이나 파킨슨병으로의 진행은 없다고 되어 있는데 떨림의 주파수가 낮은 경우에는 주의를 요한다. 긴장 장면(결혼 피로연 접수 때의 서명 등)이나 신체 피로시의 떨림 등이 계기가 되어 떨림에 사로잡히게 된 경우에 심신의학적 치료의 대상이 된다. β-차단제(프로프라놀롤 등)가 유효하며 이차적인 긴장을 조절할 필요가 있으면 자율훈련법 등의 이완을 지도한다.

2. 히스테리에 수반하는 신경증상

전환성 장애의 경우는 이 항목에서 서술한 증상을 나타내는 경우가 있는데 심신의학적으로도 감별이 중요하게 된다. 일반적으로는 제외진단에 의한 감별이 보통인데 심료내과의로서는 적극적인 진단에 따라 히스테리성 장애의 가능성을 분명히 할 수 있을 정도의 진단능력이 필요하다. 구체적으로는 증상의 (주관적·객관적) 경과 관찰, 치료의욕의 문제, 발병전 적응·성격의 평가, 사회적응 능력, 사회복귀와 관련되는 문제나 이차적 질병이득의 유무 등을 자세하게 검토하면 전환성 장애의 가능성을 적극적으로 진단하는 것은 가능하리라고 본다.

3. 기타

그 밖의 질환으로 틱(tick)이나 간질 등을 들 수 있겠지만 근래에 와서는 큐슈 대학 심료내과에서 진찰받는 사람은 적다. 틱은 본래 목적이 있는 동작을 돌발적으로 저도 모르게 되풀이하는 상태로 단시간이라면 본인의 의지에 따라 억제하는 일이 가능하다. 어린이 사이에서 문제가 되는 일이 많아 진찰받는 목적은 심리적 인자에 대한 평가인 경우가 많다.

간질에 대해서도 심리적 인자의 관여 정도를 밝히려는 목적으로 우리 과에서 진찰을 받는 경우가 많은데 그 관여의 유무를 단정적으로 진단하는 것이 어려울 때가 많다. 관여가 "있다", "없다"라고 하는 단면적 관찰보다는 환자의 적응을 높이기 위해 어떻게 치료적으로 접근할지에 대해 고려하는 것이 더 유용할 듯하다.

문헌

1) Serrano-Duenas M : Chronic tension-type headache and depression. Rev Neurol 30 (9) : 822-826, 2000
2) Diamond S : Tension-type headache. Clin Cornerstone 1 (6) : 33-44, 1999
3) Riabus MV, Kolosova OA : Treatment of various forms of tense headaches by biofeedback. Zh Nevrol Psikhiatr Im S S Korsakova 99 (12) : 35-38, 1999
4) Hermann C, Blanchard EB, Flor H : Biofeedback treatment for pediatric migraine : Prediction of treatment outcome. J Consult Clin Psychol 65 (4) : 611-616, 1997
5) Sartory G, Muller B, Metsch J, Pothmann R : A comparison of psychological and pharmacological treatment of pediatric migraine. Behav Res Ther 36 (12) : 1155-1170, 1998
6) Mishima N, Matsuoka Y, Ozeki T, Nakagawa T : An attempt of classify patients with spasmodic torticollis based on the treatment outcome of EMG biofeedback therapy. Current Biofeedback Research in Japan, pp116-124, 1993
7) Smith DL, DeMario MC : Spasmodic torticollis : A case report and review of therapies. J Am Board Fam Pract 9 (6) : 435-441, 1996
8) Deepak KK, Behari M : Specific muscle EMG biofeedback for hand dystonia. Appl Psychophysiol Biofeedback 24 (4) : 267-280, 1996
9) 廣瀬和彦，宇尾野公義：眼瞼痙攣と開眼失行．治療 61 (11) : 2031-2037, 1979
10) Lundervold DA, Belwood MF, Craney JL, Poppen R : Reduction of tremor severity and disability following behavioral relaxation training. J Behav Ther Exp Psychiatry 30 (2) : 119-135, 1999

⑤ 내분비·대사계의 심신증

내분비·대사계의 질환에서 심신증으로 다루어지는 대표적인 질환에는 신경성 식욕부진증과 신경성과(대)식증같은 섭식장애, 애정차단성 소인증, 바세도병, 심인성 다음증 그리고 당뇨병, 단순성 비만증 등이 있다. 섭식장애에 대해서는 다른 장에서 자세하게 서술하고 있어 여기서는 생략한다. 또 우울증과 쿠싱증후군, 갑상선기능저하증 등 그 정신적 증상에 내분비계 특히, 시상하부-하수체-부신계와 갑상선계의 변화가 크게 영향을 미치는 질환도 적지 않지만 본 장에서는 다루지 않는다. 다음에 각 질환에 대해 서술한다.

A 애정차단성 소인증

1) 개념

보호자가 유년기 때 아이에게 방임과 학대 등 정서적으로 문제가 되는 부적절한 양육을 하여 그것이 장기간 지나면 아이는 육체적 또는 정신적으로 정상적인 발육을 할 수가 없어서 여러 가지 심리신체적 증상을 호소하는 경우가 있다. 하지만 발육을 직접적으로 저해하는 기질적 장애는 볼 수 없다. 이러한 소아의 정신적 신체적 발육장애에 동반하는 여러 가지 증상을 일괄하여 애정차단성 증후군 또는 정서억압 증후군(emotional deprivation syndrome)이라고 한다. 신체적 장애로서 성장장애를 분명히 볼 수 있는 경우에 애정차단성 소인증(emotional deprivation dwarfism) 또는 성인에서는 정신 사회적 소인증(psychosocial dwarfism) 이라고 부른다.

2) 임상증상

가장 눈에 띄는 것은 성장장애이다. 즉, 저신장과 저체중이다. 신장증가는 매우 불량하고 체중증가도 나쁘다. 신장과 체중의 변화가 시설입소와 입원으로 증가하고 가정환경으로 돌아오면 정지되는 현상은 「계단상의 신장·체중증가 현상」으로도 불리며 특징적인 증상이라고 할 수 있다.

그 외에 다음(多飮), 이상 식행동(과식, 식물 탐색 또는 식사를 하지 않음), 되새김 현상, 구토, 근력저하와 운동기능 발달 저하, 언어발달 저하, 야간의 울음과 수면장애, 손가락 빨기, 구석에 박혀있는 등의 행동 이상을 볼 수도 있다. 중증이면 자폐증상으로 말을 하지 않는다든지 공격적 행동을 한다든지, 무표정 하거나 무관심한 태도를 취하는 등 행동의 이상을 볼 수가 있다. 지적 기능은 반드시 장애가 있다고 단정지을 수 없다. 이러한 증상은 피학대아에서 볼 수 있는 「유아기 또는 소아기 초기의 반응성 애정장애」(DSM-Ⅳ, 313.89)로 분류한다. 신체적으로는 빈혈, 저혈당 발작, 발열, 되풀이되는 상기도 감염, 탈항(脫肛) 등의 증상을 동반하는 수도 있다. 골격연령은 지연되어 있다.

3) 내분비학적 검사소견

인간 성장호르몬(hGH) 분비의 일간 리듬이 장애가 되어 저하되는 경우가 많다. 또 인슐린 부하테스트(ITT)와 아르기닌 부하테스트에 의한 저혈당으로 hGH 반응이 장애를 보인다. 이 테스트에서 ACTH와 성선자극 호르몬 분비 반응도 장애를 보인다. 그러나 그 중에는 코티졸 기초 수치의 상승을 볼 수 있는 것도 있다. 인슐린 성장인자 IGF-1(somatomedin C)은 저하되어 있는 경우가 많다.

또한 정동 스트레스에 의하여 수면리듬이 깨져 간접적으로 수면 중의 hGH 분비 장애가 야기되어 그것이 성장장애에 관여할 가능성이 있다. 환아에게 hGH를 투여하여도 성장 증가는 볼 수 없지만 환경이 변화한 후에는 개선된다.[1] 입원 후 약 3주간 이러한 hGH의 이상이 정상화하였다는 보고도 볼 수 있다.[2]

이러한 소견으로 볼 때 정동 스트레스에 의한 GH분비의 억제, 말초에서의 GH작용에 대한 저항이 시사된다. 그러나 이 장애만이 아니라 소아기의 우울증에서도 이러한 GH계의 변화를 볼 수 있어 성장장애의 원인만이 단적으로 이같은 계통의 변화를 가져온다고는 설명할 수 없는 측면이 있다. 또 가끔 볼 수 있는 영양장애에서는 오히려 hGH는 높은 수치를 나타내기 때문에 영양장애를 동반한 경우 진단에 주의를 요한다. 발병 메카니즘의 자세한 사항은 추후의 과제이다.

4) 치료

이 증상이 의심스러우면 먼저 입원을 시킬 필요가 있다. 보호적 환경에 있는 입원시설에서 성장을 관찰함과 동시에 성장장애를 가져오는 기질적 질환의 감별을 위해서 자세한 검사와 충분한 영양섭취가 필요하다.

일반적으로 입원 후 이상행위나 정신증상은 서서히 경감한다고 한다. 또한 어떤 환아는 가정에서 잘 먹는데도 성장하지 않는다고 보고된 경우가 있지만 실제 잘 먹고 있는지는 보호자의 정보뿐이기 때문에 그렇게 판단해서는 안 된다. 실제 영양장애의 면에서 관찰하면 이 환아가 저혈당 발작을 일으키는 것도 신체발육 지연 원인의 하나로서 만성 영양부족에 있는 것도 충분히 고려해야 한다.

가정환경의 개선과 나아가서 환아의 심리적 지원이 꼭 필요하며 보호자 측의 개선을 기대할 수 없을 때에는 같은 가정환경으로 돌려보내는 것은 문제가 있다.

5) 감별진단

신경성 식욕부진증, 흡수불량 증후군, 만성염증성 장질환, 만성심부전, 신부전, I형 당뇨병, 갑상선기능저하증, 가성부갑상선기능저하증, 영양장애(Marasmus, Kwashiorkor, 미량원소 부족), 구루병(비타민 D 결핍).

B 바세도병

1) 개념

바세도병은 갑상선의 특이적인 자가면역 반응에 의하여 갑상선 세포 표면상에 있는 갑상선 자극호르몬 수용체(TSH수용체)에 대한 자가 항체가 생산되어 그 자극 때문에 과잉의 갑상선 호르몬이 분비되어 대사항진에 의한 증상을 일으키는 질환이다. 경증을 포함하면 20~30세 여성 약 300명 중 한 사람이 이환된다고 보고되고 있다.

2) 원인

그 발병과 경과에는 유전적 소인뿐 아니라 환경요인과 성별이 관여하고 있다. 환경요인으로서 감염, 심리적 스트레스가 관련되어 성 호르몬에도 영향을 주고 있다. 그 중에서도 심리적 인자는 중요하다. 근거로는 ①「경악바세도」라는 말이 있는 것과 같이 예전부터 정신적 스트레스가 원인이 되어 증상이 발병하였다는 보고가 다수 있고, 벌써 1895년에는 "고민이 오래 지속된다거나", "갑작스런 정신적 충격"으로 증상이 일어난다고 되어 있는 것[3] ②정신적 스트레스는 시상하부-하수체-부신계의 부활화를 통하여 항원 비특이적으로 면역억제작용을 나타내어 일반적으로 자가 면역질환을 유발하기 쉬운 것 ③이 질환자는 건강인과 비교하여 과거에 큰 스트레스를 많이 경험했던 경우가 더 많다고 보고되고 있는 것[3] 등이다. 그러나 이 스트레스 경험의 유무는 환자 본인의 기억에 의한 것이고 "recall bias"인 부정적인 스트레스 체험을 더욱 상기하기 쉬운 면이 건강인에 비해 환자군에서 강하게 작용하지 않을까라는 의문이 남아있다.

한편 가족력 내에 갑상선 질환의 유무에 관계없이 스트레스에 의하여 바세도병 발병률이 높아졌다는 것을 보면 유전적 소인과 심리적 인자는 다른 기구를 통하여 작용하고 있을 가능성도 지적되고 있다.[4] 그러나 실제로 사람에 있어서 심리적 스트레스가 면역계의 변화를 통하여 어떠한 메카니즘으로 바세도병 발병에 관련이 있는지 자세한 것은 아직 불분명하다.

3) 증상

신체적으로는 체중감소, 발한, 손떨림, 빈맥, 과식, 설사, 안구돌출 등이 나타난다. 여성에서는 월경불순·무월경이 올 수도 있다. 정신적 증상으로는 안절부절 안정하지 못하고 불안이 심해지며 주의집중이 곤란하고, 활동적이며 많이 급해지고, 과민하여 흥분하기 쉬워 웃다가 울다가하며 정서가 불안정해진다. 또 수면장애도 자주 나타난다. 설사증상을 동반하여 현저한 체중감소도 가끔 나타난다.

그러나 이러한 전형적인 갑상선 기능항진 증상은 처음부터 많이 나타나는 것이 아니라 그 중 몇 가지가 나타나는 경우가 많다. 또 환자의 병력에 의해 경조(輕躁)상태에 있거나 아니면 우울상태가 되거나 또는 분열병 상태의 증상이 나타나고 히스테리 성격인 경우는 히스테리 증상이 나타나는 경우도 있고 신경증과 정신병으로 오진되는 수도 있다. 특히 노인의 경우는 이러한 갑상선 중독증상은 없고 우울 증세를 주소로 내원하는 경우가 가끔 있으며 이런 상태를 "masked" 또는 "apathetic" hyperthyroidism이라 부른다.

4) 내분비학적 검사소견

혈중 갑상선 호르몬의 증가, TSH의 억제, TSH 수용체 항체의 상승, 갑상선I^{131} 섭취율의 증가 등을 볼 수 있다. 비만성의 갑상선종을 특징으로 한다. 다른 갑상선 기능항진을 가져오는 것은 감별진단에 나와 있다. 갑상선종의 촉진, 혈청 TSH 수치, TSH 수용체 항체수치 이에 더하여 I^{131} 섭취율 등의 소견으로 감별한다.

5) 치료

내과적 치료의 중심은 치오나마이드 제제인 메치마졸(MMI) 및 프로필티오우라실(PTU) 등의 항갑상선제이다. 그 외에 I^{131} 요법, 또는 갑상선 아전절제술 등을 시행한다. 치오나마이드 제제는 면역억제 작용이 있고 TSH수용체 항체의 음성화의 유무와 재발의 우려가 있어 일반적으로 이 약제의 투여는 적어도 년단위로 하는 것이 바람직하다.[5] 또한 출산 후에는 재발하기 쉽다. TSH의 저하, T3의 상승이 재발의 초기변화이다. 본 제제의 복용 종료 후에도 정기적인 경과와 관찰이 필요하다. 일반적으로 항불안제, β-차단제도 병용할 수 있다.

항갑상선 치료제 투여 중 euthyroid 환자에서는 생활의 총 스트레스량과 혈중 TSH 수용체 항체(TRAb), 갑상선 체적과의 사이에 상관관계가 있었다는 보고도 있다. 본 증상은 발병 때 뿐만이 아니고 경과 중의 재발, 악화에도 정신적 스트레스가 영향을 미치는 증례가 많다고 한다. 그러므로 심신의 안정이 중요하다.

6) 감별진단

아급성 갑상선염, Hashimoto병, 중독성 결절성 갑상선종, 요오드제제 대량섭취, 갑상선 악성종양, 이소성 갑상선 자극 호르몬 산생종양, 갈색 세포종.

C 심인성 다음증

1) 개념

무엇인가 심리적 원인에 의하여 병적인 갈증감을 해소하기 위해 과도한 수분섭취를 하여 그 결과로 다뇨와 많게는 저 Na혈증을 가져온다. 다량의 수분섭취를 오랫동안 지속하면 저장뇨가 생겨 요붕증과 감별하기 어려운 경우가 있다.

2) 원인

음료수에는 진정효과가 있어 불안, 분노, 적의 등 감정에 대한 진정 또는 욕구불만의 대상으로 다량의 수분섭취를 한다. 정서가 불안정하여 신경질적인 40세 이상의 여성에 많다고 되어 있으나 신경성 식욕부진증 환자에서도 섭식의 대사로 다음(多飮)을 하는 경우가 있다. 강압성 다음증, 자기유발성 수중독이라고도 부른다. 맥주를 많이 마시는 beer potomania에서도 볼 수 있는 경우가 있다.

3) 임상증상

다음, 다뇨 이외에 부정수소가 많고 때로는 다른 심신증을 동반하는 경우도 있다. 요붕증에서는 야간 수분섭취를 포함한 지속적인 수분섭취를 볼 수 있지만 본 증상에서는 심리적 영향을 받기 때문에 수분섭취량에 있어 하루 중 또는 하루 사이의 변동이 크며 야간다뇨는 드물다. 부종은 보통 볼 수가 없다.

저 Na혈증에 의하여 경련 등의 신경증상을 가져오는 상태를 "수중독"이라 부른다. 급격한 수중독이 일어나면 경면, 경련, 의식장애가 일어나 죽음에 이르는 수도 있다. 일반적으로 Na 농도 125mmol/ℓ 이상에서는 무증상인 경우가 많다.

표 Ⅳ-12 요붕증의 감별진단

	중추성 요붕증	심인성 다음	신성 요붕증
혈청 Na, BUN, 뇨산	상승경향	정상하한 • 저하경향	상승경향
혈장 레닌농도	상승경향	저하경향	상승경향
소변양	비교적 일정	변동 많음	비교적 일정
소변의 일차변동	−	+	−
얼음물에 대한 기호	+	특이 없음	특이 없음
혈액 침투압(혈청Na)	상승경향	하향경향	상승경향
바조프레신에 대한 반응	+	+	−
고장 식염수에 대한 반응	−	+	−
수분제한에 대한 ADH분비	−	+	+~++
MRI 하수체 후엽 고신호	−	+	불명

4) 검사소견

다른 중추성 요붕증과 신(腎)성 요붕증과는 다르며 혈청침투압 또는 혈청 Na수치는 정상하한~낮은 수치(125mmol/이하)를 나타내며 뇨중 침투압도 같이 저하한다. 혈청 BUN, 요산치, Cl수치, 알부민 농도의 저하도 같이 볼 수 있다. 또 혈장 레닌도 저하하는 경향을 볼 수 있다. 뇨중 Na총량은 소변양 증가와 동반하여 증가한다. GFR은 정상 범위 내에 있고 물 제한시험과 고장 식염수 부하시험에서 요농축을 볼 수 있다. 또 이러한 부하시험 전후에 혈장 침투압의 상승과 동반하여 혈청 ADH의 상승을 볼 수 있는 것이 특징적이다. 그러나 다음, 다뇨가 장기간 지속하고 있다면 부하시험에서 ADH가 분비된다 하여도 신장의 ADH에 대한 감수성이 저하하기 때문에 소변이 농축되지 않는 경우도 있다. 이것은 가역성이기 때문에 시기를 두고 되풀이 하여 검사해 확인할 필요가 있다. 또 최근에는 신장의 ADH 감수성이 있는 아쿠어포린2(AQP2) 요중 배설량을 측정하여 중추성 요붕증과의 감별에 사용할 수 있게 되었다.[6)]

최근에는 MRI의 두부(頭部)시상단의 T1 강조 영상에서 하수체 후엽이 전엽과 비교하여 고휘도(신호)를 나타내는 것이 정상소견의 특징이기 때문에 (후엽에 저류하고 있는 ADH를 위해) 심인성 다음증에서는 이 소견이 계속 유지되고 있다. 중추성 요붕증에서는 이 신호가 소실한다. 신성에서는 정상, 저하의 보고가 적고 지금도 일치를 볼 수 없다.

다른 요붕증과의 감별을 표 Ⅳ-12에 나타냈다.

또한 저 Na혈증과의 감별을 요하는 SIADH의 진단기준(표 Ⅳ-13)을 기록하였다. 특히 항우울제(SSRI도 포함), 진정제, 진통제(아스피린제제), 항정신제의 부작용(갈증감의 증강)에 의해서도 SIADH를 일으키는 수가 있다.

표 Ⅳ-13 SIADH의 진단기준

필수소견	제외소견
• 혈청 Na≦130mmol/ℓ • 저침투압혈증<280mOsm/kg • 뇨중 Na>20mmol/ℓ; >30mmol/day • 뇨침투압>혈청침투압 • 수분제한으로 저 Na혈증 개선	• 탈수 • 심부전, 간경변 • 신기능저하 • 부신기능저하 • 갑상선기능저하

5) 치료

중추신경증상이 없을 때에는 수분제한을 중심으로 천천히 교정한다. 급속히 진전하는 중추신경증상이 있을 경우에는 고장식염수를 사용하여 혈청 Na수치를 1mmol/ℓ·1hour의 속도로 120~125mmol/ℓ정도까지 교정하고 그 이후는 천천히 정상치로 돌리는 것이 좋다고 되어 있으나 혈청 Na수치의 주의 깊은 관찰이 필요하다. 급격하게 Na농도를 바꾸면 교중심수초붕괴(central pontine myelinolysis, CPM)를 가져올 위험성이 있다고 보고되어 있다.

경증에서 본인도 별로 어렵지 않게 느끼며 사회적으로도 문제가 생기지 않는 경우에는 특별한 치료가 필요 없는 경우가 있다. 그러나 1일 뇨량이 5~10ℓ에 이르는 경우에는 심리적 접근이 필요하다. 발병의 원인이 되는 심리사회적 요인을 확실하게 할 필요가 있고 수분섭취행동의 배경에 있는 심리적 문제의 관찰과 수분섭취와 관계되는 합리적 해결책의 실행, 심리적 갈등 대처능력의 향상 등 행동요법적 접근도 필요하다. 강박성에 대한 약물요법도 병행하는 경우가 많다. 또 섭식장애가 배경인 경우에는 비만공포도 있다는 질환 본래의 문제해결이 꼭 필요하다. 또 정신분열환자에서도 수분중독을 가져오는 예가 보고되고 있으니 주의를 요한다.

D 다른 내분비질환에서 정신증상을 가지고 있는 것

여러 가지 내분비질환 중 감정장애, 불안장애, 또 행동장애를 겸한 것이 있다. 대표적인 것은 다음과 같다.

쿠싱증후군
애디슨병
갑상선기능저하증
부갑상선 기능항진증
무갑상선 기능저하증
갈색세포종
하수체 기능저하증

E 당뇨병

당뇨병은 크게 나누어서 1형과 2형이 있다. 대부분의 당뇨병은 2형이며 후생 노동청의 보고에 의하면 수 십년 동안 30배 이상 2형 이환인구가 증가하여 현재는 내당능이상도 포함하면 1000만명 이상에 달한다고 한다. 이는 생활습관의 서구화와 관련이 있다.

1) 원인

일반적으로 질환의 발병과 예후에는 ①연령, 성별 등을 포함한「유전적 요인」②병원체와 유해물질, 스트레스 요인 등의「외부환경요인」③식습관과 운동습관이라는「생활습관」의 3가지 요인이 관련되어 있다. 2형 당뇨병의 원인에는 인슐린 저항성과 상대적인 인슐린 분비장애의 2가지 인자가 관여하고 있다. 그 중에서도 과식, 과음 등의 식생활, 비만, 흡연, 운동부족, 과로, 정신적 스트레스 등 생활습관병으로서의 측면이 더 강하고 그것이 인슐린 저항성에 관여하고 있어 심신의학적 대응이 필요하다.

한편 1형 당뇨병의 발병요인으로서 스트레스가 관여하는 부분은 이전부터 보고되어 왔다. 심리적 스트레스는 면역기능에 영향을 미치는 것뿐만이 아니고 카테콜아민계의 활동을 변화시켜 혈중 코티졸 농도를 상승시켜 글루카곤과 성장호르몬의 분비를 촉진한다. 또 DCCT의 보고와 같이 그 접근에 있어서는 환아의 발달 과제를 고려하여 자기 관리능력의 바른 판단에 맞는 관리가 필요하고 또한 가족을 포함한 심리사회적 측면에의 배려도 Ⅱ형과 동일하게 필요하다.[7]

2) 치료를 위한 심리행동학적 제문제

치료의 전귀(轉歸)는 환자자신이 치료를 준수하고 혈당조절을 양호하게 유지하는 것과 밀접하게 연결되어 있다. 여기에서 이러한 적절한 자기관리 행동을 규정하는 모든 인자, 자기관리에 있어서의 과제, 그 결과를 들어 그것이 환자의 QOL에 어떻게 관련되어 있는가를 설명한다(그림 Ⅳ-16).[8,9]

치료의 열쇠는 치료자와의 사이에 진심으로 동의할 수 있는 목표를 확립할 수 있는지 없는지에 달려있고 그것은 치료를 계속하여 성공시키기 위해서 중요하다. 그 구체적 목표는 각자의 생활주기에서의 발달 단계에 따라 다르고 또 당뇨병의 유형에 따라서도 다르다. 의사는 그 목표에 도달하기 위하여 적절한 정보를 제공하는 입장에 있고 환자가 납득할 수 있어야 한다. 자기관리 행동에 의한 결과(신체적 조절, 심리적 만족도, QOL)와 더불어 환경요인, 개인적 요인을 배려하면서 현재의 자기관리 행동을 같이 확인할 필요가 있다. 자기관리 행동의 개선에는 잘못된 현재의 자기관리 행동상의 문제점을 드러내는 것에 초점을 맞추는 것이 아니라 환자에게 맞추는 행동요법적 접근이 유용하다.

그러나 이러한 행동요법의 접근에 대하여 환자 자신의 성격, 자아의 발달도, 인지기능, 그리고 감정기능은 그 전귀(轉歸)에 큰 영향을 끼친다.[10] 특히 감정장애 등 합병 정신장애와 섭식장애, 가족관계에서의 문제(갈등), 스트레스적 일상생활, 인지기능 장애, 사회적 능력과 대처능력의 문제 등이다. 이러한 면에서 배려 없이 결과적인 성과만 생각하고 치료자가 먼저 앞서 간다면 치료결과의 진전이 문제가 아니라 환자가 중도탈락을 하지 않는다고 말할 수 없다. 가끔 환자자신의 말로는 나타낼 수 없는 의료인에 대한 기대가 숨어있기도 하며 또 자기의 진실한 마음을 표현하는 것이 서투른 경우도 적지 않다. 특히 alexithymic 또는 alexisomic한 환자는 이러한 점에서 충분히 배려할 필요가 있다. 또한 무엇보다도 의사-환자간의 기본적 신뢰관계가 치료를 진행해 가는데 기본이다. 당뇨병 치료에서 중요한 것은 "치료의 동기부여"에도 영향이 있다. 더 나아가서 가족 등 환자를 둘러싸고 있는 지원시스템은 자기관리 행동의 지속적인 실시율을 높이고 혈당조절을 개선한다.[8]

그림 Ⅳ-16에 있는 당뇨병 교육, 식사지도, 운동지도, 흔한 복약행동, 인슐린자가주사 또 혈당자가측정 지도같은 자기관리 행동에는 다음에 기록해 놓은 심신의학적 접근을 조합하여 사용하면 좋다.

① 지지적 면접, 상담
② 인지행동요법
③ 자율훈련법
④ 가족 교육, 가족협력에 초점을 맞춘 면접
⑤ 집단요법
⑥ role play, 토큰 이코노미 등

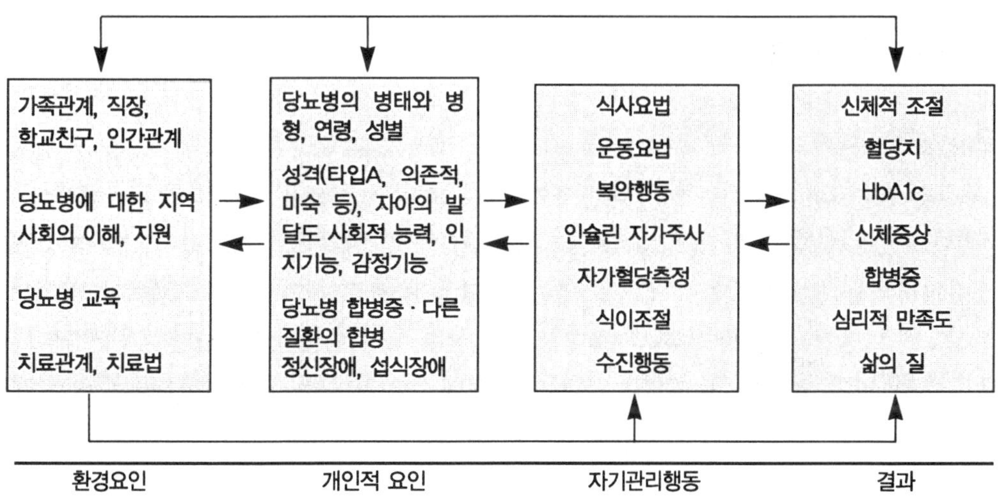

그림 Ⅳ-16 당뇨병 자기관리에 있어서의 영향요인, 과제 및 그 결과(문헌 8, 9 수정)

3) 합병증에서의 심신의학적 대응

심신의학적 대응이 특히 필요한 당뇨병 환자는 중증 합병증이 있는 사람, 불안장애나 기분장애 그 중에서도 우울증이 있는 사람, 또 섭식장애가 합병되어 있는 사람 등이다. 당뇨병 합병증에 직면하였을 때 일반적으로 환자의 반응에는 ①혈당조절은 무의미하므로 적당히 할 것인지, 중지하면 절망하게 될 것이고 ②합병증의 발병으로 동기가 생겨 더욱 적극적인 마음이 생기거나 ③고혈당은 잘못됨이 임박함을 암시하는 것이 아닌가하고 두려워서 강압적으로 자기관리를 하게 되어, 어느 쪽으론가 갈등에 빠진다고 한다.[7] 또 망막증을 합병한 중증환자의 예로, 역으로 일에 대한 과잉적응으로 사회적응은 양호하고 한편 문제가 없는 것 처럼 보이나 병에 대해서는 무관심하여 자기관리를 하지 않아 합병증을 악화시키는 문제점도 보고되고 있다.[11] 합병증이 진행하여 신부전으로 혈액투석, 실명, 괴저로 인한 사지의 절단 등 사회생활이 현저하게 제한된다는 현실에 직면한다. 치료자는 지지적으로 접근하고 환자는 가족의 협력하에 환자 자신이 사는 보람을 가질 수 있도록 지원받는 것이 중요하다.

또한 질병의 유형에 관계없이 항우울증과 불안장애의 위험이 높다. 또 우울증이 2형 당뇨병의 위험인자의 하나라고 보고되어 있다.[12] 섭식장애의 합병증도 당뇨병의 조절을 어렵게 한다. 당뇨병이 섭식장애를 합병하기 쉬운지 아닌지에 대해서는 일치된 견해를 얻을 수 없지만 젊은 여성의 1형 당뇨병에서는 신경성 대식증을 합병하기 쉽다고 보고되어 있다. 특히 인슐린 주사의 스킵은 체중증가 방지 때문에 대상행위로서 사용되어 항우울, 불안경향이 강하며 혈당조절도 불량하고 만성합병증의 빈도가 높다.[13]

F 단순성 비만증

1) 개념

단순성 비만증은 2차성(증후성) 비만증으로 진단되는 것 이외를 포함한 총칭 개념이다. 일본비만학회의 비만판정은 BMI 25kg/m^{2}이상(BMI 22를 표준체중으로 하면 13.6%이상)으로 정의되어 있다. 비만증이란 비만을 기준으로 또는 BMI 25미만이라도 지방축적의 이상으로 그것이 비만에 관련하여 체내의 각종 이상과 상관이 있는 것이 명확하다면 비만증이라고 할 수 있다. 이것은 속칭 「숨어있는 비만」이라 불려진다. 이렇듯 비만과 비만증은 다른 개념이다.

2) 원인

원인으로는 에너지의 과잉섭취, 에너지의 이용(소비) 부족(운동부족)에 의한 경우가 가장 많다고 생각하지만 더 나아가 열생산 저하가 관여하는 경우도 있다. 최근에는 유전성 비만 마우스의 원인으로 특정된 「ob 유전자」의 산물인 렙틴(leptin)이라 불리는 펩타이드 호르몬과 비만의 관계를 주목하고 있다. 렙틴은 포만 신호로서 작동하지만 비만증에서는 그 혈중농도는 높은데도 "렙틴 저항성"의 상태에 있고 렙틴 수용체나 세포내 신호전달의 이상도 보고되어 있다.

그러나 비만과 비만증이 다른 개념인 것과 같이 비만=불건강과 질환이라고 생각해서는 안된다. 분류 항목에서 기록한 것과 같이 비만전체가 신체적 합병증에 직결된다고 한정할 수는 없다. 더 나아가서 일반적으로 각종 내과 교과서에서는 비만의 문제는 신체적 합병증 발병의 위험성만이 초점이 맞추어지며 "비만=악(惡)"이란 점에서 기술되어 있다. 그러나 비만의 문제도 심리사회적 측면과의 관계에 관하여는 연구가 많지 않으며 향후의 과제이다.[14)]

3) 분류

지방조직의 분포에서 단순성 비만증은 피하지방 축적형과 내장지방 축적형으로 나눈다. 또 체형에서 사과형(상체비만)과 서양배형 비만(하체비만)으로 구별된다. 여러 가지 질환의 발병에 관계하는 것은 내장지방형과 사과형 비만이고 당뇨병, 고지혈증, 허혈성 심질환, 고혈압의 발병 등과 관련된다. Kissebah 등은 허리/엉덩이둘레비(W/H)가 0.8이상은 이러한 각종 합병증 빈도가 높아진다고 보고하였다.[15)]

증후성 비만증에는 쿠싱증후군, 갑상선기능저하증 등 내분비질환으로 정신증상을 가져오는 것이 몇 가지가 포함되어 감별을 요한다.

4) 치료

일반적으로 비만의 치료로서 아래의 표 Ⅳ-14의 방법이 사용되고 있으나 체중의 조절에는 신경계, 내분비대사계, 그것에 심리사회적 영향이 유전적 소인과 함께 복잡하게 관여하고 있어 단순히 에너지에만 초점을 맞춘 치료는 잘 되지 않는다. 실제로 다이어트와 운동요법을 지도하여 감량할 수 있다하여도 많은 경우에서 일시적으로 재발을 하기 때문이다. 지속적인 실행에는 심리·사회적 측면에서의 검토가 필요하다.

비만환자 특유의 잘못된 인지의 수정, 그래프용 체중일기와 식사일지의 활용, 체중 모니터링, 다면적·단계적 치료 프로그램에 따르는 인지행동요법 등 부적절한 식사방식에 초점을 맞춘 치료가 사용되고 있다. 특히 소식(小食)을 하는 비만환자에서는 심리적 스트레스에 대한 대처 행동으로서의 부적절한 식사행동=소식이 습관화되어 왔고 심신의학적 접근이 중요하다.[16,17] 또한 그림 Ⅳ-17에서 보는 바와 같이 섭식장애와 비만은 비슷한 질환이라고 생각해도 좋고,[16] 비만인은 이러한 섭식장애와 같은 심리적 특징이 있는 subgroup이 20~30% 포함되어 있다. 이것은 전에 "난치성 비만"이라고 불려진 것이다. 장기적인 전귀(轉歸)까지 포함하여 모든 사람에게 효과적인 비만증 치료법 확립이 향후의 과제이다.

표 Ⅳ-14 비만의 치료법

① 식사요법 : 저열량 식사요법, 초저열량 요법(VLCD)
② 운동요법
③ 행동요법, 인지행동요법
④ 약물요법
⑤ 외과적요법 : 수술(수직차단위형성술, 위 바이패스술, 담낭 췌장바이패스술)

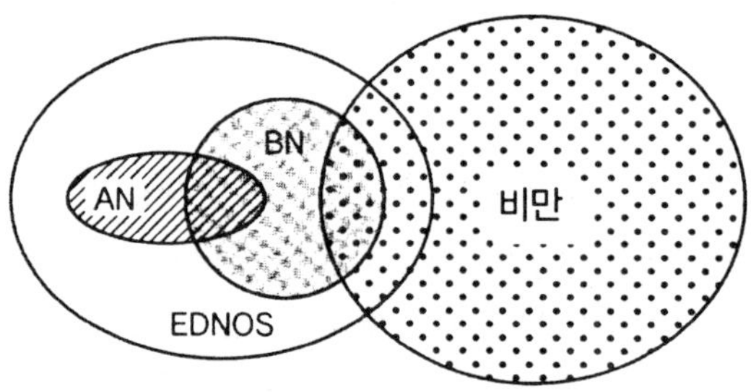

섭식장애
AN : 신경성식욕부진증
BN : 신경성과식증
EDNOS : 특정불능의 섭식장애

그림 Ⅳ-17 섭식장애의 분류와 비만의 관계

– 끝으로 –

내분비 • 대사성 질환에서 심신으로 다루어야 하는 대표적 질환을 기술하였다. 그 외에 우울증 등의 기분장애와 자가면역 질환 등에는 시상하부–하수체–부신피질계의 변화가 밀접하게 관련되어 있다. 이러한 질환도 본 항에서 다루어야 하는 환자라고 생각되나 지면관계상 생략하였다. 「Ⅱ-2. 정동과 내분비」, 「Ⅱ-7. 스트레스와 면역」의 항목을 참조하기 바란다.

문헌

1) Blizzard RM, Bulatovic A : Psychosocial short stature : A syndrome of many variables. Clin Endocrinol Metab 6 : 687 - 712, 1992
2) Skuse D et al : A new stress-related syndrome of growth failure and hyperphagia in children, associated with reversibility of growth - hormone insufficiency. Lancet 348 : 353 - 358, 1996
3) Crawford R : Graves's disease : An emotional disorder. King's Coll Hosp Rep 3 : 45, 1895
4) Winsa B et al : Stressful life events and Graves' disease. Lancet 338 : 1475 - 79, 1991
5) Tamai H et al : Thionamaide therapy in Graves' disease : Relation of relapse to duration of therapy. Ann Intern Med 92 : 488 - 90, 1980
6) Saito T et al : Urinary excretion of aquaporin - 2 in the diagnosis of central diabetes insipidus. J Clin Endocrinol Metab 82 : 1823 - 1827, 1998
7) Jacobson AM et al : 糖尿病の心理社会的側面．金澤康徳他(編)：ジョスリン糖尿病学，pp433 - 450，医学書院MYW，1995
8) Glasgow RE, Eakin EG : 第6章　糖尿病の自己管理．中尾一和，石井　均(監訳)：ADA米国糖尿病学会糖尿病診療のための臨床心理ガイド．pp63 - 73，メジカルビュー社，1997
9) 石井　均：糖尿病の心理的諸問題とそのマネージメント 1：糖尿病の心理行動学的諸問題．糖尿病 43 : 13 - 16, 2000
10) 瀧井正人，他：NIDDM患者における精神的ストレスへの対処様式と血糖コントロールとの関係：PFスタディによる検討．糖尿病 38 : 173 - 180, 1995
11) 吹野治，他：重症合併症(網膜症)を有する糖尿病患者の心理特性について．糖尿病 28 : 889, 1985
12) Eaton WW et al : Depression and risk for onset of type II diabetes : A prospective population-based study. Diabetes Care 19 : 1097 - 1102, 1996
13) Takii M, Komaki G, Uchigata Y et al : Differences between bulimia nervosa and binge-eating disorder in females with type 1 diabetes : the important role of insulin omission. J Psychosom Res 47 : 221 - 231, 1999
14) Brownell KD : History of obesity. In Brownell KD & Fairburn CG (Eds) : Eating disorders and obesity. A comprehensive handbook, pp 381 - 385, New York, Guilford Press, 1995
15) Kissebah AH et al : Relation of body fat distribution to metabolic complications of obesity. J Clin Endocrinol Metab 54 : 254 - 260, 1982
16) 小牧　元：肥満の治療法：認知行動療法―Binge eating disorderを中心として．日本臨牀 53(特別号)：468 - 474, 1995
17) 永野　純，他：過食を伴う摂食障害患者に対するBOOCSの応用．心身医学 38 : 423 - 31, 1998

⑥ 자율신경 실조증

자율신경 실조증(이하 '자실' 로 줄임)은 그 진단이나 치료를 결코 간과할 수 없다. 자각증상 하나만 보더라도 아침에 증세가 나타났는가 싶으면 저녁에는 사라져 안 보이기도 하고, 피곤해서 다시 모양새를 달리하는가 하면 계절이 바뀌는 때에 갑자기 나타나는…… 식으로, 당사자 본인으로서도 병의 상태를 이해하는데 괴로워 할 정도다. 그러므로 「자실」은 그야말로 변환자재(變幻自在)의 질병이라고 해도 좋을 듯하다. 따라서 그 치료도 여러 방면에서 시도되고 있다. 약물요법은 그 선택의 하나로 「자실」의 치료에는 빠뜨릴 수 없는 기본적인 것으로 그 적용 여하에 따라서는 아주 유효한 경우가 적지 않다.

그런데 약물요법의 효과를 최대한으로 발휘하기 위해서는 올바른 진단이 중요하다. 자율신경 실조증은 가끔씩 「부정수소증후군」으로 불릴 정도로 일정하지 않은 증상이 나타나는 특징을 포함하고 있기도 하며 진단상의 실수도 드물지 않다. 따라서 그런 점들을 미연에 방지하기 위해서는 「자실」의 병태 발생기전의 파악에 있어 좀 더 인간적인 관점에서의 환자에 대한 이해와 그에 근거한 심리·사회적 요인에 기인하는 스트레스와 병태 발생의 관련성 등, 심신 양면에서의 기능적이고 다면적인 접근이 요구된다.

A 자율신경계의 구조와 작용

자율신경 실조증은 자율신경계의 작용에 기능적 장애가 발생하여 그 균형이 무너져서 생기는 병적 상태를 말한다. 따라서 약물요법을 하기 위해서는 자율신경계의 구조나 작용에 관해 충분히 이해하는 동시에 약물의 특징, 작용부위 및 작용기전에 대해 알아둘 필요가 있다.

그 요점을 아래에 서술한다. 먼저 자율신경계는 교감신경과 부교감신경이라고 하는, 작용이 서로 다른 2종류의 신경으로 구성되어 있다. 예를 들면 교감신경이 흥분하면 혈압이 상승하고 부교감 신경이 흥분하면 거꾸로 혈압이 내린다고 하는 식의 형태로 되어 있다.

그러나 보통 이 두 가지는 마치 수레의 두 바퀴 모양으로 끊임없이 교묘하게 균형을 유지하면서 몸이 원활하게 그 작용을 완수할 수 있도록 작용하고 있다(표 Ⅳ-15). 자율 신경계의 또 다른 특징의 하나는 팔다리나 얼굴의 근육(골격근)을 자신의 의지로 자유롭게 작용하게 하는 뇌신경과는 달라서 자신의 의지로는 조작이 안 되는 내장의 근육(평활근…심장, 위장관 등)이나, 혈관(동·정맥) 혹은 내분비 기관(부신 등)을 지배하고 있다고 하는 사실이다. 곧, 몸의 무의식의 영역을 일정한 상태(이를 항상성이라고 한다)나 쾌적한 환경으로 유지하는 커다란 역할을 담당하고 있다. 이 밖에도 교감신경계는 맞싸운다, 도망간다 등과 같이 에너지를 내는 방향(이화작용, 향역동작용이라 한다), 부교감 신경계는 에너지를 받아들이는 방향(동화작용, 향영양작용)에 중점적으로 작용한다. 그런데 자율신경은 해부학적으로 또 하나의 커다란 특징을 지니고 있다. 그것은 뇌신경과는 달라서 출발점에서 작용점으로 되는 지배장기(支配臟器)에 이르기까지 반드시 중계점을 만들고서 거기서 신경선유를 접속한다(이를 시냅스라고 한다)라는 점이다(그림 Ⅳ-18 참조). 이 시냅스에서는 교감신경에서도 부교감신경에서도 아세틸콜린(Ach)이 분비되며 흥분이 중추부에서 말초부로 전달되도록 되어 있다. 이 특징을 약물요법에서 가끔씩 잘 이용하면서 치료를 해 나간다. 이 관계를 좀 더 알기 쉽게 설명하면 다음과 같다.

부교감신경은 그 출발점이 거의 뇌(일부는 허리·선수부(仙髓部)에서도 출발되고 있지만)에 있어 거기서부터 주로 복부 내장으로 분포하고 있다. 게다가 앞서 언급한 신경의 시냅스가 지배장기(위·장 등)의 아주 가까이에서 끝나 있다는 게 특징적이다. 곧 부교감신경이 흥분한 경우, 그 자극은 국한된 영역이나 장기에 전달되기 쉬운 법이다(기관지 천식, 위·십이지장 궤양 등). 그러한 반면에 교감신경은 그 출발점이 척수의 위에서 아래로 배열되어 있어 그 시냅스는 중추에 가까운 부위, 곧 장기에서 떨어진 부분에 자리잡고 있다. 그래서 일단 이 신경이 흥분하게 되면 어느 한 장기에 머물지 않고 넓은 영역으로 자극이 확산되어 전신성의 반응을 야기시키기 쉽다(혈관 수축에 따른 혈압의 상승, 전신성의 발한 등).

이와 같이 같은 자율신경이더라도 교감신경이냐 부교감신경이냐에 따라 그 작용이나 성질이 크게 다르다. 흥미롭게도 지금까지의 경험적 사실에 근거하건데 교감신경, 부교감신경의 어느 편이 긴장항진이나 이상반응을 일으키느냐는 각 개인에 따라 거의 결정되어 있는 듯하다. 예를 들면 교감신경 긴장항진에 기울어지기 쉬운 사람은 혈압동요가 크고 빈맥기미로 되기 쉬우며, 또한 발한과다를 호소하기 쉽다.

한편 부교감 신경 긴장항진 타입의 경우는 위장 증상(구역질, 설사, 복통 등), 저혈압, 서맥, 방광증상 등이 나타나기 쉽다는 식의 질병 성향이다. 이러한 점도 약물요법을 시행하는 경우에 많은 참고가 된다.

표 Ⅳ-15 자율신경 자극 시의 각 효과기관의 반응

효과기관		교감신경 자극효과		부교감신경 자극효과
		수용체	반응	반응
눈	홍채산대근	α	수축(산동)	–
	홍채괄약근		–	수축(축동)
	모양체근	β	이완	수축
	순막(개·고양이)		수축	–
심장	동방결절	β_1	심박 수 증가	심박 수 감소
	심 방	β_1	수축력·전도 속도의 증가	수축 속도의 감소, 전도속도 증가(통상)
	방실결절	β_1	전도속도의 증가	전도속도 저하
	심 실	β_1	수축력 증대	–
혈관	관상혈관	α, β_2	확장	확장(?)
	피부·점막	α	수축	확장(?)
	골격근	α, β	수축·확장	확장(?)
	뇌	α	수축	확장
	폐	α, β_2	수축	확장
	복부내장	α, β_2	수축·확장	–
폐	기관지근	β_1	이완	수축
	기관지분비	?	억제(?)	촉진
위	운동, 긴장	α_2 β_2	억제(통상)	촉진
	괄약근	α	수축	이완
	분 비		억제(?)	촉진
장	운동과 긴장	α_2 β_2	억제	촉진
	괄약근	α	수축	이완
	분 비		억제(?)	촉진
담낭·담관			이완	수축
방광	기저부	β	이완	수축
	삼각부·괄약근	α	수축	이완
수뇨관운동과 긴장		α	촉진(통상)	촉진(?)
자궁운동과 긴장		α, β_2	부정확	부정확
생식기(♂)		α	사정	발기
피부	입모근	α	수축	–
	한 선	α	경도 국소 분비	전신성 분비
비장 피막		α, β_2	수축	–
부신피질			–	Ad, NAd의 분비
간			글리코겐 분해 촉진	–
타액선		α	분비촉진(농후)	분비촉진(희박)

B 자율신경의 말단에서 방출되는 것

자율신경제의 작용구조에서 또 하나 중요한 사실에 주목할 필요가 있다. 그것은 교감신경과 부교감신경의 2종류의 신경 말단에서 방출되는 화학물질(신경전달물질이라 한다)이 매우 다르며, 그 물질의 운명이 다르다는 점에 있다. 그림 Ⅳ-19, 20은 그 차이점을 보여준다. 곧 신경이 흥분했을 때 교감신경 말단부에서는 노르아드레날린이, 부교감신경 말단부에서는 아세틸콜린이라는 전달물질이 분비되어 각각의 목적장기(수용기)에 도달해서 그 부분을 흥분시킨다. 이어서 일단 이들 물질이 목적한 부분이나 장기에 작용한 다음에는 분해되든가 재흡수되어 재이용되기도 한다. 이 작용 구조가 최근에 이르러 자세하게 밝혀졌는데, 따라서 자율신경 작용제는 더더욱 효과가 정확하게 나타나게 되었으며 부작용이 적은 약이 개발되기에 이르렀다.

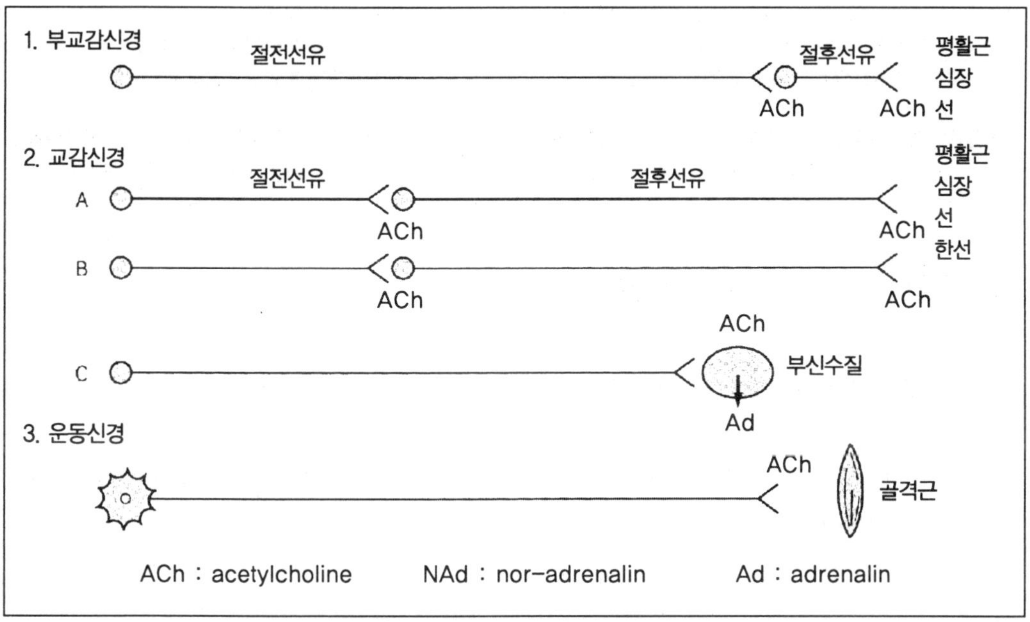

그림 Ⅳ- 18 자율신경계 및 운동신경계의 화학전달 물질에 의한 분류

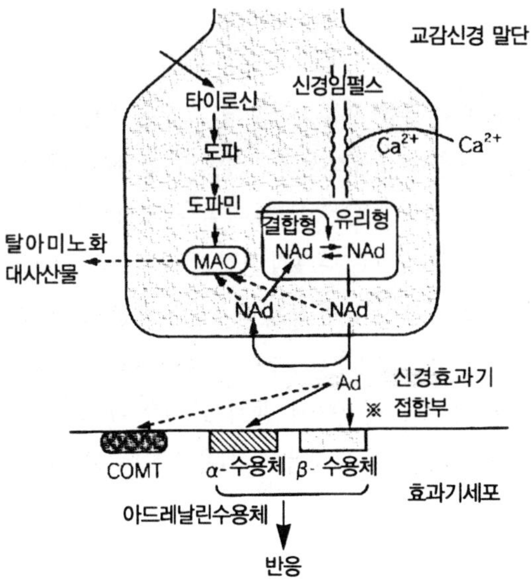

NAd : 노르아드레날린, MAO : 모노아미노산화효소
COMT : 카테콜-O-메칠기전이효소
※ 이 부분에 교감신경차단제(β-차단제) 효과 있음

그림 Ⅳ-19 교감신경 말단에서의 노르아드레날린의 합성, 저장 및 유리, 작용의 모식도

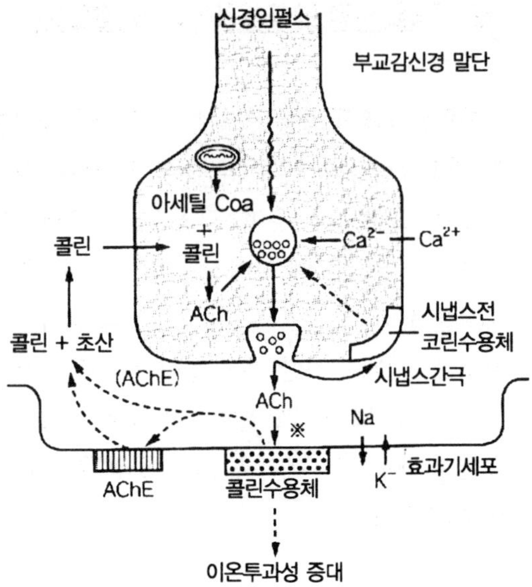

ACh : 아세틸콜린
AChE : 아세틸콜린에스테라제
※이 부분에 부교감신경차단제 효과 있음.

그림 Ⅳ-20 부교감신경 말단에서의 아세틸콜린의 합성, 저장 및 유리의 모식도

C 자율신경 실조증 치료약물

자율신경 실조증에 대한 약물치료법은 약의 성질이나 그 작용 부위로 보아 크게 2가지로 분류할 수 있다.

곧 주로 뇌의 자율신경 중추에 작용하는 중추성 약물과 교감·부교감 신경의 말초에 작용하는 말초성 약물이다.

전자는 자율신경 안정제(정신 안정제), 자율신경 조정제, 수면 유도제, 정동 조정제 등이 있다. 후자는 곧 자율신경의 말초에 작용해서 치료효과를 겨냥하는 것으로 교감신경 흥분제 및 억제제, 부교감신경 흥분제(이 약은 보통 사용 안 함) 및 억제제가 있다. 이런 약들은 주로 시냅스라고 하는 접속점보다는 말단 부분에서 작용한다(그림 Ⅳ-18 참조).

곧 두 자율신경의 말단부에서 아세틸콜린이나 노르아드레날린 분비를 촉진시키기도 하고, 혹은 일단 분비된 이들 물질이 장기 측(예 : 위·장 등)의 수용기에 작용할 때 이곳을 선택적으로 차단하여 결과적으로는 흥분을 억제 또는 조정하기도 한다.

이 외에 호르몬, 비타민 혹은 한방약처럼 전신의 내분비 기관의 작용 보충이나 심·순환계

의 조화를 도모하여 결과적으로 자율신경계의 흐트러짐을 바로잡으려는 약물들도 있다(표 Ⅳ-16).

다음으로 이들 대표적인 약물에 대한 특징이나 사용상의 주의사항을 간단히 설명한다.

표 Ⅳ-16 자율신경 실조증에 대한 약물요법 일람

약물 분류		약품명(일반)	상 품 명	작용의 특징	치료의 목적	치료상의 주의 사항, 부작용 등
정신안정제 (자율신경안정제)		diazepam oxazolam chlordiazepoxide medazepam	Cercine, Horizon Serenal Balance, Contol Resmit Restas	항불안 작용이 강하기 때문에 일명 항불안제라 불린다. 자율신경 중추에도 작용하여 자율신경의 긴장항진을 완화한다.	불안 긴장이 강한경우와 「자실」에 심인성의 관여가 있을 때 적합	부작용: 졸림, 흔들림, 현기증, 목마름, 탈진, 권태감 등, 드물게 손발 떨림, 저림감, 성욕감퇴가 올 수 있다. 약물 의존에 주의 ※알코올 음용시 사용불가
자율신경조정제		bellergal tofisopam	Grandaxine	자율신경중추(간뇌 • 시상하부)에 작용하고 그 안정을 도모함. 위의 약과 비교하여 정신활동에 대한 영향이 적음	「자실」의 증상에 흔히 사용됨(두통 • 머리 무거움 • 피로감, 어깨 결림, 현기증, 사지냉감 • 심계항진 • 저림감 등) 메니에르 증후군, 위장 장애, 갱년기 장애 등에도	부작용이 적어서 장기 사용에 알맞음 ※Bellergal은 barbituric acid 과민증에는 부적합함.
정동조정제		amitriptyline imipramine sulpiride	Tryptanol Tofranil Dogmatyl	항우울제는 이 약이 대표적임. 우울감정, 의욕저하, 수면장애, 전신권태 등 우울증상 개선에 효과적이다.	우울증 및 우울상태에 의한 「자실」이나 자실증상의 치료에 특효	부작용: 갈증, 변비, 배뇨곤란, 졸림, 권태감, 현기증, 떨림, 건망증 등. 녹내장의 경우에는 사용금지 ※알코올 음용시 사용불가
수면유도제		nitrazepam	Nelbon Benzalin	수면장애의 개선목적인 개발약. 정신안정제와 비슷함	취면장애, 선잠 등의 증상 때 사용, 특히 야간의 호흡 곤란감, 가슴 떨림, 흉부압박감을 겸하는 경우에 좋다	약물의존 경향 있음 ※알코올 음용시 사용불가
자율신경 말초작용제	교감신경 흥분제	phenylephrine ephedrine	Effortil Ephedrin	교감신경말단에서 노르아드레날린을 유리하는 것과 시냅스 후부수용기로 노르아드레날린 같은 작용	저혈압증, 기립성 조절 장애 ※기관지 천식	
	교감신경 억제제	reserpine propranolol pindolol	Serpazil, Apoplon Inderal Carvisken	MAO(모노아민산화효소)에 의해 노르아드레날린의 파괴와 추출을 도모함. 시냅스 후부수용기로 노르아드레날린 차단	고혈압 부정맥 심순환 무력증	갈증, 코막힘, 심계항진, 안면홍조, 전신권태

약물 분류	약품명(일반)	상 품 명	작용의 특징	치료의 목적	치료상의 주의 사항, 부작용 등
부교감신경 억제제	atropine 아토로핀유사제	Scopolia extract Buscopan	시냅스 후부수용기로 아세칠 콜린을 차단	복통, 설사, 구토 외 복부증상을 주로 하는 위장 질환	
비타민	VA, VB1~6, 12 VC VE	B1~종합비타민제 Hicee, Cinal, Juvela	VB_1은 소화기능을 높이며, B_2는 식욕증진, 간기능항진, VC는 효소·호르몬의 작용을 부활시킴. VE는 말초 혈액을 조정	쉽게 피로, 권태, 위화감 등의 개선. 냉증의 개선 등	막연히는 사용하지 않음 타제와의 병용은 가끔 효과적
호르몬	estrogen 대사성 종합 호르몬제	Premarin Estriel MetharmonF	부작용 없는 복용으로 고도의 활성 효과. 성선계 이외의 전신 작용이 주목적	갱년기 및 월경불순 시의 「자실」 증상의 개선. 갱년기장애, 월경전 긴장증 등 갱년기장애의 모든 증상의 개선	

1. 정신 안정제(자율신경 안정제)

이 군의 약물 중 주로 불안 긴장을 완화시키는 작용이 강한 것을 항불안제라 부르고 있다. 그 대부분은 화학구조상 벤조디아제핀 유도체에 속한다. 이 때문에 불안신경증이 처음에 나타나는 각종 신경증 치료에 쓰이며, 특히 불안, 긴장의 완화에 아주 유효하다.

한편, 정신면과 신체면의 교호작용이 강해서 자율신경의 불안정 증상이 나타나기 쉬운 심신증의 치료에 이 약물을 단독으로 써도 상당한 효과를 보는 일이 가능하다.

예를 들면 협심증, 본태성 고혈압증, 기관지 천식, 과환기 증후군, 위·십이지장궤양, 과민성대장증후군, 편두통, 과민성 방광, 갱년기 장애 등 넓은 범위에 적용된다.

이 정신안정제는 글자 그대로 정신적 원인(심인)에 유래하는 증상에 효과가 있는데, 신체증상이 주로 나타나는 자율신경 실조증의 치료에도 어느정도 효과가 있다. 예를 들면 클로르디아제폭사이드(Balance, Contol)는 다한증의 증례에서 가끔씩 특효를 나타내며 증상을 줄여준다. Oxazolam은 취침 전 복용으로 사춘기나 청년기에 흔한 질환인 기립성 조절 장애에서 나타나는 아침에 일어나는 것에 대한 어려움이나 불쾌한 기분의 개선에 유효하다.

또한 이 약물은 갱년기 증후군에서 자주 보게 되는 두근거림, 숨찬 증세, 현기증, 동요감, 어지럼증 등에도 효과적이다.

[사용상의 주의점과 부작용]

자율신경 실조상태가 심리적 요인에 강하게 영향받고 있는 경우 약물만으로 증상의 개선을 바라는 것이 어려울 때가 있다. 이런 경우에는 어디까지나 정신요법이 기본이 됨은 두말 할 필요도 없다. 한편 약의 특성상 약물에 의존적으로 되는 경우가 있으므로 막연히 장기간 사용하지 않도록 주의를 요한다.

정신안정제에 공통적인 부작용으로는 졸림, 비틀거림, 현기증, 권태감, 맥 빠짐 등 이외에 갈증, 위장장애, 식욕부진, 배뇨곤란 등이 있을 수 있다. 때로는 치료목적으로 사용하고 있는 약 때문에 저혈압, 발한이상, 현기증 증상 등이 발생한다든가 악화되는 경우도 나타날 수 있으므로 아주 세심한 주의가 필요하다. 한편, 약을 복용하고 자동차 운전이나 위험한 기계의 조작 등에 종사하는 일은 되도록 피하도록 한다.

기타, 약물의 작용상 급성 녹내장 환자에게는 사용이 금기다. 심질환, 간질환, 신질환 환자나 임산부인 경우에도 사용에 신중을 기해야 하겠다.

2. 자율신경 조정제

이 약은 직접 자율신경 중추인 뇌 내의 간뇌 시상하부에 작용해서 그 안정을 도모한다. 정신 안정제와의 차이점은 정신활동에 영향을 미친다거나 공통적인 졸림 등의 부작용이 덜하다는 점 등이겠는데, 신체적 요소가 강하고 심인의 관여가 적거나 인정하기 어려운 자율신경 실조상태인 경우에는 매우 적절한 약이라고 생각한다.

이 부류에 드는 약은 예를 들면 γ-oryzanol이 되겠으며(최근 적용에서 제외), Grandaxin, Bellergal 등이 있는데 그 화학 구조는 아주 다르다.

Bellergal는 다른 약제와는 달리 주로 3종류의 약품 합제로 자율신경 말초(교감·부교감 신경 함께)의 긴장 항진의 억제와 중추신경의 진정작용을 동시에 나타내는 다양한 작용의 약제이다. 장기간 사용해도 염려할만한 의존경향이 없으므로 위장장애나 심·순환기계 증상이 있는 자율신경 실조증에 적절한 약제이다.

γ-oryzanol는 쌀겨에서 추출했다고 하는 재미난 배경을 지니고 개발되었다. 그 작용은 서서히 나타나지만 갱년기 자율신경 실조증을 비롯해서 각종 비슷한 증상의 질환에 적용되어 왔다.

한편 최근 Tofisopam(Grandaxin)라고 하는 약제가 개발되어 일본에서도 시판을 보게 되었다. 작용하는 기전은 비슷한데 γ-oryzanol 보다도 더 한층 선택적이다. 그러나 이들 약물은 작용이 느려서 그 효과가 확실하게 나타나기까지는 몇 주간이 걸리는 경우가 적지 않다. 따라서 이 점을 잘 이해하고 약을 사용하며 복약 지도를 하는 것이 필요하다.

[사용상의 주의점과 부작용]

자율신경 조정제는 만성 경과를 밟기 쉬운 이 증세에 사용하기 쉬운 약제이다. 그러나 그 반면, 작용이 느리고 부작용이 적어 반대로 효과를 보고자 약의 용량을 늘리는 경우가 있다. 약은 그 질병의 상태에 따라서 적절한 양이라는 규정이 있다. 복용을 시작하고 1개월 이상이 되어도 효과가 안 나타난다든가 증상이 악화되는 경우에는 중지하거나 다른 약물로 바꿀 필요가 있다. 그러나 다른 약제와 조합을 이룬 병용요법도 흔히 볼 수 있는데 효과를 기대해 볼 만한 경우도 많다.

3. 정동 조정제

정동이란 예를 들면 마음의 흐름이라고 말하는 것으로 그 중추는 대뇌피질의 내측에 있는 오래된 피질에 속하는 대뇌 변연계에 있다고 알려져 있다. 이 부분의 장애 때문에 자율신경 실조증을 포함한 많은 심신증이나 정서 장애가 발생한다고 보고 있다. 그 중에서도 감정의 병이라고 여기는 우울증의 발생은 특히 기록할만하다 하겠다. 이의 치료를 위해 개발된 것이 정동조정제인데 주로 우울증 치료에 사용되기 때문에 항우울제라고 부르고 있다. 항우울제는 그 대부분이 삼환계 항우울제로 불리는 약제이다. 최근에는 사환계약제도 보급되어 있다.

이 약제는 이름이 나타내고 있는 것처럼 그 주요 적응증은 내인성 우울증, 우울 반응, 우울 신경증이며 문제의 자율신경 실조증의 치료약은 아니다. 그러나 우울증에 기인하는 많은 자율신경증상을 급속하게 개선시키는 뛰어난 작용이 있기 때문에 여기서 소개한다. 이 영역의 약물이 많이 있지만 대표적인 것은 amitryptyline, imipramine 등이다.

약물의 선택은 우울증의 상태나 병의 형태에 따라 이루어져야 한다. 특히 약물의 양은 질병의 상태, 나이, 부작용 등을 고려해서 조절되어야 한다. 보통 이 약의 효과는 빠르면 며칠 이내 늦어도 1주간 이내로 나타나는 경우가 많다. 올바른 진단에 따라 사용하면 마치 허물을 벗듯이 날로 우울 증상이나 자율신경 증상이 사라져감을 자각하게 된다. 자율신경 증상이나 신체증상이 중심이라고 가정하더라도 우울증을 동반한 경우에는 특히 중요하다. 급히 서둘러야 하는 경우에는 주사요법을 고려해야 하지만 대부분 그럴 필요는 없다.

[사용상의 주의점과 부작용]

자율신경 실조증과 우울증의 신중한 감별은 언급할 필요도 없다. 부작용으로 갈증, 변비, 배뇨곤란, 졸음, 떨림, 비틀거림, 건망증 등이 있다.

개인차가 있겠지만 서서히 익숙해지기도 하니 경과를 잘 관찰하고 적절한 환자 지도에 신경써야 하겠다.

녹내장인 경우에는 사용을 금한다.

4. 자율신경 말초 작용제

이런 약제들은 오로지 교감신경 혹은 부교감 신경의 말단부분에 작용해서 그 흥분이나 억제를 촉진하는 약물이다. 여기서는 자율신경 실조증의 치료에 직접적으로 관여하는 것에 한해서 간단히 설명하겠다.

1) 교감신경 차단제

이 중에서 일상적으로 가장 많이 사용되고 있는 것은 β-수용체 차단제이다. 이 약제는 교감신경의 말단에서 방출되는 노르아드레날린의 작용을 선택적으로 차단하여 교감신경의 작용을 감소시키거나 혹은 소실시키는 것 같이 작용한다. 이 작용을 이용해서 임상적으로는 본태성 고혈압증의 혈압강하를 비롯해 부정맥, 협심증 등의 치료에 폭넓게 쓰이고 있다.

자율신경 실조증에서는 가슴 두근거림, 권태감, 부정맥의 출현 등에 사용하여 증상을 완화시키는데 도움이 된다. 이 밖에 최근에는 손가락 떨림에도 효과가 인정되었다.

[β-차단제 사용상의 주의점과 부작용]

사용을 잘못하면 심부전, 서맥, 심차단을 일으키거나 기관지 평활근의 수축에 의한 천식 발작의 유발, 사지의 냉감, 간헐성 절뚝거림, 발진 등의 부작용이 있을 수 있다.

따라서 다음과 같은 경우에는 이 약의 사용을 금기로 한다. ①심부전·심근경색의 기왕력 ②두드러진 심비대를 나타내는 경우 ③기관지 천식 등. 또한 당뇨병 환자가 혈당 강하제를 복용하고 있는 경우 저혈당 증상에 주의하지 않으면 안된다.

2) 부교감신경 차단제

이 약은 부교감신경의 말단에서 방출되는 아세틸콜린(Ach)의 작용을 선택적으로 차단한다. 그 결과 부교감신경의 긴장항진이나 이상흥분이 억제되어 여러 가지 증상의 완화를 가져오게 된다.

대표적 약물로 아트로핀이 있는데 최근에는 부작용이 적은 우수 유사제가 많이 시판되고 있다.

[임상적 응용]

아트로핀 및 그의 유사제는 자율신경 실조증이나 심신증에서 유래하는 자율신경 증상에 단독으로 혹은 병용해서 가끔 사용된다. 특히 위장관 평활근의 긴장을 억제하는 작용 때문에 과민성대장증후군이나 복부의 동통에 자주 쓰인다. 한편 안과 영역에서는 안저검사 시의 산동제로서 없어서는 안 되는 약제이다.

[사용상의 주의점과 부작용]

상용량에서는 갈증, 기관지와 결막 등의 건조, 빈맥이 나타날 수 있으며, 중독량에 의해서는 중추신경 중심의 어지러움, 불안, 떨림, 운동곤란 및 연하곤란 등이 나타날 수 있다.

금기로서는 안과 영역에서의 녹내장, 전립선비대, 유문폐색, 방광폐색, 분문경련 등이다. 이와 같은 중독 증상이 나타날 경우 즉시 약의 복용을 중지하고 서둘러 적절한 대책을 세워야 한다.

– 끝으로 –

자율신경 실조증의 약물요법이 잘 진행되느냐 안되느냐는 광범위한 영역의 약물 중에서 어떻게 적절한 약물을 선택하느냐에 달려 있다. 그러나 현실적으로는 오히려 질병의 상태나 자각증상을 종합적으로 분석하여 개개인의 필요에 알맞게 대증요법적으로 접근하는 방식이 가장 합리적이라고 생각한다. 또한 약물요법의 기간이 장기간인 경우가 많아 대개의 경우 효과가 강하면 부작용도 심해지므로 조심하지 않으면 안되는 약물이 적지 않다. 따라서 치료자 입장에서는 약물요법에 의한 증상의 개선 정도나 치료경과 중의 변화, 혹은 부작용에 주의해서 어디까지 진행되면 약의 복용을 멈춰야 되는지에 대해 신중할 필요가 있다. 그리고 약물요법만으로 효과가 불충분한 경우나 체질이나 부작용 때문에 약물요법이 맞지 않을 때에는 다른 치료법으로 바꾸거나 병용요법을 시도하는 일도 꼭 필요하리라 생각한다.

문헌

1) 星野良一：うつ病のパーソナリティ・アセスメント. 臨床精神医学 17(1): 45-54. 1988
2) 入内島十郎（問田直幹他編）：新生理学, 第5版, 下巻, 神経性調節. pp331-365, 医学書院, 1982
3) P. Keilholz編, 高橋良(監訳)：一般のためのうつ病診療の実際. p163, 医学書院, 1982
4) A. Kiev編, 新福尚武・太田不二雄(訳著)：うつ病の身体症状. p271, 金剛出版, 1981
5) 栗山　熙(問田直幹他編)：新生理学, 第5版, 下巻, 末梢自律神経系. pp95-149, 医学書院, 1982
6) 中島光好(高田明和他編)：自律神経系. 臨床生理学, pp96-105, 医歯薬出版, 1985
7) 大村裕(問田直幹他編)：新生理学. 第5版, 上巻, 視床下部. pp391-521, 大脳辺縁系, pp551-583, 医学書院, 1982
8) 山口　剛：婦人の心身症—薬物療法, 産婦人科Mook No. 3, pp136-146, 金原出版, 1978
9) 筒井末春：自律神経失調症, 実地医家でよくみられる症状を中心として. 医学と薬学 14: 871-882. 1985
10) 筒井末春, 立田秀明, 村林信行：自律神経失調症. 自律神経失調症の概念と分類. 医薬ジャーナル 23(7): 1343-1346. 1987
11) 山口　剛：自律神経失調症の種々相と心身医学的治療. 心身医 29(1): 43-53. 1989
12) 山口　剛：自律神経作用薬. 臨床薬理, 情報開発研究所 21: 149-172. 1988
13) 山口　剛：更年期症候群(更年期障害)—症例に学ぶ心身医学, pp117-138, 1988
14) 瀧井正人, 村永鉄郎, 野添新一：不定愁訴症候群. 臨床と研究 70(4): 113-117, 1993
15) 中野弘一：自律神経失調症の診断に関する検討. 心身医 29: 36-42, 1989
16) 川上　澄：病態面からみた自律神経失調症. 心身医 29: 25-33, 1989
17) 筒井末春, 他：心身症の治療—薬物療法. 心身症, pp57-62, 南江堂, 1992
18) 山口　剛：自律神経失調症の生活指導. 日本医師会雑誌 109(11): 1786-1789, 1993

7 섭식장애

A 섭식장애 치료의 현황과 견해

섭식장애(eating disorders, ED)는 최근 일본에서도 확실히 그 발병 빈도가 증가하였고 젊은 여성의 정신신체질환으로 아주 일반적인 것이 되었다. 원래 섭식장애 환자가 안고 있는 문제는 신체면, 정서면, 심한 다이어트의 열망·비만공포, 잘못된 생각, 식사와 생활전반에 걸친 행동상의 문제, 가족을 비롯하여 주위 사람들과의 대인관계 등 여러 가지 측면이 있다. 그리고 이러한 다양성과 치료의 어려움 때문에 오늘날까지 여러 관점에서 병태의 이해와 설명이 있어왔고 그에 따른 치료의 접근을 시도하여 왔다.[1] 더 나아가서 최근 섭식장애는 아주 흔한 질환이 되었고 병의 양상과 중증도가 더욱 다양화되어 치료법도 더욱 다양해져 간다고 생각한다.

이러한 상황 속에서 많은 치료법에 의한 유효한 예를 경험함으로써 그 치료경험은 상이한 입장의 치료자에게도 치료의 폭과 깊이를 넓히는데 참고가 된 부분이 많다고 생각한다. 그러나 경증의 예나 어떤 종류의 환자군에게 유효하다고 하여 그 치료법이 모든 섭식장애 환자에게 통용된다고는 할 수 없다. 앞에 있는 환자가 섭식장애 환자 전체 중 어떤 위치에 해당하는가와 현재 사용하고 있는 접근의 유효성과 한계를 치료자는 항상 의식하면서 치료에 임하여야 한다. 스스로가 지녀야 할 치료법을 절대시하고 병태가 있는 측면만 초점을 맞춰 다른 측면은 존재하지 않는 것처럼 자의적인 접근에 빠지면 생사가 걸려있는 불이익이 환자에게 미칠 가능성이 있다는 것을 섭식장애 치료자는 명심할 필요가 있다.

중증의 섭식장애는 죽음을 옆에 두고 있는 환자이다. 환자는 자신의 존재를 걸어 병이 되고 병이 계속된 상태라고 할 수 있다. 그들은 병의 고통에서 벗어나고 싶다고 하면서 그 이상으로 병을 방치하는 것에 강한 공포를 가지고 있다. 그러한 정황으로 치료가 병의 핵심에 가까이 다가가면 갈수록 환자와 치료자와의 사이에는 큰 긴장이 생긴다. 그리고 그 긴장은 섭식장애의 치료에 익숙한 치료자에게는 치료의 수단으로서 믿음직스럽게 받아들여질지 모르겠지만 경험이 적은 치료자에게는 역시 스트레스적인 체험임에 틀림없다.

섭식장애 입원환자를 담당하는 젊은 치료자는 치료의 어려움에 가끔 다음과 같은 의문을 가진다. 「환자와의 사이에 왜 이러한 긴장이 생기는지, 이것은 필요한 것인지, 왜 자기가 그것을 참아야 하는지」, 그리고 그러한 긴장에서 도망갈 수 있는 제일 쉬운 방법은 환자의 주장을 들어주어서 치료를 적당히 조절해 주는 것이다. 그렇게 하면 환자는 우호적인 태도를 보이며 「이해 많은 선생님」이라고 말해 줄지 모른다. 그러나 그 후에 일어나는 상황도 환자의 요구가 더욱 심해져 힘들어 지게 될 것이다. 결국 마지막에 가서는 치료는 어려워질 것이며 환자의 요구로 중도 퇴원을 할 수 밖에 없는 일이 허다하다.

이상과 같은 일은 섭식환자의 임상현장에서 일상적으로 반복되고 있는 것이 아닐까. 왜 이런 일이 일어날까, 무엇이 나빴을까. 자기 때문에, 환자 때문에, 그렇지 않으면 지도에 문제가 있었을까. 아무도 잘못하였다고는 생각하지 않지만 이러한 자신의 무력감, 죄책감은 도대체 어떻게 해야 하는지. 환자치료에서의 강한 저항과 그것을 억제하려고 하는 치료자측의 무모하다고 생각되는 노력. 그 반복은 도대체 무엇에 도움이 되었다는 것일까. 치료의 명분에 가치를 둘만한 것이었을까. 그 의문에 대답도 없이 섭식장애 치료현장에서 떠나버린 치료자도 적지 않을 것이다.

이러한 배경 중에 「환자에게는 병리(病理)가 없다」, 「그렇기 때문에 환자의 병리와 상대할 필요는 없다」고 하는 말이 구세주의 계시인 것처럼 받아들여지는 것도 이상하지 않다. 생각하는 것처럼 되지 않는 치료경과 중에서 만약에 그렇게 된다면 얼마나 좋을까하고 많은 치료자들은 상상할 것이다. 그러나 환자의 병리와 절대 상대하지 않고서 중증의 섭식장애 치료가 과연 유효할 수 있을까, 우리들은 그것에 대해 확실하게 「NO」라고 한다. 섭식장애 환자에게는 당연한 병리가 있고 치료는 그것을 확실하게 상대하는 것에 의하여 행해져야 한다.

섭식장애 환자는 자신의 병리를 취급하는 것에 대해 강한 저항을 한다. "어설프게" 취급할 경우에는 더욱 저항한다. 그러나 처음부터 환자의 저항을 피하려고 하는 치료자세로는 어떠한 환자도 치료할 수 없다. 오히려 환자의 치료에 대한 저항이 병태에 밀접하게 존재하고 있는 것으로 받아들이고 그 저항과 어떻게 상대하여야 하는지를 치료의 중심에 둘 필요가 있다.

앞서 기술한 것과 같이 섭식장애의 병태는 다양하지만 본 항에서는 섭식장애의 기본형태라고 할 수 있는 신경성 식욕부진증(anorexia nervosa, AN)의 중핵군[2]에 맞추어서 기술하려고 한다. 그들의 병태를 이해하여 대응할 바를 갖추는 것이 모든 섭식장애 환자의 임상 기본으로서 없어서는 안 된다고 생각하기 때문이다. 먼저 그들의 병태를 어떻게 이해하고 있는가를 설명하고 다음에는 그 입원치료의 실제를 자세하게 소개하려 한다. 본 항에서 언급하는 것은 다스리지 못하는 섭식장애 환자군(예를 들어 과식형 섭식장애 환자는 식욕부진증과는 아주 다른 면을 가지고 있다)에 대한 것으로, 더 나아가서 어떠한 대응을 고려할 필요가 있을까에 대해서는 나중에 기술하기로 하고 그 일부는 다른 문헌을 참고하기 바란다.[3~5]

B 병태

1. 식욕부진증의 병태 모델

식욕부진증의 병태를 설명한 두 가지의 모델을 서술한다. Narita[6]는 정신과 진료를 받은 청년기 환자의 특징의 하나로 「강박적 방위」의 증가를 지적하고 그 인격구조를 정신분석적 입장에서 다음과 같이 설명한다. 인격의 중핵에는 상처입기 쉬운 자기애가 있다. 자기애의 상처를 방어하기 위하여 주위에 강박적 외층이 형성되어 있고 외계(外界)를 조절함으로써 존귀한 자기상과 그 속에 있는 자기애적 전능감을 유지하려고 한다. 그러나 조절하기가 어려워지면 외계는 위협으로서 체험되며 그들은 「두려움」으로 느낀다. 자기는 무력해지고 그와 같이 자기를 상처 주는 외계에 대하여 분노가 생기지만 그것이 외계에 투영되어서 외계는 더욱더 「두려움」이 된다. 그들은 「어떻게 할 줄 모르며 어떻게 할 수도 없다」는 무력감, 고립된 허무감을 느끼게 된다. 섭식환자의 경우 이것을 방어하기 위하여 자기의 신체를 조절하려고 한다.

한편, Nozoe[7]는 행동론의 입장에서 식욕부진증의 성립기전을 현실 장면으로부터의 회피반응으로 설명하고 그 치료는 직면한 문제를 회피하는 것이 아니고 어떻게 처리할 것인가를 재학습시키는 것으로 단계적인 식행동 형성을 치료과정에 넣는 것이다.

이 두 가지 모델은 전자에서 「정신내면」의 측면에서 「자기애의 방어」이고 후자는 「행동면」에서 「현실회피 행동」이라고 하여 같은 병태를 보완적으로 설명하고 있다고 생각한다.[8~10]

2. 강박성이 강한 식욕부진 천연(遷延) 예

식욕부진 중핵군 중에서도 아주 확실하게 그 특징을 나타내는 것은 강박성이 강한 식욕부진 천연(遷延) 예일 것이다. 그들은 아주 전형적인 식욕부진 환자라고 할 수 있다. 표 Ⅳ-17에 강박성이 강한 식욕부진 천연 예의 병태의 특징을, 표 Ⅳ-18에 그들에게 대응하는 핵심을 기록하였다.

표 Ⅳ-17 강박성이 강한 식욕부진 천연 예의 특징

(1) 발병 초기의 환자와 다른 질병으로 인해 여러 면에서 괴로움을 당했다.
(2) 또 다른 면에서 현상을 변화하는 것에 대한 불안이 그 이상으로 강하고 병적인 존재양식에 고집하고 있다.
(3) 그러한 상황 속에서 현실 회피적이고 그때만 견디어 나가는 정신의 안정을 필사적으로 추구한다.
(4) 환자의 강한 저항 때문에 치료는 타협적인 것이 되기 쉽다.
(5) 병상의 개선을 원하는 주위, 특히 모친과의 사이는 강한 갈등이 존재하지만 이 관계는 오히려 천연화의 요인이 되어 버리는 수가 많다.
(6) 환자는 저체중 등으로 자기가 「무력하고 불쌍한 존재」임을 강조하여, 현상을 변화시키려는 주위의 행동을 견제하고 계속 저지한다

표 Ⅳ-18 강박성이 강한 식욕부진 천연 예에 대응하는 핵심

(1) 치료동기의 형성
① 환자의 「강박적 방어」와 그것을 포기하는 곤란함에 대해 이해하고, 공감하며 그것을 환자에게 전하는 것.
② 변화를 원하는지 아니면 그대로 지낼 것인지 환자 자신이 충분히 생각할 수 있는 환경과 시간을 줄 것.
③ 환자가 변화를 간절히 원할 때 실질적인 치료를 시작한다.

(2) 회피의 차단
① 환자의 변화에 대한 불안, 저항이 크기 때문에 행동제한 등의 강력한 치료 틀이 필요하다.
규칙은 지키게 하고 치료의 범위는 허물지 말 것
② 회피를 차단하기 위하여 가족과의 협력관계, 긴밀한 팀 의료를 제외해서는 안 된다.

(3) 위약한 자아에 대한 지원
치료에 의해 「강박적 방어」를 빼앗겨 버림으로 「위기적 상황」이 생긴다. 적절한 지원과 함께 이 과정을 긍정적으로 받아들여 자아를 육성하는 작업이 중요하다.

C 입원치료의 실제

입원치료는 입원하면서 시작하는 것이 아니라, 그 성패는 이전의 외래치료시 환자의 치료동기를 어디까지 높여 놓을 것인가에 달려 있다고 해도 과언이 아니다. 상세한 것은 다른 문헌을 참조하기 바란다.[8)]

다음은 우리 과에서 식욕부진 환자에 대해서도 실행하고 있다. 「행동제한을 사용한 인지행동요법」에 의한 입원 치료는 구체적이며 상세하다.

1. 기록항목

이른 아침 공복 시의 체중, 일일 소변량·요비중과 배뇨, 배변 횟수, 식사섭취량, 수분섭취량을 매일 조사하고 체온판에 기입한다.

2. 행동관찰 기간

입원 후 적어도 일주일 정도는 행동은 자유(병동규칙의 범위에서), 식사는 원칙적으로 보통식. 섭식장애에 대한 병리(식사하는 방법·섭취량·소요시간, 구토, 설사제 사용, 과잉활동의 유무 등), 심리행동의 안정성, 부적응 행동 및 대인관계 등을 관찰한다. 행동관찰 기간은 입

원생활에 대한 불안의 경감과 행동제한에 대한 이해와 마음의 준비 등을 위한 유예기간이기도 하다. 치료 동기를 매우 얻기 힘든 환자의 경우 행동제한의 도입까지 한 달 이상 걸리는 경우도 있다.

3. 목표체중

이전에는 표준 체중의 -10%를 기준으로 하였으나 현재는 일률적으로 정하지 않고 있다. 입원 시의 체중(정상체중까지라면 극단적인 저체중인 경우 입원이 너무 장기화되어 버림), 병전의 체중과 체형, 환자의 치료에 대한 동기부여, 최대 얼마 정도의 체중에 환자가 견딜 수 있겠는가 등의 요소를 살핀 후에 될 수 있으면 건강 체중에 가까운 것을 환자, 가족과 상담한 후에 결정한다. 가능하면 외래에서 한다.

환자가 받아들일 수 있는 조금 낮은 목표체중에서 치료를 시작하여 나중에 치료동기가 높아져 그 체중으로는 불충분하다고 환자를 설득할 수 있을 시점에서 목표체중을 높여 치료를 연장하는 방법도 오늘날 자주 사용하고 있다.

4. 행동제한의 결정

1) 제한과 해제의 스케줄

대략적으로 틀은 치료자측에서 지시하면서 상세한 것은 환자와 상담한 후에 결정한다. 표 Ⅳ-19에 그 예를 나타내었다. 나중에 없었던 것으로 되지 않게 하기 위해서는 결정한 것은 작은 것들이라도 꼭 서면에 기입해 둔다. 행동제한에 들어갈 때는 간호사와 주치의가 입회하여 소지품을 확인한다. 행동제한에 걸리는 것과 불필요한 것은 모두 보관하고 제한이 해제될 때는 그때에 따라서 돌려준다. 돈은 당초 원내의 은행에 저금하여 두고 일용품 등의 필요한 것은 환자가 노트에 기입하여 주문하고 정해진 요일에 간호조무사에게 구입시키기로 한다.

2) 해제의 규칙

사전에 정해둔다. 예로 3일간 연속하여 그 체중을 유지한다면 해제한다. 하루라도 그 체중을 밑돌면 다시 제한한다. 휴일에는 해제할 수 없으며 이런 방법으로 한다.

표 Ⅳ-19 행동제한 표의 예(목표체중 45kg)

체중(kg)	행동범위	통 신	샤워 • 목욕	기 타
32	실내		청결	
33				수예
34	병동내		샤워 주1회	
35		편지발신		독서
36	베란다			
37		편지수신	샤워 주2회	
38	옥상			라디오/음악
39		전화발신		
40	병원 건물내		샤워 주3회	
41		전화수신		
42	병원 구내			조미료
43			목욕	
44	면회			
45	구역 외(외출)			

각 체중에 도달한 경우의 제한 해제항목을 나타냄. 목표체중에 도달하는 것이 치료의 목적이 아니고 그 후에 자유섭취, 간식 • 외식 • 외박훈련 등의 과제가 있다.

5. 단계적 칼로리업

1) 치료시작 시의 식사량과 경관 영양법(비공영양)의 겸용

행동관찰 기간 중의 섭취량 등을 참고하여 치료 시작 처음의 식사량을 환자와 상담한 후에 결정한다. 식사량의 결정에는 나온 식사를 모두 섭취할 것과 더불어 그 이외 음식물 섭취를 금하는 것을 전제로 한다. 1,200Kcal 전후가 될 때가 많다. 어떻게 하던지 최저로 먹을 수 있는 양에서부터 시작하므로 환자의 심리적(비만공포) 내지, 신체적(소화 기능의 저하) 부담을 가볍게 하여 전체 양의 섭취를 가능하게 하여 그 정도의 칼로리에서는 체중이 늘지 않는다는 것을 환자가 경험하게 된다. 그 결과 조금 더 많은 식사로 도전하는 용기를 가질 수 있게 되는 것이다.

식사량이 1,000Kcal 또는 그 이하일 경우에는「그 칼로리로서는 지금의 저체중인 몸을 안전하게 지탱할 수 없기 때문에」라고 설명하고 경관영양법(비공영양법)의 겸용을 원칙으로 한다. 이러한 것들도 미리 외래에서 이야기 해주는 것이 좋다. 비공영양은「먹지 않아도 체중이 늘어난다」고 하는 식욕부진증 환자에게 아주 나쁜 경우를 의미하기 때문에 그렇게 하면 먹고자 하는 마음이 생겨 식사섭취 증가의 강력한 뒷받침이 된다.

2) 전체섭취량 준수의 중요성

식사량은 간호사가 매 식사에 주식과 부식을 나누어 조사하여 체온판에 10단계 표시로 기입한다. 전량섭취를 하지 않는다면 칼로리양은 높아지지 않는다. 환자는 이런저런 이유로 마음에 들지 않는 음식을 먹지 않으려고 하지만 그러한 회피행동을 허용하면 살이 빠지는 원망과 식행동 이상은 그대로 계속된다. 환자는 먹을 수가 없는 것이 아니라 먹지 않는 것이다(자기의 의식으로는 먹을 수 없게 되었는지 모르겠다. 그러나 먹지 않는 그럴듯한 이유를 필사적으로 나타내 보이고 자기 자신을 납득시키려고 하는 것이 식욕부진증 환자이다). 전량섭취라고 하는 틀을 깨지 말아야 하며 환자의 먹지 않는 변명을 차단한다. 실제 먹지 않으면 체중은 늘어나지 않으며 제한은 해제되지 않기 때문에 치료자가 치료의 틀(전량섭취, 제한해제 · 칼로리업의 원칙)을 붕괴시키지 않는다면 대부분의 환자는 지쳐서 먹게 된다.

만약에 전량섭취를 할 수 없는 경우가 계속된다면 그 칼로리는 아직 무리한 것이므로 칼로리 낮추기를 제안한다. 유효기간이 지나도 먹을 수 없다면 실제로 칼로리를 내린다. 칼로리는 환자에게 한편 즐거운 것 같지만 실제로는 싫은 비공영양을 겸용하게 되거나, 제한 해제가 멀어지므로 퇴원도 지연되고 치료가 진행되고 있다는 착각과 자존심도 상하여 환자는 칼로리 조절을 피하려 먹으려는 노력을 하게 되는 것이다.

3) 칼로리업을 하는 방법

칼로리업의 조건은 객관적으로 전량섭취를 적절한 시간 내(원칙적으로 30분 이내)에 할 수 있는 것과 주관적으로는 식전의 공복감이 생겨 칼로리를 올려도 전량섭취를 할 수 있다는 자신이 있을 때이다. 적어도 2주간은 같은 칼로리를 유지하고 상기의 조건을 채우면 200Kcal씩 올린다. 과식경향이 있는 환자는 조기에 공복감이 심할 수 있기 때문에 저칼로리의 시기에는 일주일 정도에서 올려도 좋다.

4) 환자의 칼로리업 요구와 강박적 방어

행동제한에 들어가면 성급하게 칼로리업을 요구하는 예도 많다. 한번에 400Kcal를 증가시켜 달라고 하던지 영양제도 섭취하고 싶다고도 한다. 조금 전까지만 해도 아무것도 먹지 않았던 환자가 자진하여 먹고 싶다고 말하기 시작하며 체중이 증가하는 것도 신경쓰지 않는 것 같이 보여 경험이 적은 치료자는 이 환자가 제법 개선이 된 것이 아닐까 하고 착각할지 모르겠다. 그러나 이는 병을 고치겠다고 하는 마음을 나타낸 것이 아니라 빨리 체중을 늘려서 제한 해제를 시켜달라고 하는 것과 빨리 퇴원하고 싶다는 동기에 의한 경우가 많다. 괴로운 것은 빨리 지나가게 하고 자유롭게 되어 본연의 모습으로 돌아가고 싶다는 마음이 숨어있기(물론 환자는 그것을 부정한다) 때문에 환자의 말에 말려들면 강박적 방어가 원만해져 실질

적인 개선은 기대할 수 없다.[9)]

병을 고치기 위해서는 천천히 착실하게 하는 것이 중요하다. 환자가 원하는 대로 칼로리업을 허용한다면 마치 가축이 살찐 것과 같은 상태가 된다. 환자는 자기가 정말로 무리를 하여 먹고 있다는 것을 그 당시에는 느끼지 못하거나 또는 그것을 감추고 있지만 나중에는 꼭「무리하게 먹도록 만드는 힘든 치료를 받았다」고 불평할 것이다. 이런 식의 먹는 방법을 취하고 있다면 비만공포는 처음에는 감소하지 않고 정상인 공복감, 포만감도 회복되지 않기 때문에 자유섭취가 되자마자 섭취량이 극단적으로 감소하는 경우가 있다. 그리고 많이 남겨진 식사와 체중의 문제를 회피하기 위해서 치료 후반이 되면 환자는 집요하게 퇴원을 요구하게 된다. 그저 체중이 증가하면 된다는 것은 아니다. 무엇 때문에 먹고 있는가(=마음과 몸도 건강하게 하기 위하여)를 환자에게 다시 생각하게 하는 것이 중요하다.

6. 행동제한에 대한 저항에 대처할 대응

1) 치료에 대한 불만에의 대응

행동제한·입원생활은 치료를 위해 환자의 자유를 일시적으로 제한하는 것이지만 회피행동을 차단시켜 매일 비만공포와 대면하는 것이기도 하기 때문에 입원 초기의 환자 또는 충분한 치료동기를 얻기 힘든 환자에게는 납득이 가지 않고 참기 힘든 것으로 생각되고 지속될 수 있다. 병동의 규칙과 행동제한을 지키지 않으며 그리고 취급에 대한 불평불만이 주치의와 간호사를 향하여 정도의 차이는 있어도 꼭 발생한다. 이러한 저항은 환자 자신의 비만공포, 대인갈등, 잘못된 생각, 나아가서 치료에 대한 이해부족 등에 근거하고 있다(섭식장애 환자의 경우 처음부터 치료에 대해 충분한 이해를 가지고 치료를 시작하는 것은 어떤 의미에서는 불가능하며 치료를 하면서 이해·동기부여를 확실히 하는 것이 필요하다). 때문에 이러한 규칙위반과 불평불만에 대하여 회피하지 말고 오히려 환자의 인식과 행동을 고치는 기회로 삼아 적극적으로 대응하여야 한다.

치료에 대한 구체적인 불만으로서는「행동제한이 너무 엄하다」,「A씨가 자기보다 제한이 느슨한 것은 불공평하다」,「이제는 외래에서도 할 수 있겠다」,「빨리 학교에 가지 않으면 공부가 뒤쳐진다. 친구들과 어울리지 못한다」,「하루 종일 방안에서 아무 것도 하지 않기 때문에 안절부절하게 된다」 등 많다. 이에 대한 해답으로서는「치료의 속도도, 병태도, 다른 것을 비교하여도 의미가 없다. 남은 남, 나는 나이지 않은가」,「외래에서 잘 될 것이라고 하지만 가족을 납득시킬 수 있을까. 외래에서 잘 되지 않았기 때문에 입원시키지 않았는가」,「공부와 건강 어느 쪽이 중요한가. 병든 체 공부를 할 수 있는가」,「그렇게까지 안절부절 하다는 그 자체가 병이다. 그렇게 하지 않아도 치료될 수 있게 확실하게 치료합시다」 등이다.

식욕부진증 환자의 입원은 장기간에 걸치기 때문에 다른 환자의 퇴원에 따른 동요도 적지 않게 생긴다. 특히 같은 섭식장애 환자가 사고퇴원 한다든가 하면 정신적으로 불안정해지기 쉽다. 이런 경우에도「당신과 저 환자와는 상태도 다르고 치료도 다르기 때문에 자기 일만 생각하고 지금까지 하던 대로 합니다」라고 경계선을 그어 주는 것이 좋다.

2) 무단 탈원에 대한 대응

입원생활을 참을 수 없어서 무단 탈원을 하는 경우가 있다. 더더욱 환자가 당연히 가지고 있는 치료에의 저항을 치료자가 이해하고 일찍 대응할 수 있게 된 현재에는 무단 탈원은 별로 볼 수 없지만 그런 일이 때로 일어날 수 있다는 긴장감을 치료시 가지고 있지 않다면 증증례를 개선시키기는 어렵다고 할 수 있다. 이런 경우에 치료를 계속적으로 결정하는 것은 가족이다. 치료자는 당황하여 이것저것 찾고 헤맬 필요가 없다. 환자는 대부분 가족에게로 돌아가기 때문에 탈원하면 즉시 가족에게 연락을 한다. 환자가 돌아왔을 때에 가족이 가져야 할 태도는「환자가 무엇이라고 하더라도 빨리 병원에 데리고 올 것」이다. 가족의 단호한 태도를 처음 대하고 진실한 가족의 마음을 피할 수 있는 방법이 없으므로 병을 고칠 수밖에 없다고 환자가 생각을 바꾸는 경우가 많다. 가족이 이러한 태도를 가지는 경우 그 후의 경과는 아주 양호하다. 가족이 그러한 상황에서 과도하게 동요하지 않기 위해 처음부터 입원 시 환자가 무단 탈원하는 일도 있다는 것과 그렇게 하는 이유, 그럴 경우 가족이 취하여야 할 태도를 충분히 설명할 필요가 있다.

7. 위반 행위에 대한 반응

1) 타이밍을 놓치지 말고 확실하게 대응한다.

행동제한 등 치료 상의 규칙을 어겼을 경우 즉시 대응하는 것이 원칙이다. 자주 볼 수 있는 위반은 행동범위를 지키지 않는 금지사항을 숨어서 하는 것, 다른 환자에게 부탁하여 대신하게 하는 것, 식사를 버리는 것, 몰래 토해 버리거나 설사제를 사용하는 것, 다른 환자로부터 음식을 받아먹는 것, 체중 측정 시에 물을 마시고 측정하는 것 또는 배뇨를 하지 않거나 물건을 감추어서 가지고 있다가 체중을 측정하는 것 등이다. 때로는 도둑질 등의 법률위반도 있다.

이러한 위반은 본질적으로는 병의 핵 부분을 지키기 위한 치료회피를 의미하며 식사와 체중에 관련된 것이 많다. 환자는 이러한 속임수에 의해 식사와 체중에 신경 쓰는 자신을 온존(溫存)하는 것이다. 치료자측이 어중간한 태도로 이러한 위반을 방치한다면 아무리 일시적인 체중의 증가가 있더라도 병의 중심은 온존(溫存)하게 되어 언젠가는 전면적인 치료회피로 연결되거나 퇴원 후에 급속도로 체중이 감소하고 재발하는 수도 있다. 반대로 그때마다 지적하고 그렇게 하는 방법이 여기서는 통하지 않는다는 것을 계속 말해주어 개선시키는 것이 치료로 나아가는 태도가 형성되는 경우가 많다.

환자의 일상생활과 체온판의 체중의 움직임 등을 주의 깊게 관찰하는 습관을 지니면 위반행동을 용이하게 추측할 수 있으며 발견도 가능하다. 그러나 실제로 많은 치료자는 체온판에 확실하게 나타나 있는 진실보다 환자가 속이는 말을 믿고 개입의 시기를 놓치는 일을 반복한다. 인간은 자기가 교제하는 상대를 믿으려고 하는 마음을 가지고 있다. 그러나 상대방은 식사와 체중에 이상하게 집착하여 속이는 병인 것이다. 나중에서야 「실은 전부터~하고 있었다」라고 하는 환자의 태도가 바뀐 고백을 듣는다 하더라도 때는 이미 늦어버린 것이다. 환자의 거짓을 알아채고 적절한 시기에 적절한 개입을 하여 주는 것이 섭식장애 환자에 대해 실질적인 지원을 할 수 있는 치료자의 중요한 요건의 하나이다.

2) 위반을 발견할 경우

위반을 발견했을 때에는 먼저 사실을 확인하고 그러한 행동을 한 이유를 충분히 들어본 후에 추후 그렇게 되지 않게 하기 위해 어떻게 하면 좋을지 생각하게 하고 대책을 세우게 한다. 그와 동시에 규칙위반은 규칙위반으로서 그에 대한 벌칙을 받아야 한다. 그때 비판도 공감도 과도하지 않게 태연한 반응을 하는 것이 치료자에게는 바람직하다.

앞에서 말한 바와 같이 위반행위라는 것은 환자에게는 병의 중심을 지킨다는 자아친화적인 의미를 가지고 있다. 그렇기 때문에 위반행위를 지적당한 것만으로는 환자가 그것을 자기의 문제로 인정하고 충분히 반성하기를 먼저 기대할 수는 없다. 발견되어 비판당하거나 기분 나빠지는 것을 싫어하는 것이 환자의 본심일 것이다. 그렇기 때문에 「그러한 일을 하지 않았다」라고 사실을 부정하거나, 「어쩌다가 우연히 그렇게 되었다」라고 의미를 축소하거나 「누구누구가 제발 해달라고 하여서」라고 타인에게 핑계를 돌린다던지 책임을 회피하는 태도를 보인다.

환자가 잠시라도 빨리 이 문제를 없었던 것으로 하려고 하는 데에 비해 치료자는 과장되게 중대문제로 삼아(유모어가 효과적) 그 중요성을 인식하고 해결하도록 환자에게 압박을 줄 필요가 있다. 그럴 때 환자와 치료자가 같은 수준에서 말다툼하는 것을 피하고 치료자는 어디까지나 전문자로서 온유하게 타이르는 것이 기본이지만 때에 따라서는 엄하게 야단치는 것도 필요하다. 환자에게 하는 말로서는 「그러한 태도를 계속 취한다면 언제까지라도 병은 고칠 수 없지 않습니까」, 「지금까지 그런 식으로 책임회피만 하는 생활을 해온 것이 병의 발병과 유지에 연결되어 왔지 않은가」 등이다.

자기가 한 일에 대한 책임을 환자가 조금이라도 몸소 느껴야 하기 때문에 벌칙은 면할 수 없다. 「자기가 저지른 일에 대해 확실한 책임을 지는 것이 병을 고치는데 없어서는 안되는 일이다」, 「이것의 중대성을 몸소 느끼고 알아야 하기 때문에 벌칙이 필요하다」라는 것을 진심으로 전하여 주면 일시적으로는 피해 반응을 보인다 하더라도 환자는 환자로서 알아가게 된다.

3) 의심스러운 경우

위반이 분명하지는 않지만 수상할 때는 이상하게 생각하고 있다는 것을 빨리 환자에게 전하는 것이 좋다. 「이 체중의 변동은 좀 이상하네요. 보통 이렇게는 안 되는데요. 무언가 의심스런 것이 없습니까」라고 표현한다. 이런 지적을 하는 것만으로 환자가 자발적인 위반을 고백하리라는 것은 그다지 기대할 수 없다. 왜냐하면 환자는 지금까지 그러한 속임을 반복하여 왔고 고백할 용기도 당연히 가지고 있지 않기 때문에 무리하게 자백을 강요할 필요는 없다. 중요한 것은 이 병원에서 그런 것을 다 꿰뚫어 볼 수 있다는 것과 그런 것을 봐주지 않아 결국 자신에게 기분 나쁜 일만 되므로 그만할 수밖에 없다는 것을 환자에게 전하는 것이다.

환자는 「신뢰를 받지 못한다는 것은 슬프다」, 「그런 신뢰가 없는 치료관계로서는 치료받을 마음이 없어진다」는 등, 믿어줄 것을 강요받는 일이 많지만 그에 대해서는 「처음부터 신뢰를 하고 싶기 때문에 그렇게 간단하게는 믿지 않는다」라는 말을 해주면 된다.[9] 「이만큼 식사를 하고 있지만 이 정도 밖에 체중증가가 되지 않았다. 자세한 소화기능 검사를 해 볼 필요가 있습니다」, 「배가 아직 이 칼로리의 식사도 견디지 못하여 소화불량을 일으키고 있지 않습니까. 만약에 일주일이 지나도 체중이 늘지 않는다면 식사의 양을 줄입시다」. 이렇게 이치에 맞는 그러나 강한 대응을 한 후에는 이상하게(?) 체중이 순조롭게 증가하기 시작하기도 한다.

8. 인지 · 행동의 변화를 위한 활동

일반적으로 인지가 수정되면 행동은 변화된다고 하는데 잘못된 인지를 그냥 지적하는 것만으로 환자가 납득하고 행동이 변화하는 것은 섭식장애에 있어서는 상당히 경증의 환자라고 할 수 있다. 입원이 필요할 정도의 환자는 대체로 인지도, 행동도 그 잘못됨이 대단히 크고 거기에다 강하게 서로 얽혀 있다. 그렇기 때문에 인지의 잘못을 알아차리는 것조차 쉽지 않으며 가령 어느 정도 알아차렸다 하더라도 그것만 가지고 행동의 변화를 가져 온다는 것은 불가능에 가깝다. 치료기간의 환자라도 알아차린 것 같이 말하며 「자기가 이젠 변했다」라고 단언하는 수가 있으나 그것은 상황에 따른 간단한 되풀이일 뿐이다. 그렇기 때문에 잘못을 알아차린 것 같다고 하여 만족하지 말고 그것을 행동으로 옮겨 주어야 한다. 행동을 변화시킬 수 있고 그것을 치료자가 평가함으로써 환자는 자신감을 얻고 그 자신이 더욱 앞으로의 행동을 변화시키고 이것이 쌓여 인지와 행동의 변화를 가져오는 것이다. 다시 말하자면 처음에는 알아차릴 수 없어도 행동을 변화시킬 수 없는 상태에 두고 그것을 달성해 나가는 것이 인지의 수정으로 이어지는 일이 많다. 어느 쪽이든지 실전 행동을 통하여 인지는 변화하고 확실한 것이 된다.

1) 식사 · 체중에 관한 인지 · 행동

(a) 식사시간이 길다

「빨리 먹으면 살찐다」, 「나는 원래 빨리 먹을 수 없다」, 「늦게 먹으면 다른 환자에게 이겼다고 생각해」, 「빨리 먹으면 다른 환자들이 싫어한다」

대책: 반대 증거를 댄다. 먹는 방법을 조사하고 빨리 먹는 방법을 제시한다. 식사시간을 짧게 할 수밖에 없는 기틀을 설정한다. 예를 들면 며칠까지 몇 분 이내에 먹지 않으면 행동제한을 해제하지 않고 식사량을 줄이지 않겠다.

(b) 좋아하는, 싫어하는 편식

「이것을 먹으면 위가 울렁거리네」, 「알레르기 증상이 생긴다」, 「어렸을 때부터 먹을 수 없어」

대책: 기본적 태도로서 예외를 허락하지 않고 먹인다. 소화기 증상에는 중립적으로 대응하고 「잘 먹게 되면 증상은 자연적으로 없어진다」라고도 답하여 준다. 쉽게 투약으로 해결하려고 하지 않는다. 소화기 기능검사를 한다. 알레르기에 관하여는 알레르겐 테스트를 시행한다. 중요한 것은 환자에 대한 생각을 적당히 하지 말고 과학적인 근거를 가지고 확실하게 하여 검사에서 이상이 나오지 않는다면 확실하게 먹인다. 신체증상을 호소하는 것이 자기의 요구 실현과 연관되지 않고 반대로 검사 등 귀찮은 일과 관련되는 것이 많다는 것을 알게 되면 대부분의 경우 호소하는 것은 소실되어 간다.

(c) 비만공포

「밥과 기름진 것을 먹으면 살찐다」, 「살찌기 쉬운 체질이다. 물을 마셔도 살찐다」, 「먹고 토해버리지 않으면(설사제를 쓰지 않으면) 살찐다」.

대책: 나온 음식은 절대로 전량섭취 시키고 구토, 설사제를 사용하거나 과잉활동 등의 회피행동을 시키지 않는다. 그리고 나서 식사량과 체중의 변화를 자기관찰 시킨다. 3끼 식사를 확실하게 섭취하여도 생각하는 만큼 체중은 변화하지 않고 오히려 1,000~1,200Kcal에서는 감소하는 경우도 있다는 것을 체험할 수 있다.

2) 대인관계

섭식장애 환자는 예외 없이 적절한 대인관계의 구축이 곤란하다는 것도 과언은 아니다. 입원 전에 가정과 학교에서 대인관계에 문제가 있는 경우가 적지 않지만, 입원생활에 있어서도 부적절한 대인관계 갈등이 재현되어 부적응과 걱정이 되풀이 되는 일이 생기게 된다. 이러한 일들이 나타날 때는 치료자는 환자의 중대한 문제가 다루기 쉬운 모습으로 드러났음 감사하며 기회를 놓치지 말고 면접시 이 문제를 다루어야 한다. 그때 환자 스스로가 부적절한 대인관계의 갈등을 처음부터 알고 있었다는 것은 대부분 있을 수 없다. 치료자가 먼저 알게 되고 그 구체적인 일들을 화제로 크게 다루며 환자가 쉽게 알아차릴 수 있도록 도와줄 필요가 있다. 그러나 누구든지 자기 자신의 문제를 받아들이기는 쉽지 않다. 알아차리기에 대한 저항과 그것을 과거의 문제로 삼아버리는 것(「그 문제는 벌써 끝난 것」,「이제 알았으니 나는 그 문제를 이후에 고민할 필요는 없다」)으로 문제 갈등에 대한 마음씀이나 수정은 어중간하게 끝날 수도 있다. 그래서 「아직 모두 극복할 수가 없다. 지금 고치지 못하면 평생 같은 일을 반복하게 된다」라고 지적하여 고치기 위해서는 어떻게 하여야 하는지 서로 상의하며 문제를 아는 것만이 아닌 행동변화가 일어나도록 촉구한다. 이러한 개입을 되풀이함으로써 서서히 자발적으로 알아차리기가 가능하게 된다.

3) 섭식환자에게 자주 나타나는 인지의 잘못됨

이상과 같이 부적절한 식행동과 대인관계 갈등은 다음과 같이 부적절한 인지 갈등과 깊이 연결되어 있다. 환자의 문제에 대한 치료자의 감수성을 높이기 위하여 그들의 인지 양식을 잘 이해해 두는 것이 중요하다.

(a) 전부인지 아닌지, 백과 흑의 완전주의적 사고

「전부하지 못하면 의미가 없다. 완벽하게 못하면 처음부터 하지 않는 것이 낫다.」

(b) 과도한 일반화

하나의 결과에서 그것과는 무관한 것까지 상황에 맞추어서 생각하는 것. 「토하니까 빠졌다. 토하지 않으면 계속 살이 찔 것이다」, 「이전에 거절하였더니 싫어하는 얼굴이었다. 그러니 내가 참고 있어야만 모두 잘 될 것이다.」

(c) 선택적 추출

사실을 무시하고 사소한 것에서 결론을 낸다. 「친구가 나를 싫어하는 것은 내가 뚱뚱하기 때문이 틀림이 없어.」

(d) 과대시와 왜소화

「선생님은 나를 칭찬하지만 나에게는 제대로 된 것이라곤 하나도 없다.」

(e) 그렇게 하지 않으면 안 돼, 꼭 해야 하는 사고

「남에게 의지하여서는 안 된다」, 「다른 사람에게 도움을 구하는 것은 자기의 패배를 인정하는 것과 같은 것이다.」

대책: ①이상은 환자가 무의식 중에 쓰고 있는 말이지만 아무 뜻 없이 듣고 넘기게 된다. 환자가 말하는 것을 단순하게 납득하지 말고 조금이라도 이상하다고 생각되면 「그것은 어떠한 일인가」라고 담담하게 물어보며 납득이 될 때까지 들어 본다. 환자는 추상적이며 감을 잡을 수 없는 말을 하기 때문에 이것에 말려들기 쉽지만 철저하게 구체적으로 들어 보는 것으로 모순점이 명확해 진다. ②환자의 잘못된 생각의 근거가 되는 증거에 관하여 끈기있게 질문한다. 그러나 검사의 취조 같이는 하지 말아야 한다. ③환자가 하나의 생각을 고집하는 일이 많지만 다른 선택의 헤아림도 있지 않은지 검토한다. 가능한 예행 연습을 하여 실행시켜 본다. 그 결과는 어떠하였는지 다시 검토한다. ④전부냐 아니냐가 아니고 척도의 이용(최고를 100점으로 하면 몇 점일까), 사물의 변화를 연속체로 보는 눈을 키운다. ⑤사물의 여분과 모자람의 측면을 검토한다. 또 화가 복이 된다고 과거와 현재의 경험·실패를 장래의 행동에 살리는 방법을 키운다. ⑥자기 것은 알아차리지 못해도 타인의 언행이 이상한 것은 눈에 띄는 법이다. 그런 의미에서 병동에서 일어난 일들을 면접에서 화제로 할 것과 집단요법에 참가하는 것은 자타의 인지갈등 문제를 알아차리며 수정하는 좋은 기회가 될 수 있다.

9. 자유섭취 · 간식 · 외식 · 외박훈련

목표체중에 도달하면 그때까지의 전량섭취에서 자유섭취로 변경한다. 실제 섭취량보다 조금 많은 식사를 준다. 전량섭취는 아무생각 없이 무조건 전부 먹으면 되니까 섭식장애 환자에게는 오히려 제일 용이한 식사법이라 할 수 있다. 자유섭취는 먹어도 좋고 남겨도 좋다고 하는 응용문제이다. 그러나 여기까지 공복감과 포만감의 자연리듬이 회복되고 바람직한 식행동이 재형성 되어 인지의 수정이 진전되어 있다면 자유섭취가 되어도 그렇게 간단하게 무너지지는 않는다. 그러나 오직 체중을 늘리면 좋다, 체중을 늘려서 빨리 퇴원하고 싶다고 하는 환자의 생각이 충분히 수정되지 않은 상태에서 치료를 진행할 경우에는 자유섭취가 되자마자 얼마만큼 먹어야 좋을지 몰라 식사량이 극단적으로 줄어버리는 경우가 많다. 그럴 때에는 전량섭취로 돌아가든지, 다시 적은 칼로리에서 단계적 섭취로 돌아가야 하는 등 조금 전의 단계에서 다시 시작할 수밖에 없다. 자유섭취가 되어도 90% 이상 섭취하여 목표 체중을 유지할 수 있으면 성공이라 할 수 있다.

간식도 응용문제의 하나이다. 식욕부진증 환자는 보통 식사를 줄이지 않고 간식을 하는 것이 어렵다. 그러므로 간식훈련도 체중이 목표체중으로 되어 비만 공포도 많이 경감된 상태에서 시작한다. 외식도, 외박도 원칙적으로 목표체중에 도달하고 자유섭취와 간식훈련이 뚜렷해지고 난 후에 한다. 그러나 치료가 대단히 순조롭게 진행되고 있을 때에는 목표체중에 도달하기 전부터 시도하는 경우도 있다.

이런 연습을 할 때에는 꼭 사전에 예행연습을 시켜 그 결과가 어떠하였는지를 검토한다. 외박으로 체중이 극단적으로 감소하거나 증가하지 않았는지, 외박시의 환자 상태에 관하여 가족의 인상은 어떠하였는지 등이 환자의 달성도를 판단하고 예후를 예상할 수 있는 중요한 정보가 된다. 체중을 줄이지 않으려고 무리하게 먹기도 하는 것이 결과로 나타나는 경우가 많다.

자유섭취·간식·외식·외박훈련의 중요성은 아무리 강조하여도 지나치지 않다. 이 단계까지 치료를 유지할 수 있었다는 것 자체, 그때까지의 치료가 어느 정도 이상 확실하게 되었다는 증명이기도 하다. 또 이러한 실전적인 훈련이 퇴원 후 어떻게 도움이 되었는가는 환자 자신의 말로 잘 들을 수 있으며 실제 여기까지 치료할 수 있었던 환자의 예후는 양호하다고 생각한다. 현재 우리 과의 대부분의 환자가 이 단계까지의 치료를 완료하고 있다.

– 끝으로 –

섭식장애의 기본형인 식욕부진증을 중점으로 우리과에서 그 병태의 이해와 입원 치료의 방법을 서술하였다.

우리는 그 치료에 있어 행동면에서의 적극적인 개입을 필수로 그것을 확실하게 하기 위하여 행동제한 등의 강력한 치료의 틀을 사용하고 있다. 행동면에서의 확실한 접근이 있어야 이로써 환자는 자기의 내면 문제에 대면할 준비를 할 수 있다고 믿기 때문이다.

그러나 이러한 치료의 틀은 환자가 심신과 함께 건강하게 되기 위한 필요조건에 지나지 않고 그것을 기계적으로 맞추기만 하면 좋은 결과를 얻을 수 있는 충분조건이 아니라는 점을 강조하고 싶다. 본 항에서 말한 치료가 환자자신의 충분한 치료동기를 끄집어내는 노력, 궁극적으로는 강한 신뢰를 가진 치료관계, 신체면과 외면적인 행동만이 아니라 내면의 변화를 중시하는 치료자 측의 자세, 그때까지 숨겨져 있던 환자 마음의 진실을 만난 기쁨 등을 기초로 하여 치료를 할 수 있는 점 등[9]을 행간에서 읽을 수 있다면 다행이다.

더욱 본 항에서는 환자 개인에 대한 접근을 중심으로 하여 서술하였지만 섭식장애 환자의 치료에 있어서 가족에 대한 접근이 아주 중요하다는 것은 말할 것도 없다. 다른 문헌[3,8,9]을 참고하기 바란다.

문헌

1) 瀧井正人，久保千春：食思不振症患者へのアプローチ．黒川清，松澤佑次(編)：内科学，pp1099-1101，文光堂，1999
2) 末松弘行：神経性食思不振症の概念(定義)と分類．末松弘行，河野友信，玉井一，馬場謙一(編)：神経性食思不振症，pp2-11，医学書院，1985
3) 瀧井正人：通常の治療目標，治療枠が患者と共有できない場合(境界例的な症例)．玉井一，小林伸行(編)：摂食障害の治療指針，pp121-132，金剛出版，1995
4) 荻原友未，瀧井正人，日本糖尿病協会(編)：ひとりぼっちを抱きしめて．医歯薬出版，2001
5) 瀧井正人：心理的支援．日本糖尿病学会(編)：小児・思春期糖尿病管理の手びき，pp165-174，南江堂，2001
6) 成田善弘：思春期・青年期の精神病理―昨今の特徴；強迫症の臨床研究，pp256-271，金剛出版，1994
7) 野添新一：神経性食欲不振症の行動療法についての研究，医学研究 50：129-180，1980
8) 瀧井正人，小牧元，久保千春：10年間にわたり10回の入院を繰り返した神経性食欲不振症の1遷延例―強迫的防衛への治療介入(第1報：外来治療)．心身医学 39：435-442，1999
9) 瀧井正人，小牧元，久保千春：10年間にわたり10回の入院を繰り返した神経性食欲不振症の1遷延例―強迫的防衛への治療介入(第2報：入院治療)．心身医学 39：443-451，1999
10) 瀧井正人，久保千春：強迫性の強い神経性食欲不振症遷延例の治療 ―「強迫的防衛」への治療介入．久保木富房(編)：知っておきたい拒食症・過食症の新たな診療．pp40-51，真興交易医書出版部，2000

⑧ 만성동통

A 병태생리

1. 통증이란 무엇인가?

일반적으로 통증은 신체조직에 있어서 장애의 존재를 나타내는 신호이고 그 강도는 장애의 정도와 일치하는 것으로 생각되고 있다. 그 기초가 되는 것은 특수이론이라는 아주 단순한 생리학적 이해이다. 즉 손상과 병변이 말초의 침해 수용기를 자극하여 생기는 임펄스가 말초의 침해 수용선유→척추후각→척추시상로→시상이라고 하는 경로를 매개하여 대외피질 체성 감각영역에 도달하면 아픔을 일으킨다는 설명이다. 그러나 현실에서는 잃어버린 팔다리의 통증(환지통)이나 무어라 신체적 병변이 드러나지 않는 아픔 등 이 「특수이론」에서는 이해 곤란한 사례가 적지 않다. 이러한 통증의 다양성을 이해하기 위한 모델로서 gate control theory(Melzack & Wall, 1968)이 제창되었다(그림 Ⅳ-21). 말초로부터의 침해자극은 척수후각의 전달세포에서 말초와 중추의 양방으로부터 마치 gate를 여닫는 듯하게 제어를 받게 된다는 이론이다. 이 모델은 다음과 같은 생리학적 소견을 기초로 삼고 있다. ①침해 수용선유인 Aδ 및 C선유에 대한 척수후각의 반응성은 촉각자극을 전달하는 Aβ 선유의 흥분에 의해 억제되며, 그 차단에 의해서 두드러지게 증대한다. ②중뇌 중심 회백질이나 연수 대봉선 핵·대세포성 망양핵, 교의 청반핵에서 척수를 하행하는 신경선유는 척수후각이나, 3차 신경 척수로 핵에 도달해서 그 활동을 억제한다(하행성 억제계의 존재). ③중뇌 망양체는 체성 감각계·시청각계·대뇌 피질 연합영역에서 신경 선유의 투사를 받고 있다. 이 모델에는 불충분한 점도 있으나 위에서 기술한 환지통을 시작으로 동통부위를 만지는 일이나 시각, 청각 자극에 의한 진통 효과, 인식과정에서 통증 지각으로의 영향 등 많은 통증 현상을 생리학적으로 설명 가능한 점에서 획기적인 것이었다.

그 후 다시 학제적인 동통연구가 거듭되어서 통증은 「실질적·잠재적인 조직의 손상과 결부되든가, 그와 같은 장애를 나타내는 말(저자 주: 얻어맞은 것 같고, 찔린 것 같고, 불쏘시개를 대는 것 같고 등)을 통해서 드러나는 불쾌한 감각·정동체험」(1986년, 국제동통학회)이라고 정의하고 있다. 불쾌한 정동체험이라든가 침해자극이 존재하지 않는 신체감각으로도 그것을 환자가 통증으로 알아차리고 「아파」라고 표현하게 되면 그 감각은 아픔이라고 여기게 되었다. 즉 본래의 통증은 생리적 단계의 감각적 요소에 심리사회적 요인이 밀접하게 관여함으로써 생기는 주관적인 지각체험이라고도 할 수 있다.

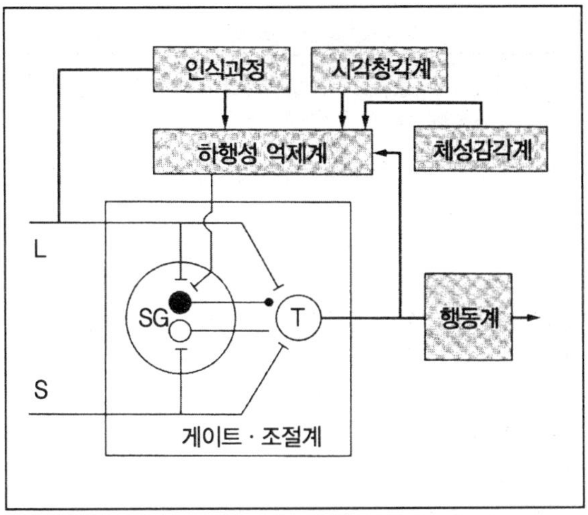

그림 Ⅳ-21 게이트 · 조절설 (문헌1에서 고침)

L: 유수성인 굵은 Aβ선유, S: 유수성의 가는 Aδ선유 및 무수성의 가는 C선유
SG: 척수후각 교양질(제II층), T: 척수후각 전달세포(제V층),
O: 흥분성 시냅스 결합, ●: 억제성 시냅스 결합

2. 만성동통의 질환 개념

이러한 통증의 정의에 의하자면 만성동통을 단지「심리기제의 찾아볼 수 있는 동통」이라고 하기에는 불충분하다. 국제동통학회에서는 만성동통을「급성 질환의 통상적 경과 또는 외상의 치료에 1개월 이상 지속되거나 계속되는 아픔의 원인이 되는 만성의 병리학적 과정과 일치하는 동통 혹은 몇 개월에서 몇 년 간격으로 되풀이 되는 동통」이라고 정의하여 만성 질환이나 암·기능성 질환·심리기제·정신질환 등 다양한 병태로 이루어져 있다고 보고 있다. 이와 같은「만성동통」의 각 종류의 메카니즘이 표 Ⅳ-20에 나타나 있다.

3. 만성동통의 원인

1) 침해 수용성 동통

염증이나 악성종양 등의 치료저항성 병변이 침해 수용기를 자극하는 작용에 의해 일어나는 동통이다(난치성 동통이라 부르는 경우도 있다). 단기간에 병변이 개선되면 동통도 소실한다(이것이 급성동통이다).

표 Ⅳ-20 만성동통의 원인

(1) 침해 수용성 동통 : 만성 관절 류마티즘, 골다공증, 만성 위 • 십이지장 궤양, 만성 췌장염, 담석증, 말초혈관장애, 악성 종양 등

(2) 기능성 동통 : non-ulcer dyspepsia, 과민성대장증후군, 담도 운동이상증, 긴장형 두통, 혈관성 두통, 근근막 증후군 등

(3) 신경인성 동통(CRPS)
  1) 반사성 교감신경성 위축증(CRPS type Ⅰ)
  2) 구심로 차단성 동통(CRPS type Ⅱ) : 대상포진 후 신경통, 당뇨병성 신경증, 완신경총 견인 손상, 척수손상, 환지통, 시상통 등

(4) 학습성 동통
  1) 오페란트 학습형 동통(동통행동)
  2) 회피 학습형 동통(동통행동)

(5) 정신의학적 동통 : 우울증성 장애, 전환성 장애, 심기증 등

2) 기능성 동통

자율신경계의 기능이상에 따른 말초혈관이나 소화관, 담도계의 불안정한 수축이나 골격근의 긴장에 의해서도 말초성의 동통이 나타난다. 이러한 병태는 체질적 소인에 의해서도, 정동 스트레스에 의한 정신생리학적 반응으로도 나타난다.

3) 신경인성 동통(complex regional pain syndrome, CRPS)

감각신경로의 어느 쪽 부위의 장애에 의해 유발되는 신경계의 천연성(遷延性)의 기능부전에 따라 나타나는 동통이며 국제동통학회는 이것을 complex regional pain syndrome(CRPS)로서 type Ⅰ과 type Ⅱ로 분류할 것을 제창하고 있다.

type Ⅰ은 반사성 교감신경성 위축증(reflex sympathetic dystrophy, 이하 RSD)이라 불리고 조직의 손상을 계기로 천연화(遷延化)하는 동통이 출현함과 동시에 교감성 신경의 과긴장 상태에 의한 말초순환부전, 피부의 퇴행성 변화, 근위축, 골위축 등을 병발하는 병태로 나타난다. 유인은 외상이나 의료처치, 신체질환 등 여러 가지이지만 확실한 신경손상은 보이지 않는다. 조직손상에 의하여 말초신경에 발생하는 강력한 임펄스는 척수개재 뉴론에 반양성(反響性)의 활동을 일으켜서 척추측색 세포와 전각세포에 파급하여 전자에서의 교감신경 원심선유는 말초혈관 수축을, 후자에서의 운동신경선유는 골격근 긴장을 유발한다. 이 새로이 생긴 말초의 감각신호가 개재 뉴론의 활동을 자극해서 악순환이 형성된다. 더 나아가 이 악순환은 척수의 상하 분절이나 반대 측까지 미쳐 광범위하게 통증을 일으킨다는 기전이 제창되고 있다(그림Ⅳ-22).

type Ⅱ는 구심로 차단성 동통(deafferentation pain, 이하 DAP) 또는 causalgia라고도

불리며 확실한 감각신경의 손상을 겸하여 그 지배영역의 감각 탈실부위에 천연성(遷延性)의 동통이 생기는 병태이다. 신경손상에 의해서 감각입력이 상실되면 거기서부터 중추 측의 감각신경계에 제신경후 자발 활동항진이라고 불리는 이상한 발화패턴이 생기는 천연성(遷延性)의 동통을 일으키는 것으로 알려지고 있다.

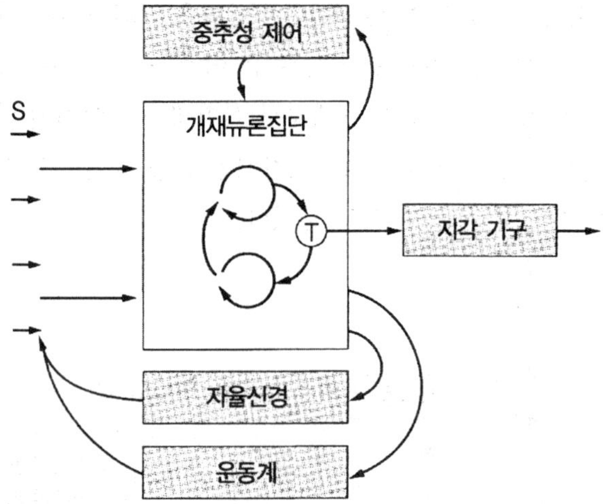

그림 Ⅳ-22 신경인성 메카니즘의 모식도

S : 신경조직의 손상에 의해서 일어나는 강한 자극, T:척추후각전달세포

4) 학습성 동통

동통 임상에 학습이론을 도입한 사람은 Fordyce(1968)이다. 그는 통증의 존재를 주위에 전달하는 행동(언어적으로 동통을 호소하는, 괴로운 표정을 짓는 일 등)을 「동통행동」이라고 부르고, 손상이나 병변이 치료되고 나서도 그것이 지속되는 경우에는 그 환자에게 이득이 되는 결과가 뒤따르고 있다는 오페란트 학습 모델에서의 난치성 동통 메카니즘을 설명하였다(그림Ⅳ-23).

일반적으로 통증의 존재를 보여주는 행동은 안팎에서의 자극에 의해서 야기된 생리적·심리적 변화에 근거하는 생체의 운동반응이라고 여기게 되는데, 오페란트 이론에서는 동통행동은 적극적으로 환경에 작용해서 보수를 획득하는 기능을 수행하는 경우도 있다고 지적하였다.

우리의 검토에 의하면 동통행동에 수반되어 그것을 유지·증강시키는 인자(보수)에는 아래와 같은 것들이 발견되었다. ①중요한 인물에 대한 주목·관심·옹호적 관련성(옹호 반응) ②가정 또는 사회생활에 대한 재적응의 회피(현실회피) ③노여움·불만·죄악감 등의 심리적 고통의 억압(갈등회피) ④다른 가족 구성원간의 갈등의 회피(가족 시스템의 유지) 등이다. 환자가 고립·불안·갈등·가족붕괴 등의 곤경에 빠져 있을 때 유일 동통행동만이 아니고 그 곤경이 완화되지 않으면 동통 행동은 지속되게 되어 있다.

동통행동을 제어하는 요인으로서 인지의 기능도 중요하다. 사람은 불쾌한 결과가 뒤따를 것으로 예상되는 행동을 회피한다. 외상이나 질병의 치료과정에서 그 동작에 뒤따르는 통증을 자각하게 되었을 때, 「통증을 일으키는 동작은 병변을 악화시킨다」라고 예측하게 되면 다리를 질질 끌게 되는 부자연스런 자세를 취하는 등 아픔을 회피하는 행동을 취하게 되는데, 그 행동으로 환자의 예측 불안은 더욱 단단해져서 회피행동은 이어져 나간다. 이어서 근위축이나 관절구축, 근긴장의 항진 등이 나타나면 2차적인 통증 요인이 된다. Fordyce는 이와 같은 패턴을 회피학습에 의한 동통행동이라고 불렀다.

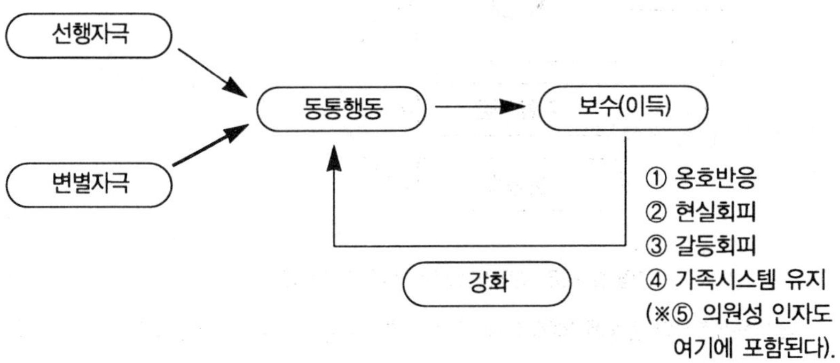

그림 Ⅳ-23 동통행동의 오페란트 학습 메카니즘

선행자극(외상이나 질환)에 의해 야기된 동통행동은 보수(이득)가 되는 결과가 수반되는 것으로 해서 마침내 변별자극(보수의 출현을 예측하게 하는 조건이나 상황)의 존재만으로도 출현하게 된다. 따라서 동통의 원인이 되는 침해자극이 없더라도 동통행동이 지속적으로 출현된다.

5) 정신의학적 동통

만성 통증을 가져오는 정신의학적 질환으로는 우울증성 장애와 전환성 장애가 압도적으로 많다. 조증, 정신분열증이나 기질성 정신장애 등의 중증 정신질환의 증상에 의해서 동통이 일어날 수도 있으나 드물다. 그러한 경우 통증의 호소에 기묘한 색채를 띠는 것이 특징이다.

우울증성 장애에서는 신경전달물질인 세로토닌이나 노르아드레날린의 기능적 결핍이 일어나는데, 위에서 말한 하행성 억제계 중에서 대봉선핵으로부터의 신경선유는 세로토닌의 작동성, 청반핵으로부터의 신경선유는 노르아드레날린계라고 여겨지고 있다. 바로 우울증성 장애에서는 하행성 억제계의 기능의 저하가 동통발생에 관여하고 있는 것으로 생각되고 있다.

전환성 장애의 경우는 외상적인 장애나 해결하기 어렵고 참기 어려운 문제, 장애 받은 인간관계 등에 의해서 생긴 불쾌한 감정이 동통으로 전환되어 있다. 이 경우는 거의 2차적 이득의 존재가 눈에 띄기 때문에 오페란트 형의 동통행동과 거의 같은 뜻의 개념이라고 할 수 있겠다.

심기증 환자는 중증인 진행성의 신체질환에 이환되어 있다고 확신하고 있어서 그 때문에 세심한 신체감각이 동통이라고 자각하게 되는 것 같다.

아울러 정신의학 영역에서 DSM-Ⅳ에서 동통성 장애가, DSM-Ⅲ-R에서 신체표현성 동통 장애가 제창되고 있다. 전자는 전환성 장애나 자발성 학습형에 해당하고, 후자는 기능성 동통이나 신경인성 동통, 학습성 동통, 정신의학적 동통을 폭넓게 포함하는 개념일 듯 싶다. 어찌되었든 이러한 아픔들이 독립된 정신장애로 존재하는 것은 아닐 것이다.

4. 큐슈 대학 심료내과에서의 만성동통의 정의

이상 만성동통의 각종 원인을 서술하였으나 실제 환자에서는 이러한 요인의 몇 가지가 복잡하게 얽혀서 개개인의 병태가 형성되는 일이 많다. 그런데 큐슈대학 심료내과에서는 만성동통을 「동통의 호소와 그로 인해 일어날 수 있는 사회적·직업적 장애의 정도가 기질적 소견에서 예상되는 것보다 과도한 것들」이라고 하고 있다. 신체적 병태의 진단과 치료가 주체되는 침해 수용성 동통은 급성 동통으로 제외하고, 학습성 동통 내지 정신의학적 동통에 더하여 병태가 기능적이기 때문에 가끔 심료내과를 수진하고 심리·사회적 인자와 정신질환의 영향을 받기 쉬운 신경성 동통, 기능적 동통을 만성동통으로 하는 것이 일반적인 임상에 있어서 실제적이라고 생각되기 때문이다.

B 증상

당연한 얘기지만 신체 각 부위의 천연성(遷延性)동통이 주된 증상이지만 그것은 병태에 따라서 지속성인 경우도 있고 간헐성인 경우도 있으며, 통증의 성상도 여러 가지로 나타난다. 한편 각 병태마다 특이적인 증상도 있다.

신경인성 동통에서는 촉각자극이나 온냉각 자극에 의해서 아픔이 유발되는 이통증(allodynia)나 통각과민이 인정된다. 또한 위에서 말한 것처럼 RSD에서는 교감신경의 과긴장증상을 병발한다.

우울증 장애에서는 의욕 저하, 기분의 불안정, 불면, 식욕부진 등을 수반하고 있다. 전환성 장애에서도 다양한 신체적·정신적 증상이 나타나는 경우가 많으며, 또한 가끔씩 동통의 호소에 비해서 행동면에서의 장애는 가벼운 편이다.

경조(輕躁)상태나 정신병성 장애 환자의 경우는 기록용지에 상세하게 통증 부위나 성상을 기록하기도 하며 「전파」나 「신호」라는 등의 기묘하고도 독특한 표현을 통증으로 표현하는 경우가 있다.

C 검사

침해 수용성 동통 이외에 혈액·생화학적 검사와 영상 진단에 있어서 동통의 호소와 동통에 의한 사회적·직업적 장애에 맞는 소견은 인정되지 못한다(소견이 없지는 않다).

RSD에서는 thermography에 의하여 타환부위의 피부온 저하가, 중증예에서는 X선 사진에서 골격의 탈석회화 소견을 볼 수 있다.

특수한 검사법으로는 티오펜탈, 모르핀, Xylocaine, 케타민 등 기전이 다른 각종 진통제를 소량 정주하여 그에 대한 반응성이 다른 것으로 개개인 환자의 동통 메카니즘을 감별하려고 하는 시도가 있다(drug challenge test). 그러나 그 평가법에 관하여 지금까지 일정한 견해는 얻지 못하고 있다.

심리테스트로는 Cornell Medical Index에서 일반적으로 다양한 신체적·정신적 증상이 인정된다. 또한 self-rating depression scale에서는 우울성향이, Minnesota multiphasic personality inventory에서는 가끔씩 심기증 척도와 히스테리성 척도의 점수가 높고, 우울 척도의 점수가 낮은 conversion V의 패턴을 나타내 보이는데 이들 소견이 동통의 천연화(遷延化)의 결과인지, 동통의 심리기제를 나타내는 것인지는 신중하게 판단할 필요가 있다.

D 진찰

증상, 병력, 이학적 소견, 검사 소견, 심리테스트 결과, 행동 분석 등을 종합해서 기질적 · 기능적 · 심리적 · 정신의학적 요인에 관해서 각각 존재하는 정도와 상호관계를 평가한다. 이 때 자세한 병력 청취가 특히 중요하다. 통증만이 아니고 수반 증상의 추이나 생활면, 행동면에서의 장애 정도의 변화, 과거의 갖가지 치료력과 그 효과, 생활상의 변화 등을 환자와 가족한테서 듣는 것만으로도 병태가 떠오르는 경우가 많다. 아래 그림에 전형적인 만성동통 환자의 병태를 나타내었다(그림 Ⅳ-24). 침해 수용성 동통과 신경인성 동통에 근거한 생리적 · 감각적 단계의 동통이 우울과 불안 등의 불쾌한 정동, 즉 고통, 나아가서 오페란트형 동통행동과 회피학습형 동통행동이라고 하는 학습성의 요인으로 인해 수식되어 복잡화·난치화 되어 있다.

그런데 오페란트 학습이 외현적 행동뿐 아니라 인지·정동·생리적 과정이라고 하는 내재적 행동에도 성립되므로 진단할 때에 충분히 유의할 필요가 있다. RSD의 교감신경 긴장 증상이나 과민성대장증후군의 장관연동 항진 등의 생리적 이상도 「움직이면 통증이 악화된다」라고 하는 잘못된 인지도 보수가 따르게 되면 증강되는 경우가 있다. 이러한 경우에는 단지 정신생리적 반응이라든가 respondant 반응, 인지의 뒤틀림이라고 하는 표면적인 이해에 대응하

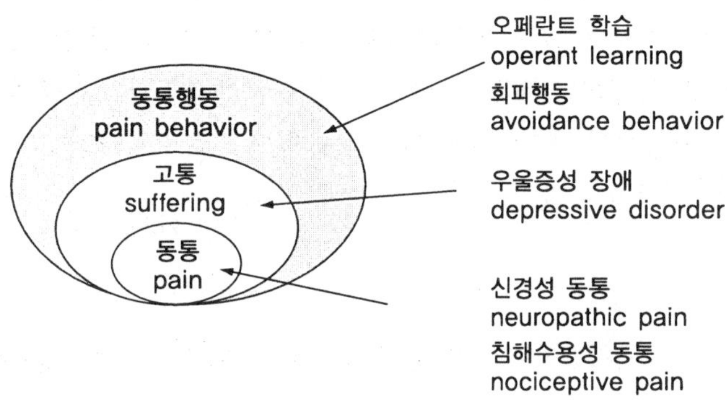

그림 Ⅳ-24 만성동통환자의 다축적 병태구조

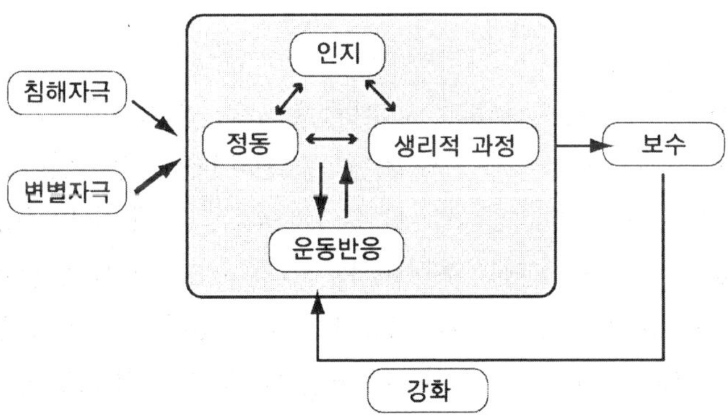

그림 Ⅳ-25 동통행동에서의 각 레벨의 오페란트 학습

여도 치료는 차단된다(그림 Ⅳ-25).

오페란트 학습은 단지 외형적 행동인 운동반응뿐 아니라 인지·정동·생리적 과정 등의 내재적 행동에도 성립할 수 있다는 것을 알고 있는 것은 만성동통만이 아니고 심신의학의 임상 전반에 있어서 매우 중요하다.

E 치료

1. 병태에 대응하는 치료법

위에 적은 다축(多軸)진단에 근거해서 존재하는 병태의 각각에 따라 치료를 행한다.

1) 신경인성 동통

신경인성 동통에 대해서는 신경블록이 유효하다. 약물요법으로는 비스테로이드계 항 염증약은 효과가 없으며, 하행성 억제계의 기능을 부활시키는 항우울제가 적용된다. carbamazepine, barbiturate 등도 시도하고 있다. 신경인성 동통의 질환개념은 일반적으로 그다지 알려져 있지 않아 원인불명으로 여겨 심료내과로 의뢰되는 경우도 많은데, 신경인성 동통이 의심되면 빨리 통증클리닉으로 의뢰해야 하겠다. 한편 난치성의 신경인성 동통증례에서는 가끔씩 정신의학적 질환이나 학습성의 메카니즘이 관여하고 있으므로 심료내과 의사가 적극적으로 치료에 관여하는 것이 의의가 있다.

2) 기능성 동통

정동스트레스의 경감을 도모하는 것과 함께 생리적 단계의 변화와 반응을 개선하기 위하여 상담과 항우울제의 투여, 자율훈련법과 바이오피드백 등의 이완법, 소화기능개선제, 근이완제, 혈관작용제 등의 약물요법이 상태에 따라 적용된다.

3) 우울증성 장애에 따른 동통

우울증성 장애에 대해서는 항우울제가 제1선택제이다. 속효성을 올리기 위해서는 clomipramine을 500㎖의 용액에 녹여서 점적 정주한다. 부작용에 주의하면서 12.5㎎부터 시작하여 25㎎에서 50㎎까지 증량한다. 가끔씩 극적인 진통효과를 얻게 된다. 증상에 따라 2~8주간 계속한 후 경구투여로 바꾼다. 경구 투여에서는 clomipramine 외에 삼환계 항우울제 amitriptyline · imipramine 30~75㎎ 투여가 효과적일 때가 많다. 부작용이 심한 예에서는 sulpiride(150~200mg)과 maprotiline(40~80mg)이 유효한 경우도 있다. 신세대의 trazodone과 SSRI에 관한 평가는 정해져 있지 않다. 하나의 약제로 효과를 얻을 수 없는 경우에는 뇌 내 아민에 대한 작용 스펙트럼이 다른 약제를 시도해 본다. 1개월 정도의 약물요법으로 효과를 보기 어려운 경우 다른 생리적·심리적 기제에 관해서 충분히 재평가하여야 한다.

참고로 항불안제는 동통에 합병하는 불안, 근긴장, 불면에 대처하고자 투약되는데 뇌 내의 세로토닌의 결핍을 가져올 가능성이 지적되고 있고 섬망이나 충동내성의 저하를 일으키는 부작용도 있으니 특히 소아·사춘기 증례와 고령자에게 많이 사용하면 안 된다.

4) 오페란트 학습형 동통

학습성의 동통에 대해서는 보다 전문적인 심리치료가 필요하다. 각각의 증례에 따라서 다르겠지만 동통행동의 보수 유형에 따라 대략 아래와 같이 개략화할 수 있다.

a. 옹호 반응

그 역할을 분담하고 있는 인물에 동통행동의 지속하는 병태를 설명하고 동통행동의 시간에 따르는 옹호적 대응(시중들기, 약 먹이기, 아픈 부위 주무르기 등)을 멈추고 일정한 거리를 두고 대응하며(소거, 消去), 조금이라도 생산적·건강한 행동(활발한 동작·통증 이외의 대화 · 정신적 고통의 표현 등)에 충분한 관심을 가지도록 하라고 지시한다(적응행동의 보수학습).

b. 갈등 회피

환자가 품고 있는 죄악감이나 억압에 대해서는 지지를 나타내며 불만이나 공격적 감정에 대해서는 공감적 이해를 보이나, 내면적 갈등이 의식화되어 솔직하게 표현되는 치료관계가 형성되도록 한다. 때로는 주위 사람들에 대한 최저한의 자기주장을 내세우는 일도 필요하여 가족에게 환자의 정신적 고통을 전달하는 것도 유효하다.

c. 가족 시스템의 유지

동통행동에 뒤따르고 있던 가족성원 사이의 갈등의 해결을 좀 더 나은 적응하는 방법으로 도모하도록 촉구한다. 이때에 숨겨져 있던 문제가 겉으로 나타나게 되어 가족사이의 이반(離反)이라는 결과에 이르는 일이 있으므로 주의가 필요하다.

d. 현실 회피

환자의 능력에 따라 사회적·가정적으로 알맞은 그릇을 마련해야 하는 일, 사회 기술훈련이나 스트레스에 초점을 맞춘 인지적 기법 등에 의해서 환자의 적응력을 높이는 일 등이 필요하다. 이런 유형의 환자는 일반적으로 심리치료를 통해서 고통에 가득찬 현실에 직면하는 일에는 강한 저항을 나타내고 자기 파괴적 행위나 반사회적 행동 등의 행동화를 불러와 치료중단에 이르는 경우도 많다.

그런데 오페란트형 동통행동의 지속에는 옹호반응의 중심인물이 배우자라든가, 숨겨진 공격 감정의 상대는 며느리, 또는 장모와 같이 일반적으로 가족관계가 강하게 관여하고 있기 때문에 가족요법의 이론과 기법도 유용하다. 예를 들면 「동통은 가족의 안정을 유지하는 일에 도움이 됨으로 좀 더 나타내 주기로」 하는 식의 증상 처방은 동통⇆보수라고 하는 악순환을 끊어버리는 일에 효과적이다. 또한 환자가 동통을 호소하지 않을 수 없는 심리적 고통이 가족원과 심리적 위치관계에 있는 경우에는 「부부연합」, 「세대간 경계」, 「계층(상하관계의 질서)」라고 하는 시점에서 가족관계를 재구조화하는 일이 효과적이다(「Ⅴ-11. 가족요법」의 항목 참조).

5) 회피학습형 동통

신체감각에 대한 잘못된 해석이나 의미부여라고 하는 인지적 요인이 원인이 되는 회피학습형 동통행동에 대해서는 교육적 접근이 필요하다. 통증에 관련되는 해부·생리에 대한 지식을 전달하며, 근육의 위축이나 관절의 구축 등으로 생기는 통증 치료에는 차츰 운동을 재개해서 활발한 일상생활을 유지하는 방법이 효과적이라는 사실을 이해시킨다. 또한 회피하고 있는 동작을 재활요법이나 작업요법을 통해 단계적으로 수행시켜 통증에 견디어 내고 차츰 동통부위를 움직임으로써 통증이 경감되고 자유롭게 움직이게 되는 과정을 체험시키도록 한다.

2. 개개의 환자 치료 진행법

1) 초기치료

이상에서 각 병태에 대한 치료법을 서술하였는데 실제로 개개의 환자에 대한 치료를 할 때에는 먼저 환자의 동통행동이 얼핏 보아 격렬하고 비생산적이거나 또한 부적응적이라 하더라도 환자의 입장에서는 전인적인 고통에 대한 필사의 해결노력이라고 인식하는 것이 중요하다. 그러한 공감적·수용적 태도에서 기질적·기능적 병태에 대해 충분히 검색하고 그 결과를 환자에게 잘 설명하여 기질적·기능적 병태와 불안, 우울증에 대한 신체적 치료를 충분히 한다는 지지적 대응이 초기치료로서 매우 중요하다. 병태생리학적 기전이 뚜렷하지 않은 동통에서도 신체적 접근이 두드러진 효과를 보이는 경우가 있다. 또한 뚜렷하게 심리기제가 존재하는 경우에도 기저에 있는 기질적·기능적 병태에 의한 환자의 동통이 고통이 강한 단계에서는 환자에게 심리면에서의 개입을 받아들일 여유가 없기 때문에 일정한 시간과 에너지를 요하는 면접을 전제로 하는 심리치료는 곤란하다.

2) 현저한 동통행동 제어를 위한 전술적 방법

치료초기의 만성동통 환자는 빈번하게 통증을 호소해서 진통제나 처치를 요구하는 등 치료스태프에게 과도하게 공격적 혹은 의존적인 태도를 취하는 경우가 많다. 이러한 언동을 방치하면 치료의 지속이 불가능하기 때문에 아래에서 말하는 바와 같이 전술적 방법으로 심정화(沈靜化)를 도모할 필요가 있다.

⑴ 치료스태프 사이에서 불신이나 반목을 일으키므로 정기적인 스태프미팅을 하여 정보교

환을 하고 심신의학적 평가·치료방침 등을 공유하도록 노력한다.

(2) 의료스태프가 심한 동통의 호소에만 반응하여 작은 호소를 방치하면 이의 빈도는 증가하기 때문에 작은 호소를 할 때일수록 더 세심한 주의를 기울인다(적응적 행동의 보수학습).

(3) 진통처치는 약제, 투여법, 투여간격을 명확히 정한 뒤로 감정을 뒤섞지 말고 신속히 시행(중립적 대응)한다. 신경 블록이나 항우울제·진통제 투여 등은 되도록 정시에 실행하고, 임시조치가 필요한 경우에는 부작용 없이 내인성 진통기구를 부활할 수 있는 위약의 주사와 내복약을 쓰면 좋다.

(4) 신체적 치료나 임시 처치의 수량이나 질에 맞추어 일정한 행동제한(예를 들면 몇 시간의 안정)을 시키는 것으로 해서 처치가 상승하는 것을 방지할 수 있다(time out).

(5) 사소하여도 원하는 방향으로의 변화를 강화한다. 예를 들어 주사 횟수의 감소와 의존성 약물에서부터 다른 진통법으로 변경하려는 환자의 노력에는 크게 칭찬과 행동범위의 확대에 대한 보상을 한다(저빈도 행동분화 강화, 저강도 행동분화 강화).

(6) 가족과 환자에 있어서 중요한 사람에게 병태와 치료의 의미를 잘 설명하고 치료의 협력자가 되도록 마음 쓴다.

3) 심리적 접근(전략적 방법)

위에서 기술한 바와 같이 처음에는 신체적·심리적·사회적 고통이 혼재되어 있어서 파악이 곤란하였던 무엇인가의 심리기제(학습성의 요인)가 초기대응의 과정을 거쳐서 동통(동통행동)의 천연화(遷延化)요인으로서 서서히 일어나기 시작하면 그에 대한 전략적 개입을 한다. 짐작되는 시기는 환자의 수명·식욕·활동단계가 회복될 시기 즉, 동통행동은 개선되지 않았지만 고통과 동통은 개선되었다고 판단할 수 있는 시기이다. 즉 심리면에서의 개입을 받아들이는 여유가 생겼을 때이다.

그러나 심리치료를 진행하려고 하여도 환자가 심리적 요인의 관여를 부정하는 일이 드물지 않다. 이런 경우 충분한 신체적 치료를 해 왔다고 해도 아직 동통이 지속되고 있다는 사실과 과거의 치료가 무효였었던 병력이 심리치료에의 도입에는 걸림돌이다(예:「이러한 치료를 받았어도 고쳐지지 않는다면 다른 치료가 필요하지 않겠습니까」). 또한 가족동석의 면접은 심리적 문제에 대한 화제를 진척시키는데 유효하다. 동통의 심리적인 의미에 대해서 환자가 부정하면 가족이 이해를 나타내는 장면이 곧잘 경험된다. 이렇게 하여 서서히 통증의 배후에 숨어 있는 환자의 심리적인 고통에 대한 치료로 초점을 옮겨간다. 또 이에 비례하여 신체적 치료는 양·질에 있어 점점 줄어들어 간다(예로 신경차단은 국주(局注)와 레이저 등의 비침습적 방법으로, 주사와 경구제로). 그러나 심리기제가 병태의 중핵일지라도 심리적 접근을 전면에 내걸고 치료과정에 대하여 환자에게 심리적 동찰을 언어화시키는 것이 꼭 필요하지는 않다. 심리적 개입이 진행되면 통증을 심인성으로 보는 것에 대해 환자의 거부감이 생길 수 있어 때로는 억지로 신체적 치료를 적극적으로 함으로써 환자의 개입을 받아들이기 쉬운 상황을 만드는 것이 유효하다. 또 자존심이 높은 환자에게 심리적 문제의 직면이 행동화를 가져올 염려가 있거나 치료자에게 배경의 문제가 처리 곤란할 정도로 복잡한 경우에는 심리기제를 파악하더라도 신체적 치료로 관계를 가지면서 개입의 기회를 가지거나 또는 아예 개입하지 않는 대응도 고려하여야 한다.

이상과 같이 만성동통의 단계적 치료를 그림에 나타내었다(그림Ⅳ-26). 즉, 먼저 생리적 단계의 동통에 대한 신체적 치료와 정동단계의 고통에 대한 치료를 충분히 하고 환자에게 안심과 신뢰감을 주고 다시 심리적 치료에 의한 동통행동의 경감을 시도해 본다는 대응이다.

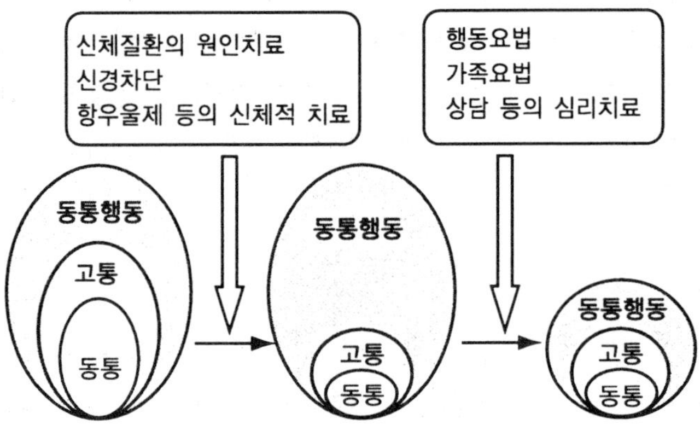

그림 Ⅳ-26 만성동통의 단계적 치료

3. 치료효과의 판정

치료효과의 판정은 환자의 자각적인 동통 강도만으로는 불충분하다. 식욕, 수면, 일상생활활동의 장애 정도, 역할 활동(취로·취학·가사)의 장애 정도, 의료에 대한 의존도(내복약의 종류와 양·주사와 블록의 빈도·통원 횟수·입원기간 등)라고 하는 측면을 포함해서 다면적으로 평가하지 않으면 안 된다. 일반적으로 전환기제가 강한 동통 환자는 아무리 신체적 치료를 이행해도 「조금도 좋아지지 않는다」라고 호소하기 끝이 없다. 그러나 통증 이외의 측면에서 보면 식욕이나 수면이 개선되어 있다든가 표정이 부드럽고 외견이 밝아졌다든가 활동성이 향상되어 있다든가 하는 경우가 드물지 않다. 객관적인 평가를 위해 SDS 등의 우울 척도와 저자들이 개발한 Pain Disability Assessmet Scale 등을 필요할 때에 시행하는 것도 유용하다. 만성동통 환자의 치료 목표는 단지 통증을 제거하는 것뿐만 아니라 환자가 활발한 일상생활을 보내며 가정이나 사회에서의 역할을 충분히 수행해서 필요이상으로 의료에 대한 의존을 하지 않도록 지원하는 것이다.

– 끝으로 –

만성동통의 병태와 심신의학적 치료에 관하여 간략히 설명하였다. 마지막으로 통증은 급성통증이든지 만성통증이든지 간에 환자에게는 무엇인가의 경고 신호라는 점을 강조하고 싶다. 즉 통증은 신체적 또는 심리적·사회적·실존적인 경고 신호이다. 환자가 통증을 통하여 어떠한 경고 신호를 발하는지를 이해하려고 하는 자세가 동통환자를 진찰할 때에 매우 중요하다.

문헌

1) Melzack R, Wall PD : The challenge of pain. Basic Books, New York, 1983 (中村嘉男監訳：痛みへの挑戦．誠信書房，1986)
2) Bonica JJ : The Management of Pain. Lea&Febiger, Philadelphia, 1990
3) 横田敏勝：臨床医のための痛みのメカニズム (改訂第2版)．南江堂，1997
4) Fordyce WE et al : Some implications of learning in problems in chronic pain. J Chr Dis 21 : 179-190, 1968
5) 小宮山博朗，他：慢性疼痛の心身医学的研究 (第1報) —慢性疼痛の臨床的特徴とその定義に関する再検討．心身医 34 : 489-498, 1994
6) Fordyce WE et al : The modification of avoidance learning pain behavior. J Behav Med 5 : 405-414, 1982
7) 早川洋，他：慢性疼痛に対するシステムズアプローチ．慢性疼痛 12 : 56-60, 1993
8) 小宮山博朗，他：慢性疼痛の心身医学的研究 (第2報) —治療と予後に関する検討．心身医 35 : 287-297, 1995
9) 釘宮豊城，他 (編)：図説最新麻酔科学シリーズ4 痛みの臨床．メジカルビュー社，1996
10) 有村達之，他：疼痛生活障害尺度の開発．行動療法研究 23 : 7-15, 1997

9 암과 심신의학(psycho-oncology)

암 치료는 수술, 화학요법, 방사선치료, 면역요법 등의 집학적 치료가 중심이 되어 암환자 두 사람 중 한 사람은 치료할 수 있게 되었다. 그렇지만 암의 극복은 아직 어려워 환자·가족의 신체, 마음, 생활을 위협하는 큰 스트레스가 된다.

암이기 때문에 떠안아야 하는 불안이나 고뇌는 크고 그 스트레스로부터 암 본래의 신체증상뿐만이 아니고 여러 가지 정신 증상을 호소하는 경우도 적지 않다. 그 때문에 암환자의 신체적인면 만이 아니고 심리·사회적 여러 문제에 대하여 개개의 다양한 요구에 적절하게 대응하고 원조하여 줌으로써 quality of life(QOL: 생활의 질, 삶의 질)을 높이지 않는다 하더라도 암과 함께 살아가면서 더 나은 삶을 사는 만성질환으로서의 대응이 필요하게 되었다.

암을 의심하여 내원한 환자 중 대다수는 불안해하며 긴장상태에 있다. 이 시기에 심신양면의 접근과 심리·사회적인 지원을 하는 것이 QOL을 높여 주는 것이 되고 암 환자를 위한 통합의료에 있어서 중요하다. 이로 그대로 바꾸어 말하자면 병인을 생물학적·심리학적·사회학적·생태학적·논리학적 모델(bio-psychosocio-eco-ethical model)로서 전인적으로 취급하는 심신의학적 접근과 다름없으며 암의 심신의학으로서의 psycho-oncology라는 영역이 발전해온 배경이다.

A psycho-oncology란

종양학, 정신의학, 사회과학의 세 가지 학제 영역을 포함하는 연구 분야로(그림 Ⅳ-27), 암이 병의 전 경과에 있어서 환자와 가족, 케어 담당자의 마음에 미치는 영향과 심리, 행동, 사회적 인자가 암의 발병과 진행, 생존율에 미치는 영향 등을 대상으로 하고 암환자의 QOL을 높여주는 전인적 의료의 연구와 실천을 목적으로 하는 학문이다.

1986년에 미국, 영국, 일본 등 선진 13개국이 참가하여 국제 사이코온콜로지학회(IPOS)가 결성되었다.

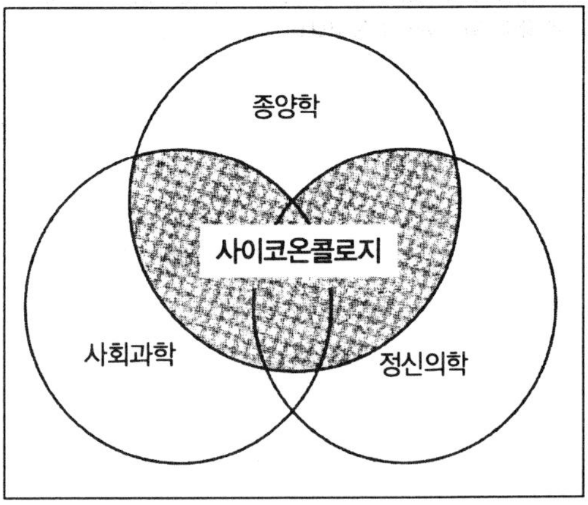

그림 Ⅳ-27 사이코온콜로지의 영역

그림 Ⅳ-28에서 보는 바와 같이 암의 발병기전만이 아니라 전 경과에 있어서 QOL을 높이는 역할과 작용이 존재한다. IPOS는 주 연구과제로서 10개 항목(표 Ⅳ-21)을 들고 있다.[1)]

표 Ⅳ-21 암환자에 대한 토탈케어의 접근

1. 암환자의 QOL을 높이는 의료의 연구와 실천
2. 암환자의 QOL의 평가와 이를 소외시키는 인자
3. 암환자의 심리정신면, 사회면, 종교면과 종양과의 관계
4. 암환자의 치료(수술·화학요법·방사선치료 등)와 부작용
5. 암환자의 자조(自助)그룹의 방법과 기능
6. 암환자의 자연치유력을 활성화하는 의의와 방책
7. 암환자의 스트레스(육체적·심리적·사회적)와 종양과의 관계
8. 암환자의 통증과 심신의 상관
9. 암환자의 QOL을 높이는 의료와 문화의 국제통합
10. 암환자의 생명윤리와 케어의 자세

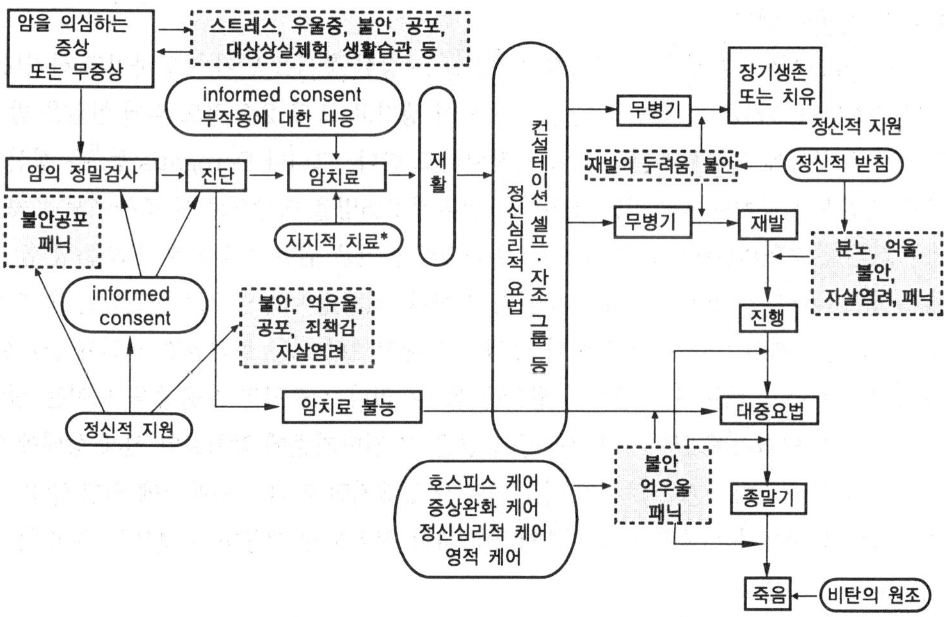

그림 Ⅳ-28 사이코온콜로지의 역할과 작용(일본 사이코온콜로지학회에서 인용)

그림은 모든 과정에 있어서의 환자, 가족, 전문 지원자, 비전문 지원자 등에서의 신체·심리·사회원조가 사이코온콜로지의 역할과 작용

* : 심리요법, 행동요법, 진찰, 상담 등.

B 암환자의 심리와 스트레스에 대한 반응

암환자의 심리에 대해서는 연령과 성별, 성격, 중증도, 치료경과, 알림의 유무, 인생관, 가족관계, 치료관계 등에 따라 영향을 받으며 개별적이다. 암환자는 발병에서부터 검사, 진단, 치료, 재활, 종말기까지 암치료의 모든 단계에서 강한 스트레스에 노출되게 된다. Holland[2]는 암환자의 스트레스는 죽음에 대한 불안과 공포, 절망감으로 가족과 의료자 등에게 의존하지 않을 수 없으며 그로 인한 죄책감, 인생목표의 중단, 인간관계의 두절로 역할을 상실하고 주위에서 홀로 남겨진 고독감과 버림을 받아 설 곳을 잃어버리는 등의 상실 스트레스에서 오는 고뇌, 용모의 변화와 함께 신체기능 저하, 병상과 치료에 의한 동통, 권태감 등의 고통과 불안감을 들 수 있다. 이러한 스트레스에 대한 반응도 환자의 요인과 의료적 · 사회문화적 요인에 의하여 개인차가 크며 여러 가지 심리·사회적 반응을 보이기 때문에 세밀한 의료적 대응을 요구한다. 스트레스에 대한 암환자의 대응에 영향을 미치는 요인으로서는 암의 사회통념, 암의 종류·부위·단계, 진료 방법·경과, 기능장애의 정도, 연령, 성별, 성격, 의욕, 적응력, 과거의 투병 경험, 인생 목표의 도달 정도, 문화·종교적 배경, 정신적으로 의지할 수 있는 인물의 유무 등이 있다.

암의 통보를 받은 직후 보통의 심리적 반응으로는 강한 충격을 받아 부인하려고 하거나, 절망감에 빠지다가, 다음으로 불안, 우울, 불면 등이 생기고 그 후 2주 정도 후에 현실을 받아들이고 새로운 상황에 적응하려는 노력이 시작된다고 한다. 그러나 Derogatis 등[3]은 정신의학적 진단 기준을 사용하여 종말기를 제외하고 암환자 215명을 대상으로 한 조사에서 47%에서 정신증상을 볼 수 있었는데 그 중 68%는 우울증과 불안을 겸한 적응장애, 13%는 심한 우울증이 있었고 나머지는 멍한 상태로 나타났다고 한다. 적응장애란 암으로 진단받은 충격과 암에 대한 불안, 신체기능 저하, 생활변화 등의 상실체험에서 오는 심리환경 요인에 근거한 심한 심리적 스트레스 때문에 정상적인 생활을 할 수 없다는 불안과 우울증을 보이는 심인성 질환을 말한다. 암환자에 있어서의 우울증 진단은 그 진단기준에 암치료와 신체 상태에 영향을 주는 증상을 포함하는 것으로서 어려운 경우가 있겠지만 암의 스트레스에 의한 QOL의 심리학적 측면을 저해하는 증상을 정확하게 평가하고 적절하게 대응하는 것으로 QOL의 개선을 시도해 나가야 한다.

C 암과 성격

암과 성격에 대해서는 심근경색을 일으키기 쉬운 타입 A성격, 암에 걸리기 쉬운 타입 C성격(억압적, 자기희생적으로 실감정, 실체감의 경향)이 Temoshock에 의해서 제창되었고 Eysenck 등은 절망 · 무력감형의 타입 I의 성격에 암환자가 많다는 사실을 발견했다. 특정한 성격 경향은 스트레스를 받기 쉬운 면이 면역기능을 시작으로 생체 방어 기구에 영향을 야기시켜서 암의 발병이나 경과에 영향을 미칠 가능성이 있다는 이론도 많다.

D 암과 정신신경 면역학

암의 발병과 경과는 유전인자와 그 외의 생물학적 인자 등 많은 인자가 관여하고 있지만 암에 있어서 심리사회적 인자의 관여와 관련된 고찰은 예전부터 알려져 있다. 기원 2세기의 그리스 의사 Galen은 우울한 여성은 낙천적인 여성보다 유방암에 더 걸리기 쉽다고 하였다. 그 후 많은 연구자에 의하여 암환자의 성격과 행동양식의 분석, 가정 내의 대인관계 등의 여러 가지 연구가 시도되어 고독과 억압, 자학, 우울증 등의 정신상태와 암과의 관련성에 대해 언급하게 되었다. 최근 뇌와 면역·내분비계를 상호 관련시켜 정신신경면역학 (psycho-neuroimmunology)라고 하는 분야가 발전하고 스트레스와 암의 관련을 과학적으로 실증하는 가능성이 열리게 되었다. 스트레스와 정신상태 등의 심리·사회적 인자가 암환자의 생존기간과 QOL에 영향을 미치는 것이 아닌가 주목하게 되었고 감정 등의 심리·사회적 스트레스

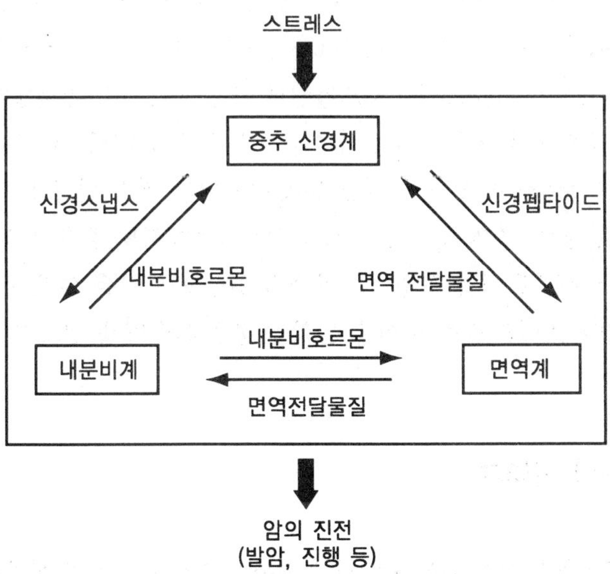

그림 Ⅳ-29 스트레스의 신경 · 내분비 · 면역계에 미치는 영향과 암과의 관련

가 신경계, 면역계, 내분비계에 영향을 미치고 발암과 암의 진전, 예후에 어떻게 관련되는가에 대하여 연구하고 있지만 미지의 부분이 많다(그림 Ⅳ-29).

1. 암과 스트레스

Schmale 등[4]은 자궁경부암이 의심되는 여성을 심리면의 평가를 통하여 조사하였더니 자궁경부암의 여성에서는 절망감이 강한 것으로 나타났다. Horne 등[5]은 흉부이상 음영을 보이는 미진단 환자의 스트레스 정도를 조사해 어린 시절의 안정도(양친과의 사별이나 알코올 중독의 부모 등)와 최근의 중요한 사람과 사물에 대한 상실체험 여부에 관한 심리•사회적인 요인에 따라 악성인가 양성인가를 유의하게 예상할 수 있었다. Shekelle 등[6]은 2,020명의 남성을 대상으로 한 MMPI(미네소타 다면적 인격테스트)의 데이터를 이용하여 우울상태로 진단된 사람이 그렇지 않은 사람과 비교하여 17년 후에 있어서의 암 사망률이 두 배가 되는 것을 보고하였다.

이러한 임상연구에 의하면 암 발생이나 진행과 스트레스와의 관련성이 시사되지만 우울증 등의 정신증상이 암의 발병률에 영향을 미치는지 아닌지에 대해서는 지금까지 많은 보고가 있어 왔고 결론적으로는 찬반양론으로 아직 명확하게 밝혀져 있지는 않다.

2. 암과 면역계

암은 핵 레벨의 몇 가지 일련의 유도와 무제한의 분열증식에 의하여 진전된다고 생각하고 있다. 이 발암의 초기단계에 면역계의 제어가 중요한 역할을 수행하고 있다는 개념이 면역감시이론[7]이다. Natural killer(NK) 세포활성과 같은 비특이적 면역방어가 어떤 타입의 암에 대해서 커다란 방어로 작용할 가능성이 시사되었다. NK세포는 암, 바이러스나 세균 등에 대한 생체의 면역저항성에 중요한 역할을 수행하며 다른 면역 담당세포의 제어작용을 하는 것뿐만이 아니고 신경계, 면역계, 내분비계의 상호작용에서도 중요한 역할을 맡고 있다. 실험동물의 경우, NK 세포활성은 환경 스트레스의 영향으로 바뀔 수 있음이 제시되어 마우스에서 NK세포활성이 낮으면 특히 임파종 등의 악성종양의 발생 빈도가 높아지는 것이 보고되었다.

3. 암•스트레스와 면역계

면역기능이 스트레스가 심한 일들과 억압에 의해 변화하는 것은 명백하지만 암의 발생과 진행에 있어서 면역계는 심리적인 스트레스의 영향에 어떻게 관련되는 것일까. Levy[8]등은 유방암 환자의 우울증, 피로감, 환자 자신의 평가에 의한 사회적 지원의 결여와 화학요법 3개월 후의 NK 세포활성의 변동에 관련이 있었다는 것을 지적하였다. NK 세포활성은 예후지표인 임파절 전이를 가진 환자에서는 낮았지만 정신상태는 임파절 전이의 수와 직접적인 관련이 없었다고 하였다. Fawzy 등[9]은 초기의 악성 흑색종 환자에게 정신과적 개입(교육적 접근, 지지적 정신요법, 문제 해결법, 이완 등)을 행하여 개입군에서 일상생활과 암 치료에 대한 자세, 적극적인 대처행동과 재발률, 생존율의 개선과의 관련성을 밝혀내었다. 정신과적 개입에 의한 NK 세포활성과 심리상태의 변화와 예후 개선에는 관련성을 보이지 않았다.

몇 개의 임상연구에 의하면 암의 경과와 정신상태, 면역계의 3가지 연관은 인정하고 있지만 부정적인 보고도 있고 현재 추적조사를 하고 있는 것도 있다. 스트레스 부하에 대한 생체 감수성의 반응이 다른 점도 있어 사람에 따라 스트레스와 면역기능, 암과의 관련성은 아직 확립되어 있지 않다.

4. 암 • 스트레스와 유전자 발현

NK 세포활성 등의 면역반응은 암에 대한 심리·사회적 인자에 의하여 영향을 받을 가능성이 있는 하나의 방어기구에 지나지 않는다. 암은 유전자 레벨의 병변임이 확실해졌고 세포핵의 DNA 수복기구에 스트레스의 영향이 검토되고 있다. 최근에는 스트레스가 임파구와 NK 세포 등의 세포레벨 장애만이 아니고 분자레벨의 장애도 일으킬 수 있다는 것이 확실해졌다. Kiecolt-Glaser 등[10]은 정신과 환자(대부분은 우울증)를 대상으로 MMPI 검사를 하여 고뇌도가 높은 환자군이 낮은 군보다도 X선 조사 후의 임파구 핵 DNA 수복기구가 억제되어 있는 것을 보고하였다.

현재까지 많은 암유전자와 몇 가지의 암억제 유전자가 알려져 있는데 동물실험에서 스트레스에 의해 몇 개의 암유전자가 발현된 것이 보고되고 있어 암과 스트레스는 유전자 레벨에서 관련있을 가능성을 시사하고 있다.

나아가서 최근 세포내에서 산소가 물에 환원되는 과정에서 일어나는 활성산소가 직접 유전자에 장애를 주어 암이 되는 것과 그 과정에 영향을 미치는 것을 알아내었다.

이상으로 스트레스 자극에 대하여 신경·내분비·면역계를 개입시켜 신경 펩타이드, 내분비 호르몬, 면역전달물질 등의 세포간 정보자극이 작용하고 세포내에서는 활성산소 등에 의한 단백질의 산화환원 반응의 조절을 받으면서 스트레스 유전자 발현으로 정보가 전달되는 면역반응의 사조(仕組)가 확실하게 되었다. 스트레스 부하가 많을 경우 유전자적으로 암화된 세포가 암 면역력에 의하여 파괴되지 않고 증식이 계속 일어나 암으로 진전될 위험성이 높은 것으로 시사된다.

E 암의 위험인자와 생존에 영향을 미치는 심리·사회·행동학적 인자

바이러스와 화학물질, 방사선, 호르몬 등이 암의 발생, 진전에 작용하는 것은 확실하다. 스트레스와 암과의 관련은 반드시 명확하게 입증되지는 않았지만 예를 들어 흡연 등의 생활양식이 암의 위험인자로서 잘 알려져 있다. 만성 흡연행동이 스트레스 대처행동의 하나이면 스트레스가 담배의 발암물질에 장기간 노출되어 발암에 2차적인 관련을 한다고도 할 수 있고, 스트레스와 흡연이 암면역력(NK세포활성 등)을 저하시켜 유전자적으로 암화하여 암 세포를 파괴시키지 않고 증식시켜 발암에 이르는 가능성을 생각해볼 수 있다.

암의 위험인자와 생존에 영향을 미치는 심리·사회·행동학적 인자로서는 생활양식과 행동(흡연, 음주, 식사, 성행동, 수진행동 등), 사회환경(교육, 경제, 사회적 지원), 성격, 대처행동, 감정, 심리상태 등이 있다. 이러한 것들은 상호 관련하여 신경·내분비·면역계에도 작용하여 발암, 암의 진전, 예후에 영향을 미칠 가능성이 있다. 이에 대한 치료적, 예방적인 무엇인가의 심리·사회·행동학적 개입(교육, 지지적 정신요법, 인지요법, 이완요법 등)이 이들 인자의 개선을 가져올 가능성이 있어 암의 진전과 생존기간을 연장하는 효과를 기대할 수 있으나 지금까지 확실한 효과는 QOL에 한정되어 있다고 생각하는 것이 좋다.

생존율에 영향이 있었던 것으로 Pettingale 등[11]은 유방암 환자의 심리적 반응과 예후와의 관련을 검토하였다. 수술 후 3개월 동안의 암에 대한 심리적 반응을 4가지로 분류하였더니 병에 대한 투쟁심을 나타내는 군과 암을 부인하는 경향의 환자군이 포기하거나 절망적인 군에 비하여 예후가 양호한 것으로 나타났다. Spiegel 등[12]은 원격전이가 있는 유방암 환자에게 1년간 집단정신요법을 하고 개입한 군에서 10년 후까지의 생존기간이 개입하지 않았던 군과 비교하여 유의하게 길었음을 보고하였다.

진행암 환자가 심리적 변화를 가져와 삶에 대한 자세가 적극적으로 되어 실존적 전환, 종교적 자각, 가족으로부터의 지원, 사업의 헌신 등에 의해 암이 자연적으로 줄어들거나 오랜 경과를 거치는 사례가 적지 않게 보고되었다. 이런 점으로 볼 때 암환자의 심리상태, 치료에 대한 태도(삶)가 생존율과 깊은 관계가 있다는 것을 시사한다.

F psycho-oncology요법

종합적인 암 치료에 있어서 신체적 의료에 이완을 촉진시켜 면역기능을 높이거나 자연 치유력을 끌어낼 가능성이 있는 psycho-oncology요법은 증상완화와 신체적 치료의 효과를 지원하거나 암 치료에 있어서 직접적 효과와 측면적 효과를 기대한다. 여기서는 암환자에서의 심리요법적 접근과 심신의학적 요법에 관하여 몇 가지를 간략히 설명한다.

1. 교육적 접근

불확실한 지식과 지식의 부족 때문에 생기는 불안, 절망감과 부적절한 행동을 줄이는 것을 목표로 정확한 의학정보와 스트레스에 대한 대처법 등에 관한 정보를 제공한다.

2. 지지적 정신요법

환자의 요구를 정확하게 파악하고 환자의 심리를 이해·지지·공감하여 신뢰감을 주고 될 수 있는 한 환자의 적응력을 높여 안심하고 생활할 수 있게 원조하는 방법으로 마음을 의지할 수 있도록 하는 것이 중요하다. 안이한 보증이 아니고 의료자 측이 함께 투쟁하는 자세를 보여주며 환자를 고립시키지 않고 암에 의하여 생긴 역할 변화와 상실감 등에 의한 정서적 고통을 완화하고 환자의 희망을 지지하면서 지원한다.

3. 인지요법

암에 대하여 단락적으로 포기하는 반응을 하거나 투병에 적극적이지 않는 등의 인지와 대처 행동의 부적절한 부분을 수정하여 정신적 고통을 경감하거나 더 나은 대처 행동을 할 수 있는 것을 목표로 한다.

4. 이미지요법

이완된 상태에서 임파구가 암세포를 파괴하여 건강하게 되는 장면을 이미지화시킨다.

5. 삶의 보람 요법

모리타 요법을 기초로 이미지요법을 도입하여 불안·죽음의 공포에 대한 대응 능력을 높이기 위한 학습 훈련법이다. 불안·죽음의 공포에 대한 대응으로서 5가지의 지침을 일일이 생활에서 활용 실천하고 이완을 하면서 이미지 트레이닝 등을 한다. 삶에 대한 자세를 적극적으로 바꾸어 집학적 암 치료를 받으면서 암과 함께 삶의 보람을 가지고 살아가는 것을 목표로 한다.

6. Simonton요법

암 조절의 심신상관이론 모델에 근거하여 암에 대하여 배우고 암과 함께 살아가는 삶의 방법을 학습한 후에 환자의 그때까지의 불건강한 행동의 심리·사회적 평가와 분석을 하고 이완과 시각 이미지요법을 조합하여 시행한다.

그 외 심신의 이완을 촉진하고 증상의 자기조절을 측정하는 자율훈련법·점진적 근이완법·biofeedback 등의 행동요법, 음악요법, 내관(內觀)요법, 동양의학적 요법(기공, 한방, 침구) 등이 있다. 이것들은 보조적 치료로 사용하는 것 외에 대체요법으로서 사용하는 것도 있다. 고뇌가 크며 암에 대해 적응이 잘 되지 않는 위험이 높은 암환자에게는 특히 원조의 제공이 있어야 하지만 환자의 요구에 따라서 이행하고 알맞게 맞추어서 개인요법 또는 그룹요법으로서 사용한다. 또는 심신의학·정신의학적 수법의 하나로서 consultation·liaison·service가 있고 암환자 지원팀에 의한 측면적 원조 방법도 있다.

7. 상담·liaison

심료내과의와 정신과의가 상담의뢰로 치료하는 것뿐만 아니라 치료관계에 적극적으로 관여하여 주로 심리·사회적인 면의 문제를 발견하며 그것이 장애로 현재화하기 이전에 미연에 해결하기 위해 환자·가족·의료인 간의 중개를 하는 것이다.

저자는 암 전문병원에서 암환자와 그 가족, 의료 스태프에 대하여 정신적 치료의 상담을 받는 consultation·liaison·service를 하고 있으며 지금까지 800 사례 이상의 상담이 있었고 그 약 반수 정도에게 면담을 하였다. 보통 스트레스 반응에서 적응장애, 심각한 우울증 등 여러 가지 정신증상을 볼 수 있으나 제일 많은 정신적 반응으로서는 40% 이상이 불안과 우울을 가진 적응장애였다. 말기에는 우울상태와 선망증이 증가하였다. 또 가족과 의료 스태프의 스트레스 문제에 대한 상담을 받는 일도 있다. 신체증상과 정신증상이 상호 영향을 미치는 경우를 많이 볼 수 있고 신체적 고통완화도 중요한 포인트가 되며 신체상황을 정확하게 파악한 후에 환자를 이해할 필요가 있다.

[증례 1]

경부식도암의 63세, 남성. 수술 후 두통과 강한 초조감, 불면 등으로 희사(希死) 염려가 생겼다. 면접 시「매일 어쩔 줄 모르겠고 이 고통을 어떻게 해 주세요. 수술에 의한 대가가 너무 크다. 어떻게 하든지 안정할 수 있게 해 주세요」라고 호소하였다. 부부간의 갈등과 죽음에 대한 공포와 수술이 예상 이상으로 대가가 큰 것에 충격을 받았고 후두적출로 의사소통의 곤란함에 대한 갈등, 공포가 긴장성 두통 등의 신체증상과 악순환을 형성하여 초조감과 우울한 기분을 동반한 적응장애를 일으키는 것으로 진단하였다. 어려운 상황을 수용하고 공감하면서 의료 스태프들과 함께 분투하는 자세를 재확인시키고 적절한 원조와 치료를 함으로써 증상이 줄어들게 되어 안심했다. 갈등상태의 감정을 표출시키는 지지적 정신요법과 교육적 접근, 이완 목적의 자율 훈련법을 겸하고 항정신제를 투여하여 증상을 서서히 줄여 나갔다.

암환자의 정신적 고통완화를 위해서는 항정신제를 사용하는 적절한 약물요법도 있지만 환자의 정신증상에 대한 정확한 평가와 신체상황과 기능을 평가하면서 가능한 소량으로 시작하여 서서히 늘려가는 것이 원칙이다.

G 암의 임상경과에 있어서의 심리 • 사회적 측면

암의 발병에서 암의 진단, 치료, 재활에 이르는 과정에서 생기는 암환자의 심리·사회적 문제 및 치료면에서 보는 여러 정신적 문제와 대응에 대하여 서술한다.

1. 암 진단 시의 정신적 영향

①불쾌한 검사에 대한 불안과 거부 ②결과가 나올 때까지의 불안과 공포 ③암 확진을 둘러싼 문제 ④진단됨으로 오는 정신적 충격과 스트레스.

환자·가족의 괴로움을 이해하고 적절한 시기에 아주 자세하고 충분한 정보 제공과 설명을 하며 안심시키고 정신의학적인 문제가 될 경우에는 지지적 정신요법과 이완, 항불안제 등의 약물 투여를 한다.

2. 암 치료 시의 정신적 영향

1) 조기암

의심암에 대한 심한 불안과 확진을 받고 치료한 후 재발에 대한 불안과 공포가 계속되어 중증화하여 정신증상을 나타내는 경우도 있다.

2) 진행암

①암 확진을 포함한 informed consent에 관한 문제 ②수술과 화학요법, 방사선치료 등에 의한 여러 가지의 정신적 반응 ③신체기능 저하와 업무, 경제력, 사회적인 힘을 차츰 잃어가는 상실 스트레스의 문제 등이 있다.

a. 수술 전, 후의 여러 가지 정신적 문제

수술 전, 후에 있어서의 정신 증상에 영향을 미치는 인자로서는 연령, 성, 정신장애의 기왕력, 성격경향, 암의 종류·부위·병기·수술방법, 확진의 유무·의료인·환자·가족관계, 질병과 수술에 대한 불안, 정신적 갈등, 죽음에 대한 공포, 수술이외의 정신적 영향, 수술 후의 치료 상황 등이 있다. 정신증상과 문제점으로는 수술 전의 혼란·불안상태, 수술거부, 항정신제 치료, 수술 후 건망, 우울상태, 자살염려, 자살기도, 불안 신경증, 치매, 인격장애 등을 볼 수 있다. 수술 전, 후의 정신적 여러 가지 문제를 완화하고 QOL을 높이기 위하여 신체적 고통증상을 충분히 줄여주고 의료인·환자·가족 간에 충분한 대화를 하여 신뢰관계를 쌓아 환자 측의 요구를 조기에 발견하여 일찍 대응하는 것이 필요하다. 특히 수술 전에 있어서 충분한 정서적 지원과 정보 제공은 수술 후의 경과와 적응에 영향을 준다.

[증례 2]

수술 후 건망의 예. 34세, 여성. 다른과 진료에서 간 전이를 동반한 대장암으로 진단받았으나 확진을 받지 않고 바이패스 수술을 받았으며 그 후 본원에서 결장아전적술, 간우엽 절제술을 시행하였다. 수술 4일 후 눈에 환각, 흥분상태가 나타났기 때문에 강력한 정신안정제를 투여함과 동시에 면접을 해서 안정시켰다.

[증례 3]

수술 후 우울증의 예. 58세, 여성. 위암으로 가족으로부터 확진을 들었지만 이해가 분명하지 않아 궤양이라고 하고 위절제술을 시행하였다. 수술 후 1개월 이상 경과하여도 식욕부진, 권태감이 있으며 희사(希死) 염려도 보여 지지적 정신요법과 항우울제의 투여로 경과는 양호해졌다.

b. 화학요법의 여러 가지 정신적 문제

화학요법의 부작용으로 탈모, 구토, 식욕부진, 권태감 등이 있으며 이러한 불쾌감과 negative image로 인해 불쾌감과 위험을 상회하는 치료효과와 증상완화를 얻을 수 있는데도 불구하고 화학요법을 거부하는 경우가 있다. 때문에 정확한 정보를 충분한 시간에 걸쳐 설명하는 것이 중요하며 더 좋은 대화를 통해 의료인·환자·가족 간의 신뢰관계를 쌓아가는 것이 필요하다. 화학요법 중에는 심리상태를 항상 파악하여 심리적 지원을 하고 삶의 질을 배려하지 않으면 안 된다.

c. 방사선요법의 여러 가지 정신적 문제

방사선요법에 있어서도 식욕부진, 권태감, 골수억제 등의 부작용이 있고 치료 전에는 방사선 피폭을 포함하여 불안과 공포를 보인다. 또 치료 종료 시에도 불안과 우울이 심해지는 경향이 있어 치료기간을 통해 원조하고 불안을 완화해주어 치료를 받아들이면 계속하여 도움을 줄 필요가 있다. 치료 전에 적절한 설명과 충분한 정보를 포함한 교육을 하고 언제라도 환자에게 질문의 기회를 주는 것이 중요하다.

3) 말기암

말기암 환자의 고통은 죽음의 공포와 죽음을 통한 문제들이 항상 내재하면서 많은 상실 스트레스를 안고 신체적, 정신적, 사회경제적, 영적(실존적)인 고통이 연관되어 전인적 고통으로 된다. 이런 것들에 대한 개개인의 요구를 정확하게 이해하며 가능할 때까지 만족시켜 주기를 바라지만 그러기에는 더더욱 팀의 접근이 필요하다. 말기암 환자의 삶의 질을 지지하기 위해서는 먼저 동통 등의 신체적 고통완화가 우선이고 다음은 고립되지 않게 심리·사회적 치료를 하며 그 외에 인생에 대한 총괄과 개별성을 중시한 사람다운 생을 마칠 수 있게 해 주는 것이 중요하다.

말기에는 신체상태가 악화하여 이차적으로 뇌의 장애와 건망 등의 기질성 정신장애를 일으키는 일이 적지 않다. 암 확정 후 사망까지의 과정에 있어서 환자 심리에 관한 Kubler-Ross의 5단계 심리과정, 즉 최후까지 가지는 희망, 부정, 분노, 타협, 우울, 죽음의 수용이 유명하다. 그러나 Schneidman은 죽음으로 가는 과정에 일정한 단계 등은 존재하지 않는다고 하였다. 사람은 살아 온 것과 같이 죽음을 맞이한다고 말하고 있다. 당연히 개개의 예에서는 여러 가지 과정을 거쳐 죽음에 이른다.

일본인에서의 죽음으로 가는 환자의 심리과정에 대해 Kashiwaki는 증상에 대하여 의심하고 불안하여도 이런저런 이유로 병에 대해 물어보지 않는 사람이 많고 우울상태에서 포기하는 경과를 보이는 경우가 많다고 보고하였다.

종말기에 이르러서는 마음과 몸을 서로 의지하며 함께 있음으로 「고립시키지 않음」과 「개별성을 중요시하는 것」이 한층 중요하다. 심리·사회적 지원에 의하여 환자의 개별적인 심리에 공감하고 의지하는 것으로써 적응장애의 완화를 가져오고 암에 대한 자세, 희망을 가짐으로써 삶의 방향의 질적 변화를 가져올 가능성이 있다.

[증례 4]

대장암 재발 47세, 남성. 수술 후 2년이 되어 하혈이 있어 수술하였으나 복막파종 등으로 인하여 절제불능이었다. 본인과 부인에게 병변은 잡을 수 없고 예후는 1, 2년이라고 설명하였고 부인의 충격과 본인의 불안, 초조감이 심하였다. 면접에서는 「전이를 알았을 때는 집에서 큰 소리를 내어 울었더니 기분이 풀렸는데, 지금은 마음을 차분하게 하여 말할 수 있는 상대와 장소가 없고 울 수도 없어 초조감이 높아진다」고 말하였다. 부인과 함께 죽음을 직면해야 하는 어찌할 바를 모르는 갈등을 울면서 토해내는 듯이 말하기 때문에 듣는 것에만 마음을 썼다. 감정을 언어화하는 작업과 운다는 표출행위로 점차 진정을 되찾았다. 면접으로부터 5개월 후에 사망하였다.

3. 재활기에 있어서의 정신적 영향

재활에 대비하여 성격과 의욕, 인생에 대한 자세, 주위의 지원 등에 의하여 달라진다. 또 중증도에 의해서도 달라지며 암을 알고 있으면서 남아있는 생명을 살아가야 하는 사람이라도 삶의 보람을 가지고 가능할 때까지 사회에 복귀할 수 있게 지원해 주는 것이 삶의 질을 높일 수 있다.

–끝으로–

암은 여러 가지 조건으로 발병하고 경과한다. 암을 조기에 발견하고 수술 등의 적절한 치료를 받는 것이 무엇보다 중요하다는 것은 말할 것도 없다. 그러나 암의 통합의료에 있어서는 신체의학적 접근에 한계가 있으며 심신의학적 접근에 따른 전인적 의료가 필요하다. 암 환자에 대한 심신의학적 개입의 최종적인 목적은 삶의 질의 개선과 암의 위험인자를 줄이고 생존기간을 늘리는 것이다. 현 시점에서 암과 스트레스의 관계 또한 명확하지는 않지만 정신신경 면역학의 분야에서 해명되어 새로운 암 치료법의 가능성과 암 예방에 대한 방법이 확실해지기를 기대한다. 감정과 마음가짐(삶의 모습)이 암의 발병과 경과, 예후에 영향을 줄 수 있는가는 과학적으로 충분히 해명되어 있지는 않지만 암 의료의 전반적인 과정을 통하여 조화있는 연구를 매개로 정보와 정서를 공유하여 신뢰관계를 쌓아 환자의 신체적인 면만이 아니라 심리적, 사회적, 실존적인 면에서도 배려하고 지원하는 것이 환자의 삶의 질을 높이는 방법이 된다. 암을 완전히 치료하는 것은 어려운 경우가 많지만 마음을 의지하여 평안을 줄 수 있어 온유하게 하며 위로해 줌으로써 "치유"는 가능하다. 그리고 그것으로 인해 생명의 연장과 삶의 질의 향상을 가져올 수 있기를 소망한다.

문헌

1) 河野博臣：日本臨床精神腫瘍学会誌 1 : 2 - 3, 1989
2) Holland JC, Rowland JH : Handbook of Psychooncology. Oxford University Press, 1989
3) Derogatis LR et al : The prevalence of psychiatric disorders among cancer patients. JAMA 249 : 751 - 757, 1983
4) Schmale A, Iker H : The psychological setting of uterine cervical cancer. Ann N Y Acad Sci 125 : 807 - 813, 1966
5) Horne RL, Picard RS : Psychosocial risk factors for lung cancer. Psychsom Med 41 : 503 - 514, 1979
6) Shekelle RB et al : Psychological depression and seventeen - year risk of death from cancer. Psychosom Med 43 : 117 - 125, 1981
7) Thomas L : On immunosurveillance in human cancer. Yale J Biol Med 55 : 329 - 333, 1982
8) Levy S et al : Correlation of stress factors with sustained depression of natural killer cell activity and predicted prognosis in patients with breast cancer. J Clin Oncol 5 : 348 - 353, 1987
9) Fawzy FI et al : Malignant melanoma. Effects of an early structured psychiatric intervention, coping, and affective state on recurrence and survival years later. Arch Gen Psychiatry 50 : 681 - 689, 1993
10) Kiecolt-Glaser J et al : Distress and DNA repair in human lymphocytes. J Behav Med 8 : 311 - 320, 1985
11) Pettingale KW et al : Mental attitude to cancer : An additional prognostic factor. Lancet 30 : 50, 1985
12) Spiegel D et al : Effect of psychosocial treatment on survival of patients with metastatic breast cancer. Lancet 14 : 888 - 891, 1989

⑩ 소아기의 심신증

심신이 아직 발달선상에 있으며 성인으로의 분화 과정에 있고 성숙하지 않은 소아의 경우는 내적, 외적 환경에 적응하는데 있어 항상 스트레스에 폭로당하고 있다고 해도 과언이 아니다. 유아기·소아기의 발달 과정에 있어서 심리·사회적 요인이 강하게 영향 받을 때에 나타나는 심신반응은 일시적 현상에 제한되지 않고 성인기의 심신증에 연결되는 요인을 포함하고 있다. 소아의 심신증 발달기전을 이해하는 것은 성인의 심신증에 있어서 생육력이나 유소아기부터의 가족관계를 정리해 통찰을 깊게 하는 의미에서도 유익하다고 생각한다.

신체의학에서는 내과학과 소아과학의 경계를 「15세」라는 연령으로 구별한다. 본 항은 15세까지라고 하는 연령층은 설정하지 않고 주로 성장 발달과정의 심신상관에 대한 총론적인 개요 설명이다. 또 특정한 기관에 대한 질환의 증상·감별진단·치료보다는 소아 심신증의 특징과 발병기전, 배경인자, 대응방법, 심리·사회적 치료에 대해서 서술하고자 한다.

A 소아 심신증의 특징

성인 심신증의 경우는 기관이 특정되어진 것이 많고 또한 심신증의 중핵군은 Alexithymia(실감정증)의 경향이 강한 것이 특징이다. 이에 비해 소아의 심신증은 심신의 미분화, 심신기능의 미숙도로 인해 병명이라 하지 않고 병태로 보는 쪽이 임상에서는 실제적인 대응을 할 수 있다. Dakaki[1]는 「심리적 치료나 환경조정이 더없이 유효하다고 예상되는 병태」라고 소아의 심신증을 넓게 보고 있다. 소아를 전문으로 보는 의사는 심인성의 신체증상을 인정하기 쉬운 연령이 있다는 것을 경험적으로 알고 있다. 예를 들면 생후 6~7개월 이후, 4~5세, 8~9세, 14세 전후이다. 개개인의 성장 발달에 따라 다소 차이는 있지만 소위 심인성이라고 생각되는 주 호소 및 신체증상을 인정하기 쉬운 연령이 있다. 그 배경에는 뇌의 기능발달이나 자율신경계의 불안정성, 성호르몬 분비의 변화가 각 연령에 대응하여 일어나 조직기관의 발달에 따른 내적 환경의 변화가 생긴다. 그 변화로 생각되는 심신반응에 대해서 치료자는 성장의 한 과정으로 양육자와 함께 지켜보는 자세가 필요하며 양육자에게 적절한 지도를 함으로써 어린이는 심신의 균형을 이룰 수 있다. 이하 조직기관의 발달시기에 보여지는 심신의 상호관계에 대해서 간단히 소개한다.

1. 중추신경계의 발달과 심신 발달의 상호관계

발달은 뉴런의 수초화, 시냅스의 신생과 증가, 주요한 뇌 영역간의 신경회로를 형성하고 정보처리기관으로서의 기능과 형태가 성숙하고 있는 것이라고 생각한다. 신생아의 뉴런은 대뇌피질의 감각, 운동 이외는 거의 수초화되어 있지 않고 신경회로망도 틈이 있다. 생후 6~7개월경에는 수초화가 진행, 시냅스 형성밀도는 최고가 되고 24개월까지 증가한다. 생후 8~10개월에는 전두엽의 뇌대사가 활발하게 되어 초기의 인지발달이 최고조에 달한다.[2] 기억의 중뇌인 「해마」가 충분히 기능하게 되는 것도 생후 8~9개월경 이다. 양육자가 새로운 완구를 익숙해진 완구 속에 함께 섞어 놓으면 유아는 새로운 완구를 인식하고 흥미를 나타낸다. 그 자극은 유아에게 이동운동을 촉구한다. 유아는 손을 뻗어 완구를 잡아 입에 가져가고 감촉을 확인하는 등 탐색 확인 행동을 한다. 물건을 인식하는 능력이 있다고 말하는 것은 기억이 가능하다는 것을 의미한다. 또 그 시기의 유아 뇌파는 각성과 수면의 사이에 입면기가 출현해서 수면단층에 구별이 된다. 6~8개월경에는 좌우 양반구의 기능이 차례로 같은 시기에 같아진다. 그때부터 양육자는 「밤에 우는 것」에 고민하게 된다. 낮에 획득된 시각, 청각, 촉각 등의 감각자극으로부터 입력되어진 정보처리가 렘 수면기 「꿈」이라고 하는 형태로 처리되어져 「밤에 우는 것」이 생긴다고 생각할 수 있다. 그 시기에 시각기능이 발달하고 겨우 어머니의 얼굴을 입체시 할 수 있게 된다. 어머니와 자기를 구별할 수 있는 인식은 「어머니는 자신의 일부분이 아니다」라는 것을 알고 있는 것이다. 「분리불안」이 생겨나기 시작하는 때부터 「낯가림」이라는 현상이 나타난다. 유아는 어머니가 방에서 나갈 때의 불평을 어떤 형태로든 전한다. 어머니 이외의 어른이 안으면 불안한 표정이 되어 어머니에게 도움을 청한다. 이 시기까지 유아의 사회적 애착형성에 관해서 민감기라고 불리워지고 있다. 시각기억에 의해 어머니의 영상이 만들어지는 이 시기부터 안정된 연속적인 어머니의 이미지가 만들어질 때까지의 사이에 심적 외상 체험이 생길 가능성이 있다.

예를 들면, 어머니와의 분리가 어떠한 이유에서 장기간 동안 있거나 빈번하다면 유아는 「사랑받는 대상으로부터의 방치나 상실에 의한 위기감 또는 공포」를 체험하게 될 것이다. 1세 전부터 인식하는 「분노경변(憤怒痙攣)」은 보육자의 양육태도가 관계있다고 한다. 유아의 기저귀를 교환할 때마다 엉덩이를 때리거나 큰소리로 혼내는 것 등의 행동이나 양육자가 안절부절 하는 것이 유아에게 전해지면 유아는 공포와 불안의 스트레스로 인해 심하게 울거나 숨이 멈추는 발작, 전신경련으로 진행하는 현상이 생길 수 있다. 치료자는 유아가 공포를 느끼는 것과 같은 양육태도나 보살핌에 대해서 설명하고 그것을 바꾸도록 지도하지만 양육자가 죄책감을 느끼지 않게 지원하는 것이 필요하다. 그런데 유아기의 심신증은 왜 일어나는 것일까. 최근 유아의 심리·행동의 발달에 대한 연구가 활발하여 유아의 스트레스 심리불안의 관계를 정량화하는 연구가 이루어지고 있다. 영국의 아동 정신과의사 J.Bowlby의 Attachment이론에 기초하면 애착형성이 구축되는 유아기에 생애에 걸친 심리·사회적 위기가 침잠해 있다고 예측해도 과장이라고 말할 수 없다. 섭식장애가 유아기의 기본적 신뢰가 획득되지 않았기 때문에 사춘기에 자기동일성 확산으로서 증상이 나타나는 것이란 주장이 있다. 발달조기에 일어난 심적 외상체험은 후에 정신적 발달장애를 일으키는 요인이 된다고 알려져 있다. 이에 비해 양육자에게 안정된 이미지가 만들어져 사람과 사람 사이의 충분한 관계가 쌓여진 후에 일어난 심적 외상체험은 나중에 신경증적 장애를 일으키는 요인이 된다고 말하고 있다.

이와 같은 이유로 완벽한 육아법을 지도하는 것을 목적으로 하지 않고 양육자와 유아의 정을 키우기 위해 현시점에서의 모자간 관계의 어긋남을 조기에 발견해 수정하는 것이 치료자에게 필요한 역할이라고 생각한다.

4~5세경이 되면 중추신경계의 발육이 최고로 활발하게 된다. 중추지배가 간뇌부터 대뇌변연계, 신피질로 이동되어 가는 시기이다. 대뇌·시상하부의 조절이나 제어는 불안정해 있고, 외적환경의 변화에 의해 스트레스가 쌓이면 심인성 구토증, 심인성 복통 등의 신체증상이 나타난다. 중추신경계의 성숙이 천천히 연속되어 가며 협응성(協應性)의 신체적, 지적기술이 습득된다.

2. 자율신경기능 및 정서의 불안정성

3~5세경에 자립의 표현으로서 제 1차 반응기가 인정된다. 이 시기는 신체적, 심리·사회적으로도 풍부한 변화 요인을 포함하고 있다. 신체적인 부분은 부교감 신경 우위의 내부 상황으로부터 교감신경 우위로의 이행의 시기이기도 하고, 성인 뇌의 2배에 걸친 에너지를 소비하면서 뇌의 대사활동은 최고조에 달한다. 심리사회적 인자로서 유치원 등의 집단생활을 경험하기 시작한다. 또 둘째아이의 임신, 출산 등에 의해 일시적으로 엄마와 분리를 경험한다. 또는 둘째아이의 탄생으로 형제의 갈등이 생기는 것도 이 시기이다. 이 시기부터 초등학교 취학 전 후 정도까지 소아과 의사가 일반외래에서 자주 경험하는 대표적인 심신증으로는 주기성 구토증이 있다. 많으면 감기나 행사 등의 스트레스가 원인이 되어 갑자기 시작하는 잦은 구토증으로 환아는 안면창백, 축 늘어지고 아세톤 혈증을 보이는 경우가 있다. 초등학교 입학 후까지 반복되는 증상이 특징이다. 성인에서는 신피질이 억제·제어의 작용을 하고 있으나 이 시기에 대뇌 신피질의 기능은 왕성한 발육에 비해 매우 불안정하다. 정동체험의 주요 작용부위는 간뇌-대뇌 변연계에 있고 자율신경기능 및 정서의 불안정성이 강한 아동은 정서적 긴장이나 불쾌감 등이 심해지면 간뇌-자율신경계에 자극이 용이하게 전해지기 쉽다. 구

토 중추가 자극되면 시상하부의 호르몬 균형이 흩어져 아세톤 혈증을 일으킬 수 있다. 카테콜아민, ACTH의 분비가 항진하고 그 다음에 지방분해가 진행됨에 따라 악순환이 형성된다. 성장과 함께 대뇌피질의 기능이 안정되어지면 이 증상은 다음 차례로 진행하지 않는다. 그 밖에 신경성 버릇이나 밤에 놀라는, 산만함, 말더듬이나 아기로 되돌아가는, 야뇨증이나 심인성 복통, 기관지 천식 증상과 악화 등 각 영역의 심신증이 생기기 쉬운 연령을 맞이한다.

초등학교 취학 후나 특히 8~9세경에는 기립성 조절장애, 두통, 역피로감 등의 자율신경기능의 불안정성을 주로 하는 증상이 눈에 띈다. 가족 내의 문제나 형제간의 갈등이 계속되면 갑자기 나타나는 시력장애, 청력장애, 보행장애, 사지마비같은 즉, 전환성 장애가 나타나는 것이 드물지만은 않다. 틱의 발현시기도 이 시기에 많다. 이 시기에 심리적 문제가 구체화되기 쉬운 것은 아이가 갈등을 잘 표출하고 언어화하는 것이 되지 않으며 스트레스를 발산하기 위한 방법을 충분히 학습하지 않은 것 때문에 방어기제로서 신체화하고 있다고 이해된다. 따라서 치료자가 각종 증상을 단순히 심인성에 기인한다고 가볍게 취급하는 것은 양육자의 아이에 대해서 관계성을 가지려는 방법을 재고하는 기회를 잃어버릴 수 있으므로 신중히 대응하지 않으면 안된다.

B 소아 심신증의 대응과 접근

1. 양육자에의 접근

성인의 진료와는 달리 치료대상의 유아가 자기의 의사와 치료동기를 가지고 진료 받는 일은 거의 없다. 보통 주위의 어른이 진료의 필요성을 판단해서 치료 받으러 데리고 온다. 즉 주소를 가진 환자가 적어도 2명이라고 할 수 있다. 신체증상을 나타내고 있는 환아와 대응에 곤란해 하고 있는 양육자이다. 상태에 따라서는 양육자 자신이 신체증상을 전부 안고 있는 경우도 적지 않다. 그러므로 각각의 욕구나 원망이 갈등적인 관계에 있는 경우도 있다. 또 학교 결석이나 대인 공포증에 과민성대장증후군을 동반하고 있는 환자를 볼 수 있는 경우도 있으나 결국 환자는 진료하지 않고 양육자만의 진료가 되는 경우도 드물지 않다. 치료자는 가족, 양육자 간의 신뢰관계를 쌓아가면서 의미 있는 정보 청취, 환아와의 역관계 등에 주의를 기울이거나 진단가설을 조립해 나가지 않으면 안 된다. 부모 자신이 아이의 정서적·신체적 요구에 응할 수 없는 심리상태에 있거나 반대로 아이에게 커다란 심리적 영향을 미치게 하는 경우가 있다. 예를 들면, 부부간 갈등이 배경에 있는 경우와 남편에게 향하는 화가 아이에게 옮겨져 만성적인 심리적 학대가 아이에게 행해지고 있는 경우이다. 그 결과로 신체증상이나 행동이상이 나타나고 있다고 판단되는 경우에는 양육자의 치료와 면접을 병행 혹은 우선한다. 처음 진단면접에는 이상이 있는 양육자의 접근도 포함하여 평가와 치료계획을 세운다.

2. 환아에의 접근

앞에서 서술한 것과 같이 아이는 자신이 치료를 원해서 진료 받지는 않는다. 환아의 입장을 존중해 주면서 신체증상을 수용해 환아의 앞에서 「심인성」을 강조한 설명을 양육자에게 하는 것은 주의를 요한다. 심각한 질환이 아닌 것을 설명·안심시키는 것은 오히려 환아가 있는 앞에서 하는 것이 좋다. 심신상관의 설명을 중심으로 아이의 치료의욕을 높이기 위해 노력한다. 다음 치료면담의 도입에 잘 연결하는 것이 중요하다. 그것을 위해서라도 양육자가 치료자의 입장에서는 좋은 협력자가 되어 줄 필요가 있다. 처음 면접을 부모와 같은 방에서 할까, 각 방에서 할까 하는 것은 환아의 연령, 주소의 내용에 따라 다르다. 다음은 저자가 처음 면접할때의 일반적 대응을 소개한다.

우선, 부모와 같은 장소를 설정해서 입실시킨다. 진단에 필요한 정보 청취와 거의 대부분의 경우, 양육자(주로 어머니)로부터 청취하는 쪽이 효율적이며 정확하고 많은 부분에서 시간절약이 된다. 양육자로부터 상담목적과 정보 청취를 하면서 환아의 처음 입실시 일어나는 분위기와 행동을 관찰한다. 연령이 어린 아이는 진찰실에 들어가기까지 불안해하고 긴장해서 입실하는데 처음 5~10분 사이에 치료자가 어머니와 이완된 분위기로 대화하고 있는 느낌을 감지하면 다음에는 긴장이 없어져 공포심이 줄어드는 표정이 나타난다. 양육자와의 대화에 시간을 소비하면 아이는 질려 기분이 나빠지게 되고 진찰을 시작하는 것이 어렵게 된다. 시간을 재서 치료자의 시선과 신체를 환아에게 향해 말을 거는 것부터 시작한다. 곧바로 신체접촉을 하지는 않는다. 연령에 대응해서 가위바위보 게임이나 치료자의 교치(巧緻)동작을 따라하게 하며 상박(相撲)을 하는 등의 공부 장면을 취한다. 간단한 놀이 속에서 지적발달, 협조운동의 발달, 근력·근긴장, 골격의 발달 등의 신경학적 진단이나 운동발달을 빨리 진찰한다. 장소에 적응되면 아이로부터 질문을 받는 경우도 있기 때문에 그대로 회화형식으로 환아와의 면접이 진행되는 것도 가능하다. 이와 같이 치료자에 대해서 안전감과 피보호감을 아이에게 확인시키는 장면을 확실히 설정하는 것도 요령이다. 언어표현이 충분하지 않은 환아는 그리는 도구(연필, 색연필, 종이)나 Seal 등을 제공한다. 또는 아이의 시야 범위에 완구(곰인형, 블럭, 소리나는 장난감)를 놓아둔다. 완구에 대한 반응 방법이나 치료자에게 허가를 얻는 태도의 유무, 놀이의 집중도 등으로부터 사회성이나 연령에 맞는 지적 발달을 평가한다. 아이가 일상의 모습을 표현해내면 양육자(어머니)도 평상시 아이와의 관계를 자연스럽게 표출하기 때문에 양육자와의 관계를 관찰하는 좋은 기회가 된다. 양육자가 극단적으로 지시적, 지배적인 경우 치료자의 앞에서 아이를 때리고 넘어뜨리게 하는 경우도 있다. 그런 모습에서부터 양육자의 진술만으로는 이야기할 수 없는 정보를 알 수 있다. 혹은 아이의 행동에 전혀 주의를 하지 않고 양육자 자신의 호소로 끝나는 경우도 있다. 이런 경우 양육자는 다른 스트레스를 받아 피곤해 하는 경우가 있기 때문에 별도로 양육자의 면접일을 설정하는 것도 치료를 진행해 나갈 때 유익하다. 환아가 고학년 이후인 경우에는 내원 이유에 대하여 부모의 동기와 아이의 동기 확인 정도로 하고 분리해서 환아와 부모는 별도의 면접장소를 정한다. 마지막에 치료자가 이해한 것을 양육자와 환아가 같이 있는 방에서 피드백한다. 아이의 진술내용에 긴급성, 위험성이 없으면 환아의 허락이 없는 한 치료자로부터 양육자에게 전해 받을 것이 없는 것을 제차 증명하고 상호간 확인을 한다. 가족 간의 중대한 일은 환아로부터 양육자

표 Ⅳ-22 소아심신증의 대응–심신의학적 접근

Ⅰ. 설명 가능한 신체질환의 탐색과 제외
Ⅱ. 신체면의 대응
1) 신체증상의 경감
(1)약물의 대증적 사용
(2)증상에 관련한 생활지도
2) 환아「입장」의 존중
(1)신체증상의 수용 : 진찰과 적절한 범위의 검사
(2)심리면을 강조하지 않는다.
(3)필요에 대한 진단서
지각·조퇴·결석·체육견학 등의 배려
3)신체질환에 대한 불안의 경감(환아·가족의 질병교육)
(1)심각한 질환이 없는 것을 설명·증명 : 진찰·검사결과를 근거로
(2)환아의 질환·증상에 대한 충분한 설명 : 심신상관의 설명을 중심에
Ⅲ. 심리·사회면에의 대응의 실제
1)원인과 생각되는 요인(심인)의 동정
동정가 -> 2), 3), 4)의 대응
동정불가 -> 3), 4)의 대응
2)심인의 동정
그 요인의 소거, 영향력의 감약 · 무력화
->직접개입(가정·학교에서의 환경조정)
3)지원시스템의 정비
(1)기존 시스템의 개선: 부모·교사의 구조기능의 향상(면담 장소를 별로로 설정)
(2)새로운 시스템의 도입 : 각종 전문가에 의한 개입(복지·교육기관과 팀을 구성)
부모회를 소개, 정서 장애아 학급의 소개
4) 환아의 심리 안정화
(1)불안·긴장상태의 경감
(a)항정신제의 대증적 이용
(b)수용적 장소의 설정
환아의 발언이 수용될 수 있는 장소 ->치료기관, 가정, 학교
(c)시간 공유의 권유 : 같은 것을 함께하는 시간 설정
(2)문제해결 능력의 향상
(a)자신·자존심의 회복
환아의 수용 : 상담대응법·유희요법
(b) 대인접촉 교류기능의 향상 : 행동수정
(c)부적절한 생각의 수정·변용
다양한 가치관의 수용, 자기에의 알아차림 : 정신요법
(d)학업지능의 향상 : 치료교육, 일반교육에서의 배려
(e)발달상의 문제개선 : 자체·편중의 개선 ; 치료교육, 교육, 재활치료
(f)신체적 문제의 개선 : 신체증상의 경감 ; 약물요법, 생활요법(식사요법 등)
Ⅳ. 기타
1)의사입장의 설명을 충분히
(1)신체를 보는데 심리면도 배려하는 것 설명
(2)환자아이 편에 있는 것을 설명
신체적 위험이 없는 한 환아가 싫어하는 것을 할 계획은 없는 것을 설명
(3)대응할 수 있는 범위를 솔직히 설명
안이한 낙관적 전망은 말하지 않는다. 증상을 가볍게 하는 방법을 검토하는 것을 설명

에게 직접 전하는 것이 바람직한 것은 말할 것도 없다. 활기가 없고 무감동, 사회적 미소가 부족한 유아기 혹은 반항적 태도와 극단적인 애착행동 또는 산만함·충동성이 강한 경우에는 무시를 포함한 학대를 고려할 필요가 있다.

신체적·성적 학대가 의심스러운 경우에는 법률에 의해 치료자가 관계기관에 보고하는 것이 의무화되어 있다. 그러나 이 판단의 시기는 무척 어렵다.

표 Ⅳ-22에 심신의학적 접근의 실제를 모았다.

3. 복수 정보원의 이용

최근에 학교상담원을 도입하고 있는 학교가 증가하고 있다. 우리 전문외래에는 학교상담원으로부터의 소개가 늘고 있고 부모가 모르는 아이의 병리적 측면이나 문제행동이 뚜렷해지는 경우도 있다. 예를 들면 물건을 훔치거나, 몰래 훔쳐보는, 자살기도, 폭행, 스토커 행위, 성행동 등이 있다. 양호 선생님, 담임, 학교상담원으로부터 학교에서의 문제행동이나 정보를 얻는 것은 적절한 대응과 연결되어 아이를 지키는 것으로 이어진다. 교육센터, 정신보건센터, 아동상담소 등의 복지·교육기관과 네트워크를 가져 긴밀한 연계를 맺는 것이 치료계획에 큰 영향을 준다. 가정의 사정에 의해 치료비 부담 능력의 문제나 치료면접에 내원하는 시간 제약이 있는 경우에는 「지역사회 자원의 이용」에 위탁하는 방법이 현실적이고 실효성 있는 선택이 된다. 치료자는 고르게 지역 네트워크의 각 기관에 환자가족을 소개할 수 있도록 평상시 정보 시스템을 구축해 놓는 것이 필요하다.

4. 평가와 치료계획

처음 면접에서 얻은 정보, 진찰과 여러 사람의 정보원에 의해 심신증 발병의 원인을 정리한다. 심신증의 발병은 아이의 스트레스 대처능력과 심리·사회적 요인의 균형에 의한다. 심리·사회적 요인에 있는 환경요인은 가정, 학교, 친구, 지역, 사회문화 요인 등이 크게 관련된다. 사회문화적 요인은 사회의 동향이나 풍조에 있다. 핵가족화, 저출산, 남편의 직장전근, 학력이나 개인주의 중시의 가치관 변화, 정보와 물질문화 등의 요소는 소아 심신증의 포괄적 평가로부터 피할 수 없다. 치료자의 가치관에 너무 맞추어 버리면 현재 살고 있는 아이의 스트레스는 보이지 않는다. 또 평가를 하고 있을 때 치료자는 환아의 발달레벨을 항상 염두에 둘 필요가 있다. 이것에 의해 문제행동(예를 들면, 산만함, 식사행동의 변화, 분리불안, 결석 등의 적응장애)이 성장단계의 하나의 과정일까, 병리적 요소를 포함한 증상일까, 평가가 나누어진다. 의료측의 대응은 가족과 아이에 미칠 영향력이 크기 때문에 진찰계획은 대단히 중요하다.

1) 심리검사

a. 발달검사와 지능검사

평상시 진찰에서 일반적으로 자주 시행하고 있는 검사는 규칙 준수·도모식란(稲毛式乳) 유아 정신발달진단법, WISC·Ⅲ 지능진단검사, Danaka·비네식 지능검사, 신판K식 발달검사 등이 있다.

b. 성격검사

질문지법으로는 전연(田研)식 친자관계 진단테스트, 에고그람, YG성격검사가 있고, 투영법으로는 P-F스터디, SCT(문장완성법), 바움테스트가 있다.

2) 고차기능검사

발달장애를 동반하는 소아는 무엇인가 인지장애를 가지고 있다. 처리능력이나 언어적 개념화에 장애가 있으면 대응관계에 있어서 불안이 증가하기 쉽다. 결과적으로 이차적인 심신증이 병존하기 쉽다. 치료에 있어서 환아의 인지기능평가가 필요하다. 고차기능을 보는 지표는 한 가지 이하에서도 진실이 있다.

시각-운동 종합검사로서 벤터케슈탈트 테스트, 작업 기억이나 주의 집중도를 보는 테스트로서 K-ABC, 시각인지 테스트로서 goodenough 인물화 지능검사나 Frostig 시지각 발달검사가 있다. 컴퓨터를 사용하는 테스트로서 청각-시각적 집중의 지속을 보는 TOVA가 있다. 최근에는 전두엽 기능을 객관적으로 평가하는 것을 목적으로 한 동작인지기능 연구·진단 도구가 개발되고 있다. 앞으로는 발달장애의 객관적 분류, 성인에 있어서의 대인관계 장애에 영향을 미치는 생물학적 병리, 인자의 감별, 약물요법의 효과 예측 등이 소아부터 성인까지 응용될 것이다.

3) 면접과 심리·사회적 치료

a. 면접의 깊이

성인의 면접, 심리요법에서는 「언어」가 중요한 매개가 되는 데에 비해 어린이의 경우는 「놀이」를 매개로 하는 것이 관계를 만들기 쉽다. 소아과 의사면서 정신분석자인 Winnicott는 치료중심 구조로서 난화(scribble)을 이용해서 아이와의 사이에 놀이를 전개하여 정신분석을 했다.[6] 놀이는 그 자체가 우수한 대화 방법이다. Winnicott는 아이에게 안전감과 피보호감을 느끼게 하는 것이 중요하다고 서술했다. 설정된 시간과 장소가 아이와 치료자가 공유하는

「보호받은 안전한 장소」에 있다는 것을 아이에게 전하고 있다.

우리도 일상진찰에 있어서 자주 경험하는 것이긴 하지만 「증명」을 전하는 노력을 하면 고민이나 스트레스의 원인이 되는 문제를 어떠한 방법으로든 치료자에게 전하려고 하는 변화가 아이에게 나타난다. 그것은 「언어」이기도 하고 「그림」이기도 하고 「행동」이기도 하다. 치료자가 적절히 받아들이면 더욱더 마음을 열어온다. 이로써 치료자는 「해결구축」의 단계로 인도하는 것이 가능하게 된다. 이와 같이 아이를 완전히 이해해 주려는 치료자와의 신뢰관계를 기반으로 아이의 자기표현이 「신체의 언어」로부터 바뀌고 통합되어 가는 과정을 면접의 깊이라고 하고 있다. 증상이 최대한으로 전개되고 자연스러운 소실을 맞이하는데 좋은 상황이 생길 때까지 정서의 측면을 관찰해 나가고 발달을 촉진하는 것을 이미지하면서 면접한다.

b. 치료 팀의 필요성

일반적인 외래치료는 한 사람의 치료자가 관계하는 것이 효과적이다. 공동치료 팀은 한 사람의 치료자만으로는 시간적, 물리적으로 제한적인 경우가 있거나, 임상심리사에 위탁하는 것이 아이에게 보다 유익하다고 판단되는 경우에 필요하다. 플레이요법이나 상정요법(箱庭療法) 등 아이에게 불가결한 심리요법은 적극적으로 치료 팀을 구성하는 것이 좋다고 생각한다.

c. 특수한 심리요법의 도입

고학년 이후에는 해결지향 접근법, 인지요법, eye movement desensitization and reprocessing(EMDR) 기법, 각성 최면하에 의한 이미지 요법을 도입하고 있다. 또 불안이 심한 환아에 대해서는 Coping Cat Workbook[7]을 시험해 보고 있다. 또 학습장애, 주의력 결핍, 산만한 아이는 Token Economy라고 하는 방법(오페란토 기법의 하나)을 이용하고 있다. 이는 행동요법의 하나이다.

d. 가족치료

아이가 증상이 나타나 치료하러 왔을 때 그의 가족이나 친구 등 강한 연관성을 가지고 있는 사람들의 영향을 고려하지 않으면 치료는 실패로 끝난다. 일상의 친자관계 수정을 재촉하기 위해서도 부모가 명확한 감정이나 태도를 아이에게 보이도록 지도한다. 가정 내의 상호관계가 기능부전에 빠져 있거나 대화에 장애가 지속되고 있을 때는 적극적인 가족면접을 도입한다.

4) 약물요법

일반적으로 약물은 보조적인 사용에 그친다. 특히, 취학연령에 도달하지 않은 아이에 대해서는 투약하지 않고 환경조정이나 양육수정을 시행해 가면서 경과를 지켜보는 것이 기본이다. 취학 이후 발달장애를 동반하는 2차적 정신증상이나 행동이상, 혹은 질병으로 진단되어진 경우에는 약물을 겸용한다. 주요한 치료제를 다음에 기록하였다.

야뇨증 : Imipramine. Amitriptyline
Tic, Toilette 장애 : Haloperidol, Clonizine
강박경향 : Imipramine, Fluvoxamine
충동성 : Carbamazepine, Fluvoxamine
폭력적 공격성•자상행위 : Haloperidol, Fluvoxamine
산만함•부주의 : Methylphenidate, Clonizine
Narcolepsy : Methylphenidate
야경증 : Diazepam, Imipramine
우울상태 : Imipramine (12세 이하에서는 안심하고 사용할 수 있는 항우울제)
항불안제 : Buspirone, Alprazolam
기타 : 기립성 조절장애, 편두통, 과민성대장증후군, 주기성 구토증은 대증요법으로서 일반적인 약물을 겸용한다.

C 소아 심신증과 유사질환

표 Ⅳ-23에 질환이나 증상을 기재하였다. 이미 언급한 바와 같이 성인과는 다르게 특정한 기관을 중심으로 하는 분류는 실제적이지 않는 것이 소아의 특징이다.

그러므로 증상에 「심인성」을 수식한 질병상태로서 기재하고 있다. 표 Ⅳ-24는 DSM-Ⅳ의 분류를 기본으로 하여 소아 심신증의 위치부여를 표시한다. DSM-Ⅳ의 분류나 질환 개념을 기본으로 소아 심신증의 윤곽을 만드는 것은 성장발달 과정에 있는 소아의 경우에 있어서는 일부 질환이 제외되고, 일반 소아과 진료 장소에 어울리지 않는 부분도 있다.

현재 소아심신의학 연수프로그램이 정리되고 있지만 질환의 분류나 위치부여는 정리되어 가고 있는 단계에 있다.

표 Ⅳ-23 소아심신증과 유사질환(문헌4-일부 수정, 발췌)

Ⅰ. 심신증 영역
1. 심인성의 신체증상(복통, 구토, 두통, 발열)
2. 기립성 조절장애
3. 기관지 천식
4. 틱
5. 과민성대장증후군
6. 섭식장애
7. 소화기계의 심신증
  7·1 주기성 구토증　7·2 위·십이지장 궤양
  7·3 유분증(遺糞症)　7·1 이식증(異食症)
8. 과환기증후군
9. 알레르기성 질환
10. 비뇨기계 질환
  10·1 야뇨증　10·2 이뇨증　10·3 심인성 빈뇨
11. 수면장애
12. 중추신경계의 심신증
  12·1 분노경변(憤怒痙攣)
  12·2 의식장애·경변(痙攣)
  12·3 보행장애·운동마비
13. 그 외의 심신증
  13·1 심인성 시력장애　13·2 심인성 청력장애
  13·3 원형탈모증, 발모벽

Ⅱ.정신·신경증 영역
1. 결석
2. 침묵
3. 불안 신경증
4. 강박 신경증
5. 우울 신경증
6. 전반성 불안장애
7. 심적외상 후 스트레스 장애
8. 거짓말
9. 어린이를 대리로 한 Munchhausen Symdrome 증후군
10. 신경성 버릇(손가락 무는 것, 손톱 깨무는 것)
11. 말더듬

Ⅲ. 근접영역
1. 유아기의 문제
  1·1 자폐증　1·2 주의력 결핍·산만함
  1·3 피학대아 증후군
2. 학동기의 문제
  2·1 정신지체　2·2 학습장애
3 .사춘기의 문제
  3·1 정신분열증　3·2 우울증
  3·3 조울증　3·4 비정형 정신병
  3·5 사춘기주기성 정신병　3·6 사춘기 위기
  3·7 경계예(境界例)　3·8 자살기도
  3·9 문제행동

표 Ⅳ-24 DSM-Ⅳ 분류에 있어서의 각 심신증의 위치부여(문헌5 일부 수정)

1. 1 축의 장애[보통, 유아기, 소아기 또는 청년기에 처음 진단받은 장애 : 주의력 결핍 또는 파괴적, 행동장애]
  1·1 주의력 결핍/산만함　1·2 행위장애　1·3 반항 도전성 장애

2. 1축 그 외의 장애[보통, 유아기·소아기 또는 청년기에 처음 진단받은 장애]
  2·1 분리불안 장애　2·2 유아기 또는 소아기 조기의 보육, 섭식장애(이식증, 유아기의 반추성 장애)
  2·3 토이렛 장애와 그외 틱 장애　2·4 배설장애(유분증(遺糞症), 유뇨증(遺尿症))　2·5 선택성 침묵
  2·6 유아기 또는 소아기 조기 반응성 애착장애

3. 소아기 또는 청년기에 시작되는 「성인」장애
  3·1 섭식장애(신경성 무식욕증, 신경성 대식증)　3·2 물질관련 장애　3·3 정신분열병
  3·4 기분장애　3·5 불안장애　3·6 성 동일성장애　3·7 수면장애　3·8 적응장애

4. 발달장애
  4·1 정신지체　4·2 광범성 발달장애(자폐장애, Asperger 장애)
  4·3 특이적 발달장애(학습장애, 운동능력장애, 대화장애, 말더듬장애)

- 끝으로 -

소아 심신증의 입원치료와 중증의 섭식장애나 가정 분리가 필요한 기관지 천식 등 일상생활에 지장이 있는 경우는 될 수 있는 대로 피하고 싶다. 가족에의 경제적 배려, 복지기관에 의한 인적 개입을 유연하게 행하여 어린이들에게 개개인에 맞는 프로그램이 적절히 받아들여질 수 있는 움직임이 중요하다. 예를 들면, 토큰이코노미 등의 행동요법은 입원해서 행해지는 것보다 가정과 학교에서 받아들여지는 것이야 말로 의미가 있다. 아이들의 행동수정이 담임이 감당하기에 벅차면 지체 정서장애아 통급제도를 이용하는 방법도 있다. 집단부적응아에게는 장소를 바꿔서 능력에 맞는 개인 프로그램을 받게 하면 환경 스트레스로부터 피할 수 있어 학습효과도 올라간다. 학습장애아에 대해서는 팀-교육 제도가 받아들여져 실시되고 있다. 아동상담소의 일시 보호는 친자분리가 적절한 처치의 경우(가혹행위 등)에 있어서는 유익한 사회복지 서비스이다. 진찰실에서의 치료뿐만 아니라 가정, 학교, 복지기관, 교육 관련기관의 개입과 원조를 통해 아이를 중심으로 포괄적 지원 네트워크가 기능하도록 하는 것이 기대된다. 소아 심신증에 종사하는 치료자는 지역네트워크의 중심적 역할을 하는 것이 기대된다.

이상 소아 심신증의 특징과 심신의학적 접근에 관해서 간단히 서술하였다. 학교에 가지 않고 방에 틀어박혀 있는 초·중학생이 전국에 13만 명을 넘고 있다. 그들은 같은 세대의 대인관계를 거부하는 것에 대한 불안을 회피하고 집단부적응의 상태 그대로 성장해 가고 있다. 아이들 시대에 미해결된 마음의 문제를 성인까지 가지고 가는 것이 된다. 불안장애, 기분장애, 섭식장애, 자기애형 인격장애 등이 증가하고 있는 것이 걱정스럽다. 심신증의 영역에 있어서는 증상의 발병시기가 낮아지고(예를 들면, 섭식장애) 소아와 성인의 한계는 더욱더 애매하게 되어 증상이 중복되고 있다고 생각한다. 의료관계자 간의 정보교환과 한계설정의 이해, 원만한 의료연계가 기대되고 있다. 이와 같이 현 시점에서부터 앞으로의 사회원조를 포함한 포괄지원의 체제가 더욱 중요시된다.

문헌

1) 高木俊一郎：心身症総論．新小児医学大系 14B，pp3-19，中山書店，1985
2) 山口俊郎：脳と認知機能の発達．松下正明（編）：臨床精神医学講座 21，脳と行動 第1版．pp555-565，中山書店，1999
3) 宮本信也：小児科外来における心の捉えと対応．日本小児科医会会報 16：42-48，1998
4) 冨田和己，他：小児の心身医学と心身症．こども心身医療研究所（編）：小児心身医学－臨床の実際，pp10 19，朝倉書店，1995
5) 松浦雅人（訳）：小児・思春期の「心の問題」心療ガイド 第1版．メディカル・サイエンス・インターナショナル，2000
6) ウィニコットDW著，北山　修（監訳）：小児医学から児童分析へ．ウィニコット臨床論文集 I，pp151-175，岩崎学術出版社，1995
7) 市井　雅哉（監訳）：子どものストレス対処法不安の強い子の治療マニュアル．岩崎学術出版社，2000
8) 清水凡生（編）：小児心身医学ガイドブック．北大路書房，1999

⑪ 사춘기의 심신증

최근 중학생이나 고교생의 장기 결석 증가가 사회적 문제가 되어가고 있으며, 심료내과 외래에서도 사춘기 환자는 증가하는 경향이다. 진료 연령의 범위나 다양한 심신의 증상 때문에 그들은 소아과, 내과, 부인과, 정신과 등 각과에서 진찰을 받고 있다. 신체적 질환만의 검사에서 「이상 없음」으로 판단되기도 하고, 기능적인 이상만이 아니라 기질적 질환이 있음에도 불구하고 심리적 취급만을 받고 있거나, 처음부터 「마음 탓」 또는 「응석부리는 게 틀림없다」라고 증상을 이해해 주지 않고 무시당하거나 반대로 주위사람들이 증상에 휘둘리고 있는 예 등을 경험한다.

이러한 일들로 보아 사춘기 심신증의 치료는 그 신체적 특성과 심리•사회적 특성을 이해하고 진단과 치료를 진행하는 것이 필요하다. 본원에서 평상시의 진료 경험을 토대로 기술하고자 한다.

A 병태생리

사춘기는 사람의 일생 중에서 어린이에서 어른으로의 이행기이며 유아기에 이어지는 제2의 발육 급진기에 해당된다. 제2차 성징의 출현에 신체환경은 크게 변화되며 심리·사회적으로는 자아의 발달에 따라 부모로부터 자립해 가려는 시기이다. 비행기에 비유하면 어린이 세계에서 이륙해서 어른 세계에 착륙하는 것과 같다. 바람을 안고 능숙하게 날아가면 좋으나 누구나 인간관계나 학교에서의 진학문제 등에 둘러싸여 사회적 스트레스 상태를 이 시기에 경험한다. 이 과정에서의 실패나 부적응은 심리적 불균형을 가져올 뿐만 아니라 자율신경계에 개입해 전신에 다양한 신체증상을 일으킨다. 이와 같이 신체증상의 대부분은 심리적 혼란을 동반한 기능적인 변화가 많다. 그러므로 사춘기 심신증은 광범위한 심신증으로서 다루어야 하며 일상 진료에서도 실제적인 일이라고 생각한다.

다음은 심신의 발육에 대해 서술하겠다.

1. 사춘기 남여의 신체발육

10~11세의 여자인 경우는 신장도 체중도 평균치가 남자를 능가하는데, 월경을 처음으로 한 여자인 경우 남자아이 및 아직 첫 월경 전의 여자아이와 비교하여 신체 계측치는 모두 웃

돌게 된다. 12세 무렵부터 남자아이의 발육이 증가하여 13세에서는 남녀차가 없게 되며, 그 이후로는 남자의 계측치가 커지게 된다.

2. 성 기능의 성숙과 제2차 성징

(1) 여자 성기능의 발달에는 하수체 전엽에서 분비되는 성선자극호르몬 중 난포자극 호르몬(follicle stimulating hormone, 이하 FSH)에서 발육된 난소로부터 에스트로겐이 분비된다. 이 에스트로겐의 작용에 의해서 성기가 발육하기 시작한다.
12~13세가 되면 에스트로겐의 분비량이 증가하고 자궁내막은 증식하여 혈중 에스트라디올의 주기적 변동에 의해 월경이 시작된다. 서서히 주기성 기능이 발달하여 배란주기가 규칙적으로 되풀이되고 성숙기의 월경주기가 확립되어 간다.
에스트로겐 및 안드로겐의 작용에 의해서 피하지방의 축적, 유방의 발육, 음모·액모의 발생, 피부선 기능의 활발화, 골반의 발육 등 2차 성징의 발달이 일어나 여성스러운 체형이 되어 간다.

(2) 한편, 남성의 경우는 하수체 전엽에서 분비되는 성선 자극호르몬의 일종인 황체화 호르몬의 자극으로 정소(고환)의 간질 조직 내에 있는 간세포(Leidig 세포)에서 테스토스테론이 분비되고 FSH가 정(精)세포를 자극해서 테스토스테론과 함께 작용하면서 정세관 내에서 정자를 만든다.
남자의 신체적 변화로는 음모·액모의 발생, 체모, 턱수염의 증가, 후두의 융기, 변성, 남자다운 체형, 성기(음경, 음낭, 고환)과 부성기[전립선, 정낭, 정소상체(부고환)]의 발육과 기능개시, 사정 시작, 정액 중의 성숙한 정자의 출현 등을 보게 된다.

3. 사춘기의 심리 발달

심리적으로는 사춘기를 성기능의 완성과 장골 골단선의 폐쇄까지를 가리키는 puberty라는 표현보다 좀 더 심리·사회적 성숙 단계까지를 포함한 adolescence가 사용되고 있다.

(1) 초등학교 고학년 preadolescence
(2) 중학교 early adolescence
(3) 고등학교 adolescence proper
(4) 대학 late adolescence
(5) 20대 postadolescence

학령과의 관계에서는 대략 위에 기술한 대로 이지만 본 항에서는 일단 10대 까지를 대상으로 삼았다. 심리의 발달은 가정이나 학교 등 환경요인으로부터 영향을 많이 받기 때문에 신체의 발육 이상은 제각각인 것으로 보인다.

(1) 사춘기의 발달과제로서는 ①제2차 성징에 상징되는 급격한 신체적 변화에 대한 순응 ②지적 성숙(개념적 사고의 완성) ③친구관계의 변화와 이성관계의 성립 ④가족으로부터의 자립과 개인적 통일성의 확립, 더욱더 ⑤육체적 의미에서의 성의 성숙에 적응하며 남성·여성으로서의 성별 역할이 몸에 익숙해지도록 이성애를 실현시켜 나가는 것이 되겠다.

(2) 과제에서의 이탈과 실패는 사춘기의 위기를 일으켜 심신의 변화에서부터 넓은 의미에서의 심신증의 전조상태를 형성한다.

B 증상

신체적 증상으로는 두통, 복통, 구역질, 구토, 설사, 식욕부진, 두근거림, 전신권태감, 발열, 수면장애, 연하곤란감 등 신체 각 부위의 증상이나 이상감이 나타나게 된다.

심리적으로는 불안, 긴장, 과민, 우울 상태 등에 의한 정서 불안정, 비사회적 행동이나 사회적 내향이 보인다.

C 검사

(1) 문진

(2) 내과 진료 및 각종 임상 검사

(3) 심리테스트, 인테이크 면접(수리면접(受理面接))

초진일에서 1~2주간 이내에 상기를 마치면 좋다

D 진단

(1) 기질적 질환 : 위염, 위궤양, 십이지장궤양, 기관지 천식 등

(2) 기능적 질환 : 과민성대장증후군, 근 긴장성 두통, 과환기성 증후군, 자율신경 실조증 등

(3) 심리적 질환 : 신경증이나 우울증의 부분 증상인 것(정신병은 제외)

(4) 기타 : (1), (3)이 혼합되어 있는 것, 부정수소 증후군을 동반한 결석 등

E 치료(행동분석과 치료)

(1) 행동분석 : 다음에 기록하는 인자의 유무, 내용, 정도를 분석한다.

a) 준비상황의 인자

b) 증상의 발생과 악화에 관한 인자

c) 증상의 경감과 소멸에 관한 인자

d) 증상의 지속에 관한 인자

①질병이득 ②질병에 의한 2차적 적응곤란 ③질병으로 인해 피할 수 있게 되는 곤란 ④증상이 발생하기 전부터 나타난 일시적 부적응 ⑤증상 제어학습의 부족 ⑥스트레스적인 환경 ⑦스트레스 내성 ⑧의원성 인자 ⑨기타

(2) 치료

a) 치료동기가 희박한 증상이나 진료를 부모 앞에서 완강히 거부하는 예는 고교생 이상에서는 본인의 의사에 맡겨서 경과를 보든가, 다음에 본인의 의사결정에 따라 수진시킨다. 중학생까지의 예는 의무교육이라고 하는 사실과 일반적으로 환경조정에 의해서 치료효과가 기대되는 경우도 있으므로 본인, 가정(부모), 학생(담임, 양호), 병원, 지역 중간시설의 연대로 지원시스템을 만들어 치료를 진행시킨다.

b) 치료동기가 있다든가, 특별히 치료에 대해 거부하지 않는 예는 초진의 병력 청취 시점부터 실제로는 동기부여나 치료의 일부가 진행되고 있는 셈이다. 특히 주치의와의 치료관계나 치료시설에 대한 신뢰, 치료동기의 계속적인 성부(成否) 등은 초진으로부터 2~3회에서 결정되는 경우도 많기 때문에 치료자측은 의식을 집중해서 대응하고 본인과 부모를 완화시키는 중에도 주요 포인트를 억제하는 치료구조의 이미지 작성을 적극적으로 행할 필요가 있다.

c) 치료 이미지로서는 「병을 고친다」라기보다는 「조절을 한다」든가 「적응을 생각한다」라든가 「성장, 발달해서 고교생이나 어른이 되어간다」라고 생각하는 일이 효과적이다.

d) 입원치료냐 외래치료냐의 선택에 있어서는 대부분이 외래치료만으로 가능하고 한편 적극적인 의미로서도 외래치료가 더 바람직하다고 생각한다. 외래치료에서는 먼저 말했듯이 지지, 원조 시스템이 중요하다. 본인과 주치의, 본인과 부모와 주치의, 본인과 가정과 학교와 주치의, 본인과 가정, 학교와 상담센터 내지 지역 중간시설과 주치의와의 사이에 증상이나 병의 상태 정도에 따라서 시스템을 조성하고 각자가 고립되거나 남을 탓하지 않게 하고 연계해서 치료효과를 올리도록 지향하고 있다.

입원치료는 누워서 안정을 취한다든가 보충액 등이 필요한 예, 부모나 가정으로부터의 분

리가 필요한 예, 입원하여 심리치료가 필요한 예에서 최소한으로 시행한다.

수개월 걸리는 입원의 경우 중학생까지는 병설로 된 원내 학급으로 전학시켜서 치료를 하고 있다. 또한 고교생 이상일 경우 어느 시기부터는 병원에서 학교로 다니는 야간병원 방식을 택하고 있다.

e) 치료방법

①각 질환의 병태에 대한 설명 ②일상생활의 재정립 ③치료시스템에 의한 환경조정 ④심리요법 ⑤약물요법

다음은 일상 진료에서 마주치는 사춘기 심신증에 대해 그 치료를 중심으로 서술하겠다.

F 부정수소 증후군(자율신경 실조증)을 수반한 부등교(不登校)

현대의 학교 현장의 현황을 반영해 높은 빈도로 볼 수 있다. 부등교에 관해서는 심료내과에서는 다루지 않는다는 시설도 있으나 다양한 증상의 호소나 신체증상이 나타남으로 심신 양면에서의 진단과 치료방침의 선택까지 심료내과에서 적극적으로 연계해 나가지 않으면 안된다.

연간 30일 이상의 장기 결석자 중 1992년도의 부등교는 초등학생이 19.4%(12,628명), 중학생에서는 52.8%(53,897명), 1999년도는 초등학생이 33%(26,000명), 중학생은 73%(104,000명)로 2배 증가하여 사회문제화되고 있다.

심료내과에서 대상이 되는 부등교는 학교에서의 부적응 내지 등교 장면에서의 신경증 증상이 원인의 중심을 이루는 협의의 부등교이다. 가정파괴, 경제적 이유, 비행, 퇴학 등의 이유에서 오는 광의의 부등교는 청소년 상담센터 등의 기관에 중요한 역할을 맡기는 것이 좋다.

1) 병태 생리

여기서는 부등교를 적응장애 내지 긴급 피난적 회피행동으로 간주한다. 등교장면, 학교장면 등 학교 관련 장면에서는 강한 불안반응을 나타내며, 때로는 심기적, 공격적, 우울하게 된다. 그러므로 부정수소의 출현도 이때에 집중되고 정서적 곤란과 그에 따르는 자율신경 증상이 나타나게 된다. 문제가 해결되지 않고 주위로부터의 자극과 본인의 반응이 되풀이 되면 악순환의 사이클이 형성되어 증상은 고정화 되어 간다. 때로는 가정 내 폭력이나 집에 틀어박혀 있는 상태를 일으켜서 주위와의 접촉이 장기적으로 어렵게 되는 경우가 자주있다. 주위 사람들은 당황해서 과잉반응을 일으키고 강제라든가 무시라든가 단순한 대응으로 나타나기 쉽다. 결국 주위에서는 본인의 증상이나 행동의 영향으로 지배당하게 된다. 그러므로 증상은 불안에 대한 신체 언어적 의미나 장면에서의 회피적 도구의 의미를 나타낸다.

2) 증상

두통, 복통, 구역질, 구토, 설사, 호흡곤란, 전신 권태감, 각 기관의 이상감 등

3) 검사와 진단

⑴ 내과 진찰 및 각종 임상 검사는 기질적 질환의 제외진단을 위해서 필요하다. 이하 요검사, 혈액검사, 생화학검사, 필요에 따라서는 흉부X-선, 심전도, 분변잠혈반응, 복부 단순 X-선, 위내시경, brain CT, 뇌파검사 등을 시행한다. 기능적 질환의 진단을 위해서는 기립검사 등의 이학적 검사와 자율신경 이상 징후를 종합적으로 판정한다.

⑵ 심리 테스트는 일반적으로 아래와 같이 우선 3종류 정도의 짝 맞추기로 시행하는 것이 좋다. 중학생은 Yatabe·길포드 성격검사(YG), 문장완성 테스트(sentence completion test, SCT), 회화 욕구불만 연구(the picture frustration study, PF study)를, 고교생부터는 이들에다 도쿄대식 EGO-GRAM(TEG), Cornell medical index(CMI)를 추가하고 있다. 연령, 병리의 정도, 지적수준 등 필요에 따라 로샤하·테스트, 바움·테스트, 가족화, Japanese Wechsler Intelligence Scale(일본판 WISC-R)등을 추가한다. 부모에게는 TEG를 모든 사례에 시행하고 있다. 초진 시에는 질문지법을, 로샤하·테스트 등은 재진 시에 임상심리사가 시행하고 있다. 치료동기가 가벼운 환자나 자기평가를 두려워하는 환자 등은 가끔 심리테스트를 거부하는데, 우선은 설득하여 본다. 병원에서 진료받기로 한 환자는 그 나름대로 동기부여가 되어 있어서 검사에 협력하는 경우가 많지만 강요할 필요는 없다. 검사 기록은 가지고 갔다가 재진 시에 제출하게 해도 좋다. 또한 문진 후에 간단한 설명을 주치의로부터 듣는 경우 응답의 신뢰성이 높아진다.

심리 테스트는 심리진단으로서의 의미뿐만 아니라 초기의 치료관계 형성이나 동기부여에 중요한 역할을 하고 있다. 또한 본원에서는 재진 2~3회째에 병태의 설명과 치료방침의 제시 중 치료에 연결되도록 배려하면서 피드백하고 있다.

정신의학적 진단측면에서는 특히 우울증, 경계예(境界例), 정신분열병의 제외 진단이 중요하다.

⑶ 본원의 초진일의 문진에서는 증상에 관한 문진을 통해서 환자의 전체상을 파악하는 것, 본인과 주위를 안심시키는 것, 치료이미지를 얘기해 동기부여를 하면서 치료의 큰 테두리를 찾아 맞추는 일에 포인트를 두고 있다(총론 참조).

환자의 전체상을 파악하는 방법은 최근의 일상생활 모습으로 식사, 수면 등의 기본적 행동에 대해 알아보기도 하며 장래의 진로 희망을 듣는 가운데 지금의 자신과 이래저래 맞대면 시켜보는 일도 효과적이다.

4) 치료(등교 행동을 포함하는 단계적 대응)

자율신경 증상에 대해서는 주위의 반응 변화나 본인의 기분 여하에 따라 일시적으로 경쾌하게 되는 경우도 있지만 대부분은 학교에 관한 장면에서 재현된다.

약물치료에 있어서는 대증요법으로서 Minor tranquillizer를 보조적으로 사용하는데 그것만으로는 불충분하다.

타카키는 증상의 전개와 심리 규제를 Ⅰ. 심기증기, Ⅱ. 공격적 시기, Ⅲ. 자폐기로 정하고 학교생활에 대한 부적응과 배경에 있는 가족역동 등을 일체화한 구성 모델이라고 생각하고 있지만, 각 시기에 알맞는 단계적인 대응이 필요하다. 여기서는 보건실 등교를 기준으로 서술해보고자 한다.

(1) 보건실 등교 이전 단계에서 틀어박히던 시기(타카키의 Ⅲ기의 경우)

① 규칙적인 생활리듬을 재구축한다. 3회의 식사를 가족과 함께 하며 7시간 정도의 야간 수면을 취한다. 생체리듬이 정돈될 뿐만 아니라 가족과의 접촉이라는 의미가 크다.

② 마음가짐을 편히 가지는 연습을 한다. 「차츰 조금씩 해나가면 된다」, 「실패하면 다시 하면 된다」, 「처음에는 격식 따위 안 차려도 된다」 등.

③ 외출하는 연습을 한다. 밖으로 놀러 나간다든가 휴일에는 쇼핑 하러간다 등.

④ 등교 자극은 주지 않는다. 이 시기에 별다른 의미는 없다.

(2) 보건실 등교 이전에서 학교 관계의 장면 이외는 집에서 거의 보통으로 생활(타카키의 Ⅱ기의 경우)

① 등교자극에 민감하게 반응하기 때문에 지원 시스템의 냉정한 대응과 역할 분담이 필요하다.

② 조심스럽지 못한 대응 때문에 타카키의 Ⅲ기로 이행하지 않도록 주의한다.

(3) 중간시설이나 보건실까지라면 등교가능(타카키의 Ⅰ에서 Ⅱ기의 경우)

① 단계적인 대응을 한다. 어쩔 수 없이 주위의 과제 설정이 높기 때문에 주의가 필요하다.

② 등교 스케줄을 상담해서 1주간 단위로 어찌 되었건 할 수 있는 것부터 시작한다.

③ 이 단계에서는 내용을 문제 삼는 게 아니고 목적을 향해서 행동하는 것을 평가한다.

(4) 보건실보다 교실등교, 집에서부터 조건부 교실등교(타카키의 Ⅰ기의 경우)

① 본인에 대해서는 좋은 의미의 특별대우를 담임과 학교 측에 의뢰한다(한때, 일반교실의 학생과는 과제와 평가를 나누어서 취급한다).

② 지원 시스템의 역할에 대해 재검토한다.

(5) 교실등교가 가능하게 되더라도 월 1회 정도 본인이나 부모의 외래 방문을 1학기정도 계속한다.

이상, 치료에 있어서 위기에 대한 원칙적이며 끈기 있고 강한 지원과 기다리는 자세가 중요하다고 생각한다.

G 과민성대장증후군

기질적 질환은 없이 장관의 과민성에 의한 기능적 장애 때문에 배변이상을 나타내는 장애로서 사춘기 심신증에 가장 많이 나타나는 증상이다. 소화기내과나 소아과에서도 많이 치료되고 있지만 증상의 출현시간이나 장소가 오전 중이거나 교실, 시험 때, 식후 등에 집중되기 때문에 가끔씩 장기간 지각이나 조퇴, 보건실 출입이 계속되다가 부등교에 빠지게 된다. 이와 같은 예는 배변의 타입과 심리 규제의 조합으로 약물요법을 포함한 심료내과적 치료가 필요하다. 중증례에서는 병원에서 등교하는 야간보호시설 방식의 등교나 지원시스템을 활용한 치료가 유효하다. 구체적인 것은 총론 및 소화기계 심신증의 과민성대장증후군의 항목을 참조하기 바란다.

H 과환기 증후군

얕고 빠른 호흡으로 호기 중에 이산화탄소를 지나치게 방출하고 흡기 중에 산소를 지나치게 마시기 때문에 혈액의 알칼리화 경향과 산소농도의 상승을 일으켜 호흡곤란, 두근거림, 사지의 저림이나 경직, 경도의 의식장애 등이 나타난다. 심신의 불안정한 상태(준비 상태)에 유발인자(계기)가 더해져 일어난다. 호흡곤란이 있기 때문에 본인은 당황해서 급하게 숨을 쉬고 악순환이 일어나 멈춰지지 않게 된다. 진단은 증상의 진찰과 동맥혈 가스분석으로 쉽게 되고 유발도 가능하다.

치료는 증상 출현 시에 복식호흡, 페이퍼백 호흡(실제로는 비닐봉지를 입에 대고 자신의 호기를 다시 들여 마신다), 정신안정제의 내복 및 주사는 필요에 따라 시행한다. 증상이 안정되면 재발작의 예방과 불안을 경감하기 위해서 ①병태의 설명과 ②증상의 제어 학습을 시행한다.

I 신경성 식욕부진증(거식, 과식, 과식구토)

이 증상은 사춘기 심신증의 대표적인 질환이다. 원인에 대해서는 여러 학설이 있지만 사춘기 발생 예에서는 심리적으로 제2차 성징에 의한 신체적 변화에 대응하지 못하고 여성 성의 획득에 실패한 성동일화 장애 내지 성숙 거부가 유력하다. 또한 체중이나 신체의 일부분에 대한 집착을 계기로 해서 발생하고 주위의 부적절한 대응으로 강화되며 본인의 조작과 악순환으로 증상이 고정화되어 있는 예도 있다. 외래냐 입원치료냐의 선택은 평균체중 35kg을 기준으로 하고 다소 시간이 걸리더라도 본인의 경구 섭취에 의한 체중증가가 결과적으로 예후가 좋다. 30kg에 못미치는 예나 입원 중에도 주 1.5kg이상의 체중이 감소하는 예는 본인이 거부한다 하더라도 최소의 보충액이 필요하다. 수척, 돌연사, 자살의 위험에 대한 배려를 빠트려서는 안 된다. 포인트는 치료동기의 형성을 둘러싼 치료 관계에서의 자세다. 지면 관계로 자세한 것은 섭식장애 항목을 참조해 주기 바란다.

문헌

1) 矢内　巧：思春期と性腺因子.「性」. 代謝 16(臨時増刊号)：177-185, 1979
2) 加藤宏一監修：小児思春期婦人科学. 診断と治療社, 1991
3) 学校不適応対策調査研究協力者会議報告：登校拒否(不登校)問題について. 文部省初等中等教育局, 1992
4) 高木俊一郎：心身症を伴った登校拒否症. 小児科 MOOK NO. 30　小児の心身症, pp125-130, 金原出版, 1988
5) 森　崇：思春期内科, NHKブックス263, 日本放送出版協会, 1982
6) 松田　弘：過敏性腸症候群(2). 行動療法ケース研究 第6集　心身症Ⅱ, pp139-149, 岩崎学術出版, 1988
7) 末松弘行, 河野友信, 玉井　一, 馬場謙一(編)：神経性食思不振症—その病態と治療. 医学書院, 1989
8) 文部省ニュース：2000/8, 平成12年度学校調査速報(調査結果の要旨)
http://www.monbu.go.jp/news/00000549/

⑫ 중년기 • 갱년기의 심신증

사회의 복잡화, 다양화에 따라 중년을 둘러싼 환경도 더욱 심각해지고 있다. 스트레스로 인한 사회의 왜곡을 한 몸에 받게 되는 중년층의 문제는 바로 오늘의 문제이기도 하다. 사회의 중심핵으로서 활약해야 할 중년의 질환을 이해하고 건강을 증진시켜 가는 것은 사회의 안정, 발전을 위해서도 중요한 과제로 등장한다. 중년기의 마음과 신체의 특징에 대해 생각해 보기로 한다.

A 중년기 · 갱년기의 특징

중년기를 달력의 나이로 정확히 정의하는 것은 어렵지만 라이프 스테이지[1]에 따라 생각해 보면 성인기 이후 노년기 이전의 갱년기·초 노년기의 시기와 겹쳐서 대략 45~64세까지가 된다. 이 시기에 노화현상이 나타나며 체력·지력의 쇠퇴를 자각하게 되고 새로운 사실과 현상에 대한 관심이나 적응력이 줄어든다. 물론, 이 시기에도 늘 젊음을 지켜나가는 사람들이 있지만 개인차가 두드러지게 된다.

중년기에 있어서 여성의 경우, 난소기능 저하를 중심으로 하는 내분비계나 자율신경계의 변화에 따라서 갱년기라 불리는 뚜렷한 신체적 변화가 찾아온다. 남성인 경우도 여성만큼 뚜렷하지는 않지만 자율신경계의 조절장애나 성기능의 쇠퇴 등 이른바 남성 갱년기라고 부르는 증상이 찾아온다. 체력의 쇠퇴가 두드러져서 무리가 통하지 않게 되며 기억력이 주가되는 지적능력도 점차적으로 저하하기 시작한다. 철야나 장기간의 정신집중을 괴롭게 느끼게 되며 자기 자신의 쇠퇴를 억지로라도 자각하게 되는 시기가 된다.

또한 고혈압, 당뇨병, 뇌혈관장애, 허혈성 심장병 등 성인병의 유병률이 급격하게 증가하고 성인병 예방에 중요한 비만도 문제가 되는 시기이기도 하다. 신체내부의 변화나 친구의 질병으로 인한 사망이 빈번히 일어나 문제가 되는 저절로 자기 자신의 건강이 신경 쓰이게 된다. 늙음·질병·죽음의 불안을 바로 실감하고 자각할 수 있게 되어 자신의 노후 준비에 대해서도 걱정을 하게 된다. 그러나 그 반면 사회적으로는 직장이나 지역사회에서 중견 관리자로서 충실한 시기를 맞게 되기도 한다. 직무 수행에서는 실무의 기획, 입안, 집행의 중심적 역할을 담당하게 되는 동시에 책임이 커지게 된다. 그 과도한 책임에 대한 고지식함, 집착성, 과로 등이 겹치면 우울증이나 우울상태에 빠지게 되는 위험성을 안게 되고 과로사의 문제도 오늘날 분주한 중년의 문제이다. 직장에 있어서 급속한 기술혁신이나 국제화 현상은 특히 중년층에게는 많은 직장부적응을 일으키는 요인이기도 하다. 기술이나 사회의 변화에 외톨이로 남는 불안을 느끼게 되는 중년층도 많다.

또한 이 연대는 출향, 전근, 단신부임(単身赴任), 퇴직, 재취직 등에 수반되는 환경의 변화에 직면하게 되는 시기이기도 하다. 젊은이들에 비해서 중년자들은 환경의 변화에 잘 적응하지 못하는 경우가 많으며 이는 갖가지 신체조화의 불량이나 질환의 원인이 되기도 한다. 어떤 심료내과를 수진한 환자 중에 직장스트레스가 증상의 발생에 관여하고 있다고 생각되는 증례에 대해 그 원인을 검토한 결과에 따르면 20세, 30세 때에는 일이 바쁜 것이 원인이라고 생각되는 사례가 많은 것에 비해 40세, 50세 때에는 타사로 옮기거나 전직 등 직장환경의 변화가 원인이라고 생각되는 예가 많아지고 있다[2)](그림 Ⅳ-30).

직장에서는 중간관리직이라고 하여 상사와 부하의 의견을 모으는 역할을 담당하게 되는 경우가 많고 양방의 사이에 끼어서 어려운 처지에 빠지는 경우도 있다. 젊은 층과 노년층의 중간에 있어 세대 간의 의식이나 사고방식의 차이가 잘 조화되지 않는 경우도 나타난다. 이른바 샌드위치 증후군이나 세대차를 고민하게 되는 시기이기도 하다.

한편 여성인 경우 여성의 사회진출이 확실하게 늘어나고 있음에도 불구하고 직업과 가정의 양립에 괴로워하는 여성이 많다는 것도 사실이다. 중년기 여성의 경우는 갱년기를 맞아서 갱년기 장애에 따른 부정수소에 괴로워하게 된다. 이 증상에는 성선기능 저하에 뒤따르는 호르몬 저하 이외에 가정, 직장, 지역사회에서의 여러 가지 문제가 복잡하게 얽히는 상황이 되기도 한다. 여성의 라이프 스타일의 입장에서 생각한다면 이전에는 자녀의 수도 많았고 양육에 필요한 시기도 비교적 긴 기간이었던데 비해 현재는 자녀의 수도 감소하고 핵가족화, 장수사회가 되어서 자녀들 양육에 드는 기간이 비교적 짧아지고 있다.

또한 자녀의 독립 후 부부 두 사람의 생활기간이 연장되고 있다. 아이들 양육에 전력을 기울여 온 여성에게는 아이들의 독립, 아이들의 떠나감이 삶의 가치상실로 느껴지게 되어 견딜 수 없는 외로움이나 비애감을 느끼게 된다. 소위 빈둥지증후군이라고 불리는 무력감, 허무감을 자각한다. 자식들의 양육 이외의 자기 자신 혹은 부부 두 사람의 공통된 취미나 삶의 보람이 필요하게 된다. 그러나 사회적 활동의 정점시기에 살고 있는 남편은 그다지 가정이나 아내를 돌보지 않는 경우가 많다. 남편에게 가정의 문제를 의논하고 싶어도 좀처럼 들어주지 않아서 대화부족으로 인한 욕구불만이 생기게 된다. 이와 같은 시기에 갱년기의 증상이 겹치게 되면 증상의 다양화, 복잡화, 장기화가 일어나게 된다. 더 나아가 갱년기를 생식능력의 정지, 여성성의 상실감으로만 파악하려는 경향도 많아 증상의 호소가 많아지게 된다.

이와 같이 중년기를 맞아 한편에서는 사회적·경제적으로 충실한 시기인 반면, 한편으로는 신체적, 정신적으로 쇠퇴하는 시기이기도 하다. 이와 같이 묘한 불균형 위에 위험스럽게 놓여 있는 중년기는 자그마한 자극으로도 균형을 무너뜨리게 될 위험성을 항상 가지고 있다.

중년기에 발병하기 쉬운 심신증이나 스트레스 관련 질환을 표 Ⅳ-25에 표시하였다.[3] 각 질환에 대한 설명을 이 글 각론을 통해 참조하기로 하고 중년기 질환의 특징에 대해서 질병의 증례를 들어가면서 다음에 서술하기로 한다.

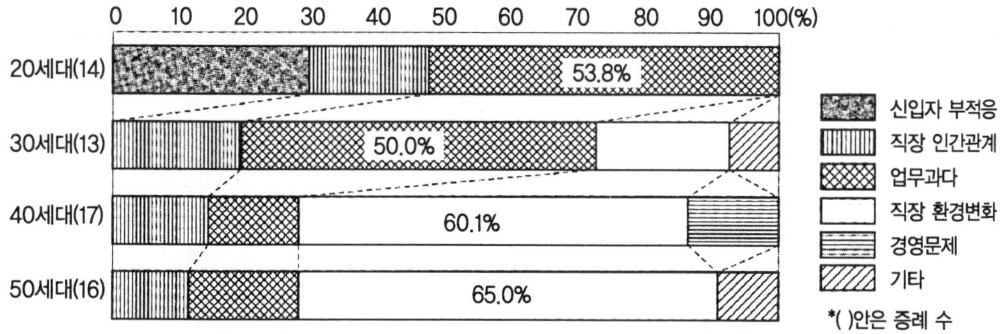

그림 Ⅳ-30 직장스트레스에 의한 건강장애로 심료내과를 수진한 환자의 연대별로 본 유발인자의 비율

표 Ⅳ-25 중년기에 발병 하기 쉬운 심신증과 정신질환(문헌 3에서 일부 수정)

소화기계 : 소화성 궤양, 과민성대장증후군 등
호흡기계 : 기관지천식, 과환기 증후군 등
순환기계 : 본태성 고혈압, 협심증, 심근경색, 일부 부정맥
내분비계 : 당뇨병, 바세도우병, 단순성 비만증, 갱년기 장애
신경·근육계 : 편두통, 서경, 자율신경 실조증 등
면역·알레르기 : 만성 담마진, 만성 관절 류마티스, 교원병 등
정신질환 : 신경증, 우울증, 알코올 의존증

B 중년기에 발병하기 쉬운 질환

1. 내과질환

1) 고혈압

중년기에는 고혈압 발병률이 상승한다. 폐경 전의 여성에서는 남성과 비교하여 고혈압 발병률이 낮지만 폐경 후에는 이러한 성 차이가 사라져 여성에서도 고혈압 환자가 증가하게 된다. 국민 영양조사에서의 성·연령별 평균 혈압에 의하면 수축기 혈압의 평균치는 남녀 모두 연령과 함께 상승하지만 확장기 혈압은 50대를 최고로 이 후 연령에 따라 조금씩 감소 한다(그림 Ⅳ-31). 또한 연령별 고혈압 통원 유병률을 보면 50세 무렵부터 연령과 함께 급격하게 증가한다. 고혈압은 동맥경화, 뇌혈관장애, 허혈성 심질환 등 중대한 질병의 유발요인이 될

뿐 아니라 두통, 어깨 결림, 열감, 현기증 등의 불쾌한 증상의 원인이 되기도 한다. 치료로는 짠 음식이나 칼로리 제한을 중심으로 하는 식이요법을, 음주, 흡연, 수면부족, 운동부족 등의 라이프스타일을 개선할 필요가 있다. 또한 정신적 긴장을 완화하는 자율훈련 등의 이완지도도 중요하다. 약물요법으로서는 강압이뇨제, Ca길항제, 안지오텐신 전환효소 저해제, 안지오텐신Ⅱ 수용체 길항제, β-차단제 등을 단독 혹은 병용요법으로 병태에 따라 구별하여 사용한다.

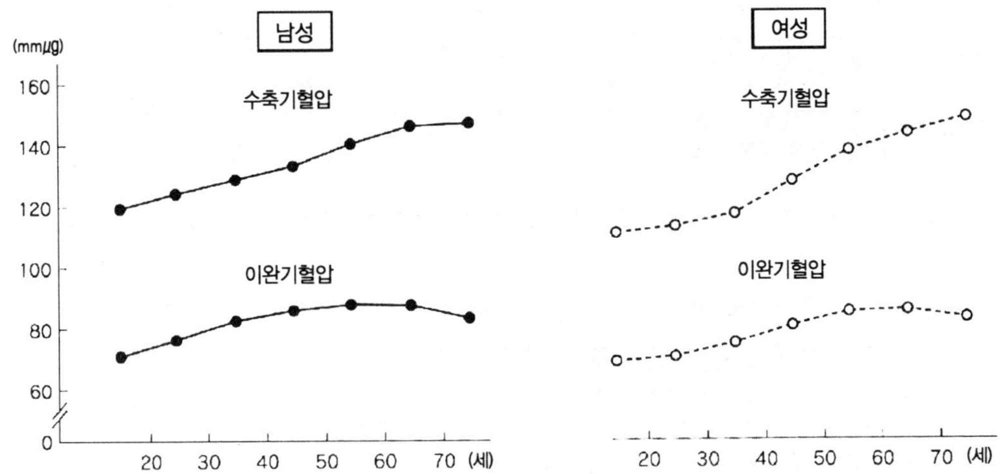

그림 Ⅳ-31 연령별 · 성별 평균 혈압(자료 : 국민영양조사, 1996년)
* 연령과 함께 혈압이 상승하며 확장기 혈압은 중년기에서 높음을 주목

2) 당뇨병

최근에 이르러 식생활의 변화, 자동차 보급에 따른 운동부족 등으로 인해 당뇨병의 중년기 유병률은 매년 증가하고 있다.[4] 1985년 조사에서는 15~24세에서 0.03%, 25~44세에서 0.14%, 45~64세에서 1.06%, 65세 이상에서는 2.99%였다. 실제는 이보다 높은 유병률이 보고되고 있으며 최근 위생성 조사에 의하면 40대 이상의 인구 약 10%가 당뇨병에 이환되어 있고 게다가 앞으로 당뇨병이 될 가능성이 있는 것까지 포함하면 약 20%가 당뇨병의 위험에 있다.

당뇨병은 신증, 망막증, 신경장애 등의 합병증으로 인해 삶의 질(QOL)의 저하를 초래하는 경우가 많으며 동맥경화증, 허혈성 심질환, 뇌혈관 장애의 원인이 되기도 하여 수명을 단축시키는 결과를 가져온다. 당뇨병 치료의 기본은 식이요법과 운동요법이다. 섭취 칼로리의 기준으로는 환자의 신장을 기준으로 표준 체중을 계산하고 표준 체중 1kg당 가벼운 노동인 경우에는 25~30kcal, 중등 노동에서는 30~35kcal, 중노동인 경우는 35~40kcal로 하루 섭취 칼로리를 산출하는 것이 일반적이다. 더 나아가 환자의 상태나 혈당치, 요당을 참고로 필요에 따라 혈당 강하제나 인슐린 제제를 사용한다. 또한 정동반응에 따라서 혈당치가 좌우되는 경우도 있으므로 정신적인 면에서의 안정을 갖는 대책도 필요하다. 각종 당뇨병 교실에서도 당뇨병 치료의 주체는 환자 자신보다 셀프케어 행동의 확립을 위해 심리학적 요법을 수용한 환자지도가 행해지고 있다.

3) 비만증

비만 경향도 중년에 이르면 증가하게 된다. 이른바 「중년비만」이다. 일반적으로 표준 체중보다 10%이상을 경도 비만, 20% 이상을 비만이라고 정의한다. 한 인간도크(신체정밀검사) 수진자의 통계에 의하면[5] 표준 체중보다 10% 이상 무거운 비만인은 남성의 경우 연령이 증가함에 따라 같이 증가하여 30대에는 29.2%, 40대에서는 35.4%, 50대가 가장 많은 41.1%로 조사되었다. 이 후 60대, 70대는 점차 감소한다. 여성의 경우도 비만인의 비율은 연령에 따라서 점차 증가하여 40대에서는 18.0%, 50대에서는 30.8%, 60대에서는 33.3%였다. 인간도크 수진자는 비교적 경제적으로 부유한 층이 많기 때문에 이 숫자를 모든 연령층에 적용하기에는 적절하지 않지만 중년기 동안 체중관리의 중요성을 말해 주는 숫자이다. 비만은 고혈압, 허혈성 심장병, 당뇨병, 통풍, 지방간 등의 내과적 질환이나 요통, 관절통, 피부병 등의 유발요인이 된다. 식이요법과 운동의 지도가 필요하다. 자기체중과 식사섭취량을 매일 기록하게 해서 과식, 간식 등을 수정시켜 나가는 행동수정 요법이 필요한 경우도 있다. 중증례는 일정 기간 입원하여 초저칼로리 식이요법의 적응증이 되는 경우도 있다. 또한 최근에는 식욕억제제도 개발되어 식이요법의 보조요법으로 사용되고 있다. 과식으로 욕구불만을 해소시키고 있는 예에서는 다른 해소수단을 찾아보도록 지도하는 심리적 접근이 중요하다.

[증례 1]

환자 : 53세, 남성, 회사원

주소 : 불면, 초조감

현 병력 : 고혈압, 당뇨병으로 통원 중이었는데, 1992년 9월 무렵부터 업무가 증가하여 바빠졌다. 대외활동이 많아지고 마음고생이 계속되어 불면, 초조감이 나타났다. 상사에 대한 의심이 늘어나고 직장에서의 인간관계도 좋지 않고 알코올 섭취량도 늘어났다. 그 해 11월 무렵 업무도 손에 잡히지 않고 우울증 상태가 되어 본원 심료내과에서 진찰을 받고 같은 해 11월 30일 입원하게 되었다.

현증상 및 검사성적 : 신장 173㎝, 체중 91㎏, 비만도 38%, 혈압 142/80mmHg, 간기능 GOT 68U/ℓ, GPT 89U/ℓ, γ-GTP 185U/ℓ, 복부 초음파 지방간, 혈당 233mg/dl.

병명 : ①고혈압 ②당뇨병 ③알코올성 간기능 장애 ④비만증 ⑤우울상태

경과 : 식사는 1,440kcal로 하고 운동하도록 지시하였다. 고혈압에 대해 외래에서 계속 Ca 길항제 투여. 우울상태에 대해 항우울제 투여와 함께 지도적 접근을 시행하였다. 본인의 대인관계에서의 문제점 검토와 여유있는 생활을 하도록 조언을 하였다. 체중 84㎏까지 감소. GOT 37U/ℓ, GPT 61U/ℓ, γ-GTP 41U/ℓ, 혈당치 75mg/dl로 개선. 직장 상사와도 면담을 가져 본인의 생각도 개선하고 정신적으로도 안정되었기 때문에 1992년 12월 26일 퇴원하였고 그 뒤로 복직되었다.

고찰 : 원래 고혈압이나 당뇨병에다 과로와 직장에서의 인간관계로 인해 라이프스타일이 불규칙해졌기 때문에 비만, 간기능 장애, 우울상태가 겹쳐서 발병된 증례이다. 입원에 의한 심신의 안정, 식이요법에다가 환경의 조정, 본인의 수용자세의 수정 등으로 심신 양면이 개선되었다. 또한 이 증례와 같이 중년기에는 한 사람이 여러 질환을 합병하고 있는 사례가 많은 것도 특징의 하나이다.

2. 갱년기 장애

현대 폐경연령의 평균나이는 약 50세이지만 난소기능은 이미 40대부터 저하하기 시작한다. 갱년기에서는 난소 스테로이드인 에스트로겐이나 에스트라디올의 생산이 감소되고 반대로 난포자극호르몬(FSH)이나 황체화 호르몬(LH)의 분비가 증가한다. 내분비계 및 자율신경계의 변화에 따라 여러 가지 갱년기 장애의 증상이 발생한다. 즉 열감, 냉감, 현기증, 심계항진 등의 혈관운동신경 장애에 따른 증상에 더하여 저리거나, 지각이 둔해지는 지각신경 장애 증상이나 불면, 우울감, 초조감 등의 정신신경 증상이 나타나게 된다. 또한 어깨 결림, 요통, 관절통, 두통 등의 호소도 많이 나타난다.

난소기능 저하에 따른 장애에 대해서는 최근 호르몬 보충요법이 시도되고 있다. 이 요법은 에스트로겐 의존성인 자궁 내막암이나 유방암의 존재에 주의하면서 에스트로겐 제제를 경구 혹은 주사약으로 투여하는 방법으로 각종 조제나 투여방법이 제안되고 있다. 흔히 2~3주간의 투여로 안면 홍조 등의 혈관운동신경 장애는 개선된다.

한편 호르몬 보충요법만으로는 좋아지지 않는 갱년기 장애 환자도 많다. 갱년기는 심리·사회적으로 여러 가지 변화가 일어나는 시기이기도 하다. 자녀의 독립이나 부모의 사망에 따른 외로움과 고독감, 부정수소에 대한 남편의 이해 부족으로 인한 화남, 나아가서는 지역사회나 직장에서의 인간관계 갈등이나 욕구불만이 갱년기 여성의 심신 증상을 악화시키는 요인이

되고 있다. 또한 여성으로서의 아름다움을 잃어버리고 노화현상 등이 생식능력의 정지와 함께 여성성 상실감으로 자각되어서 우울상태에 빠지는 경우도 많다. 가정생활에 불만이 있는 사람이거나 자기자신의 노화를 받아들이기 어려워하는 경우, 혹은 증상에 집착이 강한 경우에는 부정수소가 보다 강하게 나타날 수도 있다. 자율신경성의 갱년기 장애와 심인성의 갱년기 장애를 표 Ⅳ-26에서 구별하였는데 많은 경우 양자가 혼재하고 있다. 치료는 호르몬 보충요법에 더하여 자율신경 조정제나 정신안정제, 항우울제 등이 사용된다. 또한 동양의학적인 증상에 맞추어 각종 한방약(가미소요산, 주지봉령환, 도핵승기탕, 당귀작약제 등)이 사용된다. 한편 본인이 갱년기에 대한 부정적인 생각이 강하거나 가족환경이나 대인관계에 문제가 있는 경우에는 지지적 접근을 중심으로 한 정신적 요법을 받도록 한다.

표 Ⅳ-26 자율신경성 갱년기 장애와 심인성 갱년기 장애의 특징[6)]

a. 자율신경성 갱년기 장애의 특징
1) 연령적으로 갱년기다.
2) 호소하는 증상 모두가 부정수소이고 자각증상만 있다.
3) 열감, 냉증, 현기증, 심계항진증 등 혈관운동신경 장애 증상이 있다.
4) 다양한 부정수소가 있다.
5) 수소는 날씨나 가정상황에 따라 영향을 많이 받는다.
6) 증상에 이동성이 있다.
7) 증상의 발현이나 악화는 감정에 따라 좌우된다.
8) 자율신경기능이 불안정

b. 심인성 갱년기 장애의 특징
1) 연령적으로 갱년기다.
2) 수소수가 많다.
3) 부정수소의 특징은 심인성인 경우에도 인정된다.
4) 갱년기 장애에 심신증이 합병
5) 수소태도가 완고하다.
6) 감정적으로 불안정하다.
7) 호르몬 요법 등에 무효

[증례 2]

환자 : 50세, 여성

주소 : 가슴 두근거림, 두통, 구역질, 초조감, 불면

현 병력 : 발작성 심방세동과 고혈압으로 통원 치료 중이었다. 1990년 본인 48세 때에 남편이 갑작스레 사망하여 혼자 살게 되었다. 작년 11월부터 생리도 정지하고 가슴 두근거림, 두통, 불안감이 증대되어 심료내과를 1992년 2월에 소개받게 되었다. 혈중 LH 39.9mlU/ml,

FSH 96.9mIU/ml로 높은 수치를 나타내었다. 안면홍조 등 다양한 증상을 호소하여 갱년기 장애로 생각되었으나, 남편이 사망한 야간에 일정한 시간이 되면 불안감이 증대하는 등 정신적인 면에서의 불안감도 나타났다. 그 뒤로 가슴 두근거림, 불안감 등의 호소로 빈번히 입·퇴원을 되풀이하게 되었다.

병명 : ①갱년기 장애 ②불안 신경증

경과 : 한때 부인과에서 호르몬 보충요법을 받았으나 거의 효과가 없었다. 심료내과에서 항우울제, 정신안정제, 한방약 등을 투여했다. 갱년기 때의 호르몬 불균형이 생겼지만 혼자 사는 것에 대한 고독감, 불안감이 증상의 중심이라고 생각되어 지지적으로 접근해 친척에게도 병태를 설명하고 협력을 구하였다. 그 후 입·퇴원의 빈도는 감소되었는데 992년 위암이 병발하여 위절제술을 받았다.

고찰 : 이 증례는 폐경기의 부정수소로 갱년기 장애라고 파악되는데 남편의 갑작스러운 사망으로 인한 심리적 충격이 더해져 그 후 혼자 살아야 하는 것에 대한 불안감 때문에 사소한 신체변화나 증상에 대해서 정신적으로 과민하게 반응한 사례라고 생각된다. 이 증례에 대해서는 호르몬 보충요법보다 오히려 불안, 외로움에 대한 항정신제의 투여가 효과적이며 심신증으로서의 대응이 필요하다. 중년기 이후의 갑작스런 독신생활은 심신에 이상을 초래하는 경우가 많은데 남편이 사망하지 않았다면 이와 같은 입·퇴원을 되풀이하는 일은 없었을 거라고 생각한다. 또한 위암의 발생도 스트레스와 면역기능 저하에 따른 발암기전과의 관계가 주목된다.

3. 우울증

후생 노동성 통계 정보부의 1987년도 통계에 의하면 전체의 우울증 환자 중 45~64세까지 중년기에 해당하는 환자가 50.9%를 차지하고 있다. 한편 65세 이상이 되면 24.8%로 중년, 노년을 합하여 실제 전체의 75.7%가 되어 우울증은 중, 노년의 질환이라고 말할 수 있다. 어느 기업의 병원 심료내과에서 1990년에 진찰을 받은 환자 중 그 기업의 종업원으로 정신건강의 측면에서 대응할 필요가 있었던 환자에 대해서 조사한 결과 우울증, 우울상태 환자가 가장 많이 나타났다(표 Ⅳ-27). 또한 연령 분포를 보면 40세 후반~50세 전반의 중년기에서 가장 많이 나타났다(그림 Ⅳ-32). 우울증에서는 우울 기분, 절망감, 의욕의 결여, 불안, 초조감, 부질없는 고민 등의 정신증상에 더하여 식욕부진, 가슴 두근거림, 머리 무거움, 전신권태감, 갈증, 변비 등의 신체 증상을 호소하는 경우도 많았다. 특히 불면은 필연적인 증상으로 불면을 동반한 부정수소인 경우는 우선 우울증을 의심해 볼 필요가 있으며, 반면 신체 증상이 전면에 나타난 경우에는 우울증과의 감별이 중요하다. 우울증의 병전 성격으로는 근무에 열성적이며 꼼꼼한 면이 있지만 기분 전환이 빠르고 모든 것에 마음을 쓰는 등의 집착성격이나 기분의 변하가 주기적인 순환성격 등이 있다. 이와 같은 성격 경향의 사람에게 과로나 스트레스 등이 더해지면 우울증이 발병하게 된다. 특히 중년기는 직장에서의 책임감이 커지고 가정에서의 역할이 중요하므로 스트레스를 자각하는 경우가 많다(표 Ⅳ-28). 후생 노동성의 조사에 의하면 「업무 스트레스가 있다」라고 답한 근로자의 비율은 1985년에는 45.6%, 1992년 57.3%, 1997년 62.8%로 매년 증가하고 있다. 과로나 스트레스가 원인인 증례에서는 휴가를

표 Ⅳ-27 정신건강의 입장보다 대응이 필요한 환자의 병명

병　명	인원수
우울증 · 우울상태	21
자율신경 실조증	8
신경증	4
불면증	4
근긴장성 두통	3
과민성대장증후군	3
신경성 위염	3
간장기능 장애	2
기타	8

* 환자수는 47명이지만 합병증인 경우가 있어 병명 합계 수는 47이상이 된다.

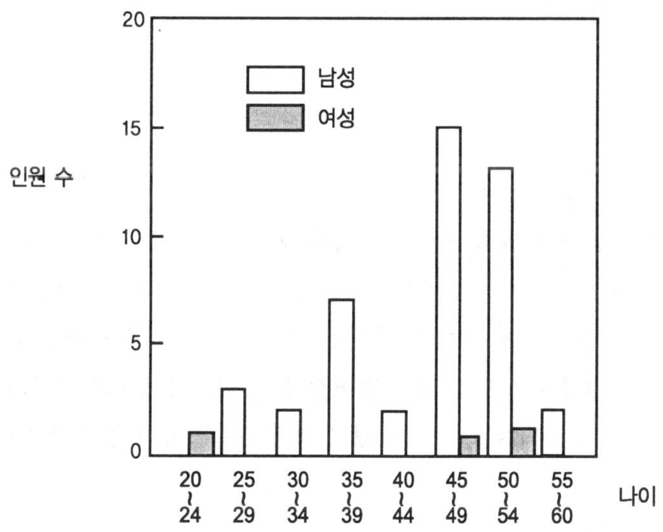

그림 Ⅳ-32 정신건강의 입장보다 치료가 필요한 환자의 성별·연령별 수진자 수
중년기 수진자가 많은 것에 주목
* 모집단에서 남성수가 압도적으로 많기 때문에 남녀간의 비교는 무의미

지시할 필요가 있지만 환자 본래의 성실함 때문에 휴가를 가지 못하는 경우도 있기 때문에 병태나 치료의 내용에 대한 능숙한 설명이 중요하다.

표 Ⅳ-28 직장 업무생활에서의 심한 불안, 고민, 스트레스의 유무

(단위: %)

	29세 이하	30~39세	40~49세	50~59세	60세 이상	전체
남	62.8	64.5	69.0	64.6	41.2	64.4
여	60.2	64.8	63.2	53.3	33.2	59.9

40~49세 남성이면서 스트레스가 있다고 대답한 비율이 69.0%로 가장 많다. (1997년 노동자 건강상황조사 결과 속보)

치료는 항우울제 투여가 중심이 되는데 삼환계 항우울제(Tryptanol, Tofranil, Anafranil 등)이나 사환계 항우울제(Ludiomil, Tetramide, Tecipul 등), 선택적 세로토닌 재흡수 저해제(Depromel, Luvox, Paxil 등)를 증상에 따라 투여한다. 특히 삼환계 항우울제인 경우에는 미리 항콜린 작용에 의한 갈증, 변비 등의 불쾌한 부작용을 환자에게 설명하여 두는 것도 중요하다. 또한 노인이나 식욕부진이 심한 증례에서는 Sulpiride(Dogmatyl)가 유효하며 양극성의 우울증에는 탄산리튬 제제의 투여가 필요할 때도 있다. 환자의 심리상태는 현재의 고뇌 상태가 영원히 계속되는 것 같은 착각에 빠질 경우가 많고 괴로움으로부터 피하는 수단으로 자살 기도도 염려된다. 치료를 받으면 반드시 우울증은 치료된다는 것을 설명하고 의료진과 가족이 충분히 환자를 뒷받침해 주는 일이 중요하다.

[증례 3]

환자: 47세, 남성, 회사원

주소: 굴러 떨어져 늑골 골절, 우울 상태

현 병력: 1987년 직장에서 승진이 되어 바쁘게 되었다. 특히 책임감과 꼼꼼함으로 휴일에도 출근하여 작업점검을 하여 과로가 지속되었다. 작은 사고가 일어나 본인도 책임을 느끼게 되어 불면이 계속되고 생각이 잘 정리되지 않아 가까운 병원에 다니는 중이었다. 1987년 10월, 발작적으로 5층 주택에서 자살목적으로 굴러 떨어졌다. 구급차에 실려서 입원하게 되었는데 낙하할 때 완충물에 부딪쳐서 늑골 골절만 입었고 생명에는 지장이 없어 외과보다는 심료내과를 소개받았다.

병명: 우울증에 의한 자살기도

경과: 항우울제, 정신안정제를 투여하는 한편 당면한 자살기도 사실에는 직접 접촉하지 않게 하고 지지적인 심신의 안정을 도모했다. 회사의 상사들과도 면담을 거듭하여 병의 상태를

설명하고 이해를 구하였다. 가정에서는 아내가 직장에 다녀 서로가 바쁘기 때문에 부부의 대화가 적은 상태여서 아내에 대해 협력을 구하였다. 본인은 차차 자살기도 이전의 자신의 괴로운 상황에 대해 얘기하게 되었다. 전신상태가 개선되어 1987년 12월에 퇴원. 그 후 본인의 요청에 의해 부서를 이동하고 비교적 책임이 적은 직종에서 취미 등 기분전환에 노력하여 정신적 회복에 힘썼다. 1990년부터는 원래의 부서로 되돌아 왔지만 작업에 대해서도 여유있는 대응이 가능해졌고 현재는 건강하게 출근하고 있다.

고찰: 이 증례는 승진 이후 책임 증대를 견디지 못하고 타고난 집착성 기질과 더불어 발생한 이른바 승진우울증 사례이다. 한때 책임이 경감되고 본인이 여유를 가지게 하는 등의 권고로 경쾌하게 되었다. 이런 사례에는 특히 회사의 상사나 가족의 이해와 협력이 필요하다.

4. 자살

일본에서의 자살률은 1960년대까지는 청년층에서 높았고 중년층에서 낮았으며 고연령층에서 높은 경향을 나타내었다. 그러나 그 후 최근에 와서는 특히 40대, 50대 남성들의 자살률이 증가하고 있다(그림 Ⅳ-33). 이것은 아마도 유럽형의 고연령층 자살률 증가로 이행하여 가는 과도기적 현상일지 모르지만 현대의 중년 남성들이 직면하고 있는 가혹한 현실을 반영하고 있는 것이 된다. 자살의 원인으로는 질병, 경제적 문제, 가정문제가 상위를 차지하고 있으며 이는 곧 중년의 문제이기도 하다. 1999년에는 33,048명이 자살로 인해 사망하였는데 경제상황의 변화를 반영하여 중년층의 생활고·경제고에 의한 자살이 증가하고 있다.

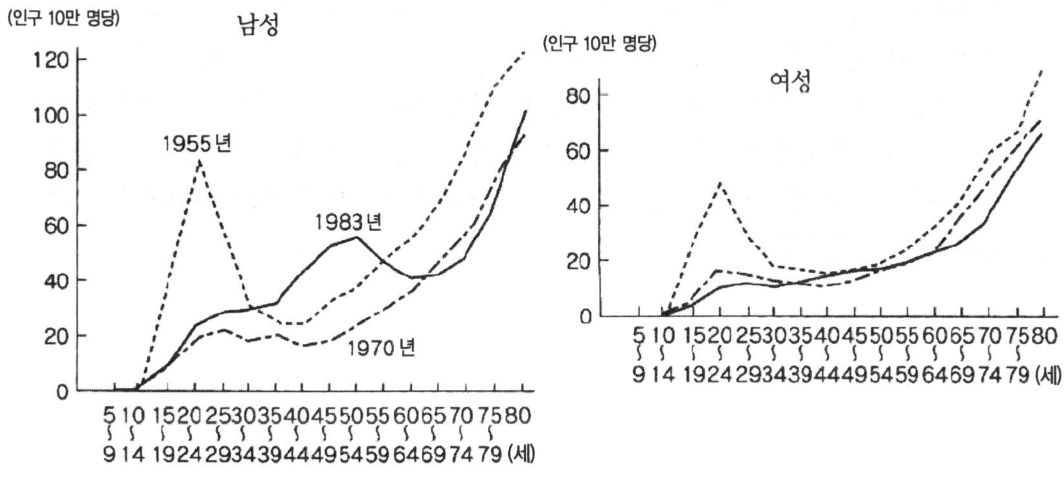

그림 Ⅳ-33 중장년 남성에서 증가하는 자살률 (후생성 「인구동태통계」)

5. 과로사

과로사는 정식적인 의학용어는 아니지만 업무상의 과로에 의해서 유발된 돌연사를 의미하며, 주로 노동재해보상상의 문제로서 다루게 된다. 의학적으로는 뇌혈관 장애나 순환기 질환 등에 의한 돌연사의 경우가 많으나 최근에는 스트레스성 궤양에 의한 출혈사나 우울증에 의한 자살 등도 이 범주에 드는 것으로 생각하고 있다. 1988년 과로사 110건에서의 상담사례[7]에서도 30사례의 경우 40대가 11례, 50대가 12례로 중년기에서의 상담이 가장 많이 이루어졌다. 중년층은 항상 자신들의 건강이나 스트레스 상태에 관심을 갖고 조금이라도 과로를 느끼면 빨리 휴가나 기분전환에 관심을 가지는 것이 필요하며 관리직에 있어서는 자신의 건강관리와 함께 부하의 과로방지에 대한 배려가 필요하다. 의료측의 대응으로서는 단지 내과적 치료뿐 아니라 과잉 적응경향에 대한 지도나 당사자를 둘러싼 직장에서의 가혹한 환경을 수정하기 위한 원조 등 심신양면에 걸친 접근이 필요하다.

– 끝으로 –

「중년의 위기」가 불려진지 오래다. 분명히 중년기는 성인병을 중심으로 한 내과적 질환이 증가하고 여러 가지 스트레스에 노출되는 시기이다. 한편 라이프 스테이지면에서는 인생의 총결산의 시기이고 가장 충실해야 하는 시기이기도 하다. 체력이나 지력이 쇠퇴하는 것은 지금까지의 지식이나 경험에 의한 종합적인 힘으로 충분히 감당할 수가 있다. 또한 갱년기를 맞이한 여성도 성 차별을 뛰어넘은 인간으로서 새로운 인생을 살아가는 일도 가능하다. 중년기를 풍요롭게 하기 위해서는 각 개인의 생각이나 지혜도 중요하다. 또한 특히 집단에서의 중년 근로자층에 대한 건강증진을 위한 원조도 필요하다. 최근 후생노동성을 중심으로 한 Total Health Promotion(THP)이 전개되고 있다.[8] 이는 운동지도, 건강지도, 영양지도에 더하여 심리상담에 의한 정신건강관리의 중요성을 지적하고 있다. 중년기나 갱년기의 질환치료에 직면해서는 심신양면에서의 접근이 중요하고 앞으로도 심료내과의가 수행해야 할 역할이 중요하게 되리라 생각한다.

문헌

1) 吉川武彦：精神保健マニュアル．南山堂，1993
2) 永田頌史，石橋慎一郎：標榜科名「心療内科」を考える—産業背面における心療内科．心療内科 1：47-52, 1997
3) 永田頌史：ライフサイクルとストレス．河野友信・吾郷晋浩(編)：ストレス診療ハンドブック，pp25-28, メディカル・サイエンス・インターナショナル，1990
4) 後藤由夫：日本の糖尿病の疫学．日本臨牀増刊号「糖尿病(上巻)」48：217-223, 1990
5) 松木　駿：肥満とは．上田英雄，他(編)：臨床症状シリーズ「肥満」．pp2-20，南江堂，1979
6) 福島峰子：更年期障害．産婦人科治療 63：794-798. 1991
7) 田尻俊一郎：過労死．河野友信，他(編)：職場の病，pp193-213，医学書院，1992
8) 夏目　誠，他：新しい時代を生きる職業人のための処方箋．河野友信，他(編)：職場の病，pp215-238，医学書院，1992

⑬ 노년기의 심신증

노인의 특징은 심신이 노화되어 있다는 사실이다. 노화현상은 노인의 질병에 여러 가지 영향을 미친다. 노년기의 심신증도 예외는 아니다. 노년기의 심신증은 다른 라이프스타일의 심신증과는 달리 노화라고 하는 심신의 특징 및 노인이 처해 있는 사회적 요인을 고려하는 일이 중요하다.

노화현상이 개인차나 기관차가 심하다고 하는 것처럼 노화는 단순한 생물학적 현상뿐 아니라 그 사람의 삶이 반영된 전인간적 현상이다. 노년병의 배경에는 오랜 생활체험의 축적에 따르는 것이 있다.

따라서 노년병을 이해하기 위해서는 단지 신체적인 장애를 부분적으로 파악하는 것만으로는 불충분하므로 질병을 앓고 있는 노인의 인간 전체를 파악하는 것이 중요하다.

질병의 진단이나 치료에 대해서 심리·사회적인 요인에 대한 배려가 특히 중요하고 병태를 나타내는 신체질환을 심신증이라고 하는데, 심신의 노화와 노년기 특유의 심리·사회적 문제를 가진 노인에서 심신증이 발생하는 토대가 본래 있다고 하기보다는 노년병의 많은 부분에서 심신증은 없지만 신심증이 있다고 말하는 편이 나을지도 모르겠다. 이와 같은 관점에서 니이무라(新福)는 노년의학의 주류가 심신의학적(psychosomatic geriatrics)이 아니라고 주장하고 있다.

고령화 사회의 도래에 따른 파문은 노인의 질병이나 노인의료에도 미치고 있다. 최근 눈부신 고도의 기술화를 선두로 하는 과학기술의 발전은 사회구조를 변화시키고 일상생활이나 가정생활에 커다란 변화를 초래해 노인의 삶이나 생활양식에도 큰 영향을 미치고 있다. 당연히 그 변화는 노년기의 심신증에도 반영되고 있다. 오늘날 만성질환이나 노인의 암의료, 터미널 케어는 중요한 심신의학적 접근을 필요로 하는 영역이 되고 있다. 노년병에 대한 새로운 의료 본연의 자세가 계속 모색되고 있는 오늘날 노년병을 심신의학적 관점에서 바라보면서 더욱이 협의의 노인 심신증에 대하여 그 진료·치료를 포함한 간략한 해설을 하도록 하겠다.

A 노년기의 심신상관

심신상관의 입장에서 보면 노년기의 질환이나 노인의 심신은 다음과 같은 특징이 있다.

(1) 노년기에는 주위의 영향을 받기 쉽고 심리·사회적인 환경의 변화에 부적응을 일으키기 쉽다. 퇴직 후에 일어나는 retirement syndrome(우울증 등)이나 배우자의 사망을 계기로 해서 일어나는 질병 등이 그 예이다.

배우자의 사망 후 뒤따르는 죽음과 같은 형태의 비탄의 과정으로 중병에 빠져 죽음에 이르는 사례가 드물지 않다.

(2) 노년기에는 노화 때문에 모습이 바뀌어가는 자신의 마음과 신체에 대해서도 부적응을 일으키기 쉽다.

(3) 노화에 따른 스트레스 내성이 저하한다. 노화 때문에 정신적으로는 어린아이처럼(퇴행하여 자아가 약체화되고 신체적으로는 예비력의 저하와 내인성의 저하가 있기 때문에 약간의 스트레스에 의해 생리적, 심리적인 평형이 파괴되기 쉽고 그 변화는 기질적 장애로 나타나는 경우가 있다. 따라서 청년기에는 정서적 스트레스에 대하여 기능적인 신체반응으로 나타나던 일이 노년기에 이르러서는 기질적 변화를 동반한 신체 반응을 일으키게 된다.

나이가 드는데 따르는 면역기능의 저하나 이상에 의해 질병에 걸리기 쉽고 회복이 늦어지기 쉬워 자가면역 질환이 증가한다.

스트레스로 항상성을 유지하는 자율신경계, 내분비계, 면역계의 3대 시스템의 조화로운 기능이 쉽게 무너지게 된다.

(4) 노인인 경우 자각하고 있지 않더라도 병적인 이상이 잠재하고 있는 경우가 적지 않다. Muraji 등의 연구에 의하면 건강하다고 자각하고 있는 노인을 정밀 검사해 보면 약 70%의 사람에서 이상 소견이 발견되었다고 한다.

이와 같이 잠재하고 있는 이상은 심신의 자그마한 스트레스를 계기로 나타날 가능성이 있다.

(5) 스트레스 하에서는 생리적인 노인성 변화도 지나치게 영향 받아 심신의 병적 반응을 일으키기 쉽다.

(6) 노인의 질환에서는 정신신체적 측면뿐 아니라 신체정신적 측면의 영향도 크다. 신체적

인 고통이나 기능장애가 심한 질환의 경우는 우울하거나 비관적이 되어서 삶에 대한 의욕마저 잃게 되는데 고통을 줄여주는 처치로 정신증상도 개선되는 일이 적지 않다.

신체증상에 따르는 정신반응은 임상영역에서 흔히 볼 수 있는 모습이기도 하다.

(7) 노년기에서는 우울상태나 심기상태같은 현실적인 일에 대한 심리반응이 많이 나타난다. 노인에게는 이상과 같은 심신의 특성이나 심신상관의 배경이 있기 때문에 심신증의 병태를 보이는 질병에 걸리기 쉽다고 할 수 있다. 또한 심신상관의 특징을 반영해서 노인에게는 전환 히스테리나 강박신경증과 같은 성격 신경증보다는 심기 신경증이나 우울 신경증, 불안 신경증 등과 같은 현실 신경증이 많이 나타나는데 심신증에서도 성격 심신증보다 현실 심신증의 빈도가 높아진다.

B 노년병의 특징

노년병의 배후에는 위에서 기술한 것과 같이 심신의 노화가 있고 그 노화현상이 노인의 병태를 크게 좌우한다.

노년병의 특징으로 다음과 같은 점을 들 수 있다.

(1) 만성의 경과를 거치기 쉽다.

(2) 완치되지 않고 기능장애를 남기는 경우가 적지 않다.

(3) 복합질환이 병존하고 있는 경우가 적지 않다.

(4) 재발하기 쉽다.

(5) 합병증을 일으키기 쉽다.

(6) 질병의 표현이나 경과가 반드시 전형적이지 않다.

(7) 치료에 대한 반응이 개별적이다.

(8) 청·장년기 때의 원인 때문에 발생하는 질병도 적지 않다.

(9) 의원성 질환이 나타나기 쉽다.

이상과 같은 노년병의 특징은 즉, 종합의료를 지향하는 심신의학적인 접근이 중요하다는 사실을 의미하고 있다.

질병이 만성화하게 되면 원래는 신체질환이었어도 2차적인 증상이 심리적으로 가공되기 쉽게 된다. 예를 들면 요양기간이 장기화하게 되면 경제적인 문제가 생기기도 하고 가족 내 인간관계에 문제가 일어나기 쉬워져 그로 인해 병적인 심리반응을 일으킨 환자의 병태는 심리가중(psychogenic overlay) 때문에 한층 악화되거나 중증화될 가능성이 있다. 또한 입원생활이 집에서의 생활보다 쾌적하다면 환자는 치료의욕을 잃기도 하고 증상이 호전되기는 커녕 오히려 악화되어 환자는 장기입원이라고 하는 질병 이득을 차지하려는 태도가 되기 쉽다.

복합질병이 병존하거나 합병증을 유발하기 쉽다는 사실은 질병의 상호작용에 의해 병태가 연계되어 의료상의 대응도 그만큼 어렵게 된다.

완치되지 않은 채로 기능장애를 일으키는 경우에는 일상생활이 제한되고 경우에 따라서는 간병을 필요로 하기 때문에 가족에게도 부담이 늘게 되어 그만큼 문제가 일어나기 쉽다.

또한 치료되지 않고 오히려 죽음에 이르는 병이 적지 않다고 하는 사실은 기존의 치료만을 중점으로 여겨온 의료 자세로는 충분히 대응할 수 없는 일이 된다. 노인의 말기 의료는 여러 가지 해결이 어려운 큰 문제를 내포하고 있다. 특히 노년기 치매의 말기 의료는 의료뿐만 아니라 생체의학적인 커다란 문제를 제기하고 있다.

또한 질병이 청·장년기에 기인한 것으로 여겨지는 예를 보면 나쁜 식습관에서 오는 당뇨병이나 병적인 비만 등에 대해서는 생활의 행동양식의 변화가 중요시 된다.

C 심신증의 병태로 나타나는 노인의 주요 질환과 증상

노년병은 전부 심신의학적인 시각에서 종합적으로 다루어야 함이 중요하다는 것을 서술했지만, 특히 심신증으로서의 병태를 나타내는 노인의 증상이나 질환에는 다음과 같은 것들이 있다.

1. 증상

어지럼증, 두통, 귀울림, 지각이상(저림감, 가려움증 등), 불면, 식욕부진, 가슴 두근거림, 부정맥, 배변이상, 호흡곤란, 난청, 시력장애, 각종의 동통 등이 흔히 볼 수 있는 증상들이다. 귀울림, 저림감 등의 지각, 감각계의 증상은 심기적인 대응에 빠지기 쉽다. 불면·가슴 두근거림·식욕부진 등은 정동 스트레스의 영향을 받은 결과인 경우가 적지 않다. 난청인 사람은 환청이나 피해관념을 안고 있는 경우가 있다. 전환 히스테리의 메카니즘에 의한 기능장애인 경우도 적지 않다.

2. 주요 질환

1) 순환기계 질환

심장신경증, 허혈성 심질환, 부정맥, 고혈압, 저혈압, 동맥경화증 등. 가슴 두근거림, 가슴 답답함 등의 증상이나 심장병은 심장이 멈추면 죽는다는 연상에서 불안반응을 일으키고 증상에 사로잡히기가 쉽다. 또한 텔레비전에서 프로레슬링을 보다가 심장사에 이르는 경우가 있는 것처럼 정동 스트레스가 중대한 결과를 초래하는 경우도 있다.

2) 소화기계 질환

만성 위염, 위·십이지장 궤양, 과민성대장증후군, 만성췌장염, 위장 신경증, NUD 등. 소화기계는 순환기계와 더불어 정동 스트레스의 영향을 받기 쉬운데 음식섭취라고 하는 요소가 더해지기 때문에 다루기가 까다롭다. 노인의 소화성 궤양은 출혈에 의한 불행한 전귀(병이 진행하여 죽음을 가져오는)를 가져오는 수가 있으니 주의를 요한다.

과민성대장증후군은 지금까지 젊은 사람들에게 많다고 여겨왔었는데 노인들에게도 적지 않다. 췌장암이나 위암에서 경고 우울증이라는 형태를 취하는 경우도 있으므로 주의가 필요하다. 알코올성 만성 간 장애나 만성 간염은 그 증상과 경과에 심신의학적 문제를 안고 있는 경우도 많다.

3) 뇌신경계 질환

뇌혈관 장애, 두통, 파킨슨씨병, 자율신경 실조증 등. 이 영역의 질환들은 심신증으로서의 병태를 말하는 경우가 많다.

4) 호흡기계 질환

기관지 천식, 신경성 결핵, 과환기 증후군 등.

5) 골격 · 근육계 질환

근육통, 관절 류마티즘 등.

6) 내분비 · 대사계 질환

비만, 결핵성 경부 임파선염, 당뇨병, 갑상선기능 항진증, 갑상선기능 저하증 등.

특히 갑상선기능 저하증은 심리 정신증상을 나타내기 쉬워 오진되는 경우가 적지 않다. 비만이나 결핵성 경부 임파선염은 노망 때문에 과식하거나 먹지 않거나 하는 결과인 경우가 있어 욕구불만이나 공격감정의 대상으로서의 식욕이상에 근거하는 경우도 있다.

갑상선 기능이상은 정신증상을 동반하기 때문에 신경증이나 우울증으로 혼동하기 쉽다.

7) 피부 · 성기 질환

만성담마진, 피부소양감, 음부소양증, 만성습진, 과민성 방광, 성 장애 등.

8) 감각기계 질환

녹내장, 안경노이로제 등.

9) 치과계 질환

치조농루, 의치 노이로제, 턱 관절증, 혀 통증 등.

10) 기타

심신의학적인 배려를 필요로 하는 병태에는 다음과 같은 것들이 있다.

(1) 악성 종양의 진료, 특히 수술이 불가능한 경우나 재발암. psycho-oncology의 발전에 따라 치료면에서 정신요법과 심신의학적 요법의 유용성을 주목하게 되었다.

(2) 동통을 동반한 질환 : 동통은 종합적인 감각인데 의존욕구를 충족시키거나 주목을 끌고자 하는 심인성의 동통현시행동을 하는 노인 환자가 있다.

(3) 재활을 필요로 하는 질환 : 노인의 질환은 재활을 필요로 하는 질환과 상태가 적지 않으며 특히 정신 재활이 중요하다.

(4) 수술에 따른 심신의 반응 : 백내장 수술에서는 정신증상을 일으키기 쉽다는 사실이 지적되고 있는데, 수술에 뒤따르는 노인의 일반적인 이상 심리 반응으로는 치료거부, 죽고자 하는 경향, 수술 우울증, 정신병적 반응, 수술 후 섬망 등이다.

(5) 죽음의 임상, 불치의 병, 치사(致死)의 병

(6) 의원성 질환 : 노인은 퇴행하고 있기 때문에 암시를 받기 쉽고 말로써 의원병을 일으키기 쉽다. 또한 약물의 부작용이나 검사 시의 장애 등 의료원성 장애도 일으키기 쉽다.

(7) 심리적으로 가공된 기질적 질환

(8) 병원이나 시설에 들어감으로써 나타나는 반응 : 익숙했던 장소에서 병원이나 시설에 들어갔을 때에 이상한 심리반응을 나타내는 경우가 있다. 야간 적응이 이어지지 않게 되어 섬망상태에 빠지는 환자는 흔하지 않지만 분리불안이 심하거나 강제로 입원되었다든가 새로운 장소에 대한 적응이 어려운 경우에는 특히 불안이나 우울 상태를 나타내기도 하

고 공격적으로 된다든가 때로는 식사를 거부한다거나 무단이탈을 시도하는 등 심리 반응에만 그치지 않고 신체증상을 동반한 행동화(acting out)하기도 한다.

시설에 장기간 입소하는 경우에 나타나는 무기력, 무반응 때로는 욕구불만을 신체증상으로 몰래 바꿔 호소하기도 하고 공격적으로 나오는 반응을 시설내 증후군이라고 한다.

Tanaka는 시설의 노인들에게 나타나는 이상심리 반응을 극락병, 이러쿵저러쿵병(심리적 욕구불만을 신체증상으로 호소한다), 죽고싶다병(실제로는 죽고싶지 않다)라고 하는 표현을 하고 있다.

(9) 신체적 증상을 호소하는 신경증 : 노인의 신경증에는 신체적인 증상 호소를 전면에 내세우는 경우가 많으며 노인은 검사만 하게 되면 어떤 이상이 발견되기 때문에 호소의 본체는 신경증에서 오는 것인데, 검사에 의한 사소한 이상과 증상이 결부되어 신체질환으로 해석되는 경우가 많다.

노년기의 신경증에는 심기증, 불안신경증, 우울신경증, 신경쇠약 등이 많으며 성격적인 요인보다는 환경이나 신체적 요인에 기인하는 경우가 많다.

또한 노인의 신체질환은 만성화 될수록, 고통이나 장애 정도가 클수록 신경증적인 반응을 동반하기 쉽다.

(10) 증후성 정신장애, 기질적 정신장애 : 신체에서 기인한 정신장애는 오진하기 쉽다. 약제에 기인하는 정신장애는 지나쳐 버리기가 쉽다.

D 노년기 심신증 진찰의 이상적인 자세

노년환자를 진료할 때의 기본이념은 삶에 대한 전향적인 자세로 질병에 대처하며 환자에게 희망을 가지게 하는 예를 들어 장애가 남는다 하더라도 그 안에 남아 존재하고 있는 것에서 가능성을 찾아내 주는 일이 되겠다.

죽어가는 질병이면 죽음의 길에 있는 남겨진 생명체, 가능한 한 인간답게 살아가는 방법을 돕는 일이 되겠다. 질병중심(illness centered)만이 아니고 인간 중심(patient centered)의 의료가 아니면 안 된다.

질병이 치료되기 어렵다는 것 때문에 환자는 치료의욕을 잃기 쉬우며 치료하는 측도 치료적 비관주의(therapeutic pessimism)에 빠지기 쉽지만 결코 단념하지 말고 많은 장애나 증상이 노년 환자의 전인적 자세 중에서 어떤 의미를 차지하는가를 끊임없이 음미하고 검사나 치료 행위가 어떤 의미를 차지하고 있는가를 배려하면서 진료를 해 나가는 일이 중요하다.

노년기의 심신증에는 만성으로 이행되기 쉬운 질환이 많아서 현실적 요인이 무엇보다도 문제가 되는데, 치료에 있어서는 통찰을 재촉하는 것 같은 접근보다도 환경 조정이나 신체로부터 마음이 움직일 수 있도록 하는 요법이 효과적이다.

노인의 진료에는 어떻든 지장이 많다. 예를 들면, 귀나 입이 부자연스럽다던가 의사와 감정을 언어화하기 어려우며 노망으로 꾸며대는 말들이 있어서 정확한 정보를 얻기 어렵게 되고 대화가 자연스럽게 되지 못하는 경우가 흔히 있다. 진료에 비협력적이고 자신의 요구만을 주장하는 경우가 적지 않지만 노인환자에 대한 기본자세는 따뜻하고 수용적인 태도와 호소를 잘 들어준다는 데에 있다.

환자는 가족과 원만한 치료관계를 연결하고 그것을 유지시켜나가는 일에 끈기와 인내와 봉사하는 애정이 필요하다.

1. 진단에 임해서의 유의사항

진단에 임해서는 먼저 심신의 상태를 파악해야 하는데 병명의 진단뿐 아니고 질병에 영향을 미치는 요인이나 진료를 진행시켜 나가는데 문제되는 일도 확인한다.

병상의 중증도나 잔재기능을 평가하고 항상 예후를 예측하고 나서 어떠한 치료나 관리가 가장 적절한지 호소하는 것이나 병이 가진 의미를 검토하면서 대책을 세우는 것이 중요하다. 또 환자 개인의 질병에 대한 진단뿐 아니라 가족에 대한 진단, 사회경제 상황으로부터의 진단도 필요하다.

[진단을 진행시키는 과정에서의 체크 포인트]

(1) 문진의 포인트

① 신체면 : 장애가 된 이상 소견뿐 아니라 잔재기능을 평가한다.

② 정신면 : 정신기능, 감정 장애의 유무, 정신증상, 심리반응을 본다.

③ 생활습관, 생활환경, 생활상태를 본다.

④ 사회·경제면에서의 평가

⑤ 기왕력, 가족력

⑥ 생육력, 생활력

⑦ 수진 동기

⑧ 치료의욕, 병감(病感)

⑨ 과거의 치료태도, 치료의 반응

⑩ 발병이나 경과에 관련된 심리요인의 유무

(2) 가족이나 환자를 알고 있는 제3자로부터 정보를 얻는 것

(3) 정신증상을 나타내는 기질적 질환을 놓치지 않는 것

2. 치료나 간호를 진행시키면서 유의할 사항

노년병의 치료에 있어서 치료에 대해 만능감을 가지는 것은 잘못이지만 소용없다고 비관적으로 되는 것도 잘못이다.

고칠 수 있는 것은 고치고 고칠 수 없는 것은 증상이나 장애를 가지고 적극적으로 살아가도록 노력하게 하는 일이 중요하다(live with disability).

심신증의 치료는 심리요법, 약물요법이 주체이지만 노년기에 대한 심리요법은 통찰을 재촉하는 식의 치료보다 지지적인 치료가 적절하다.

온욕, 운동, 이학요법(理學療法), 작업요법 등과 같은 신체를 움직여서 정서적인 안정을 도모하는 치료, 음악치료나 아로마테라피와 같은 정동이 뇌에 작용하도록 하는 치료가 효과적이다.

노년 환자에 대처하기 위해서는 호소나 요구, 행동의 뒷면에 있는 심리적 의미를 파악하는 일이 중요하다.

한편, 치료를 진행시키려는 시점에서 치료의 자리에 대해 평가하고 가족 협력의 유무와 가족의 처지에서 본 노인의 질환이 차지하는 의미 등도 확인한다. 핵가족화가 진행되고 있고 병원에 맡긴 채로 내버려두고 싶어하는 가족이 많은 점 등 가족의 존재양식이 변화하고 있기 때문이다.

1) 환자의 증상, 호소, 행동이나 태도의 심리적 의미

노인환자의 증상이나 호소, 행동은 다음과 같은 의미를 지니는 경우가 있다.

(1) 응석이나 의존욕구를 채우기 위해
(2) 주변을 곤란하게 하거나 관심을 끌기 위해
(3) 노여움이나 공격감정의 대리
(4) 욕구 불만의 표현
(5) 비꼬아져 있기 때문
(6) 습성이 된 행동이나 반응
(7) 투기나 합리화 등의 방위기제로서
(8) 스트레스에 대한 정신생리 반응으로서
(9) 희망을 잃고 자포자기 자세로
(10) 일부러 미움 받으려
(11) 기타

노인환자에게 대응하기 위해서는 증상이나 호소, 행동을 통해서 나타나는 이상과 같은 심리적 의미를 파악해서 보내는 메시지를 정확하게 알아야 한다.

2) 치료관계 안에서의 정신역동

치료관계 안에서 여러 가지 정신역동이 드러난다. 전이나 저항 등의 정신분석적인 지식과 소양이 필요하다고 생각한다. 노인 환자와의 치료관계에서 정신역동도 그렇지만 특히 가족과의 관계는 유의해야 할 필요가 있다.

환자의 치료자에 대한 태도나 감정은 정신역동을 반영하는데, 이에 대해서 Hiatt는 다음의 4가지 타입으로 분류하고 있다.

(1) 의사를 전능의 힘을 지닌 능력자로 보아 의존하는 것

(2) 의사에게 친구, 형제, 배우자 같은 역할을 기대하는 것

(3) 의사를 학생이나 손아래 사람으로 생각해 의존하는 것

(4) 의사에게 이성적인 전이감정을 향하는 것

이상과 같은 태도나 감정에는 치료관계 이전에 환자가 치료자에게 기대하고 있는 경우와 치료적 관계 안에서 조성되어 나타나는 경우가 있다. 신뢰하는 치료관계를 쌓는 일이 중요하고 그러기 위해서는 위에 적은 바와 같이 환자가 품고 있는 감정이나 나타내고 있는 태도에서 그 배후의 의미를 파악하면서 대응하는 일이 중요하다.

또한 니이무라는 노인에게서 흔히 볼 수 있는 특징적인 특성을 다음과 같은 타입으로 나누고 있다. 노인의 성격변화 타입이라고 보아도 좋겠다.

①의존형 ②방위형 ③심기형 ④공격형 ⑤푸념형

이와 같은 환자의 성격태도를 정확하게 파악하고 그에 따르는 접근을 시도하는 것도 중요하다.

3) 노년기 환자를 효과적으로 대하는 방법

심리요법적 의미에서 효과적으로 상대하기 위해서는 다음의 방법 등이 유효하다.

(1) 환자의 심정과 같은 레벨로 상대할 것

(2) 자주 만나 상대할 것

(3) 스킨십이 중요하다. 손을 잡는다거나, 등 뒤로 손을 얹는다든가, 쓰다듬거나 하는 것은 친밀감을 두텁게 한다.

(4) 거만한 태도를 나타내지 않는다.

(5) 지시할 뿐만 아니라 구체적으로 함께 진행시킨다. 대신하는 것은 쉽지만 전향적인 치료는 아니다.

(6) 환자의 취미나 습관을 되도록이면 받아들인다.

거의 모든 노인들은 고독하고 외롭기 때문에 대화상대가 되어주고 상대방의 얘기를 듣는 것만으로도 충분한 심리요법적인 효과가 있다.

노년 환자가 과거의 사랑 얘기나 극히 개인적인 얘기를 한다거나 이성적인 화제가 등장하게 되면 치료관계는 아주 양호하다고 말할 수 있다.

E 노인의 악성 종양과 심신의료

노인의 악성 종양은 임상에 있어 초진 단계의 암의 발견, 진단에서 터미널 케어에 이르기까지 심신의학적 접근이 필요하다. 악성 종양에 대한 치료로서는 신체의학적 치료에다 현재에는 새로운 치료법으로서 심신의료를 받아들여 정신의학적 접근을 하는 것이 중요하므로 빠뜨려서는 안 된다. 특히 불치 단계인 말기 상태에서는 심신의료를 보다 적극적인 의미에서 평가하게 된다.

노인 암의 진료에서는 다음과 같은 여러 문제가 등장하게 된다. 이들은 중요해서 심신의학의 임상 과제가 되고 있다.

(1) 진실고지의 문제 : 이 문제는 병명뿐만 아니라 병증의 정도나 질병의 양상에 대한 설명, 검사나 치료에 대한 설명도 포함된다.

(2) 치료의욕을 둘러싼 문제 : 노인의 경우 치료 의욕이 적고 의료의 장소에 적응하는 것을 거부하는 사람이 있다. 가족도 치료적 비관주의에 빠지기 쉬워서 측면적인 원조를 안 하는 경우가 있다.

(3) 지원체제를 둘러싼 문제 : 가족의 지원체제뿐 아니라 지역이나 행정적인 지원체제가 문제가 된다. 독거노인이나 노인 가족에게는 가까운 가족의 지원체제를 만드는 일이 어렵다. 특히 퇴원을 둘러싼 문제가 생기기 쉽다.

(4) 수술을 둘러싼 정신장애의 문제 : 수술 전 또는 수술 후에 이른바 수술 증후군이라는 우울증이나 신경증 때로는 정신병적 반응을 볼 수 있다. 특히 수술 뒤의 우울증과 수술 전의 불안 등이 문제가 된다. 또한 치매노인이나 정신장애자의 암수술을 둘러싼 문제도 크다.

(5) 암 노인 환자의 생활을 둘러싼 문제 : 기호품을 포함해서 노인환자에게는 될 수 있는 대로 발병 전의 라이프스타일을 계속할 수 있도록 하는 것이 삶의 질의 측면에서도 중요하다. 음주나 흡연문제 등도 인정해 주는 편이 좋다.

(6) 기타 어디까지 치료행위를 계속해 나가느냐 하는 문제 등

1. 암의 발견과 진단

일반적으로 노인들에게는 ①감각이 무뎌지는 상황 ②진찰 받기를 두려워하는 자세 ③증상을 가볍게 보는 자세 ④가족이나 주위사람들도 등한시하게 되는 태도 등으로 검진을 받지 않았거나 수진이 늦어져 암의 발견 시기가 늦어지기 쉽다. 이러한 것들을 피하기 위해서는 주위 사람들이 배려해서 정기적으로 종합적인 암 검진을 받게 하는 것이 중요하다. 암 발견과 진단이 늦어지기 쉬운 것의 심리·사회적 요인으로는 암을 비롯하여 질 나쁜 질병이 발견되는 것을 두려워해서 진찰을 받지 않는 이유도 적지가 않다. 그 배후에는 죽음에 대한 강한 불안이 있다. 지나치게 증상이나 질환에 민감하고 심기적 또는 강박적 경향이 강한 사람인 경우에는 반대로 검사·수진을 과도하게 받는 문제도 일어난다.

암의 발견과 진단 과정에서 중요한 것은 치료나 케어를 어떻게 연결하여 가느냐의 문제가 되겠다. 자칫하면 환자도, 주위 사람들도 치료적 비관주의와 체념에 빠지기 쉬워서 검사·치료를 받는 일에 부정적으로 되기 쉽기 때문이다.

2. 암 치료

노인의 암은 진행이 느리다고 여겨진다. 또한 감각이 둔하기 때문에 호소는 되도록 적고 병상의 발현이나 경과도 정형적이지 않다고 한다. 암 치료는 암세포의 성질이나 진행도 등에 따라서 당연히 다르게 나타난다. 병이 나아질 가능성이 높은 경우와 진행암 이어서 나아질 가능성이 적은 것과는 대응하는 방법과 치료법이 다르다. 나아질 가능성이 높은 것은 어떻게 하든지 수술을 시행하고 치료를 받지 않으면 안 된다. 나아질 가능성이 적은 단계의 경우도 보완적인 치료가 의미가 있고 증상 조절의 의미에서도 유용한 치료행위가 있기 때문에 노인이라고 해서 일률적으로 치료를 하는 데에 소극적으로 임하는 것은 문제가 된다. 고통이나 자각증상이 없거나 있더라도 정도가 낮은 것일수록 치료를 받게 하는 일이 어렵다. 검사나 치료에 대해서도 효과도나 위험도, 부작용 등에 대해 될 수 있는한 사실대로 설명하고 협력을 얻을 수 있도록 하지 않으면 안 된다. 특히 가족에 대해서는 더욱 그렇다. 사후에 엇갈림이 나타나고 문제를 일으키지 않게 하기 위해서라도 치료에 대한 동의는 중요하다.

나아질 가망이 적은 단계의 환자에 대한 대응방법에서는 좀 더 개별적으로 배려하는 일이 중요한데 병명을 고지하는데 있어 ①환자가 알려주기를 바라고 있는 경우 ②고지를 받아들일 만큼 강하다는 자세 ③고지를 받고 나서의 지원체제가 확고히 서있을 것 등 고지의 세 가지 조건을 적어도 만족시킬만 해야 한다. 그것도 고지의 방법을 충분히 연구, 배려하지 않으면 안 된다.

당연히 노인의 경우 젊은 세대와는 달라서 고통이 뒤따르는 의료는 절대 피해야 하겠는데 모험적·시험적 치료는 특별한 이유가 없는 한 해서는 안 된다.

스킨십과 대화가 중요하고 감정을 충분히 밖으로 말할 수 있도록 도와야만 한다. 인생을 되돌아본다거나 사람에 따라서는 마치지 못한 일을 달성할 수 있도록 돕는 일이 중요하다. 음악요법과 같은 비언어적 접근이 유용하다.

바람직하면서 만족할 만한 간호를 하는 것은 남겨지는 가족의 사별의 슬픔을 용이하게 한다. 죽음으로 인생이 마무리 된다. 충실하고 납득할 만한 만족한 인생을 보내온 노인에 대한 말기 케어는 그다지 심각해야 할 필요는 없다. 오히려 말기 의료에서는 유머가 중요하다

- 끝으로 -

이상 노년층과 심신증 및 노인 암의 심신의학적 대응에 대해서 설명하였는데 노인의 진료시 다음과 같은 어려운 사례에 접하게 되는 경우가 적지 않다.

(1) 치료거부를 당하는 경우

(2) 가족이 환자를 병원에 버리는 경우

(3) 의지할 곳 없는 외톨이 노인

(4) 의학 이외의 조건 때문에 퇴원 못하는 경우

이러한 문제는 의료의 틀 밖의 일이지만 이와 같은 문제를 지닌 사례가 적지 않다. 노인의 의료는 복지 의료적이어야만 하고 케이스워커 등의 파라메디컬 스태프와의 팀 접근이 필요하다.

치료의학의 이상은 질병을 완치시키고 죽음에 이르지 않도록 생명을 지키는 것에 있지만, 노년병의 의료에서는 편하게 숨을 거두게 해드리는 간호의 의료와 다르지 않다. 노년 의료를 지탱하는 것은 치료자 자신의 인생에 대한 적극적인 자세에 있다.

노인의료는 복지와 통합되어 전개되어야만 하고 관계기관과 밀접한 연계하에 의료를 행하는 것이 중요하다. 특히 심신증에서는 더욱 그렇다.

문헌

1) 河野友信, 末松弘行, 新里里春(編著) : 心身医学的療法と心理療法. 朝倉書店, 1990
2) 河野友信(編著) : 医療学. 朝倉書店, 1988
3) 河野友信 : 癌と心身医学. 最新医学 38 : 494-499, 1983
4) Holland JC, Rawland JH : Handbook of psychooncology. Oxford Univ Press, New York, 1989
5) Stoll RA : MIND and cancer prognosis. John Wiley & Sons Ltd. 1979
6) 大原健士郎, 岡堂哲雄(編) : 壮年期・老年期の異常心理. 新曜社, 1980
7) Rechtschaffen A : Psychotherapy with geriatric patients : A review of the literature. J Gerontol 14 : 73, 1959

⑭ 심신증의 간호

간호는 환자의 간호상의 문제를 신체적, 심리·사회적 측면에서 종합적으로 파악하고 환자의 전체상황을 이해하며 그 사람에게 필요한 간호를 실시하여 간호상의 문제 해결을 도모하는 것이다.

그러나 간호사는 예전부터 환자의 신체적 문제 해결에는 능숙해 있지만 그에 비해 환자의 심리·사회적 배경의 정보수집에는 서툴러 예를 들자면 정보수집이 되어 있다 하더라도 그 정보를 간호에 활용할 수 없는 것이 오늘날의 상황이 아닌가 생각한다.

심신증의 환자를 간호해온 저자의 경험에서 심신증 간호의 포인트는 환자의 심리·사회적 배경을 배려해서 개개인의 환자에 맞는 간호를 행할 수 있느냐에 있다고 하겠다. 곧 개별성을 존중한 환자에 대한 대응에 특징이 있다고 생각한다. 이 개별성을 존중한 간호가 간호 전반에 있어서도 중요하다는 사실은 두말할 필요가 없다.

따라서 팀 접근에 있어서의 간호의 역할, 병동 생활의 관리, 심신의학적 간호의 대응에 대해 서술해 보고자 한다.

A 팀 접근에서의 간호의 역할

간호계획이란 한 사람 한 사람의 환자에 대해서 그 환자가 안고 있는 문제점 또는 장래 예측되는 문제에 대해서 행하는 간호 원조 활동의 전개를 말한다.[1]

팀 접근에서 간호사는 모든 환자를 간호팀 전체로 담당하고 있다. 더구나 비교적 장시간 아주 가까운 자리에서 환자의 일상생활 전반에 걸쳐서 원조하고 있다는 사실이 의사나 임상 심리사 등 다른 사람과 다른 점이다. 이와 같은 특성 때문에 팀 접근에서의 간호 역할에 대해서 술하고자 한다.

1. 환자에 대해서

환자는 새로운 환경에 놓여 불안과 긴장으로 당황해 하는 경우가 많다. 그래서 간호사는 자신의 몸을 보살피지 못하는 환자에게는 신체적 케어를 행한다. 자립해서 생활할 수 있는 환자에게도 따뜻한 관심과 지지로 접근해서 환자의 고통을 완화시켜 주며 환자가 입원생활에 적응하고 안정감을 갖도록 원조하는 등 개개인 환자의 일상생활을 조정해서 배려하는 역할이 있다.

또한 환자의 호소나 얘기를 잘 들어주어 필요하다면 주치의한테 연락을 취한다거나, 환자가 주치의한테 말하기를 주저하고 있는 경우에는 주치의한테 이야기할 수 있게 하거나, 같은 방 안의 환자와 적절한 대인관계가 유지되도록 돕는 일 등 치료환경을 원만하게 하는 역할이 있다.

다음으로 간호사는 환자에게 필요한 기본적인 간호를 실천하여 환자의 고통을 완화시키고 환자와 간호사의 신뢰관계의 확립을 기본으로 환자의 퇴원 후 자기관리에 필요한 생활지도를 하는 등 교육적 역할이 있다.

그런데 간호사에게는 환자의 불만이나 의료측에 대한 부정적인 감정 등을 듣는 역할이 있다. 간호사가 환자의 불만이나 부정적인 기분 등을 들어주는 일은 환자의 정신적 안정을 위해 필요한 일이기도 하다. 환자가 입원생활에 익숙해지면 의료측 사람들과의 대인관계에서 개개인의 간호사 혹은 주치의나 다른 스태프에 대해 여러 가지 기분을 느끼고 있을 것이다. 환자가 직접적 혹은 간접적으로 간호사에게 그러한 감정을 얘기하는 경우가 있다. 예를 들면 「간호사가 상냥하지 않다」, 「간호사는 차갑다」, 「선생님은 몰라준다」 는 등이다.

환자에게 필요한 기본적인 간호에 있어 간호사에 대한 환자의 불만이 있어서는 안 된다고 생각한다. 그러나 병원이라는 사회생활 안에서 불만스런 기분이 생기는 일도 어쩌면 자연스럽다.

한편, 환자의 입장에서 보면 불만이나 고통 등은 신뢰할 수 있는 사람, 혹은 말해도 안심이 되는 사람(간호 학생 등)에게만 말하게 되는 게 현실인 것 같다. 많은 환자들은 하고 싶은 말을 하지 못하고 참고 있으리라고 생각한다. 그러므로 환자로부터 불만을 들을 수 있는 간호사로 일하는 것은 바람직하다고 생각한다. 간호사가 간호사에 대한 환자의 불만을 해소하거나 또는 줄어들 수 있도록 노력한다면 거기에는 적절한 간호가 실천되고 있다고 생각한다.

이상과 같은 간호의 역할을 다하기 위해서 간호사는 개개인의 환자를 신체적, 심리·사회적 측면으로부터 전체의 모습을 파악하여 원조하는 일이 중요하다는 것은 말할 필요도 없겠다.

2. 의사에 대해서(환자의 정보 전달법)

주치의는 팀 의료에 있어서 책임자다. 그 책임자로서의 역할을 수행할 수 있도록 주치의를 도와주는 일이 간호사의 치료환경을 조절하는 역할이라고 말할 수 있다.

간호사는 환자와 24시간을 접하고 환자의 모든 생활의 측면을 보살필 기회가 많다. 따라서 간호사에게는 환자에 대한 관찰과 그 정보제공의 역할이 있다. 그 관찰 결과를 간호기록이나 직접 보고를 통해 주치의에게 정보제공 하는 일은 환자의 문제점을 명확하게 하는 실마리가 되기도 하고 문제 해결의 경과를 보는 과정에서 중요하다. 간호기록은 의사의 치료 시 자주 유효한 자료가 되는 일이 많기 때문에 되도록이면 신체적 케어의 평가와 함께 환자의 반응에 관한 평가를 기록하는 것이 바람직하다. 그러기 위해서는 평소에 간호사는 감수성과 사고력을 키우고 환자를 다면적으로 유연성 있게 여유있는 시각으로 관찰할 수 있도록 하며, 특히 객관적인 행동관찰력이 요구된다. 간호사는 매우 바쁘다. 기록할 시간이 없는 경우가 적지 않다. 그렇기 때문에 틈틈이 메모하고 여유 있을 때 되도록 빨리 기록해 두어야 한다. 또한 이상한 징후나 문제행동 등 긴급을 요하는 경우도 있으므로 빠르게 정보를 제공하는 것이 바람직하다.

3. 임상 심리사, Case worker 등에 대해서(환자 정보의 전달법)

의사의 경우 기본적으로 똑같지만 특히 환자의 심리·사회적 측면에 관한 정보를 상세히 전하는 것이 중요하다. 그들의 정보를 전달하면서 환자에게 어떻게 대응하면 좋을까, 곤란한 경우 등 조언을 얻을 수 있다. 그리고 환자의 심리적인 측면을 이해하고 적절한 대응을 할 수 있는 경우도 적지 않다. 간호사는 환자의 신체적 문제에 대해서 판단하고 대응하는 데에 능숙하지만 환자의 심리·사회적 측면의 정보 수집은 되어 있어도 그들의 문제 해결 대응은 능숙하지 않다고 말하여도 과언은 아니라고 생각한다.

4. Terminal care의 역할

말기의 환자는 참을 수 없는 고통, 죽음에 대한 두려움, 고독감, 가족에 대한 심정, 질병과의 싸움 등 신체적·정신적 고통에 직면해 있다. 그래서 간호사는 모든 간호기술로 개개인의 환자를 배려하는 케어를 행하고 환자의 신체적, 정신적 고통을 덜어주는 역할을 한다. 말기 환자의 간호는 여러 해 동안 간호의 경험을 쌓은 간호사도 쉽지 않다. 때로는 흔들리게 되는 경우도 있다. 간호사는 자신의 기분을 바라보고 그 기분을 조절하여 정성을 다해 환자 곁에서 고통이나 아픔을 완화하도록 힘써야 한다. 터미널 케어는 간호사의 인간성이 가장 잘 나타나는 자리인 동시에 간호의 소질이 시험받는 자리이기도 하다. 환자의 곁에 머물면서 환자가 그 사람답게 삶을 마칠 수 있도록 일상생활을 정리하는 것을 돕는 일이 중요하다.

간호실습에서 환자의 죽음을 경험한 간호학생의 터미널케어를 소개함으로써 이 항목을 마무리하고자 한다.

[증례 1]

S씨, 63살 남성, 간내 담도 병변에 의해 심한 황달을 보였고, 더 나아가 성인 호흡곤란증후군의 병발로 고도의 호흡곤란, 전신상태가 악화되어 예후나 생명에 커다란 불안을 안고 있으면서 죽음에 다다른 환자였다.

『환자는 담당하고 나서 약 2주 사이에 호흡부전으로 사망했다. 담당 때부터 식사, 배설, 신체의 청결 등 기본적인 생활을 환자 자신이 할 수 없는 상태였다. 그 때문에 주변의 케어를 행하고 되도록 환자 곁에 있도록 노력했다. 환자의 표정을 살피고 환자의 호소를 잘 듣고 의식장애 때문에 회화에 의한 의사소통이 어렵게 되고부터는 손을 잡거나 다리를 만지는 등의 피부 접촉을 통해 말이 아닌 의사전달로 환자에게 안정감을 주도록 힘썼다. 가족(아내)의 면회 시에는 깨끗이 씻기든가 옷 갈아입기 등을 함께 하도록 하였고, 활력증상(vital sign)의 체크 등을 자주 하는 경우에도 아내에게 말을 거는 등 가족에 대한 배려에 유의하였다. 이번의 간호에서 환자의 죽음을 직면하게 되었는데, 죽음은 인간으로서는 피할 수 없는 일이라는 사실, 특히 의료 종사자의 처지에서 환자의 죽음은 앞으로도 반드시 경험하게 된다는 사실을 배웠다. 그리고 환자의 자세를 통해서 측량할 수 없는 죽음에 대한 두려움을 가지면서 최선을 다해 살고자 하는 인간의 강인함을 느꼈다』라고 간호생활을 고찰하고 있다.

환자는 "이제 시간이 없다. 나를 지켜주세요"라고 간호학생에게 표현하고 있다. 실습 이틀째 아침, 병실을 방문했을 때에 환자가 안심하는 반가운 표정을 보이면서 「정말 와 주었구먼」이라고 담당 학생에게 말하고 있다. 담당 학생은 처음에는 환자가 왜 이러한 말을 했을까 의문스럽게 생각했었는데 환자의 곁에 누군가가 있어서 보살핌을 받을 수 있는 것이 꿈만 같이 느껴질 정도로 환자는 고독했었다고 이해하게 되었다.

『열심히 간호했지만 차츰 상태가 안 좋아져서 한편으로 의식장애가 나타나게 되면 의사소통도 잘 안 되어 정신적으로 못 견딜 지경이었다. 그러나 피곤해서 기분이 가라앉았을 때에도 환자 앞에서는 그런 심정을 겉으로 드러내지 않도록 자연스럽게 명랑하게 행동하고 있는 자신을 보고 스스로 놀라웠다. 이번의 실습으로 배울 수 있는 일이 아주 많았으며 인간적으로도 나를 성장하게 해주고 있다는 생각이 들었다. 인생은 한 번 밖에는 살지 못하기에 후회하지 않게 살아야 한다고 실감하는 기회가 되었다. 또한 자신의 부모의 죽음을 회상하고 될 수 있는 한 온 정성을 다해 만족할 만한 죽음을 맞이하게 해야겠다고 생각했다』라고 반성·감상을 서술하고 있다.

환자는 주치의에게 「내 병은 도대체 무엇이 원인입니까?」라는 질문을 자주 해왔었다. 확실한 것을 모르는 초조함과 불안함을 느꼈다. 또한 "아무래도 잘 될 것 같지 않은 생각이 든다", "이제 시간이 없어. 나를 지켜주세요" 등 담당학생에게 호소하고 있다. 이 환자의 말에서 보면 생명에 대한 불안이나 죽음에 대한 불안이 강했던 경우였다고 생각한다. 담당학생은 『환자는 불안과 긴장이 심해지면 잡고 있던 손에 힘이 들어간다. 그 강도로서 불안의 정도를 추정할 수 있었다』라고 환자의 불안에 대한 간호를 평가하고 있다.

신체적 케어를 통해서 환자와의 신뢰관계를 유지하는 일에 노력하고 환자 곁에서 환자의 호소에 귀를 기울이거나 손을 잡기도 하고 다리를 쓰다듬는 등의 피부접촉으로 환자에게 안정감을 전달하는 등, 담당학생의 소박하고 최선을 다한 간호이다. 위의 터미널 케어의 역할을 제법 완수했었던 사례라고 생각한다.

B 병동 생활의 관리

입원환자에 있어서 병동은 생활의 장소이며 환자 상호간의 교류가 있는 대인관계의 장소이기도 하다. 환자는 주치의나 간호사, 다른 환자 들과의 어떤 관계 속에서 대인관계 패턴이나 사물에 대한 대처방안 등의 일면을 보여준다. 그 해결책 등은 환자의 문제해결에 꼭 있어야 할 정보를 포함하는 경우가 많아서 개별적 문제를 발견하거나 그 문제해결을 효과적으로 진행시키는 일에 중요하게 작용하는 경우도 적지 않다.

24시간 3교대로 근무하고 있는 간호사는 환자가 일상생활을 뜻있게 지낼 수 있도록 또는 환자의 대인관계가 원만하게 이루어질 수 있도록 돕는 등, 환자의 병동 생활환경을 조절하는 역할을 담당하고 있다고 할 수 있겠다.

환자가 입원이라고 하는 공동생활을 치료목적에 부합하는 형태로 유효하고 원활히 지낼 수 있도록 병동규칙이나 약속 등이 정해져 있다. 환자는 이러한 규칙을 사이에 두고 여러 가지 반응을 나타내게 되는데, 그 반응 속에는 환자의 현실 생활이나 성격상의 문제를 반영하고 있는 경우가 적지 않다. 환자가 병동 규칙을 안 지켰을 때, 환자끼리 싸움을 한 경우, 환자가 자살을 시도했을 경우 등 맨 처음으로 대응하는 사람은 간호사이다. 그 경우 침착하고 냉정하게 적절히 대응하는 것이 간호사에게 필요하다. 그러기 위해서는 왜 그 환자가 그런 행동을 하게 되었을까라고 하는 원인을 지켜보는 관찰이 필요하다. 그리고 환자의 반응을 정확하게 판단하여 구체적인 해결을 도모할 필요가 있다.

1. 환자가 병원 규칙을 안 지켰을 때

환자는 입원하게 되면 간호사로부터 병동 내의 구조, 장소의 안내를 받는 동시에 병동 규칙에 대해서도 설명을 듣는다. 환자로서는 입원하는 일, 그 자체가 새로운 환경에 들어오는 일이고 무엇인가 불안하여 모두가 평정한 기분이라고 할 수 없다. 그래서 먼저 병동규칙을 설명할 때에는 환자의 반응이나 이해도를 확인하면서 시행할 필요가 있다.

입원 환자 중에는 병동 규칙을 지키지 않는 사람들이 있다. 특히 병동규칙을 못 지켜 다른 환자에게 피해를 주며 요양생활에 지장을 주고 때때로 주의를 주어도 병동 규칙을 지키지 않는 경우에 문제가 된다. 규칙을 지키지 않는 환자들 중에는 입원 생활이 오래 되어 병동 생활에 익숙해져 어딘가 약간 뻔뻔스러운 사람, 성격적으로 흐트러져 처음부터 생활양식을 따르지 않는 사람, 규칙을 어기면서 간호사의 관심을 끌려고 하는 사람 등 각양각색이다.

간호사는 그 환자가 왜 규칙을 어기는가라는 원인을 확인하는 관찰이 필요하다. 그리고 환자의 성격이나 심리상태를 고려해 환자에게 반감을 일으키지 않으며 상대에게 주의를 줄 수만 있다면 바람직하다. 그러기 위해서는 환자와 간호사와의 신뢰관계가 성립되어야 한다. 환자의 신뢰를 얻기 위해서 간호사는 환자가 만족할 만한 기본적인 간호를 행하도록 한다. 또한 간호사는 감정적이지 않아야 하며 유쾌한 태도를 유지할 필요가 있다. 간호사가 감정적이 되지 않기 위해서는 평소에 간호사 자신을 바라보면서 자신의 감정적인 경향을 잘 새겨두는 것, 또한 규칙을 어기는 환자가 있더라도 그 사람에게 애착을 느끼도록 하는 것이 중요하다.

2. 환자들 서로가 잘 어울리지 않게 될 때

환자 상호간에 문제가 일어나지 않도록 배려하는 일은 간호사 역할의 하나이지만 입원 중의 일상생활 중에는 환자들 상호간에 성격이 맞지 않거나 감정적으로 엇갈리게 되는 등의 일로 어울리지 못하는 경우가 있다. 그런 경우 각 환자가 자신의 견해를 간호사에게 호소하는 경우가 많은데 각각의 환자 견해를 충분히 듣는 일이 중요하다. 그러나 간호사는 절대 일방적으로 편들지 않는 것이 바람직하다. 즉 사태의 옳고 그름을 판단하기보다는 이해하려고 노력하며 중립적인 대응을 마음에 두고 있어야 한다. 싸움에는 양쪽이 졌다고 말하는 것과 같이 어느 편의 주장도 인정하지 않는 태도로 마무리 지을 필요가 있다. 그리고 환자가 상대의 험담을 말하면서도 자기 자신을 돌아보아 반성을 하게 되면 다행이다. 각각의 환자가 반성할 수 있도록 유도해 가는 일이 바람직하다. 그리고 환자들끼리 서로 화해할 수 있다면 그 일을 계기로 양쪽의 관계가 바람직한 인간관계로 바뀌게 되고 결과적으로 대인관계의 학습과 연결된다고 볼 수 있겠다.

3. 환자가 자살을 시도했을 때

환자의 자살 사건을 겪게 되는 일은 환자 가까이에 있는 간호사로서는 커다란 충격이다. 저자는 자살 기도 환자를 우연히 만나게 되었다. 그 환자의 경우는 아침 10시 무렵 환자가 뛰어내리는 돌발사태가 있었는데 급식부의 지붕위로 낙하하여 바로 구명 응급처치를 받았다. 처음에는 어느 과에 입원해 있던 환자인지 몰라서 각과에 긴급 연락을 했고 입원 중인 환자 중 부재자가 없는지 바로 조사하라는 지시가 있었다. 주간 근무의 책임자로 일하고 있던 나는 불길한 예감을 느껴 9층 건물의 8층 병동을 급하게 한 차례 둘러보았다. 역시 A씨는 부재였다. 뛰어내린 장소와 제일 가까운 소아과에서 응급처치의 보람도 없이 A씨는 숨을 거두었다. 신경성 식욕부진증으로 28세이었다. 사물함 서랍에는 복용하지 않은 약봉지와 거의 사용하지 않은 화장품이 있었던 것이 강한 인상으로 남아있다. 그 환자는 신경성 식욕부진증이 회복기에 있었고 퇴원이라고 하는 현실의 생활에 직면하지 않을 수 없는 상황에서 우울 상태에 빠졌던 것이라고 생각한다. 조용하고 이런 저런 요구가 적은 환자였다. 자살하리라는 징후를 눈치채지 못한 일, 복약 확인을 못했던 일 등이 후회로 남는 사건이었다.

카시와키[2)]는 인간이 자살이라고 하는 행위를 감행하기 위해서는 다음의 세 가지 조건을 생각해 볼 수 있다고 서술하고 있다.

(1) 어떤 사람이 그 사람에게 도저히 받아들이기 어렵다고 느끼는 체험을 요청하여 왔을 때. 또는 받아들일 수 없다고 보이는 상황에 놓이게 되었을 때.

(2) 그 체험 또는 상황이 일시적인 것이어서 해소될 가능성이 있다고 그 사람에게 느껴지지 않게 될 때.

(3) 받아들이기 어려운 체험이나 상황의 형성과정을 멈추게 할 수 없을 때.

A씨의 경우는 이 세 가지 조건이 갖추어져 있었다고 생각된다. A씨 자신을 내적으로 멈추게 하는 것을 듣지 않은 셈이었다. 그래서 간호사로서 A씨의 불안이나 괴로움을 공감하면서 외적 제동장치의 존재가 되었어야 할 필요가 있었다고 생각되었다. 만약, 간호사가 좀 더 관심을 나타내고 관련성을 보였더라면 자살을 막았을지도 모르는 일이었다.

그런데 환자가 「죽고 싶다」, 「죽는 게 낫겠다」 등의 말로 간호사에게 표현하는 경우가 있다. 또한 침울한 표정을 나타내는 경우도 있다. 환자의 호소에 귀를 기울이고 관찰을 좀 더 충실히 하다가 주치의나 다른 스태프들과도 정보교환을 하여 세심한 관심을 나타내야 하는 때도 있다. 환자는 의사나 간호사에게 언어적 혹은 비언어적 도움을 구하고 있는 것이다. 의료 스태프들은 환자의 고통이나 괴로움이나 슬픔 등을 공감적으로 이해하려고 노력하고 배려적 인간관계를 조성해 나가는 일이 중요하다. 그럼으로써 환자의 자살 생각을 멈출 수 있게 한다고 생각한다.

다음으로 환자가 자살을 기도하여 손목을 칼로 베는 경우가 있다. 재빨리 발견하여 큰 일이 되지 않도록 대처하는 일이 바람직하다. 그리고 자해행위를 예방하기 위해 면도칼이나 과일칼 등 위험한 물건은 근무자가 맡아두고 환자의 안전에 유의하도록 해야 한다. 위험한 물품을 미리 맡아두고 간호사는 "목숨을 소중히 여깁시다"라는 의미의 메시지를 환자에게 전하는 것이 자살을 예방하는 계기가 된다고 생각한다.

또한 환자는 약을 모아두었다가 한 번에 복용하는 일이 있으므로 주의할 필요가 있다. 정신 안정제나 수면제를 투약하고 있는데 복약 확인을 안 했을 경우에 문제가 된다. 예를 들면 침대 옆에 마련해 둔 서랍장을 관찰해 보면 복용한 흔적을 추측할 수가 있다. 그러나 정신 안정제나 수면제는 복약 확인, 즉 환자가 복용한 사실을 직접 간호사가 눈으로 확인하는 일이 바람직하다. 자살 염려가 있는 환자나 자살 가능성이 있는 환자의 경우에 복약확인을 게을리해서는 안 된다.

4. 환자가 무단이탈 했을 때

때로는 환자가 무단으로 이탈하는 경우가 있다. 치료를 받을 기분이 아니라거나 자기 자신을 응시하는 일에 참기 어려움을 느끼는 등 그 이유에는 여러 가지가 있다. 환자가 무척 괴로워한 나머지 병동을 빠져나가기 때문에 서둘러 있는 곳을 찾아서 대처하지 않으면 안 된다. 병원 이탈 시 바로 알아내어 병동을 나간 시간이 얼마 경과되지 않았을 때에는 나중을 걱정하여 되돌아오는 경우도 있다. 시간이 경과했을 때에는 병원 내부를 찾아보는 동시에 가족에게 연락을 취해서 환자의 행방을 찾는다. 만일 있는 곳을 알게 되면 곧 연락을 주도록 부탁하여 둔다. 원칙은 가족에게 바로 병원으로 데리고 오게 한다. 왜냐하면 환자는 괴로워하고 있기 때문에 주치의와 면접하여 그 해결을 도모하는 것이 필요할 경우가 많다. 또한 그것을 계기로 해서 새로운 문제점이 뚜렷해지고 치료상의 문제로 대두되는 경우도 있다.

자살기도나 병원 이탈의 염려가 있는 경우 간호사는 환자의 표정·언동에 대한 관찰을 충분히 하고 병실 회진을 하는 등 미연에 방지하는 것이 중요하다. 또한 자살기도나 이탈을 방지하기 위해서 간호사는 환자의 기분에 관심을 가져 환자의 기분이 누그러지게 병동 분위기를 만들도록 노력하는 것도 중요하다.

C 심신의학적 간호의 대응

여러 가지 상태에 있는 환자와의 대응에 대한 어려움이 심신증 환자 간호의 한 특징이 되기도 한다.[3]

저자인 나는 심료내과를 떠나 간호교육의 기초교육에 종사하고 있다. 임상실습에서도 심신의학적 간호를 응용하는 기회가 적지 않다. 그래서 특히 어떠한 환자의 간호에 응용해야 좋은지에 대해 서술해 보고자 한다.

1. 간호 대응이 곤란한 환자

환자는 어떤 건강상의 문제 때문에 입원했고 치료·간호의 지시에 따르도록 힘쓰면서 하루라도 빨리 사회복귀를 목표로 하고 있다고 말할 수 있다. 그러나 때로는 치료·간호의 지시에 따르지 않는 환자, 질병에 대한 자기관리의 필요성은 알고 있으면서도 질병이 악화되도록 행동하는 환자, 공격적인 반응을 보이는 환자, 지나치게 의존적인 행동을 하는 환자 등이 있다. 간호사는 이런 환자들에 대해서 병을 고치려는 노력을 하지 않는다. 혹은 자기중심적인 환자에 대해서 어느 한 쪽의 편을 드는 경향이 있다. 즉 이들 간호상의 문제를 환자의 탓이라고 돌려 간호사로서 문제해결에 대한 노력을 게을리 하고 책임회피하려는 경향이 있다 하겠다. 이와 같은 경우 「왜 환자는 그렇게 행동하는 것일까」라고 간호사가 그렇게 할 수 밖에 없는 환자를 이해하려고 노력함으로써 그렇게 한 이유와 환자의 마음을 알게 되는 경우가 많다. 그리고 환자의 심리·사회적 배경을 파악하고 좀 더 환자에 대한 이해가 깊어지게 되어 간호사는 어떻게 그 환자를 대응해야 좋겠는가에 대한 실마리가 보이는 경우도 적지 않다.

한편, 「간호사의 환자에 대한 대응에 문제는 없었는가」 등 간호사 자신의 언동을 스스로 반성하는 일이 바람직하다. 간호사의 언동이나 대응 때문에도 환자의 바람직하지 않은 반응을 일으키는 경우가 있음을 알게 될 때가 많이 있다.

이와 같이 환자와 간호사의 상호작용을 살펴보면 간호상의 대응으로 어려운 문제를 해결해 나갈 수 있으리라고 생각한다.

여기에 간호학생이 담당 환자의 간호와 관련해서 대응 곤란을 겪는 장면을 만나서 해결하고자 노력한 과정을 소개하고자 한다.

[증례 2]

4주 동안의 내과 실습 중에 겪은 일이었다. 학생 T는 고혈압의 원인검사를 위해 입원한 환자 O씨(48살, 남성)를 담당하게 되었다. 그리고 「고혈압을 악화시키는 생활행동을 조절하여 자기 관리를 할 수 있다」라고 하는 실습기간의 간호목표를 가지고 두통, 불면, 약을 잊어 못 먹음, 변비경향, 비만 등 간호상의 문제점에 대한 간호계획을 세워 실시하고 있었다. O씨는 검사 소견에서 심장, 신장, 안저등에서 고혈압에 의한 2차적 변화가 관찰되었다. 그러나 가슴 두근거림이나 숨찬 증세 등의 자각증상은 없었고 1층에서 7층까지 계단을 하루에 10회씩 오르내리는 행동을 할 수 있었다. 그래서 학생 T는 매일 복약을 확인하고 계단 오르기를 하지 않게 하기 위해 운동직후의 혈압을 측정하였다. 그 혈압이 208/116mmHg이어 얼마나 심장에 부담이 되고 있는가를 표시하거나 O씨에 대한 지도를 진행시켰다. 실습 4주째 되는 첫날의 실습기록을 보고 나는 학생 T가 O씨에 대한 대응책에 난감해 하고 있다는 것을 알게 되었다.

『환자는 오늘 왠지 기운이 없었다. 그 일에 대해서 물어보아도 「그런 일은 없다」라는 대답이었지만 그렇게 보였다. 운동하는 것에 대해 너무 지나치게 물어도 스트레스가 되기 때문에 적당하게 지도해야 하겠다고 생각하였다』라고 평가하고 『환자가 좀처럼 지도를 이해해 주지 않는 것은 나의 말솜씨에도 문제가 있을 것이다.......』라고 감상을 적고 있었다.

그래서 나는 다음과 같이 논평해 주었다. "자각 증상(가슴 두근거림이나 숨찬 증세 등)이 없는 환자를 지도해야 하는 어려움이군요. 환자가 실행할 수 있도록 끈기있게 성의로써 의견을 전달하는 겁니다. 언젠가는 그 성의가 전달되리라고 생각합니다."

그 다음날, 『환자는 무척 초조해 하면서 체온이나 맥박도 「재지 않아도 괜찮아」라고 느꼈다. 되도록 계단을 사용 하지 않는 것 등, 이제부터 어떻게 해서 환자가 기분 나쁘지 않게 알아주겠는가를 생각해 보았지만 잘 모르겠다. 그러나 지금은 얼마동안 환자가 안정될 때까지 아무 말도 하지 않고 있는 것이 좋지 않을까라고 생각된다』라고 간호를 평가하고 『만약 내가 계단 사건 등에 대해 지나치게 말한 탓인지도 모른다』라고 감상을 서술하고 있다. 여기서 나는 "그렇다면 잠시 지켜보면 어떻겠는가. 보는 각도를 달리하면 환자의 초조함의 반응은 계단 오르내리기를 의식하고 있기 때문이지만 다음에 환자가 어떻게 판단하고 행동하는가를 기다려 볼 필요가 있다. T씨의 대응에서 중요한 것은 ①환자의 초조해 하는 심정을 받아들여서 벗어나도록 하며(그 기분을 알아주는 것) ②T씨는 환자에 반응하지 말고 보통 때처럼 상대하기로 하고 실행하여 보세요"라고 심료내과에서의 나의 간호 경험으로 조언했다. 이하 학생 T씨의 감상·반성으로부터 남은 2일 동안의 실습을 거치면서 O씨와의 관련성을 통찰할 수 있었겠다는 생각이 든다.

「......반성한 것은 담당 환자에게 여러 가지 심한 말로 지나치게 대해서 싫은 느낌을 주도록 한 일이 되겠다. 환자 모두가 「이렇게 하는 게 좋겠다」, 「저렇게 하는 게 좋겠다」라고 지도한 사실을 이해해 준다고 기대하기가 어렵다는 사실을 잘 알았다. 환자 한 사람, 한 사람은 사고방식도 다르기 때문에 담당환자의 경우처럼 딸 또래 나이의 간호학생에게 이런저런 얘기를 듣고 싶지 않다고 생각하는 경우도 있다. 또한 입원기간이 길어지자 초조감도 겹쳐서 강하게 나를 거부할 것이라고 생각하게 된다. 이 일로 해서 환자의 성격이나 상황, 그 때의 심정을 파악하고 나서 지도를 해야 할 필요성을 깨달았다. 환자가 초조해하고 있었기 때문에 나는 환자의 호소나 불만을 받아들이려고 노력했다. 그리고 작성한 팜플렛은 초조감을 더하지 않도록 하기 위해 「강하고 심하게 말해서 미안합니다. 일부러 작성했으니까 읽어봐 주세요」라고 말하면서 건네주었다. 그러자 환자는 「잘 읽을게요」라고 말해 주었다. 이 때 나는 환자가 지금까지 말해온 것을 이해해 주셨구나 하는 점에서 무척 기뻤다...」(학생 T의 최종 리포트에서 옮겨 적음)

2. 노인 환자

고령화 사회인 현재에 있어서 노인 간호가 중요한 부분을 차지하고 있는 것이 현실이다. 우리들 간호사는 「인생의 선배인 어르신을 어느 정도 이해하며 간호하고 있는가」라고 물어보면 그 대답에 당황하게 되는 것은 아닐는지. 그 이유의 하나로서 오늘날 노인 간호에 종사하고 있는 간호사의 대부분이 노인과 생활을 함께 해온 적이 없는 세대라는 사실을 들 수 있을지 모른다.

노인 간호는 특히 환자의 개별성이 존중되어야 한다. 노인 환자가 살아온 인생을 소중히 생각해 주고 그 사람답게 지낼 수 있도록 일상생활을 조정하는 것이 중요하다. 곧 신체적, 심리적, 사회적 측면에서 좀 더 환자를 이해하고 노인환자가 안심하고 지낼 수 있도록 배려가 담긴 간호를 실시하는 것이 바람직하다. 이와 같은 자세로 간호한다면 어르신에게 안정감을 드릴 수 있는 친절한 대응이 가능하게 되어 어르신이 만족해하는 케어가 실천될 수 있다고 생각한다.

노인 간호는 노인의 특성을 잘 이해하고 기초 간호기술을 응용, 전개하는 영역이므로 간호의 원점으로 돌아가서 간호의 질이 문제되는 분야이기도 하다. 따라서 심신의학적 간호는 앞으로 노인 간호에 더욱 절실히 필요한 분야가 되리라 전망한다.

3. 말기 상태에 있는 환자

나는 심신의학적 간호는 특별한 간호가 아니라 오히려 환자가 어느 상황에 있든지 간호의 기반이 되는 간호라고 생각한다.

큐슈 대학 병원 심료내과 병동에서 약 10개월 동안 터미널 케어를 받은 어느 환자의 지인(간호학과 교관)이 「외과에서 수술을 하고 심료내과 병동으로 전과해 끝까지 심료내과에서 치료를 받았습니다. 선생님이나 간호사의 치료를 잘 받았습니다. 간호사의 대응이 다르더군요」라고 말한 것을 전해 들었다. 이 무렵 나는 처음에 말했던 것처럼 심신의학적 간호의 특징은 "환자의 개별성을 존중한 대응자세"에 있는 게 아닌가 하는 생각을 하였기 때문에 이전 심료내과에 근무하고 있었던 사람으로서 간호사의 대응이 좋았었다는 평가에 안도할 수 있었다.

바로 같은 기간 동안 나는 가족으로서 터미널 상태에 있는 동생 K의 간병을 체험하였다.[7] 81일 동안의 투병생활을 K의 곁에서 될 수 있는 한 같이 있으면서 가족으로 할 수 있는 도움을 주었고 대부분 귀중한 학습을 실제로 겪었다. 그 중요한 경험을 바탕으로 터미널 상태에 있는 환자야말로 심신의학적 간호의 대응이 필요하지 않을까라고 생각하게 되었다.

문헌

1) 冲中重雄監修：看護学大辞典(第三版). p324, メヂカルフレンド社, 1988
2) 柏木哲夫：自殺する患者の精神構造. 看護 31(5)：54-61, 1979
3) 鬼村和子：看護における心身医学的アプローチ. 石川中(編)：心身医学ハンドブック. pp239-245, メヂカルフレンド社, 1985
4) 鬼村和子：患者の訴えをどうとらえるか—痛みの訴えをとおして—. 看護学生 29：14-16, 1981
5) 鬼村和子, 池上恵子：Ⅶ. 看護のアプローチ. 末松弘行, 他(編)：神経性過食症, その病態と治療. pp224-239, 医学書院, 1991
6) 河野博臣：死の不安への援助. 臨牀看護 14：812-816, 1988
7) 鬼村和子：妹を看取って考えたこと. ターミナルケア 5：76-78, 1995

제5장 심신의학적 치료법

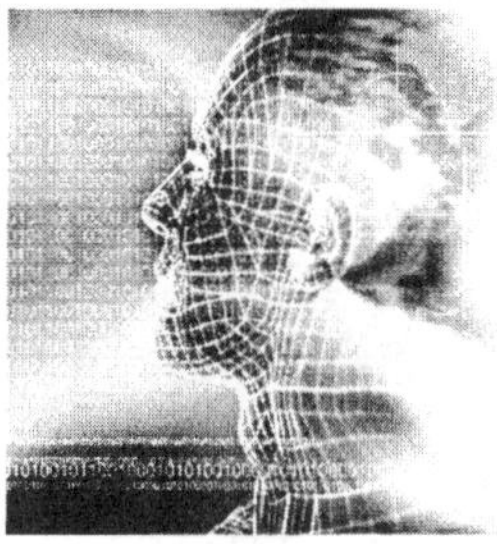

1 심신의학적 치료의 간호

심신의학적 치료,[1,2] 즉 환자의 신체적인 면뿐만 아니라 심리면·사회면, 더 나아가서는 윤리면까지 다면적인 측면에서 바라보는 전인적 의료는 모든 환자들에 대해서 실시해야 할 일이기는 하지만 임상 각과를 찾아가야 하는 심신증 환자에게는 특히 중요하다. 왜냐하면 심신증[2]은 그 발병 과정에서부터 자연경과 중에 생활조건이 쾌적한 상태로 되거나 인간관계가 순조롭게 유지되지 않는 한, 심신의학적 치료를 하지 않게 되면 경쾌·치유하기 힘들며 또한 재발을 예방하는 일도 어렵게 되는 신체적 질환이기 때문이다.

여기서는 그와 같은 심신증에 대한 심신 의학적 치료를 어떻게 진행시키느냐에 대해서 설명하기로 한다(그림 V-1).[3,4]

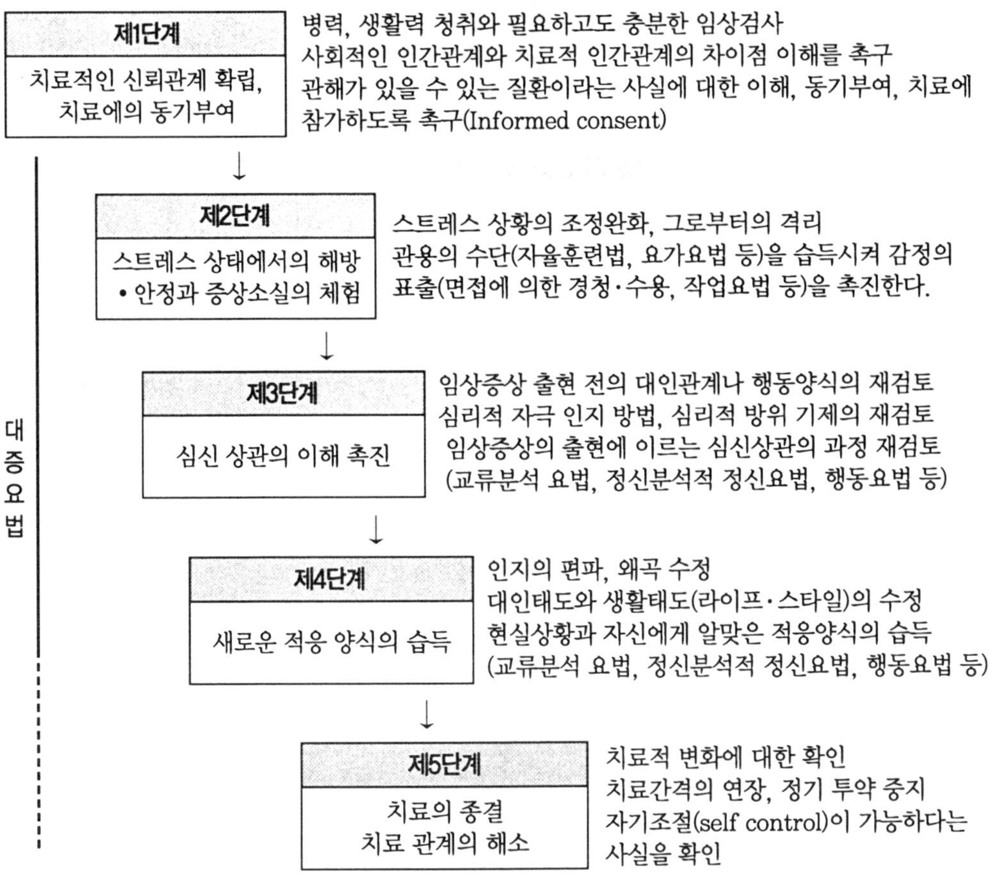

그림 V-1 심신의학적 요법의 5단계

A 제1단계 : 치료 도입기

먼저 치료에 알맞은 신뢰관계(rapport)를 조성하여 심신의학적 치료에 대한 동기를 부여한다. 환자를 심신의학적 치료에 원활하게 도입하기 위해서는 의사(및 의료 스태프)는 환자(및 그 가족 또는 간병인)와의 첫 대면을 소중히 생각해야 하며 따뜻하게 돌봐주는 태도로 대면해서 신뢰할 수 있는 대상이 되게끔 하는 마음가짐이 필요하다. 그런 의미에서 접수처에서의 환자에 대한 대응과 진단 과정에 관련된 의사(및 의료스태프)의 환자에 대한 대응도 결코 소홀히 해서는 안 된다.

일반적으로 치료에 적절한 신뢰관계를 쌓기 위해서는,

(1) 환자가 접수처 또는 진찰실에 들어왔을 때 심신의 고통이 심하다고 보이는 경우에는 자기소개를 마친 뒤 환자에게 문진하는 동안 견딜 수 있는지의 여부를 물어서 견뎌내기가 어렵다고 대답하는 경우에는 먼저 그 고통을 완화시켜 주도록 간단한 문진을 하며 치료적 진단을 하여 적절하게 조치를 하여야 한다.

(2) 병력을 청취하는 경우에는 환자의 경력 연령이나 외면적인 느낌에 치우치지 말고 그 당시 환자의 내면의 심신의 상태[5,7,8]에 맞는 말과 태도로 면접하도록 한다.

(3) 환자와 의사의 치료적인 인간관계는 일반 사회에 있어서의 인간관계와는 달라서 환자가 말한 얘기의 내용 여하에 따라 환자의 인간적인 가치평가를 하는 관계가 아니라는 사실을 충분히 이해시키는 일 등이 중요하다.

또한 심신의학적 치료에 대한 동기부여에는,

(1) 문진을 시작하는 단계에서 우선 환자가 자신의 의지에서 진찰을 받는 것인지, 주변 사람들의 권유에 의해서 진찰을 받게 될 것인지를 들어두는 것이 중요하다. 특히 가족이나 주변사람들이 따라와서 수진하고 있는 경우는 그 확인이 필요하다. 왜냐하면 그에 따라 치료에 대한 동기부여의 파악이 달라지기 때문이다.

   이어서 어떠한 질환이든지 간에 그 출발점을 신체뿐만 아니라 심리면, 사회면에서도 살펴서 심신양면의 치료를 진행시키는 쪽이 효과적이라는 사실을 알기 쉽게 설명하고 그에 대한 환자(및 가족 또는 간병인)의 반응을 살펴보도록 한다. 그리고 심신증에 대한 오해나 편견을 가지고 있거나 심리적인 문제를 언급하는 것에 저항을 느끼는 듯하다고 추측되는 경우에는 그 오해나 편견을 비난받고 있다고 받아들이지 않게끔 하는 표현으로 수정하고 저항하는 분위기를 대처하며 되도록이면 있는 그대로의 정보를 찾아내도록 신경을 쓴다.

(2) 병력을 심신양면에서 청취하고 발병 전후의 심신의 상태, 그 상황에 영향을 끼치고 있

는 생활내용이나 인간관계 변화의 유무, 그러한 변화들을 받아들이는 방법이나 생활습관 등에 대해 되도록 자세히 듣고[6] 그 과정에서 심신상관에 대해 깨닫게 하고 심신의학적 치료가 필요하다는 사실을 이해시키도록 한다.

(3) 그리고 환자의 질병 발생 경로와 비슷한 증례(될 수 있는 대로 심심의학적 치료에 의해서 이미 관해[치유]하고 있는 증례)를 들어 생활의 방법을 연구하거나 인간관계를 개선함으로써 신체증상을 경쾌·소실시킬 수 있으리라는 점을 이해시켜 심신의학적 치료에 대한 동기부여를 강화시킨다.

일반적으로 심신증에 대한 오해나 편견에 근거한 심리적인 문제에 접할 때의 저항에는 다음과 같이 생각할 수 있다.

(1) 자신은 심신증(그 발병과 경과에 심리적 인자가 밀접하게 연관되어 있는 신체질환으로 현재 임상 검사만으로는 전혀 이상이 보이지 않는 신경증과는 다른 증상이지만)에 해당될 것 같은 쓸모없는 사람은 아니다(심신증은 사회적으로도 잘 적응해 나갈 수 없는 심리적인 문제가 있더라도 그것을 표면화시키지 않으려고 계속 애쓰는 경향이 강한 사람에게 나타나기 쉽다).

(2) 자신의 신체증상은 오히려 심리적인 문제를 일으키지 않게 하거나 화냄이나 슬픔 등의 부정적인 감정을 의식하지 않도록 노력하여 문제가 잊혀진 무렵에 나타나는 것이 많기 때문에 그것은 관계없다(심신증의 발병과 경과에 관여하는 심리적 요인은 의식적인 것보다 오히려 무의식화시킨 경우가 많다).

(3) 자신의 신체 증상은 병을 너무 신경쓰거나 병으로부터 도망치려고 생각하거나 했을 때에 생기는 것이 아니므로 그것은 관계없다(심신증은 이와 같이 병을 신경쓰는 심리적 요인으로 발병하는 것보다 신경쓰지 않고 있는 심리적 요인이 관여하고 있는 경우가 많다).

(4) 자신의 신체증상의 출현에는 심리적 요인이 관여하고 있을지도 모르지만 그 증상에 대해 말해버린다고 해서 새삼스레 문제되는 것은 아니다(심신증의 발병과 경과에 관여하고 있는 심리적 요인은 그 증세에 관심을 집중시키면 적절하게 대처할 수 있는 증상이 적지 않다).

(5) 자신의 신체증상의 출현에 관여하고 있을지도 모르는 심리적인 문제를 말하게 되면 바보 취급을 당하거나 웃음거리가 될 것 같이 부끄러워 말하지 못하겠다. 혹은 야단맞을 것 같아 무서워서 말할 수 없다(심신증의 발병과 경과에 밀접하게 관여하고 있는 심리적 요인은 그러한 사고방식 속으로 억누르려는 마음이고 심신의학적 치료관계에서는 앞에서 말한 것처럼 환자가 토론한 얘기의 내용에 따라서 인간적인 가치평가를 내리는 것은 아니며, 또한 의사에게는 비밀을 지켜야 할 의무가 있고 환자 본인의 양해 없이는

대화의 내용을 가족뿐만 아니라 타인에게 누가 말한 것인지 절대로 말하는 일은 없다는 점을 얘기하여 안심하고 무슨 내용이든 말하고 자기에 대한 이해가 깊어지도록 촉구하는 일) 등.

심신의학적 치료를 자연스럽게 도입시키기 위해서는 위에서 말한 저항을 ( )안에 적은 것처럼 이해시켜서 처리하여 두는 것이 매우 중요하다.

B 제2단계 : 치료 전기

이 단계는 적절한 심신의학적 치료(대증요법과 이완요법 등)에 의해서 임상증상을 경감·소실시키고 고칠 수 있다는 사실을 실감시켜서 심신의학적 치료로의 동기를 높이는 단계이다.

제1단계에 이어서 환자의 심리면, 사회면에 접촉하게 되는 일의 저항을 되도록 제거하고 환자한테서 자발적으로 제공된 주관적 정보에 이미 관찰과 임상검사에 의해서 얻어낸 객관적 정보를 더해서 치료방침을 세운다. 이때에 Leigh[9] 등이 작성한 환자평가(patient evaluation grid, PEG)(표 V-1, 그림 V-2)를 활용해서 정리해 보면[4] 치료방침을 세우기가 쉬워진다.

이 단계에서는 먼저 환자의 연령, 심신의 상태, 환경상황, 생활내용, 자아에 대한 강도,[10),11)] 성격경향, 인생관 등을 고려하여 환자에게 가장 적합한 치료법[2),12)]을 informed consent를 기초로 하여 선택하여 그것을 적용하고, 스트레스 상태에서의 해방을 도모하고 내부 환경의 항상성·방어기능의 회복을 촉진시켜 그 기능을 통해 임상증상이 경감·소실하게 되는 것을 체험시켜 심신의학적 치료를 하는 편이 효과적이라는 사실을 이해시킨다. 그러기 위해서는 치료적인 신뢰관계 속에서 환자가 그때까지 사회적으로 잘 적응하려고 억제해 온 부정적인 감정을 충분히 표현하게 하고 그것에 공감적인 이해를 나타내보여 긴장으로부터 해방감을 느끼게 한다거나(상담이나 생체에너지 요법 등), 이완하는 방법을 익히게 하거나(자율 훈련법 또는 자기통제법이나 요가요법 등), 환경의 조정을 하고 그런 일들이 어려울 때에는 얼마동안 입원(되도록이면 1인실이 좋다)하게도 한다.

	진 단	치료계획	
		단기적	장기적
신체적 (생물학적)			
심리적 (개인적)			
사회적 (환경적)			

그림 V-2 환자평가 그리드에 의한 치료계획(문헌 9에서)

표 V-1 환자평가 그리드(PEG)*

	현재 (현재의 상태)	가까운 과거 (가까운 과거에 일어난 일, 변화)	배경 (문화, 특성, 체질)
생물학적 (신체적)	신체적 증상·소견 이학적 소견 임상검사의 이상 소견 사용약제	초기 증상과 경과 신체상태의 변화 사용 약물의 변경 피로회복제의 사용	신체적 질환의 기왕력 신체적 질환/정신적 질환의 가족력
개인적 (심리적)	신체적 증상 호소 정신적 증상 호소 정신상태 희망하는 치료	정신상태의 변화 기분/행동의 변화 습관의 변화 원조의 요구	개인의 특성 방어기제/대처행동 정신적 질환의 기왕력
환경적 (사회적)	동거자 직업 사회적 스트레스 물리적 환경	생활상태의 변화 직업의 변경 생활상의 우발사건 물리적 환경의 변화	양친의 직업/사회적·경제적 계급 인생초기의 인간관계 학교생활 결혼/직업

* : patient evaluation grid

(문헌 9에서)

C 제3단계 : 치료 중기

임상증상의 출현 또는 악화에 앞서는 외적·내적인 상황을 인식시켜서 심신상관에 대한 이해를 깊게 하도록 하여 적응 양식의 수정 또는 새로운 적응 양식의 습득이 필요하다는 사실을 인식시키게 한다.

제2단계의 치료적인 신뢰관계 속에서 지나친 또는 만성 긴장상태에서 해방되거나 혹은 만성 피로상태에서 회복되면 임상 증상이 경쾌·소실한다고 하는 체험을 바탕으로 그때까지의 임상 증상의 경과와 환경상황, 생활내용, 일상행동, 대인관계의 대응방법이나 그 과정에서 나타내는 감정처리 방법 등의 관계를 되짚어보고 심신상관에 대하여 깊이 이해시켜 생활양식, 적응양식 수정의 필요성을 깨닫게 한다.

이와 같은 태도 전환과 깨닫는 것을 촉진하기 위해서는 상담이나 정신분석적 정신요법, 교류분석 요법, 게슈타르 요법, 행동요법 등이 이용될 수 있다.

D 제4단계 : 치료 후기

이 단계까지 일상행동이나 대인관계 대처방안 등을 보다 적절한 것으로 수정시켜 임상증상을 출현시키거나 악화시키지 않도록 하는 적응양식을 익히게 하며, 더 나아가 quality of life(QOL)[13]가 높아지도록 도와준다.

임상증상을 출현 또는 악화시키고 있던 외적·내적 상황과 그것을 받아들이는 방법, 그 받아들이는 방법에 바탕을 둔 대처행동 등을 고치기 위한 과정에서 외면적으로는 적응에 알맞은 행동을 하는 경우에도 그때그때의 외적 상황을 받아들이는 방법이 반드시 적절한 것이 아니기도 하고 내면적인 상황과 심하게 동떨어져 있다든가 하는 사태를 깨닫게 하도록 하면 좀 더 적절한 행동을 습득하는 일이 쉬워진다.

그와 같은 외적·내적 상황을 받아들이는 방법이나 그 받아들이는 방법에 근거한 행동을 수정시키고 임상증상을 출현 또는 악화시키지 않는 식의 좀 더 적절한 행동을 습득하게 하기 위해서 행동요법이나 교류분석 요법, 정신분석적 정신요법, 게슈타르 요법, 사이코드라마, 가족요법 등이 사용된다.

E 제5단계 : 치료 종결기

임상증상을 출현 또는 악화시키지 않을 만한 적응양식을 습득하고 치료간격을 두더라도 임상증상의 출현 또는 악화 현상을 안 보게 되는 일이 확인되었을 때에 그리고 환자의 동의를 얻을 수 있을 때 치료를 종결한다.

지금까지의 심신의학적인 치료과정에서 기본적인 안정을 얻으며 생체의 방어기능이 회복되어 자연치유력이 충분히 발휘되는 상태가 되면 그 상태는 외적·내적 상황의 수용방법과 그것에 기초를 둔 행동이 보다 적응적 상태로 된 것이기에 무너지기 어렵게 되고, 어떤 사태의 출현에 의해 다소의 외적 조건이 변화된다고 하더라도 임상증상의 출현 또는 악화를 안 보게 되는 일이 확인되며, 더 나아가 치료 간격을 두더라도 그 상태가 변하지 않는다는 사실이 확인될 때 환자의 의지를 확인하고 치료를 마친다.

다만, 치료 종결 후에도 냉엄한 현실에 직면해서 적응 곤란을 겪는 상태가 지속되고 임상증상이 재현되는 징조가 보이는 경우에는 주저 없이 의사한테 찾아오도록 권고하는 것이 중요하다.

위에 말한 내용이 전반적인 심신증에 대한 심신의학적 치료의 경향인데, 치료자 측의 조건과 환자 측의 조건에 따라서 선택되는 치료법과 그 이용방법, 치료 전체의 진행방법이 다르게 나타나는 것은 말할 것도 없다.[12] 치료자 측의 조건으로서는 치료적 자아[14~16], 어떠한 치료법에 익숙해 있는가, 어느 정도의 치료경험을 쌓아 왔는가, 어느 정도의 시간적 여유가 있는가 등이 있고, 이들 조건과 환자 측의 조건에 따라서 임상심리사나 작업요법사, 의료 social work 등의 팀 의료를 행하게도 된다. 또한 환자 측의 조건에 의해서 치료법을 선택한다고 하면 다음과 같은 세 가지 방향으로 나누게 된다(그림 V-3).[3]

(1) 유소년기의 친자관계에 그다지 문제점이 보이지 않고 성격의 편파성도 적고 치료적 신뢰관계도 형성되기 쉽고 현실에 대한 적응에도 유연성이 보이는 환자(현실 심신증형)에게는 임상증상의 발병 메카니즘을 심신의학적으로 설명해서 환자가 심신상관에 대해 관심을 두고 그 관심에 기초한 심신의학적인 입장에서 생활방식을 수정하게 하고 또 원만하게 사회적 지원을 받을 수 있게 도와준다.

(2) 유소년기의 친자관계에 다소의 문제가 보이며 인격의 발전단계에서도 다소의 문제가 보이지만 심신양면에서의 치료에 대한 의욕도 있고 심신상관의 이해에 근거한 행동 수정이 가능한 환자(신경증 경향이 강한 형)에게는 상담, 교류분석 요법, 게슈타르 요법, 행동요법, 절식요법 중 어느 하나를 시행하도록 한다.

(3) 표면적으로는 적응하고 있는 것처럼 보이지만 유소아기의 친자관계 문제가 크고 인격의 미숙이나 치우침도 나타나기 때문에 자기욕구의 실현이나 감정의 표현이 제대로 되지 않아서(alexithymic),[17,18] 심신양면으로부터의 치료에 대한 의욕이 약한 환자(성격

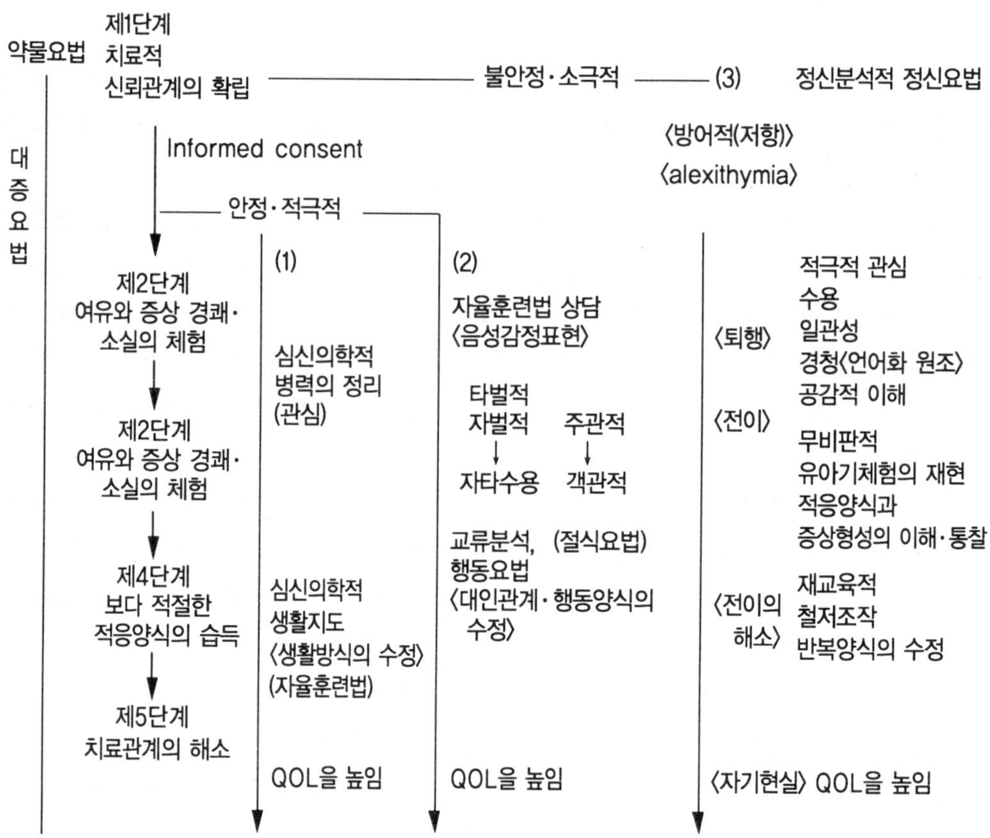

그림 V-3 심신의학적 치료의 흐름

심신증형)에게는 치료적 퇴행을 이용하는 정신분석적 정신요법, 재양육요법, 가족요법 등을 실시한다.

한편 어떤 치료법을 선택했을 경우에도 그 치료과정에서 치료 시작 전에 예상하지 못했던 전개가 나타나는 경우에는 처음의 치료방침을 고집하지 말고 그 전개방향에 유연하게 대응하면서 치료방침을 수정하는 것이 필요하다.

- 끝으로 -

심신증에 대한 심신의학적 치료를 진행시키는 단계에서 초기에 유의해야 할 일, 치료의 흐름과 환자 측의 조건에 따라서 어떠한 치료법을 선택하는 것이 좋을까 등에 대해서 서술했다.

어느 것을 선택하더라도 심신의학적 치료가 목표로 하는 것은 다음과 같다. 환자가 본래 지니고 태어난 능력을 되도록 발휘시켜서 인간적인 성장을 하도록 촉구하고 환자 나름대로 삶의 질이 높은 인생을 살아갈 수 있도록 도와주는 일이며 건강은 그 결과에 의해 부산물적으로 얻을 수 있는 것이라고 생각하는 것이다.

문헌

1) 池見酉次郎：プライマリ・ケアにおける全人的医療の実践. Jap J Prim Care 5(2): 87-96, 1982
2) 日本心身医学会教育研修委員会：心身医学の新しい診療指針. 心身医学 31 : 537-576, 1991
3) 吾郷晋浩：心身医学の臨床における心理療法の展開の実際. 河野友信, 末松弘行, 新里里春(編)：心身医学のための心理療法と心身医学的療法, pp230-237, 朝倉書店, 1990
4) 吾郷晋浩：ストレス病の治療. 河野友信, 吾郷晋浩(編)：ストレス診療ハンドブック, pp108-133, メディカル・サイエンス・インターナショナル, 1990
5) 吾郷晋浩, 井上光太郎：医師・患者関係. 桂 戴作, 山岡昌之(編)：よくわかる心療内科, pp209-211, 1997
6) 福井雄介, 吾郷晋浩：臨床各科のなかで患者さんをどうみるか—診断の基本. 末松弘行, 河野友信, 吾郷晋浩(編)：心身医学を学ぶ人のために, pp73-87, 医学書院, 1996
7) Szasz TS, Hollender MH : A contribution to the philosophy of medicine. The basic models of the doctor-patient relationship. AMA Arch Intern Med 97 : 585-592, 1956
8) 堀見太郎, 金子仁郎：患者の心理. 第4版, 金原出版, 1959
9) Leigh H, Reiser MF : The Patient (2nd ed). Plenum Med Book Comp, New York, 1985
10) 前田重治：自我の健康度の診断基準. 図説 臨床精神分析学, p56, 誠信書房, 1985
11) 前田重治：自我の発達. 続図説 臨床精神分析学, pp31-32, 誠信書房, 1994
12) 末松弘行：心身症の治療における心理療法の選択. 河野友信, 末松弘行, 新里里春(編)：心身医学のための心理療法と心身医学的療法, pp222-229, 朝倉書店, 1990
13) Strauss AL et al : Chronic illness and the quality of life. 2nd ed, C.V. Mosby, 1984〔南裕子(監訳)：慢性疾患を生きる. 医学書院, 1987〕
14) Watkins JG : Therapeutic self. Hypnosis and psychosomatic medicine. Springer-Verlag, Berlin, 1967〔鶴見孝子(訳)：精身医 9 : 72-75, 1969〕
15) 池見酉次郎：治療的自我. 現代心身医学, pp261-269, 医歯薬出版, 1972
16) 宮城英慈, 吾郷晋浩：治療的自我と受容. 心身医療 10(5), 21-24, 1998
17) Sifneos PE : The prevalence of alexithymic characteristics in psychosomatic patients. Psychother Psychosom 22 : 255-262, 1973
18) Apfel RJ, Sifneos PE : Alexithymia : Concept and measurement. Psychother Psychosom 32 : 180-190, 1979

② 약물치료 : 항정신제의 사용방법

심료내과 영역이나 일반 임상 각과에서 사용되는 빈도 높은 항정신제는 주로 항불안제, 수면제 및 항우울제 등이다. 그래서 이 범주로 분류되는 약물에 초점을 맞추어서 주로 그 약리작용, 작용 메카니즘, 약물 동태 및 임상약리학의 입장에서 본 임상 사용상의 포인트에 대해서 설명한다. 또한 심신증의 치료에서의 항정신제의 역할에 대해서도 간단히 언급하기로 하겠다.

A 심신증의 치료에 관련되는 항정신제의 역할

일반 진료과·심료내과 영역을 수진하는 심신증 환자의 병태는 스트레스 질환으로 이해되는 것이 많다. 치료자에 의한 환자의 수용과 공감은 환자의 스트레스 경감에 도움이 된다. 따라서 치료는 우선 본인의 이야기(호소)를 잘 듣는 것부터 시작한다. 치료자 측의 태도로서 경청과 공감이 특히 중요하다. 천천히 시간을 두고 환자의 스트레스에 대해서 심신상관의 이해를 촉진시키고, 스트레스가 생길 때에는 무엇이 스트레스로 구실을 하고 있는지, 환자 생체 측의 스트레스에 대한 내성의 강도는 어느 정도인가, 그 스트레스가 환자 자신의 생활방식과 어떻게 관련되어 있고 생활방식의 수정에 의해서 스트레스 관리가 가능한지 어떤지를 생각하면서 치료를 진행시켜 나가게 된다.

심신증의 병태에 대한 이해는 신체적 측면뿐만 아니라 심리·사회적인 측면도 가능하게 된다. 환자에 대한 전인적인 접근은 치료자–환자간의 신뢰관계가 기초에 깔려있을 때 비로소 효과를 본다. 「믿음직한 치료자–환자관계」는 심신증의 치료에 있어 최대 또는 최강의 약이다. 심신증의 치료는 이 바람직한 치료자–환자관계를 구축하면서 가정환경, 직장환경, 그 외 다른 사람의 비약물 요인의 영향을 강하게 받아들이면서 이루어지게 된다.

심신증에서 자주 볼 수 있는 불안·긴장을 동반한 정신증상·신체증상이나 각 통증에 관련한 증상에 대해 약리학적 활성이 없는 위약(Placebo) 투여군의 1/3이상에서 개선을 보이는 것은 주목할 가치가 있다. 우리도 담당의사로서 참가한 전국의 많은 대학병원에서 실시된 내과영역에서의 심신증·신경증을 대상으로 한 항불안제의 다기관 이중맹검 비교실험 성적을 소개하면 Diazepam 투여군의 개선율이 58%인 것에 비해 Placebo 투여 군의 개선율은 42%였다. 다시 말해 대표적인 항불안제인 Diazepam 투여군의 개선율은 위약 투여군의 개선율에 16%의 상승효과를 가져오게 하는 것뿐이다.

의사–환자관계 등의 비약물 요인은 위약뿐만 아니라 항불안제 투여군의 개선율에도 밀접히 관련되어 있다. 의사–환자간의 신뢰관계가 좋은 경우에 개선율은 높지만 좋지 않은 환자에게는 개선율이 낮다. 다시 말하면 항불안제가 적응이 되는 심신증 병태의 개선에는 비약물적 요인이 강하게 영향 받는다. 항정신제 투여 효과는 이와 같이 비약물 요인과 관련된 치료효과가 관여한다는 사실을 언제나 염두에 둬야 할 필요가 있다.

항정신제는 환자에게 나타나는 심신의 증상을 그대로 받아들여 우선 고통을 완화시키기 위해서는 큰 도움이 된다. 항정신제를 사용한 이와 같은 접근은 환자의 의사에 대한 신뢰감을 깊게 하고 그 후 치료적 접근이 쉽게 이루어지는 경우가 많다. 환자의 병태를 어느 정도 개선하고 나서 위에 적은 바와 같이 심신상관의 이해, 생활방식의 개선이라고 말한 심신증의 근본적인 치료로 진행하게 되면 효율적인 경우가 많다.

하지만 심신증적인 증상이라는 이유만으로 막연히 항정신제를 사용하지 않도록 유의해야 한다.

B 항불안제

심료내과 영역에서 항불안제(antianxiety drug)가 사용되는 것은 심신증과 불안을 주체로 한 불안장애이다. 항불안제로서는 benzodiazepine계의 약물이 주로 쓰이고 있다.

1. 항불안제의 종류(표 V-2)

알코올이나 barbiturate는 오래전부터 불안을 완화하는 목적으로 사용되고 있지만 meprobamate는 내성과 약물의존에 의한 심각한 퇴약증세(경련발작, 섬망 등의 증세)가 생기는 것으로 밝혀졌다. 1960년에 들어와 chlordiazepoxide 및 그에 이어지는 좀 더 강력한 diazepam이 출현하면서 이들이 benzodiazepine(BDZ)계 항불안제의 주류가 되었다.

benzodiazepine계 항불안제는 항 불안작용에 있어서 우수할 뿐 아니라 유해반응이 적고 비교적 대량을 복용하여도 호흡·순환기계의 억제가 적은 안전성이 높은 항불안제 이다.

최근 benzodiazepine계 항불안제보다도 좀 더 항불안작용의 특이성이 높은 (항 불안작용 이외의 진정작용·근 이완작용·의존성·알코올과의 상호작용 등이 적다) 세로토닌 작동성 항불안제가 출현했다. 세로토닌 작동성 항불안제로서 일본에서 유효성과 안전성이 확인되어 사용할 수 있는 약물은 buspirone이다. 세로토닌 작동성 항불안제에 관해 그 대표적인 buspirone의 특징을 benzodiazepine계 항불안제와 비교하여 알게 쉽게 간략한 표로 표시하였다(표 V-2). Buspirone은 benzodiazepine계 항불안제에 공통으로 인정받은 항불안작용 이외의 여러 약리작용(예를 들면 진정작용, 근이완작용 등)을 가지지 않는 것으로 benzodiazepine계 항불안제보다도 더욱 선택적인 항불안제라고 말할 수 있다.

최근 선택적인 세로토닌 재흡수억제제(selective serotonin reuptake inhibitor, SSRI)도 불안장애에 사용되고 있지만 이 점은 항우울제의 항목에서 서술하겠다.

2. 적응

항불안제는 비교적 지속기간이 짧은 불안·긴장과 그에 따르는 신체증상이 앞서 나타난 병태에 유효하다. 만성화되어 있는 불안증상은 환자의 성격경향과 밀접하게 연관되어 있는 경우가 많고 항불안제의 유효성이 떨어진다. 따라서 비교적 병력이 짧은 불안성 장애가 항불안제의 가장 좋은 적응이다. 성격장애가 밑바탕에 있는 심기성 장애, 강박성 장애, 전환성 장애 등에는 항불안제의 효과가 약한 경우가 많다.

불안·긴장과 그에 따르는 신체증상은 가끔씩 서로가 악순환을 형성하는 경우가 많다. 이와 같은 악순환을 끊기 위해서는 항불안제가 도움이 된다. 불안·긴장과 그에 따르는 신체증상이 악순환을 형성하고 있는 경우에는 가슴 두근거림, 빈맥, 떨림, 발한 등의 말초 교감신경의 흥분상태를 억제하기 위해 β-차단제의 병용이 효과가 있다.

환자의 불안·긴장과 그에 따르는 신체증상을 어떻게든 완화시켜주는 것은 환자의 의사에 대한 신뢰감을 깊게 하는 데에도 도움이 되고 그 후 심신의학적 치료를 용이하게 할 때가 많다. 또한 때로는 심리적 측면의 문제점이나 환경 요인의 처리가 당장은 손을 쓸 수 없는 경우에도 어쩔 수 없는 대증요법으로서 항불안제가 사용되는 경우도 있다.

3. 약리작용

benzodiazepine(BDZ)계 항불안제의 종류는 많지만 공통된 약리작용으로는 다음과 같은 작용이 있다.

① 항불안작용
② 진정작용
③ 수면유도작용
④ 항경련작용
⑤ 근이완작용
⑥ 자율신경 안정작용

⑦ 항스트레스작용

이러한 약리작용들은 BDZ계 항불안제에 공통되는 약리작용이다. 많은 BDZ계 항불안제는 각각의 작용에 상대적인 강도의 차이가 있을 뿐 기본적으로는 비슷한 약리작용을 가지고 있다. 임상적으로 약물이 가지고 있는 약리작용 강도의 특징에 따라 항불안제, 수면제, 항경련제로 사용되고 있다. 따라서 용량의 조절에 의해 같은 약물이 항불안제, 수면제, 항경련제로서 구별되어 적당히 사용되는 경우도 있다.

BDZ계 항불안제는 뛰어난 항불안작용을 지니고 있어서 사용량의 범위 내에서는 안전성이 높다. 그러나 임상 사용상의 문제점으로는 진정작용과 근이완작용에 따르는 유해반응으로서 졸림과 휘청거림이 많다. 이는 특히 노인인 경우 자칫 미끄러져 넘어지는 원인이 되기 쉽다. 그 때문에 뼈가 골절되어 누워 지내는 노인이 될 위험성이 있다. 또 일과성의 기억장애, 알코올의 상승작용, 약물의존과 약을 멀리하는 증상 등이 사용상의 문제점이다.

한편, 최근에 개발된 세로토닌 작동성 항불안제는 진정작용, 근이완작용, 정신운동 기능의 저하작용, 항경련작용, 약물의존 등 BDZ계 항불안제에 공통된 약리작용이 없어서 보다 선택적인 항불안제라고 할 수 있겠다. 그러나 benzodiazepine계 항불안제와 비교해서 ①효과 발현이 느리다(3~4주 동안을 필요로 한다), ②benzodiazepine계 항불안제의 사용 경험자에게는 효과가 나쁘다, ③오심·구토, 어지러움, 휘청거림 등의 독특한 부작용이 있을 수 있다는 등의 특징이 있다.

4. 작용 메카니즘

γ-아미노부티르산(GABA)은 중추신경계에 높은 농도로 존재하는 억제성 아미노산이다. benzodiazepine계 항불안제는 benzodiazepine계(BDZ) 수용체에 결합해서 GABA/BDZ 수용체, Cl 채널 복합체를 매개로 GABA 수용체의 기능을 강화하여 2차적으로 신경전달물질인 카테콜아민이나 세로토닌의 대사회전을 줄여서 신경억제를 일으킴으로서 항불안작용을 발휘한다. 작용부위는 주로 대뇌 변연계로 그 밖의 시상하부, 중뇌 망상체에도 작용해서 항불안작용을 발휘한다.

Buspirone 등의 5-HT1A 수용체 agonist는 청반핵의 신경활동을 억제시키지 않고 봉선핵 신경세포를 가지고 있는 5-HT 수용체, 특히 5-HT1A 수용체에 작용한다고 생각된다.

5. 약물동태(표 V-2)

benzodiazepine계 항불안제는 약물상호간의 약리학적 특성의 공통성에 비교하면 흡수, 분포, 대사, 약물 동태면에서 커다란 차이가 있다. benzodiazepine계 항불안제는 어느 것이나 간 대사형 약물(따라서 뇨중 배설율이 낮다)인데, 이는 특히 대사경로와 대사속도의 약물

표 V-2 항불안제 일람표

일반명(상품명)	복용량 (mg/일)	약물동태치 (수치는 범위 또는 Mean±SD로 표시)						활성대사물
		tmax (hr)	t1/2 (hr)	뇨중배설률 (%)	단백결합률 (%)	클리어런스 (ml/min/kg)	분포용량 (ℓ /kg)	
Benzodiazepine계								
1) 단기작용형								
Etizolam(데파스)	1~3	3	6					hydroxyetizolam
Clotiazepam(리제)	15~30	1~1.5	4~5	<1	99.3~99.0	3.59	2.08	
Flutazolam(콜레미널)	12	1	3.5					desoxazoloflutazolam
2) 중기작용형								
Lorazepam(와이팩스)	1~3	2	14±5	<1	91±2	1.1±0.4	1.3±0.2	
Alprazolam (콘스탄·소라낙스)	0.4~2.4	2.1	12±2	20	71±3	0.7±0.1	0.7±0.1	7-hydroxyalprazolam
Bromazepam (텍시탄, 세니란)	2~15	0.5~4.0	11~28					3-hydroxybromazepa
Oxazepam(바이로그)	15~90	1~4	6.8±1.3	<1	97.8±2.3	1.1±0.4	0.6±0.2	
3) 장기작용형								
Fludiazepam(에리스판)	0.75	1	23					
Mexazolam(멜렉스)	1.5~3	1~2	60~150					Chlornordiazepam
Diazepam (셀신, 호리존)	2~20	0.5~2.0	43±13	<1	98.7±0.2	0.4±0.1	1.1±0.3	desmethyldiazepam oxazepam temazepam
Chlordiazepoxide (콘트롤, 밸런스)	20~60	1~6	10±3.4	<1	96.5±1.8	0.5±0.5	0.3±0.03	desmethylchlordiaze-poxide demoxepam desmethyldiazepam oxazepam
Clorazepate dipotassium(멘톤)	9~30	0.5~1	2.0±0.9	<1		1.8±0.2	0.33±0.17	desmethyldiazepam
Medazepam(레스미트)	10~30	1~3	2~5					diazepam desmethyldiazepam
Oxazolam(세레나르)	10~20	8.2±1.3*	55.9±6*					desmethyldiazepam temazepam oxazepam
Cloxazolam(세바존)	3~12							desmethyldiazepam
4) 초장기작용형								
Flutoprazepam(레스타스)	2~4	4~8	190					desmethylfludiazepam
Ethyl loflazepate (메이랙스)	1~2	1.2	122					
Prazepam(세다플란)	10~20	3	1.3±0.7	0	96~99	140±100	14.4±5.1	desalkylprazepam desmethylmedazepam desmethyldiazepam
세로토닌 작동성 tandospirone(세대일)	30~60	2.9±0.7	1.4	0				
기타								
Hydroxyzine (아탈랙스)	75~150							
Tofisopam(그랜닥신)	150	1	0.5~1					

* : 대사물의 약물동태치

동태면에서의 차이가 생기는 원인이 되고 있다. 대사 경로의 특징으로부터 크게 두 그룹으로 나눌 수 있다. 첫째는 산화에 의해서 대사되는 약물이다. chlordiazepoxide와 diazepam이 이 그룹의 대표약물이다. 둘째는 글루쿠론산 포합에 의해서 주로 뇨중에 배설되는 약물로 oxazepam과 lorazepam이 이 그룹의 대표이다.

이와 같은 대사경로의 차이는 대사물의 차이도 나타나 약리활성을 지니고 있는 대사물을 산생시키는 약물과 산생시키지 못하는 약물로 구별할 수 있다. 활성 대사물의 사례로서는 desmethyldiazepam과 같이 혈중반감기(t1/2)가 길고(약100시간) 동시에 기본적인 benzodiazepine계 항불안제의 약리작용을 가지고 있는 것도 있다. 또한 대사속도의 차이는 약물 클리어런스와 혈중 반감기의 차이를 나타낸다. 이와 같이 약물동태면의 차이에 따라 단기 작용형, 중기 작용형, 장기 작용형 등으로 분류된다.

약물의 클리어런스와 혈중 반감기의 차이는 반복 사용 시에 혈중 약물 농도가 정상 상태에 도달하는 시간의 차이에 반영된다. 반복사용 시 혈중 약물 농도가 정상상태에 도달하는 데에 필요한 시간은 그 약물의 혈중 반감기의 약 5배를 필요로 한다. 따라서 매일 반복 사용 시에는 혈중 약물 농도는 서서히 증가하고 혈중 약물농도가 일정한 수준, 다시 말해 정상상태에 이르는 데 소요되는 시간은 반감기가 긴(24시간 이상) 약물은 수일 이상, 반감기가 짧은(12시간 이하) 약물은 2~3일이다. 또한 약물의 사용을 중지한 때에는 체외로 약물이 제거되는데에 같은 시간이 필요하게 된다.

이와 같이 단기 작용형 약물은 체내에 축적되기 어렵고 노인에게 사용하기 쉽지만 여러 번의 투여가 필요하다. 한편, 다른 방법으로 장기 작용형 약물은 1일 1회 투여가 가능하지만 체내에 오래 머물러 축적되기 쉬우므로 주의하지 않으면 과잉투여 되기 쉽다.

6. 약물 동태에 영향을 미치는 요인

1) 연령

많은 다른 약물과 마찬가지로 연령은 benzodiazepine계 항불안제의 약물 동태에 영향을 미치는 중요한 요인의 하나이다. 일반적으로 산화반응에 의해서 대사되는 benzodiazepine계 항불안제는 연령이 높아지는데 따라 영향을 받기 쉽고 노인에서 대사속도가 지연되거나 분포 용량(Vd)이 증가하는 것을 고려해야 한다. 혈중 반감기가 연장되는 것이 많다. 한편 글루쿠론산 포합에 의해 대사되는 benzodiazepine계 항불안제의 대사는 연령이 높아지는 데에 대한 영향을 비교적 받지 않는다.

2) 간 장애

간 장애 중에는 간경변일 경우에 일반적으로 산화반응에 의해 대사되는 benzodiazepine계 항불안제의 대사가 지연되어서 클리어런스가 저하하고 혈중 반감기가 연장된다. 한편 글루쿠론산 포합에 의해서 대사되는 benzodiazepine계 항불안제의 대사는 간 장애의 영향을 비교적 받지 않는다.

3) 식사

공복 시에 내복한 경우와 비교해서 식후에 내복한 경우에는 흡수속도가 느려지게 되는데 따라서 그 진정작용의 강도가 줄어드는 경우가 많다. 이 경우에 그 흡수량에는 영향을 보이지 않는다.

4) 항콜린제, 제산제

위장약으로 사용되는 항콜린제, 제산제는 일반적으로 경구 투여하는 benzodiazepine계 항불안제의 흡수속도를 늦추며 따라서 그 진정작용의 강도를 줄이는 경우가 많다. 그 흡수량에는 대체로 영향을 보이지 않는다.

5) Cimetidine

항궤양약인 cimetidine은 P-450계 효소 저해작용이 있어서 일반적으로 산화반응에 의해서 대사되는 benzodiazepine계 항불안제의 대사가 지연되고 클리어런스가 저하되어 혈중 반감기가 연장된다. 한편, 글루쿠론산 포합에 의해서 대사되는 benzodiazepine계 항불안제의 대사는 그 영향을 받지 않는다.

6) 생체리듬, 복용시간

일반적으로 아침 복용 시에는 야간 복용 때와 비교해서 혈중약물 농도가 높아져 benzodiazepine계 항불안제에 의한 진정작용이 강하게 나타나기 쉽다. 이 현상은 경구투여했을 때 위 통과시간이 아침과 야간에 차이가 나기 때문이라고 생각되는데 정맥내 투여를 했을 때에도 그런 것으로 보아 체내에서 분포속도의 일중 변동도 관여하고 있다고 생각된다.

7) 스트레스

실험적인 심리적 스트레스를 받으면 경구 투여 시 benzodiazepine계 항불안제의 흡수속도가 촉진되기도 하고 지연되기도 한다. 이 소견은 위 통과시간의 변화를 알려주는 것으로 성격특성(특히 불안 수준·신경질 경향)에 따라 스트레스의 영향을 받아들이는 방법이 다르다.

8) 임상약리학의 입장에서 본 항불안제의 합리적 사용법

benzodiazepine계 항불안제를 합리적으로 사용할 때의 유의점을 임상약리학의 입장에서 보면 다음과 같이 정리할 수 있다.

(1) benzodiazepine계 항불안제는 적절한 적응증에서만 사용할 것. 특히 노인의 경우에는 유해반응(졸림, 현기증, 권태감, 탈력감 등)을 나타내기 쉬우므로 주의해야 한다.

(2) 가능하면 약물에 의존하지 말고 비약물적 치료법을 사용해 보도록 할 것. 또한 약물을 사용하는 경우에도 비약물적 치료법의 병용을 고려할 것.

(3) 약물을 사용하지 않으면 안 되는 경우에는 될 수 있는 한 가급적 단기간 사용하도록 할 것. benzodiazepine계 항불안제의 의존증은 투여량과 투여기간과 관계있다. 또한 작용역가가 강한 약물, 반감기가 짧은 약물에서 나타나기 쉽다.

(4) 투여방법·투여량은 각 개인의 개성에 맞게 세밀하게 조절할 것. 특히 노인은 성인의 1/2~1/3량에서 시작할 것.

(5) 약의 효력이 있는지 아닌지(유효성)는 빨리 평가할 것.

(6) 약물 의존의 기왕력이 있는 환자에게는 benzodiazepine계 항불안제의 사용을 되도록 피할 것.

(7) 장기 투여 환자에게 benzodiazepine계 항불안제를 중지해야 할 경우에는 천천히 감량할 것. 급격히 중지하면 금단증상이 나타나기 쉽다.

(8) 수많은 항불안제들 중에서 몇 가지를 의사 자신이 스스로 충분히 사용해보고 특징과 반응을 알고 자신의 것으로 만드는 것이 바람직하다.

(9) 항불안제 복용 중에는 자동차 운전이나 위험이 뒤따르는 작업을 피하도록 지도할 것.

C 수면제

1. 수면제의 종류(표 V-3)

수면제로서 가장 사용빈도가 높은 약물은 항불안제 항목에서 기록한 benzodiazepine계 수면제이다. 그 외에 바비트레이트계 수면제, 비 바비트레이트계 수면제 및 그 외가 있다. 바비트레이트계 수면제는 안전성이 적다(치사량과 유효량의 폭이 좁다). 또한, 내성의 형성, 약물의존성, REM 수면의 억제 등이 나타나므로 사용 빈도는 낮다. benzodiazepine계 수면제에 효과가 없는 불면증에 단독 또는 병용제로 사용되는 경우가 많다.

2. 약리작용

benzodiazepine계 수면제의 작용은 앞의 항목에서 정리한 약제가 가지고 있는 수면작용을 주작용으로 이용한 것이다. 수면 시에 불안·긴장이 심한 경우에는 항불안 작용만으로도 잠들게 되는 경우가 있다. benzodiazepine계 수면제에 있는 그 외의 약리작용은 먼저 항목에 기록한 benzodiazepine계 항불안제의 약리작용과 같다.

benzodiazepine계 수면제의 중요한 부작용으로 다음날 하루종일 지나친 진정과 전향성 건망(복약 후에 있는 일정기간의 기억장애)이 있다. 알코올은 benzodiazepine계 수면제와의 사이에 상호작용이 생기고 이러한 작용을 상호 증감한다. 전향성 건망 뿐 아니라 이에 더해 억제가 저하된 행동을 일으키는 경우도 있다.

3. 작용 메카니즘

수면제는 대뇌피질을 억제하는 동시에 뇌간 망상체의 상행성 각성자극을 억제해서 수면을 유발하거나 또는 강제적으로 수면을 일으켜서 일정시간 수면시킨다. 중추신경계의 억제 메카니즘은 앞 항목의 benzodiazepine계 항불안제의 항목에서 기재했던 것과 같이 BDZ 수용체와 결합해서 GABA/BDZ 수용체·C1 채널 복합체를 중개로 GABA 수용체의 기능을 강화하여 신경억제를 일으켜 작용을 나타낸다.

수면제에 의해서 잠들기까지의 시간은 단축되고 중도 각성이 감소되며 수면 지속시간이 연장된다. non-REM 수면의 깊은 단계(제3단계, 제4단계)가 감소하고 비교적 얕은 단계(제2단계)가 증가해서 REM 수면은 다소 감소한다. 따라서 수면제에 의한 수면은 자연 생리적인 수면과는 다소 양상이 다르다.

4. 약물동태(표 V-3)

benzodiazepine계 수면제는 약물 동태면에서 큰 차이가 있다. 어느 약제나 간대사형 약물이지만 대사경로와 대사속도의 차가 이 약물 동태면의 차이를 생기게 한다. 대사 속도의 차이는 약물 클리어런스와 혈중 반감기의 차이에 반영되어 이와 같은 약물 동태면의 특성에 의해서 취면제(단기 작용형)과 숙면제(장기 작용형)로 분류된다. 수면장애의 타입에 따라 이와 같은 약물 동태학적 특성을 고려하여 수면제를 선택한다.

5. 임상약리학의 입장에서 본 수면제의 합리적 사용법

임상약리학의 입장에서 본 benzodiazepine계 수면제의 합리적인 사용법에 관한 유의점은

표 V-3 수면제 일람표

일반명(상품명)	복용량 (mg/일)	약물동태치 (수치는 범위 또는 Mean±SD로 표시)						활성대사물
		tmax (hr)	t1/2 (hr)	뇨중배설률 (%)	단백결합률 (%)	클리어런스 (ml/min/kg)	분포용량 (ℓ/kg)	
benzodiazepine								
nitrazepam (네르본, 벤자린)	5~10	0.5~3	26±3	<1	87±1	0.86±0.12	1.9±0.3	7-aminonitrazepam 7-acetamidonitrazepam
flurazepam(달메에트, 베노지일)	10~30	1	74±24	<1	96.6	4.5±2.3	22±7	desmethylflurazepam N-desalkyl-flurazepam 3-hydroxy-N-desalkyl-flurazepam
nimetazepam (에리멘)	3~5	2~4	21					1-desmethylnimetazepam 3-hydroxynimetazepam
estazolam (유우로진)	1~4	4	18~31					1-oxoestazolam
haloxazolam (소메린)	5~10		42~123					desmethylhaloxazolam
glunitrazepam (사이레스, 로리프노올)	0.5~2	1~2	15±5	<1	77~79	3.5±0.4	3.3±0.6	desmethylflunitrazepam 7-aminoflunitrazepam
triazolam (할시온)	0.125~0.5	1.3	2.9±1.0	2	90.1±1.5	5.6±2.0	1.1±0.4	α-hydroxytriazolam
lormetazepam (로라메트, 에바미트)	1~2	0.5~2	10					
quazepam(도랄)	20	3.7±0.5	32±7	<1				
thienotriazoladia-zepine								
brotizolam (렌돌민)	0.25	0.5~2	4.4					hydroxy체
cyclopyrrolone계								
perlapine	2.2~5		15~30					
rimazafone	1-2(에르1)	3	8~13					
zopiclone (아모판)	7.5~10	0.8	4.6					
barbiturate계								
phenobarbital(페노바비탈, 페노바르)	30~200	1~2.4	99±18	24±5	51±3	0.06±0.01	0.54±0.03	
amobarbital (이소미탈)	100~300		8~42					hydroxy체
pentobarbital(라보날, 넴프타알)	50~100		15~48					
alcohol류								
butoctamide semisuccinate (리스토민 S)	600	1	0.6~0.8					
zopiclone(아모반)	7.5~10	0.8	3.9					
zolpidem(마이스리)	5~10	0.7±0.4	2.2±0.3	<1				

기본적으로 benzodiazepine계 항불안제와 같다.

(1) 수면장애의 감별 진단을 정확히 할 것. 특히, 환자의 수면에 관한 신체·심리·사회적 측면을 포함한 전인적인 시각에서의 병력을 파악할 것. 환자와 생활을 함께 하고 있는 사람으로부터도 환자의 수면에 관한 정보를 얻게 되면 참고가 되는 경우는 많다.

(2) 가능하다면 수면제에 의존하지 말고 비약물적 치료법(원인치료, 생활지도, 심신 이완법)을 사용하도록 할 것. 또한 수면제를 사용하는 경우에도 이들 비약물적 치료법의 병용을 고려할 것.

(3) 수면장애의 타입(입면장애, 숙면장애, 조기각성)에 따라서 작용지속시간을 고려하여 수면제를 선택할 것.

(4) 수면제를 사용해야만 하는 경우에도 되도록 단기간 사용하도록 노력할 것.

(5) 투여량은 각 개인에 맞춰서 조절하고 개별화할 것. 일반적으로 소량부터 시작하는 게 원칙. 노인의 경우는 성인 용량의 1/2~1/3로도 충분한 경우가 많다.

(6) 수면제의 급격한 중단에 따라 약물 사용 전과 비교해서 수면장애의 악화가 느껴지는 경우가 있다. 이 현상을 반동성 불면(rebound insomnia)라고 한다. 반감기가 짧은 수면제에서 흔히 볼 수 있다. 반감기가 긴 수면제로 바꾼 후 급격한 중단 없이 서서히 중지하면 그 반동성 불면은 예방할 수 있는 경우가 많다.

(7) benzodiazepine계 수면제의 장기간 사용 환자가 수면제를 중지하는 경우에는 서서히 감량해야 하는데 반감기가 긴 수면제로 바꾼 후에 급격한 중단 없이 서서히 중지하면 금단증상의 출현을 억제할 수 있다.

D 항우울제

심신증의 영역에서는 비교적 경증에서 신체증상이 전면에 드러나 있는 우울 상태가 많다.

항우울제는 이와 같은 우울 상태에 따르는 심신상태에 대해 효과적이다. 이때 환자의 우울증상과 그에 따르는 고통이 약물치료로 호전되는 것을 환자와 가족에게 안심시키는 것은 그 후의 신뢰관계의 확립과 심신의학적 치료를 용이하게 하는 데에 도움이 된다.

1. 항우울제의 종류(표 V-4)

심료내과 영역이나 임상각과로 방문하는 우울증 환자는 비교적 경증으로 신체증상이 전면에 드러나 있는 우울상태가 많다.

사용되는 항우울제로서는 종래 삼환계의 imipramine, amitriptyline, desipramine, nortriptyline 등의 이른바 제1세대의 항우울제, 1970년대 이후에 개발된 제2세대의 항우울제(maprotiline, mianserin 등)가 중심이었지만 최근에는 선택적 세로토닌 재흡수저해제(selective serotonin reuptake inhibitor, SSRI)이 많이 사용되고 있는데, fluvoxamine, paroxetine 등의 사용이 증가하고 있다.

또한 serotonin과 noradrenalin의 양자의 재흡수저해제(serotonin & noradrenalin reuptake inhibitor, SNRI)의 milnacipran이 시판되었다.

표 V-4 항우울제 일람표

일반명(상품명)	복용량 (mg/일)	약물동태치 (수치는 범위 또는 Mean ±SD로 표시)						활성대사물
		tmax (hr)	t1/2 (hr)	뇨중 배설율 (%)	단백 결합률 (%)	클리어런스 (mℓ/min/kg)	분포 용량 (ℓ /kg)	
삼환계								
nortriptyline(노리토렌)	30~75 (max150)	2~12	31±13	2±1	93~95	7.2±1.8	18±4	10-hydroxynortriptyline
desipramine(버트프랑)	50~75 (max150)	6	22±5	2	82±2	10±2	20±3	2-hydroxydesipramine
amoxapine(아모키산)	25~75	1~1.5	8					
imipramine(트프라닐)	25~200	3~4	6~8	〈2	94.8±0.5	15±4	23±8	8-hydroxyamoxapine desipramine 2-hydroxydesipramine
amitriptyline (트리프타놀)	10~150	2~12	21±5	〈2	94.8±0.8	11.5±3.4	15±3	2-hydroxyimipramine nortriptyline
clomipramine (아나프라닐)	50~100	1.5~4	12~28					10-hydroxynortriptyline desmethylclomipramine
trimipramine (슬르몬티일)	50~200							
사환계								
maprotiline(류지오밀)	30~75	4~12	30~60					desmethylmaprotiline
mianserin(데드라미드)	30~60	2~3	18.2±1.3	〈2	90		35-48	desmethylmianserin 8-hydroxymianserin
setiptiline(테시프놀)	3~6	1~3	a2, β24					
그 외								
sulpiride(도구마칠)	150~300	2	6.7					
mianserin(데느라미느)	20~30	2						
setiptiline(테시프놀)	75~100 (max200)	3~4	5.9±1.9	〈1	93	2.1±0.6	1.0±0.3	
SSRI								
fluvoxamine(루복스)		2~8	15	〈4	77		〉5	
paroxetine(팍실)		0.5~11	10~16	〈2	95		17	M2 metabolite
SNRI								
milnacipran(토레도민)	50~100	2	6~8	50-60	13			

2. 약리작용(표 V-5)

제1세대의 항우울제(amitriptyline, imipramine, nortriptyline, desipramine 등)는 항우울 작용의 주요 메카니즘이라고 생각되는 중추신경에서 monoamine 재흡수 억제작용 이외에 항무스카린성 콜린작용의 부작용(갈증, 변비, 배뇨장애 등)이 비교적 강하고 또 심장기능에 대한 부작용이 있는 것을 문제점으로 들 수 있다.

다음으로 제2세대의 항우울제(maprotiline, mianserin 등)에는 항콜린성의 부작용, 특히 심장기능에 대한 부작용이 적지 않은 것이 특징이다. Sulpiride는 항우울작용 이외에 항궤양작용이 있고 또한 항콜린성의 부작용이 적다.

SSRI의 fluvoxamine, paroxetine 등은 항우울작용과 함께 항불안작용도 있고 삼환계 항우울제에서 볼 수 있는 항 무스카린성 콜린작용의 부작용이나 심장기능에의 부작용이 적고 독성이 낮기 때문에 비교적 사용하기 쉽다. 그러나 어느 정도는 SSRI도 치토크롬 P 450(CYP)에 대한 저해작용이 있기 때문에 다른 제제와 겸용하면 그 병용약물의 대사를 저해하여 혈중약물농도가 상승하여 병용약물에 의한 유해반응이 나타날 가능성이 있으므로 주의가 필요하다. fluvoxamine은 CYP 2D6, CYP3A3/4, CYP1A2, CYP2C19에 대한 저해작용이 있고 paroxetine은 CYP2D6에 대한 저해작용을 가지고 있다(표 V-6, 7).

표 V-5 항우울제의 특성

일반명(상품명)	재흡수 억제작용			항 무스카린성 ACh 작용	항 히스타민 작용	β-adrenaline-receptor 결합수 (Bmax)
	5-HT	NA	DA			
Amitriptyline	++	+++	±	+++	+++	↓
Clomipramine	+++	++	-	++	±	↓
Imipramine	++	++	±	+	+	↓
Desipramine	+	+++	-	+	-	↓
Nortriptyline	+	+++	±	+	+	↓
Maprotiline	-	+++	±	±	+	↓
Mianserin	-	±	±	-	++	↓

+++: 매우 강함, ++: 중등도 강함, +: 약간 강함, ±: 약함, -: 없음, ↓: 감소
5-HT: Serotonin, NA: Noradrenaline, DA: Dopamine.

표 V-6 치토크롬 P450(CYP)분자종에 대한 SSRI 혹은 그 대사물의 저해작용

약물	주대사물	CYP 분자종에 대한 저해작용			
		CYP2D6	CYP3A3/4	CYP1A2	CYP2C19
fluvoxamine		+	++	+++	+++
paroxetine		+++			
	M2 metabolite	+++			

표 V-7 치토크롬 P450(CYP)분자종의 대표적 기질

CYP2D6	CYP3A3/4		CYP1A2	CYP2C19
flecainide	nifedipine	tacrolimus	theophylline	omeprazol
timolol	nicardipine	simvastatin	caffeine	diazepam
metoprolol	nimodipine	lovastatin	acetaminophen	imipramine
propronololl	nisoldipine	terfenadine	phenacetine	propranolol
carvedilol	felodipine	erythromycin	imipramine	
perphenazine	diltiazem	lidocaine	propranolol	
fluphenazine	verapamil	tamoxifen		
haloperidol	quinidine	glibenclamide		
nortriptyline	diazepam	ketoconazol		
amitriptyline	midazolam	estradiol		
clomipramine	triazolam	cortisone		
desipramine	alprazolam	ethosuximide		
imipramine	cyclosporin	carbamazepine		

3. 작용 메카니즘

1960년대부터 뇌 내의 모노아민(노르아드레날린, 세로토닌, 도파민)이 양적으로 감소되어 우울증이 생긴다고 하는 고전적 「아민가설」에 근거한 항우울제의 작용 메카니즘은 중추신경계에 있는 모노아민의 재흡수 저해에 따라 뇌 내의 모노아민을 증가시키는 것에 있다고 생각되어 왔다. 3급 아민의 amitriptyline이나 imipramine은 5-HT와 NA의 재흡수 저해 작용이 강하다. 이것들의 3급 아민의 탈메칠화한 nortriptyline과 desipramine은 NA의 재흡수 저해작용이 강하다(표 V-5).

항우울제의 작용 메카니즘은 중추 신경계에서 모노아민의 재흡수의 저해라고 여겨왔지만 이 작용이 빠르게 나타나는데 비해서 임상에서의 항우울 효과 발현에는 2~3주간이라는 시간이 필요하다는 사실, 더 나아가서는 최근에 mianserin과 같은 모노아민의 재흡수 저해작용이 없는 항우울제가 출현되기에 이르러 이 작용만으로는 작용 메카니즘을 충분히 설명할 수가 없게 되었다. 그 후 시냅스의 모노아민 수용체의 변화에 초점이 맞춰지게 되었다. 그 이유는 언젠가 항우울제에 의해서도 모노아민 수용체의 기능저하가 일어나고 게다가 임상적으로 항우울 효과가 나타나는데 필요한 시간과 수용체의 변화가 잘 대응하는 것에 있다. 즉 우울증을 후 시냅스의 모노아민 수용체의 감수성이 높아진 상태로 파악하여 피드백 기강에 의해서 전 시냅스의 모노아민 합성의 저하에 의해 평형을 유지하고 있지만, 스트레스 등에 의해 모노아민의 방출이 증가되면 시냅스 간격에 모노아민이 증가하여 과잉반응하고 있는 상태라고 이해한다. 항우울제는 반복 투여에 의해서 후 시냅스에 이르는 NA량이 증가되어 후 시냅스의 모노아민 수용체의 수가 감소(down regulation)하여 항우울 작용을 나타내는 것이라고 생각된다.

SSRI는 그 이름처럼 선택적으로 세로토닌의 재흡수를 억제하여 항우울 작용을 나타낸다. 또한 모노아민 수용체 이후의 세포내 전달기구에서의 분자레벨의 변화가 항우울제의 반복 투여에 의해서 생기는 사실도 밝혀지고 있다. 그러나 항우울제 전체에 공통된 작용 메카니즘의 설명은 앞으로의 과제로 남겨져 있다.

4. 약물동태(표 V-4)

항우울제는 일반적으로 간대사형 약물이다. 항우울제는 일반적으로 반감기가 비교적 긴 것이 많고(12~30시간), 활성화 대사물을 생기게 하는 것이 많다. 또한 혈중에 있어서 단백결합률이 높은 것이 많다.

내인성 우울증에 있어서 유효 혈중농도역이 어느 정도 밝혀져 있는 항우울제도 있다 (표 V-8). 이 점은 아직 논의의 여지가 있지만 난치성 우울증의 치료에 있어서는 합리적 치료법의 선택을 위해서 혈중 약물농도를 측정해 볼 가치가 있다.

SSRI의 약물동태는 흡수가 일반적으로 양호하고 혈중에서의 단백결합률은 비교적 낮다. SSRI은 소변 내에서의 변화체 배설율은 낮고 대사경로는 주로 간장(혹은 부분적으로는 소장)에서 이루어진다.

SNRI인 milnacipran의 약물동태는 신장에서 소변으로의 배설비율이 높은 점이 다른 항우울제와 다르다.

5. 임상약리학의 관점에서 본 항우울제의 합리적 사용법

1) 우울증·우울 상태의 환자에 대한 일반적인 치료의 원칙을 소중히 지키도록 한다. 환자와 그 가족에 대해서 우울 상태에 의해 생긴 증상이라는 사실, 치료에 의해서 반드시 건강이 회복될 수 있음을 알려서 안심시키고 치료에 대한 협력을 구한다.
2) 환자의 고충에 대해 될 수 있는 한 공감적, 지지적 태도로 대한다. 심신의 피로 상태를 회복시키기 위해서 휴양을 중요시 한다. 약물치료의 효과가 나타나 우울 증상이 회복되기까지는 환자를 고무, 격려하되 오히려 환자를 괴롭혀 자기 상실을 깊게 하지 않도록 하는 배려가 필요하다.
3) 자살기도에 대한 예방책을 항상 고려해 둔다. 특히 불안·초조감이 강해서 가만히 있지 못하는 환자, 심한 불면으로 고생하는 환자, 과거에 자살기도의 기왕력이 있는 환자에 대해서는 주의가 필요하다.
4) 부작용은 빠르게 나타나지만 효과의 발현에는 2~3주간의 시간이 걸리기 때문에 항우울

제를 사용하는 경우에는 이에 대해서 환자에게 잘 설명해 주어 환자의 불쾌한 부작용으로 인한 순응의 저하를 방지할 수 있다.

5) 투여법과 투여량은 각 개인에 맞도록 개별화한다. 일반적으로 심신증 영역에서는 정신과보다 용량을 적게 하는 경우가 많다.

6) 삼환계 항우울제의 금기로서는 녹내장, 심근경색의 회복초기를 들 수 있다. 금기는 아니지만 고령자는 약물의 항콜린작용에 의한 유해반응(갈증, 변비, 비뇨장애, 빈맥 등의 말초성 항콜린 작용 혹은 중추성 항콜린 작용에 의한 부작용)이 나타나기 쉽고, 젊은이와 비교해서 중독되기 쉽기 때문에 항콜린작용에 의한 유해반응이 나타나기 어려운 약물로 겸용약의 선택, 투여량의 조절(성인의 1/2부터 시작, 증상의 추이를 보면서 증감)에 주의한다. 전립선비대증이 있는 경우 삼환계 항우울제의 사용에 신중을 기한다.

7) SSRI의 사용에 있어서는 병용 약제의 약물 상호작용에 세심한 주의가 필요하다. Fluvoxsmine은 CYP2D6, CYP3A3/4, CYP1A2, CYP2C19에 대한 저해작용이 있고 paroxetine은 CYP2D6에 대한 저해작용을 가지고 있다.

8) 고령자, 간질환, 신장질환에 있어서 항우울제를 사용할 때에는 약물동태 영향의 수용방법이 각 약물에 따라 다르기 때문에 선택할 때에는 주의가 필요하다(표 Ⅴ-9).

9) 우울증세가 호전된 후에도 일정기간 복약을 계속한 후에 서서히 감량한다. 증상의 호전이 보이더라도 복약의 중단이나 중지를 하지 않도록 충분히 환자에게 설명해 둔다(우울상태가 재발하기 쉽다).

10) 우울 상태가 강하고 신속한 항우울 효과를 기대할 때에는 clomipramine 25~50mg을 점적주사보다 정맥내로 투여하는 것도 고려한다.

11) 난치성 우울증의 경우에는 혈중 약물농도의 측정이 유용한 경우가 있다(표 Ⅴ-8).

12) 자살의도가 있는 환자, 자살기도의 위험성이 높은 환자, 심신의학적 치료에 어려움이 많아 고통 받는 경우에는 전문의(정신과의사)에게 의뢰한다.

표 Ⅴ-8 항우울제의 유효 혈중농도

일반명(상품명)	측정약물+대사물명	유효 혈중농도(ng/ml)
Imipramine	Imipramine+Desipramine	150~250
Nortriptyline	Nortriptyline	50~150
Amitriptyline	Amitriptyline+Nortriptyline	80~150
Maprotiline	Maprotiline	200~600

표 V-9 노년자 및 병태에 있어서 항우울제의 체내 동태

항우울제	노년자	간질환	신질환
삼환계			
imipramine	+	+	−
clomipramine	+	?	?
desepramine	+	+	+
Triazolopyridine계			
trazodone	+	?	?
SSRI			
fluvoxamine	−	+	−
paroxetine	+	−	−
sertraline	+	+	−
fluoxetine	−	+	−
SNRI			
milnacipran	+	−	+

+: 영향있음, − : 영향없음, ? : 불명

– 끝으로 –

심신증의 치료에 있어서 항정신제의 역할, 사용되는 빈도가 비교적 높은 항정신제인 항불안제, 수면제, 항우울제 등에 대해서 그 약리작용, 작용 메카니즘, 약물동태 및 임상약리학적 시각에서 본 합리적인 사용법 등에 대해서 설명하였다.

심신증의 치료에 있어서 항정신 약물치료의 적응과 한계를 알고 각 약물의 적응, 약리학적 특징, 약물 동태학적 특징, 유해반응 등을 충분히 이해하고 약물을 사용하는 것이 바람직하다. 또한 항정신 약물치료의 효과는 환자의 스트레스 관리 능력의 향상과 밀접히 관련되어 있으므로 약물 이외의 비약물 요인(환자측의 요인뿐 아니라, 의사측의 요인, 가정이나 직장의 요인, 의사–환자 관계를 포함한 의료환경 요인을 포함해서)에 대한 작용을 잘 고려해 치료를 진행해 가는 것이 필요하다.

문헌

1) 中野重行：抗不安薬・抗うつ薬の薬物動態. 植木昭和, 古川達雄(編)；抗不安薬・抗うつ薬の進歩. pp114-134, 医歯薬出版, 1981
2) 河野友信, 筒井末春, 中野重行：一般臨床のための向精神薬の選び方・使い方. 医学書院, 1984
3) 中野重行, 小手川勤：抗不安薬の薬物動態. 神経精神薬理 13：125-130, 1990
4) 中野重行：精神薬理. 末松弘行(編)；新版 心身医学. pp56-60, 朝倉書店, 1994
5) 中野重行：薬物動態学理論の治療医学への応用. 臨床老年医学大系(村上元孝, 太田邦夫, 今堀和友監修) 第19巻 臨床薬理 (中野重行編), pp43-74, 情報開発研究所, 1984
6) 中野重行, 菅原英世, 坂本真佐哉, 他：心身症患者におけるプラセボ効果に関与する要因－医師患者関係, 治療意欲および薬物治療に対する期待度. 臨床薬理 30：1-7, 1999
7) 中野重行：向精神薬薬物療法. 末松弘行, 河野友信, 吾郷晋浩(編)；心身医学を学ぶ人のために. pp124-127, 医学書院, 1996
8) 小手川勤, 中野重行：心身症治療におけるSSRI－現状, 問題点, 将来. 久保千春(編)：SSRI最前線 No.6 SSRIと心身症. pp48-57, ライフサイエンス, 2000
9) 中野重行, 小手川勤：心身症治療薬の分類と臨床薬理. 今月の治療 5：250-258, 1997
10) 中野重行：心身症におけるプラセボ効果と薬効. 綜合臨床 49：3008-3011, 2000

③ 팀 의료

스트레스 시대라고 일컫는 현재에 많은 환자를 적은 스태프로 대응하지 않으면 안 되는 제일선의 의료 현장에 있어서는 팀 의료 그 자체의 중요성에 대해서 더 말할 필요가 없을 정도이다. 예를 들면 의사 한 사람의 능력에는 한계가 있다. 정보의 수집면으로만 보아도 환자는 흔히 의사들 앞에서는 하지 않은 것 같은 언동을 간호사를 비롯한 다른 스태프 앞에서 하는 수가 많다. 또한 치료면에서도 환자가 보다 나은 대인교류의 학습을 하는 기회는 의사보다 의사 이외의 스태프 사이에서 많다. 따라서 평소부터 스태프와의 교류를 밀접하게 할 필요가 있다. 스태프 육성을 위해 오리엔테이션·강의 말고도 컨퍼런스, 병동회의, 학회활동이나 각종 연구회의 보고 등의 정보 교환, 치료 방침의 검토나 그런 방침들을 철저히 행함은 물론 엄격한 면만이 아닌 스태프들 사이의 관계, 친목을 도모함이 좋다고 하겠다.

건강한 팀 의료 구성원이 각자의 역할을 다하고 서로가 의견을 주고받을 수 있게 각자의 역할을 적절히 수행해서 밀접한 협력체계를 이끌어내는 것이야말로 좋은 의료의 전개라고 말할 수 있겠다.

A 스태프의 육성

치료력을 갖춘 팀의 스태프 자신의 심신이 건강해야 한다는 것은 더 말할 필요도 없다. 다음에 말하게 되는 양성 스트로크에 의한 양육적 대응은 유연한 포용력을 갖춘 사람이라야 비로소 가능하다 하겠다. 아래에 스태프 육성의 요점에 대해서 말하고자 한다.

1. 스태프 자신의 심신의 건강–환자에게 치료 스태프는 이상대상

환자에게 스태프는 일종의 이상대상이다. 따라서 스태프 자신이 언제나 심신 모두의 건강상태를 유지할 수 있도록 힘쓰지 않으면 안 된다. 즉 심신의학을 자기 자신부터 실천하지 않으면 안 된다. 까다로운 환자를 상대하게 될수록 「환자는 스태프의 에너지를 빼앗아서 건강을 회복하게 된다」라는 표현을 실감할 것이다. 환자는 스태프들을 자세히 관찰하고 있다. 스태프 자신이 건강하지 못하면 지도에도 설득력이 부족하다. 치료가 난관에 부딪혔을 때에도 그 원인이 환자자신 때문인지, 스태프 자신의 대응방법에 있는 것은 아닌지하고 잘 생각해 보아야만 한다. 첫 번째도 자기반성에서부터 시작하지 않으면 안 되는데, 남을 살펴보는 이상으로 자신을 살펴보기가 어렵기도 하고 고통이 따르기도 한다. 이 어려움을 지켜가는 것도 팀워크이지만 어떻게 해서든 이러한 중압감을 이겨낼 수 있는 강인한 심신을 단련해 두지 않으면 안 된다.

2. 정신건강의 기본 원칙 – 당연한 일의 중요성

다음에 서술할, 우리가 원칙으로 강조하고 있는 것은 지금까지의 임상경험에서 스태프와 증례검사를 해오는 동안에 겪은 사례를 정리한 것이다. 앞에서 말한 바와 같이 심신의 건강이 스태프 육성을 위한 가장 중요한 사항이며, 이른바 How to는 그 기본원칙을 알고 있으면 얼마든지 생각해 낼 수 있게 된다. 또한 이와 같은 기본원칙은 그 대부분이 상식적인 사항들만 있어 「당연한 일」이라고 생각하는 사람들이 대부분일 것이다. 굳이 이것을 말로 표현하는 이유는 치료 중에 일어나는 문제들이 치료자의 입장에서 굉장한 스트레스로 받아들여지게 될 때, 그 상식적이라고 생각되는 일을 잊어버리고 말기 때문이다. 말하지 않았어야 할 사항을 말해버리고 말아서 환자의 유도에 말려든다거나 반치료적인 대응에 빠져들 위험이 있기 때문이다.

1) 「스스로를 소중히 여긴다」 – 심신의 건강 확립의 대전제

심료내과 일에 종사하면서 언제나 생각하게 되는 것은 환자 거의가 이른바 「애정결핍상태」로 병적 상태에 빠져 있다는 사실이다. 이는 애정이 절대적으로 부족한 상황이 있는 경우뿐만이 아니고 애정이 있어도 본인이 이를 받아들이지 않으려 한다거나, 만족하지 못하는 상태에 있다거나, 받아들일 능력이 미치지 못하는 상황에 있는 등 본인의 문제로 남는 경우 등이 있다. 생각대로 처리하기 어려운 이 현실에 대해서 아래와 같은 태도를 볼 수 있다. 즉 현실에 압도되어 빠져들게 되고 자신의 건강을 되찾으려고 하는 지나친 적응 행동을 취한다거나 질병을 무기로 삼아 주변 사람들을 지배하려고 한다. 그리고 자기 파괴적인 행동으로까지 나오는 경우가 있다. 이러한 태도를 가진 사람들을 보고 있으면 언제나 남을 지나치게 의식하고 있고 자기의 중심에 자신이 없는 사람이며 좀처럼 자신을 소중히 여기고 있다고는 생각하지 않는다. 이러한 상황이 이해되기 시작하면 환자는 자기 스스로의 건강을 되찾게 된다. 저자인 나 자신은 자신의 일, 「자신을 소중히 여기는 일」을 환자 스스로가 이해하고 행동에 옮길 수 있도록 돕는 일이 의료진의 역할이라고 생각하고 있다.

이 사실은 단지 환자의 치료라고 하는 범위에서 머물지 않는다. 어떠한 경우에도 「자신을 소중히 여긴다」가 있어야 비로소 「남을 소중히 여긴다」가 가능하게 된다. 현실생활 속에서 무엇이, 그리고 어떤 행동이 스스로를 소중히 여기는 일인가를 멀리 보는 시각(장래를 시야에 들어오게 하는 것)과 가까이 보는 시각(눈앞의 일, 발밑에 시야를 머물게 한다)의 두 방향에서 생각하며 나아가 실천해 가는 일이 중요하다. 이 자세는 더 나아가 「자연을 소중히 여긴다」, 「우주를 소중히 여긴다」에 까지 이어진다.

2) 대상자의 심리를 구별한다.

여기서는 대상자의 심리를 구별하는 것에 대해 알아두는 편이 좋다고 생각되는 몇 가지 유의해야 할 점을 서술해 보겠다.

a. 대인 관계에서 「인식은 환상」 – 남을 이해하기는 어렵다

대부분 스트레스의 원인은 오해에 근거한 대인 관계에서 온다는 사실은 더 말할 필요도 없을 듯하다. 사람이 사람을 안다는 일에는 한계가 있다. 자기 자신도 자신을 잘 알기가 어렵다. 하물며 자기 이외의 사람에 대해서는 더욱더 그렇다. 「남의 일을 알았다」는 정확히는 「알계획이다」이다. 그런 생각에는 이렇게 됐으면 좋겠다는 이쪽의 기대나 여러 가지 억측이 섞여 허상(虛像)을 보고 있는 것에 지나지 않는다. 「인식은 환상이다」라는 것은 이 사실을 한 마디로 표현한 것이다. 이 점을 분명히 인식해 두면 자신의 기분이나 행동의 이유를 상대에게 정확하게 전하려는 노력을 아끼지 않게 되며 상대의 언동에 대해서도 자신의 해석이 과연 상대의 생각에 맞는 것인지를 확실히 하려고 한다. 이와 같은 겸허한 대응의 교류를 서로 마음 쓰게 되면 오해가 생길 여지는 없게 되며 하물며 소문 등을 간단히 믿는 사람은 없어지게 된다. 오히려 퍼뜨리는 사람의 인간성을 의심하게 되는 경우가 생길 것이다. 작게는 가정 내의 다툼에서부터 크게는 국가간의 분쟁에 이르기까지 상호의 충분한 이해가 있다면 분쟁은 일어나기가 쉽지 않다. 양호한 인간관계의 유지와 촉진을 위해서는 이 관련성을 충분히 이해해 두는 것이 바람직하다.

b. 비밀 – 「마음의 진정이 흔들릴 때야말로 비밀이 있다」

상대의 아무 뜻 없는 표정이나 행위를 포함한 언동으로 이쪽의 마음이 흔들리는 경우에는 (예를 들면 그늘진 표정, 말더듬 등의 한 순간 대응에 위화감을 느끼는 경우 등) 거기에 자신과 상대 두 사람 사이에 그 어떤 문제(이를 우리는 비밀이라고 표현하고 있다)가 모습을 나타내고 있는 것으로 생각해서 충분한 배려를 하는 것이다. 이는 문제의 조기발견을 위한 안테나다.

3) 사람의 성숙도 – 나와 타인의 구별

어른과 아이의 구별을 어디에서 하게 되는가? 자아의 성숙도를 재는 잣대가 되는 것이 나와 남의 구별인 동시에 대인관계에서의 거리를 재는 것이다. 어린이같은 사람은 나와 남의 구별이 뚜렷하지 않고 상대가 내가 생각하듯이 움직여 주지 않으면 그것을 용납하지 못하게 되어 원만한 대인관계를 유지하기 어렵게 된다. 어른이라고 일컫는 사람은 상대와 자신의 차이점을 아는 일에 노력하고 그 사람의 의견이나 인격을 존중한다. 스트레스에 대해 참을성이 적은 사람 중에는 상대의 말에 좌우되는 경우가 많다. 말을 새기지 않고 통째로 받아들이는 사람인 동시에 피해적으로 생각하기 쉬운 사람들이다. 이러한 사람들에 대해서 표현을 바꾸어 말하면, 말하는 상대방과 자신을 다른 사람으로 의식하지 않고 상대는 상대편으로서의 사고방식이나 말하고 있는 것이 모두 옳을 수도 있다고 생각할 수가 없게 되는, 나와 남의 구별이 잘 안 되는 사람이다.

4) 강한 사람 – 도움을 잘 받는 사람

누구나가 바라는 것은 몸과 마음이 강한 사람이다. 그러나 어떤 사람이든 한계가 있다. 한계를 뛰어넘은 스트레스에 대해서는 어느 누구도 혼자서는 견뎌내기가 어렵다. 견디고 있는 듯이 보이기도 하지만 잘 관찰해 보면 반드시 도와주는 사람이 옆에 있다. 스트레스를 물건으로 생각하면 쉽게 이해할 수 있다. 자신의 한계(약함)를 인정하고 도움을 받는 사람, 도와주기 바라는 심정을 말할 수 있는 자조(自助)시스템을 지니고 있는 사람은 강한 사람이다. 그러나 언제나 쉽게 도움을 청하려고만 하는 사람은 조만간에 정나미가 떨어지는 지경에 이르게 된다. 서로가 도와주는 호조(互助)시스템이 바람직하다. 여기서 서술하고 있는 내용도 자신의 주위사람에게 분명히 전달해 두면 「꼭 필요할 때에 평소에 당연히 생각하고 있던 말도 잊어버리고 우왕좌왕」하고 있어도 누군가가 도와줄 것임에 틀림없다.

5) 문제 해결의 열쇠

눈앞에 있는 사람(자기 자신도 포함해서)이 어떠한 사람인가를 알게 되면 괴로워하고 있는 인생문제를 해결할 수 있는 실마리를 얻게 되기도 한다. 그것은 직물의 모양을 분석해 보는 일과도 흡사하다. 즉 날실과 씨실로 나누어서 각각의 구실을 분석하면 알게 되기 마련이다.

a. 날실 : stroke의 관점부터 생육력이나 현재의 생활상황을 살핀다.

Stroke란 원래 「어루만지다, 쓰다듬다」의 의미지만 이 말이 정신분석의 일종인 교류분석 분야에서는 그 본래의 뜻에 더해서 「칭찬하다」, 「인정하다」, 「믿다」, 「관심을 가지다」, 「기다리다」, 「의지하다」등의 정신적인 작용까지도 의미하게 되었다. 특히 「기다리다」에 대해서는 이 말이 stroke에서 왔다는 사실을 잊기가 쉽다. 사람이든 사물이든 변화하기 위해서는 시간이 걸린다. 자식을 기르는 기간 중에 어느 가정에서나 자주 일어나는 부자의 다툼 따위는 그 대부분이 자식의 변화를 부모가 기다리기 버거워하는 과정에서 일어난다. 또 「의지하다」도 현대의 청소년이나 노인의 문제를 해결하는 키워드의 하나라고 말할 수 있다. 주위부터 의지하도록 시키지 않으면 자기의 존재감이 부족하게 되는 것은 말할 것도 없을 것이다. 양육적인 대응을 「양성 stroke」라고 말하고, 그 반대를 「음성 stroke」라고 말한다. 이는 사람의 심신을 함께 피로하게 하고 결국은 파경에 이른다. 양성 stroke의 여러 항목도 이것을 받는 자가 심한 고통을 느꼈을 정도라면 다시 말해서 그것도 음성 stroke로서 작용한다. 사람이나 사회가 생동감 있게 활성화되느냐, 아니냐는 stroke에 의해서 크게 좌우된다. 이 stroke라는 개념으로 그 사람의 지금까지의 생육력이나 현재의 생활을 검토하게 되면 문제의 씨실이 보이게 된다. 위에서 말한 1)~4)와 같은 내용을 알고 있는 사람이 주변에 있으면 충분한 양성 stroke를 받을 수 있는 것이 틀림없다.

b. 씨실 : **다면적, 다중적인 사물을 보는 견해, 사고방식과 목적의식**

인간관계가 원만하지 않은 사람들의 대부분은 사물에 대한 견해, 사고방식이 단면적이고 게다가 완고하다. 탄력성이 부족하게 보이며, 남을 믿지 않고, 용서하지 않고, 또 기다려 주지도 않는 등 요컨대 음성 stroke로 끝나게 되고 만다. 인간관계를 잘 유지하는 사람은 위에서 말한 1)~4)와 같이 기본적인 사항을 본인 스스로가 터득하고 있어서 여유롭게 양성 stroke와 접할 수 있게 된다. 그림자의 뒤쪽에 있는 빛을 찾아낼 수 있는 사람이며 위기를 기회로 볼 줄 아는 사람이다. 다면적인 의미는 이해하기가 쉽다고 생각한다. 다중적이라고 하는 의미는 예를 들면 아이들에 대해 부모가 아무리 부드러운 말을 사용한다 해도 그 얼굴이 화내고 있다면 아이들은 공포를 느낄 것이다. 자신의 눈은 상대를 보고 있다. 반대로 어린이도 부모의 얼굴을 바라보고 있는 셈이다. 자신의 대응이 상대의 대응 속에 반영되는 법이다. 이를 가리켜 「대인관계의 비추는 거울」이라고 하며, 스태프에게 지도해야 하는 것이다.

한편, 목적의식에 대해서도 검토할 필요가 있다. 이 목적의식이 부족하거나 없는 사람은 스트레스에 약하여 곧바로 저하된다. 괴로워지게 되면 아무래도 좋다는 식이 된다. 돈이나 물질의 혜택을 받고 사는 현대에 있어서는 어릴 때부터 쉽사리 욕망을 채우게 되고 빨리 독립해서 자신의 힘으로 목적을 달성한다는 생각을 하기 어렵다고 여겨지지만, 사춘기의 환자들이 특히 그런 흐름에 빠져 있다고 느끼는 것은 저자만의 생각은 아닐 듯싶다.

B 집단요법의 체험을 살리다 – 리더십과 멤버십

팀 의료라고 하면 자칫 의사가 리드를 하면서 무엇이든 책임을 가지고 팀을 이끌어나가지 않으면 안 된다고 생각하거나, 다른 의료 스태프도 의사의 지도를 받고 싶어하는 자세가 되기 쉽다. 그렇지만 집단요법을 저자가 주최하고 처음으로 실감한 경험이기도 하지만 그룹 멤버의 호응을 받아 자기 자신이 선두에 서서 그룹을 선도하지 않으면 안된다라고 기를 쓰는 것이 사라지게 되었다. 그에 따라서 자신도 편안해지고 무엇보다도 집단 자체가 활성화 되어 갔다. 리더와 멤버의 관계로 말한다면 리더는 리더로서의 주체성을 유지하면서 더 나아가 멤버의 일원으로서 함께 성장해 가는 본연의 자세가 그대로 팀 의료 과정의 각 스태프 간의 관계로 되지 않으면 안 된다.

C 치료자 구조 – 치료자로서의 역할

환자는 본래 환자 스스로가 최고의 치료자가 되어야 한다. 두 번째의 치료자가 가족, 세 번째가 친척, 친구, 아는 사람, 직장의 스태프 등을 포함한 주위의 사람들 그리고 네 번째가 이른바 사회자원으로 일컬어지는 지역의 보건이나 복지관계 종사자들로 이어지며, 의료 스태프는 그 다음인 다섯 번째 정도라고 보아서 치료를 원조하는 부문의 사람이라고 알고 있는 게 편하다. 이러한 관점에서 생각해 보면 팀 의료를 단지 의료시설 안에서만 논의하지 말고 본래는 환자와 관계되는 모든 것이 치료 시스템의 일익을 담당하는 것으로 위에서 말한 바와 같은 자세로 각자가 면밀히 연계할 때에 비로소 팀 의료는 달성된다. 이 치료구조를 환자 혹은 환자를 보살피고 있는 사람들에게 자각하도록 하는 일이 중요하다. 이 일은 심신증 환자뿐만 아니라 다른 질환의 환자에게도 해당되는 일인데, 특히 그 중에서도 해결이 어려운 심리적·사회적 문제가 그 배경에 있는 심신증 환자에 대해서는 흔히 지원 해주는 사람이라 부르는 위에서 말한 2~4번째 각 부문 사람들이 확고한 치료력을 발현시키도록 하고 본래 환자가 지니고 있던 자연치유력을 발현시키는 것을 가능하게 하는 것이 예후를 결정짓는 중요한 요소가 된다.

의료 스태프 스스로가 병원이나 의원이라고 하는 작은 틀 안에 머물러 있을 게 아니라 좀 더 넓은 시야에 서서 자신에 대한 위치부여를 명확히 하지 않으면, 심신의학은 holistic medicine일 뿐으로 bio-psycho-socio-echological medicine의 이념은 실질이 동반되지 않는 공념불이 될 뿐이라고 생각한다.

– 끝으로 –

심신의학의 팀 의료를 단지 의료의 측면에서 뿐만 아니라 보건, 복지, 교육 등을 포함한 사회구조에서 유래하는 위치에서 재인식해 볼 필요가 있긴 하지만, 여기서는 자세하게 언급할 만한 여유가 없었다. 그에 관해서는 「지역주민한테 배운 것은 지역주민에게 되돌려 준다」는 자세, 적극적으로 지역으로 찾아가 주민들과 함께 의논하며 서로 배움을 주고받는 자세를 통해 지역의 보건위생이나 복지의 실천과 교육에 오랫동안 몰두하여 오는 Ineba Mineo의 활동 보고가 저자에게는 지금까지 없던 깊은 감명을 준 내용이었다. 심신의학과 관련된 사람들도 「환자로부터 배운 내용을 지역주민에게 되돌려준다」라는 뜻을 충분히 검토하여 심신의학이 본래 가지고 있는 이념을 더욱더 적극적 또는 계속적으로 사회에다 전개해야 하겠다. 저자도 또한 1994년 이래 앞에서 서술한 치료자 구조에 기초를 두고 풀 뿌리 활동을 다른 업종교류회의 형태로 계속 이어가고 있다.

문헌

1) 稲葉峯雄：草の根に生きる—愛媛の農村からの報告. 岩波新書, 1973
2) 稲葉峯雄：土と人間への手紙. 家の光協会, 1977
3) 稲葉峯雄：石のぬくもり—人間学校・老人ホームから. 筒井書房, 1991
4) 野田敏之：治療者構造論に基づく草の根活動. ぬくもりの福祉を求めて 4 : 78-80, 1997

④ 자율훈련법

A 치료법으로서의 역할

1. 자율훈련법의 역사

자율훈련법(autogenic training, AT)은 독일의 대뇌 생리학자 Vogt O의 임상적 최면연구를 기반으로 정신의학자 Schultz JH에 의해 체계화되고 다시 Luthe W 등에 의해 전개되어진 심리 생리적 치료법이다. 최면법의 치료효과는 그 최면상태에서 출발한다고 지적하고 있는데 자율훈련법에서는 이와 같은 치료적인 "장소"(자율상태 autogenic state)를 heterogenic이 아니고 autogenic에서 얻으려고 한 것이다. 자율훈련법이 일본에 소개된 것은 1950년대다. 1960년대에 와서 큐슈 대학 심료내과 등에서 심신증과 신경증의 치료법으로 자율훈련법의 임상연구 및 임상응용이 발전되어 그 효과가 확인되면서부터 각 지역의 대학병원 특히 심신의학 영역을 중심으로 적극적으로 이용하게 되었다.

2. 자율훈련법의 이용상황

자율훈련법은 심신증의 치료방법 중에서 가장 많이 이용되고 있는 심리요법의 하나다. 구체적으로 자율훈련법이 어느 정도 이용되어졌는가를 큐슈대학 심료내과에 입원했던 환자들을 대상으로 조사한 결과가 있다(Matzuoka 외, 1994). 조사대상 환자는 1974~1990년까지 큐슈 대학 심료내과에 입원한 환자들 중 첫 회 입원환자 2,490명의 사례였다.

표 V-10은 심료내과에 입원한 환자들로서 입원 중에 받은 치료법 중 12종류의 치료법에 대해서 정리한 것이다. 이 12가지의 치료법은 예전부터 퇴원 시 요약(환자가 퇴원할 때에 주치의가 작성한 것으로 입원 중의 검사항목이나 치료경과 등을 기입한 것)에 기록되어 있는 치료법이다. 실제로 표 V-10에 나타낸 12가지 치료법 이외의 치료법도 이용되었지만 데이터의 축적이 없기 때문에 분석은 이 12가지의 치료법에 대해서만 하게 되었다.

그 결과에서는 내과적 치료제가 2,490사례 중 1,409(56.6%)로 가장 많으며 다음으로 면접요법이 1,382(55.8%)이고 자율훈련법은 879(35.3%)였다. 즉 큐슈 대학 심료내과에 입원한 환자의 약 1/3이상이 자율훈련법에 의한 치료를 받고 있다고 말할 수 있다.

다음으로 자율훈련법이 전국 수준에서 어느 정도 사용되고 있는가에 대해 일본 심신의학회 회원을 대상으로 실시한 조사결과를 보기로 하자(Nakakawa 외, 1989). 심신의학적 치료법으로서 약물요법을 제외한 34종류의 치료법중 사용한 적이 있는 치료법에 대해서 물어보았다. 표 V-11은 회수 된 550명분을 분석한 결과 응답이 많았던 치료법 중 상위 10위까지를 나타낸 것이다. 간이정신요법이 550명 중 463명(84.2%)로 가장 많았고 다음으로는 자율훈련법이 386명(70.2%)이었다. 이하 행동요법, 환경조정, 비지시적 상담 등으로 이어지고 있었는데 응답자의 50%를 넘고 있은 치료법은 간이정신요법과 자율훈련법 뿐이었다. 이와 같이 자율훈련법은 큐슈 대학 심료내과뿐 아니라 전국적으로도 심신증 치료에 널리 쓰이고 있음을 알 수가 있다.

표 V-10 입원환자가 받은 치료법에 대해서

치료법	증례 수(%)
내과적 치료제	1,409 (56.6)
면접요법	1,382 (55.5)
자율훈련법	879 (35.3)
항정신제	697 (28.0)
행동요법	412 (16.5)
환경조성	358 (14.4)
교류분석	348 (14.0)
독서요법	340 (13.7)
작업요법	226 (9.1)
요가	145 (5.8)
절식요법	57 (2.3)
최면요법	56 (2.2)

주1) (%)는 1974~1990년 큐슈대학 심료내과 입원환자 2,490건에 대한 비율
주2) 중복있음

표 V-11 심신증의 치료로 사용한 적이 있는 치료법에 대해서

(Nakakawa 외, 1989)

치료법	증례 수(%)
① 간이정신요법	463 (84.2)
② 자율훈련법	386 (70.2)
③ 행동요법	241 (43.8)
④ 환경조정	225 (40.9)
⑤ 비지시적 상담	189 (34.4)
⑥ 가족요법	177 (32.2)
⑦ 바이오피드백 요법	158 (28.7)
⑧ 교류분석	157 (28.5)
⑨ 근이완법	151 (27.5)
⑩ 모리타요법	147 (26.7)

주) (%)는 응답자 550명에 대한 비율

3. 자율훈련법의 특징과 효과

자율훈련법이 심신증의 치료법으로 널리 이용되는 것은 자율훈련법의 특징과 관계가 있다. 자율훈련법의 특징으로서는 심리적 측면과 함께 생리적 측면이 중시되고 있음을 들 수가 있겠다. 자율훈련법은 연습을 통해 심리적으로 신체감각에 대한 특유의 수동적 주의집중(passive concentration)을 통해서 심신의 변화나 외계의 여러 현상에 대한 수동적 태도(「있는 그대로의 태도」라고도 하겠다)를 형성해 나간다. 그로 인해 자아의 방위가 변화하고 정동의 해방이 쉽게 된다. 즉 일시적, 부분적으로 퇴행된 상태(치료적 퇴행상태)로 이행해서 자아의 휴식과 기능 회복이 가능하게 된다. 더 나아가 생리적으로는 사지의 근 긴장도의 저하나 혈관이 이완되어 말초로부터 중추에 이르는 구심성 임펄스가 감소한다. 따라서 중추신경계의 과잉흥분을 진정시키고 뇌 간부의 기능을 조정해서 신경·체액축을 pro-homeostatic 상

표 V-12 자율훈련법(AT)에 의한 심리 • 생리적 변화의 예

(Matzuoka, 1990)

지표		AT에 의한 변화(일부)
생리적 지표	근전위	골격근, mentalis m, 항문괄약근 등의 활동 전위의 감소
	체온	체표면 온도의 상승, 직장온도의 저하
	혈류량	혈류량의 증가
	심장기능	심박수의 감소(특히 빈맥환자의 경우는 두드러짐)
	혈압	특히 고혈압 환자의 경우 수축기·확장기 혈압도 감소
	호흡	호흡수의 감소, 호흡의 심화경향
	피부전기반응	피부저항의 확대
	뇌파	서파화(α파의 증가), 고전위화 함
	신체동요	동요가 감소함
	Microvibration	α파의 증가
	위의 운동	연동운동이 좀 더 규칙적인 패턴으로 됨
	혈청 콜레스테롤	저하
	혈장단백결합 요오드치	정상화 경향(갑상선기능의 개선)
	혈당치	특히 고혈당 환자의 경우 저하되는 경향
심리적 지표	심기경향	감소, 사로잡힘에서의 해방
	불안감	감소, 편안함의 증대
	긴장감	감소, 이완감의 출현
	항우울감	개선, 의욕이 생김
	피로감	감소
	성격	정서적 안정, 적극성, 사회적응성 등 증대
	과잉적응경향	감소
	자아강도	강해지는 경향
	자기평가	일반적으로 긍정적으로 평가하는 경향
	대인관계	개선 경향
	통증의 한계치	상승(통증에 대한 심리적 내성강화)

태로 전환시켜 생리적 기능회복이 가능하게 되는 것이다. 표 V-12는 자율훈련법에 의한 심리생리적 변화의 일부를 표시한 것이다.

또한 자율훈련법은 self-control 기법인 동시에 연습방법이 자연스런 심신의 변화과정에 따라서 체계적으로 구성되어 있음을 들 수 있다. 따라서 연습단계를 진행시키는 것에 의해 심신의 상태는 긴장에서 이완으로, 흥분에서 진정으로, 소모에서 축적으로 자연히 바뀌게 되는 것이다. 이와 같이 자연훈련법의 효과는 자율훈련법에 의해서 발생하는 심리·생리적 변화의 결과로서 얻어지게 된다.

4. 자율훈련법의 체계

현재 자율훈련법의 체계는 복수의 치료기법에서 형성되었다(그림 V-4). 대표적 기법에 대해서 간단한 설명을 덧붙여 두기로 한다.

1) 표준 연습(standard exercise)

표준 연습은 사지의 이완을 중심으로 한 공식화된 어구를 반복적으로 암송하면서 그 내용에 수동적 주의집중을 하는 동시에 관련된 신체부위에 심적 유의(mental contact)를 유지함으로써 단계적으로 생체기능의 조정을 도모하는 기법이다. 표준 연습은 자율훈련법 체계의 가장 기본이 되는 중요한 연습기법이다. 구체적인 연습방법에 대해서는 다음에 기술하기로 하겠다.

2) 자율성 묵상법(묵상연습 meditative exercise)

표준 연습을 숙달해서 얻을 수 있는 자율상태(autogenic state)에서는 특히 시각적 이미지가 유발되는 일이 자주 있다. 이 경향을 이용해서 단순한 이미지부터 복잡한 이미지로 단계적 이미지를 그려내는 능력을 개발해 나가는 연습법이 묵상연습이다. 이미지는 무의식과 관련된 표현형식의 하나이기 때문에 최종적으로는 묵상연습에서 얻어지는 이미지를 치료해 나가는 과정에서의 재료로 사용하게 된다.

3) 자율성 수정법(autogenic modification)

표준 연습이 심신 전체의 이완에 수반되어 간접적으로 병적 상태의 개선을 목표로 삼고 있는 것과는 달리, 자율성 수정법은 표준연습에서 얻어지는 피암시성의 항진이나 심신의 소통성이 증강되고 있는 상태를 이용하여 개개의 신체증상이나 심리적 문제를 직접 움직이게 해서 그 개선을 생각하는 기법이다. 자율성 수정법은 환자가 지니고 있는 질환이나 증상에 관

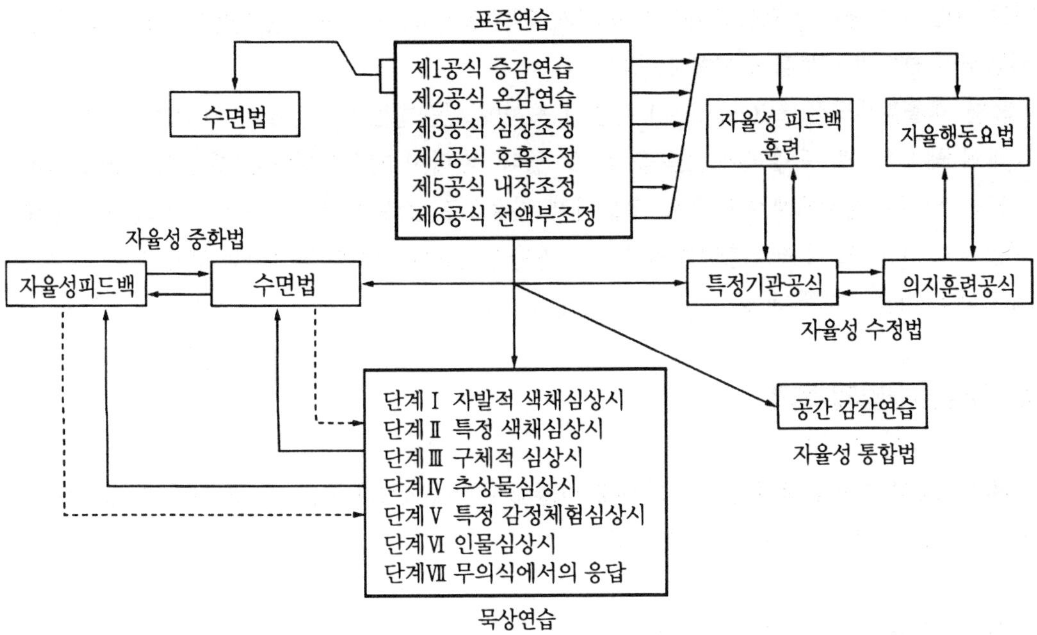

그림 V-4 자율요법 체계(자율훈련법)

련된 특정한 기관, 즉 신체부위에 작용해서 생리적인 변화를 일으켜 병적 상태의 개선을 가져오고자 하는 특정기관 공식과 환자의 심리적 차원에서의 변화를 목표로 하는 의지훈련 공식으로 나눈다.

4) 자율성 중화법(autogenic neutralization)

표준연습을 시행하고 있으면 목표로 삼은 심신의 반응과는 직접 관계없는 변화가 자주 일어난다. 예를 들면 손발의 근육이 불끈불끈 움직이며 과거에 일어났던 일이 떠오르거나 희노애락의 감정이 솟아나는 등이다. 이러한 반응 속에는 연습기법의 잘못으로 인한 부작용 반응도 있지만 그것만으로는 이해 못할 것들이 있다. 이런 것들은 자기조정 과정에 있어서 일종의 자연발생적인 해방현상이라고 생각할 수 있다. 이와 같은 해방현상은 자율성 해방(autogenic discharge)이라고 이름지어져 있다. 그 치료적 의의는 일종의 심리·생리적 카타르시스라고 말할 수 있다. 자율성 중화법은 이 자율성 해방을 이용해서 심리·생리적 재체제화를 촉진하는 기법이다.

5) 공간 감각연습(space exercise)

자율훈련법은 대뇌 우반구의 기능을 높이고 좌반구의 기능과의 통합작용을 촉진하는 것이라고 할 수 있다. 공간 감각연습은 이와 같은 자율훈련법의 작용을 더욱 강화시키기 위한 기법으로서 창시된 것이다. 공간 감각연습에는 제1공간 감각연습과 제2공간 감각연습이 있다.

B 적응과 금기

1. 적응 질환

자율훈련법이 불안이나 긴장에서 유래하는 신체증상을 완화하는 치료법이라고 일컬어지고 있는 것처럼 어떠한 질환이든지 그 증상의 발병이나 특징에 불안이나 긴장 혹은 스트레스가 관련되어 있는 것이 분명한 질환이라면 자율훈련법의 적응은 가능하다고 볼 수 있다. 지금까지의 자율훈련법에 관한 보고에 근거해서 각과 영역에서의 자율훈련법의 적응증을 정리한 것이 표 V-13이다. 물론 표에 기록된 질환들은 자율훈련법을 적응시킨 증례 모두를 포함한 것은 아니고 비교적 자율훈련법이 잘 적용되는 질환을 중심으로 정리하였다. 따라서 표로 나타난 것 이외의 여러 질환에서도 자율훈련법은 사용되고 있다.

표 V-13 자율훈련법 적응증의 일부

(1) 소화기계의 장애
연하장애(히스테리성 연하곤란, 식도 무이완증 등), 탄기증, 심인성 구토증, 소화성 궤양, 담도 운동이상증, 과민성대장증후군, 만성췌장염, 습관성 변비 등

(2) 심혈관계 및 혈관운동계의 장애
심장자극 전달계의 장애(부정맥 등), 허혈성 심질환, 심장신경증, 본태성 고혈압, 말초순환장애, 안면 홍조, 혈관운동성 질환 등

(3) 호흡기계의 장애
기관지 천식, 과환기 증후군, 신경성 결핵 등

(4) 내분비 및 대사기능의 장애
당뇨병(일부의), 갑상선기능 장애, 비만증 섭식장애(신경성 식욕부진증, 과식증) 등

(5) 근골격계의 장애
관절염 및 관련장애, 비관절성 류마티스, 요통, 근육통 등

(6) 비뇨기계, 생식기계의 장애
배뇨장애(심인성빈뇨, 심인성뇨폐), 야뇨증, 심인성 임포텐스 등

(7) 신경계의 장애
편두통, 근긴장성 두통, 본태성 떨림, 틱, 서경, 경성사경, 안검경련, 안검하수, 자율신경실조증, 환지통 등

(8) 피부과계의 장애
두드러기, 알레르기성 피부염(식품알레르기 등), 원형탈모증, 심상성사마귀 등

(9) 이비인후과 및 안과계의 장애
메니에르 증후군, 귀울림, 멀미, 쉰목소리, 말더듬, 안성피로 등

(10) 산부인과계의 장애
월경곤란증, 월경전 긴장증, 임신 입덧, 과강진통, 갱년기 장애 등

(11) 치과 및 구강외과계의 장애
치과공포증, 이갈기, 구강 이상증, 의치 신경증 등

(12) 소아과계의 장애

기관지천식, 기립성 조절장애, 신경성 버릇(틱 등), 말더듬, 심인성 발열이나 구토, 야뇨, 빈뇨 등

(13) 신경계의 장애

불안신경증, 수면장애, 알코올 의존증, 신경성 버릇 등

2. 적응 연령

자율훈련법은 연습방법이나 언어공식을 이해할 수 있는 사람이라면 연령에 관계없이 적용할 수 있지만 소아심신증의 치료에 자율훈련법을 적극적으로 사용하고 있는 곳은 많지 않다. 그 이유는 자율훈련법이 언어공식에 따라서 스스로가 셀프컨트롤 해 나가는 기법인데다가 언어공식의 내용이나 치료의 필요성을 이해하는 것이 어려운 소아에게는 곤란한 경우가 많기 때문이다. 그러나 자율훈련법은 지도방법을 연구하면 5세 정도부터는 적용할 수 있다.

3. 금기증

자율훈련법의 적응범위는 넓지만 모든 환자에게 적용되는 것은 아니다. 다른 치료법과 마찬가지로 금기증(contraindication)이 있다. 자율훈련법에서의 금기증이란 자율훈련법을 시행하여 부작용적 반응이나 증상의 악화 등을 일으킬 가능성이 있는 증례이다(표 V-14). 또한, 일반적으로 자율훈련법에 의해서 혈압이 상승하는 경우나 불안이 증가하는 경우에는 자율훈련법에 의한 치료에 신중을 기해야 할 필요가 있다.

자율훈련법을 적용하더라도 효과가 기대되지 않는 비적응증(non-indication)에는 치료 의욕이 없는 환자, 급성 정신병 환자, 지적 능력이 많이 뒤떨어져 있는 환자 등을 들 수 있다.

표 V-14 자율훈련법에 있어서의 금기증

1. 심근경색으로 의심되거나 일어난 직후
2. 조정 곤란한 당뇨병 환자로 장기간의 관찰이 불가능할 때
3. 저혈당을 일으킨 환자, 혹은 저혈당 상태 환자
4. 급성 정신병이나 분열병적 반응이 심할 때
5. 퇴행기 정신병 반응, 박해망상, 과대망상을 나타내는 환자
6. 극도로 불안감이나 초조감이 항진하고 있는 경우
7. 소화성 궤양의 활동기

C 치료의 실제

여기서는 자율훈련법 체계 중에서 가장 기본이 되는 표준 연습을 중심으로 실제적인 지도 방법에 대하여 서술하겠다.

1. 자율훈련법을 지도하기 전에

자율훈련법을 지도하기 전에 치료자로서 주의해야 할 점, 항상 주의하지 않으면 안 되는 점에 대해 표 V-15에 정리해 놓았다. 특히 동기부여에 대해 살펴보면 자율훈련법은 셀프컨트롤 기법이므로 따라서 환자의 연습 의욕(치료 의욕)은 자율훈련법의 습득이나 효과에 커다란 영향을 미치는 요인이 되므로 중요하다. 심료내과를 수진하는 환자 중에는 심신상관에 대한 지식이 없거나 소개받아 마지못해 진찰받는 환자도 있다. 이와 같은 경우에 자율훈련법의 도입은 신중히 해야 한다. 다른 심리요법과 마찬가지로 치료자와 환자의 만남이나 자율훈련법과 환자와의 만남이 좋지 않은 경우에는 자율훈련이 이루어지지 않았다는 경우도 적지 않다.

또한 실제 치료에 임해서는 다른 치료법과 마찬가지로 먼저 치료자 자신이 자율훈련법을 연습하고 습득해 두는 것이 바람직하다.

표 V-15 자율훈련법을 지도하기 전에

(1) 동기부여
치료의욕이나 계속하고자 하는 의욕이 없으면 연습이 오래 계속되지 않으므로 시작 전에 충분한 동기부여를 하는 일이 중요하다. 이어서 필요하면 지도의 도중이라도 다시 동기부여를 하도록 한다.

(2) 연습 중의 주의집중 방법
자율훈련법은 주의집중을 하나의 수단으로 해서 이완을 얻는 방법이다. 연습 중에 주의를 기울이는 법에는 마음속으로 공식을 되풀이하면서 공식에 관련된 부위의 신체감각을 받아들여 그 변화를 알아차리는 일이다. 이러한 주의집중 방법을 수동적 주의집중(passive concentration)이라고 한다.

(3) 조용한 환경
자율훈련법은 심신의 긴장을 풀어가는 연습이기 때문에 그 연습을 방해하는 외부로부터의 자극이 적은 환경에서 연습을 하는 것이 바람직하다. 또한 신체의 압박감, 공복감, 배뇨 등의 내부 자극을 배제하는 것도 중요하다.

(4) 훈련자세
자율훈련법의 연습에서 일반적인 자세는 의자자세로 시행한다. 어느 자세이든 신체 전체의 근육이 이완되기 쉽게, 이완 후에도 체위가 흐트러지지 않는 자연스럽고 안정된 자세가 요구된다.

(5) 눈감기
자율훈련법의 연습은 신체내부에 주의집중을 하여 신체감각의 변화를 알아내는 연습이기 때문에 일반적으로 눈을 감고 시행한다. 눈을 뜨고 연습한 경우 외부자극에 방해받기 쉽다. 불안이 심한 환자인 경우 드물게 눈을 감는 일 그 자체가 불안의 증강으로 연결되어지는 경우도 있으므로 주의한다.

(6) 연습시간과 회수

1일 연습횟수는 아침, 점심, 저녁, 취침 시로 4회 정도 시행한다. 바쁠 경우에도 매일 1~2회는 반드시 시행한다. 연습초기는 1회의 연습시간을 2~3분 이하로 하고 2, 3번 반복한다. 불안이나 초조감이 강한 사람, 과민한 반응을 일으키기 쉬운 사람은 1회의 연습시간을 짧게(30~90초)하는 게 좋다.

(7) 소거 동작

자율훈련법을 진행시키는 과정에서 특유한 생리적 변화나 의식상태가 나타나게 된다. 그 상태로 끝내면 현기증, 탈력감 등의 불쾌감에 빠지는 수가 있다. 이와 같은 불쾌한 상태를 회피하기 위해 하는 동작이 소거 동작이다. 구체적으로는 양손을 쥐었다, 폈다하는 운동과 두 팔을 굽혔다, 폈다하는 운동을 몇 차례 시행한다. 마지막으로 크게 기지개를 펴고 눈을 뜨도록 한다.

(8) 연습의 기록

자율훈련법의 연습은 자기 연습이 중심이다. 환자의 연습 상태를 확인하거나 기술적인 잘못을 수정하기 위해 연습의 기록을 작성하게 하는 것이 바람직하다. 기록하는 항목은 연습 일시와 연습 시간(분), 연습한 공식의 내용, 연습 중 심신의 변화, 연습의 감상 등이 있다.

2. 자율훈련법 도입 시의 유의점

1) 증상에 심리적 요인이 관여하고 있는 것을 환자 자신이 깨닫고 있는 경우

자율훈련법의 도입은 비교적 용이하고 치료적 효과나 연습방법 등에 대해서 설명하는 것만으로도 자율훈련법을 이용한 치료에 동의를 얻을 수 있는 경우가 많다. 그러나 효과를 너무 강조하면(예를 들어 「자율훈련법을 하면 절대적으로 나아집니다」라고 단언한다) 환자의 기대가 너무 커서 반대로 역작용이 될 경우가 있다.

2) 증상에 심리적 요인이 관여하고 있는 것을 환자자신이 깨닫지 못하는 경우

심료내과를 방문한 환자 중에는 자신의 증상에 심리적 요인이 관여하고 있는 것을 깨닫지 못하는 환자가 있다. 또 깨닫고 있어도 인정하지 않는 환자도 있다. 일반적으로 진료소나 병원을 방문한 환자의 경우 증상에 심리적 요인이 관여하고 있는 것을 알려주어도 그것을 부정하거나 심신증이라고 진단되는 것을 무서워하는 경우도 있다. 다시 말해 「심리적」 또는 「심신증」이라고 불리는 것에 마치 자신은 약한 인간, 인생의 낙오자, 정신병의 일종인 것 같이 느끼는 경우가 있기 때문이다. 만약 환자가 치료자의 설명에 납득하지 않으면 무리하지 않고 끈기있게 동기부여를 해가는 것이 중요하다.

3) 환자 자신이 자율훈련법을 희망해 오는 경우

자율훈련법에 대해 왜곡된 지식을 가지고 있거나 관대한 기대나 자신감을 가지고 있는 경우가 있다. 이러한 환자에게 자율훈련법의 필요성이나 심리요법의 설명을 생략하고 편안한 자율훈련법의 지도를 하고나서 후에 심한 원망을 받는 경우가 있다. 예를 들면 「자신이 알고 있는 자율훈련법의 내용」과 다르다거나 치료자의 지도방법에 주문이나 요구를 하거나, 「연습하고 있는 상태가 나빠졌다」, 혹은 「연습을 해도 조금도 늘지 않는다」라고 치료자에게 불만이나 불평을 하면서 공격적으로 되는 경우가 있다. 나중에는 치료자나 환자도 무엇 때문에 자율훈련법을 연습하고 있는지 그 목적이 흐려지는 경우도 있다.

자기 자신이 자율훈련법을 희망해 오는 환자의 경우 최초에 ①환자 자신이 질병이나 증상을 어떻게 인식(자기 진단)을 하고 있는지 ②지금까지 어떤 곳에서 치료나 자율훈련법의 지도를 받고 왔는지 ③자율훈련법을 희망하는 이유와 무엇을 기대하고 있는지 등을 명확히 하는 것이 필요하다. 자율훈련법을 치료자로서 이용하는 이상 끝까지 치료자 자신이 자율훈련법의 필요성 유무를 판단하고 지도하지 않으면 안 된다.

4) 과거에 자율훈련법의 지도를 받았지만 효과가 없었거나 증상이 악화된 경험이 있는 경우

이와 같은 환자에게 자율훈련법을 도입하고 싶을 때에는 신중히 하는 것이 필요하다.

① 자율훈련법에 대해서 어떤 생각을 가지고 있는지 ②실제 어떤 연습을 하고 있는지(치료자의 앞에서 실제로 연습시켜 보면 좋다)를 명확히 하여 문제의 해결을 시도할 수 있다.

5) 환자의 주치의와 자율훈련법의 지도자가 다른 경우

심료내과가 있는 병원이나 심신증 환자를 적극적으로 치료하고 있는 병원에서는 의사이외의 임상심리사를 중심으로 지도할 때가 있다. 이런 병원에서는 자율훈련법도 스태프(임상심리사 등)가 시행할 경우가 많다. 환자의 주치의와 자율훈련법 지도자가 다른 경우도 있다.

주치의로부터 환자에게 자율훈련법을 지도하는 것을 의뢰받았을 경우 지도자는 환자자신에게 다시 동기 부여를 하는 계획으로 ①자신의 질병을 어떻게 생각하고 있는지 ②주치의로부터 질병에 대해 어떤 설명을 받았는지 ③환자의 질병에 대한 자율훈련법의 효과에 대하여 어떻게 설명을 들었는지 ④환자 자신은 자율훈련법에 대해 어떻게 느끼고 있는지 등에 대해서 직접 물어보아 필요에 따라 수정을 하거나 설명을 덧붙이는 배려가 중요하다.

3. 연습 진행법의 실제

표준연습은 표 V-16에서 보여주는 바와 같이 7단계의 언어 공식으로 구성되어 있다.

처음에는 〈배경공식+제1공식(중감연습)〉의 연습을 실행한다. 자기 연습의 실행법은 표 V-17에서 보는 바와 같다. 중감연습이 습득 되었거든 다음으로 〈배경공식+제1공식(중감연습)+배경공식+온감연습〉 등으로 천천히 공식을 늘려나간다. 실제로는 잘 사용하는 쪽의 팔부터 차례로 연습해 가는데 처음부터 두 팔을 동시에 연습해도 좋다.

표준연습 전체의 공식을 마무리한 연습에서는 다음과 같이 마음속으로 공식을 반복해 간다. 「(눈감은 상태에서 연습자세를 만든 뒤) 기분이 편안하다. 두 팔이 무겁다… 기분이 편안하다… 두 다리가 무겁다… 기분이 편안하다… 두 팔이 따뜻하다… 기분이 편안하다… 두 다리가 따뜻하다… 기분이 편안하다… 심장이 조용히 규칙적으로(자연스럽게) 뛰고 있다… 기분이 편안하다… 매우 편하게 호흡(숨)하고 있다… 기분이 편안하다… 복부(위 부위)가 따뜻하다… 기분이 편안하다… 이마가 기분 좋게(편안하게) 서늘하다(각각의 공식을 2~3회씩 마음속으로 반복해 잠시 신체의 감각을 느낀 다음 소거 동작을 행한다」라고 진행시킨다.

표준연습을 습득함으로써 상당한 개선이 가능하지만 증상의 개선이 불충분한 경우에는 더 나아가서 자율성 수정법의 특정기관 공식과 의지훈련 공식(표 V-18, 19)을 덧붙여 연습시키는 게 좋다.

표 V-16 표준 연습의 공식

배경공식 (안정연습)	: 「기분이 안정되어 있다」
제1공식 (사지 중감 연습)	: 「두 팔, 두 다리가 무겁다」
제2공식 (사지 온감 연습)	: 「두 팔, 두 다리가 따뜻하다」
제3공식 (심장 조정 연습)	: 「심장이 조용히 규칙적으로 뛰고 있다」
제4공식 (호흡 조정 연습)	: 「매우 편하게 호흡(숨)하고 있다」
제5공식 (복부 온감 연습)	: 「복부(위)가 따뜻하다」
제6공식 (액부 양감 연습)	: 「이마가 기분좋게 서늘하다」

표 V-17 자기연습 실시방법(중감연습의 예)

(1) 오른팔의 중감연습을 혼자서 연습하는 경우
① 자세를 바로하고 눈을 감는다.
② 「기분이 편안하다」라고 마음속으로 몇 번을 되뇐다.
③ 「오른팔이 무겁다」라고 마음속으로 몇 번을 되뇐다.
④ 소거 동작을 마치고 눈을 뜬다.
(①-④까지를 몇 번 되풀이한다)

(2) 두 팔의 중감연습인 경우
① 자세를 바로잡고 눈을 감는다.
② 「기분이 편안하다」라고 속으로 몇 번을 되뇐다.
③ 「두 팔이 무겁다」라고 속으로 몇 번을 되뇐다.
④ 소거 동작을 마치고 눈을 뜬다.
(①-④까지를 몇 번 되풀이한다)

(3) 두 팔 • 두 다리의 중감연습의 경우
① 자세를 가다듬고 눈을 감는다.
② 「기분이 편안하다」라고 마음속으로 몇 번을 되뇐다.
③ 「두 팔이 무겁다」라고 마음속으로 몇 번을 되뇐다.
④ 「기분이 편안하다」라고 마음속으로 몇 번을 되뇐다.
⑤ 「두 다리가 무겁다」라고 마음속으로 몇 번을 되뇐다.
⑥ 소거 동작을 마치고 눈을 뜬다.
(①-⑥까지를 몇 번 되풀이한다)

표 V-18 특정기관 공식의 예

(1) 무겁고 따뜻한 느낌 이용	
다리가 무겁다	얼굴의 긴장, 안면홍조
턱이 무겁다	얼굴의 긴장
어깨가 무겁다	손떨림
발이 따뜻하다	안면홍조

목덜미와 어깨가 따뜻하다	안면홍조
코(귀, 손가락, 손끝)가 따뜻하다	동상
종아리가 따뜻하다	간헐성 파행증
가슴이 따뜻하다	기관지천식
아랫배가 따뜻하다	만성변비
(2) 차갑고 시원한 느낌 이용	
코가 시원하다	혈관 운동 신경성 비염, 기관지천식
목구멍이 차다	기관지천식
항문이 시원하다	항문소양증, 치질
(3) 기타	
머리가 상쾌하고 가볍다	고혈압, 두통
심장이 온화하고 편안하게 뛰고 있다	고혈압, 협심증
몸 전체가 편안하고 자유롭다	긴장상태, 근육통

표 V-19 의지훈련 공식의 예

(1) 중화공식	
(목구멍이 넓다), 먹을 것 삼키는데 신경 안 쓴다	연하장애
체중은 아무래도 좋다	비만공포
약에 의존하지 않아도 안심된다고 알고 있다	약물의존(기관지천식, 불면 등)
(2) 강화공식, 지지공식	
뇌가 멋대로 지껄인다	말더듬
소변이 마려우면 (아랫배의 긴장감이 생겨) 눈이 저절로 떠진다	야뇨증
지금 피곤하고, 잠들어 버림	자위(自慰)
누구나가 불완전한 거야...(사소한 일은 신경 안 쓴다)	완전벽
(3) 절제공식, 반대공식	
나는 언제 어디서고 술은 한 방울도 마시지 않는다(절제공식)	알코올 중독
남이 술을 마시고 있어도 난 안 마신다(반대공식)	
(4) 역설공식, 실존공식	
되도록 서툴게 쓰자	손떨림
나는 남 앞에서 얼굴이 빨개진다.	안면홍조 공포
나는 글씨가 엉망이다	손떨림
나는 남 앞에서 말을 더듬는다	말더듬

4. 집단 지도에 대해서

자율 훈련법은 ①연습 공식이 표준화 되어 있는 것 ②적응증의 범위가 넓은 것 ③부작용이 적은 것 ④기본적 단계에서의 지도방법이 공통으로 되어 있어 집단에서의 지도도 널리 시행되고 있다. 집단에서의 지도는 성별이나 연령의 특별한 제한은 없지만 인원수는 몇 명~10명 전후가 바람직하다. 집단 장소에서는 심하게 불안, 긴장이 높아지는 환자 등은 참가시키지 않는 것이 좋다.

5. 다른 치료법과의 병용에 대해서

심신증의 치료에 있어서는 자율훈련법을 출발점으로 많은 치료법이 동시에 이루어지는 경우가 적지 않다. 자율훈련법을 중심으로 생각하면 ①자율훈련법을 치료의 기초(치료의 「장소」)로서 이용, 자율훈련법에 의해서 얻어진 「장소」가운데 다른 치료법을 병용하는 방법 ②심신의 이완을 도모하기 위해서 자율훈련법을 사용, 대인관계의 개선을 생각하기 위해 교류분석을 이용한다고 하는 식의 일종의 역할분담을 시키는 형태로 다른 치료법을 병용하는 방법 ③불안이 심한 환자에게 항불안제와 병용시켜 자율훈련법을 이용하는 것 같이 동일 방향의 효과를 높이기 위해 병용하는 방법 등이 있다.

어쨌든 치료법의 병용은 치료 효과의 촉진이나 치료기간의 단축을 겨냥하고 있지만 그러기 위해서는 ①각각의 치료법의 특징이나 적용범위 등을 충분히 파악해 두는 것 ②병용의 목적을 명확히 하는 것 ③병용치료에 따른 효과의 판정에 관한 연구를 거듭해 나가는 일이 중요하다고 하겠다.

D 예후와 주의점

자율훈련법에 의한 심신증의 치료효과는 연구자에 따라 분류하는 방법이 다르다는 점을 고려한다 해도 60~80% 정도이다. 일반적으로 심신증의 개선 후에도 자율훈련법을 시행하는 환자의 경우 그 예후도 좋다는 사실이 알려져 있다.

끝으로 자율훈련법 도입 시의 주의점에 대해 언급하고자 한다. 환자의 성격면에서 자율훈련법의 적응을 생각해 보면 미숙한 성격이거나 히스테리 성격이 강한 사람이거나 성격의 삐뚤어짐이 심한 사람은 치료의 제1선택으로서 자율훈련법은 좋지 않다. 특히 치료자에게 지나치게 의존적이며 스스로 연습하려 하지 않는 사람, 「자율훈련법 정도로는 나아질 수 없어」 하는 식으로 처음부터 자율훈련법에 대해 불신감을 가지고 있는 사람들에게는 바로 자율훈련법은 적합하지 않으며, 그와 같은 부정적인 면을 고치고 나서 적용하도록 해야 하겠다. 더 나아가 질병 도피나 질병 이득을 생각할 수 있는 경우(예를 들면, 사고 등의 보상 문제가 미해결인 때)에는 바로 자율훈련법을 적용시키지 않는 편이 좋겠다. 왜냐하면 자율훈련법을 적용시킨다 하더라도 효과가 기대되지 않기 때문이다. 또한 치료자와의 약속을 지킬 마음이 안 생겨 자택연습을 하지 않을 때에는 표면적으로는 자율훈련법에 의한 치료를 받아들이는 태도를 보이지만, 내면적으로는 자율훈련법에 의한 치료를 거부하고 있기도 하므로 주의해야 한다.

문헌

1) 池見酉次郎監修(佐々木雄二, 松原秀樹著)：自律訓練法と心身症. 医歯薬出版, 1976
2) Kleinsorge H, Klumbies G(池見酉次郎, 佐々木雄二訳著)：自律訓練法の指導実際. 岩崎学術出版社. 1970
3) Luthe W, Schultz JH(佐々木雄二訳)：自律訓練法Ⅱ. 誠信書房, 1971
4) 松岡洋一, 三島徳雄, 中川哲也：自律訓練法と隣接諸技法の統合と展開—自律訓練法と心身医学的治療法. 自律訓練研究 9 : 20 - 25, 1989
5) 松岡洋一, 三島徳雄, 久保千春：心身症への自律訓練法の適用—自律訓練法の適用要因の分析. 自律訓練研究 14 : 17 - 25, 1994
6) 松岡洋一, 松岡素子：自律訓練法の効果判定に関する一考察. 自律訓練研究 16 : 3 - 12, 1997
7) 松岡洋一, 松岡素子：自律訓練法. 日本評論社, 1999
8) 松岡洋一：自律訓練法の集団への適用とその効果に関する臨床心理学的研究. 風間書房, 2000
9) 中川哲也, 三島徳雄, 松岡洋一：心療内科領域における心身症についての研究—心身症の診断と治療を中心に(厚生省精神・神経疾患研究委託費　心身症の診断および治療予後に関する研究). 昭和63年度研究報告書, pp23 - 38, 1989
10) 佐々木雄二：自律訓練法の臨床的応用に関する研究. 福岡医学雑誌 58 : 641 - 664, 1967
11) 佐々木雄二編：講座サイコセラピー3　自律訓練法. 日本文化科学社, 1989
12) Schultz JH, Luthe W(内山喜久雄訳)：自律訓練法Ⅰ. 誠信書房, 1971

⑤ 바이오피드백 요법

바이오피드백(biofeedback, BF) 요법이 일본 심신의학회의 논제로 소개된 것은 1981년이다.[1] 그로부터 벌써 약 20년의 세월이 지나간 셈이 된다. 의학문헌의 검색으로 사용빈도가 높은 Cumulated Index Medicus에도 1977년부터 biofeedback(psychology)이 색인항목에 추가되었다. 일본의 바이오피드백학회 총회도 28회째를 맞이하게 되었고, BF요법도 말하자면 성인식을 마쳐 치료법으로서도, 학문으로서도 독자적으로 나아갈 수 있을 정도까지 왔다는 느낌이 든다. 또한 사실 그 임상응용도 여러 방면에 걸쳐 편두통, 근수축성두통, 간질, 경성사경 등의 신경계 질환을 필두로 순환기, 호흡기, 소화기 등의 내과 영역은 물론 비뇨기과, 부인과, 이비인후과, 안과, 재활 등의 의학적 치료나 병태 평가·예후 평가의 수단으로 쓰이고 있다. 더 나아가 건강 증진을 위해서, 혹은 스포츠의학으로 더욱 퍼져나갈 추세이다. 이 장에서는 이와 같은 심신증 치료법의 하나로 정착하여 여러 가지 가능성을 지니고 있는 BF 요법의 개념·역할, 적응, 치료의 실제, 임상응용상의 문제점 등에 대해 간단히 설명하고자 한다.

A 치료법으로서의 역할

바이오피드백 요법은 조건반사를 그 이론 배경으로 삼고 있으며 행동요법의 한분야로 발전해 온 사실은 지금까지 소개하여 온 바와 같다.[1~3]

자율 반응의 도구적(자발적) 조건부여에서 파생하여 발전해 온 BF요법은 다음과 같이 정의할 수 있다. 평상시에는 깨닫기 어려운 생체내의 변화나 반응을 빛이나 소리 등의 지각하기 쉬운 외부 정보나 신호로 한차례 자리바꿈해서 생체로 환원(feedback)하여, 도구적 조건부여에 의해 그 변화·반응을 제제하려고 시도하고 있다. 일반적으로 이 시도를 위해서는 공학적 수단의 도움을 필요로 한다. 결국 BF 장치의 사용을 뜻한다. 최초의 피검자는 그 BF 장치의 도움을 빌어서 생체반응의 제제를 시도하는 게 되지만 차차로 이미지나 다른 수의반응 등의 내적인 실마리를 바꾸어 놓는 것이 가능하게 되어 BF 장치도 필요없게 된다.

BF는 크게 두 가지 골자로 되어 있다고 생각한다. 첫째는 깨닫는 것(내부지각)이고, 다른 하나는 반응의 제어를 학습하는 일이다. 깨닫는 것은 다시 두 단계로 나눈다. 먼저 깨닫기 어려운 생체 내의 변화·반응을 지각할 수 있는 외부 정보·신호로 변환시키는 일이다. 그 작업에 의해서 간접적이긴 하지만 신체 내에서 일어나고 있는 변화 그 자체를 아는 일이 가능하게 된다. 이어서 그 상태에 대한 지식이 정확한지 아닌지는 연이어 보내져오는 신호나 정보에 비추어보아 판단하고 수정하는 것이 가능해진다. 이 일을 위한 신호나 정보는 좀 더 정확하고 정보량도 적정해야 할 필요가 있다. 그리고 다른 또 하나의 골자가 반응통제의 학습이다. 다시 말하면 이러한 정보·신호들을 실마리로 해서 평상시에는 깨닫기 어려운 변화·반응을 일정한 방향으로 뜻대로 움직여서 강화·제어하고 또한 일단 학습된 반응의 수정까지도 하는 시도이다. 이 두 가지의 골자를 지지하고 있는 것은 어디까지나 기본적으로는 도구적 학습이라고 생각된다.

여기서 도구적 조건부여에 대해 간단히 언급하려고 한다. 생체 반응이나 행동의 학습을 생각할 때에 두 가지 조건부여 방법이 있다. 고전적 조건부여와 도구적(자발적) 조건부여다. 전자는 Pavlov의 개 실험으로 잘 알려져 있는 바와 같이 조건부여의 전제로서 무조건 자극(먹이)과 – 무조건 반응(침분비)의 존재를 필요로 한다. 그리고 이 무조건 자극과 중성자극(조건자극)을 짝지어서 제시함으로써 조건자극 제시 때의 무조건 반응을 나타내려고 하는 것이다. 한편 후자는 우연히 생긴 반응이 끝난 뒤의 보수(강화인자)나 벌(소거인자)을 줌으로써 학습·강화 혹은 소거하려고 하는 것이다. 사람의 행동이나 생체 반응의 경우 전자는 자율반응계에, 후자는 뼈·근육계, 행동에서 인지된다고 여겨지고 있다.

우리의 생체 내부는 평상시에는 모르고 지내지만 여러 가지 변화가 늘 일어나고 있다. 이들 변화의 대부분은 무의식적으로 자율신경-내분비계에 의해서 제어되고 있다. 이 자율반응계에 도구적 조건부여를 시도하고 이것이 가능하다고 하는 보고가 있어 왔었다. 1960년대의 일이다. 그 이후의 임상응용, BF요법으로서의 발전은 지금까지 소개한 바와 같다.

한마디로 BF요법이란 자신의 신체 내에서 생기고 있는 좋지 않은 변화를 자기 자신이 알고 나아가 스스로 그 통제를 학습하고자 하는 환자 삼화적(參畫的) 요법이라고 할 수 있다. 이 점은 지금까지의 약물요법이나 외과적 요법과는 크게 다른 것이다.

약물 없이도 생체반응의 통제가 가능하다는 사실, 심신상관의 좀 더 나은 지표가 될 수 있다는 사실, 더 나아가 그 객관화나 생체반응 상호간의 관계를 알게 되는 실마리가 될 수 있다는 사실 등에서 BF는 단지 치료법으로서의 자리매김뿐 아니라 연구나 교육의 방법으로서도 여러 가지 가능성을 가지고 있다 하겠다.

B 적응[1-5]

BF의 임상요법에는 직접법과 간접법이 고려되고 있다. 전자는 질환·증상을 형성하고 있거나 또는 대응해서 변동하고 있는 생체 내 변화·반응을 BF를 통해서 조작·제어하고자 하는 것이다. 「C. 치료의 실제」에서 서술한 증례1이 여기에 해당된다. 후자는 근전도, 심박, 피부온, 피부전위활동, 뇌파 등의 BF에 의해서 이완, 의식의 변화상태를 알아내어 그것을 치료의 장, 역제지의 장으로 이용하거나 그 자체의 효과를 기대하는 경우가 되겠다. 또한 증상을 형성하고 있는 생체 내 변화·반응의 BF를 시행함으로써 심신상관의 이해를 깊게 하거나 심리요법의 도입에 이용할 수 있으며 증례2가 여기에 해당된다.

그렇다면 어떠한 생체 내 변화·반응이 BF의 대상이 될 수 있겠는지, 또는 바람직한지에 대해 생각해 보려고 한다. BF가 기본적으로는 학습이론에 기반하고 있는 요법이고 행동요법의 한 분야로서 발달되어 온 과정인 것을 생각하면, 당연하리만큼 대상이 되는 반응은 행동요법의 대상행동과 마찬가지로 아래의 4가지가 충족되는 것이 바람직하다.

(1) 객관성 : 대상반응은 정확하게 연속적으로 측정 가능하지 않으면 안 된다.

(2) 수량화가 가능해야 할 것 : 생체 내 변화·반응의 시간적 추이, 예를 들면 대소·지속·농도 등의 변화가 정확하고도 연속적으로 측정되어야 할 필요가 있다.

(3) 조작성 : 이러한 것들의 변화가 차차 BF 신호로 자리바꿈이 가능하게 되고 때로는 보수·벌 자극과의 짜맞춤도 가능하게 되는 것이 바람직하다.

(4) 병리성 : 그 변화·반응이 병태를 반영하고 있는 것이 바람직하다. 다만 임상 이외의 목적이라면 그 제한은 없다.

현재까지 어떠한 생체 내 변화·반응이 BF로 가능한지 구체적으로 언급하고자 한다. 크게 3가지로 분류할 수 있다. 첫째는 전기적 변화로 α파·θ파·Fm θ·SMR 등의 뇌파, 피부전위반사(SPR)·피부전위수준(SPL) 등의 피부전위활동, 근전도, 심전도 등이다. 최근에는 소화관의 기능장애에 대해서 위전도의 BF 등도 실행되고 있다. 다음으로는 물리적 변화로 식도·장관 등의 소화관 내압, 방광 내압, 혈압, 기도저항, 피부온 등이다. 마지막의 그 밖의 그룹으로는 장잡음·호흡음 등의 소리, 침·위액분비, 신체동요 등이다. 앞에서 말한 조건으로도 알 수 있는 바와 같이 전기적 변화는 전기적 변화로 치환하는 것이 용이하게 변화가 집중된다. 결국 현 시점에서는 생리학적인 parameter가 주가 된다고 말할 수 있다. 그러나 먼저 서술한 조건만 갖추어지면 앞으로는 자율신경계의 생리학적 변화뿐 아니라 생화학적·형태학적 변화도, 더 나아가서는 면역·내분비학적 변화·반응까지도 대상이 될 수 있으리라고 생각된다. 예를 들면 psycho-feedback이라고 부르는 이미지 정보의 응용 등을 현실에서 시험해 볼 수 있다.

따라서 그 적용이 되는 병태나 질환은 위에서 말한 조건을 만족하고, 또한 그 증상이 부적절한 학습의 결과라고 생각되는 경우가 되겠다. 혹은 우연히 생긴 병태인 경우에도 정확한 학습에 의해서 증상의 개선이 기대되는 경우가 되겠다. 사실, 지금까지 BF요법을 적용시킨 질환은 많으며 또 증가하고 있는 추세다. 그렇지만 지금까지의 의학의 치료법과 상반되거나 혹은 적대시되는 입장은 아니다. 약물요법이나 외과적 요법, 방사선 요법 등 예전부터의 의학적 요법과 병행하여 각각의 이점을 살리면서 적용시키는 일이 중요하다.

C 치료의 실제

1. 병태의 이해와 행동평가[6)]

BF요법을 적용함에 있어서 가장 먼저 필요한 것은 충분한 병태에 대한 이해이다. 수술이 필요한 환자에게 공연히 BF요법을 적용하여 수술 시기를 놓쳐서는 안 되며 BF가 알맞은 경우에도 그 증상이 형성된 배경, 한 마디로 환자의 생활이나 성격 등도 충분히 평가되지 않으면 안된다.

2. 질환 • 병태에 특이한 생체 내 변화 • 반응

BF의 임상적용에서 경성사경에는 근전도[7)]처럼 어느 정도 질환과 지표, 부위가 결정되어 있는 경우도 있다. 그러나 실제로는 증례마다 치료에서의 가장 적절한 지표·부위 등을 자세히 검토하는 것이 필요하다.

3. 치료에 유효한 반응량의 지표

약물요법에 유효량이 있는 것처럼 BF요법에도 치료상 의미 있는 변화량의 평가가 필요하다. 그리고 추정되는 변화량이 과대한 경우는 몇 단계로 나누거나 바꾸기 쉬운 부위부터 시작하는 등의 연구(shaping법)가 필요하다.[8)] 또한 당연히 얻을 수 있는 변화를 아무리 해도 얻을 수 없다고 한다면 그 학습을 방해하고 있는 인자에 대해 해명하도록 해야 한다.

구체적인 증례를 소개한다.

[증례 1]

환자: 30세 여성, 미혼, 사무직(타이피스트).

주소: 경부 자세 이상.

기왕력, 가족력: 특이 사항 없음.

현병력: 단기대학 졸업 후 취직해서(타이피스트) 때때로 어깨 결림을 느꼈다. 1989년 6월,

직장에서 한 사람이 줄어들어 작업량이 늘어났다. 8월 중순 어깨 결림이 심해졌고, 하순이 되자 아무런 원인도 없이 턱이 오른쪽 상 방향으로 돌아갔다. 자신이 제자리로 돌릴 힘이 필요했고 의식하지 않으면 같은 자세 이상이 나타났다. 9월이 되어 노동재해병원에서 진찰 받으니 턱 부분의 뼈에는 이상이 없다는 진단이었다. 그 후에 침, 접골원, 스위밍 스쿨에 갔으나 효과 없었고, 같은 달 말에 H정형외과에서 진찰받음. 10월 11일부터 휴직하여 18일 Y대 성형외과에 외뢰됨. 새로운 사례로 보존적요법이 우선적일 것으로 판단되었지만, 난치성이며 심인성 단독만으로는 생기기 어렵다는 설명을 듣고 신경내과에 소개되었다. 이 과에서 두경부 MRI, 혈중구리수치 안과적 검사 등에서 Wilson병은 아니라고 판단되었다. 항불안제, 근이완제 등의 약물처방 받았으나 효과가 없어 심신의학적 치료가 필요하다고 판단되어 11월 17일 종합 재활의학과 외래에 소개되었다. 40°의 오른쪽 돌기, 30° 왼쪽 기울기, 90°의 뒤로 굽기를 주 증상으로 하는 지속성의 자세 이상 때문에 경부를 앞으로 굽히게 되고 왼쪽 어깨를 15° 쯤 들어 올리고 다시 왼쪽 어깨를 조금 앞으로 내민 몸통의 비틀림도 보였다. 상동적인 불수의 운동은 없고 등을 기대는 증상은 사라지게 되어 중추형의 경성 사경이라고 진단하였다.

직장에서 키보드, CRT, 자료는 거의 정면에 자리하지만 전기 조작이 많아서 오른쪽 방향을 보는 일이 많고 오른손 조작이 많다. 현재의 작업량은 일반 영업의 4배 정도여서 지금까지 3회 정도 사의를 표명했으나 받아들여지지 않았다. 현재는 유급휴가로 쉬고 있지만 증상이 사라지더라도 사직할 생각이다. 6,7,8월 3회 정도 중매 기회가 있었다. 성격은 내성적이고 운동을 좋아한다. 중학생 이후 농구를 하고 있어서 입사 이후 동호회를 만들어 계속하려 했으나 사람이 모여지지 않아서 1년이 지난 그즈음에 중단하였다. 현재 어머니와 둘이서 지낸다. CMI는 I영역, YG는 C-type.

치료경과: BF-80A(OG지연)를 이용하여 앞이마, 양쪽 흉쇄유돌근, 양어깨의 근전위, 손가락 피부온, SRR을 측정했다. 최초 3세션 각 부위의 근전위 평균치는 등받이가 있는 상태에서 다음과 같이 나타났다. 앞이마 0.21(0.23)μV, 왼쪽 목 0.17(1.68)μV, 오른쪽 목 0.16(0.52)μV, 좌측 어깨 0.12(0.29)μV, 우측 어깨 0.25(0.33)μV. ( )안은 허리부분까지 낮게 등을 기댄 상태에서의 근전위. BF요법은 주 증상 형성에 가장 관여하고 있는 좌경부(흉쇄 유돌근)을 낮게 등을 기댄 상태에서 시작하였다. 치료 형태는 외래에서 주 2회를 원칙으로 했다. 시각 마커를 사용하면 이마 위치 이상이 두드러지기 때문에 처음에는 청각 신호를 사용하는 쪽이 쉽다고 가르쳐서 경부의 근이완이 되거든 저절로 정면을 보게 된다는 점을 설명했다. 참고로 약물을 사용하지 않았다.

12월 15일, 근전위 수준은 0.5μV정도로 낮아지고 있었으나 힘이 빠지고 있다는 자각을 얻을 수 없었고, 힘을 빼면 곧바로 향하고자 하는 의욕이 지나치게 강했다. 일회 최면 하에 이완을 체험시켰다. 그 뒤로 근전위는 0.3μV이하를 보이는 경우가 많아지고 BF연습 시에도 뜻하는 대로 근전위의 저하를 얻는 일이 가능하게 되었으며 정면을 보는 것도 가능하게 되었다. 집에서도 상당히 힘이 빠지게 되었고 가사를 돕는 일도 가능하게 되었다. 12월 28일부터는 등에 기대지 않은 상태에서의 BF를 받아들였다. 1월부터는 등받이 없는 것을 중심으로, 15세션 째의 12일부터는 근전위의 목표치를 다시 상향 설정하였다. 좌위·정지 시에는 근전위 수준도 정상화되고 증상도 거의 소실되었으므로 집에서도 선 자세에서 힘을 빼는 연습을 하도록 지시하였다. 16일 16세션부터 선 자세, 17세션부터 제자리걸음 때의 BF연습을 시작하였다. 19세션부터 BF연습 전에 트레드밀을 이용해서 보행연습을 하게 하였다. 제자리걸음을 걷는 BF연습 시간을 차차 길게 늘렸다. 1월 말에는 난간을 잡지 않고 계단을 오르내리는 것이 가능해졌다. 2월 15일, 25세션, 연습 전의 보행 부하(6~8km/hr)를 더하고 집에서도 조깅하면서 힘을 빼는 연습을 하도록 지시하였다. 3월이 되자 자각적으로도 증상이 소실되었다. 일상생활에 지장 없이 지내게 되자 치료도 주 1회로 줄이고, 3월 말로 치료를 종료하였다. 참고로 최종 3세션의 근전위 수준은 다음과 같았다. 조건은 앉은 자세, 등받이가 없는 것. 앞이마 0.27(0.16)μV, 왼쪽 목 0.26(0.34)μV, 오른쪽 목 0.22(0.38)μV, 좌측 어깨 0.37(0.31)μV, 우측 어깨 0.34(0.38)μV. ( )안은 선자세 상태. 증상의 재발도 없었고 1993년 3월 결혼. 1999년 봄, 정신증상때문에 사용한 항정신제에 의해 증상이 경도되면서 유발되었다.

[증례 2]

환자: 42세, 여성, 미혼, 의류품 판매.

주소: 두부 다발성 탈모.

기왕력: 관절염, 충수돌기 절제.

가족력: 특이 사항 없음.

현병력: 30세 지나면서부터 어머니가 고혈압으로 입원한 일이 걱정되어서 원형 탈모가 시작되었다. 빠진 자리에 곧 머리카락이 나는가 싶더니, 또 다른 부위가 탈모되는 경우가 반복되었다. 40세경부터 직장에서 중책을 맡아 초조한 날들이 많아졌다. 이 무렵 탈모는 머리 전체로 퍼졌고 모발은 백발로 바뀌어 조금씩 남았다. 피부과에서 약물요법을 중심으로 종종 치료를 받았으나 효과가 없었고 이완과 말초의 혈류 개선을 위한 BF를 위해 종합 재활의학 외래부에 1993년 7월 28일 의뢰되었다. 성격은 내성적·신경질적이고 완벽주의. 최근에는 가게 앞을 지나는 자동차 소리나 쿨러의 소리가 신경이 쓰임. 초조해지면 구역질이 나고 최근에는 출근 전에 구토를 하였다. 또한 어깨 결림도 심했다.

치료경과: 전신의 긴장을 대표하는 앞 이마부의 근전위, 증상의 호소가 있는 양어깨의 근전위, 말초 순환의 지표로서 왼손 둘째 손가락의 피부온, 정신적 긴장의 지표로서 왼손 세 번째, 네 번째 손가락의 SRR을 BF-80A(OG지연)를 이용하여 측정하였고, 앞이마 부위의 근

전위로 BF요법을 시작하였다. 주1회의 외래치료였다. 최초 2회의 평균치는 0.49㎶였으며 8세션의 근전위 수치는 0.2㎶이하로 낮아졌다. 마찬가지로 왼쪽 어깨는 1.07㎶가 0.35㎶로, 오른쪽 어깨도 0.78㎶가 0.23㎶로 낮아지고 있었다. 9월에 퇴직한 일로 하여금 긴장감, 어깨 결림, 구역질, 구토는 줄어들었다. 12월 15일, 15세션부터 손가락 피부온 BF로 변경. 목표치는 33℃ 내지 34℃로 시행하였다. 3월 2일, 25세션까지 피부온 BF를 시행하고 BF로 0.5내지 1.5℃의 온도 상승을 보게 되어 거의 목표치를 달성하였다. 이 시점에서 위에 적은 증상은 거의 소실되었지만 탈모의 개선은 아직 보이지 않았다. 26세션부터 SRR의 BF로 이행하였다. 약 500㏀에서 시작해서 600㏀, 800㏀로 현재 호전시도 중이다. 동시에 측정하고 있는 근전위, 피부온의 학습 효과는 그대로 유지되고 있다.

D 예후 및 주의점

증례1이나 과거의 우리의 성적[7] 등을 볼 때 적응을 명확히 하면 예후도 원격성적도 나쁘지 않다. 몇 가지 주의점을 말해 두고자 한다.

1. 학습효과의 일상생활로의 전이

BF의 학습효과를 일상생활에서 파악하지 못하는 경우가 있다. 증상이 파악되는 일 자체가 환자 입장에서는 보상이 되고 있지 않은 경우이거나, 일상생활 중에서 학습된 내용을 지워버리는 인자, 또는 증상을 지속·강화하는 인자가 아주 강한 경우 등이다. 심리기제로 말하면 전환반응의 경우 등이다.

표 V-20 사람에서의 강화자와 그 유형 (문헌 9에서 수정)

강화자의 유형	예
(1) 1차적/생물학적	사탕, 식품, 담배
(2) 즉시적, 유형적	금전, 토큰
(3) 고빈도의 행동	신체적 활동, 회화, TV감상
(4) 즉시적, 상징적	도장 찍는다, 점수
(정보성 피드백)	바이오피드백(BF)
(5) 지연적, 상징적	진급, 상
(6) 사회적	인지, 주목, 동정
(7) 자기강화	긍정적 자기진술
(8) 인지적	도전에 이기는 일

또한 생체 내 변화를 알아차리고 그것을 제어하고자 하는 노력이나, 이들 생체 내 변화의 제어를 중심으로 삼는 심신상관의 이해, 생활 태도를 개선하고자 하는 자세 등도 학습효과의 파악에 영향을 미친다. 현실적으로 일상생활로의 전이를 쉽게 하기 위해서 BF장치를 생활 속으로 가지고 들어오는 다시 말하면, 소형화나 패미컴(게임기), 컴퓨터 등을 이용한 간편화, 자율훈련법 등 다른 치료법이나 수의반응과 적극적으로 짜맞추는 등의 연구가 진행되고 있다.

2. 개인의 신체적 차이[8)]

BF는 신체반응을 나타내는 학습이다. 따라서 그 학습효과에는 개인의 신체적 차이가 크게 나타난다. 이 차이를 나타내는 인자로서 나이, 성격, 동기부여, 학습능력, 수의반응의 이용, 사고 과정의 이용 등을 들 수 있다. 또한 임상에서는 증상이 나타나는 것 자체가 회피상태를 형성하고 있는 단계이기도 해서 특별한 강화자를 사용하지 않고 있다. 가령 이용하더라도 (표 Ⅴ-20)과 같이 사람의 경우 강화자는 개인에 따라 아주 다양하다. 또 동일 개인에 있어서도 「만두가 무섭다」의 예시와 같이 상황에 따라 양극단으로 변화한다. 따라서 치료자는 언제나 환자에게 BF 학습을 촉진·강화하는 인자가 무엇인가에 대해 평가해 두지 않으면 안된다.

E 최근의 주제와 전망[10)]

BF는 지금까지 서술한 것과 같이 약물을 사용하지 않고 생체 내의 변화를 알아내고 또한 그 제어를 학습하고자 하는 특이한 방법이다. 또한 아주 편리하고 근대적인 장치를 사용하기 때문에 BF 장치를 사용하는 것 자체가 치료효과를 가져오는 것 같은 착각을 불러 일으키는 경우도 있다.

그러나 기본은 도구적 학습이다. 배우기 쉽도록 단계를 따라 목표에 가까이 가는 shaping법의 이용이나 지적 목표를 평가·학습하기 위해서 많은 채널화,[11)] 보다 지각하기 쉽게 변화를 패턴화해서 환원하는 패턴·피드백법의 응용 등을 정식화 하는 것이 앞으로의 과제가 된다.

BF법이 발전하여 온 배경의 하나는 ME의 발전에 뒤따르는 논리회로의 응용이 있다. 근래에 저가로 가정에 보급되고 있는 패미컴(게임기)이나 컴퓨터는 가정용 학습기의 소재로 안성맞춤이다. 전문가가 환자에게 개개인의 치료 프로그램을 짜고 구체적으로 방법을 지도한다. 이에 근거한 가정에서의 연습성과를 1~2주간 매일 평가해서 학습의 상황과 진전 정도에 따라 프로그램을 고쳐나간다. 마치 약물의 처방과 같이해서 치료효과를 높이는 방법을 생각할 수 있다.

한마디로 BF의 임상적 방법에 대한 앞으로의 방향성은 많은 채널화가 된 장치로 좀 더 적절한 지표와 피드백 정보를 패턴화 하는 것과 개별적 치료 프로그램을 사용하는 자동화에 의해서 치료의 효율화를 도모하는 일이라고 생각한다.

그런데 새로운 치료법이 개발될 때마다 문제가 되는 것이 그 효과에 대한 평가다. BF 요법에 관해서도 예외는 아니다. 그 때문에 임상에서는 효과의 추적조사나 다수 사례에 따르는 평가에 대한 노력이 이루어져 오고 있다. 또한 실험실 레벨에서는 통제군과의 비교, 같은 BF군 혹은 증례에 관해서도 BF학습(−)와 (+)를 짜맞추어서 한 마디로 AB, ABA, ABAB 혹은 ABCB 등의 실험 디자인에 따른 B의 학습효과를 평가하고자 시도하는 등의 연구가 진행되고 있다.

이제까지 서술해 온 바와 같이 BF라는 것은 하나의 객관적, 심리요법적 수단이다. 이 명확한 수단을 이용하여 생체반응의 상호관계, 심적 방법에 의한 신체학습과 그 매개과정, 생체내 변화ㆍ반응에 대한 깨달음(지각ㆍ인지)이 지니는 임상상ㆍ심리요법상의 의의 등을 분명하게 밝혀나가는 일이 가능하게 되리라 기대하고 있다. 그리고 그런 과업이 심신의학에 있어서 심신상관이나 기관 선택의 해명으로 이어져서 BF를 활용하는 의의라고도 생각된다.

F 진료보수의 실태

BF요법의 진료보수에 관해서는 심신의학 요법의 하나로서 자리매김이 되고 있다. 즉 70 내지 90점이다. 본격적 장치의 치료로서는 너무나 저렴하다. 또 통원 정신요법의 340 내지 392점과 비교해도 너무 저렴하다고 본다. BF요법의 선진국인 미국의 실상을 살펴보면 1985년에 Health and Public Policy Committee가 몇몇의 질환군에 대해서 BF의 적응, 효과, 보수 등에 대해 언급하고 있다.[12-15] 그 보수면에 대해 간략히 소개하겠다. 우선 두통에 대해서 근수축성 두통에는 앞이마 부위의 근전도, 편두통에는 손가락 피부온과 경부 혈관운동 반응이 적용되어 요금은 1세션에 35~80$이다. 고혈압에 대해서는 GSR, 앞이마부 근전도가 적용되어서 이완요법의 코스로 되어 있고 10~20회의 그룹 연습으로 100~250$, 개인으로는 400~650$로 되어 있다. 신경ㆍ근육 장애에 대해서는 근전도로 1시간당 20~60$. 소화기계로는 당뇨병이나 수술 후의 실금에 대해서 적용되어 있지만 요금은 나와있지 않다.

또한 이와 같이 진료보수를 확립해 가기 위해서는 유효성, 적응 등을 명확히 해나가는 것이 필요하다. 더 나아가서는 그것을 시행하는 측의 자격이 문제가 된다. 현재 일본 BF 학회에서도 자격제도를 두고 있다. 미국의 BF 치료자의 자격제도에 대해서는 바이오피드백 연구(11

권, 1984)에서 Saito가 해외보고로 소개하고 있다.[16] 또한 같은 책에서 일본 BF 학회의 윤리 강령이라고 하여 1의 「일반」에서 11의 「조직에 대한 책임」까지 11항목이 실려 있다. 꼭 한번 통독할 것을 권장한다.

참고문헌

BFの理解をより深め，さらに広げるために若干の書籍を紹介しておきたい。

1) シュワルツ GE. 平井　久，渡辺尊己(編)：バイオフィードバック(上・下)．誠信書房，1975/79
2) Brown BB(石川中，他訳)：心と身体の対話—バイオフィードバックの世界(上・下)．紀伊国屋書店，1979
3) Blanchard EB(江草安彦，他訳)：バイオフィードバック入門．医学書院，1984
4) Stern RM(石川中，他訳)：バイオフィードバックとは何か．紀伊国屋書店，1983
5) 熊本水頼編著：バイオフィードバック法の基礎と臨床．杏林書院，1983
6) Brown BB(石川中，他訳)：心と身体の医療．紀伊国屋書店，1982
7) Basmajian JV 編著(平井　久監訳)：臨床家のためのバイオフィードバック法．医学書院，1988
8) Schwartz MS 編著(斉藤　巌，他監訳)：バイオフィードバック—実践のためのガイドブック．新興医学出版社，1992
9) 佐々木高伸，志和資朗：心身症；バイオフィードバック療法の基礎と臨床．新興医学出版社，1989
10) 現代基礎心理学(5，11巻)，東京大学出版会，1982
11) Hassett J(平井　久，他監訳)：精神生理学入門．東京大学出版会，1987

1)～3)はBFのより基礎的な研究や応用に関するもので，4)はより一般的，5)はリハビリテーション領域，6)～9)は心身症への応用が中心である。学習心理学，精神生理学との関連で理解を深めたい方には，10)，11)を参照されることをお勧めする。

専門雑誌としては，上述の学会誌「バイオフィードバック研究」と「BIOFEEDBACK and SELFREGULATION」があり，最新のわが国の業績を海外に喧伝する目的で，「CURRENT BIOFEEDBACK RESEARCH IN JAPAN」が学会誌とは別に刊行されている。

인용문헌

1) 渡邉克己，大野喜暉：バイオフィードバックの臨床的応用．心身医学 21 : 523 - 529, 1981
2) 平井　久：バイオフィードバック．医用電子と生体工学 14 : 279 - 288, 1976
3) 平井　久，渡邉克己：バイオフィードバック療法．心身医学 28 : 104 - 110, 1988
4) 平井　久：バイオフィードバックと心身症．治療 60 : 563 - 570, 1978
5) 平井　久：日本におけるバイオフィードバック研究—治療と教育に関して—. medicina 19 : 2637 - 2641, 1982
6) 平井　久：バイオフィードバック法における行動分析と行動評価．行動療法研究 7(2) : 16 - 18, 1982
7) 松岡義樹，渡邉克己，他：筋電図バイオフィードバックの痙性斜頸への応用．心身医学 24 : 17 - 21, 1984
8) 平井　久，渡辺昭一：バイオフィードバックと個人差—皮膚電気活動，皮膚温と心拍—，上智大学文学部紀要分冊「心理学年報6巻」，pp31 - 42, 1981
9) Lewis JM. Usdin G 編(高橋三郎，他訳)：APA精神科治療計画．医学書院，1984
10) 平井　久：バイオフィードバックの展開．電子通信学会誌 68 : 1342 - 1349, 1985
11) 渡辺克己：多元的バイオフィードバック．心身医療 8 : 355 - 357, 1996
12) Health and Public Policy Committee : Biofeedback for Headaches. Ann Intern Med 102 : 128 - 131, 1985
13) Health and Public Policy Committee : Biofeedback for hypertension. Ann Intern Med 102 : 709 - 715, 1985
14) Health and Public Policy Committee : Biofeedback for neuromuscular disorders. Ann Intern Med 102 : 854 - 858, 1985
15) Health and Public Policy Committee : Biofeedback for gastrointestinal disorders. Ann Intern Med 103 : 291 - 293, 1985
16) 斉藤　巌：米国のバイオフィードバック治療者のライセンス制度．バイオフィードバック研究 11 : 50 - 51, 1984

6 상담(counseling)

심료내과에서 일하고 있는 의사, 임상심리사, 그 밖의 연수생에게 상담이란 용어는 익숙하게 쓰이고 있다고 보겠다. 그 상담에 대해서 클라이언트의 관점과 치료자의 입장의 양측면에서 살펴보고자 한다.

A 상담의 대상이 되는 클라이언트

심신의료의 대상이 되는 클라이언트를 Ikemi[1]의 견해에 따라 분류하면 현실 심신증과 성격 심신증으로 나눈다. 심신의료의 실천병원에 통원 또는 입원하는 환자는 이러한 심신증 환자라기보다는 신경증 환자가 실제로 많다. Freud가 시작했던 정신분석은 히스테리 신경증이었고, 그 뒤의 정신요법도 신경증 환자를 주체로 이루어져 왔다. 그 이유는 신경증 환자가 가장 심한 정신적 고통을 느껴 정신요법을 요구해 왔기 때문이다. 히스테리의 전환반응을 특징으로 하는 히스테리 환자는 「맑은 무관심」이외는 불안에 쌓인 불쾌한 상태이고 이를 없애기 위해 상담을 받으러 오게 된다.

이와는 달리 심신증 환자는 신체적 고통을 느끼기 때문에 일반 내과나 외과로 다닌다. 그런 현상은 예전부터 지금까지, 그리고 다른 많은 나라에서 신체적 고통을 편안히 하는 곳은 의료기관이고 거기로 가는 것은 정당하기 때문이다. 한편 현실 심신증 환자는 별도로 하고 성격 심신증 환자는 마음의 문제 때문이라고 느끼지 않으며 또는 의식하지 않는 신체질환이기 때문에, 환자는 심료내과에 입원하고도 스트레스와 성격과의 관련성에는 전혀 생각이 미치지 않는다. 곧 성격 심신증 환자는 불안을 막아 전혀 느끼고 있지 않는다고 이해하고 있기에 신경증 환자나 현실 심신증 환자와는 대조적이다.

이 문항에서는 정신과에서 다루는 환자에 대해서는 다루지 않으므로 이상의 구분이 클라이언트의 상황이 된다.

더 나아가 상담의 일반적 상황을 보더라도 신경증이라고 진단되지 않는다 하더라도 상담치료자에게 원조를 구하고자 오는 환자는 어떤 문제가 있기에 그 해결을 바라고 찾아왔다고 할 수 있겠다. 그 문제란 어떤 성질의 문제이겠는가? 문제의 성질을 인간행동의 측면에서 본다면 그것들은 대부분의 경우 정동적인 것이던가, 인지적인 것, 행동적인 것, 혹은 시스템에 관한 문제라고 말할 수 있겠다. 심리적인 문제가 아니면 그것은 신체적인 건강에 관한 것이고, 그리고 능력의 문제, 직업의 문제 등 자신의 문제와 대인관계의 문제 등이 있을 수 있다. 문제가 무엇이든 클라이언트는 이들 문제를 스트레스로 인지하고 있다고 말할 수 있다.

그런데 Lazarus[2]는 Holmus & Rahe 등의 life events가 스트레스라고 하는 생활변화를 스트레스식으로 한 것에 비해 일상생활 가운데 개인의 인지 등을 감안한 스트레스설을 내세웠다. 스트레스라는 것은 대부분의 경우, 그 사람의 외부자극에 대한 인지자세에 좌우되는 것이다. 그 스트레스 반응이 되는 정동반응이나 생리 반응을 클라이언트가 호소하는 것이다. 곧 클라이언트는 자신의 성격이나 그 밖의 요인 때문에 외부자극을 스트레스로 인지하고 반응했다고 말할 수 있겠다. 그와 같은 스트레스 상태인 사람은 결코 「맑은 무관심」이라고는 말할 수 없을 것이다.

더욱 심리적인 문제를 가지고 있는 사람은 그렇기 때문에 「자신」을 잃고 있는 경우가 많다. 즉, 심리적인 문제는 정서적 문제 이외에 「개인으로서」 상처받기 쉬운 상태에 있고, 그래서 자신을 지키려는 자기 방위가 강하게 작동하는 상태에 있다.

클라이언트의 또 다른 문제점의 하나는 자기 인지에 관한 것으로 자기 인지의 왜곡이 문제와 관련되어 있다. Rogers에 의하면 그것은 자기 개념과 체험과의 불일치로 나타나게 된다고 한다. 즉, 클라이언트는 체험을 있는 그대로 체험할 수 없기 때문에 문제를 끌어안게 되는 것이다.

이상의 심리상태에 있는 클라이언트에게 어떻게 접근할 것인가가 치료자의 과제이다.

B 상담 치료자에 요구되어지는 인간관의 조건

1. 클라이언트를 어떻게 보고 있는가?(인간관)

이 문항에서 다루게 되는 상담은 기본적으로는 Carl R. Rogers[3]가 제창한 상담이다.

Rogers는 「클라이언트 중심요법」을 개발하였다. 일본의 상담계에서는 서둘러 Rogers의 방법을 받아들였기 때문에 상담이라고 하면 이 방법이라고 해도 지나치지 않다. 이 문항에서도 Rogers의 상담을 주로 다루려고 한다.

Rogers의 기본적인 인간관은 심리적으로 성장 가능한 존재라는 것이다. 상담의 기본전제가 있기 때문에 상담 치료자의 과제는 클라이언트의 성장 욕구를 촉진하는 「정신풍토」를 클라이언트에게 어떻게 제공하느냐가 된다. Rogers에 의하면 인간의 심리적인 성장은 식물과 마찬가지로 그 환경만 정리되면 자연적으로 촉진되어지기 때문이다. 그 사고방식은 의학에서 항상성 이론과도 통하는 것이다.

Rogers는 환경론자이다. 생물의 성장이 환경의 지배를 받는 것처럼 인간의 심리적인 성장도 환경의 영향을 받는다는 이론이다. 그 환경으로서 상담 치료자의 조건이 어떠하면 클라이언트의 심리적 성장이 촉진되는 것이겠는가.

1) 정신풍토로서의 상담 치료자 : 수용하는 것[4)]

수용이라는 것은 클라이언트를 있는 그대로 파악한다는 뜻이다. 클라이언트는 상처받고 자신을 잃고 있기 때문에 클라이언트의 고민, 문제, 호소, 생활방식, 행동방법 등에 대해서 비판을 받게 되면 도움을 받을 생각이 일어나지 않는다. 자신이 말하는 내용이 웃음거리가 되지는 않겠는지, 이해받게 되려는지 등 상담 치료자와의 관계에서 불안은 끝이 없는 것이다. 상담 치료자가 클라이언트를 받아들인다는 사실은, 그와 같은 불안이나 문제의식을 정당한 것으로 여겨서 그것들을 받아들이고 듣고 이해하고자 하는 태도에 클라이언트가 안도하게 된다.

상담 치료자의 기본적인 작업의 하나는 클라이언트를 보호하고 심리적인 상처로부터 지켜주는 일이 된다. 수용이라는 기능은 일종의 보호기능이라고 말할 수 있겠다.

다음으로 클라이언트가 수용되고 있다고 느끼게 되면 다시 자신의 기분이나 의견을 토로(자기 개시)하고 그 결과 필연적으로 문제해결로 나아갈 것이다. 안심하는 상태는 불안한 상태와는 대조적으로 심리적인 모험심을 꽃피우게 된다.

심리적인 성장은 클라이언트가 치료자에게 자기 개시하는 일 이외도 가능하지 않다. 개중에는 자기 분석을 통해서 가능하게 되는 사람도 있지만, 그런 일은 다른 사람의 분석(상담)을 받았던 경험이 있는 사람만이 가능한 행위가 아닐까. 상담에 필요한 자기 개시를 진전시키기 위해서는 이 수용의 환경이 필요하다. 바꿔 말하면 정신풍토로서의 상담 치료자는 결국 어떻게 「자기 개시」를 촉진하느냐가 중요하다고 할 수 있다.

2) 정신풍토로서의 상담 치료자 : 자기 일치에 이르러 있는 것[4)]

클라이언트가 안심하고 자기 개시할 수 있는 정신풍토에 저항적으로 작용하는 것은 상담치료자의 비수용적인 심리상태이다. 상담치료라 하더라도 사람이기에 자신의 가치관이나 과거의 정서경험의 상처가 된 영역과 관련되는 화제나 호소에 대해서는 자칫 비판적이 되기도 하고 정서적으로 반응하게 되기도 한다. 이와 같은 심리반응은 주로 표정 등의 신체언어를 개입시켜 표현된다. 그러나 상담 치료자는 이론적으로 수용해서는 안된다는 사실을 누구나 알고 있는 문제이기에 자칫 언어적으로 문제시하고 있지 않은 듯이 표명한다. 곧 본심과 체면치레의 표현법을 알고 있다. 이와 같은 행동에 민감한 클라이언트는 바로 눈치를 채버리고 만다. 클라이언트가 상담 치료자의 이와 같은 기만을 알게 되면 더 이상 자기 개시하고 싶지 않을 뿐더러 불안마저 느끼지 않겠는가. 이 상태는 상담 치료자의 정신풍토로서 그다지 바람직스럽지 못하다고 할 수 있다.

자기 일치를 가능하게 하려면 상담 치료자는 끊임없이 자기의 가치관을 점검하고, 과거의 마음의 상처가 자신을 위협하지 않도록 마음의 상처를 치료해 주지 않으면 안 된다. 그러한 조처 자체가 상담 치료자의 자기실현의 즐거움인 동시에 상담 치료자를 하는 까닭이기도 하다.

이 사실은 결코 가치관을 바꿔야 한다고 표현하는 것은 아니다. 오히려 그것은 자신의 가치관을 명확히 하고 자신의 가치관을 소중히 할수록 타인의 가치관도 소중히 여기는 일이 중요하다고 할 수 있다. 이 사실은 타인에 대한 수용의 철학과 상통하는 것으로 그 사람의 고민 등은 개인적인 것이지만, 결코 경멸해 버릴 수는 없다는 사실이겠다. 개인의 삶의 방식이나 사고방식은 독특하기 때문에 존중해야 할 가치가 있다. 그러므로 클라이언트의 감정이나 생각, 인생관, 가치관은 결코 비판당해야 할 가치의 것이 아니며, 상담 치료자의 판단에 맞출 필요도 없다는 것이다.

즉, 상담 치료자는 클라이언트를 소유해서는 안 된다는 것이다. 클라이언트를 한 사람의 무엇과도 바꿀 수 없는 개인으로서 존중하는 일이 수용과 자기 일치의 정신풍토를 가능하게 만든다고 할 수 있겠다. 이는 곧 민주주의의 실행이 된다. 민주주의는 개인의 존중을 기본으로 삼고 있다. 그것은 그 사람의 감정, 생각, 인생관 등 모든 것을 존중한다는 것을 뜻한다. 그런 생활방식은 결코 다른 사람에 대해서 어떤 강요를 하거나 자기 파괴적인 행동마저도 받아들이는 것을 뜻하지 않는다. 그것이야말로 비민주적 행위이고 허용할 수 없는 것이다.

이와 같이 대등한 민주적인 관계가 뒷받침되고 상담 치료자로서 클라이언트를 보호해야 하는 입장을 나타냄으로써 클라이언트는 자신이 존중받고 있음을 느낄 것이다. 그것은 자신을 상실하고 있던 상태에 자신의 마음을 점화하는 역할을 하게 될 것이다.

3) 정신풍토로서의 상담 치료자 : 공감하는 것[4)]

클라이언트가 안심하는 정신풍토로 우선해야 할 일은 그 어떤 스트레스에 대해 언급하는 것이다. 그 경우의 스트레스는 Lazarus의 스트레스 도식(스트레스의 근원→개체요인→스트레스 반응)에서 말한다면 스트레스 반응의 영역이기도 하고, 스트레스의 근원이 되기도 하고, 개인에 따라서 다르게 파악되는 것이다. 어떤 사람은 신체의 증상을 신경 쓰거나(스트레스 반응), 다른 사람은 윗사람의 대인관계에 대한 거칠음을 불만(스트레스 근원)으로 호소하게 될 것이다. 이러한 불안, 공포, 불만 등은 형태를 바꾸어 표명되어 스트레스로는 표명되지 않는 경우가 많다. 치료자가 클라이언트에 대해 기울여 듣고 있으면 스트레스 근원과 스트레스 반응과의 사이에 뒤얽힌 실이 풀려나가는 과정을 볼 수 있게 된다. 그 과정을 촉진하는 작용이 치료자가 공감하는 작업이다.

공감이란 현상학적인 행위에 있어서 대상과 동일한 심리상태를 지각하고, 그것을 클라이언트에게 피드백해 주는 일이다. 그 공감은 정신분석에서 투영성 동일시의 방위기제라고 알려져 있는 것에 가까운 개념이다. 클라이언트의 말에서 사소한 슬픔 등의 감정을 느끼게 되면 그것을 「슬프군요」라고 피드백 한다. 클라이언트는 스트레스 근원과의 관계나 스트레스 반응에서 혼자서는 느끼지 못했던 일이 지적되고 표명됨으로써 새로운 인식에 이르는 경우가 많다. 행동요법의 한 기법으로서 바이오피드백법이 있는데, 그 기법은 체내의 신호를 전기신호로 바꾸어서 감지하는 시스템이다. 그 방법은 자기 신체의 상태를 간접적으로 느끼는 방법이므로 공감과는 다른 피드백 기법이라고 말할 수 있다. 그에 대해 상담의 공감은 직접 클라이언트의 감정신호를 받아서 피드백하기 때문에 좀 더 진실에 접근한다.

공감에 의해서 클라이언트는 자신의 진실에 접근하게 된다. 곧 Rogers에 의하면 클라이언트는 자기 개념과 자기의 실제 경험과의 사이에 괴리가 있어서 부적응 상태에 빠져들게 되어 상담하러 온다고 한다. 바꿔 말하면 클라이언트는 자기 인지와 타인의 인식에 문제가 있다고 말할 수 있다. Lazarus의 스트레스 도식 중에서 스트레스 근원과 스트레스 반응 사이에 개재하는 개체요인이 인식구조를 형성하고 있다. 그 인지 시스템이 왜곡되어 있기 때문에 문제가 일어났다고도 말할 수 있겠다.

상담 치료자가 클라이언트의 감정에 공감함으로써 감정이나 욕구가 드러나게 되어 자신의 인지 시스템에 문제가 있다는 것을 깨달을 수 있게 된다. 그것은 대부분의 경우 부정적인 자기상에서 긍정적인 자기상으로의 수정이 되겠다. 자신을 있는 그대로 파악하게 되는 것이 가능하게 되어 자신을 회복하는 이치와 같다. 더 나아가 자기인지, 타인인지는 언제나 행동을 수반하는 것이므로 그 인지들은 동시에 행동의 변화와도 이어질 가능성을 내포하고 있다.

공감은 클라이언트의 감정 표명은 물론, 인지 시스템의 수정뿐 아니라 클라이언트가 상담 치료자에게 수용되어 있는 느낌마저도 촉진한다. 이 감정은 자신의 문제를 상담 치료자와 함께 해결하여 가려는 의욕을 높이게 될 것이다. 상담은 자립적인 인간을 육성하고 있다고들 말한다. 만약 상담 치료자가 충고 등을 한다면 그것은 의존적인 사람을 육성하고 있는 게 된다. 그러나 공감의 기법은 클라이언트에게 치료자와 더불어 문제를 해결하는 공동작업인의 개념까지도 제공하고 있으므로 자립을 육성하는 것이다. 공감의 기법의 필요성이 여기에도 있다. 곧 충고에는 없는 공감인 것이다.

C 상담 과정에 대해서

상담의 초기부터 종료단계까지 클라이언트의 감정, 자기인지, 대인관계의 방법, 커뮤니케이션에 대한 Rogers 등의 연구[5]에서 주요한 클라이언트의 특징만을 간추려 서술하고자 한다. 지면관계로 홀수 단계만을 서술하고 상세한 점에 대해서는 문헌5를 참조해 주기 바란다.

제1단계

(1) 자신에 관한 이야기는 하고 싶지 않는 마음이 있다. 대화는 단지 외적인 것에 대해서만 한다.
(2) 감정과 개인적인 의미에 스스로가 인식하지 않고 있으며, 또한 그것들이 자신의 것으로 되어 있지 않다.
(3) 개인적 구성개념(personal constructs)은 극단적으로 강하다.
(4) 친밀한 커뮤니케이션을 쉽게 할 수 있는 관계를 위험하다고 느끼고 있다.
(5) 이 단계에서는 문제를 인식하지도 않고 있으며, 지각도 하지 않고 있다.
(6) 변화하려는 희망을 가지고 있지 않다.
(7) 내면적 커뮤니케이션에 많은 장애가 있다.

제3단계

(1) 객관적인 개체로서의 자기표현이 좀 더 자유롭게 유동하게 된다.
(2) 자기와 관련된 경험을 객관적으로 표현하는 일도 생긴다.
(3) 자기를 어느 쪽이라고 말하냐면 오히려 타인 속에 있으면서 그것이 반사되어 객관적인 개체로 표현하는 경우도 있다.
(4) 지금 현재 있지 않은 것 같이 느끼거나, 개인적으로 의미 있는 표현과 설명이 많아져가고 있다.
(5) 감정의 수용은 아주 조금이다. 감정의 대부분은 무언가 부끄러운, 나쁜, 이상한 것으로, 또는 어차피 수용하기 어려운 것으로 나타내고 있다.
(6) 감정을 나타내면서 그리고 나아가서 때로는 감정으로서 인정한다.
(7) 체험의 방법은 과거에 있었던 것으로서, 또는 무엇인가 자기와는 떨어져 있었던 것으로 인식하는 수도 있다.
(8) 전 단계보다는 감정과 의미 있는 것의 분화가 대충이 아니라, 조금 더 날카로와진다.
(9) 경험 속의 모순을 안다.
(10) 개인적인 선택이 가끔 도움이 되지 않는 것으로 보인다.

제5단계

⑴ 감정은 현재의 것으로서 자유롭게 표현된다.

⑵ 감정을 충분히 체험한다는 사실에 매우 근접해 있다.

⑶ 감정을 체험하는 중에 직접적 조합체(direct reference)가 들어 있다는 실감이 일어나기 시작하는 경향이 있다.

⑷ 자기의 감정이 자신의 것이라는 마음과 그것이 "정말 자기이기를" 바라는 소망이 더해간다.

⑸ 체험하는 방법에서 해방되어 이재는 거리낌이 없어져서 거의 지체하지 않고 일어난다.

⑹ 경험을 해석하는 방법에서 많이 해방된다. 개인적 구성개념을 구성개념으로 보는 많은 신선한 발견이 있고, 그것에 대한 비판적인 검토와 의문이 일어난다.

⑺ 감정과 의미 있는 것의 분화가 정확하게 되어가는 강하고도 현저한 경향이 있다.

⑻ 직면하고 있는 문제에 대한 자기의 책임을 받아들이게 되었고, 또 자기의 책임이 어떤 것인가에 대한 관심도 많아졌다. 자기 속에서 점점 대화가 유발되고 내면적 커뮤니케이션이 개선되어서 그 장애가 감소한다.

제7단계

⑴ 치료의 관계 안에서나 그 외에 있어서도 새로운 감정이 섬세한 부분의 순시성과 풍부함으로 체험된다.

⑵ 이러한 감정을 체험하는 것은 명료한 조합체로서 이용된다.

⑶ 이렇게 변화해 가는 감정을 수용적으로 소유한다는 감각이 성장하고 계속된다. 또 자기 자신의 과정에 대한 기본적인 신뢰가 있다.

⑷ 체험하는 방법은 형식에 매이는 측면을 전적으로 무시하고 이루어지는 과정의 체험이 된다. 즉 어떤 상황을 과거의 것으로서가 아니라 그에 대한 새로움을 가지고 체험하면서 해석한다.

⑸ 자신은 차츰 체험과정의 주관적, 반사적 자각이 된다. 자신은 자각되는 객체라는 사실이 더 드물게 되고, 과정 중에서 자신을 갖고 감지할 수 있는 어떤 존재라는 깨달음이 더욱 더 많아진다.

⑹ 개인적 구성개념은 다시 더 앞으로의 경험에 비추어 확인하기 위하여서는 잠정적으로 재형성 되겠지만, 그러나 그것마저도 고집하고 있는 것은 아니다.

⑺ 감정과 상징이 잘 균형 잡혀 있고 새로운 감정에 대한 신선한 언어가 보이면서 내면적 커뮤니케이션이 명료해진다.

⑻ 새로운 존재방식을 효과적으로 선택하는 체험을 하게 된다.

이상이 체험과정의 단계이다. 상담이 진행됨에 따라 감정 등에 대한 자기 깨달음이 변화하여 personality도 유연성을 띠게 된다는 사실에 눈뜬다.

- 끝으로 -

이 문항에서는 클라이언트의 불안한 상태 등의 심적 특성을 기술하고 왜 치료자의 「수용」, 「일치」의 태도가 중요한가에 대해서 설명하였다. 치료자의 수용·일치의 보호기능의 제시에 의해서 클라이언트는 안심하고 문제 해결을 하게 된다. 그래서 치료자가 「공감」의 치료적 기능을 제공하면 personality의 변화가 일어난다는 사실을 서술했다.

끝으로 상담 과정의 7단계 중 제1, 3, 5, 7단계를 선정하여 클라이언트의 감정, 자기개념, 체험방법 등의 변화 과정을 제시하였다.

문헌

1) 池見酉次郎：心身医学的療法の統合について. 心身医 19 : 19 - 98, 1979

2) Lazarus RL (本明寛, 他監訳)：ストレスの心理学, 実務教育出版, 1991

3) Rogers C (友田不二男編訳)：ロージャズ全集第3巻. pp247 - 297, 岩崎学術出版社, 1966

4) Rogers C (友田不二男, 手塚郁恵訳)：ロージャズ全集別刊第1巻, pp247 - 297, 岩崎学術出版社, 1972

5) Rogers C (伊東　博編訳)：ロジャーズ全集第4巻・サイコセラピイの過程. pp150 - 179, 岩崎学術出版社, 1966

⑦ 교류분석, 게슈탈트 요법

A 교류분석 · 게슈탈트 요법으로서의 역할

1. 교류분석

교류분석(transactional analysis)은 쿠니다니[1]에 의하면 「자아심리학파의 정신분석에서 출발하여 행동과학적, 시스템론적 발상과 인간과 인간과의 실존적 만남을 존중하는 철학을 기초로 하여 전개되는 집단 정신요법」이라고 정의되었다. 여기서는 교류분석의 배경인 자아심리학의 사고방식에 대해 조금 소개하고자 한다.

Freud S가 창시한 정신분석 이론은 적응적 발전을 거쳐서 오늘에 이르고 있는데, 그 과정 중에서 많은 기본적 수정이나 변혁을 거쳐 왔다. 그 하나의 흐름은 Hartmann H, Freud A 등의 자아 심리학으로 정신분석과 정신의학, 심리학, 사회과학을 통합하고자 하는 것이다. 또 다른 하나는 Horney K 등의 Neo Freud학파나 Erikson E의 자아동일성 이론의 결실을 맺게하는 사회문화적 요인을 중시하는 흐름이다.

자아심리학의 발전에 대해서는 Koshiki의 저서[7]를 읽어보기를 권한다. 자아심리학은 Koshiki에 의하면 『모든 심적 현상이나 심적 기능을 자아와의 관계에서 기술하고 이해하려고 하는 심리학』이라고 정의되어 정신분석적 자아심리학은 다음의 4가지 흐름으로 분류되어 있다.

1) 현상 · 역동적 자아 심리학
2) 생물심리학적 구조 – 적응론적 자아 심리학
3) 발생 · 발달론적 자아심리학
4) 사회 · 문화적 자아심리학

이 중에서 교류분석과 관계가 깊은 것이 제1과 제4의 흐름이다. 교류분석의 창시자인 Berne E가 제1의 흐름에 위치하는 Federn P와 제2, 4의 흐름의 중심인 Erikson으로부터 각각의 교육분석을 받았기 때문이다.

Federn의 자아심리학의 주요 개념에는 자아감정, 자아경계, 자아비급(備給), 자아상태 등이 포함된다. 이 중에서 특히 자아경계의 개념이 중요하다. 자아경계는 자아와 외계, 자아와 본능 충동과의 경계, 즉 주관적으로 자기라고 느껴지는 것과 그런 느낌을 취하지 않는 것과의 경계를 의미하고 있다. 정신 건강은 이런 자아경계의 성질이나 기능(예: 투과성, 경화 등)에 의해서 결정되는 것이나 자아경계가 약화되고 모호하게 되면 내계와 외계, 과거와 현재의 혼동이 생기게 된다. 교류분석에서는 각 자아상태를 주관적 체험으로서 인지하고 명확화하는 것을 중시하게 되는데, 이것은 심리요법이 지향하는 자아의 강화를 촉진하는 효과적인 기법이 되기 때문이다.

Erikson이 자아의 발달과정을 life cycle의 시각에서 논하여 점진적인 인격이론을 제창한 것은 잘 알려진 사실이다. 유아기부터의 각 발달단계에는 각각의 심리·사회적 위기가 있는데, 그에 대한 적절한 해결이 건전한 동일성의 형성을 가능하게 한다. 반대로 그 지연이나 실패는 자아의 발전에 혼란을 초래하고 질병이나 부적응으로 이끌게 된다. Berne은 교류분석의 목표를 인생각본의 분석에 있다고 주장했는데, 그가 말하는 각본이란 어린 시절 조기에 부모의 영향을 바탕으로 발달해서 현재도 진행 중인 인생 프로그램 안에서 자라고 있는 것이다. 교류분석에서는 자기 파괴적인 인생양식 등, 특히 자기실현에 맞버티고자 하는 자세를 어린 시절의 체험까지 거슬러 올라가서 수정하는 것을 목표로 한다. 이러한 각본이 개인의 동일성을 결정한다고 하는 사고방식은 Erikson으로부터 학습한 것이라고 할 수 있겠다.

2. 게슈탈트 요법

교류분석은 게슈탈트 요법의 방식을 자주 적용하기 때문에 두 방식은 밀접한 관계에 있는데, 여기서는 그 두 방식이 함께 응용되고 있는 인간학적 심리학파에 대해서 언급해 두려고 한다.

인간학적 심리학이란 1950년대부터 미국에서 일어난 심리학의 개혁운동으로 자기본래의 가능성의 발견, 자신의 존재의식에 대한 착안, 책임과 선택에 근거한 본의적인 삶의 방식 등을 그 주요테마로 하는 것이다. 인간학적 심리학이 많게는 실존 철학의 영향을 받아 발전하였으나 일본에서 잘 알려져 있는 것은 Rogers C의 내담자 중심 상담, encounter group, Moreno JL의 psychodrama, role play, Perls P의 게슈탈트 요법, Ellis A의 논리·정동성 요법 등일 것이다.

이러한 치료법이 발전하게 된 배후에는 과학이나 기술에 대한 의문, 물질적 가치관에 대한 신뢰의 상실 등이 있다. 또 가정의 붕괴, 커뮤니티 의식의 상실이라는 조건하에서 불안과 고독감에 시달리는 사람들이 있게 마련이다. 이러한 상황에서는 정신내계를 찾고 종래의 정신요법에 의지하는 여유를 잃은 사람들이 친밀함을 차지하게 되며, 때로는 극적 개선을 가져오는 방법으로 이끌어지게 된다. 다른 한편으로 이러한 접근은 환자·비환자의 구별을 하지 않으므로 자신이 환자라는 의식이 없이 집단에 참가할 수 있다는 안도감을 가져온다. 인간적인 온화함이나 자유로운 감정표현도 허용되고 인생의 의미에 대해서도 생각할 기회가 주어진다. 이러한 측면은 인지의 수정을 중심으로 하며, 혹은 기계적 재조건 부여를 도모하는 종래의 심리요법의 약점을 보완하는 역할을 수행하고 있다라고 할 수 있겠다.

Marmor J[6]는 정신역동적 관점에서 이러한 여러 가지 치료법의 기전을 다음의 5가지로 분류하고 있다.

1) 감정 그 자체를 발산하는 요법
2) 신체조작에 중점을 두는 정동 발산요법
3) 정동조절과 이완
4) 종교체험, 영감(inspiration)을 촉진하는 요법
5) 기타 : 동병자의 동일화, 의식적 인지의 촉진 등

Marmor에 따르면 게슈탈트 요법은 이 중에서 1)에 속하는 요법으로 정리하고 있다. 먼저 억압된 감정의 발산이 정신보건에 대한 왕도라는 사고방식이다. 이는 Freud가 초기에 제창한 카타르시스의 개념에 근거한 작용으로 불안의 바탕이 되는 외상체험을 상기하여 그 상기작용에 결합되어 있는 고통이나 감정을 발산하면 질병이 개선된다고 하는 것이다.

그러나 그 이상으로 게슈탈트 요법의 목표는 자기인식이 부족함을 중시하고 깨달음을 중심으로 하는 체험 그 자체에 의해 몸과 마음의 항상성(homeostasis)의 회복과 인격의 통합을 이루려는 것이라 하겠다. 개인의 내부세계가 상대하는 힘은 있는 그대로의 모습으로 투쟁하는 기회가 주어지게 되면 서로 상대의 존재를 인정하기 시작하고 최종적으로는 조화, 융합에 이른다고 생각한다. 변화는 의도적인 노력에 의해서라기보다는 항상성의 작용에 의해서 자연스럽게 찾아오는 것이 된다. 여기에서 심신의 통합을 목표로 하는 심신의학적 치료와의 일치점을 발견하게 된다.

B 적응과 금기

교류분석을 시행함에 있어서 환자의 행동변화의 난이성에 그 알아챔의 레벨을 더해서 다음과 같은 분류를 따르면 좋다.

1. 일시적 부적응 그룹

이 그룹은 비교적 건강한 자아를 확보하고 있는 그룹으로 이해한다면 사고방식이나 행동을 바꿀 수 있는 사람들이다. 어렸을 때부터 부모와 자식 사이에서 애정이 넘치는 접촉을 체험하고 있어서 말은 발달되어 있고 대인 태도도 신뢰에 기반을 두고 있다. 생활력과 병력을 조사해도 현재의 장애가 현실생활에서의 스트레스를 계기로 최근에 와서 생긴 급성 상황이

고 발병 전에는 양호한 적응능력을 나타내 보이고 있다. 이 그룹은 교류분석에 가장 잘 반응한다.

2. 신경증 레벨 그룹

이 그룹은 본인도 알아차리지 못하는 갈등을 내포하면서 그 상태에서 도저히 벗어나지 못하는 것이 특징이다. 발달적으로는 인생 조기의 모자간의 애정관계(기본적 신뢰)는 확립되어 있다. 그러나 그 뒤 그 어떤 욕구불만을 체험했기 때문에 ambivalent로 되기 쉬우며, 문제에 부딪히더라도 적극적으로 대응하지 못하는 경향에 빠지기 쉽다. 일상의 인간관계에 있어서도 내심의 갈등 때문에 교류를 원활히 할 수 없으며 부적응에 빠지기 쉽다. 또한 자기평가나 자기 이미지에 대한 장애에 빠지기 쉽다. 이러한 요인에 관련되는 증상이 서서히 발전하는 경과가 보일 때쯤 교류분석의 목표는 환자의 자아기능을 강화해서 좀 더 효과적으로 인생에 대처할 수 있도록 기본적인 인격변화를 수행하도록 돕는 것이 된다. 일반인에게는 어느 정도 오랜 기간에 걸쳐 인지의 수정을 행하는 것이 되지만 사회적 학습이 부족하게 되는 경우도 적지 않으므로, 사회적 기능의 습득 훈련도 동시에 하도록 하는 것이 바람직하다. 이 그룹에 대해서 교류분석에서는 흔히 게슈탈트 요법의 「의자의 기법」(뒤에서 서술하겠음)을 활용한다.

3. 심한 성격장애 그룹

이 그룹은 환자 스스로가 자신을 알아주었으면 하는 요구가 적기 때문에 다루기가 무척 힘든 그룹이다. 그 곤란 정도가 위에 적은 2그룹 군과는 달라서 성격구조 그 자체가 본질적인 장애(즉 성격 심신증)에 기인하는 것이 된다. 위의 2군은 인격의 기초 공사가 일단 수행되고 있다고 하는 가정을 당연한 것으로 하여, 알아챔과 자기조절을 촉구하는 자리를 제공하는 것이 치료로 되어 있다. 이와는 달리 본 그룹은 인생조기에 행해지는 인격의 발달과정 중에 애정박탈 등의 심각한 문제가 있었다고 추측되는 환자군이다. 구체적으로는 충동조절의 취약성(예: 섭식장애), 자기파괴 경향(예: 경계성 인격장애), 미숙하고 수동적·의존적 혹은 지나친 자기통제성향 등이 되겠다. 본 그룹은 비록 교류분석을 시작하더라도 자아상태를 식별하는 일이 어려워 치료집단에서 얼마 되지 않아 탈락하게 되고 집단으로 접근하려고도 하지 않는다. 일반적으로 교류분석적 접근으로는 효과를 기대하기 어려운 그룹이다.

C 치료의 실제

1. 교류분석의 개요

교류분석의 내용을 정리해 보면 다음과 같다.

1) 구조분석

이는 자아상태에 따른 개개의 personality에 대한 분석이다. 개인의 심적 체제를 자아심리학적인 시각에서 3가지로 분류하여 각각 ⓟ(parent), ⓐ(adult), ⓒ(child)라고 기호화해서 자아상태라고 부른다(그림 V-5). 교류분석의 목적중 하나는「지금 여기」에서의 시점의 자아상태를 깨달음으로써 감정, 생각, 행동(증상행동을 포함한다)을 자기조절 하는 것에 있다.

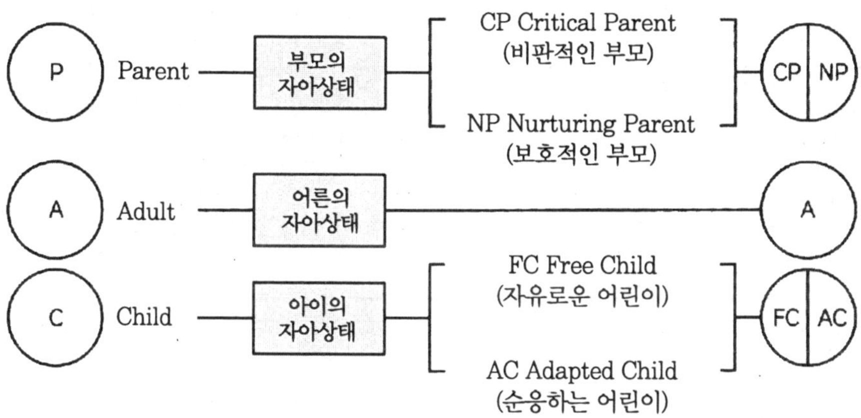

그림 V-5 자아상태

2) 교류 패턴분석

대인관계에서 구체적인 교류(transaction)를 분석하는 작업을 통해 자신의 옹졸한 커뮤니케이션 양식의 개선을 도모한다. 특히 비언어적인 meta communication의 동기와 심리적인 의미에 대해서 해명한다.

3) 게임분석

교류양식 중에서 겉과 속을 포함하는 이중 구조의 커뮤니케이션이 습관화되어 있어서, 마지막으로 불쾌감정과 비생산적인 결말을 가져오는 것을 "게임(game)"이라고 하는 개념으로 파악한다. Berne은 사람들이 보편적으로 연출하는 약 30가지의 게임장치를 나타내고 있다(표 V-21). 그것들을 참고로 하여 자신의 게임 조작법을 깨달아 그것을 그만두기 위한 자기훈련을 시행한다.

표 V-21 E. Berne에 의한 게임의 분류

Ⅰ. Life Games	Ⅰ. 생활의 게임
1 Alcoholic 2 Debtor 3 Kick Me 4 Now I' ve Got You, Son of a Bitch 5 See What You Made Me Do	1 알코올 중독 2 부채자(도망자) 3 심한 감시 4 전부 밝히겠어(헐뜯기) 5 당신 때문에 이렇게 됐어(책임전가)
Ⅱ. Marital Games	Ⅱ. 결혼생활 게임
1 Corner 2 Courtroom 3 Frigid Woman 4 Harried 5 If It Weren' t for you 6 Look How Hard I' ve Tried 7 Sweetheart	1 추궁(되풀이하기) 2 법정(중재역) 3 냉감증(퇴짜 놓기) 4 고생사서 하기(자기책망) 5 당신이 그렇게 안했으면(대인공포) 6 이렇게 내가 무리하고 있는데(동정심 끌기) 7 이봐요, 당신(관심 끌기)
Ⅲ. Party Games	Ⅲ. 파티 게임
1 Ain' t It Awful 2 Blemish 3 Schlemiel 4 Why Don' t You-Yes But	1 지독하구만 2 결점(선택을 좋아함) 3 미안-말로 책임회피 4 예, 하지만(결말 없는 논쟁)
Ⅳ. Sexual Games	Ⅳ. 성적 게임
1 Let' s You and Him Fight 2 Perversion 3 Rapo 4 The Stocking Games 5 Uproar	1 동료 따돌림 2 성적 도착 3 라포르(유혹) 4 스토커(여성의 의도적 노출) 5 대소동
Ⅴ. Underworld Games	Ⅴ. 범죄자 게임
1 Cops and Robbers 2 How Do You Get Out of Here 3 Let' s Pull a Fast One on Joey	1 경관과 도둑(도망가는 쾌감) 2 어떻게 해서 여기서 도망갈까(모범수) 3 죠이에게 한방 먹여줘야지(신용사기)
Ⅵ. Consulting Room Games	Ⅵ. 진료실 게임
1 Greenhouse 2 I' m Only Trying to Help You 3 Indigence 4 Peasant 5 Psychiatry 6 Stupid 7 Wooden Leg	1 온실(심리요법 놀이) 2 당신을 어떻게든 도우려 할뿐이지(치료 매니아) 3 곤궁(암묵의 양해) 4 시골뜨기(교조와 신자) 5 정신분석(끝없는 분석) 6 바보(몇 번을 얘기해서 이해함. 이 멍청이!) 7 의족(특별취급)
Ⅶ. Good Games	Ⅶ. 좋은 게임

(문헌 1에서)

4) 각본분석

교류분석의 궁극적 목표는 인생 출발에 근원이 되는 "각본(script)"의 수정에 있다. 정신분석적으로 볼 때 이 구도는 반복강박이나 운명강박의 개념에 가까워서 자기 파괴적인 인생관으로부터 해방을 도모하려는 것이 된다. Berne은 어느 쪽인가 하면 각본의 수정에 대해 비관적인 입장을 취하지만, 요즘에는 Goulding RL등[3)]의 재결단 요법으로 대표되는 것처럼, 어렸을 때에 형성된 비현실적인 인지양식을 적극적으로 바꾸려는 접근도 시행되고 있다.

5) 3가지의 행동원리

사람이 커뮤니케이션을 지향하는 동기 혹은 인간사회에서의 행동원리에 대해서 교류분석은 다음의 3가지 이론을 제창하고 있다.

a. stroke

신체적 접촉, 언어적 자극을 포함하는 여러 가지 형태에서 자신의 존재를 인정받고 싶어 하는 욕구. 긍정적, 부정적, 전제조건, 무조건 등의 종류가 있다. 사람은 stroke를 얻기 위해 폐쇄(자폐), 의식, 활동, 잡담, 게임, 친밀(친교)의 6가지의 형태로 생활시간을 구조화한다.

b. 기본적 자세

누구나 자존심이나 자기가치를 확보하려는 욕구를 가지고 있으며 대자(對自)·대인 태도로 그 욕구를 확인하면서 살아간다. 각 사람의 마음자세(태도)는 "OK다", "OK가 아니다"라는 말로 표현되며 ①자타긍정 ②자기긍정·타인부정 ③자기부정·타인긍정 ④자타부정의 4가지로 분류된다. 사람은 부정적 자세를 증명하게 될 때 각본을 연출한다.

c. racket feeling

이는 현재의 행동양식에 크게 영향을 미치고 있는 개인의 유아적 감정생활 중에서 특히 만성화 되어있는 불쾌감정을 말한다. racket feeling은 어렸을 때 stroke를 얻으려는 수단으로서 몸에 익히고 현재 연출하고 있는 게임을 지배하는 감정이다. 표 V-22는 racket feeling의 주요한 것을 나타내지만 흔히 게임의 결말로 체험하게 된다.

표 V-22 racket에 이를 수 있는 감정

노여움	혼란	불안	연모
공포	자기비하	걱정	의무감
열등감	상심	무력감	사명감
우울	라이벌의식	불완전감	패배감
죄책감	낙담	분노	후회
초조	슬픔	긴장감	치욕, 면목이 없음
우월감	연민	혐오감	선망
피로감	당혹	시기심	원한
절망감	짜증	고독감	거절감
허무감	공허함	초조감	비판, 비난
무시당하는 기분	어리광 부리고 싶은 심정	동정심	

2. 교류분석의 실제

1) 치료계약의 중시

교류분석은 자신이 추구하는 변화에 대해서 치료자와 그룹 앞에서 명확한 계약을 맺는 것을 특징으로 한다. 계약은 다음의 질문으로 간결하게 답할 수 있다.

- 당신은 자신의 어디를 바꾸려고 합니까?
- 우리들(치료자와 그룹)과 당신의 양자는 당신이 치료를 받으러 온 목적을 달성했을 때, 무엇에 의해서 그 사실을 알 수 있습니까?

이 질문에 대한 합의가 도출되기 전에는 개인 레벨의 치료는 진행되지 않는다. 치료자·그룹과 환자와의 사이에 관계는 존재하지만 그것이 ⓟ대 ⓒ의 지지만이라고 한다면 아직은 care(보호)의 단계이지 contract(계약)에는 이르지 않기 때문이다. 물론 자기변화에 대한 준비단계에 대해서 care는 충분히 제공된다. 계약에서 환자는 치료하는 동안 자신에게 부과된 역할을 수행한다는 약속이 정해져 있다.

2) Egogram에 의한 자기 인식과 동기부여

Dusay J[2]는 자아상태의 각자가 방출하고 있다고 상정되는 심적 에너지의 양을 도식화하는 것을 고안하여 egogram(그림 V-6)을 창안하였다. 집단으로 egogram을 그림으로써 자신의 자아상태의 작용에 대한 피드백을 얻게 된다. 최근 몇 곳의 대학 연구자들에 의해서 객관적인 egogram을 그리기 위한 질문지법 테스트가 개발되고 있다.[3] 각 사람의 egogram을 검토함으로써 직장의 부적응, 부부의 대립 등에 대한 깨달음, 또한 그에 근거한 자기의 행동변화에 대한 힌트도 얻을 수 있게 된다. 더욱이 egogram은 정신요법에 대한 동기 파악을 촉진시킨다.

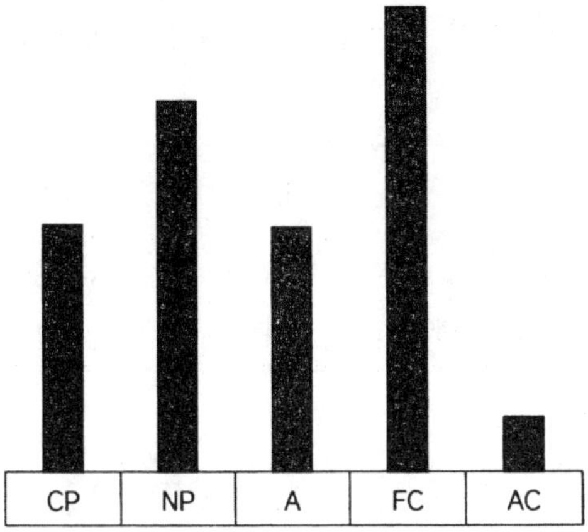

그림 V-6 Egogram (문헌 2에서)

3) 저항의 처리

치료자는 그룹과정에 있어 자기변화를 둘러싼 딜레마를 명확히 한다. 특히「나는 담배를 끊지 못하겠다」,「자식이 나를 슬프게 한다」,「나는 직장에서 자주 놀림을 당한다」등 수동적이지 않으면 사역의 의미로 사용되는 표현에 집단의 주목을 환기시킨다. 환자의 주체성의 포기, 문제해결 능력의 부인이라고 하는 관점에서 의논하고 다음과 같은 자율적, 주체적 표현으로 말을 바꾸어 마음속의 갈등에 착안하도록 도와나간다.

- 나는 담배를 끊을 수 없다. 또는 나는 담배를 끊는다.
- 나는 혼자서 슬퍼하고 있다.
- 나는 따돌림에 대해 아무런 효과적인 대책을 세우지 않고 있다.

이 밖에「사람은 누구나…」,「예, 그렇지만…」,「앞으로 하겠습니다」등 교묘한 표현으로 속마음을 살피는 것을 회피하는 언동을 반드시 그룹 안에서 함께 생각하도록 한다.

4) 게임을 그만두는 방법을 체험한다.

치료자가 게임의 법칙(그림 V-7)을 소개한 다음 각자 게임을 그만두는 방법을 배운다. 지금까지의 그룹의 과정 중에서 실제로 나타난 게임(예 : "예...그렇지만"의 게임-결말 없는 논쟁) 사례를 드는 것이 가장 효과적이다. 게임의 중단법은 아래와 같은 내용을 주로 다루게 된다.

(1) 자기변화의 테마에서 벗어난 화제(예 : 치료내용을 테이프에 녹음하는 걸 어떻게 생각하세요?)를 둘러싸고 비생산적인 시간을 낭비하지 않도록 한다.
(2) 집단에 의한 지지와 racket 감정의 강화를 구별한다. 예를 들면 자기 연민의 눈물에 긍정적 stroke를 부여하는 것을 삼간다.
(3) 집단 내에서 게임이 현재화하는 경우에는 칠판 등을 이용해서 당사자에게 교류패턴을 도식화(그림 V-8)하도록 권유하고 참가자의 의견을 듣기로 한다. 이는 전원의 자아 상

태를 ⓐ로 연결을 바꾸어서 커뮤니케이션을 객관시하는 작업으로 만든다.

(4) 부정적 stroke를 유인하는 언동에 대해서 치료자는 반응하지 않도록 한다. 때로는 그것을 무시하고 계약조건을 상기시켜서 「새로운 교류 패턴을 배우고 싶지 않습니까」라고 말을 건다.

C	+	G	=	R	➡	S	➡	X	➡	P.O.
con		gimmick		response		switch		cross-up		pay off
시발점 +		약점이 있는 상대	=	반응		교차적 교류 (역할의 교체)		혼란		결말(이득)

그림 V-7 게임의 공식

(Berne E : What do you say after you say hello? p23, Grove press, 1970)

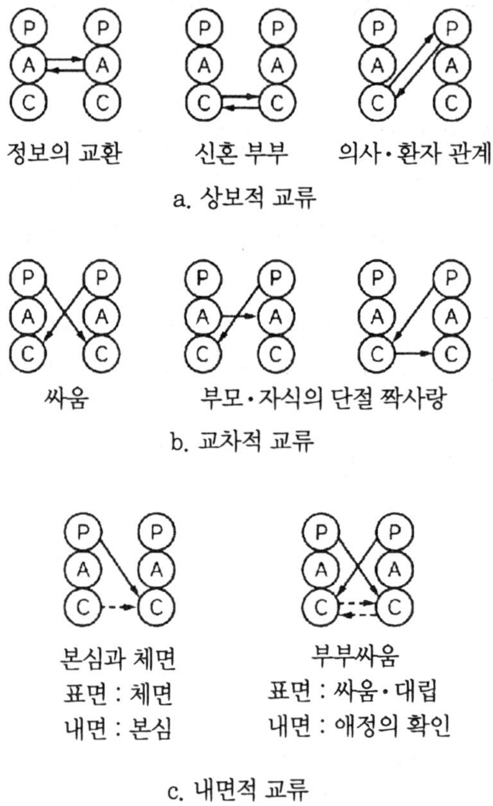

그림 V-8 교류 패턴의 분석

5) 재결단 요법에 의한 각본 분석

치료자와 환자가 협동해서 생활사에 대한 탐구를 하고 어린 시절의 생활 장면 속에서 현재의 질환과 관련되어 있는 금지령(예 : 인생을 즐겨서는 안 된다, 표 V-23)을 발견한다. 금지령이란 어린 시절 부모의 병적인 ⓒ에서의 생활태도 그 자체를 통하여 어린이의 ⓒ에게 사실화 되어버린 부정적인 메시지를 말한다. 다음으로 게슈탈트 요법의 「빈의자의 기법」을 사용해서 당시의 생활 장면을 「지금 여기」의 시점에서 재현한다. 과거의 능력 한계와 문제해결의 어설픔에 대해 알아차리게 된 다음, ⓒ의 창조력을 구사해서 「지금의 나라면 어떻게 대응하겠는가」라고 생각해서 구체적인 해결법을 연출한다. 그룹으로부터 유익한 제안을 받을 수도 있다. 최종적으로 환자는 앞으로의 생활에서 새롭게 느끼는 법, 생각하는 법, 행동하는 법 등에 대한 선택을 결단한다. 치료자는 특히 지금까지의 인생관의 포기에서 생기는 일종의 위기상황(실존적 공백)에 유의하면서 그룹 멤버들과 함께 환자에게 계속적인 지지를 보내주도록 배려한다.

표 V-23 금지령

1. 존재해서는 안된다.	Don' t exist.
2. 남자(여자)여서는 안 된다.	Don' t be the sex you are.
3. 어린이처럼 즐겨서는 안 된다.	Don' t be a child.
4. 성장해서는 안 된다.	Don' t grow up.
5. 성공해서는 안 된다.	Don' t make it.
6. 실행해서는 안 된다.	Don' t
7. 중요한 인물이 되어서는 안 된다.	Don' t be important.
8. 모두 동료로 여겨서는 안 된다.	Don' t belong.
9. 사랑해서는 안 된다(신용해서는 안 된다).	Don' t love.
10. 건강해서는 안 된다.	Don' t be healthy.
11. 생각해서는 안 된다.	Don' t think.
12. 자연히 느껴서는 안 된다.	Don' t feel.

(문헌 3에서)

6) 증례

어려서부터 "울어서는 안 된다"(자연히 느껴서는 안 된다)라고 하는 금지령 밑에서 살아온 천식환자의 경우를 생각해 보기로 하자. 환자는 각기 모(부)친과 자기를 대표하는 두 개의 의자 사이를 왕래하면서 어렸을 적 친자 사이의 장면을 재연한다.

먼저 "자식"의 의자에 앉은 환자는 울 것 같은 표정을 짓는다. 다음으로 "부모"의 의자로 옮겨가서 어머니가 실제로 한 것 같은 못마땅한 표정을 짓는다. 다시 "아이"의 의자로 돌아온 환자는 이번에는 훌쩍훌쩍 울기 시작한다. 이에 대해 부모의 의자에서는 「우는 짓은 그만해라」하는 반응이 일어난다. 이하 환자는 의도적으로 우는 행동을 확대해서 그에 따르는 "부모"의 반응을 연출해 간다(여기서는 사실을 벗어나 상상에 의해서 얘기를 구성해 나가는 방법도 허용된다). 실제로 이런 식의 대응은 흥분한 "부모"의 입에서 나오는 최악의 말로서 막을 내리는 경우가 많다 – 「울면 앞으로 아무 것도 안 줄테다!」, 「우는 자식은 나가버려」 등등. 이런 식의 결말로 환자는 「울어서는 안 된다」라고 하는 금지령에 따라 결의를 한 자신을 다시 한 번 자각할 수 있게 된다. 또한 "부모"의 역할을 연출해 보고나서 금지령이 다름 아닌 "부모"의 ⓒ에서 나온 메시지라는 사실도 알아차리게 된다.

이러한 것을 몇 차례 되풀이하고 나서 치료자는 지지적인 분위기 속에서 금지령의 해제 내지는 포기를 할 결심을 굳힌다. 이 과정은 「재결단(redecision)」으로도 불리는데, 그 말뜻은 자기 자신에 대한 「허가(permission)」의 뜻도 포함한다. 그것은 예를 들면 루방섬에서 30년 동안 명령에 복종한 Onota 소위에 대해서 상관의 명령해제의 결과에 더해 역할이 닮았다고 하겠다. 즉 이 과정은 단순한 언어 레벨의 금지령이 포함된 것이 아니라, 허가의 내용을 실행하기 위한 행동면의 프로그램도 거기에 포함되어 있다. 천식 환자에게 우는 것을 허가 받았다는 사실은 울 수 있는 장소가 허락되고, 필요하다면 우는 방법을 실제로 연습해도 된다는 것을 의미한다. 이렇게 해서 과거의 비합리적인 조건부여를 해제할 때 새로운 문제해결을 위한 행동–자연스런 감정을 표현하다–에 대한 결단이 강화된다는 것이다.

D 예후 및 유의점

모든 심리요법이 그런 것처럼 치료적 변화가 정착되기 위해서는 알아차린 내용을 일상생활에서 실천하여 적응해 나갈 필요가 있다. 정신분석 분야에서는 이 리허설 과정이 철저하게 조작에 그치는데, 교류분석에서는 위에 적은 5가지 영역을 상사, 친구, 배우자, 어린이 등의 관계 속에서 실천하는 것이 기대된다. 예를 들면 게임을 배우게 되면 「아아, 또 해버렸다」라고 하는 것을 알아차리게 될 수 있다. 더 나아가 이런 종류의 알아차림에 근거해서 자기 조절을 연습하면 서툰 방법에 빠지기 전부터 자아상태의 움직임을 알아차리게 되어 바람직한 다른 자아상태로 전환할 수 있게 된다. 이러한 행동 패턴에 대한 알아차림과 자기조절의 방법을 학습하기 위해서 구체적인 방법을 제시하는 것이 교류분석의 특징이다.

이러한 리허설과 실천을 위해 철저하게 긍정적 분위기를 준비하는 일이 교류분석의 그룹 접근의 또 하나의 특징이라고 할 수 있다. 치료자와 그룹은 비판하지 않고 긍정적인 stroke에 의해서 환자가 부적절한 내적·외적 경향을 극복하도록 원조해 나간다. 교류분석에서는 사람의 변화는 긍정적 stroke를 받은 것에 대한 반응으로서 바뀌어 간다고 생각하기 때문이다.

이러한 관점에서 교류분석에 의한 치료의 예후는 그룹에서 알아차린 일을 확고한 것으로 하기 위해서 무언가 새로운 건설적인 일을 실천하는 것, 또한 그것을 긍정적인 stroke에 의해서 지지, 강화시켜 주는 그룹이 있느냐 없느냐에 달려 있다고 하겠다.

복잡한 마음의 문제를 ⓟ, ⓐ, ⓒ를 이용해서 지나치게 간결히 하는 경향이 없지 않기 때문에 교류분석은 누구에게나 다루기 쉽다는 인상을 주어서 심리요법을 조작주의라고 착각할 가능성도 있다. 특히 최근에 들어와서 여러 가지 기기의 자동화에 따라서 기계조작을 통한 현실체험을 하는 사람들이 늘고 있기 때문에 마음도 기계처럼 조작할 수 있는 만능감을 갖는 사람들이 나타나기 시작하고 있다. 교류분석은 심신상관의 이해, 묘사에는 도움이 되지만 깊은 정신역동의 파악에는 정신분석적인 소양이 없어서는 안 된다. 또한 죽음의 임상에서 처럼 단지 ⓐ에 의한 객관적 관찰과 행동변화의 재학습으로는 해결하지 못하는 문제도 있다. 죽음에 대해서는 지정의(知情意)(ⓟ,ⓐ,ⓒ)의 모두를 통합하는 형태로서의 전인적인 관련성이 필요하게 된다. 이 점에서 Ikemi[4]는 ⓢ(통합적 자아)의 개념을 제창하고 조작을 초월한 치료적 자아의 중요성을 강조하고 있다. 만일 교류분석이 마음의 조작주의에 머물기만 한다면 아주 바탕이 얕은 기법으로 끝나게 되고 말 것이다.

문헌

1) Berne E : Games people play. Grove Press, 1964 (南　博訳：人生ゲーム入門．河出書房，1967)
2) Dusay JM : Egograms. Harper & Row, 1977 (新里里春訳：エコグラム．創元社，1980)
3) Goulding MM, Goulding RL : Changing lives through redecision therapy. Bruner/Mazel, 1979 (深沢道子訳：自己実現への再決断—TA・ゲシュタルト療法入門．星和書店，1980)
4) 池見酉次郎：交流分析の現状と問題点．交流分析研究 10(2) : 9-15, 1985
5) 国谷誠朗：ゲーム分析の技法．現代のエスプリ 253 : 119, 1988
6) Marmor J : Recent trends in psychotherapy. Am J Psychiatry 137(7) : 409-416, 1980
7) 小此木啓吾：精神分析理論．懸田克躬他(編)：現代精神医学大系，vol. 1, B1a. pp3-199, 中山書店，1978
8) Perls F : Gestalt therapy verbatim. Real People Press, 1969
9) 杉田峰康：臨床交流分析入門．医歯薬出版，1990
10) 杉田峰康：新しい交流分析の実際．創元社，2000

⑧ 행동요법

A 행동요법이란 무엇인가

행동요법이란 심리학 실험실을 개설한 Wilhelm Wundt(1879) 이래, 행동을 연구대상으로 하여 실험한 것을 배경으로 하는 현대 심리학이나, 연구대상으로 삼아온 제영역 중에 그 연구의 중심을 이루고 있는 행동과학, 학습심리학이라 불리고 있는 연구 성과를 순수하게 임상적으로 응용한 것이다. 따라서 행동과학의 임상적용이기 때문에 행동요법이라고 이름이 붙여져 있다. 부연 설명하면, 즉 심리요법 또는 정신요법이라고 불리는 것으로는 상담이나 정신역동론(정신분석) 등이 유명하나 이들은 모두 현대 심리학의 과학적 식견을 적용하여 요법을 실천하고 있는 것은 아니다. 현대 심리학이라는 것은 별도의 가설구성체에 따른 것이다.

현대 심리학에 사용되고 있는「행동」이라고 하는 말은 생활체와 환경과의 상호작용을 지칭하고 있다. 심리학 또는 그의 임상적용에 따른 행동요법에서는 편의적으로 행동을 반응이라고 하는 단위로 보려고 하고 환경을 자극이라고 하는 단위로 다루고 있다. 행동요법은 치료에 있어서 우연히 생긴 문제를 안고 온 사람, 즉 클라이언트 혹은 환자의 관찰할 수 있는 현재를 대상으로 하고 있다. 이는 바로 앞의 대상자의 현재 행동, 그것이 바람직한 행동이든 바람직하지 못한 행동의 어떤 것이든, 현재의 환경과의 상호작용뿐만 아니라, 출생 후 과거 환경과의 상호작용(여러 가지 레벨의 학습), 부모로부터의 유전, 시기의 경과(성숙 등) 및 그 양쪽으로부터의 영향(발달 등)으로부터 되어 있기 때문이다. 따라서 행동이란 당연히 단순한 행위나 동작으로서의 행동이 아니고 여러 가지의 경험, 세월에 따른 변화(발달)를 포함해서 봐야 할 것이다. 왜냐하면, 대상자의 과거라든가, 현재의 일이라든가, 미래의 일이라든가, 뭔가를 생각해 내고 있을 때에도 뇌의 활동으로서는 "지금, 이곳에서" 우리들이 관찰하고 측정하고 제어할 수 있는 것은 지금 현재일 뿐이기 때문이라는 것이다. 그리고 그곳에는 부모로부터의 유전, 과거의 경험, 성숙, 현재의 환경 등 모든 것이 지금 현재에 작용하고 있기 때문이다. 따라서 현대 심리학에 있어서와 같이 행동요법에는 항상 "지금, 이곳에서"를 치료적으로 다루고 있다.

B 문제행동의 인식

현대 행동과학에 있어 소위 문제행동을 어떻게 인식하는가 하면 부적절 혹은 바람직하지 못한 행동은 바람직한 행동과 동일한 메카니즘으로 학습된 반응 혹은 행동으로 현대 심리학은 나타내고 있다. 이런 관찰로 지금 현재의 문제행동이나 반응을 자발적(operant) 반응과 대응(respondent) 반응으로 나눌 수가 있다.

respondent 반응이란 수액반사에 따른 반응, 불안반응이나 긴장반응, 정동반응 등 어떤 특정의 자극에 따라 수동적으로 유발되는 반응을 지칭한다. 또 operant반응이란 밥을 먹다, 대화를 하다, 놀러 가다, 학교나 직장에 가다 등 자발적이고 능동적인 반응의 모든 것을 나타내고 있다.

C 학습이란 무엇인가

학습이란 훈련이나 경험을 토대로 하는 행동의 변화과정을 말한다. 따라서 단지 1회의 반응은 수행반응이여도 학습행동이라고는 부르지 않는다. 또 학습에는 동기부여(하고자 하는 의지)가 필요하고 동기부여 없이는 학습은 성립되기 어렵다. 예를 들면 말을 물 먹이는 곳으로 데려가는 것은 쉬우나 동기부여가 없으면 생각대로 물을 먹이기가 어렵다. 공부시키는 것도, 피아노를 배우게 하는 것도, 자기치료 노력, self control시키는 것도 똑같이 동기부여가 중요하다. 학습은 성숙의 영향도 받기 때문에 특히 어린이의 경우 어떤 발달단계가 이루어지지 않으면 어떤 학습은 어렵다고 보는 것이다.

D 행동과학에서 말하는 적응이란

아침에 일어나서 세수를 하고, 밥을 먹고, 학교나 직장에 가고, 점심을 먹고, 학교나 회사를 끝마치고, 집에 돌아와서 목욕을 하고 저녁을 먹고 잔다. 때로는 잘못하여 선생님과 상사 또는 부모나 남편, 며느리로부터 꾸중을 들어도 별 개의치 않고 살아가고 있다. 이것을 적응이라고 한다. 따라서 적응은 여러 가지 형태로 생각될 수 있다. 사자에상(유명한 일본의 일상생활을 다룬 TV 만화드라마) 일가족의 적응이 있고, 찌비마루코(일본 만화드라마)의 적응이 있고, 의사나 정치가의 적응 등 여러 가지 적응이 있다.

E 행동요법의 기초이론

1. Respondent 조건부여(유발되는 행동)

Respondent 반응은 Pavlov의 조건반사가 대표적이다. 예를 들어 어린이에게 쥐를 보여주고 동시에 큰 소리를 귓가에 울리게 한다. 그러면 어린이는 놀라고 그 후 쥐를 보기만 하면 공포반응을 나타내게 된다. 이와 같이 본인이 희망하든지 안하든지, 어떤 환경자극 하에서 어떤 것이 제시되는 것과 관련된다. 주로 자율신경계의 반응이나 정동의 조건부여가 respondent 메카니즘에 지배되고 있다.

예를 들면 감성적으로 좋고 싫음, 단절에 대한 대인공포, 천식발작이나 설사증상에 대한 예기불안, 가슴 두근거림, 발작에의 불안, 발기부전, 야뇨증 등이 respondent의 메커니즘으로 학습되어 유지되고 있다.

현대 심리학은 불안이 높은가 낮은가라는 것보다 그 불안이 어떻게 행동과 연결되어 있는가를 문제로 삼고 있기 때문에 문제의 불안을 낮추거나 어떤 것으로 대항하게끔 생각하는 것이 행동요법이다. 또 Maurer는 양심도 respondent라고 주장하고 있다.

Respondent행동의 치료기법으로서는 계통적 탈감작(표 V-24)과 주장훈련법이나 이완 등의 역제지에 따른 치료법(폭로법 exposure, flooding)이 대표적인 기법이다.

2. Operant 조건부여(자발적 행동)

Skinner의 도구적 조건부여로 대표된다. 또 우연히 어린이가 발성하는데 칭찬하여 강화자를 수반시키면(주게 되면) 어린이의 발성빈도가 증가하게 된다. 이러한 자발적 행동은 자발적인 행동에 수반해서 부여되는 자극이 문제가 된다. 바람직한 것이 행동 후에 또는 수반해서 부여되면 그때 한 행동은 이후 자발빈도를 올린다(자발적 수준이 올라감). 이러한 조건을 正의 강화라고 한다. 바람직한 행동이든 바람직하지 못한 행동이든 자발행동의 모든 것이 자발적 메커니즘에 따라 성립, 유지 또한 제거되어 간다. 바람직하지 못한 자발적 행동의 예로서는 부적응 행동, 등교거부, 모든 문제행동 등이 있다. 자발적 행동 중 도피적 행동을 회피조건부여라고 부른다. 예를 들면 학교에서 싫은 일이 있어 집에서 움직이지 않는 것(집이 안전지대로 되어 있음) 등이 그런 것이다. 다른 것으로서는 공포증, 강박신경증 등도 자발적 회피행동이다.

이 치료기법으로서는 token economy, shopping 등을 처음으로 한 강화법, 제외학습법·처벌학습법·길항반응법 등의 소거법, 내잠강화법이나 내잠소거법 그리고 내잠부의 강화법,

response cost법이나 자기조절법, 합리정동요법 등의 인지행동요법, 모델링법 등이 있다.

표 V-24 역제지에 따른 치료의 순서-계통적 탈감작요법

1) 우선 이완기법을 실시하고 심신을 편하게 한다(자율훈련법이나 심호흡, 근이완법).

↓

2) 다음은 이미지를 그린다(불안、긴장、혐오、증상에 대한 것).

↓

3) 이미지에 따라 심신에 유발된 반응이나 변화를 체크한다(5-10초 정도).

↓

4) (이미지를 리얼하게 계속 그리는 노력을 멈추고) 체크한 심신의 반응을 이완기법을 실시해서 없앤다)

↓

5) 잠시(20-30초 정도) 편안한 느낌이 전신에 퍼지도록 깊게 해 간다.

↓

6) 다시 2)와 같이 이미지를 그려 간다.
다음으로 3), 4), 5)와 같은 단계를 계속한다. 이 요령으로 이미지→이완시키는 것을 몇 번이고 반복해 간다면 이미지를 그릴지라도 심신에 어떤 변화가 보이지 않게 되거나 이미지 그 자체가 떠오르지 않게 되거나 한다. 즉, 이미지에 따라 유발되는 심신의 반응이 없어져 이완된 상태가 무너져 없어진다(심신의 반응이 없어진다 = 반응 0점이라고 말한다).

↓

7) 이미지를 그려도 심신에의 영향이나 반응이 없어진다, 0점이 된다.
이처럼 반응이 0점이 되어도 이완하는 것을 반드시 실시한다.

↓

8) 재차 동일하게 이미지를 그리는 노력을 해보고 역시 심신의 반응이 0점인가 어떤가를 확인한 후에 이완하는 것을 실시한다. 이처럼 이미지→이완시키는 것을 반복해서 반응 0점이 연속해서 계속 되는가 어떤가를 확인한다. 심신의 반응이 0점인 상태가 4, 5번 계속될 때까지 이미지→이완시키는 것을 반복한다.

↓

9) 0점이 몇 회 계속되고 나면 종료한다.
시간적인 여유가 있으면, 더욱이 불안이나 혐오, 긴장 등이 심하게 나타날 경우 역제지를 치료목표로 하여 2)에서 8)의 요령으로 치료를 계속해도 괜찮다.

[예], 10, 9, 8, 7, 6, 5, 3, 2, 1, 1, 0, 0, 0, 0, 0, 0 (부분에서 이완법을 실시)

이 부분은 증상이나 문제를 일으키는 자극에 대해서 지금 이곳에서 나올 증상을 감소시키고 있는 장면이다	이 부분이 치료적으로 중요한 장면이다. 이미지 한 장면에서 나중에 문제의 증상이나 반응이 일어나지 않게 된다. 평소의 기분에 필요할 수 있어 새로운 조건부여가 붙여지고 있는 상황이다. 즉, 치유이다.

F 자발적 행동의 분석

새가 하늘을 나는 것도, 물고기가 헤엄치는 것도, 사람이 말을 하는 것도 가발적 행동이지만 앞에서 서술한 것처럼 이들의 행동자체에 강화가 수반되어 있다. 강화의 부여방법에는 2가지 종류가 있어 반응할 때 즉시 매번 행해지는 전체강화(연속강화)와 매번은 강화되지 않는 부분강화(비연속강화)가 있다. 부분강화에 따라 유지되는 행동은 소거되기 어려운 특징이 있다. 30일 주기로 강화자인 급료를 받음에 따라 출근해서 일을 하는 행동이 정률(定率)에 부분강화 되어 있다는 것을 생각한다면 잘 이해될 것이다.

정(正)의 강화나 부(負)의 강화나 강화된 행동은 그 이후, 그 행동이 선택되기 쉽게 되고 또 그의 자발빈도를 높이게 된다. 정(正)의 강화란 바람직한 것이 얻어진 상황을 일컫는다. 바람직한 것, 즉 정(正)의 강화자로서의 작용을 하는 것은 ①1차적 강화(먹는 음식이나 스킨십 등 생리적 만족을 가져다주는 것) ②2차적 강화(돈, service staff나 seal 등의 token) ③사회적 강화(다른 사람의 칭찬, 인식되어진 것 등) ④자기강화(이 일이 끝나면 편히 쉬지 뭐 등, 자기가 강화자를 스스로 부여하는 것) ⑤대리강화(다른 사람의 어떤 행동이 강화되어 있는 것을 보고 듣는 등 간접적인 형태로 학습해 가는 것) 등이 있다. 부의 강화란 자발적인 행동에 따라 지금까지의 환경에 있던 혐오자극을 감소시키거나 소거할 수 있는 경우를 말한다. 즉 회피행동을 지칭하고 있다. 예를 들면, 어떤 어린이가 장난감가게 앞에서 언제나 울고 보채곤 한다. 그곳에 어떠한 자발적 조건부여가 작용하고 있을까. 자발적 행동의 분석에 실마리가 되는 자극, 실제의 반응, 반응의 귀결(반응의 결과, 반응에 수반한 자극)의 해석이 필요하게 된다. 이것을 3항 분석(표 V-25)이라고 한다.

어린이의 문제행동은 어린이와 부모의 양면에서 보지 않으면 안 된다. 왜냐하면 이 3항 조건이 문제 되는 경우가 대부분이고 강화자가 부적절한 행동을 하고 있는 중이거나 그 직후에 부여되는 일이 많기 때문이다. 부모는 아이들에게 제일, 가까이, 항상 있으며 강화를 부여하는 존재이다. 의사도, 교사도, 주위의 어른도, 친구도 강화를 부여하는 존재이다. 이러한 관점에서 문제를 보는 것이 행동요법, 현대 심리학의 사고방식이다.

표 V-25 3항 분석

	선행자극	반응	반응의 귀결
어린이	장난감 가게	울며 보챔	장난감을 가짐
엄마	어린이 울며 보챔	장난감을 사다	울음소리에서 해방
↓ 치료적 advice	치료자의 교시	사지 않음(다른 곳으로 가버림)	치료자에게 칭찬받음
엄마	장난감 가게	울며 보챔	무시됨(강화자가 손에 넣지 않았기 때문에 울며 보채는 행동이 사라져 감)
어린이			

G 행동요법의 치료지침을 세우는 방법

문제 해결에 있어 우선 행동결락이나 과잉행동에 대해 고려하지 않으면 안 된다.

1. 행동결락

⑴ 능력이 없거나 기술부족으로 하지 않는다는 문제. 어떤 일을 하는 의의, 가치, 하는 방법을 모름, 하지 않기 때문에 모른다, 또는 모르지만 하지 않는다고 하는 문제이다. 안다, 안다고 하는 것은 일반론적·개념적인 것에 지나지 않기 때문에 어떤 특정의 조건이나 상황에서의 효과적인 대응이나 구체적인 행동 수순(手順)에 대해서는 막연히 잘 알지 못하는 클라이언트가 많기 때문에 주의할 필요가 있다.

⑵ 할 수 있지만 하지 않고 또는 하지 않아도 통용된다고 생각하는 문제. 하지 않고 있는 메리트 쪽이 크다면 클라이언트가 근시안적으로 인식하고 있다.

⑶ 했지만… 문제. 그 때의 행동에 즉시 강화가 없었던가, 계속하기 쉬운 외적 틀이나 방법이 없었기 때문에 하지 않고 있는 경우. 식사의 조절을 할 수 없는 경우 등이 많음.

⑷ 피곤하다, 귀찮다, 힘들다, 끈기가 없다, 실패를 무서워하지 않는 부류의 문제. 이 경우에는 우선 동기부여가 필요하다.

이런 타입의 행동결락의 치료에는 강화법[정(正), 부(負)의 강화법]을 중심으로 치료를 계획하여 가는 것, shipping, modeling, 행동리허설, 주장(단행)훈련, 문제해결법, 계통적 탈감작법, 인지의 재구성법 등이 채택되고 있다.

2. 과잉행동

⑴ 플러스의 일을 하지 않기 위한 문제. 밭을 경작하지 않아도 잡초가 만연한 것, 햇빛이 비추지 않아도 곰팡이가 생기는 문제.

⑵ 마이너스의 일을 하고 싶어 하는 문제. 마이너스의 일을 하는 이익이 크든지 마이너스의 일을 하지 않는 고통이 큰 경우도 있다.

⑶ 마이너스의 일은 하고 싶지 않지만 그만… 하는 문제. 마이너스의 일을 하게 되는 것은 단순한 경우이거나 적극적인 학습이나 노력이 필요없는 문제에 마이너스의 행동을 유발하든지 자극한다. 또 그의 지속을 조장하는 것 같은 외적 조건이 존재하는 경우가 많기 때문에 그 제거를 도모하는 것이 중요하다.

(4) 마이너스로밖에 할 수 없는 문제. 예를 들면 불안이나 공포에 시달려서 충동적, 강박적, 자멸적, 패닉이 되고 있는 것 같은 경우이다.

이러한 과잉행동의 치료설계는 혐오요법을 중심으로 생각할 필요가 있으나 불안이 강한 타입은 우선 불안을 떨칠 수 있는 것에 초점을 맞출 필요가 있다. 치료기법으로서는 반응저지법, 혐오조건부여, 내잠회피 조건부여, 자극통제법, 하고 싶지 않을 때에 하게 하는 방법, 하고 싶을 때에 싫다고 할 정도로 계속하게 하는 과잉반응법 등이 고려된다. 이처럼 행동요법은 개개인에 대해 연구하여 치료를 하려 하고 있다. 총론적으로 사람을 보는 일은 결코 하지 않음. 왜냐하면 총론적으로 사람을 보아도 실제의 개선책이 생기는 것이 아니고 오히려 비관적으로 빠질 경우가 많기 때문이다. 항상 개별로 생각해서 구체적인 문제해결을 하는 지향성을 갖고 있다.

H 행동요법의 흐름

행동요법의 기법을 적용하기 전에「임상적인 문제가 되고 있는 행동은 무엇인가」라는 것과「무엇을 어떻게 하면 그것을 위해서 가능하게 될까」라는 것을 명확히 하지 않으면 안 된다. 문제가 되고 있는 증상이나 행동이 어떻게 해서 학습되고, 어떻게 선행자극이나 변별에 따라 무엇을 현재화 또는 잠재화되게 하는가, 또 클라이언트에게 어떻게 인식시키고 있는가에 대해 해설을 해가는 면접을 행동분석이라고 한다. 행동분석은 가장 정확히 보다 고통 없이, 보다 빠르게 문제를 처리하기 위해서 구체적인 자료, 즉 문제행동이나 증상과 그러한 것들에 대한 여러 가지 변수를 명확히 해가는 작업이다. 이 작업은 문제해결의 목표도 함께 결정해서 나아가는 열린 치료적 장이다.「그것이 문제로 되지 않게 하려면, 누구의 무엇을 대상으로 하여, 어떠한 목표를 향해, 어떠한 방법을 채택해서 치료해 가면 좋을까」, 적절한 행동분석을 할 수 있는 것은 그 시점에서 치료의 목표, 방침, 방법이 나타나게 되었다는 것이다. 따라서 행동분석의 단점은 문제해결의 방향이나 목표, 치료기법의 선택이나 적용의 실수를 초래하는 것이고 그 치료목표를 멀리해서 클라이언트에 따라 필요한 효과적 원조가 실행되지 않는 것이다. 이런 의미에서 행동요법은 다른 어떠한 심리요법과 비교해 봐도 치료자의 그 책임감이 좀 더 크고 중요하다.

행동요법의 치료는 첫 회의 인테이크 면접에서부터 시작된다. 치료의 모든 프로세스를 통해서, 즉 자기관찰의 방법, 정(正)의 자기교시, 적절한 목표의 수립방법, 문제해결의 자세, 자기강화 및 자기평가 등에 대한 프로세스를 통해서 클라이언트는 자기제어의 기본을 반복 연습하면서 배우는 것이다.

● step 1 [정보의 수집, 사실의 확인]

1) 검사·진찰 : 주소, 현재 병력에 기초한 필요·충분한 신체증상·질환의 검사·진찰
2) 신체관리 : 신체의 사용방법, 휴식방법, 그 다루는 방법이나 생활리듬의 검토
3) 문제행동, 증상 및 문제행동의 강도·빈도·지속도 등의 관찰 : 유발요인, 악화요인, 호전 요인 등의 해명

지금까지의 경과에 문제행동을 더하거나 호전시키는 인자나 상황, 거기에 있는 클라이언트의 대처 방법이나 인식을 청취한다. 즉, 발병에서 현재까지의 문제의 변천과 그것에 대한 인식. 지금까지의 치료나 자기노력에 대해 인식·감상·인상, 그리고 지금 현재 무엇을 어떻게 고치고 싶다고 기대하고 있는가, 즉 어떻게 하고 싶고, 어떻게 있고 싶다고, 원하고 있는것에 대해서도 청취한다. 또 문제행동에 따라 잃은 것, 얻은 것, 피하게 되는 것, 할 수 없게 된 것, 할 수 있는데도 할 수 없다고 생각하고 있는 것, 할 수 있는데 하지 않는 것 등의 분석이나 확인을 한다.

이 처음 단계에서 다음의 여러 조건을 확실히 파악해야 할 필요가 있다. 그것은 호전과 소거에 대한 정(正)의 변수, 문제나 증상의 발생이나 악화에 대한 부(負)의 변수, 문제의 보유·존속에 대한 변수이다. 어떤 상황·선행조건하에서, 어떤 행동이, 어떤 외적 변화를 불러일으키고, 어떤 심신증상을 일어나게 또는 악화시키는 것일까. 증상의 빈도·강도·지속정도를 좌우하는 선행 또는 후속의 부(負)의 변수는 무얼까. 부(負)의 변수와 길항하는 정(正)의 변수는 무엇일까. 정(正)의 변수로서는 언제, 어디서, 누구와, 무엇을 생각하고, 무엇을 느끼고, 무엇을 의도하고, 무엇인가 하려고 할 때, 또는 무엇을 한 후에 어떠한 변화가 일어나거나 어떤 문제행동과 심신증상이 호전·소거됐을까. 이러한 것들의 정(正)의 변수를 지지해 주는 것은 무엇일까.

유지, 존속에 대해서는 질병이득, 질병에 따라 2차적 적응곤란, 질병 덕분에 피할 수 있는 곤란, 협조성이 부족하여 좋은 인간관계를 갖지 못해 고립되는 등의 발병이전에 존재하는 1차적 부적응, 증상의 증가에 대한 지식 또는 증상출현 전후의 대응 처치기술의 불충분함 등의 증상 제어학습의 부족, 스트레스가 많은 환경문제, 스트레스 내성이 적고 생활습관이 비뚤어짐, 생활에 즐거움이 적고, 희망이나 삶의 보람이 적은 것 등이다. 약물 복용이나 병상 설명 상의 문제 등 과거의 의원성의 문제 때문에 자연치유력이 억제되고 있지 않은지, 클라이언트의 비합리적인 논리로 주위의 사람이 꼼짝 못하게 된 것 같은 경우, 그리고 인지적 왜곡의 문제가 있는지 없는지의 파악이 필요하다.

● Step 2 [치료계획]

1) 목표의 설정 : 상위, 하위의 순서의 배열·배치를 포함한 목표의 설정

이 단계에서 무엇이 학습되었는가 하는 평가척도를 미리 설정해 놓는다.

2) 동기부여 : 혹시 클라이언트가 문제해결을 위해서 주체적인 자주노력을 방치하고 있는 것 같은 경우에는 치료자는 적절한 방향설정을 갖게 하기 위하여 당연히 적극적으로 개입할 것이다. 클라이언트가 적절한 치료노력을 하고 있는 것은 치료적으로 중요하다. 그러나 클라이언트로 하여금 그러한 동기부여를 하게 하는 책임은 치료자에게 있다. 더구나 클라이언트의 어려운 문제에 대해 애매한 채로 구체적인 해결을 방치하는 것은 치료이전의 문제이다.

3) 기법의 선택 : 내적·외적 제어의 비율이나 치료 계약사항의 결정

치료적 자원(사람·사물·행동)의 선택과 활용에 따른 의미를 부여한다.

● step 3 [치료의 실천]

1) 치료과정의 수시평가 : 방법·수순의 검토와 수정의 필요에 따른 의미를 부여하거나 체크한다.

변화과정의 극명한 기록. 무엇이 학습되었는지가 평가기준의 중심이 될 뿐이다.

2) 재차의 치료계획 : step 3의 1)에서 필요하다고 인정되는 경우 step 1, 2의 의미를 재부여한다.

● step 4 [치료의 종결]

1) 클라이언트가 당연히 해야 할 일

치료의 각 스태프에게서 배운 자기제어(치료성과의 자기유지, 그리고 건강의 자기관리)의 달성. 이것이 가능하다면 클라이언트는 불안해 하지 않고 즐겁게 치료자에게서 멀어져 갈 수 있다.

2) 치료자가 당연히 해야 할 일

재차 시행한 치료의 과정을 반성하고 좀 더 효과적으로 작용하게 하는 방법은 없었을까. 클라이언트가 무엇을 학습해서 좋았을까 등을 검토하고, 다음에 똑같은 문제를 안고 있는 클라이언트를 준비하는 것이다. 그리고 중요한 것은 추후관리를 적절한 시기에 해 가는 것이다.

– 끝으로 –

행동요법은 그 내실부터 말하자면 오히려 수익자 중심치료라고 불려질 것이다. 바로 앞의

클라이언트에게 이익이 될 일을 수없이 제공하고 제시해 갈 수 있는 일이므로 이상적인 치료법이다. 클라이언트는 치료자로부터 강요되어지고 있는 것은 아니다. 도움이 되는 대처에 대한 정보 제시를 받아 스스로 주체적인 결단으로 선택하는 자유가 거기에는 있기 때문이다.

사랑은 봉사를 위해 필요하다지만 충분한 것은 아니다. 이 클라이언트에게 있어 둘도 없는 내일의 생명이나 인생을 지키기 위한 임상상의 지식, 기술의 습득은 꼭 필요하다.

문헌

1) 内山喜久雄：行動療法(講座サイコセラピー 2). 日本文化科学社, 1988
2) ベラック, ハーセン(編), 山上敏子(監訳)：行動療法辞典, 岩崎学術出版社, 1987
3) 平木典子；アサーション トレーニング. 金子書房, 1993
4) 内山喜久雄(編)：行動臨床心理学. 岩崎学術出版社, 1980

岩崎学術出版社では「行動療法ケース研究1 不安症候群」をはじめとして, 各疾患や問題行動別に具体的な治療シリーズが出版されている。

⑨ 인지 행동요법

A 치료법으로서의 역할

심신의학 또는 심신의료에서 문제의 초점이 되는 것은 신체적 증상 또는 병변이다. 그러나 치료에 있어서는 신체적 요인과 함께 심리·사회적 차원에 대한 작업이 중요하다. 심리·사회적 차원에 대한 작업에서의 인지 행동요법의 역할에 대해서 서술하기로 한다.

1. 인지 행동요법의 역사

1) 행동요법의 발전

행동요법에서는 환자의 문제나 장애를 질환모델이 아닌 학습 모델로 이해한다. 즉 문제나 장애는 정상적 행동과 마찬가지로 학습된 것으로 간주되고, 따라서 치료에도 학습심리학의 이론이 적용된다. 이 경우에는 동물실험에 의해서 얻어진 지식이 근거가 되어 왔다. 인간의 치료에 있어서도 객관적으로 관찰되고 확실하다고 할 수 있는 행동만을 대상으로 여겨 왔었다. 이렇게 해서 행동요법은 실증적 연구가 뒷받침이 된 풍부한 이론적 근거, 치료기법의 단순 명쾌, 환자의 시간적·경제적·육체적 부담의 경감, 우수한 치료효과 등 때문에 널리 받아들여지게 되었다. 행동심리학의 발전에 힘입어 학습이론에 근거하는 많은 기법이 개발되어 발전하였으며 현대 심리요법의 주류의 하나가 되었다.

2) 인지 요법의 발전

1960년대 후반, 그때까지의 행동주의 심리학에 대한 반성 비판이 일어나게 되어 인지 심리학이 발전되었고 기초심리학의 한 분야가 되었다. 그때까지의 학습이란 자극과 반응의 결합이 증대하는 현상이라고 믿어져 오고 있었다. 또한 이처럼 자극과 반응이 결합해서 행동이 나타나는 경우, 학습이라는 심리적 현상과 관찰된 현상은 서로 대응하는 것이라고 가정되어 왔었다. 그러나 ①동일한 자극을 주더라도 갖가지 결과가 나타나는 ②다른 자극을 주더라도 동일한 반응이 일어나는 ③자극도 반응도 관찰할 수 없는 경우가 있다는 사실이 밝혀지게 되어 인지과정이 주목되게 되었다. 인지요법은 처음의 인지심리학과는 독립해서 Beck[1]등에 의해 창시되었고 서로에게 영향을 주어 더욱 발전했다.

3) 행동요법과 인지요법의 융합

처음에 인지 요법과 행동요법은 서로의 구별, 차이를 강조하는 경향이 있었으나, 인지요법은 행동요법의 원칙이나 기법을 많이 받아들여 나갔다. 한편 행동요법 쪽에서도 그 기법에다 많은 인지적 요인이 포함되게 되었다. 병태나 치료적 변화를 이해하거나 치료를 효과 있게 진행시키기 위해서는 인지과정에 주목해야 할 필요성이 인정되어 인지요법과 행동요법은 거의 같은 뜻으로 쓰이게 되었고, 나아가 최근에 와서는 서양의 행동요법 학회 중에는 그 명칭을 인지행동요법 학회로 변경하려는 움직임이 보이고 있다. 이 글에서 인지요법과 인지 행동요법은 거의 같은 뜻으로 쓰이고 있다.

2. 심리요법 시스템의 평가 기준

Beck은 심리요법을 평가함에 있어 각각의 기법으로서의 심리요법과 시스템으로서의 심리요법을 구별하여 시스템으로서의 심리요법의 이론과 기법은 각기 다음과 같은 기준으로 평가해야 한다고 서술하고 있다.

1) 이론의 평가 기준

(1) 소수의 가설로 심리행동 장애의 병태를 널리 충분히 설명할 수 있다.
(2) 그 설명에서 치료기법의 원리를 논리적으로 도출할 수 있다.
(3) 병태의 설명에 근거해서 치료기법의 유효성을 이해할 수 있다.
(4) 이론은 유연해서 여러 가지 문제나 과제에 적응되어 쉽게 고쳐지므로 변경시킬 필요가 없다.
(5) 채택된 가설은 실증적으로 지지를 얻고 있다.

2) 기법의 평가 기준

(1) 충분히 정의되어 구체적으로 면밀히 기술되어 있다.

(2) 다른 치료자가 다른 환자의 같은 문제에 같은 형태로 적용할 수 있다.

(3) 기법의 원리가 실증적으로 지지되고 있다.

(4) 기법의 유효성이 실증되고 있다.

Beck은 이와 같은 기준에 따라서 내담자 중심요법, 정신분석요법, 행동요법이 심리요법 시스템으로서의 기준을 거의 채우고 있는데, 각 기준에 다음과 같은 문제점이 있다고 지적하고 있다. 즉 내담자 중심요법은 심리 행동장애의 병태에 대한 설명이 빠져 있다. 정신분석 요법은 병태에 대한 설명이 복잡하게 되어 있어서 그 가설은 반드시 실증적 근거에서 벗어나 있다는 여러 가지 이설이 있다. 또 그것은 상식이나 의식적 체험에서는 멀고 조작화하여 검증하는 일이 어렵다. 행동요법은 병태에 대한 설명이 불충분하다. 그는 인지요법을 이러한 문제점을 충분히 극복한 심리요법 시스템으로 평가하고 그 특징을 다음과 같이 서술하고 있다. 즉 인지요법에는 내성(內省)에 따라 생생한 자료를 얻을 수 있고, 의식적 체험에 가깝게, 조작화하기 쉽게 검증할 수 있다. 환자를 용이하게 이해할 수 있고, 시간적으로도 금전적으로도 경제적이고, 교육하는 일도 용이하며, 실증적인 연구도 할 수 있다.

B 기본원칙

Sakano는 인지 행동요법의 특징을 다음과 같이 기술하고 있다.[2] 요법의 표적은 개인 인지의 변화에 있어 인지변화의 계기로서 행동변화를 목표로 한다. 치료기법으로서 행동적 기법과 인지적 기법을 병용한다. 자기의 역할을 중시해서 자기조절이라는 관점에서 문제나 병상을 이해한다. 그러나 인지 행동요법에는 다양한 내용의 범위가 있다. 큐슈 대학 심료내과의 인지 행동요법을 소개해 도입한 사람은 Yanagi이다. 그 후 인지 행동요법의 짜여 진 틀에 시스템 접근, 해결지향 접근 등의 임상적 관심이 도입되어 왔다. 여기서는 오늘의 인지 행동요법을 만든 한 사람인 Meichenbaum[3]과 Yanagi[4]의 주장에 따른 기본원칙을 기술한다.

1. 인지, 행동, 감정(신체)의 상호작용

인지 행동요법은 인지, 행동, 감정, 신체의 상호작용이 가정되고 있다. 인지는 감정과 행동에 영향을 주는 한편, 감정과 행동의 영향을 받는다. 불안장애의 예를 들어보자. 어떤 스트레스로 신체에 긴장·과민상태가 생긴다. 그것에 수반하는 동계(動悸) 등의 증상을 경험하고

「심장의 병세가 틀림없다」, 「가슴 두근거림이 계속되면 죽게 된다」 등의 생각(인지)이 떠오른다. 이 생각과 연관되어 불안발작이 생긴다. 발작의 고통을 한번 경험하면 발작을 두려워해 경계하게 된다. 그것의 정확한 증상을 발작의 전조로 인식해서 불안한 감정이 되고 병원에 급히 가고, 항불안제를 복용하고, 외출을 피하는 등의 행동을 하게 된다. 어느 것이나 일시적으로는 불안이 가라앉게 되지만 그러나 그러한 행동을 한 결과 「병원에 가야만 하고/항불안제를 복용해야만 하고 발작은 치료되지 않는다」, 「외출한다면 발작이 일어난다」고 생각(인지)하게 되고, 긴 안목으로 보면 불안은 심해진다. 이렇게 인지와 행동과 신체 혹은 감정은 서로 영향을 미친다.

2. 인지를 받아들이는 3가지 시점

인지를 사상, 과정, 구조라고 하는 3가지 시점에서 받아들인다.

1) 인지사상

인지사상으로서 자동사고(自動思考), 내적대화(內的對話), 이미지가 거론된다. 불안발작의 예로는 「심장의 병세임에 틀림없다」, 「가슴 두근거림이 계속되면 죽게 된다」라는 생각이 떠오른다. 보통 이러한 생각은 자동적으로 떠오르고 재빨리 지나쳐 간다. 인지요법을 창시한 Beck은 이것을 자동사고(自動思考)라 부른다. 또 「외출하지 않으면 안된다. 외출하면 발작이 일어난다. 어떻게 해」 등을 자문자답하거나, 「괜찮아. 과감하게 하자」라고 자신에게 말하고 듣게 할지 모른다. 이것을 내적대화(內的對話)라고 말한다. 내적대화는 자신이 자신에게 말을 걸거나(자기진술), 지시를 주는(자기교시), 강화하거나(자기강화), 자신이 자신에게 보수나 벌을 주는(자기보수, 자기처벌)이라는 형태를 취한다. 더욱이 심장의 병세로 쓰러지고 있는 자신의 모습을 순식간에 생각으로 떠올릴지도 모르겠다. 이것이 이미지이다. 이러한 인지는 자동사고(自動思考), 내적대화(內的對話), 이미지로서 경험된다.

2) 인지과정

인간은 끊임없이 환경으로부터 여러 가지 자극에 시달리고 있다. 그러한 것들의 자극이나 상황에 직접반응하고 있는 것은 아니다. 그러한 것들의 자극을 선택하고, 구별하고, 판단하고, 해석하고, 의미를 부여하고 있다. 위험한가 안전한가, 즐거운가 즐겁지 않은가, 달성하는가 상실하는가, 이런 의미를 부여하고 있다. 그것에 따라 불안하게 되거나, 안심하거나, 즐거워 하거나, 화를 내거나, 슬퍼하거나, 여러 가지 감정을 체험한다. 동시에 여러 가지 행동 보고의 결과를 예측하고 그 중에서 어떤 행동을 선택해서 수행한다. 그것에는 접근하거나 회피하거나 하는 여러 가지가 있다. 사람은 자신이나 환경을 보는 고유의 견해를 갖고 있고 그 견해와 모순되는 것은 알아채기 어렵다. 즉 편견을 통해서 자신과 환경을 발견한다고 말할 수 있다. 이를 인지 편견 또는 심리적 발견이라고 부르고 있다. 사람은 이렇게 하여 자신을 조절하고 있다.

3) 인지구조

반응은 그것이 일어나는 장면의 범위에서 세 가지로 나누어진다. 특정한 장면만으로 일어나는 특정반응, 유사한 장면으로 반복해서 일어나는 습관반응, 장면이나 시간을 넘어서 그 사람의 성격이나 경향에 의해 일어나는 특성반응이 있다. 운전하고 있는 차가 충돌하게 될것 같아 가슴 두근거림이 일어나는 것은 특정반응으로 임상상의 문제는 거의 없다. 외출하거나 교통수단에 타려고 하는 동안 가슴 두근거림이 일어나는 것은 습관반응으로 자주 증상이 나타나거나 문제가 된다. 자동사고(自動思考)나 내적대화(內的對話)로서 나타난다. 모든 장면이나 일들과 관련해서 동계(動悸)가 일어난다면 특성반응이라고 부를 수 있다. 특성반응으로서의 인지를 인지구조라고도 말하고 schema, 기본적 전제, 신념이 거의 같은 의미로 보인다. 인지구조 또는 schema는 과거의 경험에서 얻어진 자신과 환경의 전체적인 견해이고, 새로운 경험의 견해에 영향을 준다. 성격적인 문제를 이해하는 것이 중요시된다. 예를 들면 과잉적응이 문제가 되는 심신증자는 자주 「사람의 역할을 하지 않으면 존재가 허용되지 않는다」, 또는 「실패한다면 쓸모없는 인간으로 여겨지는 대상이 된다」등의 schema를 갖고 있다. 최근의 인지 행동요법은 강조점이 자동 사고나 내적대화에서 schema로 옮겨 가고 있다.

3. 공동작업과 발견의 중시

치료자는 대화 중에 어떤 질문을 하는가라는 의미에서는 환자를 리드하지만 답을 낼 때는 한 걸음 물러서 환자가 답하는 것을 기다린다. 환자와 인지를 둘러싼 논의를 하거나 설득을 하거나 하지 않는다. 가르치는 경우 하나의 정보로서 전달하고, 환자가 자신을 음미하고 사실에 비추어 확인하고 자신을 발견할 수 있도록 도와준다.

4. 문제지향과 재발예방의 중시

문제지향이란 문제를 당연히 해결할 과제로 삼아 해결과정을 촉진하려고 하는 입장을 말한다. 사람은 누구든지 여러 가지 문제에 직면한다. 이곳에서 문제란 어떠한 것들의 곤란, 고통이고 변화가 요구되는 상황을 말한다. 문제해결에는 두 가지 방향이 있다. 하나는 문제를 줄이는 방향이며 또 하나는 해결과 적응행동을 늘리는 방향이다. 유일한 바른 해결이 있는 것이 아니고 많은 선택의 여지가 있을 수 있다. 환자는 문제해결의 힘을 갖고 있고 증상이나 문제행동에도 해결의 가능성이 포함되어 있다. 인지 행동요법은 환자에게서 어떤 해결의 가능성을 찾아내서 강화하거나 새로운 해결법을 연구할 수 있도록 도와준다. 문제해결과 함께 재발방지를 중시한다. 사소한 실패에서 재발에 다다르는 사고와 감정, 행동을 밝혀내어 실패를 새로운 학습의 기회로 삼아 고치도록 도와준다. 더욱이 고민, 걱정, 화나는 일 자체, 자신의 감정을 느끼거나 어디에 문제가 있는지를 밝힐 수 있다는 바른 말을 하여 문제해결에서 뺄 수 없는 힘을 얻을 수 있도록 도와준다.

5. 치료관계의 중시

치료관계는 따뜻하고 편안하며 안심할 수 있는 것을 중시한다. 그러기 위해서는 주의하고 지도하며 환자 한 사람의 개성과 다양한 가능성을 존중하여, 그 가능성에 대한 환자의 희망이 커가는 것을 도와주는 것이 치료자의 역할이라고 생각한다. 구체적으로는 정중하게 인사하고 동의를 얻는 것에서 시작한다. 환자의 감정, 생각, 행동에 동조하는 것과 함께 치료라는 공동 작업을 하는 즐거움과 감사를 전한다. 예를 들면 「~에 대해 말하고 싶은 것이 있는데 괜찮겠습니까」, 동의를 받으면 「감사합니다」, 끝나면 「중요한 일에 대해서 솔직히 의논할 수가 있어 정말로 즐겁게 생각합니다」 등.

C 이론과 기법

다음은 심신의료에 있어 증상이나 문제를 이해하고 치료를 연구하는 데에 유용한 이론[5)]과 기법을 소개한다.

1. 회피반응(avoidance response)과 폭로반응 방해법(exposure-response blocking)

많은 증상이나 문제는 회피반응으로서 이해할 수 있고 그 치료에는 폭로반응 방해법이 유용하다. 이를 설명하는 것은 Solomon과 Wyne에 의한 개의 실험(1953)이 도움이 된다. 방은 벽을 중심으로 2개로 나누어져 있고 벽의 위쪽에 틈이 있다. 마루에는 전기쇼크를 줄 수가 있다. 빛을 끄고 10초 후에 전기쇼크를 준다. 개는 공포반응을 일으키고 도망 다닌다. 그동안 우연히 벽을 뛰어넘어 반대쪽으로 가고 전기쇼크로부터 도망칠 수 있다. 이윽고 개는 빛이 꺼진다면 즉시 벽을 뛰어 넘어서 쇼크를 피할 수가 있게 되었다. 회피반응이 형성되었기 때문이다. 다음에는 빛을 끄기만 하고 전기쇼크를 주지 않는다면 회피반응이 어떻게 되는가를 알아보았다. 개는 빛이 꺼진 동안에 도망갔고 500회 시험을 해도 계속 도망갔다. 회피반응은 일단 형성되면 지극히 제거하기 어렵다는 것이 밝혀졌다. 그곳에 벽을 높게 해서 도망갈 수 없도록 했다. 개는 빛이 꺼지면 공포반응을 일으켰지만 전기쇼크는 오지 않았다. 이것을 몇 차례 반복하면 빛을 없애도 개는 겁먹는 일도, 도망치는 일도 없게 된다. 공포반응과 회피반응은 소실했다. 자극에 폭로시켜서(빛을 없애고) 회피반응을 방해하면 공포반응과 회피반응은 급속히 소실한다. 이것이 폭로반응 방해법의 원리이다.

2. 관찰학습 이론

Albert Bandura의 관찰학습의 이론에 의하면 자극과 반응의 결합을 직접 경험하지 않아도 모델의 행동을 관찰하거나, 또는 비디오를 보거나, 말을 듣거나, 읽거나, 더욱이 자신이 생각하거나, 자신에게 말을 듣게 하거나 하는 것이 자극과 반응의 결합을 경험한 것과 같은 효과를 나타내므로 그에 따라 새로운 행동을 학습할 수 있다고 한다. 환자가 개선한 다른 환자를 보거나, 그 말을 듣거나, 개선한 자신의 상태를 생각해 떠올리거나 기술하는 자체가 해결이나 적응행동의 학습을 촉진한다고 기대할 수 있다.

3. Matching의 법칙

증상이나 문제는 건강을 위해 적응행동을 선택할까, 건강하지 못한 것을 위해 문제행동을 선택할까라고 하는 선택의 문제로서 나타난다. 어떻게 선택되었는가는 Herrnstein의 matching 법칙에 따라 설명할 수 있다. 이 법칙은 반응에 두 가지 선택이 있는 경우, 하나의 선택 반응비율은 그 선택에서 얻어지는 강화의 비율에 동등하다고 하기 때문에 B1/(B1+B2)=R1/(R1+R2)라고 하는 식으로 표시된다. 여기서 B1, B2는 선택가지 1, 2의 반응 수, R1, R2는 선택가지 1, 2에 따라 접수하는 강화수를 표시하고 있다. 즉, 적응행동이 자타에 의해 평가되고 칭찬받게 된다면 칭찬을 받을수록 적응행동은 늘어나고 문제행동은 줄어드는 것을 기대할 수 있다.

4. Ainslie-Rachlin의 이론

이것도 선택에 관한 이론이다. 선택하는 시점과 강화자를 받아들이는 시점의 간격이 길수록 강화자의 가치는 감소한다는 이론이다. 바꿔 말하면 긴 안목으로 본 결과보다 눈앞의 결과에 영향 받기 쉽다고 한다. 예를 들면 섭식장애 환자는 꼭 식사를 하는 것이 좋다고 머리로는 이해하지만 체중공포 때문에 식사제한이나 과식구토는 멈춰질 수 없다고 한다. 이 문제는 「식사를 제한하거나, 과식구토한다면 즉시 체중이 줄고 일시적으로 공포심은 완화된다. 반드시 먹는다고 해서 살찌지 않는다. 오히려 감소하는 것조차 1~2주간 기다리지 않으면 경험할 수 없다. 사람이 눈앞의 결과에 좌우되기 쉬운 것은 자연의 일이다」라고 설명하고, 먼저 서술한 관찰학습 이론과 맞춰서 다음과 같이 대응할 수 있다. 「평소에 과식구토한 경우와 반드시 먹었을 경우의 결과를 생생히 떠올리는 연습을 해봐 주십시오. 과식구토하고 싶어졌을 때 양쪽의 결과를 생각해 내기 쉽게 됩니다. 어느 쪽을 선택할까는 당신이 스스로 결정할 수 있습니다」.

5. 단순제시 효과[6]와 순화

단순제시 효과란 사람이나 사물이나 그것을 반복해서 경험하면 그에 대한 안도감과 호감이 강해진다고 하는 인지이론이고, 순화란 반응을 유발하는 자극을 반복해서 접하면 그 반응의 강도와 빈도는 감소한다는 학습이론이다. 섭식장애의 경우 마르고 싶은 마음은 일반적으로 유아의 또는 무력한 상태에 머무르고 싶은 마음으로 설명되지만, 그 일부는 다음과 같이 단순제시 효과로서 이해하고 대응할 수 있다. 「마른 상태가 길게 지속되면 그에 대한 안도감과 호감이 강화되고 그 결과, 체중이 급히 회복될 때 혐오감과 불안을 느낀다. 그러나 회복된 체중으로 잠시 생활하고 있으면 서서히 그것이 자연적인 일이라고 느껴지게 되고 혐오감과 불안은 완화된다」.

6. 반응형성법

문제해결을 촉진한 다음에 유용한 기법이 있다. 그것은 실행 가능한 반응에서 서서히 목표에 가깝게 반응을 순차 강화하여 목표의 반응을 형성하는 기법이다. 문제해결에 필요한 작은 단계를 순차 강화하여 적응행동을 형성하기에 유용하다. 예를 들면 무엇, 어떤 고통 때문에 곤란해 하는가를 묻는 것부터 시작해 어떻게 되면 좋다고 생각하는가, 그것을 위해 어떻게 생각하고 어떻게 행동하면 좋다고 생각하는가, 묻는 일을 통해서 환자는 자신에게 무엇이 문제인가를 발견해 해결을 위한 목표를 생각해 내고 몇 개의 대처법을 궁리해서 그 중에서 선택하여 실행하기 시작한다. 치료자는 환자의 그러한 발견, 궁리, 노력, 진보를 발견하여 평가하고 칭찬하는 일로써 그것을 촉진한다.

7. Time-Out법

문제행동이 지속되는 경우 그것이 치료에 의해 강화되고 있을 가능성이 있다. 그 경우 그 강화자를 일시 제거함으로써 문제행동의 제거를 목표로 하는 기법이다. 예를 들면, 「치료가 도움이 되지 않는 것 같아 유감스럽다. 당신이 충분히 납득하지 않는데 무리해서 치료를 강행하고 있지 않는가라는 걱정이 된다. 일시 중지합시다」 등의 대응이 유효한 경우가 있다.

8. 기타 기법

기타 여러 기법이 고안되고 있다. 문헌을 참고하기 바란다.[7]

D 적응과 금기

인지적 기법은 부적응적인 인지가 원인이기도 하고 악화인자에 기인한 것 같은 학습성 문제의 치료에는 유용하지만, 자신의 감정을 확인하기가 어려운 환자, 지적 수준이 극도로 낮은 사람을 선택하는 경우에는 고안이 필요하다.

[적응]

불안장애, 우울증, 만성동통, A형 행동패턴, 과잉적응, 연소성 증후군, 식사·수면·운동 등 생활습관상의 문제, 불순응, 섭식장애, 인격장애, 자살 등 광범위한 행동, 문제가 적응증이다.

최근 EBM의 중요성이 널리 인정되고 심리치료의 분야에도 기준이 제시되도록 되었다.[8] 예를 들면 공황장애의 치료에 대해서 인지행동요법은 미국 NIH의 consensus statement에 따라 ①치료기간이 짧다 ②치유율이 높다 ③재발율이 다른 것에 비해 낮다 ④환자가 문제와 치료법을 이해하기 쉽다 등으로 약물요법과 병행하여 사용하는 치료법으로 권장되고 있다. 또 강박성 장애에 대해서도 치료효과에 대한 정보를 고려한 경우 인지 행동요법과 SSRI의 병용이 제일의 선택이 되고 있다.

[금기]

의식장애가 있는 경우이거나 분명한 환각망상 등의 사고장애가 있는 환자에게는 금기라고 하겠다. 그러나 인지 행동요법에서는 행동적 기법에서 인지적 기법에 이르기까지 폭넓은 기법을 환자의 문제나 조건에 적용하여 선택할 수 있다. 한편 적절한 기법이 없다면 인지 행동요법의 이론, 원칙에 근거해서 새로운 기법을 연구 개발하는 것이 가능하다. 지적인 수준에 문제가 있는 사람이라도 또는 망상적 관념을 앓고 있는 환자에게도 적응이 가능하다.

E 치료의 실제

문제의 동정, 행동분석, 특히 인지의 동정, 치료목표의 설정, 치료문제의 설정, 다음 회기의 면접으로 진행된다. 생리적 기법, 행동적 기법, 인지적 기법의 어떤 것인가가 채택되지만 대략 이 순서대로 적용한다. 실제의 치료는 개인면접, 집단요법, 가족면접 등으로 진행한다. 각각의 진행방법의 요점을 기술한다.[9,10]

1. 개인면접

요점을 다음의 4가지로 정리한다.

1) 어떻게 곤란해 하고 있고, 어떻게 하고 있고, 어떻게 되면 좋다고 생각할 수 있는지 묻는다.

우선, 「어떻게 고통 받거나 곤란해 하고 계십니까, 지장 없는 범위에서 말해 주십시요」, 「그것은 어떻게 경험합니까, 신체입니까, 감정입니까, 행동입니까, 주위의 사람과의 관계입니까」의 증상, 문제를 구체적으로 상세히 묻는다. 다음으로 「그것에 대해 어떠한 생각, 어떻게 하고 있는가」라고 현재의 궁리, 노력을 묻는다. 더욱이 「어떻게 생각, 어떻게 되고 싶습니까」라고 개선이나 해결의 상태를 생각으로 그릴 수 있도록 촉구한다.

2) 어떻게 하면 되고 싶은 대로 쉽게 될까 가르쳐 준다.

고통, 곤란이 있으면 그것을 피하도록 하는 것이 자연적인 일이다. 그러나 이러한 회피행동이 증상이나 문제를 강화하고 지속시킬 수 있는 경우가 많다. 회피행동을 자제해서 시간을 갖는다면, 고통은 의외로 빨리 완화되고 약이 되는 것을 설명한다. 또 과제가 너무 큰 경우에는 작은 단계로 나누면 실행하기 쉽다는 것을 설명한다.

3) 실행하기 쉬운 환경이나 조건을 정리한다.

어떤 조건이 있을때 실행하기 쉬울까를 원래부터 잘 알고 실행할 수 있는 것은 자신 스스로에게 있음을 것을 중시한다. 환자가 가족이나 치료에 무엇을 기대하고 있는가 구체적으로 확인한다. 「가족에게 협력을 바라는 일이 있습니까」, 「격려하고 싶습니까, 참고 바라만 보고 싶습니까」, 「치료에 무엇을 기대합니까, 검사입니까, 약입니까, 입원입니까, 설명입니까. 충고입니까, 상담입니까, 진단서입니까, 이러한 말을 듣는 것이 괜찮습니까」등. 다음에 그것이 어떻게 도움이 된다고 생각하는지 확인한다.

4) 선택, 실행하는 것을 지켜봄, 발견, 궁리, 노력, 진보를 나타냄, 평가한다.

환자가 자신이 선택, 실행하는 것을 지켜보고, 발견, 궁리, 노력, 개선 등의 작은 변화를 나타내고, 평가하고, 칭찬한다. 「중요한 것은 자신이 알아챘다. 마음 깊이 느꼈다」, 「괴로운데 잘 견뎌내고 있다」, 「궁리, 노력하고 있다」, 「착실한 진보입니다」 등이다. 증상이나 문제 중에서 개선이나 진보를 향한 측면을 나타내고 평가한다. 또 실패나 재발, 악화를 새로운 학습의 기회로 여기고 고치도록 도와준다. 예를 들면 환자가 「또 나빠졌다」고 호소할 경우, 「지금까지의 방법으로 나빠졌다는 것을 알았다는 것은 수확이네요. 이제 어떻게 하면 좋을까, 궁리할 수 있네요」고 말을 바꾼다. 또 고민이나 고통을 호소하는 것 자체가 문제해결의 빠뜨릴 수 없는 단계라고 긍정적으로 평가한다. 「고통을 느끼고 전달할 수 있다」, 「문제에 정신 차리고 직면할 수가 있다」등. 개선이나 진보가 보일 경우 「당신이 노력한 성과입니다」라고 환자 자신이 수행한 것을 강조한다.

2. 집단요법

여러 가지 방법이 있지만 우리들이 섭식장애의 입원환자에게 시행하고 있는 방법을 소개한다. 5인 전후의 환자와 치료자, 공동치료자가 주 1회 시행한다. 환자로서 같은 고통을 전달해 안도감을 얻거나 치료가 일보 진전한 환자의 경험을 들어 용기를 갖도록 한다. 수시로 참가할 수 있는 형식이 실행하기 쉽다.

①1인의 환자에게 전회(前回)에서 발견, 개선, 진보, 실패, 당면하고 있는 곤란, 어떻게 생각, 어떻게 할 수 있다면 좋다고 생각하는지를 질문한다. ②다른 환자에게 그 발언에 대한 감상, 의견을 구함, 이어서 해당 환자에게 그것에 대한 감상을 묻는다. ③발견, 공부, 노력, 진보를 칭찬한다. 그것이 사소하더라도 예를 들어, 실패하였어도 건설적인 면을 나타내어 평가한다. ④모든 환자에게 동일한 방식을 반복한다. ⑤처음 참가한 환자에게는 말하고 싶은 것은 말하고 말하고 싶지 않은 것은 말하지 않아도 됨을 전달, 증상이나 문제를 위해 어떤 치료

를 시도했었는지 그것이 어떻게 되면 좋다고 생각하는지를 물어보고, 다른 환자에게 묻고 싶은 것이 있다면 묻도록 촉구한다.

3. 가족면접

환자 또는 가족의 요구에 따라 시행한다. 의견의 대립이나 다툼이 있는 경우 의견의 일치를 가져오고 싶은 마음이 강해서 신중히 문제해결에 노력하고 있으므로라고 말을 바꿔서 긴장을 풀고 가족이 해온 지금까지의 노력, 고생을 위로한다. 환자와 가족이 각자 어떻게 하기를 원하고 있는지, 그를 위해 상대에게 어떻게 협력하고 싶어 하는지, 상대에게 협력을 받기 위해 자신은 어떻게 할 수 있을까를 물어 보고, 서로가 납득하는 합의점을 찾아내도록 도와준다. 이 경우 합의에 도달하는 것에 구애받지 않는다. 올바른 것은 하나만이 아니고, 여러 가지의 느끼는 방법, 생각하는 방법, 하는 방법이 있을 수 있다는 것을 인정하여 각자를 존중하고 한 사람 한 사람이 자신답게, 더구나 서로에게 협조하는 생활을 하게 되는 것을 중시한다.

F 예후 및 주의점

[예후]

Beck 등은 만성 우울증의 치료에 있어 인지요법이 약물요법과 동등하거나 또는 좀 더 나은 성적을 보인다고 제시하였다. 개인의 문제행동에 관련된 인지뿐 아니라 기본적 전제가 변화한 경우 예후가 좋다고 하였다. 많은 연구는 문제해결 능력의 결여와 우울증과의 사이에 강한 관계가 있다는 것, 스트레스에서 우울증이 발병할 가능성이 있으나 문제해결 능력을 갖추게 되면 그것을 방지하는 일이 된다는 것, 문제해결 요법은 단일성 우울증에 효과가 있다는 사실을 지지하고 있다.

신경성 식욕부진증은 체중회복의 접근법에 의해서 환자의 사망률이 낮아지는 것이 사실이며 질병의 기본 원인을 다룬 장기적인 치료에 따라 예후가 개선된다고 여겨지고 있다. 과식증 환자에 대해서 심리교육적인 집단요법을 시행하여 성공했다는 보고가 있다. 그러나 어느 것에 어떤 치료법이 유효한가에 대해서는 아직 결론이 나와 있지 않다.

[주의점]

(1) 혐오요법에는 부작용이 있다. 치료자에 대해 반항적으로 되거나 약한 처지의 사람에게 공격적으로 행동하게 될 가능성이 있다.

(2) 주장 훈련을 시행하는 경우 문화적 배경의 차이에 의한 사회적 타당성을 고려할 필요가 있다. 서양과는 달리 일본에서는 의견이나 처지의 차이를 분명히 하여 서로의 타협점을 찾아내기보다 의견의 차이를 밝히지 않은 채로 서로의 처지를 살펴서 협조할 때 좀 더 적응이 잘 되는 경우도 있다.

- 끝으로-

인지 행동요법의 요점을 정리하면 듣고, 가르치고, 조절하고, 칭찬하는 일이라고 할 수 있다. 이것은 일반적으로 심리요법에 공통적인 것일지도 모른다. 감히 인지 행동요법의 특징을 말하자면 상식적으로 단순하고, 환자와 치료자가 이해를 공유하기 쉽고, 공동 작업하기 쉬운 일이라고 말할 수 있을 것 같다. 그러한 치료를 효과적으로 진행하기 위해 여러 방법을 모색하기가 쉽다고 말할 수 있다.

문헌

1) Beck AT : Cognitive therapy and emotional disorders. New York, International University Press, 1976 (大野裕訳：認知療法—精神療法の新しい発展. 岩崎学術出版社, 1990)

2) 坂野雄二：認知行動療法. 日本評論社, 1995

3) Meichenbaum D : Evolution of cognitive behavior therapy - origins, tenets and clinical examples. The Second Conference of The Evolution of Psychotherapy, Anaheim, California, 1990 (根建金男訳：認知行動療法の展開—起源, 原理, 臨床例. 行動療法研究 19 : 1 - 12, 1993)

4) 楊思根：行動療法のエッセンスと発展動向. 中川哲也(編)：行動療法ケース研究 4 —心身症 I, pp1 - 14, 岩崎学術出版社, 1987

5) Mazur JE : Learning and behavior. New Jersey, Prentice - Hall, 1994〔磯　博行, 坂上貴之, 川合伸幸(訳)：メイザーの学習と行動. 二瓶社, 1996〕

6) 下条信輔：サブリミナル・マインド. 中央公論社, 1996

7) Freeman A, Pretzer J, Fleming B et al : Clinical applications of cognitive therapy. New York, Plenum Press, 1990 (高橋祥友訳：認知療法臨床ハンドブック. 金剛出版, 1993)

8) 坂野雄二：行動療法・認知療法. 岡田康伸, 鑪幹八郎, 鶴　光代(編)：臨床心理学大系第18巻　心理療法の展開, pp225 - 244, 金子書房, 2000

9) 青木宏之：摂食障害患者の精神発達と環境—認知行動の立場から. 岩本隆茂, 大野裕, 坂野雄二(編)：認知行動療法の理論と実際, pp185 - 194, 培風館, 1997

⑩ 정신분석적 요법

헤아릴 수 없을 정도로 많은 심리치료 중에서 확실한 기법과 정밀한 이론을 둘 다 갖춘 심리요법인 정신분석요법(psycho-analytic therapy, 짧게 「정신분석」 psycho-analysis라고 부르기도 한다)은 19세기 말에 Freud S가 창시한 이래 지금까지 백 년 이상의 역사를 이어오고 있다. 이런 1세기를 초과하는 역사의 가운데에서 정신분석 요법은 여러 가지의 변화나 절충기법도 생겨났으나, 그 본질에 있어서는 변하는 일 없이 오늘까지 Freud 이래의 기법이나 치료구조가 전수 계승되어 그 정도(正道)를 확실히 높이면서 정신분석가나 심리요법가에 의해 전세계적으로 실천되고 있다.

정신분석요법의 그 발전적인 계속은 왜 일까? 이유는 극히 명료하다. 그것은 마음을 안다고 하는 시험에 있어 정신분석 요법이 더욱 깊게, 그리고 더욱 상세한 이해를 우리들에게 가져다 주기 때문이다. 더욱이 그 결과 무의식의 영역을 포함한 사람의 마음 속 깊은 부분에 접근하는 것이 가능하기 때문이다. 우리들의 마음이나 마음과 신체의 관련, 그러한 상호작용에 관심을 가지고 그 이해를 깊게 해 가는 정신분석 요법은 최적의 기법인 것이다.

정신분석의 창시자 Freud는 원래 정신과 의사가 아니었다. 신경병리를 연구한 신경내과 개업의였다. 즉 Freud는 신체를 보고 있는 의사였다. 그 Freud가 매일 임상 중에 불가사의한 병태를 우연히 만난 것이다. 수족의 운동마비나 지각탈출, 실성, 시각장애, 복통, 기침, 경련 또는 의식소실을 호소하는 환자 가운데 진료에 있어 Freud가 환자 자신은 의식적으로는 정말 생각해 낼 수 없었던 정신적인 갈등을 의식에 떠오르게 하고, 또는 언어로서 말하게 하면 그러한 신체증상이 즉시 소실하는 사람들이 있었다. Freud는 이러한 즉, 「신체-정신-질환」의 치료에 신중히 노력해 최면요법이나 암시에 따른 강제상기법(强制想起法) 등 기법을 변경하면서 증상의 개선이나 재발의 방지에 노력했다. 그리고 그 시행착오 위에 확립된 것이 정신분석요법이다.

이와 같이 Freud는 어떤 종류의 신체질환에 있어 심신상관의 인과관계를 확실히 연구하고 그 치료에 임상 실천적인 노력을 한 최초의 의사였다.

A 정신분석적 요법으로서의 역할과 종류

1. 역할과 치료이론

1) 치료적 역할

정신분석 치료는 두 사람, 즉 치료자와 환자 간에 있어 대화, 즉 언어를 이용하여 정보 전달에 따라 이루어지는 치료이며, 기구나 어떤 것의 화학물질이 그 사이에 개재하는 것이 아니고 치료자가 환자의 신체에 직접 접촉하는 것도 아니다. 즉 심리요법의 범주에 해당된다.

광의의 심리요법에는 지시나 암시, 교육, 지도를 의도적으로 활용하는 것이 있으며, 모리타 요법, 최면요법, 인지 행동요법 등이 적용된다. 그리고 일방적으로 지시나 교육을 하지 않는 치료기법을 주로 하는 심리요법이 있는데 로자리안 상담, 상정요법(箱庭療法) 등이 이에 해당한다. 정신분석 요법은 이 후자의 대표적인 치료법이지만 후자를 다시 두 가지로 구분할 수 있다.

covering method와 uncovering method이다. 이것은 치료자에 따라 환자의 불안을 다루는 방법에 의해 나눈 것이다. covering method란 환자의 불안을 덮는 방법 즉, 환자가 현재 안고 있는 불안을 더욱 거론해 버리는 것 같은 치료적 개입을 하지 않고 불안을 진정시켜 없애려는 접근을 지향한다. 지지적 심리요법 혹은 지지요법이라고 부르는 기법이 이에 해당한다. 정신분석 요법은 uncovering method, 즉 환자의 안고 있는 불안을 덮어 버리지 않고 심술궂게 그 불안을 치료에 적극적으로 활용하려고 하는 기법이다.

2) 치료이론

정신분석 요법에 따른 치료법에 대해서는 여러 가지가 검토되어 왔다. 그것을 단순화하여 말한다면 마음의 무의식부분에 존재하고 있는 갈등감정이나 불안을, 정서를 동반하는 통찰(insight)로서 의식화되게 함으로써 개선한다. 이렇게 정신분석은 마음에는 무의식부분이 큰 영역으로서 존재하고 있고 그 부분에 어떤 감정이나 사고가 무의식 안의 마음에서 의식부분이나 신체에 작용하여 병적 상태를 불러일으킨다고 생각하고 있다.

고전적으로는 어떤 이유로 마음의 무의식부분에 심어져 있는 libido(정신-성 에너지, psycho-sexual energy)이지만, 신체 각 곳에 그 배출구를 구하고 있고 그것이 여러 가지 신체 기능의 장애를 일으킨다고 이해되고 있다. 치료에 있어서는 무의식의 갈등이 언어화되는 것으로, libido는 의식영역에 취해지는 의식적인 정동으로서 정상적인 방산(放散)으로 가게 되어(카타르시스 되어) 병상은 소실한다. 이것은 히스테리의 신체병상의 개선에서 연역된 이론이었다.

그 후, 정신분석 요법이 히스테리 이외의 신경증이나 정신병, 성도착 등 여러 가지 personality에 활용되어 치료이론은 더욱 퇴고를 거듭하였다. 최근의 치료이론은 다음과 같이 생각되고 있다.

정신분석요법에 있어서 환자는 정신분석가를 향해 자유연상법(free association method)이라는 방법으로 말을 거는데 그것은 카타르시스로서의 정동발산이 되지만 한편으로는 억제도 생기게 된다(이 억제를 정신분석에서는 자아의 「방위, defense」, 혹은「저항, resistance」이라고 한다). 이것은 환자가 정신분석가와의 관계에 예전(특히 신생아기나 유아기에 있어서)의 부친이나 모친과의 관계에서 발생한 대상관계(object relations)나 정서, 불안, 사고, 공상(phantasy), 심적 태도를 의식적, 무의식적으로 반복해 복잡하게 짜 넣은 마음의 모양이 환기되어 있기 때문이다. 이러한 무의식적인 재연을 정신분석에서는 전이(transference)라고 부르고 있다.

이 전이는 환자에게는 무의식 안에 재연되어 말해지고, 행동되고 있기 때문에 이 전이를 파악한 정신분석가는 환자가 이해할 수 있는 형태로 전이의 무의식의 국면을 말로 전달해 나타낸다. 치료자의 언어표현이 「해석, interpretation」이라고 불리는 정신분석의 독자적인 치료기법이다. 이 결과 환자는 무의식에까지 머물러 있던 스스로의 감정이나 사고, 대상관계 등에 대한 실제의 감정을 알아 챌 수가 있다. 즉 환자 스스로 무의식부분에 대한 「통찰」이 생긴다. 이렇게 하여 환자는 스스로의 마음에 대한 이해를 깊게 하고, 마음의 무의식부분의 영향을 적게 함으로써 스스로의 마음과 신체는 전이에 따른 왜곡이 수정되어 현실적인 것으로 활용할 수 있도록 된다.

여기서 기술하고 있는 전이라고 하는 체험의 양상은 여러 수준이나 깊이가 있기 때문에 주의 깊은 정신분석적 접근(정신분석은 철저조작/ working through 이라고 부른다)이 반복되는 것이 필요하다.

2. 정신분석적 요법의 종류

정신분석적 요법은 본래 한종류에 지나지 않았다. 매일분석이라고 불려진다. 고전적으로는 주에 6일, 오늘날에는 주 4일, 혹은 5일의 정신분석 section을 갖는 정신분석요법이다. 그러나 그 후 말을 유창하게 할 수 없는 어린 아이를 위한 분석치료로서 자유연상법 대신 어린이의 놀이를 활용한 play analysis가 주로 여성분석가에 의해 개발되었다. 또 8인 정도의 그룹을 대상으로 한 group analysis나 가족을 대상으로 하는 정신분석적 가족치료도 개발되고 있다.

정신분석적 요법 중에서도 특히 정신분석요법의 간편법이라고도 할 수 있다. 주 1,2일의 치료 section을 가지는 정신분석적 심리요법은 일본에서는 상당히 성행하여 정신분석적 치료의 대명사처럼 일반화되고 있다.

더욱이 정신분석요법에서 파생됐지만 오늘날 정신분석적 치료의 범주에 들어가지 않는 심리요법도 있다. 그것들을 포함해서 정신분석적 요법 몇 가지를 간단히 여기에 소개한다. 정신분석요법과 정신분석적 심리요법에 대해서는 후에 다시 한 번 상세히 소개하고자 한다.

1) 정신분석요법

Freud가 시작한 정신분석에 따른 개인의 치료법이다. 정신분석가와 환자만 있는 별실에서 50분간의 치료 section을 가진다. 치료는 1일 1회이고 고전적으로는 주 6일, 여름 휴가 등이 겹치지 않게 시행한다. 오늘날에는 주 4일 이상의 치료 section을 갖는 것이 최소한의 기준이다. 이 치료에서는 안락의자 위에 옆으로 누운 환자가 생각이 떠오른 것을 숨기지 않고 그대로 말로 하는 「자유연상」을 시행하고 정신 분석가는 환자 발언의 중요한 무의식부분을 파악해서 「해석」을 부여한다.

2) 정신분석적 심리요법(정신분석적 정신요법, psycho-analytic psychotherapy)

심리요법/정신요법의 원어는 psychotherapy이지만 역사적으로 심리임상 영역에서는 심리요법으로 번역되고, 정신과 영역에서는 정신요법이라고 번역되어서 오늘날에 이르고 있기 때문에 여기서는 양방을 같이 기입하고 있다.

치료구조로서는 침상을 사용하지 않고 의자를 사용한 90도 대면법으로 시행하는 경우가 많다. 주 1, 2회의 치료를 시행하고 면접시간은 역시 50분이 아닌 45분이다. 치료자가 해석을 부여한다고 하는 기법은 정신분석요법과 같은 형태이지만 환자는 자유 연상적으로 말하는 것에 머문다. 앞에서 서술한 바와 같이 정신분석요법의 간편법이다.

3) play analysis

어린이의 정신분석 치료는 정신분석의 역사에서도 비교적 빠른 시기에 시작되어 1930년대에 거의 확립되었다. 아직 말로 잘 표현하는 것이 어려운 어린이들에게 자유연상법 대신에 특정한 조그만 장남감이나 놀이도구를 주어서 자유롭게 놀게 하고, 거기에 포함되는 어린이의 무의식부분을 어린이 분석가(child analysis)가 해석하는 형식으로 치료가 전개되었다. 정신분석요법으로서 역시 1 section 50분, 주에 4일 이상의 치료를 받게 한다.

치료대상은 2세에서 사춘기까지의 어린이이고 신체병상을 포함하는 신경증적 문제를 안고 있는 어린이에서 정신병이나 자폐증 어린이까지가 치료적응증이다. 어린이 분석가는 이를 위해 독자적인 훈련을 받아서 그 자격을 부여받게 된다.

더욱이 치료 section이 주 1, 2일의 시기에는 분석적 play therapy(정신분석적 유희요법)라고 불린다.

4) group analysis

정신분석적 집단요법이라고 불리는 방법이다. 고정멤버인 7~9인의 group에 대해서 분석가가 해석을 주로 하는 정신분석적 접근을 시행하는 것이다. 주 1, 2회로 90분의 치료 section이 대개 표준이 된다. 그룹을 한 개의 personality로 진단해서 그 무의식의 감정이나 사고를 치료자는 해석해 간다. 치료자는 그룹 분석가가 되기 위해 독자적인 훈련을 받는 것이 필요하다.

5) 정신분석적 가족요법(psycho-analytic family therapy)

가족을 하나의 심적 통합으로 봐서 치료자가 정신분석적 접근을 하는 기법이다. 가족요법이 성행한 때에는 정신분석가에 따라 정신분석적 접근이 가족요법의 중심에 있었으나 오늘날에는 정신분석적 가족요법에 전념하는 치료자는 적다.

6) 정신분석에서 파생됐지만 정신분석적 요법이라고 불리지 않는 치료기법

원래 정신분석요법에서 파생됐지만 정신분석요법과는 그다지 같지 않기 때문에 오늘날 정신분석적 요법이라고 불리지 않는 심리요법이 있다. Jung C가 시작한 분석적 심리학에 기초한 분석요법은 Carl파 분석이라고 불리나 정신분석요법과는 구별되고 있다.

교류분석도 정신분석요법의 범주에는 해당하지 않는다. 교류분석은 정신분석적 자아심리학의 이론을 활용하고 있지만 교육적 측면이 강해서 정신분석의 기법과는 완전히 다르다.

Brief Psychotherapy도 원래 section 횟수를 제한한 정신분석적 치료라고 할 수 있는 형태에서 시작됐지만 그 횟수의 제한이 정신분석적 요법에 익숙하지 않다.

B 정신분석요법의 실제

1) 치료구조

정신분석요법은 우선 치료구조(치료 setting)를 만들어 내는 것부터 시작한다. 환자와 치료자가 함께 있을 수 있는 적당히 큰 방에서, 치료시간 중에는 사람의 출입이나 전화 등에 의해 두 사람의 관계가 방해받지 않게, 또 내부 소리의 노출이 없게, 환자의 사생활이 지켜지는 공간을 치료자는 마련한다. 이 방에서 그 주의 일정한 요일, 일정한 시간에 50분간의 정신분석 section을 주 4~5회 매주 정기적으로 갖는다.

면접실에서 환자는 침상에 옆으로 눕고 치료자는 환자의 머리 부분에서 조금 떨어져 앉아 환자의 말에 귀를 기울인다. 일반적으로 환자는 치료자를 볼 수 없다.

2) 치료기법

침상에 옆으로 누워 있는 환자는 자유연상법 즉, 그 장소에서 생각이 떠오른 것을 주저 없이 무엇이든 말로 하도록 권장된다. 그 환자가 말하는 것, 더욱이 면접실에서 환자의 행동으로부터 정신 분석가는 환자의 불안이나 갈등, 방위, 공상, 대상관계에 휘감겨있는 무의식적인 내용을 해석해서 전달한다.

해석 중에도 환자의 전이감정이나 전이공상에 초점을 맞춰서 전달하는 전이해석이 좀 더 효과적인 기법으로 되어 있다. 이 해석이 정신분석적 치료자의 주요한 치료기법이다.

때에 따라서 환자의 말하는 내용을 명확히 하거나(명확화 clarification), 환자가 회피하고 있는 내용에 직면하는 방법(직면화 confrontation)도 병용한다. 이 때 지시를 하거나 암시나 지지를 주는 개입은 될 수 있는 한 피하도록 한다.

3) 치료대상

신경증과 경계심, 자기애 등의 성격장애, 더욱이 정신병 범주내의 사람이 치료대상이 되지만 심신증도 당연히 치료대상이 된다. 단, 다음에 기술하는 치료목표에서 생각하면 마음에 무언가가 느껴지는 것이 있다, 스스로의 마음을 이해하고 싶고, 또는 자신의 자라온 내력이나 성격이 관여하고 있는 것 같다는 마음을 돌이켜 보려는 자세가 되어 있는 사람이 바람직하다. 단지 신체의 고통이 없으면 좋겠다고 즉각적인 만능적 치유를 요구하고, 스스로의 마음을 살피지 않는 사람은 분석치료를 계속하는데 어려움이 예상된다.

4) 치료목표

정신분석요법의 치료목표는 증상의 직접적인 개선에 있는 것이 아니다. 증상의 개선은 치료자의 언어적 개입에 따라 환자가 수행해가는 자기통찰의 깊이에 더하여지는 것으로 기대된다. 즉 정신분석요법의 치료목표는 환자에게는 무의식적인 것이기 때문에 관여할 수 없었던 자기 마음의 부분에 대한 이해가 깊어지고, 자기 마음이나 성격을 아는 것 보다 넓게, 보다 깊게 나아가는 것이다.

5) 치료기간

정신분석요법에서는 치료의 초기에 치료기간을 설정하는 경우는 없다. 치료의 종결은 그 기간중에 당사자와 의논하여 결정한다. 부연하자면 치료의 도입에 있어서는 심사분석이나 진단면접으로 불리는 여러 섹션 또는 여러 주간의 정신분석적 면접을 시행하고, 치료자와 환자의 쌍방이 정신분석요법의 효과를 깊이 있게 하도록 치료의 종결여부를 판단하는 기간을 설정하였다.

정신분석요법의 초기에는 수개월에서부터 1, 2년에 치료를 종결하였다. 그러나 최근에는 치료목표가 증상의 개선보다 자기통찰에 따른 personality의 변화로 옮겨졌다는 것, 더욱이 보다 중요한 personality 병리의 환자를 다루게 되는 경우도 있어 수년을 요하는 것이 일반적이다.

C 정신분석적 심리요법의 실제

일본에서 가장 널리 퍼져 있는 것은 이 형식의 정신분석적 요법이다. 이의 배경에는 일본에서의 정신분석사가 관여하고 있지만 이 항목에서는 생략한다.

치료대상이나 치료목표는 기본적으로 정신분석요법과 동일하다. 또 치료구조도 기본적으로는 동일하지만 이미 말한 바와 같이 일반적으로 안락의자는 사용하지 않고 의자에 앉은 치료자와 환자가 90도 각도로 대면하는 형식, 즉 90도 대면법의 형태를 취하는 경우가 많고 치료 section에서도 주 1, 2회로 한정되어 있다. 이러한 치료구조는 정신분석요법과 확실한 차이가 있다. 치료기법도 정신분석요법의 그것과 거의 같은 양상이지만, 자유연상법은 환자가 치료자와 마주하는 대면법에서는 어렵기 때문에 환자의 말이 의식적, 방어적인 내용으로 한정되기 쉽다. 치료자는 치료기법으로서 해석도 사용하지만 자칫하면 지지나 현실적 시사를 혼용하기 쉽다. 이로써 정신분석적 심리요법에서는 환자의 깊은 자기통찰을 정신분석요법 정도로 기대하기는 어렵다고 평가되고 있다.

이처럼 정신분석적 심리요법은 간편하고 약간 낮은 수준의 정신분석요법이라고 말해도 괜찮다고 생각된다. 그러나 오늘날 많은 환자를 보고 있는 치료자는 이 치료법을 선택하고 있는 경우가 많다.

D 치료대상과 치료금기

이미 정신분석요법의 항에서 치료대상에 대해 기술했지만 어떤 마음의 질환(기능성 정신질환, 정신신체질환)으로 자신의 마음을 돌이켜 볼 필요성을 느끼고, 그것에의 원조를 구하고 있는 사람이라면 정신분석적 요법의 적응증이 된다. 병태로서는 급성 일과성의 병상보다 만성적인 상태가 적응증이 된다.

특별한 금기는 없으나 일반적으로 기술한다면 신체나 정신의 병상에 신체적인 의료처치가 시급히 필요할 때에는 그 쪽의 대처가 우선된다.

E 예후 및 주의점

마음의 상태가 어떤 기질으로 변화하여 개선되었는가는 객관적으로 어느 정도의 파악이 가능하지만, 주관적인 감각이나 파악하는 방법에는 여러 가지가 있다. 이 때문에 정신분석적 치료의 예후에 대한 자료는 불완전한 것 밖에 없다. 지금보다 객관적으로 개선율 등을 구하고자 하는 움직임도 활발하다. 그러나 아직 자료수집이나 처리를 하는 방법에는 문제가 많다.

일반적으로 말할 수 있는 것은 정신분석적 치료에 있어서 사람은 스스로를 보다 상세하게 깊이 있게 아는 것, 그 결과 자기 자신을 포함한 사람에 대해서 깊이 있게 알게 된다. 다른 것에서는 얻어질 수 없는 것에 대한 앎을 터득한다. 그것은 그 사람이 살아가는 데에 어떤 이득이 되면 됐지 손해가 될리는 없을 것이다.

단 잠재성의 정신질환이 정신분석적 치료에 의해 현재화하는 경우도 있다. 그러나 이것을 악화로 간주할까, 마음이 재구축되기 위한 과정으로 볼까에 대해서는 이에 대한 이해가 필요하다. 또 정신분석적 요법의 치료 도중에 병상이 악화되는 것처럼 보일 때가 있다. 오랜 경과를 필요로 하는 치료에 있어 일시적인 증상에 치료자가 휘둘리지 않는 마음가짐이 필요하다.

또 이 치료에는 치료자가 자신의 감정이 격해서 흔들리거나 환자와의 관계에서 치우친 행동을 무의식적으로 해버림으로써 치료가 나빠지는 경우도 적지 않다. 이외 예방을 위해서는 다음에 기술하는 훈련에 따라 치료자 자신이 정신분석적 치료자로서의 준비를 하는 것이 중요하다.

F 정신분석요법을 위한 훈련

지금까지 서술해 온 것처럼 정신분석적 요법은 환자의 무의식 부분을 포함한 personality를 자세하게 규정해서 대응할 수 있는 기량과 치료자 자신의 보다 깊은 자기이해를 몸에 익히기 위해 비교적 장기간에 걸친 확실한 훈련을 필요로 한다.

오늘날 일본에서도 정신분석의 훈련방식은 꽤 확립되어 왔다. 일본 정신분석협회에는 국제기준에 준해 정신분석가가 되기 위한 훈련방식을 갖고 있고, 일본 정신분석학회는 학회인정의 치료자를 위해 독자적인 훈련규약을 설치하고 있다. 또 여러 외국의 정신분석협회나 정신분석 전문시설에서 정신분석가나 정신분석적 심리요법가가 되기 위한 훈련을 받을 수 있다.

정신분석의 훈련에는 3가지 분류가 있다.

①개인분석(교육분석) ② 관리하의 정신분석요법의 실천 ③이론에 따른 학습의 3가지가 있다.

개인분석(교육분석, personal analysis/training analysis)이라는 것은 정신분석의 치료

자를 목표로 하는 사람 자신이 정신분석가로부터 정신분석요법을 받는 것이다. 정신분석요법에서 치료자는 자기 자신을 치료의 도구로서 사용할 필요가 있고, 환자의 감정에 계속 접해서 감정적 침입에 지속적으로 답하지 않으면 안 된다. 그를 위해 치료자는 자기 자신에 대한 이해를 정신분석적으로 깊게 하는 것이 요구된다. 개인분석은 그러한 기회를 제공한다. 또 스스로 정신분석요법을 받는 것은 정신분석요법의 작용법을 체험적으로 아는 것도 되고, 더욱이 치료자의 존재법을 배우는 기회도 된다. 이러한 이유로 개인 분석은 오늘날 정신분석의 훈련에는 불가결한 것으로 되어 있다. 개인분석 없이는 정신분석의 전문가가 될 수 없다.

다음에는 관리하의 정신분석요법의 실천이다. 이것은 연수 중의 치료자 자신이 정신분석적 치료를 시행하고 있는 증례의 면접장면을 그대로 상급자(감독자)에게 제시해서 사례의 이해나 치료기법에 관한 견해를 듣는 훈련이다. 이 훈련은 주 1회를 기본으로 매주 계속, 중복해 가는 것이 기본이다. 정신병리의 다른 여러 경우에 대해서 감독을 받는 것이 요구된다. 전문가의 그룹에서 사례 소재를 토의하는 세미나나 연구회는 감독에 의한 심도 깊은 연구를 더욱 보강해 준다.

이론에 따른 학습은 심리발달론, 인격이론, 심적구조론, 대상관계론, 기법론 등, 정신분석이 구축해 온 여러 가지의 이론을 강의나 세미나, 강연회 같은 기회에 배우게 된다. 이론은 치료자가 치료의 예측이나 환자 성격의 전체상을 파악하는데 도움이 된다.

그러나 정신분석이론은 임상의 산물이고 임상활동에 기여하는 것이 아니면 안 된다. 정신분석이론만의 지식에 집중하는 것은 오히려 치료자의 personality를 완고하게 해버리는 것이므로 주의가 필요하다.

– 끝으로 –

정신분석적 치료를 몸에 익히기 위해서는 심신의학, 정신의학, 심리학 같은 자신이 소속하는 전문영역의 훈련에 더해서 정신분석 전문의 훈련을 오랜 세월에 걸쳐 체계적으로 해 나가는 것이 요구된다. 결코 안이하게 몸에 익히는 임상기법은 아니다. 시간적으로도 경제적으로도 그것에 몰입하는 것이 필요하다. 그렇지만 그 사람이 마음의 이해를 깊게 하고 싶다면 그렇게 하는 것은 의의가 있고 그 노력은 보답될 것이다.

참고문헌

1) Casement P : On learning from patient. Tavistock Publication, London, 1985(松木邦裕訳：患者から学ぶ. 岩崎学術出版社, 1991)
2) 前田重治：芸に学ぶ心理面接法［初心者のための心覚え］. 誠信書房, 1999
3) 松木邦裕：分析空間の出会い一逆転移から転移へ. 人文書院, 1998
4) 松木邦裕：精神分析療法. 牛島定信（編）：現代精神分析学. pp87-96, 放送大学教育振興会, 2000
5) 小此木啓吾：フロイトの治療技法論. 小此木啓吾（編）：精神分析セミナー, 岩崎学術出版社, 1983
6) Sandler J, Dare C, Holder H : The patient and the analyst. George Allen & Unwin, London, 1973（前田重治監訳：患者と分析者. 誠信書房, 1980）

⑪ 가족요법

A 치료법으로서의 역할

가족요법에는 정신역동론에 근거하는 가족요법이나 행동이론에 근거하는 가족요법, 시스템론에 근거하는 가족요법이 있다. 앞의 2가지는 각 개인에 대한 정신분석이론이나 행동이론을 가족에게 응용한 것인데, 여기서는 시스템론적 가족요법에 대해서 서술하겠다.

개인의 증상은 그 개인을 포함하는 환경시스템의 기능부전의 결과가 원인이라고 생각하며, 시스템 기능을 변화시킴으로써 문제를 해결하고자 하는 시도를 system approach라고 부르고 있다. 통상적으로 개인에 대한 영향력이 가장 큰 조직이 가족이기 때문에 가족을 주요 치료의 참가자로 삼는 경우가 많아서, 그 경우 가족요법이라는 용어가 쓰이게 된다. 그러나 환자에 대해서 서로 영향을 끼치는 시스템 전체를 고려하는 경우, 개인요법(치료자-환자시스템)을 포함해서 여러 가지 형태의 시스템 접근이 존재한다. 다른 치료법과의 차이점은 초점을 개인에게 두지 않고, 개인과 개인의 사이, 즉 상호관계에 두고 있다는 점이다.

Miller는 생물체 시스템을 이해하기 위해서 7단계 레벨로 나누어 분류하고 있다(그림 V-9). 각 레벨의 시스템은 그 성분으로서 한정된 수의 보조 시스템을 가지고 있으며, 그 상위 및 하위 시스템과 유기적 관련을 맺으면서 내부의 항상성을 유지하고 있다.[1] 각 보조 시스템은 다른 보조 시스템의 억제를 받는 형태로 서로 관련을 맺고 있어서 각각 독립적인 존재들은 아니다. 세분화된 각기의 임상의학에서는 주로 기관 시스템을 문제 삼으며 종래의 심신의학에서는 주로 생체 시스템을 문제 삼는 데 비해서, 가족요법은 그 상위 시스템인 집단·기구시스템에도 주의를 기울여서 하위 시스템인 생체·기관 시스템의 문제를 빠른 시일 안에 해결하고자 하는 체제이다.

또한 시스템의 기능과 발달을 설명하는 이론으로 Wiener 등에 의해서 인공두뇌학(cybernetics)이라는 개념이 제창되었다. 이 사고방식은 어떠한 생명시스템이라도 그 생존을 위해 형태유지(morphostasis)와 형태형성(morphogenesis)라고 하는 두 과정을 필요로 한다는 것이다. 전자는 시스템이 환경의 갑작스런 변화에 대해 부정적 피드백을 매개로 하여 항상성을 유지하는 과정을 의미하는데 반해, 후자는 정상의 피드백이나 일탈을 증폭하게끔 작용하는 일련의 사태와 현상에 의해서 시스템이 그 기본구조를 변화시키는 과정을 의미하고 있고 시스템의 안팎에서 일어나는 큰 변화나 질서의 생성을 설명하는 개념이 된다.[2] 위에서 서술한 이론에서 도출되는 시스템 접근의 기본적인 개념은 다음과 같다.

1) 인과관계를 한 방향으로 직선적이 아닌, 쌍방향적·원형적이라고 생각한다.
2) 하나의 시스템 내에서는 개인은 다른 구성원의 행동을 조절하는 것처럼 상호작용의 패턴을 되풀이하고 있다.
3) 증상에는 시스템의 항상성 유지라고 하는 면과 동시에 새로운 시스템으로서 발달하는 방향성을 나타내는 두 가지의 측면이 있다.
4) 시스템의 건강도는 「변화에 적응하는 능력」에 의해 나타난다.
5) 다루어지는 문제는 과거나 미래의 사건들이 아닌 현재의 상호작용이다 (현재의 상호작용의 변화를 위해서 과거나 미래의 사건을 이용한다).

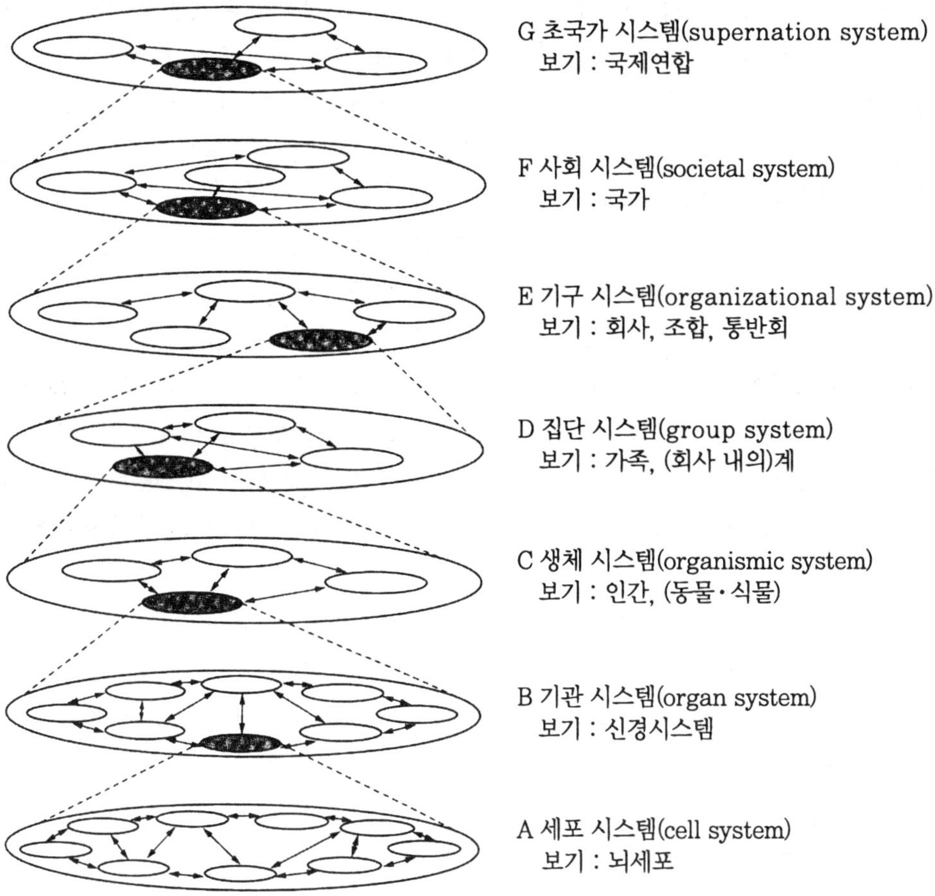

그림 V-9 생물체 시스템의 7단계 레벨

B 적응과 금기

시스템의 접근은 질환·중증도·연령·성격에 관계없이 증상이나 문제행동에 의해서 시스템의 구성원이 뒤섞여 있을 때에 적용된다. 개인의 심층심리나 통찰능력이 문제되지 않기 때문에, 종래의 심리요법의 적응증에 해당되지 않았던 신체질환도 대증요법으로서 적용된다.

가족의 참가를 적극적으로 고려하는 것이 치료에 효과적일 수 있다고 생각되는 점을 아래에 제시하였다.[3)]

(1) 치료를 요하는 증상이 가족집단의 기능과 관련되어 있는 경우

(2) 가족집단의 기능이 효과적으로 작용하지 않고 있다고 생각되는 경우

(3) 주소(主訴)가 어린이나 청소년에 관련된 경우

(4) 가족이 생활주기상의 한 발전단계에서 다음의 발전단계로 이행하는 경우(결혼, 가족 구성원의 죽음, 어린이의 자립 등에 동반하는 가족 수의 변화, 정년퇴직 등)에 곤란을 겪고 있는 경우

(5) 가족이 서로의 관계에 문제가 있다고 호소해 오는 경우

다음으로 일반적 가족 면접의 형태를 취하기 어려운 경우를 아래에 제시한다.

(1) 가족의 주요 멤버가 지리적 조건 등에 의해서 치료에 참가 못하게 되거나 혹은 참가할 동기가 없는 경우

(2) 장애의 경과가 말기에 이르러 가족이 찾아와서 담화하고 있는 경우

(3) 정서적인 평형이 너무나 불안정한 상태로 유지되고 있기 때문에 관계 시스템을 변화시키고자 하는 개입이 1인 이상의 가족 구성원에게 중대한 대상부전(代償不全)을 초래한다고 추측되는 경우

(4) 보상금의 획득이나 형사 소추(訴追)로부터의 도피 등 외적인 요인이 가족의 감추어진 주제인 경우

그러나 치료에 있어 가족 참가의 옳고 그름에 대한 과학적 자료는 매우 적다. 또한 어느 치료자에게는 금기일 수 있지만, 다른 치료자의 입장에서는 새로운 도전인 경우도 있어 그 개인차가 크다는 사실도 감안해 둘 필요가 있다.

C 치료의 실제

1. 이론

개인요법에서 개인에 대한 수용·공감이 중시되는 것과 같이 가족요법에서는 「가족」에 대한 수용·공감이 무엇보다도 우선시 된다(결합). 가족은 환자의 만성적 증상 때문에 고통을 느끼고, 혼란스럽고, 무거운 짐을 지고 있는 상황이 현실이다. 따라서 가족 구성원 각자가 가지고 오는 고통이나 중책감에 공감하면서, 병태 설명을 위한 의학적 정보의 제공이나 치료의 지침이 되는 기준을 직접 제공하는 것이 필요하다. 가족과의 결합을 위해서는 ①가족이 갖고 있는 문화나 규칙을 중시하고 그것에 맞추는 것 ②가족구성원 중 한 사람의 구성원과 연합하지 말고 중립적인 거리를 유지하는 것이 중요하다.

1) 구조적 접근(structural approach)

가족의 구조라는 것은 가족 구성원의 심리적 위치 관계를 거리라고 하는 개념으로 파악하는 것을 뜻한다. 가족 시스템을 이해하기 위해서는 그 부분이 되는 가족 구성원간의 관계에 대한 이해가 필요하다. 「구조」라는 것은 원래 추상적 개념이지만 실제로 관찰할 수 있는 가족 구성원 사이의 규칙이나 연쇄에 의해서 「구조」를 추측하는 것이 가능하다. 서로 관계성의 이해를 위해서는 「경계」, 「제휴」, 「힘」이라고 하는 보조적인 개념을 이용한다.[4] 경계라고 하는 개념은 가족 상호의 교류과정에서 누가 어떤 방법으로 참가할 수 있는가의 규약이고, 병적인 것에는 「모호한 경계(diffuse boundary)」와 「경직된 경계(rigid boundary)」가 있다. 전자는 가족시스템에 대한 참가 관계 규칙이 모호하고, 그 구성원은 모든 문제와 관련해서 서로 끌어 당기고 필요 이상으로 관여하게 된다. 이와 같은 가족을 「밀착가족(enmeshed family)」라고 부른다. 이 경우 개인의 자율성은 장애받는다. 후자의 경우 가족 구성원 사이나 보조시스템 사이에 강건한 장벽을 만든다. 이와 같은 가족을 「이탈가족(disengaged family)」라고 부른다. 이 경우 인간관계에 필요한 소속감이나 상호의존을 배우지 못하고 고립에 빠지기 쉽다. 제휴(alignment)라고 하는 개념은 가족 시스템의 한 일원이 다른 구성원과 협력관계 또는 상반되는 관계를 유지하는 것이다. 힘(power)이라고 하는 개념은 개개의 구성원이 다른 사람에게 주는 영향력을 가리키는 말로서 장소나 상황에 따라 변화하게 된다. 이런 개념들을 바탕으로 가족구조에 대한 평가를 하고 부부나 양친의 연합관계, 세대 간 경계의 설정, 부모 자식이나 형제 사이의 계층(hierarchy)의 형성을 목표로 재구조화를 도모하도록 작용한다. 다만 이런 목표는 그 사회에서 일반적으로 수용되고 있는 가족구조이고 이상적인 가족상의 관점은 아니다.

2) 전략적 접근(strategic approach)

전략적 방법에는 많은 형태가 있는데, 치료자는 특정한 문제에 초점을 맞추고 그 문제를 해결하려는 전략을 고안하여 계획적으로 시스템의 변화를 도모한다. 전략적 방법은 간접적인 방법이고 직접적인 지시가 유효하지 않을 때에 필요하게 된다. Haley는 「모든 전달 행동은 상대와의 관계 성질을 규정하는 작업이다」라고 말하고, 상대와의 주도권 싸움에 있어서 수단으로서의 증상이라는 면을 강조하고 있다.[5]

Mental Research Institute(MRI)의 상호영향 접근에서는 문제의 지속, 또는 악화에 기여하는 문제해결의 시도를 「제1종 변화」라고 하며, 문제해결 노력이 문제를 유지하고 있다(거짓 해결)라고 생각한다.[6] 그리고 제1종 변화의 역설성을 초월하는 시도를 「제2종 변화」라고 부른다. 다음은 제2종 변화를 일으키기 위한 주요기법을 서술한다.

a. reframing

reframing이란 어느 행동의 일련의 거래 또는 어느 관계나 현상을 지금까지와는 다른 측면에서 보고 부정적인 의미를 긍정적인 것으로 바꾸기 위해서 쓰이는 기법이다. 반대로 긍정적인 의미를 부정적인 것으로 바꾸는 경우도 있다. 그 방법은 일정한 판단이나 사고방식이나 윤곽이 잡힌 사건의 틀을 바꿔서, 그 결과 사실을 바꾸는 일없이 내용의 의미부여나 가치판단을 바꾸고자 한다. 다른 견해는 다른 사고방식이나 느낌을 촉진하고 증상의 의미를 변화시킨다. 예를 들면 「잔소리 많은 어머니」는 「비정상적으로 열심히 관심을 갖고 배려하는 어머니」로, 「일로 인해 자식들에게 무관심한 아버지」는 「어머니를 신뢰해서 소중한 자녀교육을 어머니한테 맡기고 있는 아버지」로, 「부정적인 자녀의 증상이나 문제 행동」은 「침울해 하는 어머니를 기운나게 하는 행위」 등 여러 가지로 재구성하는 것이 가능하다.

b. paradox

우리는 일상생활의 많은 장면에서 paradox에 직면하지만 paradox는 일관된 전제에서 올바르게 이끌어진 추론을 부정한다. 잘 알려진 것 중에 「자발성의 패러독스」라는 표현이 있다. 자발적이어야 한다고 하는 명령은 승산 없는 상황을 만든다. 자발적으로 행동하게 되면 명령에 역행한 것이 되므로 자발적이지 않게 된다. 자발적으로 행동하기를 거부하면 자발적이지 않게 된다. 부자간이거나 부부와 같이 친밀한 양자관계에서는 흔히들 그와 같은 구속의 장면을 피할 수 없게 되기 때문에 만성적인 스트레스 상황을 만들어낸다. 반대로 치료자–환자 관계에서도 그러한 것을 사용하는 게 가능한데 시스템 내에 어떤 식의 「흔들림」을 지어내는 것이 가능하다(치료적 이중구속).

치료적 개입에는 다음과 같은 것들이 있다.

(1) 증상의 재정의 : 각각 가족 구성원의 행동(증상)을 가족의 항상성 유지를 위한 의도된 적극적 행동이라고 평가한다. 환자나 가족은 그 결과에 따라 새로운 선택방법을 찾아내기 시작하게 된다.

(2) 증상 처방 : 증상이나 행동을 가족시스템과 결부해서 「가족은 행동을 계속할 필요가 있으므로 같은 행동을 계속 좀 더 하도록」이라고 처방한다. 증상처방은 자신들의 행동에 대해서 가족에게 책임을 지게 하는 것으로 연결된다.

(3) 변화의 제지 : 가족이 변화의 징조를 나타낸다면 가족에게 변화에 대해서 역행하도록 제지한다. 문제를 예측하고 변화의 속도를 조절한다. paradox는 환자나 가족의 협력보다는 오히려 반항적 행동을 전제로 하고 있어서 새로운 행동에 대한 칭찬과 격려는 이전의 패턴의 역행에 대한 장려로 이어진다.

(4) 기타 : 주고받는 순서를 바꾸는 것, 은유(metaphor)의 이용, 의식의 처방 등.

2. 실천

1) 증례제시

다음은 대표적인 심신증의 하나인 만성동통 장애의 두 가지 증례를 소개한다.

[증례 1]

환자 : 75세, 남성, 예전에 전기공사업 경영

주소 : 왼쪽 앞 흉통

기왕력 : 69세 때 기관지 천식 발병

가족구성 : 아내(74세), 맏아들(45세), 맏며느리(40세), 손자 셋의 7인 가족.

현병력 : 71세 때 다발성 골수종 발병. 화학요법으로 정신증상 회복에 이르렀는데, 경과 중에 왼쪽 앞 흉통이 계속적으로 나타났다. 그러나 여러 가지 검사로 동통을 설명할 수 있는 기질적 이상은 찾아내지 못하였다. 그 후 여러 시설에서 pentazocine 주사를 비롯해 진통제 투여, 이학요법, 경막외 블럭 등의 치료를 받았으나 반대로 동통은 심해지는 경향을 나타냈다. 그 경과 중에 신적 약물 의존과 우울 상태가 나타났기 때문에 본과에 의뢰되어 입원하게 되었다.

입원 시 증상 : 왼쪽 앞 가슴부~계륵부(Th4~6의 영역)에 자발통(온통각, 촉각은 정상).

검사소견 : 혈청 면역 전기영동에서 IgG λ형, M단백양성, 뇨중 Bence Janes 단백양성, 흉복부 단순 X선·두부 CT·흉추 MRI·99mTc 골 RI에서 이상이 발견되지 않았다.

심리테스트 : CMI; II영역, SDS; 72점, YG; D형. 종합적으로는 「심한 우울증 성향이 인정되며, 어려울 때에도 타인에게 의지하지 않고 문제를 자신의 노력만으로 해결하고자 한다」라는 결과였다.

생육력 : 7인 형제의 맏아들로 태어나 소학교 졸업 후, 전기가게에서 근무했다. 40세에 전기 공사점을 설립하고 온 힘을 기울여 사업을 확대하였다. 사장직 외에도 지역사회의 회장 등 20여개의 직책을 맡았었고, 가정 내에서나 직장에서도 언제나 지도적인 위치에 있었다. 그러나 다발성 골수종의 발병과 입원으로 모든 직책을 잃고 회사일을 맏아들에게 맡기게 되었다.

입원후의 경과 : 입원 후, 국소 통증에 대해 지속 경막외 블럭을 6시간 마다 실시하였다. 동시에 항우울제와 항불안제의 투약을 시행하였는데, 전체적으로 통증의 정도는 변하지 않았고, 본인은 오히려 입원 후 증상이 악화되었다고 호소하였다. 또한 환자 개인에 대한 심리요법을 거부하는 태도를 보였다.

입원 후 검사나 행동관찰에서 다음과 같은 정보를 얻어낼 수 있었다.

(1) 기초질환은 존재하지만 지속적인 동통을 설명할 수 있는 객관적인 소견을 국소에서는 찾아내지 못하였다.
(2) 주사나 투약 시간이 조금만 늦어도 간호사에게 불만을 말하고, 치료 스태프에 대해서 공격적인 태도를 보였다.
(3) 통증이나 불면에 대해 경우에 따라서는 위약(placebo)이 유효하였다.
(4) 왼쪽 가슴부위 통증 이외에도 객관적 소견과는 맞지 않는 복부팽만감이나 배변이상의 호소가 있었는데, 복부 증상에 대해서는 과민성대장증후군이 의심되었다. 또한 복부 증상을 심하게 호소할 때는 흉통의 호소는 줄어들어 증후 이동이 인정되었다.

이러한 정보들에 의해 증상의 지속에는 심리적 요인이 강하게 관여하고 있다고 판단되었다.

증상의 지속요인으로는 다음의 가설을 생각하였다.

(1) 다발성 골수종의 발병으로 인한 역할상실과 세대교체의 갈등으로 우울상태에 빠지게 된 것이 통증의 초기 발생인자로 생각되었다.
(2) 환자의 동통에 대한 가족의 옹호반응이 환자의 고립을 막고 증상이 가족 중에 우수한 위치를 확보하는 데에 도움이 되고 있다. 또한 그 상황은 통증의 지속인자가 되고 있다.
(3) 가족은 이전의 환자 우위의 구조에서 장남 부부가 중심이 되는 세대교체의 발달단계에 있다.

이러한 가설들을 근거로 가족에게 환자를 설득시키면서 세대교체를 원활하게 하는 방향으로 진행하는 것을 목표로 삼았다. 그 때문에 치료 초기부터 가족 동석면접(아내와 장남 부부 참여)을 시행하였다. 연결 과정을 거쳐 가족이 환자를 공격하는 형태가 되지 않도록 배려하면서 가설 (1)을 제시하였다. 주치의가 치료의 주도권을 잡지 못할 상황이어서 「통증은 반드시 치유된다」라고 안심시켜 가면서 「병원만의 힘으로는 치료가 어렵기 때문에 가족의 협력이 꼭 필요하다」고 설명하여 가족요법을 도입하였다. 또한 가족면접에 간호사도 동석해서 통일된 치료시스템을 만들도록 배려하였다. 면접 장소에서는 치료 스태프와 환자와의 교류가 잘 이루어지지 않은 점을 들어서 치료방침을 환자에게 이해시키도록 장남을 설득하였다. 가족 면접은 약 2주에 1회 정도로 모두 7회 실시하였는데, 그와 같은 면접을 거듭해 가는 중에 환자의 고통호소가 줄어들게 되어 치료 스태프에 대한 태도도 차차 부드러워지고 있었다. 그러나 그 경과 중에 환자는 가족에게 퇴원을 희망하게 되었다. 이 상황은 증상이 「치료되었다」는 것에 대한 환자의 고립에 대한 공포심의 발현, 혹은 치료자를 상대로 하위 상태에 서게 되는 것에 대한 혐오감의 발현이라고 추정 관찰되었다. 치료자는 이 상황을 이용해서 의학적으로는 그다지 유효하다고 생각되지 않던 지속 경막외 블럭이나 진통제의 처치를 중지하고, 또한 현재의 가족구조를 재구조화하는 좋은 기회라고 생각해 현재의 통증은 심료내과에서 반드시 개선될 수 있다는 의견을 전한 후에 가족에게 다음과 같이 지시하게 되었다.

(1) 퇴원에 관한 상담은 장남을 중심으로 가족전원이 의논해서 결정할 것
(2) 퇴원 후에도 증상이 다시 악화될 때에는 병원에 다시 입원하도록 한다. 다만 재입원시에는 치료자의 지시에 전면적으로 따르기로 한다.

가족과의 상담 결과 최종적으로 환자는 퇴원(입원하고 나서 약 4개월 뒤)하기로 하였다. 그 때에 눈물을 흘리면서 삶의 보람을 잃고서 괴로웠던 일 등 내적 감정체험을 표현하고, 가족에 대한 의존 심리도 처음으로 나타낼 수가 있었다. 퇴원에 직면해서는 의뢰했던 의사에게도 병상 경과의 설명과 다시 악화될 때에는 병원에 재입원하도록 하는 점을 부탁하고 만성통증에 대해서는 본원에서만 치료가 시행될 수 있도록 하는 시스템을 만들었다. 외래는 2주에 1회 정도 가족동석(주로 아내와 딸이 참가)으로 실시하였는데, 환자는 가벼운 복부 이상 증상을 호소할 뿐 통증에 대한 호소는 소실되었다. 또한 외래에서 환자는 증상에 관한 치료자의 설명에도 귀를 기울이게 되었다.

[증례 2]

환자 : 14세, 남성, 중학교 2학년생
주소 : 복통
가족구성 : 아버지(47세), 어머니(38세), 동생2명(13세, 11세)의 5인 가족

현병력 : 약 9개월 전부터 두통이나 요통 때문에 등교하지 못하는 경우가 많아졌다. 3개월 후 요통이 더욱 악화되어 정형외과에 가서 진찰을 받은 결과, 요추 분리증으로 진단되었다. 통증은 코르셋의 장착으로 일시적으로 개선되었으나, 그 후로 증상이 악화되어 걷기가 힘들게 되었고, 정형외과에 입원하게 되었다. 그러나 다시 요통이 악화되었으며 고관절의 굴곡이 거의 불가능하게 되어 누워 지내는 상태가 되었기 때문에 본과에 의뢰되어 입원하게 되었다.

검사소견 : 요추 단순 X선 사진 및 요추 MRI로 요추 분리 디스크를 진단하였다.

심리테스트 : CMI; Ⅲ영역, YG; A형, SDS; 44점. MMPI를 포함한 종합적 평가에서는 「내향적이고 사회성이 결여되어 욕구불만 내성이 낮다. 남이 어떻게 보아 줄 것이냐에 대해 민감하고 감정을 억누르는 경향이 강하다」라는 결과를 보였다.

심리적 배경 : 환자는 3형제 중 장남으로 부모는 맞벌이. 환자가 어렸을 적부터 부모의 고부간 관계나, 아버지의 형제들 사이의 금전문제로 다툼이 끊이지 않았다. 어머니는 현기증이나 두통 등으로 잠을 이루지 못하는 때가 많았고 그 때는 환자가 어머니 대신 동생들을 돌보곤 하였다.

입원 후의 경과 : 입원 후의 검사 소견 및 환자의 행동관찰에 따라 다음과 같은 점에서 증상에는 전환기제(轉換機制)가 강하게 작용하고 있음이 의심되었다.

(1) 기질적 요인으로서 요추 분리 디스크를 진단받게 되었는데, 자기 혹은 다른 사람이 느끼는 소견과 비교해서 그 정도는 가벼운 정도라고 하는 것.
(2) 야간 수면 중에는 고관절이 충분히 굴곡되고 있었다.
(3) 낮 동안이지만 침대에서 일어날 때에는 평상시 이상으로 고관절이 굴절되어 있는 때가 있었다.

또한 가족면접에서의 정보에서 병태 메카니즘으로 다음과 같은 가설을 생각하게 되었다.

(1) 정신적으로 불안정하지만 잠을 잘 자고 있던 어머니로 보아 환자의 증상은 「마음의 대립」으로서 간호인의 역할을 해주는 어머니의 정신안정에 도움이 되고 있다.
(2) 환자에게 폭력을 휘두르거나 거리를 두어서 관여하지 않으려 했던 아버지와 환자가 증상을 통해 접하는 일이 가능하게 되었다.
(3) 환자는 부모를 대신해서 동생들을 돌보아주는 일이나 집안 살림에 대해 걱정하는 일 등 이른바 「대리모」의 역할을 수행하고 있었다.
(4) 결과적으로 환자의 증상은 부모의 갈등회피에 도움이 되었으며, 가족이 어울리게 되었다. 반대로 그 상황이 증상의 지속요인으로 되기도 하였다.
(5) 등교하지 않은 일에 대해서는 환자의 사회성의 결여나 대인 긴장의 문제가 있기는 하였지만 주로 부모의 정신적 지원의 부족에 의해 야기되었다.

치료목표는 부모의 연합관계 및 환자와 부친의 심리적 거리의 접근을 도모하고, 그 결과 환자와 부모와의 사이에 세대간 경계를 만드는 방향으로 가족의 면접을 진행하였다.

가족면접은 2주에 1회 정도로 총 8회 실시하였고 부모와 본인이 동석하여 시행하였다. 먼저 위의 가설을 제시하고 증상의 적극적인 면을 강조함으로써 환자의 가족 중에서 수행하고 있는 대리부모의 역할을 평가하였고, 간접적으로 「증상처방」을 하였다. 그리고 면접 장소에서 다음과 같은 동작을 유도하였다. 환자와 떨어져 앉아 있는 아버지를 환자의 옆에 앉아있던 어머니와 바꾸게 해서 아버지와 환자가 직접 얘기하기 쉬운 상황을 만들었다. 면접하는 중에 아버지와 환자가 얘기를 시작하면 어머니가 그 얘기를 중단시키고 어머니와 환자와의 대화로 바꾸는 교류패턴이 자주 보였기 때문에 어머니의 개입을 막아서 아버지와 환자의 대화가 계속되도록 하였다. 다음으로 부모에게 「밤에는 고관절이 구부러지는데 낮동안에 구부릴 수 없는 것은 공포심이 강하기 때문이다」라고 설명하고, 직접 아버지에게 환자의 다리를 들어 올리게 하고는 외부적인 힘이 고관절을 굴곡시키도록 지시하였다. 그 때 어머니에게는 환자를 격려하도록 지시하였다. 면접 직후에 환자는 요통의 악화를 호소하였으나, 횟수가 거듭될수록 아버지에 의한 수동적 고관절 굴곡 후 요통의 정도 및 회복 시간의 격차는 감소하였다. 치료의 후반에 환자는 「장래에 대한 불안이 사라지고 가정 내에서의 걱정도 줄었다. 학교에도 어떻게든 갈 것만 같다」라고 말하게 되었다. 환자는 입원 후 약 4개월만에 퇴원하였고 그 후로 지팡이를 이용해 격일로 등교하게 되었다. 중학교 졸업 후에도 고관절이 완전히는 굴곡되지 않았으나 기숙사 생활을 하면서 좋아졌고 학교에서 면학에 정진하고 있다.

2) 고찰

증례 1에서 치료자는 가족에게 「사회적인 역할을 잃어버린 환자로 동통은 가족과의 유일한 교류의 수단이 된다. 증상이 없어질 경우 환자는 가족과의 관계가 사라지고 정신적으로 좀 더 불안정한 상황이 된다」라고 설명하고, 증상의 긍정적인 측면을 강조하였다. 또한 입원치료의 애로사항이나 환자의 퇴원희망이라고 하는 상황을 이용하여 장남이 환자를 설득시키는 형태로 장남부부 우위의 계층형성을 촉진시켰다. 한편으로는 강제로 환자를 억누르고 있는 듯이 보이지만 거기서 일어나고 있는 콘텍스트(상황, 문맥)는 가족과의 언어 교류와 연령에 상응한 가족 내 지위의 획득이다. 이로써 환자의 정신적, 신체적 증상의 안정을 가져온다고 하는 것이 시스템론적인 생각이다. 또한 상호간에 큰 영향을 준 간호사나 의뢰의사를 포함한 치료 시스템도 고려한 것이 증상의 개선에 도움이 되었다고 생각한다.

증례 2에서는 「정신적으로 불안정하던 어머니에게 아이를 간호하는 역할을 맡김으로써 환자의 증상이 어머니를 건강하게 하는 데에 도움이 된다」는 메시지를 보내고 시스템의 활동을 독려하였다. 면접에서는 부모가 앉아있는 장소의 이동, 아버지에 의한 타동적인 환자의 허리

굴곡운동, 그리고 어머니의 아버지에 대한 격려라고 하는 방법에 의해서 부모연합이나 세대간 경계의 설정이라고 하는 재구조화를 촉진하였다. 환자나 가족과의 충분한 마음가짐이 있으면 구조적 방법도 자연스러운 형태로 시행하는 것이 가능하다.

D 예후와 주의점

시스템론적 가족요법에서 치료하는 과정에서 얻을 수 있었던 시스템의 변화는 치료 후에도 유지된다고 생각하기 때문에 시스템 내에서의 새로운 문제의 발생에 대해서도 가족 스스로가 어느 정도 유연하게 대응하는 것을 기대할 수 있다. 즉 치료가 동시에 재발의 방지가 되고 퇴원 후의 가족을 중심으로 한 생활을 생각하면 개인요법보다도 근치적(根治的)이라고 말할 수 있다.

원환적 인과율의 관점에서 생각하면 가족관계 그 자체가 환자의 증상(생리적 변화)의 원인이라고 하기는 어렵고, 반대로 환자의 증상이 가족 관계에 미치는 영향은 크다고 하는 관점도 동시에 고려할 필요가 있다. 증상의 원인이나 지속원인으로서 그 어떤 문제가 있는 가족관계를 수정하는 것이 치료의 목표는 아니고, 증상을 포함하여 경직된 채 지속하고 있는 문맥의 변화를 어떤 은유를 이용해서 가져오는 것을 목표로 한다. 그 결과로 증상의 변화를 기대한다(증상도 그 문맥의 일부분이기 때문에 문맥의 변화는 증상의 변화와 연쇄적이라는 가설에 근거한다). 즉 가족요법은 증상을 제거하기 위해서 가족이라는 문맥을 이용하는 치료이고 가족관계가 문제이기 때문에 시행하는 것은 아니다. Constructivism(구성주의)라는 관점에서 보면 현실이라는 것은 각 개인 한 사람 한 사람이 구성하는 이미지이고 현실을 어떻게 재구성하는 것이 눈앞의 문맥의 변화에 도움이 되겠는가를 물어야 하는 것이 가족요법의 전제이다. 예를 들면 「증상의 원인은 무엇인가, 부부관계는 좋은가, 모자관계는 밀착되어 있는가」 등이 필요한 정보는 아니고, 「누가 그 사실에 대해 주목하고 있으며 문제로 여기고 있는가, 또는 문제시하지 않고 있는가, 그리고 그 결과 무엇이 일어나고 있는가」라고 하는 인간관계에 대한 정보가 필요하다.[7,8] 시스템론에서는 사람의 생각이나 행동은 그 사람이 자리하고 있는 상황에 의해서 좌우된다라고 본다. 따라서 그 사람이 그와 같이 생각하고 행동하지 않을 수 없는 상황에 대해 주위의 환경이나 인간관계의 상호작용이라는 관점에서 생각하는 것이 필요하다.

문헌

1) 遊佐安一郎：家族療法入門—システムズアプローチの理論と実際．星和書店，1984
2) 北原貞輔：システム科学入門．有斐閣，1986
3) F. バーカー著，中村伸一(訳)：家族療法の基礎．金剛出版，1993
4) S. ミニューチン著，山根常男(監訳)：家族と家族療法．誠信書房，1984
5) J. ヘイリー著，佐藤悦子(訳)：家族療法—問題解決の戦略と実際．川島書店，1985
6) P. ワツラウィック，他著，長谷川啓三(訳)：変化の原理—問題の形成と解決．法政大学出版局，1992
7) 東　豊：セラピスト入門—システムズアプローチへの招待．日本評論社，1993
8) 吉川悟：家族療法—システムズアプローチの「ものの見方」．ミネルヴァ書房，1993

⑫ Brief Therapy

1980년대에 들어와 미국을 중심으로 심리요법의 단기화, 효율화에의 움직임이 뚜렷해져 왔다. 그 배경에는 우선 "Brief Therapy"[1)]라고 불리어지는 한 그룹에서의 심리요법의 태두가 있다. 동시에 미국의 관리의료(managed care) 시스템의 진전에 따라 심리요법에 있어서도 환자·가족에 대한 효과를 명확히 나타내는 것이 요구되어졌다. 여기에는 더욱이 최근의 의료 전반에 대한 evidenced-based medicine(EBM)에의 움직임으로부터의 영향도 있다. 그러나 심리요법의 세계에 단기화·효율화라고 하는 관점을 가지는 것에 대해 기존의 의학심리학의 모델에 기초한 많은 임상가들로부터 저항을 받는 것도 사실이며 실제 다음과 같은 비판을 듣는다. ①환자·가족의 문제가 그러한 "단기" 동시에 "단순"히 해결될 리가 없다. ②가령 "단기"로 해결되었다 해도 원래 환자·가족의 "건강도"가 높아졌을까, 또는 문제가 "경증"이었기 때문은 아닐까. ③따라서 Brief Therapy의 적응증이 되는 것은 극히 한정된 환자·가족이 아닐까. 이런 것들에 더해 치료자 주도에 따라 특수한 기법을 구사하는 것 같은 치료의 이미지가 있다. 그러한 비판에 대해서 Brief Therapy는 단순히, 동시에 자신있게 「결코 그렇지 않다」라고 답한다. 그러면 도대체 그 근거는 어떤 것일까. 다음에 그것들의 근거를 나타내기 위해 Brief Therapy의 역할 그 적응증과 효과, 기본적인 사고방식 및 치료의 실제에 대해 소개하고자 한다.

주)1 "brief"라고 하는 말을 으뜸으로 하는 심리요법에는 또 하나의 brief psychotherapy가 있다. 이 원류는 Freud S의 정신분석요법에 있다. 이 요법은 긴밀한 치료관계(전이관계)에 기초해서 장기간에 걸쳐 환자의 인격 재구성을 목표로 하는 것이지만 동시에 많은 환자의 요구에 대응하기 위한 현실적인 치료법으로서의 한계도 부각되어 왔다. 그래서 보다 짧은 기간, 동시에 환자의 문제에 국한된 역동심리요법이 개발되어 왔다. Alexander F에 따른 수정 정동체험, Mann J의 시간제한요법, Sifneos PE의 단기역동요법 등이 대표적인 것이다. 모두 그 적응증에 대해서는 엄밀한 환자선택의 기준이 마련되어 있다. 그러나 brief psychotherapy와 brief therapy의 이분법은 반드시 명확히 이용되고 있는 것은 아니며 오히려 "단기"라는 점도 포함해 환자·가족에의 효과적인 원조라고 하는 관점에서 brief psychotherapy를 광의로 다루려는 사고방식도 있다.

A 치료법으로서의 역할

Brief Therapy의 원류는 독자적인 최면요법을 기초로 많은 어려운 사례를 짧은 기간 동시에 효율적으로 치료하고 있었던 Erikson M과 대인 커뮤니케이션 연구 중에서 가족요법의 기초가 되는 분열병의 이중구속이론을 제창한 것으로 알려져 있는 Bateson G의 그룹에서부터 출발하고 있다. 특히 그 그룹에 참가하고 있던 Weakland JH와 Haley J는 Erikson과의 우연한 만남을 통해 Brief Therapy의 발전에 큰 기여를 했다. Erikson의 접근은 많은 우수한 제자들에게 계승되어, 오늘날 Erikson학파로서 Brief Therapy의 일익을 담당하고 있다. Weakland는 Mental Research Institute(MRI)에서 새로운 인식론에 기초한 심리요법 연구 프로젝트의 중심적인 존재가 되었다. 이 프로젝트에 부여되는 명칭이 다른 것이 아닌 Brief Therapy이고 MRI모델이라고 불리고 있다.

한편, Haley는 가족요법 가운데 brief therapy의 발상을 접목하여 독창적인 업적을 이루었다. 그의 접근은 전략적(strategic) 접근이라고 불리고 있다. 이처럼 Brief Therapy와 가족요법은 역사적으로 소위 "이란성 영아"와 같은 관계에 있고 특히 가족요법의 내에서 발전해 온 systems consultation이나 narrative와의 사이에는 밀접한 관련성이 있다. 그리고 Brief Therapy 등에도 가장 영향력을 발휘해 일본에서도 계속 큰관심을 불러일으켰으며 de Shazer S 및 Kim-Berg I 에 의해 개발되어 온 해결지향 접근법이다.

일본에서의 Brief Therapy에 대한 임상연구는 Miyata를 중심으로 10년 가까이 적극적으로 시행되어 오고 있다.

그런데 Brief Therapy 라고 하는 명칭은 "단기" 또는 "간결"이라고 하는 것 이외에 이 접근의 본질적인 의미를 나타내는 것이 없고 그 때문에 오해되는 것이 적지 않았다. 그래서 이전보다 이 접근에 공통적이고 기본적인 사고방식으로 현대에 있어 인식론의 하나인 사회구성주의(social constructivism)의 관점이 제기되어 오고 있었지만 Hoyt MF는 Brief Therapy에 대신하는 것으로 구성주의요법(constructive therapy)이라고 하는 명칭을 채택할 것을 제안하였다. 이 점에 대해서는 나중에 기술하겠다.

B 적응과 효과

서술한 것처럼 많은 임상가가 Brief Therapy에 접근하는 최대의 관심(과 동시에 걱정)은 역시 그 "단기"라고 하는 점일 것이다. 그것에는 우리들의 내부에 근거하고 있는 「심리요법은 시간이 걸리는 것이다」, 또는 「시간이 걸리는 만큼 효과가 있다」라는 상식이 자리잡고 있다.

그러나 지금까지 Brief Therapy에 관한 많은 임상연구를 살펴본다면 이러한 상식은 의외로 임상가 측이 생각한 바가 아니라는 생각이 든다. Miller S 등의 최근 연구에 따르면, 예를 들어 Brief Therapy의 입장을 취하지 않으면서 수년에 걸쳐 50, 60회라고 하는 면접횟수를 중복한 것 같은 치료는 오히려 열외에 있어 문제가 어떻다는 것은 묻지 않고 클라이언트에게 어떤 유효한 치료적 변화는 3~4회로 생기는 것이 보고되었다. 그렇지만 더욱 그것들의 많은 사례가 "경증"이었기 때문이 아닐까 하는 의문은 생길 것이다.

그에 대해 Dejong P 등에 따라 해결지향 접근에 의한 Brief Therapy의 치료성적을 소개하면 (표 V-26), 275사례 중 80% 이상이 4회 이하의 면접, 전체의 26%가 1회의 면접으로 종료하였고, 평균 면접횟수는 2.9회, 더욱이 사례 중에서 DSM-Ⅲ-R에 따라 5사례 이상의 진단이 붙은 동시에 추적조사(7~9개월 후)로 회답을 얻은 87사례에서의 해결율은 평균 79%였다고 한다. 더욱이 진단 카테고리는 우울, 불안 등의 정동, 행위 장애를 동반하는 적응장애나 ADHD 등 임상적으로 어렵다고 생각되는 경우에도 상당한 효과를 나타내고 있는 점은 특히 관심을 가질 필요가 있다. 또 섭식장애에 대해서는 McFarland B가, 알코올 의존증에 대해서는 Kim, Park 등의 면밀한 사례연구에서 치료효과를 보고하고 있고, Weakland 등은 아마도 치료적 변화는 기대할 수 없을 것이라고 하였지만 고령자의 문제에 대해서 우리들 임상가에게 새로운 시각을 갖게 해 주고 있다. 더 나아가 Duncan BL 등은 그 진단명을 들으면 어떤 전문가도 뒷걸음질 칠 것 같은 해이성 장애, 망상성 장애, 그리고 인격장애 등에 대해 지금까지의 어떠한 접근에서도 얻을 수 없었던 효과와 그 치료에 있어 귀중한 가이드라인을 보여 주고 있다. 그 외에 학대나 폭력 같은 사례에 있어서도 더욱이 단기간의 유효한 치료성과가 인정되고 있다. 여기에 옳고 그름을 강조해 두지 않으면 안 되는 것은 Brief Therapy에 있어 치료효과의 판정은 종래의 전문가 중심이 아닌 환자·가족 측의 판단을 우선한다는 점에 있고, 이를 위한 실증적인 평가법의 개발이 계속적으로 진행되고 있다는 점이다.

특히 일본의 심신의학영역에 있어서는 의사의 입장에서 Koseki를 시작으로 Uchida 등에 의해 주로 해결지향 접근을 심신의료에 적용한 수많은 치료성과가 이미 보고되고 있다. 임상심리사의 입장에서는 이미 Higashi나 Sakamoto 등에 의해 아주 유효한 치료효과가 보고되고 있다.

이상의 결과로부터 Brief Therapy에의 적응은 예상과는 반대로 신체적 및 심리 • 사회적으로 많은 문제를 안고 있어 만성화한, 바꿔 말하면 "난치사례" 에도 좋은 효과를 기대할 수 있을 것 같다. 그럼 도대체 이러한 효과를 나타내는 Brief Therapy라는 것은 어떠한 것일까.

표 V-26 해결지향 접근의 DSM-Ⅲ-R 진단에 따른 최종귀결

진단카테고리	사례 수	목표의 달성	다소의 진보	진보 없음
기분변조증	6	33(%)	17(%)	50(%)
적응장애 (우울 기분)	6	67		33
(불안 기분)	7	14	71	14
(혼합된 정동상)	23	48	35	17
(행위장애)	6	33	50	17
(정동과 행위혼합)	15	53	40	7
반항 도전성 장애	11	18	45	36
주의결함 다동 장애	13	31	54	15
합계	87	39	40	21

(문헌 1에서)

C 기본적인 사고방식

종전의 많은 의학심리학 모델은 문제에 초점을 맞춰 그 배경에 있어서의 원인에 대한 정보 수집에서부터 해결을 해 나간다. 따라서 많게는 환자 개인이나 가족관계 등의 심리학적 특성이나 정신병리 및 그것과 현재 증상과의 관련성을 파악하는 것이 임상연구의 중심이 된다. 그렇게 해서 얻어진 이론은 어떤 보편성을 갖게 되고, 다음으로 치료자는 그것들의 이론에 따라 환자의 치료에 임한다. 또는 일정한 인간학적인 본질론에서부터 환자의 상태를 판단한다. 어떤 방법이든지 이러한 방법론의 전제에는 환자·가족은 전문가에 따라 "치료 된다." 결국 어떻게든 결함을 갖고 있는 존재로서 역할을 할 수밖에 없다. 그러나 이러한 전문가 측의 입장 혹은 치료관계의 방법이 하물며 치료의 효율성을 저하시키고 있는 것은 아닐까 하는 의문이 Brief Therapy의 실천을 통해서 서서히 일어나게 되었다. 다음으로 Brief Therapy의 매우 기본적인 사고방식을 소개한다.

1. 치료적 실용주의

전문가에 따라 보편적인 동시에 일반적으로 올바르다고 하는 이론보다 그것이 바로 앞의 환자에게 도움이 되는가 아닌가에 따라 그 치료이론의 타당성이 도모된다는 것이다. 예를 들면 「사춘기 심신증은 모자관계에 문제가 있다」라고 하는 이론은 전문가뿐만 아니라 많은 환자·가족에게도 보편적인 동시에 일반적인 것으로 인식되어 있다. 그러나 실제로는 그런 이론에 의해 오히려 치료가 교착화되고 장기화되는 경우가 결코 적지 않다. 그러나 이 이론자체

가 틀렸다고는 말할 수 없다. 무엇보다 중요한 것은 치료자 측의 이론이 환자·가족 모두를 위하여 이루어지는 것이 아니고 각각의 환자·가족의 개별성에 초점을 맞추는 것이다. Duncan이나 Miller 등은 난치사례의 많은 경우가 실제로는 치료자 측이 스스로의 이론이나 기법을 고집하여 생겨난 것이라고 지적하고 있다.

2. 사회구성주의

사람은 단순히 현실이나 세계로부터 정보를 얻는 것만은 아니다. 오히려 적극적으로 그것에 의미나 스토리를 계속해서 만들어가고 실제로 행동하면서 스스로의 심적 현실이나 세계관을 "구성"해 가는 것이다. 더구나 이 구성은 사회 내에서 사람들과 상호작용을 하면서 생겨난다. 이렇게 구성된 것에 의해 사람은 즐거움을 얻거나 경우에 따라 고민하거나 하는 것이다. 따라서 그 상호작용의 존재방법이나 문맥이 변화하면 새로운 의미나 스토리가 만들어지게 된다. 그러나 그렇게 일단 구성되어 버리면 다음에는 그것이 이미 현실에 실재하는 것처럼 우리들은 인식하기 쉽다. 예를 들면 어떤 어린이의 행동을 「공격적이다」라는 말로 기술할 때 거의 동시에 우리들은 이 어린이의 속에 「공격성」을 귀속해버리고 이 어린이 = 공격성이라는 스토리를 만들어 버린다. 유사한 사태가 환자·가족이 주고받는 것에서도 생긴다. 이러한 점에서 Brief Therapy는 말 자체가 사람의 인지나 행동, 더욱이 대인관계에 미치는 영향의 크기를 강하게 인식하게 하고 있다.

3. 환자 • 가족의 고유의 해결능력과 변화에의 신뢰

Brief Therapy의 치료자에게는 어떠한 문제를 안고 있었던 환자·가족에게서 그들의 고뇌를 충분히 인정하면서도 이미 어떻게든 해결능력을 가지고 있는 것, 또 통상 변화를 계속해 나가고 있는 것에 대한 냉정한 인식이 필요하다. 즉 환자·가족에의 신뢰가 기본이 되지 않으면 안 되고, 그러한 치료자 측의 태도여하가 환자·가족의 변화에 희망을 좌우하는 것은 말할 필요도 없다. 실제 그렇게 해서 환자·가족을 상대하다 보면 사소한 일에도 그들이 이미 여러 가지 노력을 해오고 있는 것이 이해된다. 그런 것들을 정중히 꺼내어 가는 것이 치료자의 역할이다. 물론 치료자 측에서 설명이나 해석, 더욱이 얼마간의 기법(Brief Therapy에 있어 고유의 것이라고 한정하지 않는다)을 제안하기도 한다. 그러나 그것들은 단순히 치료자 측에서 일방적으로 하는 것이 아니라 그 환자·가족에게 알맞은 것이어야 하고 치료자는 그들로부터 feedback을 계속 받아 스스로의 가설을 늘 검증해 나가지 않으면 안 된다. 이렇게 Brief Therapy의 치료는 환자·가족과 치료자와의 공동 작업이다.

D 치료의 실제

1. 같은 것의 반복(doing more of the same)을 피하는 것

특별히 처음 면접에서는 Brief Therapy에 있어서 우선은 환자·가족이 안고 있는 문제에 대해 정중히 경청하는 것부터 시작하는 것이 옳다. 단, 그들이 말하는 내용의 어디에 초점을 맞춰서 들을까 라는 점이 종래의 접근과는 크게 다르다. Brief Therapy는 증상이나 문제 그것보다 그 때까지의 해결능력(문제에 대한 인지나 실제의 해결행동, 더욱이 과거의 치료체험이나 가족·사회로부터의 영향 등)과 그것들이 실제로 어느 정도 그들에게 도움이 되어 왔는가 라는 점에 주목한다. 혹시 그들의 해결노력이 불만족스러운 것이었다면 예를 들어 전문적인 입장에서 정당한, 동시에 일반적인 것이라고 생각되는 것에 대해 치료자는 우선 그 반복을 피하게 하는 것이 당연하다. 확실히 많은 환자·가족이 "반복강박"에 빠져 있다. 그러나 그것 이상으로 명심하지 않으면 안 되는 것은 치료자 측의 "반복강박"이고, 그의 최대는「이 환자는 "치료"가 되지 않으면 안 된다」라고 하는 "강박관념"이다.

2. 문제를 환자 • 가족의 병리에 귀속시키지 않는다(그림 V-10)

그림 V-10의 좌측 원에서 나타내는 것이 종전의 문제와 환자와의 관계를 맺는 방법이다. 이것은 문제와 환자가 거의 동일한 원으로 인식되고 있다. 즉, 문제의 원인이 되는 것은 환자 자신이다. 따라서 치료에서는 그러한 환자의 본연의 자세 자체가 문제가 되고 그것이 변화하지 않으면 해결은 없다고 하는 사고방식이 된다. 그에 비해 우측의 원에서는 환자는 확실히 문제를 갖고 있으며 그 영향으로 현실생활이 여러 가지로 제한되어 고뇌를 안고 있지만 그것은 어디까지나 환자의 일부라고 보는 견해이다. 그러므로 그것 이외의 부분은 실제 문제가 일어나 있지 않은 부분이고, 혹은 환자 나름대로 이미 행하고 있는 해결의 부분이고, 강함이라고 말하는 것이 된다. Brief Therapy는 이 부분에 초점을 맞춰 그것을 꺼내면서 증폭하거나, 문제에 대해서 환자·가족을 포함한 관계자 가운데 만들어진 의미나 스토리를 바꿔가면서 원조해 간다. 그중 하나 유력한 방법이「문제의 외재화」라고 불려지는 것이다. 그렇게 하는 편이 환자·가족의 자기효력감(self-efficacy)과 자기책임성을 높여서 새로운 해결을 위한 첫 걸음을 내딛기가 쉽다.

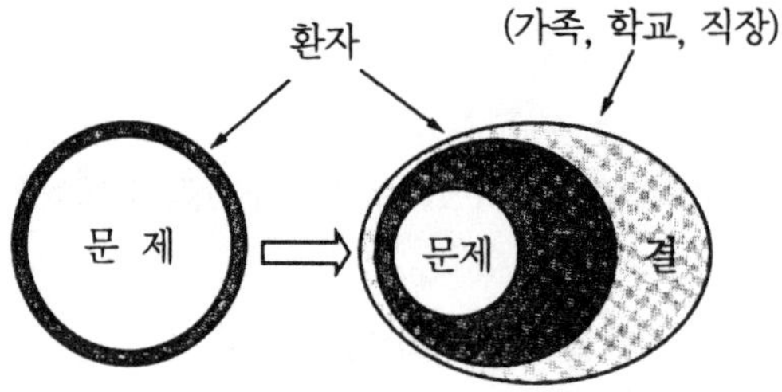

그림 V-10 문제와 환자의 관계

3. 효과적인 치료적 회화의 개발

오늘날의 Brief Therapy 각파에 공통되고 있는 것은 Erikson과 Bateson이래 치료적 상호 커뮤니케이션론의 전통이다. 치료관계에 있어 말의 주고받음은 단순한 정보교환이 아니다. 또한 환자의 말은 단순한 표현물이 아니다. 오히려 치료자 측의 응답 여하에 따라 새로운 해결의 치료적 현실이 만들어지는 것이다. 따라서 치료자측이 환자가 하는 말에 대해 이면의 의미나 표현내용의 적절함을 판단해서 해석이나 설명을 해주는 방법보다는 말을 그대로 받아가면서 환자에게서 고유의 해결을 이끌어내는 방법이 중심이 된다. 그러한 것을 위해 여러가지 질문법이 개발되어 오고 있지만 여기에서는 그것들에 대해 상세히 기술할 여유가 없기 때문에 지극히 기본적인 부분만 나타내었다(표 V-27). 부연하면 어째서 "회화"라는 말을 사용하고 있는가 하면, 치료 장면에서 우선 좀더 "말하다, 듣다"라고 하는 인간의 마음을 풀어주는데 있어 가장 기본이 되는 방법을 중시하기 때문이다.

표 V-27 효과적인 치료적 회화의 개발

(1) 개개의 환자 말이나 사고방식을 그대로 받아들이고 동시에 채택하다.
(2) 할 수 있는 한 생활 장면에서 구체적이고 동시에 행동적인 탐색을 촉구한다.
(3) 환자와 중요한 다른 사람(가족 등)과의 상호작용에 초점을 맞춘다.
(4) 환자의 장점, 강점 등을 꺼내는 칭찬을 생각해 낸다
(5) 해결목표는 현실적으로 실행 가능한 조그만 변화에 초점을 맞춘다.
(6) 환자의 반응성, 변화에의 준비상태에 세심한 주의를 기울인다.

4. 치료에서 치료서비스로

전에는 치료자의 주도에 따라 치료시스템이 "무리한 서비스"와 "쓸데없는 서비스"에 빠지는 경향이 있었다. 그보다 치료를 받는 소비자로서의 환자·가족에의 서비스라는 관점을 중

시하는 것이 Brief Therapy이다. 따라서 약물을 포함한 의료적 처치도 중요한 환자에의 서비스 일환으로서 시행된다. Shiraki는 brief, effective, efficient의 3가지에서 치료서비스의 방향성을 명쾌하게 나타내고 있다(표 V-28).

표 V-28 "치료"에서 "치료서비스"로; brief, effective & efficient

brief	: 치료에 요하는 시간, 기간, 면접횟수가(보다) 짧다 / 적다. 치료가 간결하게 행해졌다.
effective	: 충분한 치료효과 / 치료성과가 얻어졌다. 환자의 needs / goal에 따라 잘 대응함.
efficient	: 치료효과에 대해서 그것에 걸린 시간, 비용, 노력이 충분하게 알맞다. 환자, 치료자, 기관 각각의 관점에서 보고 지불한다. 또는 효율적이고 합리적이다.

(문헌 19에서)

- 끝으로 -

이상 서술한 것을 바탕으로 다시 한번 Brief Therapy의 본질을 정리해 보고자 한다.

Brief Therapy는 ;

(1) 처음부터 "단기"를 목표로 하는 것이 아니고 그 사고방식이나 방법이 "단기"를 가능하게 한다.

(2) "간결"하게, 그리고 "효율화"를 추구하는 것이 결코 "간이(簡易)"하다는 것은 아니다.

(3) "가벼운 증상의 경우"보다도 오히려 "중증의 경우"에 그 효과를 발휘할 가능성이 있다.

(4) 「문제와 해결」, 「자기와 타인」, 「정신과 신체」, 「개인과 사회」, 그리고 「전문가와 비전문가」 등등 서로간의 상호성, 관계성, 차이성에 주목한다.

(5) 하나의 치료기법이라고 하기 보다는 오히려 application soft(전에부터 어떤 개개의 뛰어난 치료기법)를 가동시키는 개인컴퓨터의 관리프로그램과 같은 것이다.

(6) 환자·가족에게 고유의 해결능력이라고 하는 또 하나의 치료적 현실을 분명히 한다.

문헌

1) Dejong P, Kim Berg I : Interviewing for solutions. Brooks/Cole Publishing Company, 1997 (玉真慎子, 住谷祐子監訳：解決のための面接技法. 金剛出版, 1998)

2) de Shazer S : Putting difference to work. WW Norton, New York, 1991 (小森康永訳：ブリーフセラピーを読む. 金剛出版, 1994)

3) Duncan BL, Hubble MA, Miller SD : Psychotherapy with "impossible" cases – the efficient treatment of therapy veterans. WW Norton, New York, 1997 (児島達美, 日下伴子訳：「治療不能」事例の心理療法－治療的現実に根ざした臨床の知. 金剛出版, 2001)

4) Fisch R, Weakland JH, Segal L : The tactics of change. Jossey-Bass Publishers, San Francisco, 1982 (鈴木浩二, 鈴木和子監訳：変化の技法. 金剛出版, 1986)

5) Haley J : Problem-solving therapy. Jossey-Bass Publishers, San Francisco, 1976 (佐藤悦子訳：家族療法. 川島書店, 1985)

6) Herr JJ, Weakland JH : Counseling elders and their families – Practical techniques for applied gerontology. Springer Publishing Company, Inc, 1979 (小森康永, 他訳：老人と家族のカウンセリング－応用老年学のための実践技術. 金剛出版, 1996)

7) 東 豊，美根和典，久保千春，他：NUDのシステム論的家族療法－「家族の問題」の取り扱いをめぐって．心身医 35：473-482, 1995
8) Hoyt MF : Brief therapy & managed care. Jossey-Bass Publishers, 1995
9) Hoyt MF : The handbook of constructive therapies－innovative approach from leading practitioners. Jossey-Bass Publishers, 1998
10) Kim Berg I, Miller SD : Working with the problem drinker－A solution-focused approach. WW Norton, New York, 1992（斎藤学監訳：飲酒問題とその解決－ソリューション・フォーカスト・アプローチ．金剛出版，1995）
11) Wynne LC, McDaniel SH, Weber TT : Systems consultation－A new perspective for family therapy. The Guilford Press, 1986
12) 児島達美：ブリーフセラピー．河野友信，山岡昌之，石川俊男，他（編）：最新心身医学．pp169-175, 三輪書店，2000
13) McFarland B : Brief therapy and eating disorders. Jossy-Bass, San Francisco, 1995（児島達美監訳：摂食障害の「解決」に向かって．金剛出版，1999）
14) 宮田敬一（編）：ブリーフセラピー入門．金剛出版，1994
15) O'Hanlon WH : Taproots－Underlying principles of Milton Erikson's therapy and hypnosis. WW Norton, New York, 1987（森俊夫，菊池安希子訳：ミルトン・エリクソン入門．金剛出版，1995）
16) 小関哲郎，児島達美：心療内科における解決志向アプローチの実践．宮田敬一（編）：解決志向アプローチの実際．金剛出版，pp243-262, 1997
17) 小関哲郎：心身症の入院治療におけるソリューション・フォーカスト・アプローチ．宮田敬一（編）：医療におけるブリーフセラピー．pp57-70, 金剛出版，1999
18) 小関哲郎，遠山宜哉，児島達美，他：心療内科領域における短期心理療法の展開，心身医 40：96-149, 2000
19) 坂本真佐哉：心療内科でのシステムズアプローチによる問題解決．宮田敬一（編）：医療におけるブリーフセラピー．pp71-83, 金剛出版，1999
20) 白木孝二：ブリーフセラピーの今日的意義．宮田敬一（編）：ブリーフセラピー入門．pp26-41, 金剛出版，1994
21) 上地安昭：時間制限心理療法の理論と実際．金剛出版，1984
22) 内田 郁，黒丸尊治：耳鼻咽喉科領域でのブリーフセラピーによる心身症（めまい）治療－ソリューション・フォーカスト・アプローチの立場から，心身医 41：199-204, 2001
23) White M, Epston D : Narrative means to therapeutic ends. WW Norton, New York, 1990（小森康永訳：物語としての家族．金剛出版，1992）
24) 吉川 悟：家族療法－システムズアプローチの〈ものの見方〉．ミネルヴァ書房，1993

⑬ 모형요법 • 작업요법

A 모형요법이란

모형요법이란 모래를 넣은 상자에 여러 종류의 완구를 놓은 것으로, 「모형작품」에 내적인 것이나 주위와의 관계가 표현되어 작품이라는 매체를 포함하여 치료가 진전된다. 이것은 1929년에 Lowenfeld가 소아의 심리요법으로서 창안한 것이다. 그 후 Kalff가 Jung의 분석 심리학의 개념을 도입해서 성인에게도 효과가 있는 치료법으로 발전시켰다. 일본에서는 1965년에 Kawai Hayao에 의해 소개되었다.[1, 2)]

재료로서 안쪽을 푸르게 도색한 모래상자를 이용했다. 모래를 파면 연못이나 강이나 바다를 만들 수 있다. 완구에는 인물, 동물, 식물, 괴상한 짐승, 타는 물건, 건축물, 돌, 조개껍데기 등 많은 종류가 있다. 나무의 가지나 마른 잎 등도 좋다. 이미 만들어진 물건과 내적인 이미지가 맞지 않는 경우도 있기 때문에 점토 등도 준비해 두면 좋다.

모래상자와 완구를 보여주면서 「이것으로 무엇이든 좋으니까 만들어 봐 주세요」라고 말한다. 제작 중에는 「엄마와 자녀의 일체성」이 중시되도록 자유로우면서도 보호되는 장소를 제공하고 수용적인 태도로 접한다. 제작 행위에 대해서는 간섭을 하거나 강제하지 않도록 주의한다.

모래를 만지고 완구를 손에 잡는 것으로 치료에 필요한 적절한 정도의 퇴행이 요구된다. 비언어적인 표현을 매체로 하기 때문에 의식화가 없이는 언어화되기 어려운 내면이 표출된다. 행동이나 감정 발산이나 표현이 요구되고 카타르시스효과가 있다. 모래상자라고 하는 틀이나 제작한다고 하는 행위는 행동화나 전이를 부드럽게 하는 것 같다. 작품이 눈에 보이는 형태이므로 작품의 변화를 확인할 수 있다. 또 그것에 동반하는 내면의 변화도 알아채기 쉽다.

B 작업요법이란

작업요법(occupational therapy, OT)란 어떤 장애를 안고 있는 환자에 대해서 생리적, 심리적, 사회적 레벨의 활동을 매개로 시행하는 치료법이다. OT란 occupy에서 온 말로 어떤 일을 하고 시간이나 장소를 차지하고 있다는 의미를 지닌다. 그리고 이는 인간을 창조한다는 강한 본능이나 욕구를 충족시키는 것이라고 생각한다. Yatani[3)]는 OT의 기반이 되는 특징을 ① 의사의 윤리, 재활의 이념을 끌어올려 몸도 마음도 동등하게 중요시하는 통합된 한 인간에 대해서 치료, 지도를 한다. ② OT는 그 수단으로 작업, 이른바 활동을 선택하고 있다. ③OT에서는 치료자 자신을 치료의 수단으로 다루어 사용한다의 3가지 사항으로 정리, ①을 기본 원칙으로 하고 ②, ③으로써 실무에 활용한다라고 하고 있다. 이렇게 생각하면 OT의 여러 활동은 거의 인간의 활동전체에 이른다고 할 수 있겠고, 그것을 대상의 「지금, 여기」 상황에 맞춰서 어떻게 적절한 활동을 선택하며 진정 치료적으로 작용하여 나아가느냐가 중요한 포인트가 된다. 활동의 내용은 다양하게 전개된다. 옥외에서의 레크레이션적 요소를 띈 것(간단한 스포츠나 산책 등)에서부터 실생활에서의 활동(뜨개질, 청소, 목수일 등), 예술적 요소를 띈 활동(그림, 손가락 그림, 점토 등) 등을 들 수가 있다. 그리고 이 일들에 공통되는 사항은 언제나 개인에게 적극적으로 스스로 일하면서 참가하는 것을 요구하고 있다는 점이라고 하겠다. 바꿔 말하면 OT의 여러 활동은 언어적 교류뿐 아니라 작업 및 그 결과로서의 작품 속에, 혹은 그것을 매개로 한 치료관계에 전심신적(全心身的), 비언어적 관련성이 있다고 할 수 있겠다. 심신증에서는 예술요법과 겹치는 영역을 포함하는 심리적 작업요법이 필요하게 되는 경우가 많다.

C 치료법으로서의 역할

심신증에 대해서는 그 진단이나 치료에 심리적인 인자의 고려가 특히 중요한 의미를 갖는다. 심리적 인자가 관여되는 방법에는 증례에 따라 여러 가지가 있고 현실 심신증적인 것에서부터 성격 심신증적인 것까지의 범위가 있지만, 기본적으로는 「정신적인 불안이나 갈등이 신체의 방향으로 표현된다」라고 할 수 있다. 자기의 감정에 대한 인식이나 그 언어적 표현이 제한되고 있는 상태에서는 표현의 적절한 수단이나 장소의 결여나 감정의 억제·억압, 혹은 실감정 경향에 의한 것 등이 인정된다. 그 언어교류는 감정을 수반하기 어려운 특징을 가지고 있어서 언어를 주체로 한 정신요법에서는 단기간에 충분한 효과를 나타내기가 어렵다고 본다. 이와 같은 증례에 대해서는 비언어적, 전심신적(全心身的) 활동을 매개체로 하여 표출·표현을 촉구하고 심신 전체의 통합과 항상성의 회복을 목표로 하는 접근이 기본적으로 중요하다고 생각된다.

표현을 촉진하는 치료로 이용되는 매체로서는 그림, 손가락 그림, 점토, 공작, 음악, 무용, 모형, 시와 노래, 번역노래 등을 예로 들 수 있겠다. 이러한 것들은 각각 독립된 치료법으로서의 존재의의를 갖고 있고 또 언어를 이용한 것도 포함되어 있지만 여기서는 편의상 비언어적 매체를 사용한 치료법으로 일괄하여 서술하기로 한다.

1. 비언어적 치료법의 특징

언어는 우수한 의사전달 수단이고 거의 치료법이 언어를 주요 매체로 사용하고 있다. 그러나 때로 말로만으로는 개인의 심신을 포함한 내면을 반드시 충분하게 표현하지 못한다. 장소의 상황이나 거기에 있는 사람과의 관계에 의한 의식적·무의식적 방어, 내면을 말로 바꾸는 것의 한계, 내면에 대한 무자각(실감정 경향) 등은 말에 따라 내면의 표출을 제한한다. 이와 같은 상황에 대해 비언어적 매체의 도입은 적당한 퇴행을 촉진하고 방어를 완화하는 심신의 활동을 보다 활발하게 한다. 심신을 이용한 활동을 그 자리에서 체험하는 일, 활동의 결과로서 새로운 심신의 상태를 음미하는 일이나 작품이 완성되는 것을 통해서 내면의 표출이나 표현이 촉진된다. 비언어적 매체를 사용함으로써 말로 표현할 수 있는 것에 더하여 체험되는 심신의 느낌이나 말로는 되지 않지만 매체가 있으면 표현이 가능한 것을 포함해 치료가 진전한다.

더욱이 여기에 말을 이용한 시와 노래[시(詩), 단가(短歌), 배구(俳句), 야나가와 등)나 번역 노래 팝송(작사)에 대해서 다룬다. 이것들의 제작행위는 비언어적 매체를 이용하는 때와 똑같이 작자의 내면이나 감정의 직면을 촉구한다. 감정을 동반한 말이 그대로 표출되는 때에는 손가락 그림이나 갈겨 쓴 글과 같이 자유스러운 표현이 촉구되고, 더욱이 하는 말과는 달리 틀이 있기 때문에 환자에게 있어 중요한 초점인 곳이 표현되기 쉽다. 그 결과 카타르시스와 내면이나 감정의 정리가 효율적으로 이루어진다. 또 작품을 퇴고(推敲)하는 과정은 gentling focusing과 같다고 생각된다. 작품과 환자의 내면이나 감정과의 일치가 보여질 때 퇴고(推敲)가 잘 되었다고 생각한다. 또 하나의 기분에 초점을 맞춰 말로 표현한 후, 그때까지는 의식이 없었던 별개의 기분에 초점이 맞춰져 내면의 알아챔이 촉진되는 경우도 있다.

그림 V-11은 매개체를 이용한 치료의 흐름을 보여주고 있다. 환자와 치료자와의 언어에 의한 교류에 더하여 section마다 만들어진 작품이나 작업의 과정에 나타난 환자의 내면을 공유하며 체험을 나눈다. 이 일이 더해져 치료를 진전시킨다.

Mizushima[4]는 비언어적 치료법에 대해서 한마디로 규정하지 못한다고 하면서도, 심리요법의 중요 포인트로서 「그 밑바닥의 이미지화 내지 신체적 자기표현이 있으며 그것이 개념 이전의 감정, 전심신적(全心身的) 리듬을 나타내고, 따라서 통상의 방어를 넘어서 참된 자기에 육박할 수 있는 가능성이 있는 과정이 있다고 하는 점」을 예를 들어 말하고 있다. 그리고 「성인의 경우는 개념화(통찰)에 의해서 개념 이전의 전심신적(全心身的) 흐름을 현실에 정착시켜가는 과정이 필요하다」고 말하고 있다.

또한 Nakai[5]는 전(前) 에디푸스적 영역이 치료의 문제가 되는 환자의 개인적 정신요법에 있어 예술요법의 유익성을 기술하고 있다. 요약하면 ①「관여하면서의 관찰」의 가장 초보적이고 단순한 형태, 가장 확실한 형태를 제공한다. ②매개물의 존재에 의해서 행동화나 전이가 부드럽게 된다. 또한 매체가 제공하는 많은 단서는 성급한 해석을 방지할 뿐더러 해석의 오류를 크게 감소시키는 힘이 있다. ③예술요법은 무언인가를 말하는 것이 아니고, 「나타낸다」는 것이다. 그리고 단지 「나타낸다」뿐 아니고 「말한다」는 것을 돕는다. ④(특히 앞의 에디푸스적 영역에 문제가 있는 증례에서는) 불안정한 두 사람으로 되는 대상관계에 제3의 대상을 도입한다. 치료자가 작품의 「심사원」에서 배제되지 않는 한, 어느 편에선가 강약, 적절이 문제로 되기 쉬운 두 사람의 관계를 어느 정도 부드럽게 하고 조금은 변칙적이기는 해도 일종의 "3점성(三点性)"을 지니는 대상관계에다 치료의 자리를 접근시킨다. 치료자도 환자도 이 제3의 매체에 의해서 치료적 여유를 가지게 될 가능성이 커진다.

치료 메카니즘으로서 Tokuta[6]는 회화요법에 대해서 「치료자·환자간의 비언어적 전달의 기본에는 환자 측의 그리다·표출하다라고 하는 자기치유의 작용적 의미 안에서 카타르시스·승화작용 그리고 몇 가지 방어기제가 작용하고, 또한 치료자 측에서는 거기로 투영된 이미지 회화적 정보를 통해서 언어성을 초월한 심적내용의 파악과 이해가 가능하게 된다」, 「매체로서의 이미지 회화표현은 이 두 가지 사이에 있어 제3자로서 쌍방에 작용하는 것보다 새로운 치료 상황을 만든다. 1대1의 긴장된 치료관계에서 쌍방에 대해 거리를 두는 것을 가능하게 하고 이어서 거기에서 생기는 퇴행화·전이·행동화라고 하는 치료상의 계약이나 위기상황을 용이하게 극복하게 하는 계기가 된다」라고 서술하고 있다.

이와 같은 사고방식은 모형요법이나 작업요법에 있어서 제작이나 작업 과정이 초래하고 심신감각을 수반하는 이미지 내지는 감정의 흐름을 체험하고, 치료관계를 기반으로 해서 증상의 소실을 위해 그것들을 적절히 의식화시켜가는 치료 메카니즘과 같은 뜻이라고 생각한다.

의식화를 촉진하는 경우나 해석의 경우에는 작업과정이나 제작행위 및 작품에 관해 환자의 주관적 체험과 이미지에 대해 충분히 듣고 치료자의 선입관을 재제하는 것이 중요하다. 작품을 살펴보는 방법은 환자의 현실적 상황에 따르게 되면 생각하는 일도 가능해진다. 또한 작품에 표현된 것을 추상적으로 파악하는 일도 가능해진다. 공간이나 사물이 지니는 추상적 의미, 옛날 얘기나 전설에 나타나는 주제나 화제는 환자의 내면의 이해를 깊게 하고 치료의 방향성을 찾는 계기도 된다. 작품으로부터 읽어낼 수 있는 내용과 환자에게 전하는 내용이 꼭 일치하지는 않는다. 환자에게 전하는 내용의 첫째는 작업이나 제작행위 그 자체가 이루어질 수 있어서 좋았다는 것이다. 정리된 작품이 완성되지 않는 경우에도 완성 안 되는 상황 그 자체를 받아들이는 일이 중요하다. 주관적인 해석이나 지나치게 빠른 해석은 특히 치료관계가 성립되어 있지 않은 경우에 폐해를 불러오는 경우가 많으니 주의해야만 한다. 치료관계가 안정되고 환자의 자기표현이나 자기 이해가 자발적으로 진행되는 경우에 치료자는 지켜보며 기다리는 일이 중요하다. 그러나 심신증 환자 중에는 지켜보고 기다려도 치료적 진전이 좀처럼 안 되는 증례도 많다. 그런 경우에는 치료관계나 치료전체의 흐름에 작품을 자리매김하고 증상의 소실로 이어지면 추측되는 이미지를 읽어, 환자에게 적절한 시기와 방법을 치료적으로 적용하는 일도 중요하다.

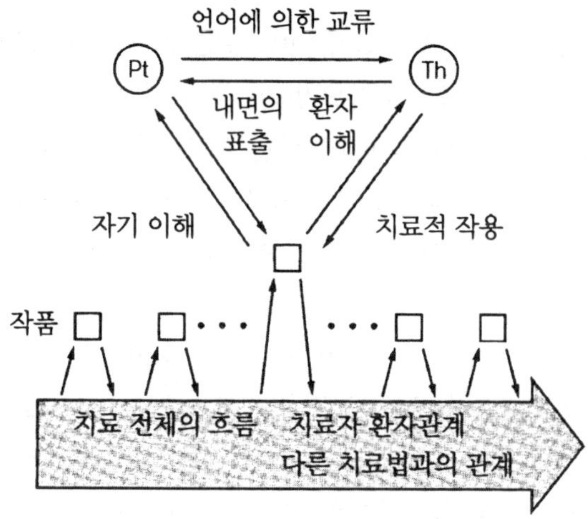

그림 V-11 매체를 이용한 치료

D 적용과 금기

우리 과에서 모형요법, 작업요법을 도입, 병용해서 유효한 결과를 가져온 질환을 서술하겠다. 기관지 천식, 아토피성 피부염, 신경성 구토, 궤양성 대장염, 만성 동통장애, 허위성 장애, 애정 차단성 소인증, 섭식장애, 야뇨증, 등교 거부증 등이다. 연령은 12~60세이다. 결국 언어를 주체로 한 면접치료에서 순조롭지 않은 사례들이다. 그런 배경으로는 ①면접에서의 언어표현에 감정이 동반하기 어렵다. ②실감정 경향이 인정된다. ③장면 함묵이 인정되고 치료관계를 설정하는 것이 곤란하다. ④지적 레벨의 문제 때문에 적절한 언어표현이 이루어지지 않고 환자의 내면 파악이 곤란하다. ⑤기본적 신뢰감이 부족해서 극단적 인지의 왜곡이 인정되며 현실적인 치료관계의 확립이 어렵다. ⑥스트레스 내성이 낮아서 행동화가 눈에 띈다. ⑦표현의 수단 및 예비의 장의 결여 등이 예로 지적된다. 비언어적 매체를 이용해서 표현할 수 있는 영역을 치료에 도입한다는 점에서는 도입의 시기와 방법이 적절하다면 거의 증례에 유용하리라고 생각한다. 그러나 실제로는 언어적 접근에서 주효(奏效)하기 어려운 증례를 도입하는 경우가 많다.

매체로 무엇을 선택하느냐에 대해서는 먼저 제공할 수 있는 것으로 간단히 소개하고, 환자 자신의 취미나 흥미, 지향성을 물어 보아 그 지향성에 맞는 매체를 제공할 수 있도록 힘쓴다. 도입 초기에는 환자도 무슨 일을 당하게 될지 불안해 하는 경우가 많으므로 치료자도 작업을 함께 시작해서 불안을 완화하고 동기부여를 높이는 등의 해결책을 모색한다. 얻어지지 않는 작업이 보이는 경우에는 무조건 부정하지 말고 환자와 상담한 다음, 제공할 수 있는 부분과 제공할 수 없는 부분을 제시하고 될 수 있는 한 희망을 받아들일 수 있도록 노력한다. 환자와 상담하는 과정 자체가 치료적 의미를 갖는다. 또한 선택에 있어서 다른 한가지 중요한 포인트는 환자의 처지에서 왜 비언어적 접근이 필요한가, 어느 부분에 작용해야 하겠는가를 고려하는 것이다. 비언어적 접근의 경우 언어적 접근보다도 방어가 완화되어 퇴행하기 쉽게 되므로 어느 정도의 퇴행을 필요로 하고 있고, 어떻게 허용하느냐를 검토한다. 예를 들면 불안이 심한 경우에는 불필요한 퇴행은 피하고 순서나 짜인 틀이 확실하게 결정되어 있는 공작이나 복사(copy)를 우선 도입하는 것이 바람직하다. 감정의 활성화를 촉구하는 경우에는 갈겨 쓴 것이나 손가락 그림(finger painting)을 도입하면 유효하다. 이점에 대해서 Nakai[5]는 「회화 요법의 경우 채색도구에 대해 말한다면 단단한 것일수록 지적, 방어적이 되고, 부드러운 것일수록 감정이 넘치는 퇴행적, 행동적, 만족 허용적인 것이 된다」라고 평가하고, 「색연필을 다른 방법의 극단으로 삼는다면 손가락 그림(finger painting)은 또 다른 극단이다」라고 정의하고 있기 때문에 참고하면 좋겠다. 또한 Kantabashi[7]는 예술요법을 원형 형태적 척도의 위로 자리매김하고 있는데 그것도 참고하는 게 좋겠다. 한편 매체도입의 시기나 작업의 종목은 치료의 진전, 치료자–환자관계의 질(rapport 방식) 등에 의해 유연하게 변화시키는 일이 중요하다. 예를 들면, 먼저 치료 관계를 맺을 때에는 공작이나 노래 등의 형태를 이용하는 것, 순서나 윤곽의 틀이 결정되어 있는 것, 즉시 완성이 예견되는 것, 즐거운 기분을 맛볼 수 있을 정도의 적당한 퇴행을 촉구하는 작업이 적당하다. 한편 증상이 심할 때에는 무리한 도입은 삼가한다. 또한 작업이나 제작에 의해서 감정이나 행동이 치료자가 통제할 수 있는 범위를 넘어서 표출되는 경우에는 도입의 시기나 치료관계의 안정도, 작업이나 매체의 선택에 대해 재검토할 필요가 있다.[8]

E 치료의 실제

매체를 사용한 제작과정이 치료적으로 어떻게 작용하는가에 대해서 언급하겠다.

그림 V-12는 건강한 성인의 그림이다. 자신의 내면에서 심신의 상태를 감지하고 그것을 종이에 그리라고 하는 지시를 받고 15분 정도 그리기를 마친 후의 제작자의 설명이다. 『그리기 전에는 「낭떠러지 끝에 선 마른 나무」라는 이미지가 떠올랐었다. 그리기 시작하고 나서 적막한 느낌이 떠오르고 마른 나무가 점차 살아있는 큰 나무들로 바뀌기 시작하였다. 한 그루로는 쓸쓸하다고 느껴져서 주위에 많은 나무를 그려 넣어서 울창한 숲으로 그려보았다. 하늘은 빛도 비치지 않고 거의 어두워 있었지만 캄캄한 속으로 빛이 비쳤으면 좋겠다고 생각되었다. 어두운 하늘 속으로 빛이 스며드는 광경을 그리고 있는 중에 빛이 비친 곳에는 싹이 자라나게 될 것이라는 기분으로 싹을 몇 군데 그려보았다. 그랬더니 이번에는 꽃도 피게 될 것이라는 생각이 들어 자그마한 꽃을 큰 나무 그루터기에 그렸다. 저 한 그루 나무는 나 자신이라고 생각한다. 좋아하는 것은 마지막에 그린 자그마한 꽃그림이다」라고 말한다. 그린 그림을 보는 것으로 자신의 내면이 변화하고 있다. 그 변화를 표현하고, 그것을 봄으로써 더욱 내면의 변화가 생기고 있다. 자신과 작품과의 사이에 일어나는 교류는 마른나무라고 하는 자신의 이미지를 생생한 큰 나무로 변화시키고 있다. 그 장면에 싹튼 꽃은 그림을 그리는 중에 생긴 새로운 자신을 상징적으로 나타내고 있다고 생각된다. 여기서는 심리요법의 과정에서 잘 알려져 있는 「죽음과 삶」이라는 추이가 불과 15분 동안의 그림그리기 행위로 생겨나고 있다. 제작자의 심신 상태가 어느 정도 안정되어 있으며, 자유롭게 그림을 그릴 수 있는 장과 내면을 들여다 볼 자세가 갖추어지면 자발적으로 이와 같은 추이가 전개된다. 치료자의 해석이나 작용보다도 먼저 보호된 장을 제공하여 환자의 자연 치유력을 최대한으로 끌어내는 것이 기본적으로 중요하다. 그러나 증상을 갖고 자연치유력이 발휘되지 못할 상태에 있는 환자의 경우는 적절한 퇴행을 촉구하고 동기부여를 높여서 상황에 맞는 매체의 선택이나 적절한 치료적 작용을 하는 일이 필요하다.

그림 V-12 자신의 내면을 그린 작품

다음에 작업요법이 주효한 증례를 소개한다.

[증례 1]

환자는 60세, 남성(표 V-29참조). 무직(원래 철골직)으로 47세 때 중증의 버거병 발병. 당시는 철골직으로 성공해서 활약하고 있던 무렵이었다. 환자는 집안의 기둥이라는 생각에서 언제나 과로 상태였으나, 피로감은 거의 모르는 채로 하루에 정수 1병, 담배 120개비, 일이 바쁠 때는 잠도 안자고 쉬지도 않고 술을 하루에 3병 마시고 현장에 나가고 있었다. 환자는 버거병을 앓게 되면서 경제적 기반과 건강을 잃었고, 양쪽 사지하단 절단이라는 공포도 겹쳐서 우울상태가 되었다. 버거병과 고혈압 때문에 담배와 알코올을 감량하여 긴장이나 피로의 해소수단을 제한하게 되어 만성적 긴장상태를 초래했다고 생각된다. 그와 같은 상황에서 재산 상속을 둘러싼 맏형과의 불화로 머리에 치밀어 오르는 발작이 나타나 증세가 악화, 심료내과로 의뢰되었고 우울증, 공황 장애라는 진단으로 입원치료 받게 되었다. 주소인 증상은 완화되었으나 병동의 규칙을 둘러싼 주치의의 행위에 반발하여, 즉 치료 진행을 위해 우선적으로 현실 원칙을 중시하는 입장을 취하지 않을 수 없는 주치의에 대해 강한 공격적 충동을 느껴 환자는 더이상 수용하지 않게 되었고 사고퇴원을 하였다. 이어지는 외래에서의 치료에서도 처치를 둘러싼 대립으로 인해 주치의로부터 방치되어 관심 밖이 된 것 같은 느낌이 들어 공격적 감정을 폭발시키게 되었고, 치료관계는 진전이 없는 상태가 되었다. 생육력으로 보아 먼저 환자를 모성적으로 수용하는 것이 필요하다고 생각되었다. 그러나 주치의가 부모 양면의 역할을 나누어 맡는 일은 치료의 혼란을 부를 가능성이 높았기 때문에 팀을 구성하여 부모의 역할을 분담하는 동시에 공격적 충동의 처리와 승화를 목적으로 작업요법을 도입하였다.

그림 V-13은 임상경과를 보여주고 있다. 작업요법 시 먼저 환자가 호소하는 주치의에 대한 공격적 감정을 인식하면서 점토제작이나 그림 그리기를 촉구하였다. 점토를 반죽하고 만지고 크레파스로 그림을 그리고 노래하는 등 신체적 활동이 뒤따르는 작업은 감정표출이나 침정화를 촉진해서 시원한 느낌이나 즐거운 느낌을 준다고 환자는 표현하고 있다. 그림 V-14~17은 작업요법의 작품중 일부이다. 초기에는 복사(copy)가 중심이었지만 서서히 창작을 의욕적으로 하고 있다. 그림 V-16은 작업요법 직전 병원 사무직원과의 사이에 문제가 있어 화를 내면 큰소리 쳐준다고 벼르고 있었기에 환자의 공격적인 감정의 표출을 촉진하면서 그림 그리기를 도입한 시기의 작품이다. 머리의 온 감정을 그려 가는 과정으로 감정이 침정화되고 있다. 이 무렵부터 증상은 안정되고 주치의와의 관계도 좋아졌으며 심신이 함께 안정되어 가정에서도 창작활동에 애쓰고 있다. 작품을 긍정적으로 평가하여 로비에 장식하는 것, 그에 대한 치료 스태프의 긍정적인 평가가 환자의 수용에 연결되어 치료관계를 한층 안정화시켜간다. 2외과와 마취과, 이비인후과 등에도 작품을 기증해 대기실에 장식하게 하였다. 이 작품을 매개체로 이용한 교류는 환자의 의존욕구를 채워주는 의미가 있었다고 생각된다. 환자는 다른 과에서의 치료관계에 있어서도 기분을 알아주지 않는다고 느끼는 사소한 대립으로 주치의에게 의자를 휘두르는 등의 행동이 있었지만 작품을 매체로 기본적으로 받아들여지고 있다는 식의 느낌이 들어 도중에 생각을 바꾸는 것이 가능하게 되었다. 작업요법의 집단장면에서는 환자는 본래 다른 사람에 대한 배려는 거의 없이, 얘기를 시작하면 끝이 없다는 식의 상태였다. 집단 내에서 한 개인으로서의 존재를 자각할 수 있도록 원조함으로써 증상이 안정됨에 따라 다른 사람에 대한 배려를 할 수 있게 되었다.

본 증례에서는 주치의와 임상심리사는 부모의 역할을 취하는 동시에 언어 표현이 가능한 영역은 주로 주치의가, 비언어적 매체를 이용해서 촉진시키는 감정 표출이나 교류의 영역은 주로 심리사가 담당하고 서로 보완적인 관계를 유지하여 작업 요법을 보다 원활히 진행하는 것에 도움이 되었다(그림 V-18 참조). 또한 다른 과에서의 치료관계나 작업요법에서의 집단역동이나 다른 환자의 존재도 큰 치료적 의미를 가졌다고 생각된다.

표 V-29 증례(60세, 남성)

증례 : 60세, 남자, 무직(원래 철골직)
진단 : ①우울 ②공황 장애 ③버거병 ④만성 동통장애
주소 : 머리로 치밀어 오르는 발작, 불면, 기억력 장애
병력 : 1980(년) 버거병(좌하지)발병
1989 버거병(우하지)발병(양 하지 함께 요부 교감신경 절제술 시행)
1991 좌 하복부 통증출현, 요부 경막외 블럭
1992 비 회전성 현기증과 머리로 치미는 발작출현(맏형과 크게 싸우고 나서) 심료내과 진찰 받음
1993 2월 심료내과 입원
4월 증상이 좀 나아졌으나 병동규칙에 반감 퇴원, 그 뒤 외래 통원
기호품 : 알코올 1.5홉(47세까지 1병)/일, 담배 5개비(47세까지 120개비)/일
심리테스트 : CMI : IV 영역 YG :A' SDS : 67/80
PF 스터디 : e↑, E%↑(불평불만이나 공격적 감정↑, 의존욕구↑)
egogram : CP=19, NP=8, A=9, FC=9, AC=5
문제점 : 엄격한 아버지, 병약한 어머니(접촉↓)
16세에 가출 뒤 직업 전전
버거병에 의한 양 하지절단에 대한 공포와 경제적 문제
맏형과의 대립관계

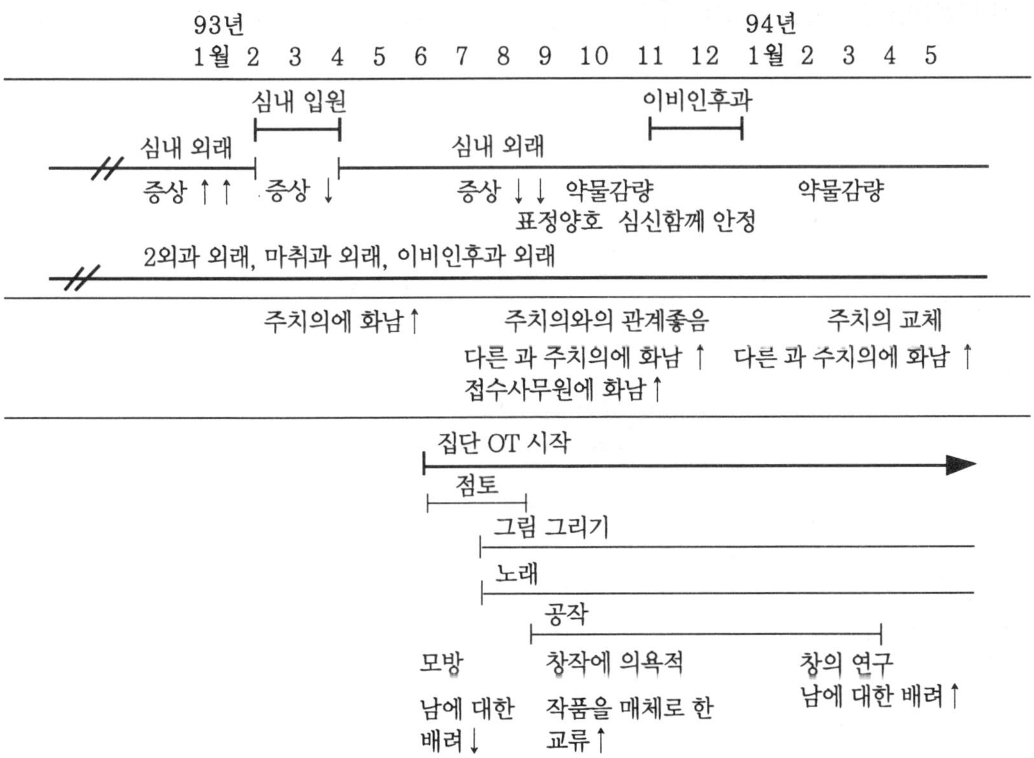

그림 V-13 임상경과

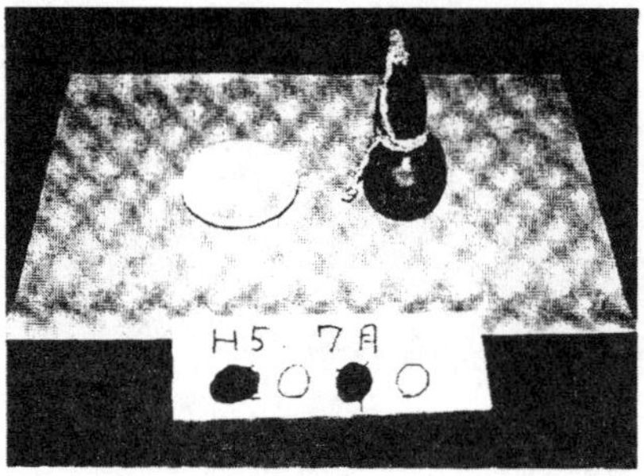

그림 V-14 좋아하는 술 못 마시게 되자 술병을 만든 점토 작품

그림 V-15 붙인 그림

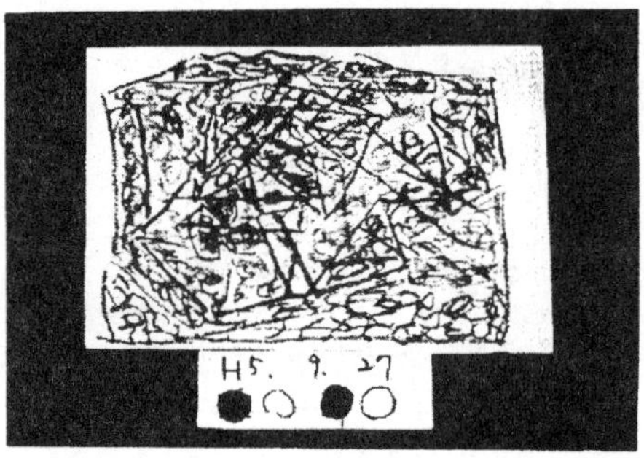

그림 V-16 머리 속으로 느낀 점을 그림

그림 V-17 다른 진료과에 기증된 작품

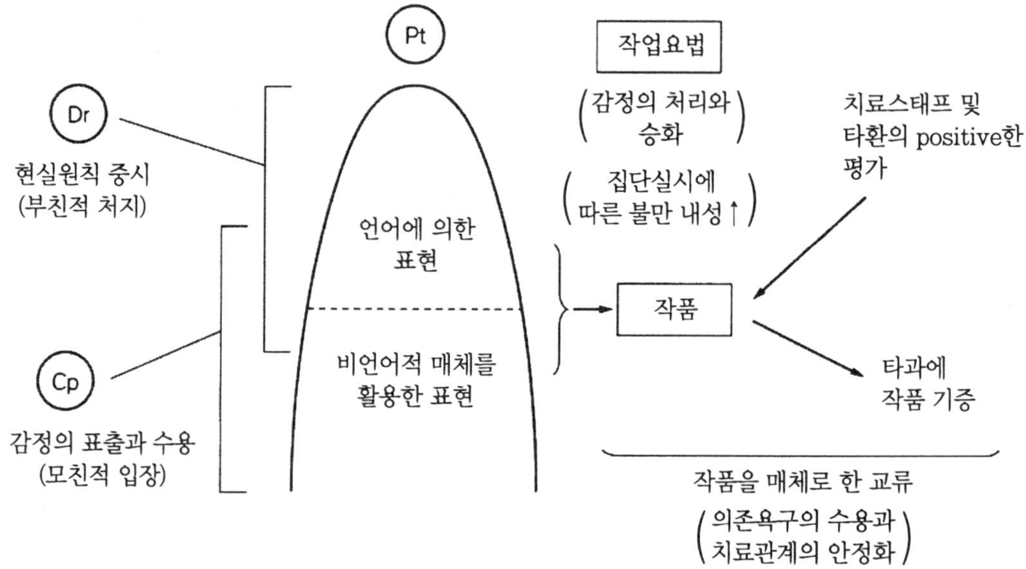

그림 V-18 증례의 치료팀

다음은 모형을 병용한 증례를 간략하게 소개한다.

[증례 2]

환자는 46세, 여성, 주부로 기관지천식이 있다. 천식증상 외에 다양한 증상을 호소하고 시선공포가 인정되었다. 선단공포 때문에 동맥혈의 채혈도 거부. 남성에게 몸을 만지게 하는 것이 싫다는 이유로 남성인 주치의의 진찰을 거부하지만, 주치의가 환자의 증상에 대해 알아차리지 못한다고 거세게 화를 내고, 주치의에 대해서 신성화, 만능시하다가도 생각대로 되지 않을 때에는 바꾸어서 가치가 없는 존재로 비하하는 상황이었다. 거센 공격적 감정이 치료스태프 전체에게 미치게 되어 치료자 한사람으로는 그 처리가 곤란하다고 생각되었기 때문에 팀을 구성하여 모형요법을 병용, 환자가 체험하는 주관적 세계와 현실 세계와의 구별을 해서 구체적 사례를 들어가며 틀린 것을 수정해 가는 면접을 주치의와 임상심리사가 협력해서 시행하게 되었다. 현실과 주관적 세계와의 구별의 필요성을 환자 스스로가 자각하는 계기가 된 모형작품을 다음에 나타내고자 한다. 그림 V-19는 단 것을 좋아하는 환자와 함께 모래로 찹쌀떡을 만든 작품이다. 그런데 환자는 만들어낸 찹쌀떡이 「불쾌하게 노려보는 죽은 사람의 목」으로 보인다고 말하고 있다. 바깥 세계를 주관적, 피해적으로 왜곡하여 받아들이고 있는 것이다. 장난감 등 주위의 현실에 올바른 관심을 나타낼 수 없는 상황이 엿보인다. 그 후에도 주위의 현실에는 올바르게 눈을 돌리지 못하고 모래의 작품에만 계속 관심이 이어지고 있다. 그림 V-20은 「섬에 초목이 자란다」라는 작품이다. 환자는 모래 외에는 사용할 수 없는 자신에 대해서 위화감을 느끼고 있었기 때문에 초목이 사용된 것을 무척이나 기뻐하고 있었다. 그림 V-21은 찹쌀떡 만들기를 마치고 나서, 마지막까지 찹쌀떡이 죽은 사람의 목으로 변하지 않고 즐거웠기 때문에 콩가루를 뿌려주었다라고 하는 작품이다. 여기에서는 찹쌀떡이 환자의 주관적 인식방법으로 죽은 사람의 목으로 변하지 않고 찹쌀떡이라는 현실의 모습이 받아들여지고 있다.

그림 V-22는 주위에 대한 수용자세가 현실적으로 되어서 외계에 대한 관심이나 흥미가 넓어지기 시작한 무렵의 작품이다. 이 무렵부터 끈기있게 현실과 주관적 세계와의 구별을 만들어가는 치료면접이 효과를 올리기 시작하고 있다. 이 증례에서 모형제작의 의미는 모형이라고 하는 매체에 의해서 환자의 강한 공격성이나 병적 측면이 작품에 표출되어 환자의 현실감이 회복되기 쉽게 되는 것, 또 치료자에게 향해지던 공격적 감정의 전이가 어느 정도 온화하게 되는 것, 작품을 환자와 더불어 때로는 만들고, 또 보면서 얘기를 나누는 것으로 환자의 내면을 좀 더 이해하게 되어 치료적 대응이 적절하게 된 것이라고 생각한다. 또한 본인은 노래 부르는 것을 좋아했었기에 노래도 불렀다. 인지의 왜곡이 크게 피해적으로 나타났던 무렵에는 자발적으로 노래할 수 없어서 치료자가 동요 따위를 불러 들려주곤 했었다. 현실감이 회복된 무렵부터 혼자서 열심히 노래 부르게 되었다. 노래 부르는 것을 전후하여 본인이 폐기능을 측정해서 상승경향을 보인 것도 동기부여를 높였다.

이 증례는 천식의 배경에 인격 장애를 보이는 사례가 된다. 이러한 경우에 모형요법의 도입은 신중을 요하며, 이 증례에서도 초기의 모래만의 작품은 황폐하여 위험성을 유발하고 있는 것이 많았지만, 상자에 의한 틀 구조와 주치의와 심리사의 밀접한 연계 및 치료자의 수용으로 지속시킬 수가 있었다.[9)]

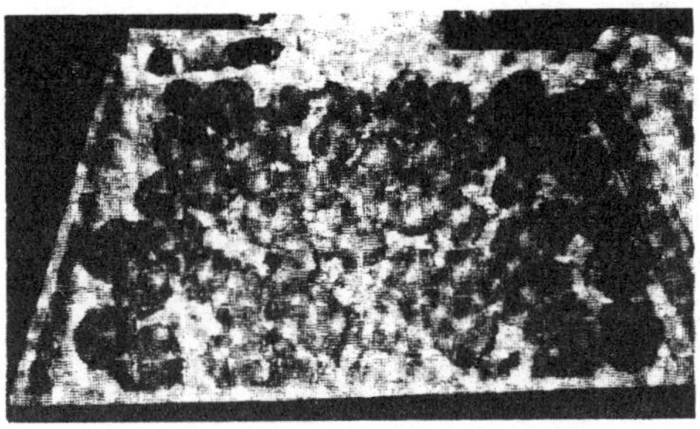

그림 V-19 「찹쌀떡」의도로 만든 떡이 마지막에는 「죽은 사람의 목」으로 보인 작품

그림 V-20 장난감에도 관심을 가진 시기 작품 「섬에 초목이 자란다」

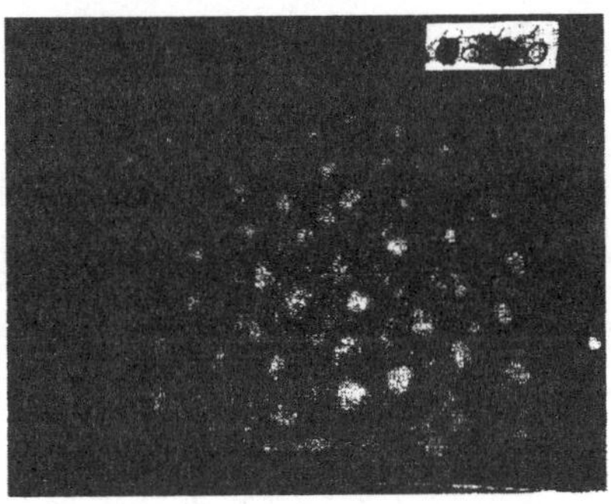

그림 V-21 최후까지 「찹쌀떡」으로 보여 즐거워서 콩가루를 뿌려 준 작품

그림 V-22 현실적으로 되어가는 작품 「병원에서 문병, 가족끼리 피아노 듣기」

F 예후와 주의점

치료의 예후나 전망은 매체를 통해서 나타나기가 쉽다.

아토피성 피부염의 32세 남성의 그림 일부를 함께 보기로 하겠다. 그림 V-23은 입원 직후의 작품이다. 「새벽녘의 어둠속에 입원해서 불안한 심정」이라는 설명이 있다. 그러나 희미하지만 서광이 보이면서 불안과 함께 기대나 의욕도 느끼게 된다.

그림 V-24는 치료가 시작되어 바로 줄타기를 하고 있는 듯한 심경을 잘 나타내고 있다. 본인이 줄의 절반에까지 이르러 앞을 향해 서있는 자세의 뜻은 치료를 적극적으로 받아들이겠다는 심정과 함께 여기서 실패하면 전락한다는 심정이 교차되어 있다고 생각된다. 치료적 대응으로 충분히 지탱해 주며, 실패에 대한 극도의 두려움을 완화해 간다면 치료에 대한 적극적인 노력은 유지된다고 생각되었다.

그림 V-25는 치료 중기의 작품이다. 한 줄기 길은 치료목표를 향해 나가는 자세를 보이는 것과 함께 도중에 검은 빛을 칠하고 있어서 지금부터 어려움이 예상된다. 그러나 희망은 기다리고 있다. 목표가 아직 막연하게 되어 있어 구체성이 부족하다고 추측되므로 목표로 될 만한 구체적인 이미지를 검토해 나가는 것이 치료를 진행시키는 일과 연계된다고 생각하게 되었다. 그림 V-26과 V-27은 퇴원 전 작품들이다. 희망에 가득 찬 부분과 치료 중에 표출된, 때로는 공격적이고 적극적인 내면의 강력함을 표현하고 있다고 생각된다. 이 에너지를 구체적인 목표에 주력할 수 있게 된다면 예후는 나쁘지 않다고 생각된다.

그림 V-23 입원 직후 작품 「새벽」

그림 V-24 치료 초기 작품 「줄타기」

그림 V-25 치료 중기의 작품 「길」

그림 V-26 퇴원 전 작품 「태양! 이렇게 됐으면 좋겠다」

그림 V-27 퇴원 전 작품 「이런 식으로 쾅하고 폭발할 만한 것이 있으면 좋겠는데」

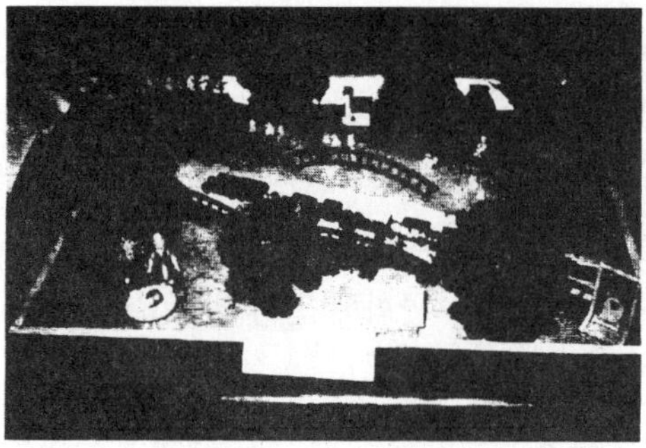

그림 V-28 퇴원 전 작품
「고향 가는 기차」

그림 V-29 퇴원 전 작품 「나의 출항」

그림 V-28과 V-29는 천식 여성의 퇴원 전 작품이다. 두 작품 모두 여행이 테마이고, 외래 추적진료가 가능할 정도로 증세는 좋아지고 있다. 그러나 그림 V-28은 자신을 나타내고 있다고 생각되는 인물상이 아직도 어리다는 사실과 기차가 건축 중의 집 방향으로 향하고 있는 등으로 보아서 앞으로 본인의 성장에는 아직도 시간이 더 필요하며, 외래 치료에서 성장을 지탱해 주는 것이 필요하다고 생각된다. 그림 V-29는 배로 떠나는 사람은 성인 여성이라는 점, 목표가 나타나기 쉬운 오른쪽 위편에 본인이 돌아가야 할 집과 자신의 앞날의 모습이 놓여져 있는 점 등에서 예후는 좋으리라고 추측하게 된다.[10)]

이상과 같이 표현을 촉구하는 매체를 이용한 치료에 대해서 서술하였다. 치료를 진행함에 있어 가장 중요한 것은 치료자가 적절한 장소를 제공하는 것, 비언어적 매체로 표현된 것과 언어로 표현된 것과를 서로 보완하는 형태로 조합하는 것, 또 치료팀의 연계를 원활히 하는 것 등이다.

문헌

1) 河合隼雄：箱庭療法入門. 誠信書房, 1969
2) カルフ：カルフ箱庭療法. 誠信書房, 1972
3) 日本作業療法士協会編著：作業・その治療的応用. 協同医書, 1985
4) 水島恵一：深層の自己探求: 大日本図書, 1973
5) 芸術療法の有益性と要注意点. 中井久夫著作集2巻, 治療, pp176-187, 岩崎学術出版社, 1985
6) 徳田良仁：絵画療法. 精神医学大事典, p109, 講談社, 1984
7) 神田橋條治：精神療法面接のコツ. 岩崎学術出版社, 1990
8) 芸術療法講座1-3. 星和書店, 1981
9) 荒木登茂子：心身症に対する箱庭療法. 心身医学 32；159-166, 1992
10) 荒木登茂子：心身症と箱庭療法. 中川書店, 1994

⑭ 절식요법

심신증 치료에서의 절식요법은 치료의 한 모델로서 혹은 심신증의 치료과정을 분명히 하는 과정에서 중요한 연구적 의의를 가지는 것으로 생각된다.

절식요법을 환자에게 도입한 경우, 행동제한이라는 틀에 의해서 환자가 지니는 심리·사회적 문제점이 마치 현미경의 초점을 맞추었을 때처럼 명확하게 된다.

또한 그 치료적 의미는 환자의 증상을 둘러싸고 있는 나쁜 조건부여를 수정하는 기회를 준다는 뜻이 되며, 치료자 측으로서의 시각에서 말한다면 환자에게 알맞은 심리요법이나 전개하기 쉬운 조건을 조성하는 일이라고 말할 수 있겠다. 더 나아가서 중요한 점은 절식이라고 하는 스트레스 상황을 뛰어넘었을 경우, 그 사실은 환자의 입장에서는 극복체험의 한 사례를 제공해 준다는 사실이겠다. 이는 뒤에서 서술하는 대로 장기 예후를 가리키는 중요한 인자가 된다고 하겠다.

절식 요법에 관한 역사적 변천에 대해서는 동북대의 Suzuki 등이 1972년의 정신신체의학지의 총설에 서술하고 있다.[1] 그 서술에 의하면 절식요법을 근대 의학적으로 치료에 끌어들인 사람은 Takahira Yasuo이고 이어서 Kubato Kasekawa 등이 부인의 자율신경 실조증에 적용해서 89.8%의 효과를 보았다고 한다. 다만, 절식기의 고통을 완화하기 위해서 Chlorpromazine의 근육주사를 시행하면서 12~14일 동안의 완전절식으로 내과계 심신증에 응용한 경우, 절식 중기에서 복식기에 걸쳐서 두드러진 간 장애를 나타낸다는 사실을 Suzuki 등이 지적하고 있다.

나아가서 Suzuki 등은 1972년부터 간 보호를 목적으로 한 보액을 투여하면서 절식요법을 시행하여 간 장애를 일으키지 않고 안전하게 치료효과를 보았다는 사실을 보고하고 있다.

그 뒤로 절식요법은 Suzuki 등을 중심으로 일본 동북대 연구 팀에 의해서 추천되어 절식요법에 의한 신체적 변화, 심리적 변화에 따르는 여러 가지 연구 결과가 발표되기에 이르렀다. 우리 과에서도 Tokawa 등을 중심으로 기관지천식 환자들에게 시행하여 좋은 치료성적을 올리고 있다.[2] 또한 Komaki 등은 절식요법 환자들 사이에서 일어난 내분비학적 변화에 관해 흥미로운 보고를 하고 있다(후에 서술함).

또한 과민성대장증후군, 비궤양성 소화불량 등의 소화기계 심신증에 대해서 모리타 요법과 함께 적용하여 상당한 치료효과를 올리게 되었다.

A 절식요법에 의한 신체적 변화

생체는 절식에 의해서 다양한 변화를 나타낸다.

1. 당대사 • 지질대사

절식에 있어서 당지질 대사는 아래의 그림과 같이 변화한다

절식	저장지방
	↓
글리코겐	FFA → 케톤체 ↑
↓	
glycogenolysis	(뇌는 주로 케톤체를 에너지 원으로 이용하게 된다)

2. 내분비계의 변화

1) 카테콜아민

일시적으로 부활되기는 하지만 절식의 지속에 의해 억제된다.[3,4] 성장 호르몬은 카테콜아민과 같은 활동을 한다. 그러나 절식 후 카테콜라민의 대사효율(회전)은 절식 전보다 빨라지게 된다고 알려져 있으며, 가상이지만 심신증 환자의 배경에 있는 우울상태의 개선은 카테콜라민 대사효율의 개선에 의한 것이라고 생각되고 있다.

2) 인슐린, 글루카곤

절식 중에는 당질 섭취가 없기 때문에 인슐린 분비는 줄어들고, 길항호르몬인 글루카곤은 상승한다.

3) 하수체-부신피질계

일시적으로 부활되고 혈장 코르티졸은 상승한다. 이는 절식 및 행동제한이라는 테두리가 생체에 스트레스로 작용하는 결과라고 생각되고 있다.

4) 시상하부, 하수체, 갑상선계

FT3, T3, TSH 레벨은 절식 중에 유의하게 감소하고 rT3는 유의하게 상승하는 한편, FT4

및 T4 레벨은 정상범위라는 사실을 Komaki가 보고하고 있다.[5)]

5) β-엔돌핀

Komaki에 의하면 내인성 오피오이드 호르몬으로 불리는 β-엔돌핀은 절식 초기에는 상승하지만, 장기 절식에 견딜 수 있는 증례에서의 상승도는 단기 절식 그룹보다 낮았다고 보고되고 있다.[6)]

3. 면역계의 변화

Kokure 등의 보고에서는 혈중 면역 글로불린 농도는 상승하고, 말초 혈액의 백혈구 수, 호중구 수, 임파구 수는 감소한다. 또한 혈청 코르티졸 농도의 상승에 의해서 헬퍼 T세포의 감소가 나타난다.[7)] 이것들은 모두 절식이라는 스트레스에 의한 면역계의 변화라고 생각된다. 또한 우리 심신과의 Kubo는 쥐를 이용하여 절식에 관한 기초적인 실험을 하였는데 절식에 의해 비장에서의 T임파구의 증가를 증명하였고, 나아가 절식군의 수명이 연장하였음을 지적하였다.[8)]

4. 뇌파의 변화

Yamamoto에 의하면 절식 중에는 α파가 서파화되어 Q파가 증가한다. 그리고 절식요법후에는 α파가 증대한다고 한다. 곧 절식요법 후에 뇌는 좀 더 안정화한다고 생각된다.[9)] 이 뇌파상의 변화는 뇌에 있어서 카테콜라민 대사 변화와의 상관성을 시사하고 있다고 생각된다.

B 심리학적 변화

삿보로 의대의 Yashiro 등에 의하면 절식요법 후의 심리학적 변화는 MAS(Taylor의 현현성 불안검사)를 지표로 한 현현성 불안수준의 경감, P-F study를 지표로 한 frustration 반응태도의 개선 등이 지적되고 있다.[10)]

또한 일기나 감상문에는 절식기 초기에 있어 신체적, 정신적으로 괴로움을 호소하지만, 그 고비를 넘기고 나면 치료 전의 환자자신이 안고 있던 가정이나 사회에서의 대인관계의 문제점을 깨닫게 되는 과정이 적혀있다. 더 나아가 복식기에 들면 먹는 즐거움, 활동하는 기쁨 등이 적혀져 있다. 치료 전에는 볼 수 없었던 감정적인 회상을 나타내는 문장이 나타나게 된다.[11,12)]

C 절식요법의 실제

절식요법이라는 틀 안에서 환자는 식사를 포함한 행동을 제한받게 되는 셈인데, 의사 환자관계 혹은 간호사와 환자와의 관계는 어느 의미에서 깊어지게 된다. 한쪽에서는 행동제한, 면회사절 등에 의해 환자를 괴롭혀 오던 여러 가지 자극에서 환자가 해방되는 것이라고 해석되기도 하는데, 그 어떤 심리요법이 주효하기 쉬운 상황을 절식요법이 만들어낸다고도 할 수 있겠다. 또한 적절한 심리요법과 짝을 맞춤으로써 상승적 효과가 기대되기도 한다. 절식요법은

표 V-30 절식 모리타요법 기록

제1기 (절식기·절대 와욕기) 10일 동안(개인실 안)
기상 7시, 취침 9시
[독서·TV·라디오·면회·전화·편지] 금지
화장실·세면 이외는 누워야 한다.
주치의 심방 - 1일, 1~2회(짧은 시간)
일기 혹은 감상문 : 취침 전 30분
저녁 : 점적 소리타 T3 500㎖(소비타, 비타민C)
채혈, 검뇨 : 1, 3, 5, 7, 10일째
내용 : 일반검뇨, 혈계(血計), 혈액생화학, MHPG, 소화관호르몬, NK활성

제2기 (복식기·경작업기) 10일 동안(개인실 안)
행동제한 조금씩 해제 (전화·편지·면회는 금지)
식사내용
1일째 : 유동식
2일째, 3일째, 4일째 : 5부 죽
5일째, 6일재, 7일째 : 7부 죽
8일째, 9일째, 10일째 : 온 죽
경작업
실내작업
산책 : 전반4일 동안-(병동 내·원내)
후반6일 동안-(병동 내·원내·구내)
[샤워, 세발, 입욕]
1일째~2일째 : 자신이 씻음
3일째~5일째 : (샤워, 세발)가능
6일째~10일째 : (입욕, 샤워, 세발)가능
채혈, 검뇨 : (5, 7, 10)일째
항목 : 1기와 같음
일과
07:00-08:00 기상, 세면, 식사 등
08:00-08:30 옛글낭독, AT
08:30-09:00 산책
09:00-11:00 실내작업
11:00-12:00 침대 위 안정
12:00-13:00 식사, 안정
13:00-14:00 산책
1일째~3일째 : 병동 내 자유
4일째~6일째 : 병동 내-원내
7일째~10일째 : 병동 내-원내-구내
14:00-16:00 실내작업, 안정(시간배분은 본인에게 맡김)
19:00-20:00 실내작업 안정(시간배분은 본인에게 맡김)
20:00-21:00 AT, 감상문(혹은 일기), 취침

제3기 (중작업기·보통식기) 10일 동안(큰 방)
행동제한 해제
일과
07:00-08:00 기상, AT, 아침식사
08:00-10:00 독서(다카라 다케히사가 지은 「살아가는 지혜」).
안정(시간 배분은 본인에게 맡김)
10:00-12:00 실내작업
12:00-13:00 점심식사·안정
13:00-15:00 외출(수영, 운동, 산책)
15:00-17:00 실내작업·안정(시간 배분은 본인에게 맡김)
17:00-19:00 병동 내 자유(저녁식사 포함)
19:00-20:00 실내작업
20:00-21:00 감상문(혹은 일기), AT, 취침
채혈, 검뇨 : (5, 7, 10)일 째
항목 : 1기, 2기와 같음

제4기 (사회복귀 준비기) 10일 동안
night hospital
07:00 기상, AT
돌아온 후~
19:00 저녁식사, 병동 내 자유
19:00-20:00 가벼운 작업·안정
20:00-21:00 감상문(혹은 일기), AT, 취침
채혈, 검뇨 : 보통처럼

여러 가지의 시설에서 갖가지 심리요법과 병용되어 오고 있다(내관요법, 교류분석, 행동요법, 모리타요법 등).

우리 과에서는 현재 모리타요법과 함께 적용하여 상당한 치료효과를 보고 있다. 모리타 요법과 병행하는 경우 식사량과 작업량을 평균적으로 증가할 수 있게 되며, 두 가지 요법은 합리적인 병행이 가능하다고 생각된다.

다음은 우리 과에서의 절식요법의 기록을 나타내었다(표 Ⅴ-30). 다음으로 제1기(절식기)서부터 제4기(보통식기)까지의 심리적 변화를 우리 과에서 경험한 증례의 감상문을 근거로 마무리 지으면 다음과 같이 요약할 수 있다.

제1기(절식기·절대안정기) → 고통, 번민

제2기(복식기·경작업기) → 감정, 신체감각 소생

제3기(보통식기·중작업기) → 불안과 증상의 재연

제4기(보통식기·사회복귀 준비기) → 행동양식의 변화(회피행동의 감소)

곧 절식 전, 절식, 절식 후의 경과를 거치는 중에 천천히 심신상관으로의 깨달음이 깊어져 간다고 생각된다.

D 적응

절식요법의 심신증에 대해서 적응범위는 넓지만 그 적응 질환에 대해 아래에 서술한다.

(1) 소화기계 질환 : 과민성대장증후군, 비궤양성 소화불량, 담도 운동이상증, 수술 후 복부 부정수소, 기타

(2) 순환기계 질환 : 본태성 고혈압, 경계역 고혈압, 심장신경증, 기타

(3) 내분비 대사질환 : 당뇨병, 비만증, 통풍, 갑상선 기능항진증, 기타

(4) 신경계 질환 및 정신질환 : 근긴장성 두통, 편두통, 우울증, 불안 장애, 안면경련 장애, 요통증, 경성사경

절식요법의 적응에 있어서 주의해야 할 점은 환자의 가슴 두근거림 여부와 환자의 자아단계(절식에 견디는지, 어떤지)의 정확한 평가다. 자아의 확립이 미숙해서 정서적으로 불안정한 환자는 적응 단계에서 신중한 배려가 필요하다. 또한 근본적으로 반사회적 인격 장애나 정신병적 요소를 안고 있는 경우 절식기에 현재화하는 수가 있는데, 그러한 증례에서의 적응은 금기다. 따라서 절식요법을 시행하는 단계에서는 외래 혹은 입원 당시의 관찰기간 동안에 심리학적 평가나 인격 장애의 유무에 관한 평가(각종 심리테스트의 시행, 인테이크 면접 등)를 충분히 시행할 필요가 있다. 또한 당연한 것이기는 하지만, 전신성의 기질적 질환이 있는

증례(간질환, 소화성궤양, 신장질환, 심질환, 폐질환, 혈액질환 등 내과적, 외과적으로 치료를 요하는 기질적 질환이 있는 경우)에 대해서는 절식요법을 시행하는 것이 어렵다고 생각된다. 또한 절식기에 심한 불안을 호소하는 환자에게는 정신병 약물을 사용하면서 절식기를 뛰어넘는 경우도 있으나, 기본적으로 절식기는 환자 자신의 힘으로 이겨내야 한다는 점에 의미가 있기에 정신병 약물은 될 수 있는 한 사용하지 않는 것이 바람직하다.

또한 당연한 일이지만 환자의 치료의욕이 절식을 수행해 가는 단계에서 빠질 수 없는 요인이므로 환자의 지나친 기대나 단식 수행이라는 식의 관점은 수정할 필요가 있다.

이상의 점들에 주의하면서 절식요법을 시행하게 되면 상당한 치료효과와 치료가 고착되는 증례에 대해서는 기능적인 변화를 기대할 수가 있다.

E 예후 및 주의점

절식요법은 위에서도 말한 것처럼 환자 자신의 치유력에 크게 의존하며, 따라서 절식요법에 의한 증상의 해소나 사회 적응성의 개선과 확대는 다른 심리요법에 비해서 연속성이 있고 약물 사용의 중지도 이 치료를 계기로 쉽게 할 수 있다. 그런 만큼 심신과 더불어 기능적인 변화가 환자의 몸 안에 생기기 때문에, 그 변화에 대하여 반대로 심한 불안감을 호소하는 경우가 있다. 그 불안감에 대해서는 될 수 있는 한 약물을 사용하지 않고 대처하는 게 바람직하다. 물론 미리 절식요법 중, 혹은 복식의 과정에서 여러 가지 심신의 변화가 나타난다는 사실을 환자에게 충분히 설명해 두는 일이 중요하다. 또한 그러한 심신의 변화에 대한 불안은 일상생활로 서서히 복귀해 가는 과정 중에 희미해져 감을 설명하고 또 환자 자신도 그 희미해져 가는 감각을 체험하는 일이 중요하다. 결과로서 치료 전과 비교하여 행동양식이나 사고방식이 무리 없는 자연스런 상태로 가까워지는 것이 가능해진다. 따라서 절식요법 후에 외래에서의 치료 성과를 높여 주는 중요한 장이 된다.

이상 절식요법에 대해서 개요에 대한 설명과 함께 나의 견해를 서술했지만, 절식요법을 시행해 가는 경우 가장 중요한 인자는 두말할 것도 없이 치료자와 환자 사이의 신뢰관계이다.

문헌

1) 鈴木仁一, 山内祐一, 他：新しい絶食療法の方法と治療成績. 精神医 12(5): 290-295, 1972
2) 十川　博：気管支喘息に対する絶食療法. 医学のあゆみ 146(9): 634, 1988
3) Bleich NL, Boro ES : Fasting, feeding and regulation of the sympathetic nervous system. N Engl J Med 298 : 1295-1301, 1978
4) 山内祐一, 鈴木仁一, 山本晴義：絶食療法の適用と限界. 心身医 19(2): 105-114, 1979
5) Komaki G, Tamai H, Kiyohara K et al : Changes in the hypothalamic-pituitary-thyroid axis during acute starvation in non-obese patients. Endo-crinol Japon 33

(3) : 303 - 308, 1986
6) Komaki G, Tamai H, Sumiok H et al : Plasma beta-endorphin during fasting in man. Horm Res 33 : 239 -
7) 古暮恒夫, 鈴木仁一, 村中一文, 他 : 絶食療法の免疫系に及ぼす影響について. 心身医 29 (2) : 179 - 183, 1989
8) 久保千春, 十川 博, 中野 博, 他 : 絶食・断眠ストレスと免疫. 心身医学 32 : 59 - 65, 1992
9) 山本晴義 : 絶食療法の脳波学的研究. 心身医 20 (4) : 325 - 335, 1980
10) 八代信義 : 絶食療法の臨床心理学的ならびに病態生理学的研究. 札幌医誌 55 (2) : 125 - 136, 1986
11) 美根和典, 金沢文高, 市川俊夫 : 過敏性腸症候群ガス型への森田療法の適用. メンタルヘルス岡本記念財団研究助成報告集 (5) : 253 - 256, 1992
12) Kanazawa F, Mine K, Andoh K : Application of the Morita therapy to the irritable bowel syndrome of gas type. Journal of Morita Therapy 5 (1) : 171 - 174, 1994

⑮ 모리타 요법

A 치료법으로서의 역할

모리타 요법은 Morita Shoma(1874~1938)에 의해서 신경질(모리타 신경질)을 대상으로 고안된 일본 특유의 치료법인데, 심신의학으로 보아서도 중요한 치료법의 하나라고 생각한다.

Ikemi가 말한 것과 같이 심신의학이 신경증을 연구하는 학문의 연장선상에 위치하는 것이 아니라는 생각이 옳다고 한다면, 신경증의 치료법인 모리타 요법도 심신의학에 속하기 위해서는 그 나름의 연구와 배려가 필요하다. 실제로 심료내과나 내과에서 모리타 요법을 실시하기 위해서는 특히 이 치료법에서 중요한 작업의 장소가 없기 때문에 이전의 모리타 요법(원법)은 불가능하고 특별한 발상의 전환이 필요하다.[1)]

모리타 요법은 행동요법의 하나라고 여기는 경향도 있지만 행동요법을 비롯한 다른 치료법이 거의 모두 증상을 고치는 것을 목적으로 한다면, 이에 비해 있는 증상 그대로를 해결하고자 하는 것이 이 치료법의 특징으로 다른 치료법과 다른 점이다.

1. 신경질(모리타 신경질)의 특징과 신경질 증상

일반적으로 전해오는 신경질과는 조금은 다른 미묘한 차이가 있다. 여기서 말하는 신경질은 일본인의 특징이기도 한 차근차근함, 수치심이 강한 점뿐 아니라, 자기 내성력, 집착심, 좀 더 잘 살고자 하는 욕망(삶의 욕망) 등이 남달리 강하다. 그 때문에 자신의 심신 상태나 변화 등에 과민하게 반응하는 경향(모리타는 이를 히포콘드리아성 기조라고 부르고 있다)이 있다. 그리고 누구에게나 있는 생리현상(예를 들면 식후 위가 거북하다거나 운동 후에 가슴 두

근거림이 있다) 등에 사로잡히게 되고 만다. 이 생리현상을 스스로 없애려고 하면 할수록 더욱 더 신경이 위나 심장에 집중되어서 위의 거북함, 심장 박동에 대한 감각은 더욱 더 예민하게 되고 불안이 강해져서 실제로 위의 불쾌감이나 가슴 두근거림이 강화된다(정신교호작용, 심신교호작용). 이와 같이 되어 이른바 신경질 증상을 나타낸다.

그러나 성격의 편향이 강하거나 「집착하는」 내용이 이해가 안 될 경우에는 다른 질환이 아닌가 생각해야 된다.

B 모리타 요법의 적응질환과 금기

1. 적응질환

모리타는 신경질을 표 V-31에서처럼 분류하고 적응질환으로 삼았는데, 심료내과에서도 위장신경증, 불안신경증등이 진료의 대상이 되는 경우가 많다. 이 경우 모리타요법적 접근이 필요하게 된다.

또한 표 V-32의 심신증(I)으로 분류된 것에는 모리타의 「사로잡힘」에 의해서 발병되어 있는 경우를 가끔씩 보게 되는데 모리타 요법을 염두에 둠이 중요하다. 한편, 최근 증가하고 있

표 V-31 모리타요법의 적응질환(신경질)

a. 보통 신경질
 불면증, 위장신경증 등

b. 강박관념(공포증)
 대인공포증, 잡념공포증, 불완전공포증

c. 발작성 신경증
 불안 신경증, 심장 신경증

표 V-32 모리타요법의 적응질환(심신증)

a. 심신증(I)
 과민성대장증후군, 만성위염, 위하수, 신경성 구토,
 복부수술 후 장애, 담도 운동이상증, 신경성 식욕부진증(사로잡힘),
 발작성 빈맥, 신경성 해소, 신경성 핍뇨, 과민성 방광, 갱년기장애,
 자율신경실조증, 편두통, 외상후 증후군, 서경, 근육통 등
b. 심신증(II)
 기관지천식, 당뇨병, 만성간염, 만성 관절 류마티스 등

는 신경성 과식증은 음식이나 비만에 대해 「사로잡힘」이라고 생각되는 증례도 보이는데 모리타 요법이 좀 더 힘을 발휘하리라 예상된다.

다음으로 심신증(II)에 속하는 것으로 내과 질환 쪽에 더 가까운 심신증에도 모리타 요법에 대한 인식이 있으면 치료가 좀 더 순조롭게 진행되는 경우가 많다. 예를 들면, 불안이나 대인긴장에 대한 모리타요법적 접근에 의해서 개선된 기관지천식의 증례나 불안감, 탈력감에 대한 모리타요법적 접근에 의해서 200이상이었던 GOT, GPT 수치가 50이하로 떨어진 천연성 만성간염의 증례가 있다. 또한 강박적으로 직장에 적응하려 했던 고혈당, 우울상태가 모리타 요법적 생활지도에 의해서 개선된 당뇨병 환자도 있다.

2. 금기 또는 부적당한 질환

1) 정신병 및 경계 사례

정신분열병에 대한 모리타 요법의 시도도 이루어지고 있는 듯 하지만 일반적으로 정신병은 금기다.

또한 경계 사례나 자아가 약한 환자가 모리타 요법을 받고서 악화되거나 심인반응을 일으키는 경우도 있으므로 역시 금기로 여기는 것이 타당하다.

2) 히스테리

질병의 배경에 히스테리 성향이 있을 때에는 모리타 자신도 가끔 말하고 있지만, 모리타 요법은 적당하지 않다.

3) 중증인 신체질환

배경에 모리타적인 「사로잡힘」이 있다 하더라도 중증의 신체질환(발열, 외상 등)이 있는 경우에는 먼저 신체질환을 치료하고 나서 모리타 요법을 시행해야 한다.

3. 신경질과 대치적으로 보아 의의 있는 질환

신경질을 심신이 함께 지나치게 과민하다고 한다면 당뇨병, 고혈압, 만성간염 등은 반대로 지나치게 둔감(실감정증, 실체감증)한 경향을 보이는 경우가 많다. 검사결과가 아주 나쁜데도 불구하고 자각증상이나 불안감은 거의 느끼지 않고 치료에도 그다지 열심이지 않다. 그렇지만 이들 증례가 정말 정신적으로 안정되어 있다고는 하기 어렵다. 특히 당뇨병 환자는 통계학적으로 자각증상이 빈약하고, 심리테스트에서도 불안감이 낮다는 사실이 드러났다.[2] 이 경우 모리타적인 불안을 조금은 가지게 하는 의미도 있고, 자각 증상을 강화하게 하는 필요에서 혈당의 biofeedback(혈당치를 예측하게 하고 안토센스Ⅱ-소형 전극식 혈당측정기로 즉시 피드백한다)이 유효하다. 식후 2시간치가 1,037㎎/㎗나 되던 53세의 당뇨병 환자는 자각증상이 전혀 없었는데도 약 20년간 인슐린을 맞으면서 이 biofeedback을 실시해 본인의 독특한 체감(저혈당인 경우에는 머리가 짓눌리는 느낌이 들고, 고혈당이 되면 두 무릎이 노곤해지는 등)이 나타나자 혈당 조절에도 관심을 기울여 1999년 11월 현재, 안저 출혈은 거의 보이지 않고 건강하게 통원하고 있다. 모리타 요법과는 전혀 대립되는 치료법인데도 내과, 심료내과에서는 신경질(모리타 신경질)과 대치적으로 보아 실감정증이나 실체감증을 시정하는 것에도 도움이 되고 있다고 할 수 있다.[3]

C 모리타 요법의 실제

1. 원법

정신을 산만하게 하는 일(예를 들어 독서, TV보기, 회화, 면회 등)을 일체 금지하고, 식사, 용변, 입욕만을 허가하는 이른바 절대안정을 5~7일간 실시한다. 불안, 공포 등을 멀리하지 않고 그것들을 정면으로 받아들이는 태도의 기초가 된다. 상세한 방법은 다른 모리타 요법의 저서[4,5]에 있겠지만 그 후는 가벼운 작업에서 무거운 작업으로 옮겨가게 해서, 작업을 어떻게 하면 능률이 나고 원활하게 하는가를 궁리하게 하면서 작업 그 자체의 체험을 시킨다. 주치의는 그 과정에서 일기 지도를 통해서 문제점이나 사로잡혀 있는 점을 지적하여 「사로잡혀 있는」 마음을 바깥쪽으로 흐르게 함으로써 고뇌, 불안, 공포 등이 있더라도 그것들을 지우고자 하는 노력(기도)을 하지 않아도 작업이 된다는 심경(있는 그대로)을 터득시키도록 한다. 이 원법에 따르면 신경질의 「사로잡힘」이면 2~3개월의 단기간의 변화로 치유되는 경우가 많다. 외래 치료나 설득만으로 효과가 있다고 강조하는 모리타 요법가도 있는 것 같은데 「사로잡힘」이 어느 정도 나아지면 이 원법에 따른 입원치료를 빠뜨려서는 안 된다.

예를 들면 서경 등은 「사로잡힘」이 강해 독서나 설득으로는 「사로잡힘」을 차지하기 어려워서 원법이 필요하다고 생각된다.[6,7]

그런데 환자가 꼭 입원이 가능하지도 않고 입원하였다 하더라도 도회지 병원에서는 작업원이 배치되어 있어서 오히려 작업내용이 저하되므로 종합병원의 내과, 심료내과에서는 모리타의 원법 시행이 불가능하다. 따라서 다음과 같은 변법을 쓰지 않을 수 없다.

2. 면접+일기지도+아르바이트

절대안정을 취한 후에는 작업을 대신하는 것이라면서 적당한 일(아르바이트)을 찾도록 하여 그 작업에 대한 일기를 쓰도록 하고, 주 1~2회 면접 실시, 일기 지도를 한다. 이 경우 작업장에는 그 작업에 익숙한 지도자가 있어서 엄격하게 훈련시킬 준비가 되어 있는 것이 바람직하고, 환자를 병에 걸린 사람이란 생각에 응석부리게 놔두지 않고 예사롭게 대할 필요가 있다. 그리고 작업에 익숙해지는 체험을 통해 「사로잡힘」에서 해방되는 것을 목표로 한다. 직장에서 응석받이가 되어 그냥 다니기만 해서는 아무 효과가 없다.

3. 걸음걸이 훈련요법(모리타요법 변법)

본래의 훈련법에서 기술한 것처럼 모리타 요법에서는 작업이 소중한 것으로 그 안에서 체험해서 깨달아야 하는 것인데, 주로 빌딩이라는 특징이 있는 병원에서의 작업은 아주 어렵다. 그래서 작업을 대신하는 것으로 결코 「걷는 일」에만 한정된 보행훈련요법(모리타요법 변법)을 고안해 내었다.[8] 이 훈련법은 한계가 있기는 하지만 외출 공포가 있는 사람에게는 아주 효과가 있으며, 걸음을 걷는 일로 「있는 그대로」를 체험할 수 있어 빌딩식의 병원이나 외래에서도 가능하고, 내과나 심료내과에서 제일 시행하기 쉬운 모리타요법이라 생각되므로 상세히 서술해 보겠다.

1) 준비단계

이 치료법의 준비단계로는 자택 또는 병원에서 약 1주일 간 모리타요법의 절대안정에 가까운 상태로 누워 지내도록 한다. 이 기간 동안 독서, 라디오, TV, 대화 등은 금지한다. 우울상태로 빠지는 때에는 항우울제를 투여하지만, 일주일 정도는 졸린 경우가 많고, 효과가 나타나는 시간을 필요로 하는 점에서도 이 기간 동안은 절대안정이 적당하다고 생각된다. 약 1주일 동안을 그렇게 지내고 나서 세면, 옷 갈아입기 등 일상에서 최소한의 필요한 일을 하게 하고, 동시에 현관 앞까지 걷도록 한다. 증상의 정도에 따라 준비단계에 걸리는 기간을 조절한다.

표 V-33 보행훈련요법(모리타요법 변법) 준비단계

1) 약 1주일 간 절대 안정한다.
2) 그 후 세면, 옷 갈아입기 등 일상에서 최소한의 필요한 일을 하게 한다.
3) 현관 앞까지 걷도록 한다.
4) 증상의 정도에 따라 준비단계의 기간을 가감한다.

2) 실시방법

다음에는 실시단계로 들어가 표 V-34처럼 시행한다. ①먼저 주치의와 목표지점을 정한다. 목표지점은 걸어서 편도 30분 정도의 장소로 전차나 버스 정거장 등이 적당하다. ②걷는 코스를 정한다. 매일 걷는 방향을 바꾸게 되면 얼마만큼 거리가 늘었는지 알 수 없으므로 일반 산책과 구별하는 의미에서도 코스를 일정하게 정하는 것이 좋다. 정거장이 가까운 경우에는 먼 길을 돌아서 가는 코스를 택하도록 한다. ③걷는 시간을 정한다. 오전 10시경이나 오후 2시경으로 대개의 시간을 정해 놓고 하루에 한번 걷게 한다. ④걷는 속도는 본인의 속도에 맡긴다. 날에 따라 보행을 지속해도 상관없다. ⑤사람이 끌려가듯 걷게 하는 것이 아니라 혼자서 걷도록 한다. ⑥보행거리는 처음부터 목표지점까지 걷게 하는 게 아니라, 본인의 속도로 가능한 거리를 서서히 늘리도록 한다. ⑦이 항목은 아주 중요한데 이 치료의 핵심이 될 만한 것이다. 즉, 어제 걸은 거리는 오늘 반드시 걷게 하는 것이다. 불안하거나 내키지 않아서 걷고 싶지 않더라도 어제의 도달지점까지는 걷기를 실행시키는 일이다. 비오는 날이나 더운 날일지라도 우산이나 모자를 착용하며 보행하도록 시키는데, 다만 고열이나 위급한 신체질환이 나타난 경우에는 중지 할 필요가 있다. ⑧목표지점까지 걷게 되면 시간을 변경해 하루에 2번 걷기를 시작한다. 또한 목표지점 끝을 버스나 전차의 정거장으로 정해 놓으면 거기서부터 차에 태워 돌아오도록 하는 것도 효과적이다. 「외출공포」가 있는 환자는 대개의 경우 승차하게 되면 불안을 느끼기 시작하므로, 승차하고 가는 거리를 조금씩 늘리기도 하고 필요에 따라서는 시장을 보아 오게 한다거나 입원중인 사람에게는 집으로 돌아갔다 오게 하는 것도 좋다. 목표지점까지 걸어서 다녀오게 되었을 경우에는 상당히 조건이 개선되어 있으므로 치료초기와 같은 엄격함보다는 조금씩 보행의 코스를 변경하는 등의 융통성을 가지게 하는 것도 무방하다. ⑨모리타요법적 관점에서 이 치료를 통해 치료자가 일관되게 지켜야 할 태도는 증상이 사라졌는지 아닌지를 평가하는 것이 아니고 걸었느냐 못 걸었느냐로 평가를 계속하는

표 V-34 보행훈련요법(모리타요법 변법 실시방법)

1) 목표지점을 정한다.
2) 걷는 코스를 정한다.
3) 걷는 시간을 정한다.
4) 걷는 속도는 본인에게 맡긴다.
5) 혼자서 걷도록 한다.
6) 정해놓은 거리에서 시작해서 가능한 서서히 늘린다.
7) 어제 걸은 거리는 오늘 반드시 걷도록 한다.
8) 목표지점까지 도달하면 하루에 2회 걷기를 시작하게 한다.
9) 증상이 소멸 되었는가를 평가하지 말고, 걸었느냐 못 걸었느냐로 평가한다.
10) 일기지도를 시행해서 걷기 이외의 신변 작업을 천천히 늘린다.

것이다. ⑩치료를 통한 일기지도를 시행해서 걷기 이외의 신변 작업을 조금씩 늘려가는 방향으로 지도하는 것이 바람직하다.

[증례 1]

환자 : 30세, 여성

주소 : 불안감, 식욕부진, 요배부통(腰背部痛)

진단 : 불안신경증, 신경성 식욕부진증(주변군)

가족력 : 아버지 당뇨병

기왕력 : 특이한 사항 없음

현병력 : 1978년 3월~4월, 오사카 노동위생센터 제1병원 심료내과에 신경성 식욕부진증(주변군)으로 입원해서 호전되었다. 그러나 1979년 6월, 초조감이 심해져 가족들과 의견이 잘 맞지 않게 되었다. 1981년, 맞선을 보라는 얘기가 있었고 같은 해 12월 결혼 문제로 아버지와 의견이 맞지 않아 얻어맞기도 하고 차이기도 하였다.

이후 아버지와는 한 마디도 나누지 않게 되었다. 1983년 4월 전차를 기다리고 있다가 불안발작을 일으켜 구급차로 오사카 노동위생센터 제1병원에 후송되어 왔다. 이후 병원 심료내과에 주 1회씩 외래로 통원하고 있었는데, 불안감이 다시 심해져 식욕도 감퇴. 같은 해 7월에 같은 병원 심료내과에 입원하게 되었다.

입원 시 증상 : 키 160.7㎝, 체중 47㎏, 체온 36.9℃, 맥박 78/분, 혈압 102/60㎜Hg, 흉부청타진 이상 없음, 복부촉진 이상 없음.

입원 후 경과 : 1983년 7월 입원 후, 1 주일 간은 큰 입원실에서 다른 내과 환자와 함께 지내 불편하였지만, 준비단계로서 절대안정에 가까운 상태를 지키도록 하였다. 그 뒤, 목표지점을 보통 걸음으로 30분 정도의 위치에 있는 정거장으로 택하게 하였다. 2~3일 후, 미열이 있어서 걸을 때마다 불안을 나타냈지만 대단한 증세는 아니었고 거리도 짧았으므로 걷게 하였다. 7월 말 무렵 검사결과로 HBs 항원이 양성이라는 것을 알게 되어 아주 큰 충격으로 하루 종일 울며 지냈으나 어제의 거리 그대로를 걷게 하였다. 8월 초에 그 충격을 주치의, 임상심리사, 간호사에게 얘기해 상당히 편하게 되었다. 불안감, 식욕부진, 요배부통의 증상은 있는 그대로 서서히 보행거리가 늘어나 8월 10일 무렵에는 목표지점에 도달하게 되었다. 8월 중순에는 목표지점에 어렵지 않게 도달할 수 있게 되어서 물건을 사러 가게도 되었다. 동시에 자각증상도 상당히 줄어들고 있었지만 너무 좋아하지 않도록 주의시킴. 8월 20일경에는 「걷기만 하고서 이렇게 기운을 되찾게 되리라고는 미처 생각하지 못했었다」라고 말하고 있다. 8월 말에는 목표지점부터 전차를 타고서 오사카 기차역까지 가게 되었는데 하루에 2번 걷는 연습도 시작하였다. 9월 초순에는 목표지점까지 하루에 2번씩 걷게 되었는데, 그때까지 식사 때 남겨두던

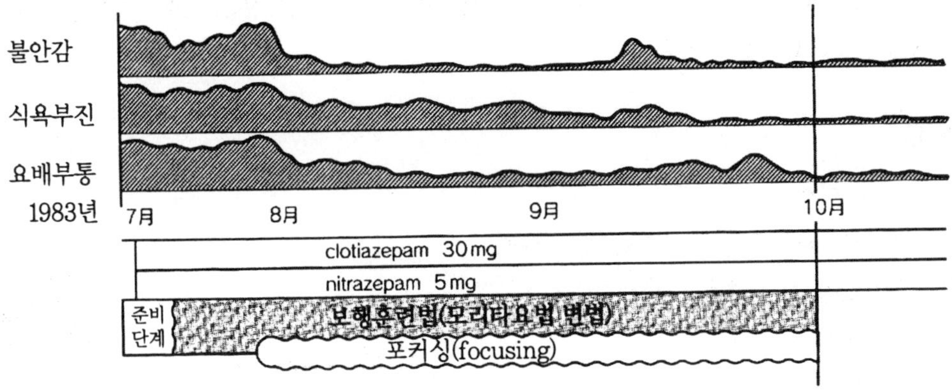

그림 V-30 경과표 (증례1, 30세, 여성) (문헌 8에서)

국을 다 마실 정도로 식욕이 늘어났다. 9월 중순, 목표지점까지 걸은 뒤 집으로 가서 외박할 수 있었는데 변함은 없었다. 9월 하순 불안 발작을 일으켰던 정거장으로 갔었지만 예사롭게 행동하였다. 이 무렵, 심리요법으로 시행하고 있던 포커싱도 멋지게 해낼 수 있게 되었다. 10월 초순 퇴원해서 친구 집까지 차를 운전하고 가서 거기서 묵었다 (그림 V-30).

1983년 10월 중순부터 직장에 복귀하였는데 직장에서는 동료들이 「성격이 상당히 달라졌다」고 말하고 있으며, 젊은 사람들이 연애문제로 의논하러 찾아온다든지, 또 많은 사람들과 화기애애한 만남도 가지게 되었다. 업무도 주임으로서 활동하게 되었다. 또한 가족들과도 원만해져 연로한 아버지를 위로하면서 축제 등에 가기도 하였다. 투약의 복용도 서서히 줄게 되었고, 퇴원 후에 시작한 수영은 가고 싶지 않은 때도 있었으나 「어쨌든 수영장까지 가서 수영복을 갈아입고, 그리고 나서도 싫으면 하지 않는다는 심정으로 가보니, 대개의 경우에 수영은 끝까지 할 수 있게 되었고 즐거운 기분으로 돌아올 수 있게 되었다」라고 말하고 있는데, 「이것은 보행훈련의 요령과 같다」라고 말하고 있다. 한편 이 증례자는 1986년 6월에 결혼하여 1994년 현재 두 아이의 어머니로서 잘 살고 있다.

[증례 2]

환자 : 50세, 여성

주소 : 불면, 쓸쓸함, 식욕부진, 피로감

진단 : 우울 상태

가족력 • 기왕력 : 특이 사항 없음

현병력 : 1986년 7월 외동딸이 결혼하고 나서 왠지 모르게 쓸쓸해져 식욕부진, 전신 권태감이 서서히 나타나게 되었다. 근처에 있는 내과의사에게 진료를 받고 있었으나, 전혀 호전하지 않고 점차적으로 외출도 못하게 되어 1986년 9월 29일 쿠로가와 내과를 방문했다.

초진시 증상 : 신장 154㎝, 체중 49㎏, 체온 36.1℃, 맥박 80/분, 혈압 118/68㎜Hg.

심리테스트 : SDS : 44, Egogram(CP12, NP6, A11, FC4, AC15).

치료경과 : 초진 시 뚜렷한 우울상태로 외출이나 일상생활도 불가능하기 때문에 거의 누워 지내는 경우가 많았다. 따라서 먼저 항우울제를 투여하기 시작하였다. 여러 가지 항우울제를 처방했고 1986년 10월 20일 무렵, 조금 좋아진 기분이 들어 보행훈련요법(모리타요법 변법)을 시행하기 시작하였다. 그러나 옷 갈아입기도 귀찮아하고 10월말까지는 2회 걸었을 뿐이었다. 11월 초에는 「아무리 기분이 언짢더라도 매일 정해놓은 시간에 어제 걸었던 거리는 걷도록 하라」고 지시를 새롭게 하였다. 그 이후 서서히 거리를 늘려가면서 매일 걷게 되었고, 11월 17일에는 비교적 잘 자게 되어 기분이 안정되고 남편한테도 좋아졌다는 말까지 들었다. 12월 1일에는 「목적지까지 걸을 수 있어 기분도 안정되었다」라고 말하고 있는데, 잘 들어보면 단지의 주변을 걷기만 하는 코스라 어느새 변경하고 있었다. 그 때문에 목적지를 정거장으로 바꾸게 하였다. 12월 15일에는 정거장까지 걷고 다음 역까지 전차를 타게 되었다. 그 뒤는 역까지 매일 걸었고, 전차에 타는 거리를 점점 늘리도록 지시하였다. 1987년 1월 5일, 우메다까지 전차로 가게 되었다.(목적지인 역에서부터 우메다 역까지는 40분 정도 거리). 「걸어 다녀서 좋아졌다」라고 말하고 있다. 같은 해 1월 19일, 보행이나 승차는 쉽게 할 수 있게 되었고, 일상생활도 정상적으로 할 수 있게 되었다. 같은 해 2월부터는 우메다까지 매일 통근하고, 회사의 사무도 볼 수 있을 정도로 우울상태는 거의 소실되었고, 항우울제를 줄이는 방향으로 가고 있다 (그림 Ⅴ-31).

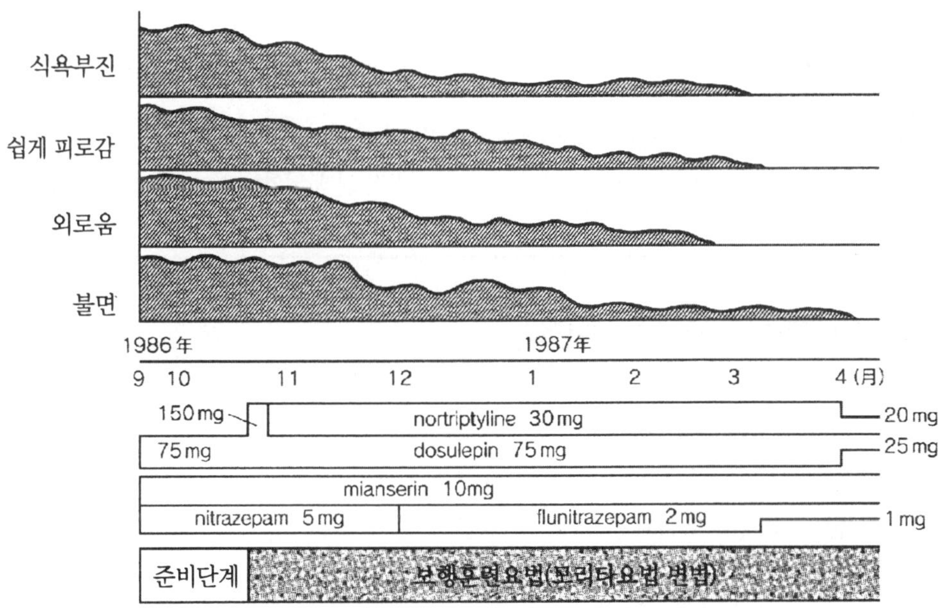

그림 Ⅴ-31 경과표 (증례2, 50세, 여성) (문헌 8에서)

이상, 보행훈련법(모리타요법 변법)에 대해서 방법이나 증례를 소개하였는데, 특히 증례1의 중요한 포인트에 대해 언급하기로 하겠다.

이 치료를 받기 전이었다면 불안을 느꼈을 때 당장에 그만두겠다고 생각되지만, 수영연습을 가는 경우 불안하더라도 어떻게든 수영장까지 가서 마지못해 수영복을 입고 보면 어느새 수영을 할 수 있게 되고, 대부분의 경우 돌아오는 길에는 즐거운 만족감을 갖고 돌아오게 된다. 이렇게 본인은 마치 마지못해 걷고 있었는데, 어느새 걷고 있는 태도와 같아진다고 말하고 있다. 이는 모리타요법의 「있는 그대로」의 나타남이나, 마음은 「사로잡히지」않고 자연스레 변화하고, 곧 「유전(流転)」을 체험하고 있다고 생각하게 된다.

증례2에 대해서는 자택에서 실시하는 경우에 어느새 코스를 바꾸고 있는 경우도 있으므로 주의할 필요가 있다.

마지막으로 이 보행 훈련요법(모리타요법 변법)의 특징을 정리해 보면 표 V-35와 같다.

표 V-35 보행훈련요법(모리타요법 변법)의 특징

(1) 치료자가 특별히 모리타 요법의 전문가가 아니더라도 누구나 실시할 수 있다.
(2) 모리타요법의 원법의 실시가 불가능한 도시의 빌딩, 완비된 내과나 심료내과의 병동 또는 외래 통원으로도 실시가 가능하다.
(3) 모리타요법의 원법에 대해 호응이 어려운 환자, 예를 들면 우울증 상태의 환자에게도 쉽게 실시가 가능하다.
(4) 우울상태, 불안신경증, 패닉장애의 환자나 그것이 기반이 되는 심신증 등 「외출공포」를 수반하는 사람에게 특히 유효하다.
(5) 보행을 실행함으로써 모리타요법을 설득만으로 끝나게 하기보다는 터득할 수 있다는 점에서 우수하다.
(6) 「외출공포」를 수반하지 않는 환자에게는 그다지 효과적이지 않다.
(7) 주치의는 일관되게 증상이 사라졌느냐 아니냐가 문제가 아니라, 걷게 되었느냐 아니냐를 중시하는 태도가 필요하다.

4.「줄탁동시(啐啄同時)」, 「궁하면 통한다」

「사로잡힘」 때문에 한계상황에 스스로 다다랐을 때 적절한 말이나 기회가 주어지면 급격한 심리적 변화가 일어나서, 한번에 「사로잡힘」에서 해방되는 경우가 있다. 병아리가 세상으로 나올 때 어미닭이 밖에서 쪼아대는 바로 그 순간에 안에 있는 병아리가 동시에 쪼아대서 새로운 세상이 열리는 것과 마찬가지로, 갑자기 어느 계기에 깨닫게 되는 상황을 불교용어로 「줄탁동시」라고 전해져 오고 있다. 「궁하면 통한다」라는 말도 같은 뜻이다. 심장신경증이나 신경성 식욕부진증(사로잡힘)에 의해 본인이 사느냐, 죽느냐의 갈림길에까지 다다랐을 때 적절한 말이나 기회를 얻게 되면, 이와 같이 홀연히 치료가 되는 경우가 있다. 이 현상은 모리타 요법에서는 잘 알려져 있는 현상으로 치료의 형태는 모리타요법과 같으며 치료하는 과정을 염두에 둘 필요가 있다.

그림 V-32는 「줄탁동시」의 증례가 된다.

이 환자는 25세 남성으로 신경질(모리타 신경질)이다. 신경질의 특징으로는 「삶에 대한 욕망」이 강한데 뒤집어 보면 죽음에 대한 공포도 강해서 그런 만큼 신체에 대해 민감하다는데 있다.

A단계에서는 양 쪽의 견해가 균형을 이루어 건강하였지만 B단계에서는 위장의 상태가 악화되어 가까운 의사에게 위내시경을 받은 결과, 「위하수」로 진단받았다. 민감한 데다가 의사의 설명이 불충분하였기 때문에 「엄청난 일로 되고 말았어(히포콘드리아성 판단)」라고 생각하고, 「죽음의 공포」의 대상은 「위하수」로 인해 먹는 것에 사로잡혀 실제로 먹지 못하는 상황에 이르렀다. 이 때문에 체중은 서서히 줄어가고 체력은 감퇴하여 C에 이르렀다. 그러나 이 단계에서는 「죽음의 공포」대상은 아직 「체력감퇴」보다는 「위하수」 쪽이 더 강하여 결과적으

(증례) 25세, 남성
(주소) 먹지 못함
(진단) 신경성 식욕부진증(집착)

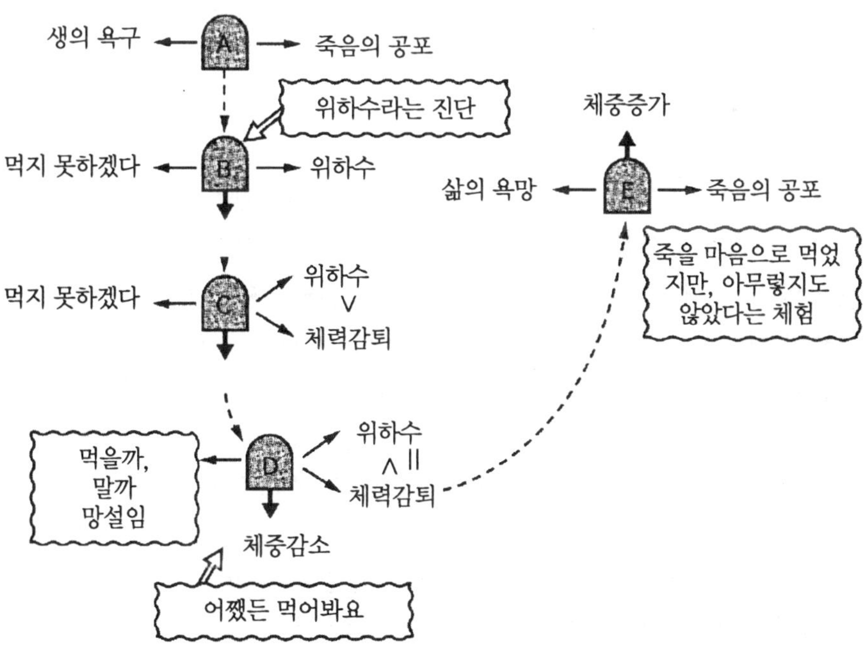

그림 V-32 「줄탁동시」의 증례

로는 먹지 못하여서 체중이 점점 더 줄어들었다. D에 이르게 되고 보니 「위하수」도 신경 쓰이지만 체중 감소에 의한 「체력감소」도 신경 쓰이게 된다. 여기서 이 남성은 「먹을까, 먹지 말까」하는 방황에 방황을 거듭한다. 실제로 죽을지도 모른다는 지경에 빠지게 된 이제, 주치의로부터 「우선 먹어봐요」라는 말을 듣고서는 마음이 움직여진다. 죽어봤자 본전이라는 기분으로 죽이나 수프를 먹게 되었는데 그렇게까지 불안했던 위의 상태는 아무렇지도 않다는 듯한 체험에 의해, 이 남성은 「사로잡힘」에서 풀려나 체중도 차차 늘어나고 건강하게 되었다. 「줄탁동시」, 「궁하면 통한다」라는 예가 된다.

아주 똑같은 경험을 니츠이 부사장 시절에 경험한 정신건강 Okamoto 기념재단 이사장 오카모토 츠네오 씨는 저서 『자신에게 이기는 삶의 방법』[9]에서 자세히 기술하고 있다.

Okamoto는 막다른 골목에 이르렀을 때 모리타요법의 책이 도움이 되었다고 해서, 정년 이후의 생애를 모리타 요법의 계몽에 투자하고 있다. 또한 같은 상황을 심장신경증이었던 Morita Shoma 자신이 경험하였다. 곧 심장신경증으로 괴로워하던 학생시절, 가슴 두근거림이 신경 쓰이고, 진급이 될지 안 될지, 시험공부도 해야 하는데, 거기다 부모님 형편이 안 좋아서 송금해 오지 않는 등 어려운 문제가 겹쳐서 막다른 골목에 이르게 되었다. 결국 죽어도 본전이라는 생각에 약도 던져버리고 시험공부에 몰두하자, 죽기는커녕 심장신경증은 나았고 성적 우수생으로 진급까지도 하게 되었다. 모리타는 이 체험을 살려서 모리타요법을 고안해 냈다고 전해오고 있다.

D 예후 및 주의점

모리타요법의 특징은 증상을 잡으려 하는 데 있지 않고 정면돌파의 자세를 관철하는데 있다. 증상을 이겨내려 하지 않는 치료법은 모리타요법 이외에는 없다. 따라서 작업과 업무, 걷는 것은 「줄탁동시」 처럼 증상이 있더라도 그냥 그대로 어떤 일이 가능하다는 생각(있는 그대로)을 터득하면 재발하는 경우는 거의 없고 예후도 양호하다. 증상이 다소 있더라도 전진하는 자세가 흩어지지 않기 때문이다. 이런 점에서 모리타요법을 시행하는 경우 증상을 이겨내려는 데에 중점을 두어서는 안 된다.

그러나 모리타 자신도 가끔 언급하였던 대로 책을 읽게 한다거나 설득하는 것만으로는 터득에 이르는 경우가 적고 관념적인 이해만으로 끝난 사례가 많다. 심신의학에서의 모리타요법적 접근라고 말하는 경우에 이 점에 대해서도 주의할 필요가 있다.

또한 일반적인 모리타요법의 문헌에서는 언급하지 않은 일이기도 한데, 심료내과나 내과에서는 다음의 사항도 주의할 필요가 있다. 즉 저자가 경험한 만성 관절 류마티즘의 주부(34세)

는 16세 때 불안신경증에 걸려서 입원, 모리타요법으로 치유되었다. 그러나 결혼 후 시부모와 동거를 하고부터 만성 관절 류마티즘에 걸려 중증화되었다. 이 경우 시부모에 대해 신경을 지나치게 쓴다거나 가사에 지나치게 전념하는 등 모리타요법적으로 과잉적응하게 되어 감정을 억제한 것이 큰 원인의 하나라고 생각된다. 그래서 시부모와의 관계를 개선하고 감정의 억압을 풀기 위해 그림그리기 요법이나 게슈탈트의 의자·테크닉이 필요하며, 실제로도 그 도입에 의해 발산이 나타나기 시작하며 호전되었다.[10] 이와 같이 비록 신경질(모리타 신경질)이더라도 환경적 문제가 그 안에 있다거나 과잉적응을 보이는 경우 모리타요법만으로는 더욱 과잉적응을 부추기는 일이 되므로, 그 점에 충분히 주의해서 환경개선이나 모리타요법 이외의 치료법도 도입해야 할 것이다.

문헌

1) 黒川順夫：心身医学領域における森田療法的接近．(続)森田療法ワークショップ'86～'88．pp 24-28, 星和書店，1990
2) 黒川順夫，他：糖尿病の自覚症状についての心身医学的研究—失体感症に関する研究—．心身医学 22：196-199, 1982
3) 黒川順夫：糖尿病と失感情症，失体感症．Diabetes Journal 19(3)：111-114, 1991
4) 森田正馬：神経質の本態および療法．白楊社，1960
5) 岩井　寛，阿部　享：森田療法の理論と実際．金剛出版，1975
6) 黒川順夫：書痙・痙性斜頚，心身症・内科以外の成人病．池見酉次郎，他(編)：成人病診療講座第12巻，金原出版，pp110-113, 1973
7) 黒川順夫：書痙．中川哲也，吾郷晋浩(編)：症例に学ぶ心身医学，pp26-35, 医歯薬出版，1988
8) 黒川順夫：歩行訓練療法(森田療法変法)．心身医学 28：507-513, 1988
9) 岡本常男：自分に克つ生き方．ごま書店，1989
10) 黒川順夫：入院患者及び長期療養患者の精神療法．岩井寛編：実地臨床に活かす精神療法，pp291-303, ライフ・サイエンスセンター，1986

⑯ 요가 • 기공

우리 과에서는 1975년 무렵부터 심신증 치료의 일환으로 요가, 기공법(초기에는 태극권이었다)이 채택되었다. 요가도, 기공도 심신증의 치료법 전체 틀 안에서는 거의 같은 정도의 비중으로 시행되고 있다. 저자 자신도 요가 지도를 맡고 있으므로 이 장에서는 요가를 중심으로 서술하겠다.

A 치료로서의 역할

요가나 기공법 등 신체적 방법의 특징은 신체의 움직임과 호흡의 방식을 통해서 ①이완이 심화되어 항상성(homeostasis) 기능의 회복이 도모된다는 생리적 효과와 ②필연적으로 자기를 응시하게 되는 기회가 주어진다는 심리적 효과로 집약될 것이리라 전망하게 된다.

우리 과에서는 요가나 기공법 등의 신체적 방법을 적극적으로 채택하고 있는데, 요가나 기공이 단독적인 치료법으로 선택되어 쓰이는 경우는 거의 없다. 대개의 경우 주치의의 판단을 기반으로 최신 현대의학적 치료와 병행해 현대의학에 근거한 치료를 보완하는 형태로 쓰이고 있다고 하겠다.

B 적응과 금기

1) 적응

요가나 기공법이 가장 좋은 적응증이 되는 대상은 갈등, 불필요한 걱정, 긴장상태의 지속이 질환의 생리적 치유기전을 방해하고 있다고 생각되는 경우로, 그것도 환자에게는 충분한 통찰력이 있다고 판단되는 경우이다.

2) 금기

건강한 사람에게는 요가나 기공법을 시행하는데 있어 사람이나 시기 등의 금기가 있을 수 없다고 판단된다. 그러나 질환에 있어서 치료의 일환으로 채택하는 경우에는 도입하는 방법이나 시기에 대해 주의할 필요가 있다.

먼저 환자가 앓고 있는 질병이 염증성, 통증성 질환의 급성기인 경우, 기관지천식이나 협심증 등의 발작 직후나 조절이 잘 안 되는 시기, 혹은 환자가 극도로 피폐하여 소모 상태에 있는 경우 등 의학 상식적으로 보아 안정이 필요한 시기에는 도입을 피해야 할 것이다.

다음으로 환자의 성격이나 심리적인 인자가 질환에 관여하는 방법 등으로 보아 도입이 적절한지 어떤지를 고려할 필요가 있다. 예를 들면 환자가 강박적이어서 모든 면에서 열심히 하지 않으면 마음에 들지 않는 사람의 경우 요가나 기공법을 도입한다 해도 노력을 기울여야 할 새로운 과제가 부과되는데 지나지 않았다거나, 현실 회피적인 심리과정이 의심되는 환자에게는 직시하지 않으면 안 될 문제를 회피할 수 있는 새로운 구실이 주어지는데 지나지 않는다는 결과로 끝나게 되어, 오히려 아무 것도 하지 않는 것이 치료를 원활하게 전개할 수도 있었다고 할 수 밖에 없다. 만일 숙련된 치료자라면 이와 같은 사태에 빠져들었다 하더라도 치료적으로 그런 상황을 수습하는 일이 가능하리라고 본다. 그러나 치료자가 그런 상황에 대한 대처법에 자신이 없는 경우에는 도입을 유보하는 게 좋겠다.

3) 심신증 환자에 대한 외기공 치료의 시비

만약 당뇨병에 대해서 외기공이 효과가 있었다 하더라도 당뇨병의 치료에는 식사요법, 운동요법이 가장 중요하다는 사실에는 변함이 없다. 한 마디로 질병을 초래한 자기의 생활습관에 대한 반성과 자기관리가 필요하다는 말이다. 심신증에 대해서도 같은 말을 할 수 있겠다.

원래 건강했던 사람이 일시적인 과로나 근심으로 인해 항상성(homeostasis)에 불균형 생겨 웬만한 안정으로는 회복이 어려운 상황에서 생긴 심신증(현실 심신증)에 대해서는 외기공이 유효할 것 같다(다만 그 경우라 하더라도 자기의 생활습관에 대한 반성, 내성적인 태도를 고치려는 노력이 필요하다). 그렇지만 심신증의 발병, 지속, 난치화의 심리과정의 방편으로 환자의 현실회피, 의존성이 문제가 되는 경우에 유효성은 낮다(개인적으로는 금기라고 생각하고 있다). 왜냐하면 "기(氣)"라고 하는 개념은 애매한 것이기 때문에 가끔씩 이와 같은 경향이 보이는 환자는 자신에게 유리한 해석을 내리기 쉬운데, 어느 문제에 대해서도 모두 "기(氣)" 때문으로 탓하여 심리요법이 제대로 이루어지지 않았다거나 "기(氣)"라고 하는 새로운 회피, 의존의 수단이 제공되기 때문에 일시적으로는 증상이 호전된 듯도 싶지만, 긴 안목으로 보면 결코 좋은 경과를 밟지 않았던 경우가 많았기 때문이다. 또한 환자의 배후에서 화려한 몸짓으로 "기(氣)"를 주입한다거나 환자의 주변을 깡충깡충 뛰어 돌면서 환자의 불수의 운동을 도발하는 외기공사와 환자와의 사이에는 독특한 지배계급, 의존관계가 파생되기 쉽다. 환자가 히스테리 경향이 있는 경우 그것을 조장해 버리는 위험성마저 있다. 그와 같은 현상에 대한 반성에서 중국의 기공사들 중에는 외기공을 부정하는 사람이 적지 않다는 사실을 알아야 할 것이다.

C 치료의 실제

1. 입원환자의 지도

주치의로부터 의뢰를 받은 입원 환자는 1주에 한 번, 지도자와 함께 집단으로 요가 또는 기공법을 시행하고 다른 날에는 각자 자습하는 형태를 취하고 있다.

요가의 경우 1주에 한 번의 모임은 약 90분으로 구성되어 가벼운 유연체조 후 체위법을 60분, 호흡법 및 명상을 30분 진행시키고 있다. 모임 중에는 대인 긴장이 심한 환자를 위한 배려에서 다른 환자의 흥밋거리의 견학은 사절하고 있다. 한편 입원환자가 퇴원 후에도 참가를 희망하는 경우에는 참가를 허용한다.

체위법은 결코 유연성을 경쟁하는 것이 아니므로 참가한 환자의 유연성을 보며 적당히 달라지고 있는데 흔히 자주 쓰이는 자세를 그림 V-33에 나타내고 있다. 하나하나의 자세에는

그림V-33 요가 치료법에서 행해지는 체위법과 호흡법(프라나무드라 변법의 예)

시신의 자세를 도입해 가면서 체위법에 따라 차차 긴장이 줄어 이완되어 가는 것을 느껴지도록 하였다. 그 경우, 마루 바닥이 차면 모처럼의 이완 반응의 결과 확장되어 있던 말초혈관이 수축되어 버린다. 콘크리트 바닥이나 나무 바닥에서 시행하는 경우에는 단열성이 좋을 카펫을 사용해야 할 것이다.

체위법을 마친 다음에는 그림 V-33에서 보여주는 프라나무드라 내지 기 호흡법[1]을 시행하고 그 후에 명상을 시행하고 있다.

2. 외래환자에 대한 지도

바쁜 일반외래에서는 입원환자와 같은 지도를 하는 것이 어렵다. 그렇지만 호흡법이나 아래에 보이는 간단한 자세의 지도, 혹은 환자와의 대화 사이의 틈새잡기를 주의함으로써 만족할 만한 효과를 올리고 있다.

[합척전굴의 포즈-Baddha Kanasana](그림 V-34)

저자인 나는 이 포즈를 지도하고 있다. 먼저 환자를 진찰대 위에 그림과 같이 앉히고 천천히 상체를 앞으로 굽히게 한다. 그 때 천천히 힘을 빼도록 하는 게 요령인데 그렇게 하면 호흡이 깊어진다. 머리를 바닥에 대는 듯한 기분으로 머리를 앞으로 굽히면 호흡은 얕아지게 된다. 이 자세를 취하면 흉곽의 움직임이 비교적 제한되는 한편, 복근의 긴장이 풀리고 복부의 움직임이 쉬워진다. 또한 횡격막은 누운 자세에서는 선 자세에 비해 높아져 폐활량이 약 7% 낮아진다. 따라서 일어난 상태에서 천천히 몸을 앞으로 굽히면 저절로 여유 있는 호흡 상태가 되고 반대되는 동작은 호흡이 줄어들게 된다. 또한 이 자세는 대퇴 안쪽, 등 근육의 스트레칭을 수반하기 때문에 체성 감각으로 의식이 향하게 하기 쉽고 스트레칭을 계속해서 생기는 이완감을 체험하기 쉽다(실제, 환자의 내성보고에서는 어깨의 힘이 빠진다고 하는 것이 가장 많다). 그 때문에 자율훈련법(AT)이나 복식호흡이 웬만해서 이해되지 않는 사람도 쉽게 이완이 되며, 외래 진찰실에서도 충분히 지도가 가능하다. 다만 남성과 비만 여성에 비하여 아주 마른 여성은 이 자세가 고통스런 경우가 있다. 그럴 때에는 책상다리로 앉게 한다거나 바르게 앉은 채로 시행하도록 지도하고 있다.

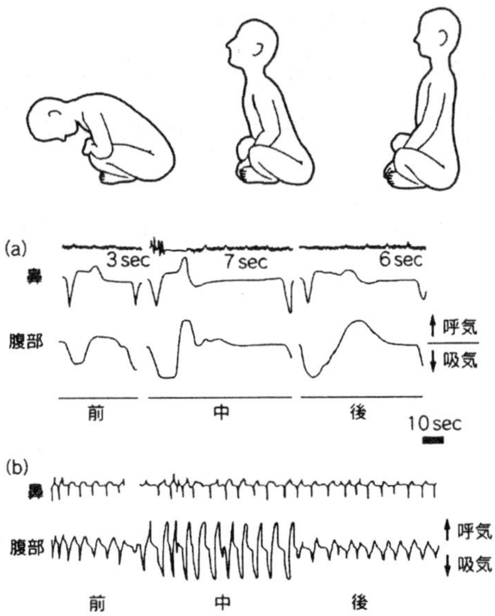

자세를 시행하게 되면 의식하지 않아도 호흡은 자연히 깊고 길게 내쉬는 숨의 연장이 되는 것을 알 수 있다(a). 또한 호흡은 복식으로 하게 되고, 자세 종료 후에도 호흡은 규칙적임을 알 수 있다(b). (문헌4에서 인용)

그림 V-34 합척전굴의 자세에 따른 호흡곡선의 변화

[증례]

환자: 32세, 여성, 주부

주소 : 심와부통

가족력, 기왕력 : 특이 사항 없음

생활력 : 커피(-), 술(-), 담배 15개비/하루

현병력 : 1980년, 남편의 직업때문에 장거리 트럭에 타게 된 무렵부터 심와부통을 느끼기 시작하게 되었는데, 근처 의사에게 진찰 받아 위궤양으로 약물 치료를 받았다. 1985년, 남편이 교통사고로 입원하고 초등학생이 된 자녀에 대한 걱정도 겹쳐서 다시 심와부통이 나타나게 되었다. 근처 의사에게서 famotidine 40㎎을 시작으로 약물치료를 받았지만 나아지지 않았기 때문에, 1987년 10월, 우리병원(당시 내가 근무하고 있던 국립병원)으로 의뢰되어 진찰을 받았다. 초진 때 위각부에 H1 stage의 위궤양이었다. famotidine을 80㎎으로 늘리고 스테로이드의 국소주사 요법도 시행했으나 치유되지 않아 다음해 5월 심료내과 외래에서 진찰을 받았다.

현재 증상 : 키 153㎝, 체중 48㎏, 심와부에 압통. 손바닥 발한 뚜렷.

경과 : 심료내과 외래 초진 때의 면접에서 가족은 남편과 자녀 3명의 5인 가족이라는 점, 자신의 성격은 대범한 면과 신경질적인 면의 양극단적이라는 점, 부부관계에 대해서는 자신은 남편에게 응석받이로 대응하고 싶은데, 남편은 3형제의 막내로 자라 반대로 남편이 나에

게 응석받이로 다가오기 때문에 참으면서 누나, 부인 역할을 다하고 있다. 우물가 대화가 유일한 스트레스 해소법이었는데 남편이 자신의 험담을 듣게 되는것 같다고 싫어해서 그만두었다. 자신만이 참으면 집안은 별일 없이 유지해 나갈 것으로 생각해서 불만을 말하지 않는 사정을 털어 놓았다. 궤양에 관한 심신상관 및 대처법에 대해서는 집안일로 옥신각신하거나 남편의 일로 걱정이 늘어나면 위가 아프게 되는 경우는 알고 있지만 걱정이 줄지 않는 현재 상황으로는 어쩔 도리가 없다고 생각하고 있음을 알 수 있었다.

처음 면접에서 환자의 성격은 건전하며 통찰능력이 충분하였고 따라서 환자가 자기조절을 습득하게 되면 다음은 혼자서 자기 나름의 노력으로 해 나갈 수 있으리라고 판단하였다. 그래서 자율훈련법(AT)과 합척전굴의 자세를 지도하였다.

환자가 자세를 취하게 되면 깊고 가지런한 복식 호흡이 저절로 이루어지게 되어(그림 V-34), 정신적으로 여유 있는 상태가 된다는 사실을 알게 되었다. 어느 날 자세를 시행하였더니 심와부통이 사라진다는 경험(증상소실체험)을 얻을 수 있었다. 그래서 「어떤 때에 아픔이 늘어나고, 어떻게 하면 통증이 누그러지게 되는가를 관찰하도록」 지도하였더니, 「이전에는 아프더라도 집안일을 하였었는데 잠시 누워서 쉬고 하는 편이 통증 줄어들고 능률도 오른다는 사실을 알게 되었다. 이완하고 호흡을 고르게 하면 아픔은 견딜만 해진다.」, 그리고 「자신은 대

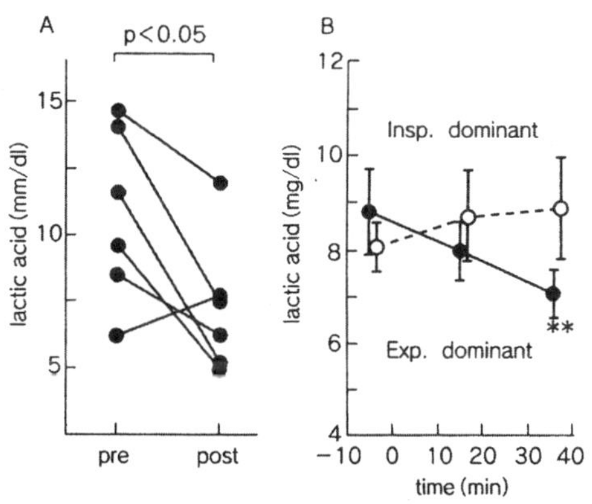

그림 V-35 요가(A) 및 호흡 패턴의 차이(B)가 혈중 유산치에 미치는 영향

기관지천식 환자에게 요가를 1시간 시행하였더니 안정시보다 유산치가 낮아졌다(문헌 5에서 인용)(A). 또한 건강한 사람에 비해 길게 내쉬는 호흡과, 길게 들여 마시는 호흡을 시켰더니 길게 들여 마시는 호흡(Insp. dominant)에서는 유산치가 변화하지 않았는데, 길게 내쉬는 호흡(Exp. dominant)에서는 (내쉬는 숨 : 들이쉬는 숨이 2:1, 10 호흡/분) 유산치가 낮아졌다(B). 이 사실은 그저 안정을 취하고 있기 보다는 요가를 한다거나 의식적으로 내쉬는 숨의 긴 호흡법을 시행하는 편이 좀 더 적극적으로 이완이 촉진된다는 것을 시사하고 있다. **$p<0.01$

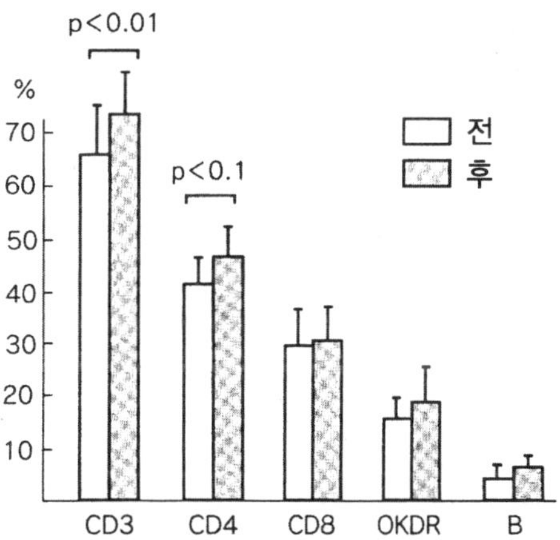

그림 V-36 기공법의 말초 임파구 Subset에 미치는 영향

건강한 사람이 5개월간 정기적으로 기공법을 하였더니 T임파구, 특히 헬퍼 T임파구의 증가가 관찰되었다(문헌 6에서 인용). 또한 NK 활성도 상승했다. 기공이 생체의 면역계에도 영향을 준다는 사실을 알 수가 있다.

범한 사람이라고 자부하고 있었는데 나도 모르게 소심한 데가 있으며 긴장이 심해지는 것을 알 수 있었다. 궤양이 낫지 않는 것을 남편 탓으로 돌리고 있었는데 조바심을 내도 별 수 없다고 생각하게 되었고 남편을 탓하는 기분도 줄어들게 되었다」라고 말하게 되었다. 또 담배의 양도 자연히 줄어들었다. 이러한 치료를 병용하고 나서 1개월 반 뒤 위궤양은 S1 stage로 되었다(그림 V-37).[8)]

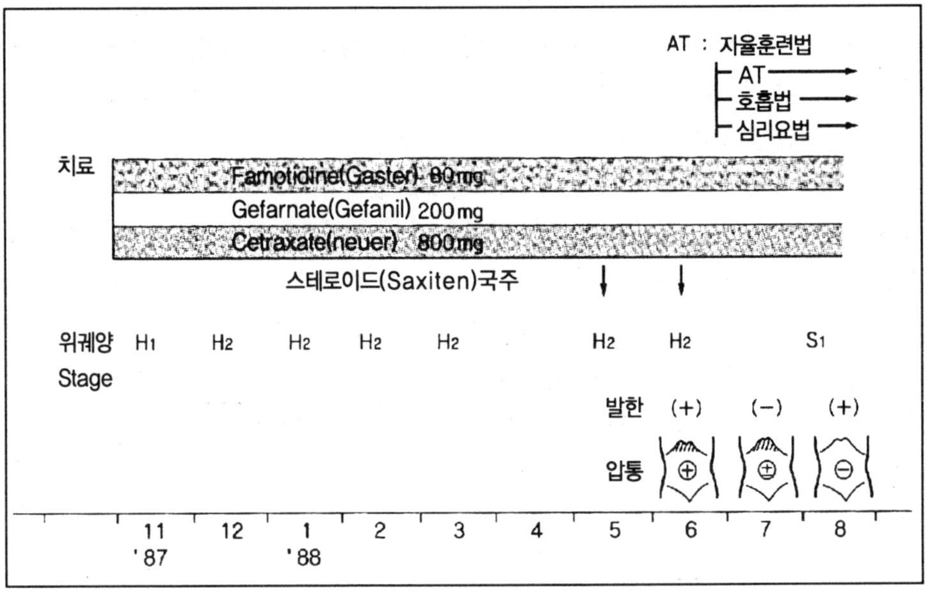

그림 V-37 난치성 위궤양 환자의 경과표

요가 자세에 근거한 호흡법(그림 V-34)을 중심으로 지도를 하였더니 famotine 외의 다른 약제에 저항성이던 위궤양이 반흔화되었다(문헌 8에서 인용).

D 예후 및 주의점

1) 예후

위에서 서술한 것처럼 요가 및 기공법의 효과는 이완을 촉진한다고 하는 생리적 효과와 이완하고 호흡이 정돈된 상태에서 자기를 관찰한다고 하는 심리적 효과로 크게 나눌 수 있다. 심신증의 치료법으로서의 효과는 도입 초기에 있어 이완 반응을 유도하는 생리적 효과에 기인하는 바가 크지만 장기적 예후는 심리적 효과에 대한 기대비율이 크다. 한 마디로 요가나 기공법에 의해 어깨 결림이 나았다, 몸이 가벼워졌다, 초조감이 사라졌다고 하는 신체적·정신적 자각증상의 개선은 생리적 기전(이완 반응)에 의한 것이다. 만일 그것만의 효과를 말하는 것이라면 오늘날 biofeedback이나 이완 반응을 촉진하는 여러 가지 물품들이 시판되고 있어 얻을 수 있는 이완이 alert(맑은 의식상태)하거나 drowsy(의식 레벨의 저하가 따른다) 한 것이냐 하는 차이는 있겠으나 의학적 효과에는 큰 차이가 없다. 오히려 시간에 쫓기어 언제나 신경이 긴장되어 있는 현대인의 치료법으로서, 또한 불면 등 각성레벨이 상승하고 있는 환자의 치료법으로서는 나른한 이완법이 효과적이기도 하다.

그러나 같은 정도의 이완 반응이 나타나는 기법이라 하더라도 요가나 기공법에서는 오랜 기간 시행하는 중에 환자의 사고방식이나 생활이 차차 내성적으로 변화되고, 이것이 습관화되어 가는 점이 다르게 나타난다. 그리고 이 변화야말로 심신증 환자의 장기적인 예후에 큰 영향을 끼치고 있다.

모름지기 그 변화는 나른한 이완 하에서 자기를 응시한다고 하는, 어느 정도 각성 수준이 요구되는 정신활동을 수행하는 일이 어렵기 때문은 아니겠는가 의문시된다. 한편 요가나 기공법의 명료한 이완 하에서는 일상의 시끄러움 속에서 악착같이 허덕대고 있는 자신을 떠나 되돌아 볼 수 있게 된다. "멀리 떨어진 시각으로 자신을 되돌아 본다" - 이 일이 증례에서 볼 수 있는 것처럼 치료자가 특별한 지시를 전하지 않더라도 환자의 인지·행동이 바람직한 방향으로 수정되는 이유의 하나일 듯싶다. 혹은 사물에 의한 이완이 기계 의존적인 것임에 비해서 요가나 기공법은 여유 있는 동작과 호흡에 의해 생기는 미묘한 신체성 감각의 변화(신체의 소리)에 의식을 집중시키면서 도달하는 것이기에 그 일련의 과정이 "자신을 응시하는" 습관으로서 환자 내면에 정착하는 것인지도 모르겠다. 혹은 변성 의식상태 하에서 일정한 동작을 되풀이해 천천히 시행하는 것은 구심로-중추신경계에 가소적인 변화를 촉구해서 새롭게 형성된 신경회로망이 해내는 재주일는지도 모르겠다.

2) 주의점

a. 고행에서는 이완반응이 나타나지 않는다.

예를 들면 일반적으로 내쉬는 호흡 중에 미주신경 활동이 항진하기 위한 내쉬는 숨의 긴 호흡은 생체를 미주신경 활동 우위의 상태로 변화시킨다. 저자 등은 호흡법에 대해 여러 해 동안 연구하여 왔는데, 내쉬는 숨의 긴 호흡을 "편하다"라고 느끼는 사람에게는 분명 내쉬는 숨의 긴 호흡법에 의해서 미주신경 활동이 항진되였다. 그렇지만 반대로 그 호흡 패턴이 "힘들다"거나 "불쾌하다"라고 느끼는 사람은 결코 미주신경 활동 우위상태로는 되지 않고, 반대로 억제된다는 사실을 알게 되었다. 한 마디로 형태상으로는 같은 호흡을 하고 있더라도 그것을 개인이 어떻게 느끼고 있느냐에 따라서 생리적 효과가 다르게 나타난다는 간단하지만 중요한 이치를 일련의 연구로 배울 수 있었다.

스트레스성 질환에 대한 치료법이 환자에게 새로운 스트레스가 되어서는 안 된다. 이완을 촉진하기 위해서 이미지가 가끔씩 병용되는데, 확실한 이미지를 떠올리지 못하고 혼란에 빠지는 경우나 정신적 부담감, 긴장감을 수반하는 경우에는 사용하지 말아야 한다. 호흡은 다 뱉어버리게 되면 긴장이 되고 오히려 이완 반응을 억제하기 때문에 다 뱉어내지 않는 게 좋다. 요가의 체위법에는 숨을 멈추고 이를 악물고 스트레칭하게 되면 달성감은 느끼게 될는지 모르겠으나 이완 반응은 일어나기 어렵다. 근육의 펴지는 느낌을 알아차리게 되는 정도가 좋다. 그리고 무엇보다도 횟수가 노르마(norma-할당된 노동의 기준량)가 되어서는 안 된다. 강박적인 경향이 강한 환자는 무엇을 몇 회씩 하면 좋다고 하는 것에 매달리는 경우가 적지 않은데, 중요한 것은 몇 번 하느냐가 아니고 그 운동을 통해서 얼마만큼 편안한 상태가 되었느냐라는 점을 되풀이해서 환자에게 권고하지 않으면 안 된다. 이상으로 우리가 하기 쉬운 연습방법에 관한 오해에 대해서 요가에서는「무리하지 말아요」와 기공에서는「지나친 노력은 안 된다」라고 가르치고 있다.

b. 이완과 이완 반응과는 가끔씩 괴리(乖離)한다.

심신증 환자들 중에는 이완 반응이 생겨도 이완하지 않은 것으로 느끼고 있다거나(실체감증), 반대로 신경증 환자 중에는 이완하고 있다고 느끼고 있어도 이완 반응은 일어나지 않는 경우도 있다. 또한 음주나 당뇨병 등에 의한 자율신경장애 환자에서도 가끔씩 이완감과 이완 반응에 괴리(乖離)가 보이기도 한다.

c. 훈련 중에 오히려 상태가 나쁘게 되는 경우도 있다.

기공법에서 기감(氣感)을 중시하여 훈련하면 일시적으로 기감에 대해서 생체가 민감해지기 때문에, 예를 들면 피로해 있는 사람이나 신체 일부에 통증을 느끼고 있는 사람이 옆에 오게 되면 자신의 몸이 묘하게 피곤해진다거나 그 사람과 같은 부위에 아픔을 느끼게 되는 경우가 있다. 이러한 상태는 기를 사용하는 치료사를 목표로 삼는 사람이라면 통과하지 않으면 안 되는 한 단계일는지 모르겠으나, 환자의 치료라는 관점에서 말한다면 그와 같은 과정은 필요 없으리라고 본다. 심기증의 치료라는 의미에서는 방송(放松)을 체감할 수 있도록 지도하는 것만으로도 충분히 효과적이다.

또한 기공 편차가 감각차단에 의한 혼란이라고 판단하게 되면, 눈을 뜨도록 하기 위해 환자의 어깨나 등을 두들겨 새로운 신체성 감각자극을 줌으로써 대처하게 된다. 만일 지금까지 억제해오던 감정이나 체험이 되살아 나타날(자율성 해방현상으로 생각된다) 경우에는 치료의 커다란 승부처가 된다. 다른 환자에게 불안을 끼치지 않도록 배려하면서 카타르시스를 도모한다거나 그것에 대해선 면접에서 다루어야 할 것이다.

d. 요가나 기공법은 본질적으로는 개인적 행위이다.

동양의 수행법은 본질적으로는 개인의 수행으로 치료효과는 본인의 통찰능력이나 성격에 좌우되기 쉽다. 환자의 통찰능력이나 성격을 판단해서 다른 치료법이 바람직하다고 생각되거나 심신증의 병인으로서 개인의 자세보다는 주위와의 관계유지 쪽에 문제점이 있다고 생각되는 경우에는 요가나 기공법만을 주장할 필요는 없다.

e. 요가나 기공의 효과는 내인성의 생리적 기전을 매개로 해서 나타난다.

요가나 기공에 의해서 얻게 되는 어떤 의학적 효과는 본래 생체에 갖추어져 있는 내인성의 생리적 기전을 매개로 해서 나타난다. 따라서 이들 훈련에 의해서 얻어지는 효과는 그 자체의 한계가 있다. 예를 들면 본태성 고혈압은 급성 스트레스에 의해서 나타나는 것인데 정동성의 고혈압에 대해서는 뚜렷한 효과가 기대된다고 하더라도 이미 동맥경화가 진행된 고혈압 환자에 대해서는 유효성이 낮으며 효과 발현도 더디다. 약물요법을 병용하여 확실한 강압을 도모해야 할 것이다.

만일 어느 질환의 치료에 있어서 생체에서는 만들어져 있지 않은 약물의 투여가 필요한 경우, 내인성으로 존재하는 물질이더라도 약리학적인 분량의 투여를 필요로 하는 경우, 또한 수술이 필요한 경우에는 현대의학적 치료가 우선되어야 할 것이다. 과대한 효과나 상식을 초월하는 효과를 기대하는 나머지, 분명히 현대 의학적으로 부적절한 치료가 되거나 기회를 놓치게 되지 않도록 조심해야 하겠다.

다만 기(氣)는 지금까지의 상식으로는 생각이 미치지 못할 정도의 어려운 물질적, 에너지적 측면이 존재하는 것도 틀림없는 사실이다. 예를 들면 외기공사에 의해서 기(氣)가 주입된 메달을 토끼의 두피 위에 놓으면 그것만으로도 토끼의 뇌파에는 특징적인 변화가 나타난다. 즉 3.5~6㎐대역의 활동만이 항진하고 다른 영역의 활동은 억제된다. 이 변화는 송과체를 제거한다거나 세로토닌 길항제를 투여함으로써 소실되고 세로토닌 전구물질의 투여에 의해서 같은 형태의 변화를 가져오는 것 등으로 보아 송과체의 세로토닌이 중요한 역힐을 하고 있다고 생각된다.[7)]

문헌

1) 藤平光一：気と生活．pp99 - 122，気の研究会出版部，1981
2) Goyeche JRM et al : Asthma ; The yoga perspective. Part 1. J Asthma Res 17 : 111 - 121, 1980
3) 岡　孝和，他：気管支喘息（心身症）に対するヨガ療法の試み．第1報—肺機能と自覚症状との関連性．呼吸器心身研誌 5 : 137 - 140, 1989
4) 岡　孝和，他：気管支喘息患者に対するヨガ療法の試み（2）—呼吸抵抗に及ぼす影響の検討．呼吸器心身研誌 6 : 141 - 144, 1990
5) 岡　孝和，他：気管支喘息患者に対するヨガ療法の relaxation responseに関する検討．呼吸器心身症研誌 7 : 81 - 85, 1991
6) 久保千春，他：気功．小児内科23臨時増刊号 : 391 - 394, 1991
7) Takeshige C et al : Effect of artificial and human external Qigong on electroencephalograms in rabbit and spontaneous electrical activity of the rat pineal gland. Acupunct. Electro - Therapeu. Res Int J 19 : 89 - 106, 1994
8) 岡　孝和，他：心身医学的治療が著効を示した難治性胃潰瘍の2例．心身医療 2 : 1744 - 1748, 1990

한글 찾아보기

영문 찾아보기

역자 소개

박샛별

이화여자대학교 의과대학 졸업(1989)
이화여자대학교 의과대학원 졸업(정신과학 박사, 2005)
서울아산병원 가정의학과 레지던트 수료 및 가정의학과 전문의(1993-1996)
Health Science Center at University of Texas, Medical College,
Family Medicine Dept. Research Fellow(1997)
(현) 아주대학교 의과대학 가정의학과 부교수
(현) 아주대학병원 건강증진센터 소장
(현) 대한가정의학회 학술위원
(현) 대한비만건강학회 간행이사
(현) 한국통합의학학회 이사
(현) 대한 종합 건강관리 학회 이사
(현) ICPM Member

변광호

가톨릭 의과대학 및 대학원 졸업(의학박사)(1967, 1974)
한국 및 미국 소아과 전문의(1972, 1979)
미국 와싱톤 주립대학교 의과대학 면역학 연구교수(1985-1988)
KIST부설 유전공학연구소 및 한국생명공학연구소 연구원 및 소장(1989-2000)
대한면역학회 회장(1996-1997)
이화 의과대학 뇌신경과학과 주임교수 및 신경과학연구소 소장(2000-2003)
한국분자세포생물학회 회장(2001)
대한스트레스학회 회장(2002-2003)
한국뇌신경과학회 회장(2003-2004)
(현) 한국 통합의학회 초대회장(2006-현재)
(현) 한국생명공학연구원 동문회 회장(2006-현재)
(현) 가톨릭 의과대학 통합의학교실 주임교수(2004-현재)
(현) 대한가정의학회 명예회원(2007-현재)

통합 심신의학

제2판

초판인쇄일	2008년 9월 10일
초판발행일	2008년 9월 25일
저　　자	구보 치하루(久保千春)
역　　자	박샛별 • 변광호
펴 낸 이	오 무 근
펴 낸 곳	도서출판 **하나의학사**
출 판 등 록	1988년 4월 1일 • 제 2-541호
주　　소	서울시 종로구 홍파동 13-4
전　　화	(02)730-2555, 2556
팩　　스	(02)730-2557

정가 35,000원

※ 저자와 합의로 인지 생략

※ 잘못된 책은 구입처에서 교환해 드립니다.

ISBN 978-89-92141-34-5-93510